VUIGNER

COMMENT EXPLOITER

UN

DOMAINE AGRICOLE

Encyclopédie Agricole

60 volumes in-18 de chacun 400 à 500 pages, illustrés de nombreuses figures.
Chaque volume : broché, **5** fr.; cartonné, **6** fr.

I. — SCIENCES APPLIQUÉES A L'AGRICULTURE.

Botanique agricole	MM. Schribaux et Nanot, prof. à l'Inst. agro
Chimie agricole, 2 vol.	M. André, prof. à l'Inst. agron.
Géologie agricole	M. Cord, professeur d'agriculture.
Hydrologie agricole	M. Dienert, ingénieur agronome.
Microbiologie agricole	M. Kayser, maître de conf. à l'Inst. agron.
Zoologie agricole	
Entomologie et Parasitologie agric.	M. G. Guénaux, répétiteur à l'Inst. agronomique
Analyses agricoles, 2 vol.	M. Guillin, dir. du lab. de la S. des agr. de Franc

II. — PRODUCTION ET CULTURE DES PLANTES.

Agriculture générale, 2 vol.	M. P. Diffloth, professeur d'agriculture.
Engrais	
Céréales	M. Garola, prof. d'agricult. d'Eure-et-Loir.
Prairies et plantes fourragères	
Plantes industrielles	M. Hitier, maître de conf. à l'Inst. agro
Cultures potagères	M. L. Bussard, prof. à l'Éc. d'hort. de Vers
Arboriculture fruitière	MM. L. Bussard et G. Duval.
Sylviculture	M. Fron, inspecteur des eaux et forêts.
Viticulture	
Cultures de serres	M. Pacottet, chef de lab. à l'Instit. agron.
Cultures méridionales	MM. Rivière et Lecq, insp. de l'agric., à Alger.
Maladies des plantes cultivées, 2 vol.	I. Delacroix. — II. Delacroix et Maublanc.

III. — PRODUCTION ET ÉLEVAGE DES ANIMAUX.

Zootechnie générale	
— *spéciale*	
— *Races bovines*	
— *Races chevalines*	M. P. Diffloth, professeur d'agriculture.
— *Moutons, Chèvres, Porcs.*	
— *Lapins, Chiens, Chats*	
Aviculture	M. Voitellier, maître de conf. à l'Inst. agron.
Apiculture	M. Hommell, professeur d'apiculture.
Pisciculture	M. G. Guénaux, répétiteur à l'Inst. agronomique.
Sériciculture	M. Vieil, insp. de la séricic. de l'Indo-Chine.
Alimentation des animaux	M. R. Gouin, ing. agronome.
Hygiène et maladies du bétail	MM. Cagny, méd. vétér., et R. Gouin.
Hygiène de la ferme	MM. Regnard et Portier.
Élevage et Dressage du Cheval	M. G. Bonnefont, officier des haras.
Chasse, Élevage du gibier, Piégeage.	M. A. de Lesse, ing. agronome.

IV. — GÉNIE RURAL.

Machines agricoles, 2 vol.	M. Coupan, chef de travaux à l'Inst. agronomique.
Moteurs agricoles	
Matériel viticole	M. Brunet, Introduction par M. Viala.
Constructions rurales	M. Danguy, dir. des études de l'École de Grignon.
Arpentage et Nivellement	M. Muret, professeur à l'Institut agronomique.
Drainage et Irrigations	MM. Risler et Wery.
Électricité agricole	M. Petit, ingénieur agronome.

V. — TECHNOLOGIE AGRICOLE.

Sucrerie, Meunerie, Boulangerie	M. Saillard, prof. à l'École des ind. agr. de Douai.
Industries agric. de fermentation.	
Brasserie	M. Boullanger, chef de lab. à l'Inst. Past. de Lille.
Distillerie	
Pomologie et Cidrerie	M. Warcollier, dir. de la stat. pomolog. de Caen.
Vinification	M. Pacottet, chef de lab. à l'Inst. agron.
Laiterie	M. Ch. Martin, anc. dir. de l'École d'ind. lait.

VI. — ÉCONOMIE ET LÉGISLATION RURALES.

Économie rurale	M. Jouzier, prof. à l'École d'agric. de Rennes.
Législation rurale	
Comptabilité agricole	M. Convert, professeur à l'Institut agronomique.
Le Livre de la Fermière	Mᵐᵉ O. Bussard.
Le Livre agricole des Instituteurs	
Lectures agricoles	M. Seltensperger, professeur d'agriculture.
Dictionnaire d'agriculture et de viticulture, 2 vol.	

ENCYCLOPÉDIE AGRICOLE
Publiée par une réunion d'Ingénieurs agronomes
SOUS LA DIRECTION DE G. WERY

COMMENT EXPLOITER

UN

DOMAINE AGRICOLE

PAR

R. VUIGNER

INGÉNIEUR AGRONOME
AGRICULTEUR

*Introduction par le D*r* P. REGNARD*
DIRECTEUR DE L'INSTITUT NATIONAL AGRONOMIQUE

PARIS

LIBRAIRIE J.-B. BAILLIÈRE ET FILS
19, rue Hautefeuille, près du Boulevard Saint-Germain

1912

L'Institut national agronomique.

INTRODUCTION

Si les choses se passaient en toute justice, ce n'est pas moi qui devrais signer cette préface.

L'honneur en reviendrait plus naturellement à l'un de mes deux éminents prédécesseurs :

A Eugène TISSERAND, que nous devons considérer comme le véritable créateur en France de l'enseignement supérieur de l'agriculture : n'est-ce pas lui qui, pendant de longues années, a pesé de toute sa valeur scientifique sur nos gouvernements et obtenu qu'il fût créé à Paris un Institut agronomique comparable à ceux dont nos voisins se montraient fiers depuis déjà longtemps?

Eugène RISLER, lui aussi, aurait dû, plutôt que moi,

présenter au public agricole ses anciens élèves devenus des maîtres. Près de douze cents ingénieurs agronomes, répandus sur le territoire français, ont été façonnés par lui : il est aujourd'hui notre vénéré doyen, et je me souviens toujours avec une douce reconnaissance du jour où j'ai débuté sous ses ordres et de celui, proche encore, où il m'a désigné pour être son successeur (1).

Mais, puisque les éditeurs de cette collection ont voulu que ce fût le directeur en exercice de l'Institut agronomique qui présentât aux lecteurs la nouvelle *Encyclopédie*, je vais tâcher de dire brièvement dans quel esprit elle a été conçue.

Des Ingénieurs agronomes, presque tous professeurs d'agriculture, tous anciens élèves de l'Institut national agronomique, se sont donné la mission de résumer, dans une série de volumes, les connaissances pratiques absolument nécessaires aujourd'hui pour la culture rationnelle du sol. Ils ont choisi pour distribuer, régler et diriger la besogne de chacun, Georges WERY, que j'ai le plaisir et la chance d'avoir pour collaborateur et pour ami.

L'idée directrice de l'œuvre commune a été celle-ci : extraire de notre enseignement supérieur la partie immédiatement utilisable par l'exploitant du domaine rural et faire connaître du même coup à celui-ci les données scientifiques définitivement acquises sur lesquelles la pratique actuelle est basée.

Ce ne sont pas de simples Manuels, des Formulaires irraisonnés que nous offrons aux cultivateurs ; ce sont de brefs Traités, dans lesquels les résultats incontestables sont mis en évidence, à côté des bases scientifiques qui ont permis de les assurer.

Je voudrais qu'on puisse dire qu'ils représentent le véri-

(1) Depuis que ces lignes ont été écrites, nous avons eu la douleur de perdre notre éminent maître, M. Risler, décédé, le 6 août 1905, à Calèves (Suisse). Nous tenons à exprimer ici les regrets profonds que nous cause cette perte. M. Eugène Risler laisse dans la science agronomique une œuvre impérissable.

table esprit de notre Institut, avec cette restriction qu'ils ne doivent ni ne peuvent contenir les discussions, les erreurs de route, les rectifications qui ont fini par établir la vérité telle qu'elle est, toutes choses que l'on développe longuement dans notre enseignement, puisque nous ne devons pas seulement faire des praticiens, mais former aussi des intelligences élevées, capables de faire avancer la science au laboratoire et sur le domaine.

Je conseille donc la lecture de ces petits volumes à nos anciens élèves, qui y retrouveront la trace de leur première éducation agricole.

Je la conseille aussi à leurs jeunes camarades actuels, qui trouveront là, condensées en un court espace, bien des notions qui pourront leur servir dans leurs études.

J'imagine que les élèves de nos Écoles nationales d'agriculture pourront y trouver quelque profit et que ceux des Écoles pratiques devront aussi les consulter utilement.

Enfin c'est au grand public agricole, aux cultivateurs, que je les offre avec confiance. Ils nous diront, après les avoir parcourus, si, comme on l'a quelquefois prétendu, l'enseignement supérieur agronomique est exclusif de tout esprit pratique. Cette critique, usée, disparaîtra définitivement, je l'espère. Elle n'a d'ailleurs jamais été accueillie par nos rivaux d'Allemagne et d'Angleterre, qui ont si magnifiquement développé chez eux l'enseignement supérieur de l'agriculture.

Successivement, nous mettons sous les yeux du lecteur des volumes qui traitent du sol et des façons qu'il doit subir, de sa nature chimique, de la manière de la corriger ou de la compléter, des plantes comestibles ou industrielles qu'on peut lui faire produire, des animaux qu'il peut nourrir, de ceux qui lui nuisent.

Nous étudions les manipulations et les transformations que subissent, par notre industrie, les produits de la terre :

la vinification, la distillerie, la panification, la fabrication des sucres, des beurres, des fromages.

Nous terminons en nous occupant des lois sociales qui régissent la possession et l'exploitation de la propriété rurale.

Nous avons le ferme espoir que les agriculteurs feront un bon accueil à l'œuvre que nous leur offrons.

Dr PAUL REGNARD,

Membre de la Société nationale
d'agriculture de France,
Directeur de l'Institut national
agronomique.

Cours de M. Regnard à l'Institut national agronomique.

COMMENT EXPLOITER

UN

DOMAINE AGRICOLE

INTRODUCTION

BUT ET PLAN DE L'OUVRAGE

. Les questions agricoles, si nombreuses et si complexes, ont déjà presque toutes été traitées de main de maître par nos meilleurs auteurs, et chaque jour l'un d'entre eux apporte à l'œuvre le contingent de ses efforts et de ses recherches.

Il a semblé toutefois au directeur et aux éditeurs de l'Encyclopédie agricole qu'un point, jusqu'ici, était peut-être un peu resté dans l'ombre d'où il convenait d'essayer de le faire sortir. Les connaissances diverses qu'a besoin de posséder l'agriculteur praticien, celui qui, directement ou avec le concours de collaborateurs placés sous son contrôle immédiat, veut gérer un domaine agricole et le faire prospérer, ces connaissances, dis-je, doivent être reliées en une sorte de faisceau où, chacune prenant sa place propre, leur ensemble arrive à former un tout harmonieux et bien équilibré, condition essentielle du succès de l'entreprise. Ce sont les rouages délicats dont la mise en mouvement constitue la gestion de l'exploitation rurale que je voudrais décrire et assembler. A peine m'est-il nécessaire de signaler la difficulté d'une telle tâche où je dois tour à tour faire appel à la pratique et à la théorie, qui réagissent l'une sur l'autre et se confirment ou se complètent. Il y a là tout un travail de synthèse dont les grandes lignes elles-mêmes doivent s'assouplir et se prêter aux

1.

circonstances particulières où chacun se trouve placé ; si j'essaie de l'esquisser à grands traits, je vois le futur agriculteur obligé d'acquérir d'abord l'instruction à la fois théorique et pratique qui lui donne la science de son métier ; ainsi instruit, il recherche le domaine sur lequel il exercera son activité, il en prend possession, puis il s'inquiète de mettre en œuvre les différents agents de la production agricole : l'atmosphère, le sol travaillé par l'admirable outil qu'est la plante, la plante elle-même source de vie et de prospérité pour l'homme aussi bien que pour les animaux dont il fait sa nourriture.

La plante, pour jouer son rôle d'outil, demande des soins qui, pour lui être donnés, requièrent l'emploi des engrais, du matériel et des moteurs agricoles ; elle n'a pas toujours les mêmes exigences, et il faut mettre à profit cette diversité dans ses besoins pour grouper les végétaux cultivés et les faire se succéder dans des assolements ou rotations bien compris. Parfois la récolte obtenue entre directement dans le commerce ; d'autres fois, elle ne fournit qu'une matière première modifiée par le cultivateur lui-même dans ses féculeries et dans ses distilleries ; d'autres fois encore, elle constitue un aliment pour le bétail qui peut utiliser sa nourriture pour nous donner du travail, de la viande ou du lait. Quels bénéfices pouvons-nous tirer de chacun de ces produits ? à quelles dépenses nous entraîne leur obtention ? Autant de questions auxquelles répondre.

Mais le sol pour être cultivé, le végétal pour s'y développer, l'animal pour y croître et s'y multiplier réclament l'intervention de l'homme. Comment nous servir du travailleur agricole ? quels sont ses besoins et ses exigences légitimes ? à combien s'élève la juste rémunération à laquelle il a droit en échange de son travail ? Autre série de questions à mettre en lumière, pour en faire saisir surtout les rapports avec la production agricole elle-même, et montrer comment ses différents facteurs doivent faire l'objet d'une comptabilité sérieuse.

Tel est dans son ensemble, tel que je le conçois, le plan de l'ouvrage que l'excellent Directeur de notre Institut national agronomique, et son dévoué sous-directeur M. Wery, ont bien voulu me demander d'écrire pour l'Encyclopédie agricole. Cet ouvrage exigerait que je fasse appel à tout ce qui a été dit ou écrit dans les autres volumes de l'Encyclopédie et qu'en même temps j'y imprime mon cachet et ma note originale; je crains de ne pouvoir faire autre chose que d'indiquer la voie où s'engager sans trop courir le risque de tomber, et je m'estimerai déjà très heureux si les indications qu'il trouvera rassemblées dans les pages qui vont suivre évitent à l'agriculteur débutant quelques écoles fâcheuses ou des tâtonnements ruineux pour sa bourse. Combien est-il triste, en effet, d'échouer faute de capitaux, à la veille de récolter une moisson laborieusement ensemencée dont ceux-là ont le profit qui n'ont pas eu la gloire. Il est vrai qu'aujourd'hui ce risque est largement réduit par le magnifique essor du crédit agricole, mais n'oublions pas que le crédit va de préférence au succès et ne négligeons rien pour nous l'assurer aussi complet que possible.

PREMIÈRE PARTIE

CONSIDÉRATIONS PRÉLIMINAIRES

———

CHAPITRE PREMIER

CONDITIONS NÉCESSAIRES
POUR ENTREPRENDRE AVEC SUCCÈS
LA GESTION D'UNE EXPLOITATION AGRICOLE

Qualités personnelles morales et physiques ; art de savoir commander. Qualités acquises par l'expérience et la pratique. Instruction théorique. Qualités nécessaires à la femme du futur agriculteur ; rôle de la femme à la ferme ; son importance suffisante
pour assurer ou compromettre, dans certains cas, le succès.

**Comment définir la gestion d'une exploitation agri-
cole.** — Comment gérer avec succès l'exploitation agricole
choisie à la suite de l'étude consciencieuse de plusieurs domaines ou léguée par des parents qui, eux-mêmes, la tenaient
de leurs ascendants ?

La réponse à cette question doit faire le sujet du présent
ouvrage ; on peut dire toutefois en résumé que : Pour diriger
avec succès une exploitation agricole, il faut savoir mettre
en œuvre les éléments renfermés dans le sol de cette exploitation et dans l'atmosphère qui la baigne afin d'obtenir de la
façon la plus avantageuse la quantité maxima de principes
végétaux nécessaires à l'alimentation de l'homme et des animaux ; il faut savoir compléter cette première partie de l'opération par l'obtention la plus économique des animaux de
boucherie ou de travail, ces derniers étant, avec la main-
d'œuvre et la force motrice mécanique, l'instrument nécessaire
pour transformer les matières premières en objets fabriqués.
En un mot, le chef heureux — j'entends par là le chef qui
réussit dans son entreprise — doit être, dans toute la force du
terme, un bon agriculteur. Quelles sont donc les qualités que

doit posséder le cultivateur pour être réellement digne du titre de bon agriculteur et s'assurer le succès ?

Bonne gestion instinctive du cultivateur de métier ; cette gestion serait encore meilleure si elle recevait un complément d'instruction théorique. — Certains cultivateurs — comme M. Jourdain faisait de la prose —font de l'agriculture sans le savoir. Ils font ainsi, sans s'en douter et sans même y songer, de bonne agriculture, parce qu'un long séjour sur le domaine qu'ils exploitent leur a, de génération en génération, appris à le connaître dans ses moindres détails. Ils se sont rendu compte par une expérience séculaire que leurs terres, pour porter fruits, devaient être travaillées à telle ou telle époque de l'année, labourées plus ou moins profondément, fumées avec des engrais plus ou moins pailleux ou, au contraire, amenés à cet état de décomposition caractéristique que tout agriculteur connaît sous le nom de beurre noir. Renseignés sur les dates probables des principaux phénomènes météorologiques qui, au cours des saisons, influent sur les récoltes en terre, ils font en temps voulu leurs semailles, ou exécutent avec à-propos les soins d'entretien, particulièrement les hersages et roulages dont l'intensité et le moment ont une si grande importance pour la réussite des céréales et surtout du blé.

D'un autre côté, ils ont pris l'habitude du bétail et, presque au premier coup d'œil, reconnaissent la bonne vache laitière ou l'animal tendre à l'engraissement. Fréquentant souvent les marchés des environs, ils se sont fait un petit cercle de clients qui les connaissent, savent quelle est la qualité des produits qu'ils trouveront chez eux et, pour ce motif, paient la marchandise à peu près à sa valeur. Par suite de cet ensemble de circonstances, d'instinct pour ainsi dire, et guidé par une longue pratique, l'agriculteur terrien, né sur la glèbe, dirige son entreprise de façon productive : on le dit routinier, et il est certain qu'il semble parfois mériter ce reproche par des préjugés vraiment inconcevables, mais, à côté de cela, que de finesse d'observation et avec quelle prudence ne convient-il pas d'agir avant de renoncer à une vieille coutume longtemps en vigueur dans un pays : l'importance, par exemple, que bien des campagnards attachent aux phases de la lune pour la mise en terre de leurs semences, surtout les graines potagères, est loin de ne reposer sur aucun fondement. Ces hommes, vivant en contact permanent avec la nature, se sont parfaitement aperçus que, suivant l'heure à laquelle la lune commençait à donner sa lumière, suivant la durée du rayonnement nocturne qu'elle déterminait, elle favorisait plus ou moins les gelées, toujours à craindre aux époques printanières ou automnales des semailles.

Mais, quel que soit cet esprit d'observation, il faut reconnaître qu'à lui seul il est rarement suffisant : il est une condition essentielle du succès, il n'en est pas la condition unique. Pour qu'il puisse donner tous ses bons effets, il faut qu'il s'applique à une exploitation de médiocre étendue dont le maître est le principal ouvrier, voyant tout par lui-même et exécutant lui-même les principaux travaux de sa culture; encore là l'expérience serait-elle utilement secondée par quelque instruction théorique, et il suffit, pour en être convaincu de considérer comment le petit agriculteur sait faire l'application des connaissances dont il a compris l'intérêt.

Connaissances nécessaires à l'agriculteur par vocation ; revue des sciences dont il doit entreprendre l'étude. — Si nous quittons la ferme de quelques hectares, pour nous tourner vers la grande culture; si surtout le futur exploitant, au lieu d'être fils de la terre et d'avoir grandi à la campagne, a reçu à la ville une éducation libérale, ouvrant son esprit vers des horizons tout différents de ceux de la pratique agricole, si ce futur agriculteur est un citadin que rien, ni chez lui, ni chez ses parents, ne préparait à la vie des champs, mais que des goûts personnels, révélés parfois par un séjour de vacances à la campagne, ont attiré vers la culture de la terre, un apprentissage complet du métier devient absolument indispensable, et il est aisé de voir quel cycle immense doit embrasser cette préparation spéciale. Parti des considérations les plus délicates de l'économie politique et sociale qui lui permet de régler ses contrats avec ses employés, le jeune agriculteur, après s'être arrêté à l'étude des sciences physiques et naturelles, doit revenir aux principes les plus terre à terre de l'économie domestique, car il n'a pas qu'à conduire des hommes, il doit aussi souvent loger et nourrir son personnel.

La connaissance de la *géologie* lui est indispensable pour savoir sur quel terrain ou sur quel groupe de formations géologiques est assis le sol de son exploitation. Fixé sur ce premier point, il sait quels éléments utiles aux végétaux qu'il se propose de produire il a chance de trouver à sa disposition ; il sait aussi comment, à l'aide de matériaux empruntés à une formation différente et parfois peu éloignée de lui, il lui est loisible de corriger un défaut d'ordre physique ou d'apporter un principe dont l'absence suffirait pour rendre stériles ses efforts de cultivateur. De la géologie il passe ainsi insensiblement à la science de l'emploi des amendements, puis il est conduit à la science bien plus complexe de l'emploi des engrais. Alors intervient la *chimie*, considérée non seulement au point de vue de l'analyse du sol, mais aussi, et je dirai surtout, au point de vue des réactions auxquelles peuvent donner lieu, avec les principes constitutifs du sol, les éléments étrangers introduits artificiellement dans le sol ou apportés naturellement à la terre par les phénomènes d'ordre météorologique. Ces derniers sont soumis à des lois dont le chef d'exploitation doit avoir la notion, car leur importance est prépondérante. Qui ne connaît, en effet, le rôle considérable joué dans la formation même des sols par l'eau pluviale, plus ou moins chargée d'acide carbonique et douée d'une force mécanique si puissante lorsque, sous l'action du froid, elle quitte l'état liquide pour se solidifier avec une expansion de volume ? Solubilisés, préparés par l'effort d'agents d'ordre physique ou chimique, les aliments nécessaires au développement des végétaux sont pris par les plantes à l'aide d'organes dont le rôle est défini par la *physiologie végétale*, et voici venir la *botanique*, qui n'est pas moins utile à l'agronome que les diverses sciences dont nous venons de parler, car il ne suffit pas de préparer un sol favorable à la vie des plantes, il faut encore choisir parmi celles-ci celles qui conviennent le mieux à l'alimentation des animaux, apprendre à connaître les mauvaises herbes pour les détruire, en commençant par ces champignons d'ordre inférieur, cause de maladies si redoutables. Puis il convient de sélectionner les bonnes espèces par les méthodes délicates d'hybridation et de fécondation artificielle, et comme tous les végétaux n'ont pas les mêmes exigences au point de vue alimentaire, que tous ne s'adaptent pas également bien à la spéculation animale que les circonstances ou le but cherché nous obligent à avoir en vue, tout naturellement nous nous trouvons conduits à étudier certains groupements, à préparer des assolements ou successions de cultures où les plantes réagiront jusqu'à un certain point sur le sol de même que le sol agissait sur elles. Nous arrivons ainsi, par un ènchaînement logique, à l'utilisation des produits de la terre par les animaux : la *physiologie animale* intervient alors à son tour, avec le choix et la composition des rations variables avec l'espèce animale et la fonction qu'on veut faire remplir à chaque sujet : lait, engraissement, travail mécanique. La *zootechnie* nous renseigne sur les bonnes races, sur celles qui s'adaptent le mieux à un milieu et à un ensemble de conditions déterminées. La *zoologie*, se plaçant à un point de vue plus général, nous apprend à connaître celles des espèces animales que nous pouvons compter comme auxiliaires, ou dont au contraire nous devons craindre les ravages, les embranchements des oiseaux et des insectes surtout sont ainsi riches en amis aussi bien qu'en ennemis de l'agriculture. Puis, comme il faut loger les grains, abriter les animaux, inter vient le *génie rural*, que le chef d'exploitation doit connaître, non pour construire lui-même ses bâtiments, mais pour indiquer à l'architecte les dispositions les plus aptes à assurer le confort du bétail, les manipulations (sans fausse manœuvre et dépenses inutiles de main-d'œuvre) des aliments du bétail ou l'engrangement des récoltes. C'est aussi au génie rural que l'agriculteur empruntera les données dont il a besoin pour le choix et l'utilisation de ses instruments aratoires, l'organisation de l'électricité et des transports de force à la ferme, etc.

Acheter du matériel agricole, construire des bâtiments, soigner et élever du bétail, cultiver le sol et en obtenir des récoltes par la mise en œuvre des connaissances acquises par l'étude des sciences que nous venons d'énumérer, tout cela ne se fait point sans dépense. L'agriculteur doit donc savoir compter, rapprocher des chiffres et comparer les résultats que ceux-ci donnent au point de vue financier, but final de l'exploitation du domaine : voici alors le chef d'exploitation obligé de connaître une *comptabilité* aussi simple, mais aussi claire que possible, et les détails de cette comptabilité le ramènent à l'*économie domestique*, qui, par ses attaches avec l'*économie politique*, ferme le cercle des connaissances dont nous venons de montrer la nécessité.

L'enseignement agricole. — Toutes les branches scientifiques dont j'ai essayé d'indiquer l'enchaînement sont admirablement enseignées à l'Institut national agronomique, appelé à juste titre l'Ecole polytechnique de l'agriculture. Je crois qu'il est difficile de trouver ailleurs, même dans les écoles si richement dotées de l'étranger, un corps plus complet de professeurs éminents pénétrant plus avant dans les détails des sujets dont chacun d'eux est chargé, malgré les faibles crédits et les laboratoires encore défectueux dont ils disposent. C'est un Schlœsing qui a réussi à prouver par une méthode directe l'absorption de l'azote de l'air par les bactéries des nodosités présentées par les racines de légumineuses, absorption que Hellriegel et Willfthart n'avaient établie que par déduction ; et des laboratoires de fermentation aussi bien que de botanique et de pathologie végétale sont sorties des découvertes qui placent la France au premier rang.

A côté de l'Institut agronomique, et rivalisant avec lui sont les trois grandes Écoles nationales d'agriculture, Grignon, Montpellier et Rennes, Grignon surtout où un remarquable domaine agricole permet d'élargir la place que la pratique tient à côté de la théorie. Puis viennent les écoles pratiques et les fermes-écoles possédées par presque chacun des départements ; là, la théorie se condense, pour ainsi dire, elle se réduit à ses principes essentiels, et c'est au dehors que se forme l'apprenti cultivateur ; il reçoit toutefois un enseignement scientifique suffisant pour établir une première base solide que sa curiosité et son désir d'augmenter son savoir lui permettront d'élargir sans trop de peine. Toutes ces écoles embrassent l'ensemble des connaissances nécessaires à l'agriculteur. A côté d'elles il serait injuste d'omettre les écoles qui visent un but particulier, telles l'École des industries agricoles de Douai, les écoles de laiterie et de fromagerie, voire même les écoles ménagères, et aussi l'enseignement agricole privé (Institut de Beauvais) et celui que commencent à donner diverses facultés.

L'expérience agricole indispensable pour compléter l'enseignement théorique. — Mais si la pratique de l'agriculture nécessite la connaissance de la chimie, de la botanique, de la zootechnie, etc., etc., le chimiste, même doublé d'un botaniste et d'un zootechnicien, n'est pas nécessairement un agriculteur. C'est qu'en effet l'agriculture, qui comprend l'ensemble complexe de presque toutes les sciences, ne se confond avec aucune d'elles : elle plane pour ainsi dire au-dessus d'elles, ou plutôt constitue comme un lien de nature particulière qui les enserre toutes et, en les rapprochant, les oblige à réagir les unes sur les autres pour concourir au but spécial poursuivi par l'exploitation du sol, en vue d'en tirer des produits végétaux, puis animaux. Or ce je ne sais quoi qui fait du savant un agriculteur praticien, l'enseignement théorique seul est incapable de le donner ; l'expérience, condition du succès du cultivateur de race, reprend ici tous ses droits ; au groupe de connaissances scientifiques que nous venons de mentionner, le chef d'exploitation, pour savoir conduire son affaire, doit ajouter un ensemble de connaissances pratiques dont il convient maintenant de dire un mot ; il doit, si j'ose ainsi m'exprimer, assembler ses notes pour en composer un morceau dont l'harmonie se mesure au résultat obtenu.

Qualités morales du bon agriculteur, esprit d'observation. — Placé en face du sol qu'il connaît pour l'avoir étudié, l'agriculteur devra ne rien négliger pour mettre en œuvre les ressources qu'il contient : attentif aux saisons, il en suivra les effets sur chacune de ses terres, et ce qu'il verra lui donnera l'indication du remède à apporter pour corriger un inconvénient, ou favoriser, au contraire, une utile action des phénomènes météorologiques. Ceci ne peut s'exprimer dans un livre, il faut l'avoir vécu ; tout au plus l'exemple d'un voisin capable peut-il servir de guide et diminuer les essais ; on imite ce qui a réussi à autrui sur des sols analogues à ceux que l'on possède soi-même, en tenant compte des principes généraux donnés par la théorie, et le tâtonnement, ainsi éclairé par la science et la pratique, conduit au résultat cherché. Observation de tous les instants et de toutes choses touchant à son métier, telle doit être la qualité maîtresse du cultivateur exploitant. Cette qualité se retrouve partout, elle est nécessaire en tout : observation des forces naturelles, et de leurs réactions les unes sur les autres; observation de la récolte en cours de croissance, pour lui donner le coup de fouet nécessaire par l'application en temps utile d'une ou plusieurs rations de nitrate de soude ou de sulfate d'ammoniaque, pour lui donner si possible du corps et de la tenue par l'emploi du superphosphate enterré par les hersages de printemps, l'arrêter par un écimage, la nettoyer à temps des mauvaises herbes échappées aux travaux préparatoires du sol; observation du bétail, pour le suivre dans son développement, son engraissement ou son aptitude laitière, prévenir les maladies ou les faire soigner à temps; observation du personnel enfin, pour éviter les doubles emplois, les pertes de temps ou les rendements dérisoires en travail, qui ont tôt fait de conduire à la ruine, car, si le prix de revient double aisément par suite des fuites de toutes sortes qui tendent sans cesse à se produire dès que la vigilance du maître est en défaut, le prix de vente, lui, est souvent soumis à des fluctuations beaucoup moindres. L'exigence d'un travail sérieux n'exclut d'ailleurs pas l'attention que le cultivateur doit porter à la santé des gens qu'il emploie et nous nous étendrons plus tard sur ce sujet.

Esprit de prévoyance et de décision. — A l'esprit d'observation, l'agriculteur doit joindre celui de prévoyance ; il faut qu'il sache quels sont les approvisionnements de semences, d'engrais, d'éléments du bétail dont il aura besoin au cours de l'année et à quelles époques il en aura besoin ; pour quels moments il lui faut recruter ses bineurs de betteraves et en quel nombre ; il faut qu'il ait présent dans sa pensée tout l'ensemble des travaux successifs nécessités par la préparation, l'entretien et la mise en grange des récoltes, et que, chaque soir, il soit exactement renseigné sur la tâche qu'il confiera à chacun le lendemain, selon que le beau temps permettra la sortie des attelages ou, au contraire, obligera à occuper à l'intérieur domestiques et journaliers, et ici la prévoyance doit se doubler de décision. Un chef ne doit jamais se trouver pris au dépourvu par les changements imprévus qui lui sont imposés par les circonstances climatériques, et c'est pour lui une très mauvaise chose que d'hésiter devant ses ouvriers. La décision est rendue plus facile par l'esprit d'ordre qui fait que chaque chose est à sa place, non seulement dans la ferme, mais dans le cerveau du maître, qui est le pivot autour duquel tout doit graviter.

Qualités physiques de l'agriculteur. — Mais ordre, décision, prévoyance peuvent être gravement compromis dans leurs heureux résultats si le chef d'exploitation n'est pas doué d'une bonne santé. Il lui faut être actif, de façon à être toujours là où l'on croit qu'il ne peut pas être, étant donné l'endroit où il a été aperçu pour la dernière fois. De bons yeux, un cheval bien dressé, parfois aussi une bicyclette ou une automobile peuvent l'aider puissamment dans cette partie de sa tâche, qui malgré tout ne doit pas l'absorber par trop.

Art de savoir commander. — En effet, quelle que soit son activité, le chef ne peut être partout, il a besoin de moments tranquilles pour s'élever au-dessus du terre-à-terre journalier et établir ses prévisions ; ces heures-là ne doivent pas être troublées par le souci de savoir ce que fait son personnel pendant qu'il a le dos tourné et, pour qu'il puisse en être ainsi, il faut que l'autorité du maître sur ses employés soit suffisante pour que le travail se poursuive normalement en son absence. Si le patron doit savoir très bien exécuter lui-même les différents travaux de la ferme de façon à pouvoir les juger et dire, sans pouvoir être contredit, ce qu'ils ont de défectueux, je crois bon de ne pas se laisser aller à mettre outre mesure la main à la pâte, c'est une perte de temps et surtout de prestige : l'autorité se trouve affaiblie tandis qu'elle grandit si l'on se contente de redresser et de rendre le laboureur, par exemple, juge de la différence d'un labour avant et après qu'on lui a remonté sa charrue mal réglée.

Rôle de la femme du chef d'exploitation. — Ainsi le chef doit planer pour ainsi dire au-dessus des détails et prendre des vues d'ensemble ; mais, comme il est de ces détails qui ne sauraient être négligés, il peut lui être nécessaire d'avoir un second qui s'en occupe à sa place, il lui est surtout à peu près indispensable de trouver en sa femme un appui de tous les instants. A celle-ci reviendra le soin de s'occuper de la laiterie et de la basse-cour, le soin surtout du ménage. Or un ménage de ferme est toujours chose lourde et minutieuse ; l'existence même du chef d'exploitation le conduit à recevoir souvent des amis ou parents, afin de conserver avec le monde intellectuel un contact suffisant. Tous ces hôtes restent parfois à coucher, il faut prévoir les approvisionnements pour les repas, ordonnancer ceux-ci pour les rendre attrayants, que sais-je encore ? Là, une main féminine doit se faire sentir, sans quoi l'on ne tarde pas à tomber dans le désordre et la prodigalité. La tâche se complique lorsque, à côté de la table de famille, il faut dresser celle des domestiques à demeure, veiller à la literie de ce personnel fixe, et lui assurer un bien-être auquel il tient chaque jour davantage et dont il a besoin pour s'attacher à l'exploitation. Bien compris, ce rôle délicat de la femme dans la ferme peut être une condition essentielle du succès. Respectée de tous, la femme doit se faire en même temps aimer ; au mari la direction et le commandement, à elle le soin de réparer les malentendus et de panser les plaies physiques et morales.

Je crois avoir ainsi donné une idée et de l'éducation spéciale nécessaire au chef d'exploitation et des qualités dont il doit faire montre. Si ses goûts l'attirent vers les sciences qui sont à la base de l'agriculture raisonnée, s'il se sent capable d'acquérir l'expérience de la pratique et de donner à son caractère et à son esprit la tournure que j'ai indiquée, il peut se lancer dans la vie rurale, sinon je lui conseille sans hésiter de porter ailleurs l'effort de son intelligence et de sa volonté.

Nécessité des stages agricoles. — Un dernier conseil toutefois. J'ai dit combien l'expérience des choses agricoles était longue et délicate à acquérir : il faut être très fort pour se défendre des roueries de certains maquignons et marchands de bestiaux, mettre à prix un animal et reconnaître rapidement si telle bête profitera à l'auge d'engraissement ou, au contraire, sera un inutile tombeau d'aliments. Parfois celui qui n'est pas né dans le métier ne réussit jamais à se former complètement ; d'autres fois il semble qu'une sorte d'instinct lui serve de guide et le mette d'emblée hors d'affaire, mais comme ceci ne peut se prévoir d'avance, comme les écoles, même les écoles pratiques d'agriculture, ne donnent pas ou donnent insuffisamment l'instruction professionnelle, par suite des circonstances particulières où elles se trouvent forcément placées, je crois indispensable à celui de nos élèves agriculteurs qui veut entreprendre la gestion d'un domaine agricole, comme propriétaire exploitant ou comme fermier, de faire, son instruction scientifique terminée, un stage prolongé dans une bonne exploitation bien dirigée, où on lui apprenne à voir d'abord, à exécuter ensuite, et à commander enfin. Ce stage, à mon avis, ne doit pas durer moins de dix-huit mois ou deux ans, de façon à pouvoir suivre le cycle complet d'une année agricole avec tous les travaux qu'elle comporte, depuis la préparation du sol en vue d'une récolte déterminée, jusqu'à la vente ou l'utilisation sur place des produits de cette récolte. Muni de ces renseignements précieux, le stagiaire pourra s'essayer pour son propre compte, sans avoir trop à craindre les écoles fâcheuses ; mais, s'il en a la possibilité financière, et s'il veut mettre quelques atouts de plus dans son jeu, fixé sur le genre d'exploitation qu'il se propose d'entreprendre, il fera sagement de visiter encore quelques fermes s'adonnant aux spéculations végétales ou animales qu'il a lui-même en vue. Ces nouvelles visites seront forcément beaucoup plus courtes que le premier stage, leur durée dépendra de la nature et de l'importance des matériaux que l'on pourra recueillir : il est très bon d'avoir beaucoup de chiffres, et de comparer les méthodes, non seulement dans son propre pays, mais aussi dans les pays voisins, qui, par leurs conditions économiques ou climatériques, se rapprochent ou s'éloignent du nôtre : on dit, en effet, parfois que les extrêmes se touchent ; une chose certaine est que la connaissance de procédés de culture en apparence complètement opposés peut souvent suggérer l'idée la meilleure pour les conditions spéciales où l'on se trouve avoir soi-même à opérer.

CHAPITRE II

CHOIX DU DOMAINE AGRICOLE

Le but de l'agriculteur ; il prime toute autre considération dans
le choix du domaine. Considérations d'ordre moral. L'eau. Les
chemins d'accès et de service. Proximité d'une gare, d'un port
fluvial, d'un centre ou d'une usine susceptible de mettre en œuvre
les produits de l'exploitation. Position des bâtiments d'exploitation.
Exposition générale du domaine. Nature des cultures existantes
et possibilité de les mettre en harmonie avec le but cherché.

Son parti une fois pris, muni du bagage théorique nécessaire
et préparé aux expériences de la pratique par des stages dans
de bonnes fermes, le futur chef d'exploitation doit entrer dans
la vie active et prendre à son compte la direction d'un domaine.
Deux cas peuvent alors se présenter pour lui : il possède une
terre cultivée avant lui par ses parents ou reprise à d'anciens
fermiers pour être mise en culture directe, — ou bien il n'a pas
encore de ferme et il lui en faut acheter ou louer une.

Dans le premier cas, l'agriculteur n'a pas d'incertitude à
avoir. Les circonstances lui tracent sa ligne de conduite et le
plan qu'il lui faut adopter dans l'avenir : il ne saurait essayer
de faire pousser du blé dans des terres à herbages ou de la
vigne au lieu de vergers de pommiers à cidre ; au Châtillonnais,
les bons troupeaux de moutons ; au Nivernais, les bêtes
d'engrais ; aux herbages normands, les bœufs de boucherie et
les vaches laitières ; au Midi, la vigne ou l'olivier ; au Nord,
le blé et les betteraves. Mais, si le cadre est tracé, bien des détails
peuvent être modifiés par lesquels le chef d'exploitation s'assurera le succès ou végétera misérablement.

*Premier élément du choix d'un domaine agricole :
recherche de la branche agricole où le futur cultivateur estime avoir le plus de chances de réussir.* — Voyons
d'abord sur quels points l'agriculteur doit porter son attention
lorsque, au lieu d'avoir à mettre en valeur un domaine familial,
il a toute facilité pour choisir le champ de sa future activité.

Avant toute chose, il doit se consulter très sérieusement pour se rendre compte si ses aptitudes, éprouvées par les stages successifs dont j'ai parlé, le portent à s'occuper avec profit de telle ou telle branche de l'encyclopédie agricole. Quand il croira avoir trouvé sa voie, avant de s'y engager définitivement, il recherchera avec le plus grand soin comment se comporte depuis aussi longtemps que possible la spéculation ou l'ensemble des spéculations agricoles où il a l'intention de se lancer ; des allures passées du marché et des causes (circonstances économiques ou autres) qui ont agi ou ont chance d'agir sur ce marché, il tâchera de déduire la tenue éventuelle des cours dans l'avenir : si ceux-ci s'annoncent fermes non seulement passagèrement, mais pour un laps de temps de suffisante durée, malgré les risques de fléchissements momentanés, il ira franchement de l'avant sans ménager son action sur les facteurs de la production dont il est maître.

Intervention de considérations morales dans le choix du domaine agricole. — Et cependant, si notre cultivateur n'a pas que le souci du côté pratique de sa carrière, si, comme nous aimons à le supposer, il y a place aussi chez lui pour un idéal plus élevé, avant de se jeter dans l'entreprise qui a ses préférences et qui lui paraît entourée de toutes les garanties nécessaires, il se demandera si, un jour à venir, cette entreprise lui laissera la liberté dont il aura besoin pour élever une famille parfois nombreuse sans avoir à se décharger entièrement sur autrui de l'éducation de ses enfants ; il se demandera si le lieu où il se dispose à planter sa tente, par sa situation éloignée d'un centre ou du berceau familial, n'enlève pas à sa femme et à lui-même bien des satisfactions d'ordre moral ou religieux qu'on ne saurait sacrifier sans inconvénient.

Quand il aura ainsi complètement étudié sous tous ses aspects ce premier point qui est le plus sérieux, puisque c'est de lui que dépendent toutes les autres considérations, le chef d'exploitation arrêtera son choix sur la région où il s'établira ; puis, serrant les choses de plus près, il arrivera au choix du domaine lui-même en envisageant les questions qui doivent arrêter son attention avant la signature du bail ou de l'acte d'achat.

Recherches des premiers renseignements sur la valeur d'un domaine agricole. Renseignements obtenus des personnes du pays où est situé le domaine. — Tout d'abord, l'exploitation, qui paraît, à première vue, pouvoir convenir, répond-elle bien en réalité au but que son possesseur éventuel a en vue? Ceci n'est pas fort difficile à savoir, même si l'on est complètement étranger au pays : on visite en touriste et on fait parler les gens que l'on rencontre sous un prétexte ou sous un autre. Avec un peu d'adresse, on les amène assez aisément à dire : telle ferme est bonne ou mauvaise, la personne qui l'exploite cesse d'en continuer la culture pour tel ou tel motif, ou bien la met en vente pour telle ou telle autre raison, elle y a réussi avec ses chevaux et ses moutons ou échoué avec ses vaches, etc. Il faut, il est vrai, faire la part des mauvaises langues et prendre garde de se découvrir soi-même, car on ne peut compter sur une sincérité suffisante que tant que vos intentions ne sont pas percées à jour, mais, encore une fois, sur ce premier point il n'est pas très compliqué de ne pas attirer l'attention et il mérite d'autant plus qu'on en pousse l'étude aussi loin que possible, qu'il y a, dans ces premiers entretiens, un moyen en somme assez bon d'apprendre à connaître de futurs voisins et de se faire en même temps une première idée du caractère du personnel que l'on aura à diriger. Après avoir fait parler les gens, on complète leurs dires en faisant parler les choses, et, pour y arriver, on a recours à ce que le professeur Wrightson, le savant directeur de l'école d'agriculture de Daunton, à Cirencester, en Angleterre, appelle dans ses *Principes d'agriculture pratique* les *indications de fertilité*, dont la plupart frappent immédiatement un œil déjà préparé.

Indications fournies par le domaine lui-même. — *Indications de fertilité à tirer de la physionomie générale du domaine, de la nature des terres, des récoltes, etc.* — La première indication de fertilité est donnée par l'aspect général des contours du pays. Ces contours sont-ils accidentés, coupures brusques, arêtes escarpées, rochers bizarres, probablement le sol n'est pas très fertile, le roc subsiste émergeant ou tout proche de la surface ; l'exploitation n'est bonne que pour la culture extensive, pacages de moutons, boisement en résineux, cultures arbustives. Les contours, au contraire, sont-ils arrondis, les lignes presque horizontales ou à peine ondulées, nous sommes en présence de sols alluvionnaires, probablement profonds, et par cela même riches en même temps que faciles à travailler.

La couleur est une seconde indication de fertilité : des sols bigarrés sont médiocres, leurs éléments divers ne sont pas mélangés et souvent les teintes vives décèlent des principes insuffisamment oxydés préjudiciables à la croissance des végétaux, tandis que chacun sait qu'une terre de teinte uniforme est généralement bonne, surtout si cette terre est de teinte foncée signe de la présence de matières humiques.

L'impression éprouvée en posant le pied sur le sol, la nature ou l'absence de la boue emportée par les souliers après une forte averse sont autant d'indications précieuses permettant de reconnaître immédiatement à quelle nature de sol on a affaire ; l'aspect des sillons concourt au même but, mais de façon moins précise, une terre argileuse ne se moule et se lisse en effet, sous l'action de la charrue, que si elle est travaillée trop mouillée ; aussi, de loin, lorsqu'une terre de ce genre a été bien préparée peut-on se tromper sur sa nature ; toutefois il est à remarquer qu'à moins d'un correctif apporté par le drainage, une terre se laboure en bandes d'autant plus étroites qu'elle est de nature plus forte et compacte.

D'autres indications de fertilité sont données par les bois, les prairies permanentes, les mauvaises herbes. Les bois de feuillus à végétation puissante, aux teintes d'un vert sombre sont portés sur des sols riches ; les résineux, les bouleaux, les peupliers indiquent des terrains pauvres ou humides. Les prairies permanentes sont en général un signe de richesse, mais encore faut-il les regarder de près et voir comment elles sont composées, si elles donnent au pied l'impression spongieuse et élastique des terrains tourbeux ou celle plus consistante d'un épais tapis de bonnes plantes fourragères. Les graminées de bonnes espèces, ray grass, fléole, les meilleures classes de fétuques et de pâturins, l'abondance des légumineuses et surtout du trèfle blanc, sont de nature à donner toute confiance, surtout si, vertes, elles ne sont pas brûlées par le soleil lorsqu'on les observe aux époques les plus chaudes de l'année. La présence des graminées inférieures, les variétés les plus grossières des bromes, la houlque laineuse, les roseaux et les laiches révèlent, au contraire, des sols trop humides et souvent aussi trop acides. Ils ne doivent pas être dédaignés pour cela, mais il faut tenir compte des dépenses à faire pour les améliorer et par suite les louer ou payer moins cher.

Une très bonne indication de fertilité est, à mon avis, donnée par la verdure telle qu'on peut l'observer dans les jardins et enclos et telle qu'elle se fait remarquer dans la plaine : si le vert accentué des jardins et des clos tranche, au printemps, sur le vert plus ou moins jaunâtre des récoltes; si, à cette époque, les villages font, pour ainsi dire, tache dans le reste du paysage, c'est que les terres arables manquent de principes azotés et que leur bonne mise en culture exigera, de ce chef, des frais supplémentaires. La comparaison, dans un même rayon, entre les cultures d'exploitations d'importances différentes fournit une indication du même ordre. La terre est bonne s'il n'y a pas de différence accentuée entre les récoltes obtenues par le gros fermier, qui a en mains tous les capitaux et instruments de travail nécessaires, et celles que fait pousser le petit cultivateur, obligé de cultiver de façon plus modeste. Si la différence est marquée, on peut craindre qu'elle ne soit pas due seulement au plus ou moins d'habileté du cultivateur, mais qu'elle provienne aussi d'une grosse mise de fonds dans le cas du fermier riche : le sol est sans doute pauvre, ou au moins médiocre, et il est nécessaire de rechercher si les produits qu'il donne à frais élevés sont assez rémunérateurs pour justifier la dépense engagée.

Un nouvel exploitant doit être évidemment soucieux d'entrer en possession de terres propres et, s'il s'agit d'une location, il peut demander une concession sur les premières années de son bail afin de n'avoir pas à supporter les charges d'une remise en état de champs trouvés sales ; néanmoins, si l'on doit rechercher des terres exemptes de mauvaises herbes, la nature de celles qui ont pu échapper à l'instrument des bineurs n'est pas indifférente : les orties, les chardons, le chiendent lui-même, sont la caractéristique des bons sols, généralement frais et profonds; les agrostis, les fougères surtout, croissent, au contraire, en terrains stériles.

Telles ne sont pas d'ailleurs les seules indications de la fertilité du sol : la formation géologique à laquelle ce sol appartient, l'analyse des principes qu'il contient en donnent d'autres; mais ici l'œil ou le toucher ne suffisent plus à eux seuls pour fournir un utile aperçu, il faut avoir recours au laboratoire, ou tout au moins aux connaissances scientifiques dont nous faisions voir l'importance dans notre premier chapitre, aussi ne nous attacherons-nous pas, pour le moment, à ces points très sérieux. Les sens et les observations qu'ils permettent de faire en apprennent assez à l'agriculteur pour lui permettre de voir s'il doit ou non s'arrêter au choix du domaine qu'il convoite. C'est lorsque ce choix sera fait qu'en présence du sol à exploiter nous aurons à étudier de près sa composition et les réactions d'ordres variés dont il est le siège.

Conditions nécessaires à la fertilité d'un domaine agricole : profondeur du sol, bonne qualité du sous-sol, absence de principes nuisibles, exposition générale des terres. — Favorablement renseigné par l'examen des diverses indications de fertilité que nous venons de passer en revue, le futur fermier décide de pousser plus loin ses investigations. Il doit se demander alors si, aux indications de fertilité, sont jointes les *conditions* de fertilité du sol; il s'agit, en effet, de ne pas se laisser tromper par des apparences flatteuses, mais de se rendre compte si celles-ci correspondent à une réalité durable. Nous dirons donc ici que, pour qu'une terre soit fertile, il est nécessaire qu'elle renferme en abondance les aliments nécessaires à la vie des plantes, ce qui revient à dire qu'elle doit être profonde ou reposer sur un bon sous-sol; elle doit être, en outre, exempte de principes nuisibles au développement des végétaux, principes souvent décelés, nous l'avons dit, par un aspect bigarré et richement coloré de jaune et de bleu des champs; enfin il faut que, sous un climat approprié au genre de cultures que l'on a en vue, elle soit bien exposée pour profiter de la chaleur du soleil et être en même temps à l'abri des phénomènes météorologiques fâcheux, tels que grêle, gelées blanches ou vents violents. Le sol, ou couche arable, est cette mince écorce superficielle que détache la charrue et que brisent ensuite les autres instruments aratoires. Comme la charrue le met à nu dans toute son épaisseur, il n'est pas difficile d'en faire une étude physique suffisamment exacte en tenant compte des données que nous avons indiquées.

Examen du sous-sol. — Au-dessous du sol ainsi défini est le *sous-sol,* que les outils du cultivateur n'atteignent pas ou qu'ils se contentent de fouiller en le laissant en place. Ce sous-sol présente un intérêt aussi grand que le sol lui-même, puisqu'il peut, dans certains cas, se prêter à son approfondissement, augmentant ainsi le magasin des principes utiles mis à la disposition des végétaux ; l'agriculteur doit donc l'examiner dans la recherche qu'il fait du domaine à exploiter. Lorsqu'il s'agit de terres d'alluvions, mélanges de débris arrachés à des formations géologiques différentes et finement pulvérisés, sol et sous-sol ont souvent même composition, et de la variété aussi bien que de l'état physique des éléments qui entrent dans l'un comme dans l'autre résulte l'excellente qualité de ce genre de terrain. Mais lorsque le sous-sol est différent du sol, il peut arriver que les défauts de l'un soient corrigés par les qualités de l'autre, ou, au contraire, que la nature du sous-sol ajoute purement et simplement aux défauts du sol. C'est un point qu'on ne saurait négliger. Un sous-sol sableux est excellent lorsque sur lui repose un sol froid et compact : il constitue un véritable drainage naturel qui laisse au sol argileux toutes ses qualités et en atténue grandement les inconvénients. L'inverse peut avoir aussi ses avantages, mais il faut prendre garde toutefois qu'une imperméabilité trop grande du sous-sol peut avoir pour résultat l'immersion du sol léger qui le surmonte : l'eau reçue par ruissellement, arrêtée dans son mouvement de descente, reste stagnante, elle baigne les racines des plantes et leur cause un grave préjudice lorsque le fait se produit trop près de la surface. Inutile d'insister sur les inconvénients d'un sous-sol rocheux et non fissuré, mal dissimulé par une mince couche de terre végétale.

La question du sol et du sous-sol vidée, l'agriculteur doit

2.

porter son attention sur les ressources en eau et sur les chemins d'accès et de service.

Question de l'eau. — L'eau est la vie même de la ferme : sans eau pas d'élevage de bétail possible ; le mouton seul peut prospérer, car il boit peu, sauf lors des chaleurs estivales, ou lorsqu'on le tient, l'hiver, dans des bergeries trop chaudes, et, en se rendant au pâturage ou en revenant, il peut rencontrer dans les mares de la contrée l'eau dont il a besoin. Les bêtes à cornes, les chevaux de travail, les porcs eux-mêmes demandent à trouver à la ferme ou dans un voisinage immédiat les abreuvoirs où ils se désaltèrent, et les éléments du calcul qui s'imposent apparaissent à première vue. S'il s'agit seulement de la consommation des animaux et des besoins du personnel de la ferme, y compris l'eau nécessaire au blanchissage, il n'est pas trop difficile de se rendre compte de la quantité d'eau dont il faut pouvoir disposer chaque jour. M. Wery, dans son excellent agenda agricole publié par MM. Baillière, donne à la page 132 tous les éléments utiles au calcul, en tenant compte des différents régimes. Cette quantité connue, si on peut l'emprunter à un ruisseau d'un débit suffisant même en été, le problème est résolu. Si l'eau courante fait défaut en totalité ou partiellement, il faut avoir recours à des puits ou à des citernes, et de deux choses l'une : ces puits ou citernes existent et fournissent le complément d'eau dont on a besoin, ou ils n'existent pas, et il faut les établir. La question devient alors plus complexe.

S'il s'agit d'un puits à forer : une connaissance très complète du régime des eaux souterraines au point considéré est indispensable pour savoir à quelle profondeur on trouvera l'eau, quelle en sera la nature plus ou moins calcaire et surtout le débit journalier. Y a-t-il, au contraire, lieu d'envisager la construction d'une citerne, il faut voir quelle est la surface de toits dont on peut capter les eaux et, tenant compte de la chute d'eau moyenne au cours de l'année, établir le volume annuel du liquide susceptible d'être recueilli ; ceci fait, comme la pluie ne tombe pas régulièrement chaque jour et comme la consommation est souvent maximum aux époques où les chutes d'eau pluviale sont minima,

il y a lieu de prévoir des réserves et de calculer en conséquence
le cube des réservoirs à construire. J'ajoute incidemment que,
dans ces calculs, il doit être tenu compte de l'eau de ruissellement susceptible d'être recueillie dans une bonne mare
établie dans la cour de ferme. La présence ou l'absence de
cette mare a une importance sur laquelle il est inutile d'insister sinon pour signaler qu'il ne suffit pas que la mare existe,
mais qu'il faut encore s'assurer qu'elle est étanche et bien
aménagée. Par bon aménagement, j'entends une disposition
écartant de la mare toutes les eaux polluées par les purins et
déjections des animaux; quant à l'étanchéité, c'est une qualité
essentielle qu'il n'est pas toujours facile de reconnaitre sans
un examen minutieux : le niveau de l'eau baisse, en effet, par
suite de l'évaporation plus ou moins intense qui s'exerce à la
surface de la mare et par suite de la consommation; il peut, au
contraire, être brusquement relevé par une averse violente et
soudaine. Le témoignage impartial de gens du pays, si on a la
chance de pouvoir le recueillir, est, en la circonstance, fort
précieux, sinon indispensable; j'en parle par expérience, et je
puis dire qu'il faut se défier beaucoup de l'étanchéité d'une
mare lorsque le propriétaire nous fait valoir qu'il l'a nettoyée,
surtout lorsque la vidange a eu lieu à l'aide d'une pompe à
vapeur : le logement aménagé pour la crépine du tuyau d'as-
piration de la pompe dessole d'ordinaire la mare, quelque soin
que l'on prenne pour reboucher le puisard.

Déjà complexe lorsqu'il s'agit seulement de la boisson et
des soins d'hygiène et de propreté, la question de l'eau à la
ferme devient plus délicate encore s'il est nécessaire de pratiquer des irrigations de prairies, s'il faut mettre en marche
un moteur à vapeur ou à gaz, ou si à l'exploitation culturale
proprement dite s'ajoutent des industries annexes : beurreries
et laiteries, distilleries ou féculeries. C'est un point sur lequel
nous reviendrons par la suite, en tâchant de déterminer les
exigences en eau de chacune de ces industries ; je crois
toutefois devoir dire ici que, si l'agriculteur se propose de
faire, sur le domaine qu'il s'inquiète de choisir, du lait ou du
beurre, il lui est à peu près indispensable d'avoir sous la main
une quantité d'eau pure et fraîche à laquelle il puisse puiser

sans compter, que cette eau lui soit fournie par une compagnie comme il en existe quelques-unes, ou par puits ou ruisseau courant. Si le fabricant de beurre doit être limité dans ses ressources en eau, s'il ne peut avoir cette eau suffisamment fraîche, il fera sagement de renoncer à la beurrerie ou de chercher ailleurs une exploitation mieux adaptée à l'entreprise qu'il a en vue. Aucune des manipulations de la laiterie ne se prête, en effet, à la réutilisation de masses d'eau ayant déjà servi, ainsi qu'il est loisible de le faire pour d'autres industries moins délicates. Mais il ne suffira pas qu'une ferme soit bien alimentée en eau si elle n'a pas de bons débouchés assurés par ses chemins d'accès et sa position par rapport aux points où devront être utilisés ses produits.

Les chemins d'accès et d'exploitation du domaine agricole. — Il est inutile d'insister sur le fait de l'économie qui résulte, pour le cultivateur, d'un bon réseau de chemins d'exploitation. Les parcours à travers champs sont réduits de ce chef au minimum, et par conséquent la fatigue des attelages est très atténuée; il faut deux bœufs ou deux chevaux là où il en faudrait trois ou quatre, et, de plus, on ne massacre pas les terres en les creusant d'ornières profondes et répétées aux mêmes endroits : on entre dans la pièce à l'endroit précis où on a besoin d'y entrer et chaque fois cet endroit peut être différent du précédent. Si les chemins sont plats au lieu d'être accidentés, s'ils sont bien empierrés au lieu d'être plus ou moins mal tenus, les avantages qu'ils présentent sont accrus d'autant, et j'estime que c'est pour le fermier un très mauvais calcul que de chercher à *réduire au minimum* les prestations en nature et fournitures de cailloux auxquelles il est tenu : quelques mètres de cailloux supplémentaires sont bien vite regagnés par l'économie de temps et de force qu'ils procurent en supprimant un passage difficile ou en rendant un chemin plus roulant.

Les chemins ruraux ou vicinaux servent aux besoins journaliers de l'exploitation ; s'il doit faire des livraisons au dehors ou ramener des engrais ou tourteaux sur sa ferme, l'agriculteur emprunte les chemins de grande communication ou ceux des chemins vicinaux qui, en raison du plus grand nombre de personnes qui ont à s'en servir, sont d'ordinaire mieux entretenus que les autres; il n'a donc pas, sur ce genre de voie, à s'inquiéter de l'état d'entretien, qui est au moins satisfaisant et quelquefois remarquable; seul un profil plus ou moins acidenté doit retenir son attention, et surtout il faut prendre garde aux distances. Il va de soi que moindres sont ces distances, plus avantageux sont la position du domaine, et par conséquent ce domaine lui-même.

Proximité d'une gare ou d'un centre pour la livraison des produits du domaine. — On recherchera donc les fermes situées au voisinage immédiat des gares, centres de livraisons ou d'approvisionnements, canaux ou usines. Une bascule de sucrerie ou de distillerie, placée au centre d'une exploitation agricole, constitue un élément de prospérité dont on n'apprécie pas toujours assez l'importance, sans quoi on n'hésiterait pas à s'en assurer ou conserver le bénéfice en prenant une part plus considérable des frais que son entretien nécessite pour l'industriel. Du champ, les tombereaux sont immédiatement conduits au silo de l'usine où, après avoir été pesés, ils sont vidés, sans que le cultivateur ait à s'en inquiéter davantage ; il n'est pas question pour lui de débardage à bord de route, rechargement sur de lourds chariots qui font le transport aux gares, mise à quai en attendant les wagons disponibles et troisième chargement dans les wagons pour le départ définitif à la sucrerie. D'autre part, les tares sont prises à la bascule, et le chef de l'exploitation, tout en surveillant par lui-même ou par son contremaitre cette opération délicate, voit du même coup si les arrivées de ses équipages sont régulières, si les chargements sont bien complets et utilisent en plein la force des attelages ; l'économie aux mille kilogrammes de marchandises livrées ressort immédiatement, mais comme il est rare de pouvoir bénéficier de situations aussi privilégiées, qui ont d'ailleurs leur répercussion sur la valeur locative aussi bien que sur la valeur foncière du sol, le nombre de trajets aller et retour que l'on peut exécuter par journée de travail du point de départ au point de livraison doit entrer en considération. Il est bon que la durée de ces doubles trajets, stationnements aux deux extrémités du parcours compris, soit

un sous-multiple exact de la durée de l'attelée, ou au moins de
la journée entière; dans ce second cas, on arrive à éviter les
pertes de temps, en déplaçant les heures d'arrêt pour les repas ;
c'est, au contraire, une condition désavantageuse pour une
exploitation, si sa distance de la gare ou du centre d'approvisionnement est telle qu'il reste à la fin du jour des heures
vides pour les attelages sans que le temps ainsi disponible
puisse être facilement rempli par un autre travail.

*Position et aménagement des bâtiments d'exploita-
tion, avantages ou inconvénients qui peuvent en résulter*. — A ce même point de vue, une position centrale des
bâtiments d'exploitation avec toutes les terres du domaine
groupées autour d'eux est très importante ; on conçoit, en effet,
combien il est plus facile de régler des transports de fumier,
des rentrées de récoltes, etc., s'il faut pour les exécuter un
temps à peu près uniforme, présentant peu de variation suivant la pièce où les attelages sont occupés ; de plus, exercée
d'un point central, la surveillance du patron est autrement
simple et efficace que lorsqu'il faut un long déplacement
pour aller voir un point isolé, souvent masqué par un bouquet
de bois ou tout autre accident de terrain favorable aux pertes
de temps de la part des ouvriers agricoles.

Si le groupement des terres autour de la ferme, si leur division en grandes pièces exemptes d'enclaves et séparées par un
bon réseau de chemins d'exploitation sont toutes choses qui
donnent au domaine à choisir une valeur particulière, la
position des bâtiments d'exploitation dans la cour de ferme
influe aussi sur cette valeur. Il est très bon que de sa chambre
à coucher, de son bureau et de sa salle à manger, l'agriculteur
puisse d'un coup d'œil embrasser ses écuries et ses bouveries :
il voit ainsi immédiatement, sans avoir à se déranger, si les
attelages partent et rentrent à l'heure sans désordre ou
flânerie ; si, la nuit, un mouvement insolite l'éveille, facilement
il se rend compte d'où le bruit est parti, et, s'il dispose d'un
phare électrique lui permettant de projeter une vive lumière
sur les points qu'il a intérêt à scruter, sans hésitation, il fait
porter remède à l'inconvénient qu'il a constaté. Quand, en
même temps que ses écuries et bouveries, le chef de l'exploita-

tion peut voir aussi les autres logements du bétail, l'avantage est encore plus manifeste; toutefois cette commodité de surveillance et ses bons effets ne doivent pas faire oublier la nécessité qu'il y a de pouvoir exécuter commodément l'enlèvement des fumiers et les approvisionnements exigés par les différents services. Ces commodités peuvent être assez grandes parfois pour faire l'économie d'un vacher ou d'un berger, et l'on conçoit qu'elles ne doivent pas être négligées. Quand on les aura envisagées, et quand on aura observé l'orientation générale des terres, leur exposition, la façon dont elles sont plus ou moins balayées par les vents dominants, menacées des atteintes de la grêle ou de certains courants d'air compromettants pour la bonne floraison des arbres à fruits ou pour la bonne tenue des céréales contre la verse, on sera bien près d'avoir passé en revue les principaux éléments qui peuvent conduire à prendre ou à laisser de côté l'exploitation agricole soumise à l'étude.

Je signalerai cependant trois de ces éléments savoir : l'étude au point de vue de la solidité et du bon aménagement intérieur de chacun des bâtiments d'exploitation, la fixation de la valeur locative ou foncière, et la nature des récoltes.

Les qualités et les défauts reconnus à l'exploitation dont on se propose la mise en valeur éventuelle forment une moyenne d'après laquelle on renonce à pousser plus loin les choses ou l'on se décide à jeter les bases d'un contrat de vente ou de location. Dans ce dernier cas, le prix qu'on acceptera sera d'autant plus élevé que les bons côtés domineront et atténueront les mauvais, mais encore y a-t-il des conditions locales dont il faut tenir compte et qui ont leur influence très marquée sur les prix, sans que cette influence soit toujours absolument justifiée, comme il arrive souvent lorsque intervient la question de mode ou de convenance. Il faut être documenté sur ce point avant d'entamer une négociation quelconque, et ici le concours des notaires de la région ou de personnes compétentes et désintéressées, comme il en existe dans les bons syndicats agricoles, est presque indispensable.

Importance de la nature des plantes cultivées sur le domaine pour se rendre compte si le domaine en question répond bien au but que l'on se propose par son exploitation. — L'aspect des cultures nous a renseignés sur la fertilité probable de la terre, leur nature nous donne une indication sur les aptitudes du sol à recevoir, de préférence à d'autres, l'ensemble de certaines plantes susceptibles d'être associées en vue d'un but déterminé. Si ce but est exactement celui que nous avons en vue, c'est parfait; si, au contraire, nous avons une modification à apporter, il faut voir si le sol s'accommodera de cette modification et donnera avec le nouveau mode de culture d'aussi bons résultats qu'avec l'ancien. Ici intervient la connaissance des assolements, suite toute naturelle à l'étude que nous aurons à faire du sol.

État des bâtiments agricoles. — La valeur foncière du sol retient l'attention de l'acheteur et du locataire ; l'état dans lequel se trouvent les constructions semble parfois les intéresser beaucoup moins, parce que l'on considère surtout le prix de l'hectare de terre loué ou acheté. Cet état n'est cependant pas négligeable, surtout lorsqu'il s'agit d'une acquisition, car les frais de remise à neuf des bâtiments, la réparation des aires et des toitures peut entraîner à de grosses dépenses dont il convient, suivant moi, de tenir grand compte. Je reprendrai cette question, qui est assurément l'un des facteurs de la gestion d'une exploitation agricole.

CHAPITRE III

DIFFÉRENTS MODES D'EXPLOITATION
DU DOMAINE CHOISI

Culture directe par le propriétaire. Culture par voie de régie
contrôlée par le propriétaire. Fermage. Métayage.

*Acquisition ou location ; précautions à prendre avant
de signer un engagement définitif.* — Le domaine agricole
est choisi. Que va faire le chef nouveau de l'exploitation? Va-
t-il louer ou acheter le domaine qui a réuni ses préférences?
La réponse à cette question dépend de deux considérations :
1° possession d'un capital assez considérable pour qu'une fois
le domaine payé et les bâtiments remis en état, il reste un fonds
de roulement suffisant pour permettre une bonne exploitation
sans être obligé de renoncer à certaines améliorations de nature
à assurer le maximum de succès ; 2° possibilité de reprendre
éventuellement sa liberté en rentrant dans les avances faites à
la terre après amortissement des capitaux engagés, de telle
sorte que le prix de vente, qu'il faut s'attendre à voir souvent
inférieur au prix d'achat, constitue un bénéfice net. Si l'on possède les capitaux nécessaires et si l'on croit pouvoir réaliser
l'amortissement dont nous venons de parler au cours de la
période active d'une existence humaine, je considère comme
préférable d'acheter le domaine, sinon je n'hésite pas à conseiller de le louer. Mais, que l'on achète ou qu'on loue, il me paraît
d'une prudence presque élémentaire de commencer par faire
un essai avant de s'engager de façon définitive. Je veux dire
par là qu'à moins de trouver des conditions tout à fait particulières et exceptionnelle ; ne laissant place à aucun doute, il est
bon de voir pendant quelques années comment le domaine
choisi se comportera sous l'influence de sa mise en exploitation : donc, avant d'acheter, si faire se peut, je commencerais
par prendre la terre à bail en me couvrant au besoin par une

clause me donnant la préférence en cas de vente ; ou bien, si je voulais seulement louer la ferme, je ménagerais dans la rédaction du bail une clause de résiliation au bout d'une première période de trois ans. Cette clause, il est vrai, fait courir au fermier un certain aléa, et elle peut le retenir dans l'exécution de certaines améliorations qu'il serait tenté d'entreprendre s'il avait d'emblée un bail à long terme ; mais je la crois plus avantageuse que nuisible pour le preneur aussi bien que pour le bailleur. Si la ferme est mauvaise, elle donne une porte de sortie au preneur ; elle en donne une au bailleur, si c'est son fermier qui n'est pas solvable, et cela peut prévenir de grosses pertes pour chacune des parties. Si, au contraire, l'exploitation est bonne et que le preneur, bon aussi, ait envie d'y rester et de continuer un bail parfois susceptible de refonte, il y a très peu de probabilités pour que le bailleur n'y consente pas, trop heureux d'avoir trouvé un locataire qui, en travaillant pour lui, travaille généralement, du même coup, dans l'intérêt de son propriétaire.

Avantages à être propriétaire du domaine que l'on se propose d'exploiter. Exploitation par le propriétaire lui-même. — J'ai dit qu'après s'être entouré des garanties nécessaires par une sorte de prise à l'essai, je considérais comme préférable d'acheter le domaine plutôt que de le louer, lorsque l'on disposait d'une fortune suffisante ; je dois justifier cette assertion. Possesseur de sa ferme, l'agriculteur ne dépend plus absolument que de lui-même ; rien, en dehors des éléments parfois contraires, ne peut s'opposer à son succès, pourvu, comme nous le supposons, qu'il ait une réelle connaissance de son métier. Il a toute liberté pour adopter le système de cultures qui lui paraît le mieux s'adapter à la nature de ses terres et pour donner une prédominance aux branches qui sont les plus profitables. A lui seulement de prendre garde et de ne pas casser son outil en voulant en obtenir un rendement supérieur à celui qu'il peut normalement donner ; il évitera cet écueil dans une très large mesure s'il connaît et applique judicieusement la loi de restitution ; si, par un emploi approprié des engrais, il détruit certaines toxines que le retour trop rapproché d'une même plante sur le même champ semble, d'après les recherches nouvelles de la science, développer dans ce champ en y déterminant un véritable empoisonnement du sol.

D'un autre côté, le cultivateur propriétaire a pour lui un facteur très précieux qui est le temps ; il est de ce chef plus hardi pour confier à la terre d'importants capitaux sous forme d'engrais et d'améliorations foncières, telles que drainages ou irrigations ; la plus-value de récoltes qu'il retire de ces avances le fait rentrer dans l'argent qu'il a déboursé et lui procure en même temps un intérêt rémunérateur. Il n'est point exposé à être obligé de quitter son exploitation, laissant derrière lui des réserves non utilisées, qui seraient tout bénéfice pour son successeur, mais dont il lui serait tenu à lui-même peu de compte, étant données les dispositions actuelles de la législation rurale. Il pourra de même apporter aux aménagements intérieurs de ses bâtiments tous les perfectionnements pratiques dont l'expérience lui démontrera l'utilité : étendre ses hangars pour la mise à l'abri des récoltes, disposer au mieux ses transports de force par voie électrique, que sais-je encore ? Tous les travaux ainsi exécutés lui appartiennent, il peut en retirer tout l'avantage, et si les circonstances l'obligent à une cessation de culture, la plus-value qui en résulte pour son domaine l'aide encore à rentrer dans ses débours.

Tous ces motifs me semblent militer en faveur de la possession du domaine exploité ; toutefois cette possession n'est pas sans présenter son revers de médaille. Le propriétaire du sol y est attaché de façon presque continue, s'il veut réussir dans son entreprise ; de là résulte pour lui une vie parfois un peu isolée et austère, dont il faut savoir prendre son parti en y apportant, au besoin, les correctifs nécessaires par des abonnements à des publications d'ordre scientifique ou littéraire, des réunions de famille et d'amis. Ce qui est plus sérieux, c'est que, fixé sur sa terre, le propriétaire ne peut s'en débarrasser dans un moment de crise, il doit par conséquent avoir assez de ressort moral et de ressources financières pour traverser sans autre accident qu'un dommage passager une de ces crises aiguës si elle vient à se produire par suite d'une mévente prolongée ou pour tout autre motif. Il lui faut aussi ne pas perdre de vue que l'entretien du domaine constitue par lui-même une lourde charge, dont l'importance doit avoir été très soigneusement calculée avant toute acquisition définitive : d'un côté, je vois pour le propriétaire foncier un ensemble de recettes provenant de la vente des produits de toute nature qu'il tirera de son exploitation, de l'autre j'aperçois pour lui un groupe de dépenses à couvrir, de capitaux à rémunérer, de travaux à payer.

Les dépenses sont celles que comporte annuellement la gestion de l'affaire. Les capitaux sont : 1° les frais de premier établissement et d'acquisition du matériel d'exploitation, ceux qui, une fois déboursés, ne se renouvellent plus; 2° les frais d'améliorations et d'entreprises de longue haleine, qu'un nombre plus ou moins grand d'années devra voir amortir. Les travaux sont le travail matériel du chef de l'exploitation et son travail intellectuel, qui l'un et l'autre ont une valeur et même souvent une valeur élevée. Lorsque ce travail matériel ou moral, ces capitaux d'ordres variés, le fonds de roulment ont été rétribués et ont reçu un amortissement rationnel, que reste-t-il du produit brut calculé d'après les probabilités les plus vraisemblables? S'il reste quelque chose, si la marge entre le montant des charges et celui des recettes est assez large, l'agriculteur a bien combiné son affaire ; il peut avec confiance acheter son exploitation, sinon il lui faut chercher autre chose, ou voir si, en reprenant son calcul en supposant une location pure et simple, il arriverait à un résultat meilleur.

La direction d'une exploitation par son propriétaire exige de la part de ce dernier une attention soutenue et une présence presque continue; il ne peut voir à distance les détails nécessaires à la bonne marche de son affaire, même en se déchargeant sur un contremaître ou un chef de culture, de qui nous aurons à étudier plus tard les attributions, des soins trop terre à terre et pour ainsi dire mécaniques.

Exploitation à l'aide d'un régisseur responsable. — Si le propriétaire exploitant tient à s'assurer plus de liberté, tout en conservant la haute main, il doit avoir recours à un régisseur responsable. Il peut alors porter une part de son activité sur d'autres branches industrielles ou intellectuelles; il peut avoir résidence à la ville au milieu des siens, suivre l'éducation de ses enfants et jouir d'une série d'avantages qui ont bien leur prix. Il ne vient plus alors à la campagne que pour la belle saison, ou aux époques où il est nécessaire de prendre les décisions d'où résulteront la ligne générale de conduite adoptée, la conclusion des marchés, etc. Il n'a plus aucune relation avec le personnel : le régisseur en a tout le soin, il le choisit ou le congédie à son gré. Tout est arrêté d'accord avec lui dans le bureau du chef et contrôlé sur place par une série de visites des champs et des animaux ; puis, le plan tracé, les raisons d'agir de telle ou telle façon données au régisseur, celui-ci passe à l'exécution. Ainsi comprise, l'exploitation d'un domaine agricole ne manque pas d'intérêt, le chef n'en garde même pour lui que les côtés les plus captivants, ceux où se montrent l'esprit d'initiative qui conçoit et l'élaboration de l'idée qui mène à bien l'entreprise conçue par le cerveau du maître et réalisée par le régisseur, véritable outil intelligent dont le propriétaire doit savoir s'assurer le concours actif et dévoué. Ce concours, je me hâte de le dire, est absolument nécessaire : il faut que le régisseur responsable sente très nettement que son intérêt et celui de son patron sont solidaires ; s'il s'imagine qu'il y a antagonisme entre les deux, il ne faut pas lui conserver son emploi, ou bien il faut supprimer les motifs qui l'ont conduit à se faire une pareille opinion, lorsque ces motifs existent autrement que dans son imagination. Faute de prendre l'un ou l'autre de ces partis, le propriétaire s'expose à être trompé : on lui accuse des rendements inférieurs et l'on s'entend avec des négociants peu scrupuleux pour écouler le surplus de récolte dissimulé. J'ai connu des exemples de semblables agissements, lesquels avaient entraîné la tenue d'une comptabilité véreuse ; c'est pourquoi je crois pouvoir les signaler, bien qu'ils soient assez répugnants pour être évités par tout homme consciencieux. Pour ôter à un régisseur jusqu'à la pensée de s'y livrer, l'attribution d'une part dans les bénéfices est assurément le moyen le plus indiqué. Nous verrons par la suite que le bénéfice net annuel est assez difficile à bien établir ; aussi la part de bénéfice peut-elle être avantageusement remplacée par une prime au quintal des principaux produits vendus. Si la prime croît lorsque le nombre de quintaux de blé par exemple dépasse un certain chiffre, la grande généralité des régisseurs aimeront beaucoup mieux augmenter honnêtement leur paie en cultivant bien, et l'exploitation par régie surveillée présentera pour le propriétaire une sécurité très analogue à celle que comporte l'exploitation directe; elle offrira, de plus, les avantages que nous avons fait ressortir au début de son étude. Il est toutefois bien entendu qu'avant de l'adopter il faut s'assurer que la liberté qu'elle donne permet au propriétaire de gagner, par les autres occupations qui lui sont permises, l'argent par lequel il devra payer le rouage supplémentaire qu'est le régisseur. S'il ne regagne pas cet argent, il doit considérer la somme ainsi déboursée comme le prix auquel il achète un avantage : à lui de voir si ce prix n'est pas trop élevé et si ses ressources sont suffisantes pour y faire face.

J'ai indiqué tout à l'heure quels étaient les éléments principaux du calcul à faire avant d'acheter une propriété; nous aurons à revenir sur la plupart de ces éléments de la connaissance desquels résulte une bonne ou une mauvaise gestion du domaine. L'un d'entre eux cependant doit être étudié ici, aussi complètement que possible, car de lui dépend dans une large mesure la résolution que l'on prendra d'acheter ou de louer simplement la terre à exploiter. Il s'agit de l'importance des débours à faire pour acquérir un domaine agricole. Même si nous laissons de côté les raisons de convenances, qui se payent parfois fort cher et qui, étant donné leur caractère tout spécial, ne sauraient entrer dans l'établissement d'un compte où ne doivent figurer que des données d'ordre pratique, bien des facteurs agissent sur le montant du prix d'achat : classe dans laquelle les terres figurent au cadastre, nature des cultures auxquelles se prêtent les terres (prairies permanentes, céréales, plantes fourragères, plantes racines, production des semences, vignes, bois, pâturages à moutons, cultures arbustives), situation et exposition du domaine dont nous avons déjà longuement parlé, enfin son étendue, point sur lequel j'ai à insister maintenant.

Étendue du domaine agricole en tant que touchant au mode d'exploitation choisi. — Cette étendue, en effet, n'est pas indifférente : il est nécessaire qu'elle soit suffisante pour occuper le propriétaire sans que celui-ci ait aucun détail important à négliger ; or ce résultat sera atteint dans des conditions variables avec la nature de l'exploitation et la part que le chef entend prendre dans sa mise en valeur : s'il veut travailler de ses mains et être à lui-même tout à la fois son chef de culture et son premier charretier, il lui faudra évidemment un domaine d'étendue beaucoup plus faible que s'il réduit son rôle à un rôle de direction et d'organisation, surtout si dans cette tâche, toute d'intelligence, il se fait aider d'un second à qui il abandonne la surveillance purement matérielle. L'agriculteur peut aussi se contenter d'un petite exploitation s'il ne s'occupe de celle-ci que comme complément ou diversion à des études de laboratoire ou de bibliophilie ; il cultivera en vigne une surface beaucoup moindre que celle qu'il soignera s'il se livre à la production des céréales et des plantes de grande culture, et son domaine s'étendra avec l'importance que prendront les bois et les pâturages à moutons dont l'entretien est presque nul. Il est donc très difficile de donner en nombre d'hectares des chiffres que tant de causes peuvent influencer.

M'en rapportant à mon expérience personnelle, je puis cependant assigner une étendue minimum de deux cents hectares à un domaine pris dans la Beauce, la Brie ou le Vexin et où l'on s'adonne à la production des céréales complétée de prairies temporaires de légumineuses et de champs importants de betteraves de sucrerie ou de distillerie, les spéculations animales étant l'élevage et l'engraissement intensif des moutons, l'engraissement des bovidés, ou la mise en valeur d'un troupeau de vaches laitières. Sur une exploitation de ce genre de deux cents hectares d'étendue, le chef trouve à exercer son activité physique et intellectuelle en ne gardant pour lui que la direction. Il n'a, dans ces conditions, besoin que d'un chef de culture magasinier, capable de le remplacer en cas d'absence, de surveiller certains travaux où les ouvriers ont à être guidés de façon continue, et de tenir l'exacte comptabilité de tous les aliments, engrais, etc., employés journellement sur la ferme.

Si la ferme grandit en surface, le rôle du second doit croître aussi, il faut un contremaître véritable et même parfois plu-

sieurs chefs de service ; je connais, en France même, des exploitations de quatre cents et même six cents hectares conçues sur
le plan général que j'indiquais à l'instant : leurs chefs sont
d'ordinaire des chefs de famille qui comptent en des fils arrivés
à l'âge d'homme les auxiliaires qui leur sont nécessaires.
D'autres fois le chef d'exploitation n'a pas de fils, mais des stagiaires qu'il forme progressivement, de façon à en avoir toujours de suffisamment capables pour le seconder ; cette formation de stagiaires, pour celui qui est doué de l'intelligence spéciale nécessaire pour y réussir, est un facteur sérieux de succès.
Les jeunes gens qui travaillent en vue d'apprendre à commander à leur tour ne ménagent pas leur temps et leur peine ; ils
s'efforcent d'obtenir un bon rendement des ouvriers placés sous
leurs ordres, et, comme l'éducation qu'ils reçoivent constitue
pour eux un gros avantage, elle n'est souvent pas entièrement
payée par leur travail : leur maître peut leur demander une
juste rétribution pour la science doublée de pratique agricole
qu'il leur inculque. Il y a d'ailleurs bien des degrés dans la
situation réciproque des stagiaires et de leurs patrons, et il est
juste de reconnaître qu'un mauvais stagiaire est aussi préjudiciable au chef d'exploitation qu'un chef insouciant peut être
nuisible à son élève : il y a un choix très sérieux à faire de part
et d'autre.

Lorsque, dépassant encore l'étendue qui justifie la direction
par un chef aidé de fils ou de stagiaires, le domaine atteint une
importance observée à l'étranger plus encore que chez nous,
l'exploitation agricole prend les caractères d'une véritable
exploitation industrielle et scientifique. Non seulement il y a
de véritables chefs de service pour les champs, les magasins,
les différents groupes d'animaux, mais il y a, comme en Saxe,
des chimistes placés à la tête de laboratoires des mieux outillés :
tout est analysé dans ces laboratoires ; le sol de chaque pièce
est connu et non seulement on sait comment l'amender, mais
on sait aussi ce qui exactement lui est enlevé par la récolte
qu'il a portée, ou rapporté par les engrais de tous genres qu'il
reçoit. On a ainsi tous les éléments nécessaires pour maintenir
la balance en équilibre, nourrir et rationner les plantes cultivées, tout comme on nourrit et rationne les animaux.

Peut-être, avant de quitter ce sujet de l'étendue de la propriété rurale, n'est-il pas inutile de signaler une enquête récente du ministère de l'Agriculture qui vient de rechercher l'importance relative de la grande, de la moyenne et de la petite propriété rurale dans les différents départements et sur l'ensemble du territoire français. Cette enquête, qui fait voir quelle est la proportion des domaines de chaque catégorie exploités par leurs propriétaires ou confiés à des fermiers, établit que la petite propriété a une tendance à se développer aux dépens de la grande. La tendance en question est manifeste depuis vingt ans dans 42 départements, elle est nulle dans 17 départements et négative dans 13 départements seulement ; on lui attribue pour causes les droits protecteurs, qui, maintenant un prix élevé pour les produits du sol, encouragent le petit agriculteur à les obtenir, et la rareté de la main-d'œuvre qui met le gros cultivateur en mauvaise posture. Il paraîtrait aussi que le gros cultivateur, pour vouloir faire trop grand, s'est parfois ruiné, tandis que celui qui exploite une propriété moyenne, obligé de compter davantage avec ses capitaux, s'est souvent enrichi par une économie bien entendue.

L'accession d'un plus grand nombre d'individus à la propriété du sol est assurément une bonne chose, toutefois je crois que la disparition complète de la grande propriété serait aussi funeste qu'un émiettement trop considérable des capitaux industriels, et c'est pour cela que, tout à l'heure, j'ai arrêté mon attention sur l'exploitation de 200 hectares et au-dessus cultivée par le propriétaire terrien sorti d'une de nos bonnes écoles d'agriculture. Ce chiffre de 200 hectares est très supérieur aux moyennes données par l'enquête du ministère de l'Agriculture et, quelque intérêt qu'il présente à mes yeux en raison des leçons de choses que le petit et même le moyen fermier peuvent tirer de la grosse exploitation, il serait injuste de mépriser les entreprises plus modestes.

On trouvera dans la *Statistique générale de la France*, établie par M. Tisserand, ancien directeur de l'Agriculture, président de la Société nationale d'agriculture de France pour l'année 1911, tous les renseignements nécessaires sur la valeur foncière des terres arables des diverses classes, et sur celle des vignes, bois et prairies naturelles dans chaque département français. M. Rayer, ancien élève de Grignon, propriétaire agriculteur, dans son étude sur l'Économie rurale de Seine-et-Marne (librairie de la Maison Rustique, Paris), reproduit pour ce département le tableau emprunté à la statistique de 1882. Voici ce tableau à titre d'indication :

Valeur vénale d'un hectare de terre en Seine-et-Marne.

NATURE DU SOL.	1re CLASSE.	2me CLASSE.	3me CLASSE.	4me CLASSE.	5me CLASSE.
	fr.	fr.	fr.	fr.	fr.
Terres labourables.	3 120	2 370	1 737	1 180	732
Prairies naturelles.	2 800	2 174	1 442	1 110	738
Vignes............	3 300	2 558	1 820	1 380	885
Bois { taillis......	1 980	1 607	1 165	888	643
Bois { futaies.....	2 700	2 200	1 650	1 260	875

Depuis cette époque, si les bonnes qualités de terres, bois et prairies se sont maintenues, les vignes ont beaucoup fléchi en Seine-et-Marne, aussi bien au point de vue de la valeur argent que de la surface cultivée, et il en a été de même des terres labourables de moyenne valeur, les mauvaises étant délaissées (Rayer, 1895).

Les valeurs moyennes données par la statistique sont d'ailleurs modifiées par des motifs de convenances, l'accès plus ou moins facile, les besoins plus ou moins grands que le vendeur peut avoir de son argent, etc.; aussi, en cas d'acquisition, faut-il tenir grand compte de tous ces facteurs. Des publications, telles que la *Vie à la campagne* de Hachette, signalent des domaines qui peuvent être intéressants, avec les prix qu'en demandent leurs propriétaires, soit pour les vendre, soit pour les louer ; les journaux de province, généralement dans leurs numéros du dimanche, fournissent aussi d'utiles indications. J'ai également le souvenir, à l'époque où je cherchais pour mon compte une exploitation à louer, d'avoir eu entre les mains une liste manuscrite de propriétés à vendre dans la région du sud-ouest de la France, liste dressée par le Crédit foncier. Je devais cette liste à l'obligeance du gouverneur d'alors avec qui j'étais en relations personnelles ; elle comprenait des immeubles sur lesquels leurs propriétaires avaient emprunté, dont la vente avait été décidée parce que les emprunteurs n'avaient pu remplir leurs obligations. Il y aurait donc, de ce côté, une porte où frapper ; toutefois je pense qu'avant de s'y adresser il serait nécessaire d'avoir été mis en rapport avec les personnes chargées de cette partie des services du Crédit foncier. Ces fiches ne doivent pas, en effet, être destinées à la publicité et normalement, quand la vente de la propriété d'un débiteur insolvable est décidée, on doit s'entourer de toutes les garanties de nature à faire rentrer l'établissement de crédit dans les avances qu'il a consenties : un accord de gré à gré n'aurait lieu qu'avec un acheteur connu qu'on saurait ne pas vouloir exploiter la situation à son unique profit.

J'ai eu, vers 1900, l'occasion d'acheter dans le Vexin normand une parcelle enclavée de vingt ares moins quelques centiares; cette parcelle en nature de labour de première catégorie (limon de plateau, plutôt un peu léger) m'a été cédée pour 400 francs, ce qui mettait l'hectare à 2.000 francs ; je crois que c'est un prix assez couramment pratiqué pour le genre de terres dont s'agit; si la qualité baisse, il en est de même du prix, qui tombe plus rapidement encore que la qualité; mais la raison pour laquelle je rappelle cette acquisition est qu'elle fut grevée pour moi de cinquante francs de frais (droits de mutation, frais d'acte, etc.) ; on voit l'importance de cette somme, c'est un élément que l'acheteur éventuel d'un domaine agricole fera bien de ne pas négliger et, pour ce motif, je tenais à ne pas le passer sous silence. Vers 1908, plusieurs fermes normandes du département de l'Eure furent, à ma connaissance, louées avec une légère augmentation du prix de location à l'hectare; ceci semblerait indiquer qu'il y eut alors un mouvement de hausse de la valeur foncière des terres ; mon impression est que ce mouvement ne s'est pas continué, si même il s'est maintenu; et j'indiquerai au cours de mon livre pourquoi j'ai lieu de craindre que le prix de la terre subisse une crise au moins momentanée.

Exploitation par voie de fermage. Avantages et inconvénients. — Ne possédant pas de terres à lui et peu désireux, pour un motif ou pour un autre de ceux que nous avons exposés, d'acheter un domaine, le futur agriculteur a la ressource de prendre une exploitation à bail ou de recourir au métayage. Ces deux modes de gestion ne sont pas à dédaigner, surtout le premier. Le fermier, en effet, a sur le propriétaire l'avantage de ne s'engager que pour un temps dont il est maître de fixer la durée et au bout duquel il lui est très généralement loisible de contracter un nouveau bail s'il a réussi au cours du premier, tandis qu'il peut chercher fortune ailleurs si l'exploitation n'a pas répondu à son attente. Il a aussi le très gros avantage de n'avoir pas à s'occuper d'une foule de charges dont le souci incombe à peu près exclusivement au propriétaire. Il n'a pas à s'inquiéter des grosses réparations, des constructions nouvelles et de l'amortissement du prix d'acquisition du domaine ; sa comptabilité se trouve ainsi très simplifiée et sa mise de fonds première est réduite dans une importante proportion. Le fermier sait qu'il doit prélever sur ses recettes brutes de l'année le montant de son fermage, c'est-à-dire une somme fixe dont il connaît à l'avance les époques de paiement et dont il peut se couvrir en combinant ses ventes et ses achats de façon à faire coïncider le plus possible ses rentrées de fonds avec ses débours. Il y a là pour lui une sorte d'obligation à la prévoyance dont les bons effets compensent jusqu'à un certain point la latitude plus grande dont jouit le propriétaire pour grever les bonnes années d'un amortissement plus lourd et alléger les charges des mauvaises ; de plus, s'il a soin de ne pas faire par lui-même d'amélioration foncière ou même à longue échéance et s'il obtient du bailleur ces améliorations moyennant le paiement d'un intérêt du capital engagé, le preneur est déchargé d'un gros risque ; il a le bénéfice de l'opération sans en avoir la dépense.

Le fermier rachète, il est vrai, une partie de ces avantages par la dépendance dans laquelle il se trouve toujours plus ou moins placé vis-à-vis du propriétaire : l'interdiction pour lui de faire certaines cultures à moins de se placer dans des conditions déterminées préservant le bien-fonds d'une usure excessive, les restrictions dans la vente de ses pailles et de ses fourrages, dans l'emploi de certains engrais, etc. Ces entraves au fermier tendent d'ailleurs à diminuer ; il n'est pas rare de ne les voir figurer que pour mémoire dans les baux, et il appartient au fermier de demander la suppression de conditions trop draconiennes en offrant en échange des garanties suffisantes pour qu'à sa sortie de la ferme le bailleur ne se trouve pas en présence de terres dépréciées qu'il ne saurait relouer au même prix. Ces garanties sont d'autant plus faciles à donner qu'aujourd'hui la théorie de la restitution au sol des principes enlevés par les récoltes est mieux connue et que d'ailleurs un fermier sérieux ne s'expose pas volontiers à une ou deux mauvaises années pour vouloir tirer des terres à lui louées la quintessence de ce qu'elles peuvent donner. Il a plutôt à se défier de l'excès contraire, qui le conduirait à laisser derrière lui des avances dont il aurait tiré un parti insuffisant.

Le prix de location dans le cas de l'exploitation du domaine par fermage. — Le point principal à débattre avant la signature du contrat est, avec la durée de celui-ci, le prix de location à l'hectare. Pour ne pas s'exposer à une fâcheuse déconvenue, il importe que le futur locataire s'assure non seulement que le prix qui lui est demandé correspond à ceux qui sont pratiqués dans la région pour des terres de valeur analogue aux siennes, mais encore que ce prix moyen n'est pas surfait en raison de certains avantages particuliers qu'il pourrait ne pas retrouver chez lui. Il sera renseigné sur ce point par les notaires, mais mieux encore par les indications qu'il aura eu l'adresse de recueillir avant d'avoir démasqué ses intentions.

Étendue du domaine loué. — J'ai exposé, au sujet de l'étendue du domaine, diverses considérations qui s'appliquent au cas de la location tout aussi bien qu'au cas de l'achat ; ces considérations ont trait au degré d'occupation que l'on veut se donner dans la gestion de la ferme et à la nature de l'occupation que l'on désire ou que l'on est obligé d'y prendre : direction pure et simple ; par soi-même ou avec le concours d'autrui ; travail personnel accompagnant ou non la direction. Nous n'avons pas à y revenir ; ces considérations mises à part, l'importance de la ferme louée dépendra naturellement du capital d'exploitation et du fonds de roulement dont on dispose. Pour ce qui est du prix proprement dit du fermage, on peut dire qu'il est des plus variable : il est en relation étroite avec la fertilité du sol et la nature des cultures qu'il porte ou est susceptible de porter (céréales, prairies permanentes, vignes, etc.) ; il dépend aussi dans une certaine mesure de l'étendue de la ferme louée : celle-ci est-elle très grande, en raison du surcroît de travail que cette étendue impose au locataire qui ne se soucie pas toujours de s'entourer d'un état-major nombreux, le prix de location peut légèrement baisser. Les bâtiments sont le plus habituellement comptés pour zéro, on ajoute l'étendue de terrain qu'ils occupent, cours comprises, à la surface occupée par le reste du domaine et l'on adopte pour l'ensemble une sorte de cote mal taillée qui s'applique à l'unité de surface, l'hectare en l'espèce.

Pour les bonnes fermes de l'Ile-de-France, le prix de l'hectare de terres louées varie entre 90 et 120 francs ; il a tendance à osciller autour de 100 francs. J'ai vu dans le Vexin pratiquer des prix variant de 70 à 85 francs, impôts non compris d'environ 10 francs l'hectare ; pour certaines parcelles isolées utiles à un fermier dans les terres de qui elles formaient enclave, on demandait jusqu'à 100 francs et au-dessus. Moi-même, j'ai payé 85 francs l'hectare, impôts non compris, une ferme de 170 hectares, comportant 20 à 25 hectares de prairies permanentes de moyenne valeur et emplantée d'environ 2.000 arbres à cidre dont 300 poiriers ; j'avais en outre, moyennant paiement de l'impôt, (un ou deux francs par hectare), jouissance d'une cinquantaine d'hectares de pâturages à moutons. En Seine-et-Marne, M. Rayer, dans son ouvrage déjà cité, emprunte à la *Statistique générale de la France* dressée par M. Tisserand les prix de :

20 francs l'hectare pour les mauvaises terres.
40   —   —   pour les terres médiocres.
70   —   —   pour les terres moyennes.
90   —   —   pour les bonnes terres,
120   —   —   pour les très bonnes terres.

avec une valeur locative moyenne de 65 à 70 francs par hectare, en tenant compte de la proportion des terres de chaque catégorie sur l'ensemble des domaines. Dans l'Eure, à côté des prix très élevés dont je parlais tout à l'heure, on voit les terres médiocres se louer 30 francs et au-dessous, et la valeur locative des friches à végétation rabougrie d'herbes sures et de genévriers tomber à 5 et même 3 francs. Lorsque j'étais en Haute-Marne j'y entendais parler de prix de 25, 30, 40, 45, 50 et 60 francs l'hectare, suivant qualité. Au reste, un fermier désireux de louer aurait un moyen de se documenter sérieusement en s'adressant aux mêmes sources où je conseillais à l'acheteur d'un domaine de puiser. Les prix de location sont souvent indiqués dans les annonces de fermes à louer insérées dans les journaux locaux. Ces prix offrent une bonne base à la discussion des contrats. Il en est une autre qui serait encore plus sûre : pour l'évaluation nouvelle des propriétés non bâties, à laquelle il est actuellement procédé, les contrôleurs des contributions directes, assistés des répartiteurs, dressent une échelle des valeurs locatives suivant qualité des bois, jardins, vignes, prés, vergers, terres labourables. Ces échelles de prix doivent être conservées dans beaucoup de mairies où l'on pourrait en prendre connaissance en s'adressant aux secrétaires ; là où copie n'en a pas été gardée, il est vraisemblable que les contrôleurs voudraient bien en donner communication. On trouverait, comme je viens de le dire, de bons points de repère dans ces documents, encore que beaucoup de commissions de répartiteurs aient cru se montrer avisées en tâchant de faire adopter des chiffres trop peu élevés.

Exploitation du domaine agricole par métayage. — A côté de l'exploitation d'un domaine par voie de fermage, figure l'exploitation par voie de métayage. Ce genre d'exploitation mérite de nous arrêter à un double titre, car il suppose, sauf exception, que le propriétaire soit agriculteur aussi bien que le métayer. Il semble, en effet, difficile que le bailleur d'une ferme donnée en métayage apprécie sans risque de se tromper s'il reçoit bien la redevance en nature à laquelle il a droit et qui forme la base même du contrat, s'il n'entend rien aux choses de l'agriculture. Pour être profitable, d'ailleurs, le métayage exige qu'il existe des liens étroits et de confiance réciproque entre les deux contractants ; cela est d'autant plus nécessaire que souvent tout ou partie du cheptel appartient au bailleur, à qui il doit être représenté à l'issue de l'engagement aussi complet qu'il l'était au début. La dépréciation est imputable au métayer qui a laissé péricliter le troupeau ou le matériel a lui confié ; la plus-value fait au contraire l'objet d'un partage entre le propriétaire et le métayer, et c'est justice puisque le propriétaire a fourni le capital à mettre en œuvre et le métayer l'habileté et le travail qui a mis à fruit le capital en question. Facile en théorie, ce partage n'est pas toujours simple dans la pratique, car il peut arriver, et il arrive en fait souvent, que le preneur délie sa bourse pour acheter de ses deniers un instrument nouveau ou un animal dont le produit doit faire l'objet d'un compte spécial où chacun doit faire preuve de bonne foi. En dehors du croît des animaux et de leurs produits, les récoltes sont elles aussi partagées entre le bailleur du fonds et le tenancier, ou bien celui-ci verse une redevance en argent : de toute façon il est soumis de la part de son propriétaire a un contrôle bien plus sévère que le fermier, et ce contrôle est pour lui la contre-partie des avantages qu'il trouve au métayage. Ces avantages sont certains au point de vue de la mise de fonds nécessaire à l'exploitation, puisque cette fois il n'y a plus à s'inquiéter du prix d'acquisition de la propriété et il n'y a plus non plus de débours à faire pour se procurer un cheptel ; il n'y a qu'à tenir compte du fonds de roulement et à voir si les produits du domaine, conduit suivant ce mode d'exploitation assurent avec l'intérêt du fonds de roulement la rémunération du travail intellectuel ou manuel fourni. D'ordinaire le travail manuel est prédominant dans le cas du métayage et c'est sur de petites fermes que le métayage est pratiqué, ce sont les petits cultivateurs qui s'y adonnent; mais, comme ils n'en doivent pas moins connaître comment s'y prendre pour réussir, nous avons à nous occuper d'eux aussi bien que de leurs collègues plus avantagés sous le rapport de la fortune. A côté du métayer, d'ailleurs, il y a son propriétaire, et très souvent ce dernier ne se contente pas, pour vivre, des redevances qui lui donne son tenancier, il ajoute à ces redevances le produit d'une partie de son domaine qu'il a conservée et qu'il exploite lui-même. Sur cette portion de domaine il donne au métayer l'exemple des bonnes méthodes de culture, il entretient de bons reproducteurs dont le fermier profite et de cette sorte d'association, de concours parfois réciproques, résultent les effets bienfaisants dont nous sommes témoins dans le Limousin et autres régions de l'ouest de la France où le métayage est encore en honneur.

CHAPITRE IV

ENTRÉE EN POSSESSION DU DOMAINE AGRICOLE

Rapports du fermier ou propriétaire entrant avec son prédécesseur. Ensemencement de prairies artificielles dans les récoltes du fermier sortant ; transport du cheptel antérieurement possédé de la ferme que l'on quitte sur l'exploitation où l'on entre ; cas où le nouvel exploitant ne possède pas de cheptel. Acquisition d'un cheptel neuf ; reprise du cheptel du fermier sortant. Baux et contrats agricoles : rédaction, durée, résiliation, clauses à introduire pour sauvegarder les intérêts réciproques du bailleur et du preneur ; question des pailles et fumiers.

Le domaine choisi, acheté ou loué suivant l'un des modes de contrat que je viens d'étudier, l'agriculteur doit en prendre possession. Cette prise de possession ne s'effectue pas de la même manière dans tous les cas, et même lorsqu'elle est le plus facile à réaliser, elle comporte certaines précautions qu'il est bon de connaître à l'avance : une de ces précautions est la purge des hypothèques dont la terre est souvent grevée.

Purge des hypothèques. — La purge hypothécaire intéresse le nouveau possesseur du fonds, qu'il l'ait acquis par un achat ou par héritage comportant des partages avec des cohéritiers. Lorsque, en effet, un immeuble est frappé d'hypothèques, le nouvel acquéreur devient responsable, vis-à-vis des créanciers, des sommes prêtées par ceux-ci, à moins qu'il n'ait soin de mettre à couvert sa responsabilité en prenant les mesures légales nécessaires pour que le prix auquel il a acheté sa propriété serve à désintéresser les créanciers. Or il peut arriver que ce prix soit jugé trop bas par rapport au montant total des sommes empruntées aux tiers ; ceux-ci ont alors le droit de mettre une surenchère pourvu que cette surenchère soit d'un dixième au moins du prix convenu entre l'ancien propriétaire et le nouveau. On conçoit immédiatement l'ennui qui peut en résulter pour ce dernier, obligé de renoncer à son acquisition ou de parfaire la somme offerte par les créanciers enchérisseurs. C'est un ennui auquel il ne faut pas s'exposer en se mettant d'emblée en face d'une situation très nette. Il n'arrive d'ailleurs qu'aux personnes peu délicates qui ont cru s'assurer les avantages d'un bon marché par trop exceptionnel : genre de spéculation toujours dangereux. Il y a pour tout immeuble, terrien ou autre, un prix au-dessous duquel on ne saurait descendre et un autre au-dessus duquel on ne saurait monter sans s'exposer à faire une mauvaise affaire en entamant les capitaux nécessaires au fonds de roulement et à l'achat du matériel d'exploitation.

Bornage. — A côté de la purge des hypothèques, je placerai la question du bornage. Celle-ci touche le nouvel arrivant sur l'exploitation, à quelque titre qu'il y arrive, propriétaire ou fermier ; elle ne paraît pas à première vue avoir grande importance, parce qu'elle n'a pas de répercussion sur le prix auquel on paie ou loue le domaine, mais comme elle peut être une source de contestations sans fin avec les voisins et que ces contestations ne vont pas toujours sans procès coûteux, il ne faut pas la négliger. Il est, au contraire, presque indispensable qu'elle soit absolument réglée dans les contrats ou précisée de telle sorte que le nouvel occupant du sol reste en dehors de toute discussion qui pourrait être soulevée par sa délimitation.

Un bon bornage a d'abord une haute importance pour bien fixer l'étendue des terres vendues ou données en location ; sans lui il faut s'en rapporter au cadastre, et la pratique montre souvent sur le terrain des différences sensibles avec ce dernier : d'ordinaire, il y a déficit imputable à de nouveaux chemins ou à la tendance que chacun a d'augmenter sa parcelle de terre lorsqu'il n'y a pas de limites nettes. Cet avantage énorme du bornage mérite à peine que l'on s'arrête aux inconvénients que présente dans une même pièce la présence de bornes trop nombreuses lorsqu'il y a réunion de parcelles appartenant à des propriétaires différents et cultivées par le même fermier : le laboureur n'a, dans ce cas. qu'à prendre garde de ne pas briser sur les bornes les outils qu'il conduit.

Réparations foncières ou locatives. — Un troisième

point doit fixer l'attention du preneur lorsqu'il s'installe sur une exploitation pour la mettre en culture : il s'agit de l'importance et de la nature des réparations qu'il aura à faire pour son compte, s'il est propriétaire, ou qu'il devra demander au propriétaire d'exécuter, s'il est fermier. Dans le premier cas, ce travail, déjà préparé avant l'acquisition, devra être complété et, autant que possible, exactement chiffré et sérié, pour ne pas s'exposer à un regrettable mécompte ; dans le second cas, le fermier fera sagement de le faire établir par son bailleur sur le papier et d'en faire l'objet d'un accord spécial dont tous les points seront soigneusement étudiés et notés. Cette mesure donne pour l'avenir au fermier une garantie que ne sauraient lui fournir des promesses verbales, même faites avec la plus entière bonne foi, et elle n'est pas défavorable au propriétaire qui sait par elle jusqu'où il peut ou veut s'engager et n'a point les désagréables surprises que pourrait lui ménager un tenancier trop exigeant. La mesure en question est le corollaire presque indispensable de l'*état des lieux* qui doit être dressé lors de l'entrée en jouissance d'une terre prise à bail ou exploitée par métayage.

État des lieux. — L'état des lieux, dressé contradictoirement par chacune des deux parties et refondu en une rédaction unique acceptée par chacune d'elles, doit très minutieusement décrire tous les bâtiments de l'exploitation de façon à donner une idée appréciable même par des tiers de l'état dans lequel on a pris et par conséquent devra rendre chacun d'entre eux, en tenant compte de l'usure inévitable à attribuer au seul fait des ans. Non seulement chaque bâtiment devra être ainsi passé en revue en s'attachant à la disposition de son aire, de ses plafonds, de ses ouvertures, aux aménagements prévus pour l'enlèvement des eaux pluviales, à la nature et à l'état des maçonneries, etc., mais il faudra visiter avec soin les haies et clôtures artificielles, ainsi que les fossés et les chemins de culture, se rendre compte de l'état des réseaux de drainage et d'irrigation, du nombre et de l'âge des arbres fruitiers de plein vent, de façon à ce que la description qui en sera faite donne une image fidèle de l'exploitation envisagée dans tous ses détails. Les délais dans lesquels il sera procédé à ce travail important devront être précisés dans le bail et, si les parties ne peuvent tomber d'accord sur les termes de sa rédaction, il sera nécessaire de la confier à un expert qui, de toutes façons, l'établira en double exemplaire et sur papier timbré.

L'état des lieux est, en effet, le premier acte où le fermier a à faire preuve de ses qualités de bon administrateur et à faire respecter ses intérêts financiers ; il ne saurait, pour ce motif, y apporter trop de soins et trop tenir la main à ce que rien d'important n'y soit omis. La chose n'est pas très difficile si l'on opère sur place et méthodiquement, en prenant chaque objet à mesure qu'on le rencontre dans son ordre naturel; les architectes, les agents voyers ont la grande habitude de ce genre de relevés, et l'on est certain d'arriver à un résultat satisfaisant si l'on a soin d'accompagner soi-même un de ces hommes de métier en lui fournissant toutes indications qu'un premier examen ou la connaissance de certains faits non immédiatement visibles ont permis de recueillir.

. Indispensable lorsqu'il s'agit de l'exploitation momentanée d'un bien que l'on doit rendre en bon état à celui qui vous l'a confié, l'état des lieux présente à mes yeux une importance telle que le propriétaire lui-même fait acte de bon administrateur en le dressant pour son compte personnel, même lorsqu'il conserve la gestion de son exploitation : il établit ainsi un point de comparaison, une sorte de zéro de l'échelle, qui lui permet de voir s'il est en progrès ou en décadence et si, à l'inventaire, le chapitre « améliorations et constructions neuves » doit se solder pour lui en bénéfice ou en perte.

Prise en charge du domaine agricole loué ou acheté. — Les précautions que nous venons de signaler étant prises, le nouveau chef de l'exploitation est prêt à entrer en fonctions : il le fait tout naturellement s'il reprend une ferme que ses parents lui laissent par héritage ou qu'il sous-loue à un fermier exploitant déjà le domaine, à qui il rachète récoltes, bétail et matériel dans l'état où ils se trouvent au moment de la cession et avec la valeur que leur attribue une expertise amiable. Dans ce cas, il n'y a qu'un changement de personne à la tête de la direction ; les travaux et autres opérations culturales engagés continuent sans transition, on voit plus tard à les modifier dans un sens qui paraît meilleur. Rarement, il est vrai, il n'y a qu'un seul héritier, il faut compter avec les cohéritiers et, pour cela, fixer la valeur de la propriété rurale et celle du cheptel; il faut alors avoir recours à une expertise analogue à celle qui intervient dans le cas d'une cession, ou même, s'il y a des mineurs, à une vente réelle ou fictive, souvent fort onéreuse pour les parties; mais nous n'avons pas à entrer dans le détail de ces sortes d'arrangements amiables ou imposés par la loi : l'indication des conditions dans lesquelles peut se faire une cession peut, par contre, présenter un réel intérêt pour un agriculteur débutant, nous allons donc nous y arrêter.

Prise en charge à la suite d'une cession. Conditions où s'effectue la cession. — Il y a cession lorsqu'un nouveau preneur reprend un bail en cours avec toutes les obligations qu'il comporte, et continue l'exploitation avec le cheptel mort et vif appartenant à son prédécesseur à qui il l'a racheté. La cession est complète lorsque le propriétaire, trouvant dans le nouveau fermier les garanties qu'il avait dans l'ancien, accepte de déchirer le bail existant et de le refaire au nom du nouvel occupant ; la cession s'accompagne d'une sous-location lorsque, au contraire, l'ancien locataire, seul connu du propriétaire, reste responsable du paiement des fermages et exerce vis-à-vis de son successeur les mêmes droits que son propriétaire exerçait vis-à-vis de lui-même. Dans un cas comme dans l'autre, d'ailleurs, la transmission du cheptel du fermier sortant au fermier entrant se fait de la même manière, et c'est cette manière que nous allons indiquer.

Les époques les plus favorables pour la cession paraissent être le printemps (1er ou 15 avril) et l'automne (à la Saint-Michel ou à la Saint-Martin, suivant l'époque de laquelle partent les baux). Si l'on opère au 15 avril, on fait dater la reprise de la Saint-Michel de l'année précédente. Pendant le laps de temps qui s'est écoulé du 29 septembre au 15 avril de l'année suivante le fermier sortant a eu le temps de réaliser ses dernières récoltes et de vendre les produits qu'elles ont donnés : par conséquent, de ce chef, son successeur ne lui doit rien, de même qu'il n'a pas à payer le fermage de l'année régulièrement échue au 29 septembre, fermage exigible, suivant les usages ordinaires, à Noël et à la Saint-Jean qui suivent cette date du 29 septembre. Du 29 septembre au 15 avril, le fermier sortant a eu également le temps de vendre tout le bétail qu'il a engraissé avec les ressources de ses dernières récoltes, et comme l'herbe nouvelle n'est pas encore poussée il n'a pas eu encore besoin de se procurer des animaux de remplacement autres que ceux qu'il élève normalement ; il n'a pas eu non plus à se préoccuper des sujets nouveaux que son successeur aurait eu l'idée d'introduire, puisque c'est à l'époque précise de la cession que cette introduction, s'il y a place pour elle, sera devenue nécessaire.

Les avantages de cette combinaison apparaissent au premier abord : le fermier entrant n'a pas possibilité de reprocher à son prédécesseur d'avoir négligé du bétail lui appartenant, puisque ce bétail n'est pas encore arrivé. Tout le bétail bon à vendre l'a été aux conditions que l'ancien fermier aurait obtenues s'il avait continué d'exploiter, et il reste à expertiser un minimum d'animaux vivants qui, si l'expertise est bien faite, sont cotés à leur valeur actuelle, c'est-à-dire d'autant plus haut qu'ils sont en meilleur état. De cet ensemble de circonstances résulte pour le preneur un minimum de fonds à débourser ; ces capitaux paient les animaux de travail et d'élevage, seuls présents lors de l'expertise ; ils peuvent payer aussi certaines récoltes invendues, les approvisionnements courants et une petite valeur, la valeur consommation, fixée en Normandie à 32 francs les 1.000 kilogrammes pour le foin de légumineuses, à 8 francs les 1.000 kilogrammes pour la paille de blé, et à 6 francs les 1.000 kilogrammes pour la paille d'avoine, que les usages locaux attribuent aux pailles et fourrages restant en magasin lors de la cession. Cette valeur consommation paraît être le cinquième de la valeur commerciale des pailles et environ la moitié de la valeur commerciale des fourrages au moment de la cession.

Mais, du 29 septembre au 15 avril suivant, le fermier sortant a exécuté pour son successeur tout un ensemble de travaux de la récolte pendante ; dès le mois de mars précédent le 29 septembre, il a semé de petites graines et, à cette opération, il a employé tant de kilos de semences dont la valeur est donnée par les factures, il a enterré la semence par diverses façons culturales, puis sont venus les travaux de jachères d'été, les façons pour semailles de blé, la préparation de terres à betteraves, les façons pour semailles de printemps. Toutes ces façons, tarifées suivant des usages locaux, représentent une valeur déterminée par hectare et rapportée ensuite à l'ensemble de chaque culture par des arpentages ou l'étude des contenances cadastrales. A cette valeur, ou plutôt à cet ensemble de valeurs, viennent s'ajouter l'achat, le transport et l'épandage des engrais directement utilisés sur la récolte en cours, la valeur des semences employées.

Les factures, les livres de magasin fournissent pour le calcul de ces derniers éléments des instruments d'autant plus précis qu'il est possible de les contrôler en faisant des comparaisons entre les chiffres annoncés et ceux qui sont d'un usage courant dans la région en ce qui concerne les quantités de semences et d'engrais de diverses sortes employées à l'hectare pour chaque culture considérée. La valeur des préparatifs culturaux étant ainsi déterminée, le bétail et le cheptel vivant estimés, il n'y a plus, pour achever de régler les comptes, qu'à coter le matériel préalablement réuni et classé dans la cour de ferme. Cette expertise peut être faite par une seule personne agréée à la fois par les deux parties, et je connais des cas où les choses ont été ainsi parfaitement réglées ; toutefois je crois préférable d'avoir recours à trois experts, d'abord parce que rarement la même personne accepte de supporter seule la responsabilité d'affaires qui roulent souvent sur de très grosses sommes, en second lieu parce qu'il me semble que, quelque habitude que l'on ait de semblables expertises, il y a beaucoup plus de chance d'arriver à une appréciation équitable pour l'une et l'autre parties si les avis peuvent se contrôler et si l'on peut faire valoir à un coexpert les raisons qui les motivent ; lorsqu'il y a trois experts, deux d'entre eux représentent d'ordinaire plus particulièrement chacune des parties, le troisième les départage. Souvent ce genre d'expertises est fait gratuitement par des amis communs, cultivateurs connus des environs ; lorsqu'elles sont rétribuées, elles le sont suivant un tarif que j'ai vu en Normandie fixé à 2 p. 1.000 de la valeur estimée. Dans cette même région normande du Vexin, on compte les façons pour blés à raison de 41 fr. 25 à 51 francs l'hectare, selon la culture qui a précédé ; les façons préparatoires pour betteraves, savoir : labours, travail au scarificateur, à la herse et au rouleau, sont cotées de 75 à 98 francs l'hectare ; les façons pour pommes de terre 80 francs ; un hersage simple ou une dent de herse vaut 2 fr. 75 ; un coup de rouleau 3 francs à 4 fr. 50 suivant l'énergie du roulage. Les frais de transport sur route pour les engrais sont estimés à 0 fr. 50 par 1.000 kilogrammes et par kilomètre ; l'épandage des scories est évalué à 4 francs l'hectare.

Lorsque la cession a lieu en automne, à la date adoptée pour l'entrée habituelle en ferme, elle s'opère d'une façon analogue à celle que nous venons de décrire ; cependant elle est moins simple que la cession faite au printemps, parce qu'elle porte d'ordinaire sur des quantités de bétail et de récoltes beaucoup plus considérables que dans le cas qui vient de nous occuper. Les travaux que le fermier entrant doit payer au fermier sortant sont, il est vrai, peu importants, puisqu'ils se réduisent à ceux que comportent les jachères d'été et la préparation des premières soles à blé ; mais la somme à débourser pour l'achat des récoltes en grange est énorme, et il faut réaliser rapidement une partie importante de ces récoltes, d'abord pour les payer et, en second lieu, pour régler le terme de Noël qui, dans ce cas, incombe au fermier entrant. Celui-ci se trouverait donc dans une position très désavantageuse si l'on n'avait recours à un arrangement. Le prédécesseur conserve pour lui les grains, qu'il vend à ses risques et périls dans les conditions qu'il trouve les plus avantageuses, et il fournit le personnel de manœuvres nécessaire aux battages ; la part que peut prendre à ces travaux de battage le personnel fixe de la ferme ainsi que le transport des grains à la gare voisine sont, au contraire, supportés par le fermier entrant en échange des labours et façons exécutés avant son entrée par le fermier sortant. Quant aux pailles et fourrages, moitié en est aban-

R. Vuicner. — Domaine agricole.   4

donnée au preneur, qui paie l'autre moitié au bailleur. Ainsi se trouvent remboursés au bailleur les bénéfices qu'il aurait pu faire en engraissant du bétail avec ses récoltes ou en en vendant les produits sous forme de lait et de beurre, tandis que la part laissée au preneur représente pour lui la valeur du fumier que les animaux du bailleur lui auraient laissée par suite de la consommation des pailles et fourrages. Les autres denrées alimentaires et approvisionnements possibles de semences, engrais ou aliments sont, ainsi que tout le cheptel mort et vivant, repris par le fermier entrant avec la valeur qu'ils ont lors de la prise de possession. Cette manière de procéder entraîne une répartition plus égale des charges entre chacune des parties, mais, à moins d'un accord parfait entre elles deux, les occasions de chicane sont fréquentes dans le contrôle des battages, le calcul du poids de la paille battue, etc. ; il n'est pas non plus absolument prouvé selon moi que la cote mal taillée qui fait contrebalancer certains travaux par d'autres et partager par moitié les pailles et fourrages soit absolument équitable ; je devais la signaler pour l'avoir vu pratiquer, mais je conseillerais vivement à celui qui voudrait recourir à ce mode de cession de serrer les choses de près à l'aide des données que je me propose de fournir au cours du présent ouvrage. Je n'hésite pas d'ailleurs, en ce qui me concerne, à préférer la cession au printemps à la cession d'automne toutes les fois que le fermier sortant est connu pour un bon agriculteur, surtout s'il se retire par suite d'une circonstance imprévue qui ôte toute pensée de calcul à son désir de quitter. On peut être alors assuré qu'il a préparé sa récolte comme s'il avait dû en recueillir le fruit et que cette préparation est payée à son juste prix. Si le nouveau fermier reprend à l'automne la succession de son prédécesseur, c'est lui qui a préparé toute la récolte et il peut voir dans cette préparation personnelle une plus sûre garantie de succès, de là les préférences de plusieurs pour l'entrée en ferme à l'arrière-saison.

La cession, à quelque époque qu'elle ait lieu, doit être considérée comme un cas particulier et plutôt exceptionnel, elle suppose, en effet, d'une part un fermier désireux de quitter en cours de bail, et d'autre part un fermier cherchant à lui succéder sans posséder par lui-même de cheptel, circonstance qui l'incite à reprendre celui de son prédécesseur. Or il arrive souvent que le fermier entrant même sans cheptel, s'il veut bien reprendre la ferme et les récoltes en terre, ne veut reprendre que cela ; parfois il y ajoute le bétail qu'il peut en général apprécier assez bien, mais il laisse de côté le matériel, d'une part parce qu'il est difficile de se rendre un compte exact de son degré d'usure, d'autre part parce que la machinerie agricole traverse actuellement une période de transformations et d'améliorations intenses qui font que l'on a tout avantage à acheter un outil neuf qui, à quelques exceptions près, fait d'ordinaire, avec la même dépense de force, plus et de meilleur travail qu'un vieux. Dans ce cas, le fermier sortant est obligé de procéder à une vente aux enchères de tout ce qui ne lui est pas repris, et si l'on conçoit qu'il hésite devant les aléas d'une telle vente, on conçoit assez bien, par contre, que le nouveau venu tienne à se mettre d'emblée, et souvent pour un prix à peine supérieur, à la hauteur du progrès, abandonnant à un sort problématique une foule d'objets devenus sans utilité.

Entrée en ferme normale. — Aussi bien, dans le cas le plus ordinaire, cette question ne se pose-t-elle même pas : le fermier sortant se retire à la fin de son bail et le locataire qui prend sa place arrive lui-même avec ses outils et un bétail d'une ferme qu'il vient de quitter normalement ; un contact plus ou moins prolongé entre le nouvel arrivant et celui qui s'en va est alors nécessaire, mais on s'imagine sans peine les froissements que ce contact peut amener, sans parler du gros inconvénient que présente une situation où chacune des parties est en somme à cheval sur deux exploitations. Tout tend donc aujourd'hui à réduire au minimum cette période transitoire qui, il n'y a pas longtemps, était encore de quinze mois en Seine-et-Marne, ainsi qu'il résulte des renseignements publiés par M. A. Rayer, dans son étude sur l'Économie rurale de Seine-et-Marne (déjà citée). L'entrée en ferme avait alors lieu le 1er mai, et le fermier entrant, ne disposant que du tiers des terres, pouvait exécuter seulement les travaux d'été sur la sole de jachères ; le fermier sortant avait devant lui tout le temps nécessaire pour récolter ses céréales d'automne et de printemps et en tirer parti ; il ne quittait l'exploitation qu'au 1er juillet suivant. On voit de suite quel ennui c'était, pour le fermier entrant, de venir cohabiter avec son successeur, laissant derrière lui ses bestiaux et une partie de ses attelages, amenant seulement les chevaux et les outils nécessaires aux façons préparatoires du sol. La récolte pendante supportait tous les frais de fermage et d'impôts, et le preneur ne commençait à payer à son tour que vers Noël de l'année qui suivait son arrivée. Un premier progrès consista à avancer de deux mois l'arrivée du nouvel occupant : entrant le 1er mars avec le droit de labourer à la Saint-Martin et de semer des graines fourragères dans les céréales du printemps, sauf indemnité au fermier sortant, le nouveau fermier, comme le dit M. Rayer, dès son arrivée prit en possession réelle les deux tiers des terres labourables et il occupa la position dominante, ce qui semble préférable, ses besoins étant certainement plus grands que ceux de celui qui s'en va. Rien d'ailleurs n'était modifié en ce qui concerne l'époque de paiement du premier terme du loyer et la durée de cohabitation ; il n'y avait avantage qu'au point de vue des facilités de culture à l'entrée, c'est pourquoi intervinrent diverses sociétés d'agriculture du département. L'une d'elles, celle de Meaux, proposa de fixer l'entrée en ferme au 1er juin, avec reprise de toutes les « récoltes du prédécesseur par le successeur au moyen d'expertises et en faisant intervenir la garantie du propriétaire ; une autre société, celle de Melun, se contenta de réduire à sept mois la cohabitation ; elle fixa l'entrée du nouveau fermier au 15 août et la sortie de l'ancien au 31 mars de l'année suivante, en imposant au premier la culture des jachères moyennant certaines compensations, telles que l'ensemencement et la récolte sur la sole de jachères des plantes fourragères et industrielles ». La société de Meaux supprimait la cohabitation ; son système soulevait malheureusement une difficulté d'application : il exigeait que les deux fermiers, l'un dans la ferme qu'il quittait, l'autre dans celle où il entrait, fussent soumis au même régime, ce qui n'était possible que par l'adoption très généralisée de la combinaison ; de plus, beaucoup de propriétaires n'auraient certainement pas voulu rester garants de la valeur d'une expertise atteignant un chiffre très élevé. L'accord, pour réussir, devrait être conclu entre les fermiers eux-mêmes et les garanties réciproques devraient être demandées au crédit agricole : on se rapprocherait alors beaucoup d'une cession telle que nous l'avons précédemment étudiée. Mais ce n'est pas le 1er juin que je choisirais pour faire le changement d'exploitations ; pour les motifs que j'ai déjà mis en lumière, je préférerais le 1er ou le 15 avril, peut-être même le 15 mars dans le Midi, c'est-à-dire l'époque où les emblavures à reprendre présentent le minimum de valeur, celle aussi où les approvisionnements à échanger ont l'importance la plus faible.

Il semble d'ailleurs que, tout bien considéré, ce soit à la reprise du domaine telle que le conseille la société de Melun qu'il faille donner la préférence. Dans ce système, la cohabitation et ses inconvénients sont très atténués ; en effet : en mars le fermier entrant n'a qu'à venir quelques jours à la ferme qu'il va prendre, pour exécuter dans les céréales de printemps les semailles de petites graines des prairies artificielles qu'il veut s'assurer pour l'année suivante ; un charretier et deux chevaux lui suffisent généralement pour cela et le logement de cet effectif très réduit ne prend pas grand'place. Souvent même le fermier sortant acceptera de semer lui-même aux endroits à lui désignés les graines qu'on lui apportera ; il fera coïncider ces semailles avec les façons qu'il a besoin de donner aux avoines, et par suite la rétribution qu'il demandera à son successeur sera très faible. Si cette combinaison intervient ce n'est que lorsque commenceront, au 15 août, les labours à blé que le fermier entrant aura à amener une partie de ses attelages, dans la proportion d'un tiers environ, car la rentrée des récoltes retiendra encore sur l'ancienne ferme le gros des effectifs jusqu'en novembre. A cette époque la proportion changera, il n'y aura plus besoin, dans l'exploitation quittée, que des chevaux nécessaires aux livraisons de denrées, tandis que la plus grande partie des animaux de trait trouvera son emploi sur la ferme reprise pour y exécuter les gros labours et charrois de marnes, fumiers et composts qui prennent place pendant l'hiver ; mais, comme la cavalerie du fermier sortant aura à suivre un mouvement précisément inverse de celle du fermier entrant, il y aura toujours des locaux libres pour que chacune y trouve sa place. Parallèlement aura lieu la consommation des fourrages de la dernière récolte dans l'une et l'autre exploitation, de sorte que de ce chef il n'y aura matière à aucun compte entre les deux fermiers, le jeu des capitaux à mettre en œuvre ne sera faussé pour personne.

Rédaction du bail. Première clause. Conditions d'entrée en jouissance établies en tenant compte de l'étude qui vient d'être faite. — Nous ne saurions naturellement passer en revue tous les modes de reprise de ferme adoptés sur les divers points du territoire; on conçoit qu'ils puissent être variables avec les usages locaux, le climat, et surtout la nature du système d'exploitation; nous en avons assez dit pour faire voir vers quel but il faut tendre en réglant avec le propriétaire et avec le fermier sortant les détails de la reprise. Ce but se résume ainsi : supprimer tout mouvement inutile de capitaux, réduire le plus possible le nombre des questions dont le règlement ne peut se faire sans la discussion d'intérêts contraires.

Si l'on s'attache à ces deux points dans la rédaction de la partie du bail qui détermine les conditions d'entrée en jouissance, on a beaucoup de chances d'arriver à un texte qui donne satisfaction au bailleur aussi bien qu'aux deux fermiers.

Deuxième clause. Durée du bail. — Après accord sur les conditions d'entrée en jouissance, le second point du bail sur lequel l'attention doit se porter est celui de la *durée*. Je crois qu'il est bon de s'assurer la possession d'une même ferme pendant un nombre d'années aussi prolongé que possible ; ceci donne au preneur le temps de récolter ce qu'il a semé et l'incite à cultiver en bon père de famille, car il sait qu'il bénéficiera du résultat de ses bons soins. Néanmoins, comme, malgré toutes les précautions prises, il est bien difficile de savoir d'avance ce que vaudra exactement la ferme, la possibilité de résilier au bout de trois ans doit être ménagée d'autant plus que, ainsi que j'ai essayé de le montrer, cette faculté est autant dans l'intérêt du bailleur que dans celui du preneur.

Plus tard peuvent survenir des accidents ou des deuils qui, changeant les conditions d'existence, obligent à renoncer à l'exploitation du sol: il est donc sage d'être, là encore, sur ses gardes, et de pouvoir quitter la ferme à l'expiration normale

d'une période du bail. Rapprochant les unes des autres ces différentes considérations, j'en arrive à la conclusion qu'un bail
bien rédigé au point de vue de la durée devra mentionner l'intention du preneur de rester longtemps sur le domaine, mais
séparer ce long espace de temps en périodes de trois ans, six
ans au plus. Si l'on obtient qu'il en soit ainsi, je verrais tout
avantage à prévoir une durée de vingt et un ans, avec faculté
pour les deux parties de résilier au bout des troisième,
sixième, douzième et dix-huitième années, en se prévenant
réciproquement six mois au moins avant l'expiration de la
période en cours. Ce délai de six mois est un délai minimum,
il ne saurait être accordé moins de temps aux contractants
pour chercher, l'un un nouveau propriétaire, l'autre un nouveau
fermier, et il sera prudent de ne pas attendre cette limite
extrême si on veut user du droit de résiliation.

Troisième clause. Prix de location. — Après la durée du
bail, il faut fixer le prix de location à l'hectare. Un premier facteur agit sur la fixation de ce prix, à savoir le fait que les impôts
sont ou non à la charge du preneur. Au cas où c'est le fermier
qui paie les impôts, celui-ci doit en calculer la valeur moyenne
à l'hectare et l'ajouter au prix qui lui est demandé par le propriétaire, afin de se rendre compte si ce prix est acceptable pour
lui. Le preneur ouvre ensuite la discussion, s'il y a lieu, et s'efforce
d'obtenir une concession, s'il croit celle-ci justifiée. Parfois le
prix en soi n'a rien d'excessif, mais en raison de l'état défectueux de culture où se trouvent les terres, de l'atteinte portée
à la jouissance par la réfection de certains bâtiments, il est
juste de demander une réduction temporaire de plus en plus
faible jusqu'à devenir nulle au jour où la jouissance est complète. C'est en cet endroit de la rédaction du bail qu'il convient
de mentionner ces divers arrangements. Les prix successifs,
s'il y a lieu, aussi bien que définitifs doivent d'ailleurs s'entendre très explicitement à l'hectare de terres louées, et il est
préférable de ne pas compter dans l'étendue des terres les surfaces occupées par les chemins de culture, même s'il doit en
résulter un léger relèvement de prix; le preneur sait alors
exactement combien il paie, et, si le propriétaire agrandit la
ferme en cours de bail, la reprise par le fermier de terres nou-

vellement acquises se fait sans difficulté, soit qu'on leur applique le prix moyen de location, soit qu'on leur attribue une valeur différente en raison de certaines circonstances particulières.

Quatrième clause. Époques de paiement. — Les autres clauses du bail comportent d'abord les époques de paiement du loyer. Le locataire doit veiller, sauf exception provenant d'arrangements pris pour l'entrée en ferme, à ce que le premier terme de loyer à verser par lui, soit dû à Noël de l'année qui suit la prise de possession; de cette façon il a devant lui le temps nécessaire pour réaliser ses premières récoltes et par suite se procurer les capitaux nécessaires au paiement. Normalement, à la sortie de la ferme, supposée faite le 29 septembre de la dernière année du bail, le preneur devrait encore un terme le 25 décembre qui suit la sortie et un autre au mois de juin de l'année d'après, mais comme, à partir du 1er avril de cette année-là, le fermier, dans le cas le plus habituel, a enlevé les derniers animaux qui sont pour le propriétaire gage du paiement, il est d'usage que l'on demande le règlement intégral du loyer de la dernière année au mois de décembre de cette dernière année. Il y a là un gros débours à faire en une fois par le fermier occupé déjà à son emménagement sur une autre exploitation : aussi peut-être celui-ci pourrait-il obtenir une modification l'autorisant à solder le dernier terme du loyer un mois avant son départ définitif; il en serait grandement allégé, sans qu'il semble qu'il doive en résulter un risque pour le bailleur.

Clauses diverses des baux. Entretien des arbres à fruits, des clôtures et des haies. — Nous arrivons maintenant à toute la série de conditions particulières imposées au fermier. Celui-ci est tenu aux réparations locatives, les grosses réparations incombant au propriétaire : il n'y aura de ce chef aucune difficulté sérieuse si le preneur reçoit l'immeuble en bon état de réparations locatives et n'a qu'à entretenir ce qu'il a trouvé bien ; ici intervient la nécessité de l'état des lieux détaillé dont nous avons fait ressortir l'utilité. Cependant l'état des lieux ne tranche pas à lui seul toutes les questions susceptibles de devenir irritantes ; aussi faut-il prévoir celles-ci d'avance en indiquant la solution qui interviendra au cas où elles seraient soulevées. Au nombre de ces questions figure, à mon point de vue, l'entretien des haies vives et des clôtures. Il ne fait pas de doute pour moi que le propriétaire doit livrer à son fermier les unes et les autres très soigneusement réparées. Dans ces conditions, si, au cours du bail, les fils de clôtures artificielles ou leurs supports viennent à être brisés du fait des animaux ou par suite du choc d'un instrument ; si, pour une cause analogue, une haie vive est endommagée au point que s'ensuive la mort de quelques-uns des arbres qui la composent, le locataire est pleinement responsable du dégât et doit à ses frais y porter remède ; mais si, par vétusté, la haie vive disparaît peu à peu ; si, en raison du temps ou de la mauvaise qualité du bois employé pour les pieux, ceux-ci pourrissent progressivement au point que, les uns après les autres, ils doivent être consolidés d'abord, remplacés ensuite, ceci, malgré le caractère progressif ne la détérioration, ne doit plus être considéré comme entretien, c'est au propriétaire à intervenir ou à bien spécifier qu'il laisse à son fermier le soin d'une intervention acceptée de ce dernier moyennant compensation.

De même la destruction d'arbres à fruits à la suite de labours trop profonds exécutés dans leur voisinage immédiat ou bien par le dent ou les cornes des animaux doit entraîner leur remplacement par le fermier et même le paiement d'une indemnité si l'arbre était en plein rapport et que sa disparition cause à la propriété un préjudice qu'il faudra de longues années pour réparer. Par contre, c'est le bailleur à qui incombe le soin de renouveler les arbres morts de vieillesse et pour l'indemniser, en partie tout au moins, des frais d'abatage du sujet ancien et de plantation du sujet nouveau, le bois de l'arbre disparu doit lui être laissé. J'ai vu conclure la convention inverse : elle ne me paraît pas justifiée, d'une part parce qu'elle entraîne pour le fermier une dépense dont il court risque de ne pas recueillir le bénéfice, en second lieu parce qu'il me semble préférable que le propriétaire reste maître du choix de l'espèce et de la qualité de l'arbre qu'il plante afin que la durée de cet arbre ne soit pas sacrifiée à la précocité. Du reste, étant données l'importance et la valeur de plantations, de pommiers à cidre notamment, sur certaines exploitations, je trouverais parfaitement fondé que le bailleur se réserve un droit de contrôle sur l'enlèvement de branches charpentières lorsque celui-ci serait jugé nécessaire par le fermier. Il ne porterait pas grande atteinte à la jouissance du preneur, puisqu'il serait facile de s'entendre avec lui pour marquer les branches à condamner, et il préserverait les arbres d'élagages parfois trop sévères et nuisibles à l'entretien de la vigueur des sujets qui y sont soumis.

Entretien des couvertures. — J'ai vu insérer dans certains baux à ferme l'obligation pour le preneur d'entretenir les couvertures en chaume. Cette clause n'aura sans doute plus longtemps a être envisagée car, dans de nombreux départements, il est d'ores et déjà interdit d'édifier de nouvelles toitures en chaume, et celles qui sont hors d'usage doivent être remplacées par de la tuile ou de l'ardoise. Quoi qu'il en soit, je ne conseillerais pas à en fermier d'en accepter le maintien, et je ferais valoir, à l'appui de cette manière de voir, l'obligation légale du propriétaire de tenir son locataire clos et couvert. Cette obligation précise ne doit pas comporter d'équivoque ; or il ne manque pas de s'en produire lorsqu'un fermier a l'entretien des chaumes, en raison de la difficulté de savoir où s'arrête l'entretien et où commence la grosse réparation ; d'autant mieux qu'ici intervient l'action du vent, action plus ou moins funeste suivant que le locataire a montré plus ou moins de soin à tenir ses ouvertures closes par temps d'orage. Si le propriétaire tient à l'intervention du fermier pour la conservation des toitures en chaume, il pourra lui être donné satisfaction par l'abandon annuel d'une quantité de paille déterminée à l'avance ; cette paille sera employée suivant les besoins par un couvreur désigné et payé par le bailleur.

Réparations locatives. — L'indication précise de toutes les réparations locatives auxquelles sera tenu le fermier est d'ailleurs une bonne chose lorsqu'il s'agit d'un bail important ; elle peut éviter, à la sortie, des contestations regrettables pour l'une ou l'autre partie, parfois même pour les deux.

Question de la chasse. — La question de la chasse est souvent l'objet d'âpres discussions, surtout si le bailleur et le locataire sont chasseurs l'un et l'autre. Généralement un propriétaire chasseur a le plus grand désir de garder pour lui seul le droit de chasser, et cette prétention est fort justifiée lorsqu'il prend à sa charge les frais de garde et de repeuplement en gibier. S'il n'y a pas de dépenses engagées pour la conservation du gibier en dehors des frais occasionnés par l'entretien du garde, il me paraît au contraire équitable que le locataire soit autorisé à profiter de la chasse dans des conditions déterminées, telles que : limitation du droit de chasse à un certain nombre de jours par semaine et à un nombre déterminé de fusils, ouverture huit ou dix jours après l'ouverture faite par le propriétaire, etc. L'admission du locataire au droit de chasse est motivée selon moi par ce fait que ses récoltes fournissent au gibier, non seulement le couvert, mais une partie des aliments dont il a besoin pour prospérer, et en second lieu parce que le passage de chasseurs sur les terres emblavées, même en y apportant les précautions voulues, est toujours la cause d'un léger préjudice ou d'une gêne lors de la rentrée des récoltes. Certains propriétaires, trouvant qu'il n'y a pas là compensation avec les frais entraînés par le salaire du garde, sont tentés de demander à leur fermier de participer au paiement de ce salaire ou de nourrir une partie des chiens : ce sont conventions à ne pas accepter. Un même garde ne peut dépendre à la fois du bailleur et du fermier, car il lui est impossible de tenir la balance égale entre intérêts parfois opposés, et, à supposer qu'il y arrive, il est bien probable que, malgré tout, l'une des parties se croira lésée aux dépens de l'autre ; de même pour la nourriture des chiens, je sais par expérience que c'est à une source de froissements. Les conventions en matière de chasse, si elle ne roulent pas exclusivement sur une limitation plus ou moins serrée du nombre de jours de chasse accordés au locataire, doivent être réglées sur le versement d'une somme fixée à l'avance et qui est le prix auquel le fermier paie la jouissance d'un plaisir. Si le propriétaire loue sa chasse, une entente directe est nécessaire entre le fermier des terres et le fermier de la chasse, et, dans ce cas, le mieux est peut-être que les deux fermiers forment entre eux et leurs amis une véritable société par actions. Cette combinaison permet l'emploi d'un garde commun aux actionnaires de la chasse et au fermier du fonds solidaire avec eux, ce qui est un avantage ; hormis ce cas, si un propriétaire ou un fermier trouve l'entretien d'un garde trop lourd pour lui seul, il doit, s'il tient à s'assurer les bénéfices d'une surveillance privée, s'associer avec d'autres propriétaires ou d'autres fermiers de façon à grouper des intérêts de même nature.

Question des pailles et fumiers. — Les baux renferment souvent toute une série de clauses restrictives relatives aux cultures permises au fermier et aux modes d'exploitation du sol qu'il devra adopter ; de nos jours, ces clauses, lorsqu'elles subsistent, n'ont plus guère qu'un caractère d'indication, et une latitude de plus en plus grande est laissée au preneur. Raison de plus pour que celui-ci demande que la chose tolérée soit, en droit comme en fait, régulièrement autorisée : le tenancier d'une ferme importante doit avoir ses coudées franches et jouir de toute sa liberté. Nul, en effet, n'est mieux à même que lui, puisqu'il est guidé par l'expérience pratique, de voir quelles sont les cultures les mieux appropriées à l'ensemble des conditions économiques au milieu desquelles il est obligé d'évoluer ; il en résulte que personne mieux que lui ne peut choisir les branches d'exploitation lucratives assurant au fermier le meilleur revenu et au propriétaire la meilleure rentrée de ses fermages. Cette vérité apparaît trop limpide pour qu'il soit nécessaire d'y insister et les parties doivent s'en inspirer dans la rédaction du bail. Toutefois il est prudent pour le bailleur de conserver pour lui certaines garanties auxquelles le preneur ne peut raisonnablement s'opposer et qui présenteront un caractère d'absolue justice si elles ont pour principe le principe même des lois de restitution. Le propriétaire dira à son fermier : « Vous êtes libre, mais l'usage de cette liberté a pour conséquence que, chaque année, il sort de mon domaine une certaine quantité des éléments auxquels il doit sa prospérité ; eh bien, il faut que je puisse au besoin m'assurer, par la nature et l'importance des engrais et des aliments achetés, par la quantité de fumier de ferme employée que les exportations sont compensées par des importations. » — Ce contrôle paraît au premier abord compliqué et inquisitorial, il ne l'est pas en réalité lorsque le propriétaire ne se désintéresse pas de sa ferme et veille aux obligations qu'il est tenu d'y remplir. Rien que l'exécution de ces obligations lui permet d'en voir assez pour avoir une idée suffisamment exacte de l'équilibre maintenu sur le domaine par le fermier : les wagons de tourteaux, de scories, de kaïnite ou de nitrate de soude ne passent pas inaperçus,, les allées et venues des attelages à la gare ne peuvent se dissimuler et, s'il ne les voit pas lui-même, il en entend parler ; le contrôle effectif ne devient nécessaire que si l'on s'aperçoit que le mouvement des sorties soit seul à subsister. Quelques points peuvent d'ailleurs être notés dans le bail de façon moins générale et l'on peut encore très bien y maintenir l'obligation de marnages réguliers dont le retour et l'importance sur la même terre soient traduits en chiffres ; de même, je verrais un avantage pour les deux parties à spécifier la place que devra conserver l'emploi des fumures organiques concourant à la formation de l'humus dont nous aurons à rappeler le rôle capital et dont l'existence pourrait être compromise par l'utilisation trop exclusive des engrais chimiques.

Un moyen pour le propriétaire d'obtenir cette garantie de son fermier est l'obligation imposée au preneur d'avoir en tout temps sur l'exploitation un nombre minimum de têtes de gros bétail — dix moutons ou quatre porcs adultes étant comptés pour une tête. Mais cette clause, si elle est maintenue, doit avoir, dans le cas de culture intensive, une grande élasticité. A côté du nombre d'animaux présents, il faut en effet tenir compte de la rapidité avec laquelle ces animaux se renouvellent : un agriculteur qui fait dans son hiver deux levées de vingt-cinq bœufs gras, conservés trois mois ou trois mois et demi produit une quantité de fumier bien autrement considérable que celui qui n'en fait qu'une seule au bout de six à sept mois, et pourtant l'un comme l'autre peuvent avoir à un moment donné l'effectif prévu dans le bail. Il vaudrait donc mieux déterminer, dans la mesure du possible, les quantités de fumier ou d'engrais verts et composts que le locataire sera tenu d'employer chaque année, ou au moins pendant les dernières années du bail, lorsque arrive le moment où le propriétaire peut craindre de voir le fermier demander trop au sol qu'il est sur le point de quitter.

Ici se trouve soulevée la grosse et délicate question des pailles et fumiers. Avant de l'aborder, faisons remarquer qu'une chose à laquelle le fermier doit se prêter dans la rédaction du bail est l'obligation pour lui de laisser les terres sous les mêmes emblavures qu'il y a trouvées lui-même, en ce qui concerne en particulier les soles de céréales d'hiver et de printemps et la partie de la sole de jachères occupée par des prairies artificielles d'âges déterminés. Cette clause ne peut être éludée, car il peut fort bien se faire que le système de culture de son successeur soit différent du sien et que celui-ci veuille s'en tenir aux rotations de pratique courante dans le pays: il doit donc trouver l'exploitation où il entre toute prête à être soumise à l'assolement usuel.

Revenons maintenant à la question des fumures. Celle-ci fait l'objet d'un article très intéressant de M. Ernest Robert dans le numéro du 14 octobre 1909 du *Journal d'agriculture pratique*.

Les baux disent : « Toutes les pailles récoltées sur les terres « affermées seront converties en fumier et ces terres seront « fumées au cours des quatre dernières années du bail. » Comme le fait très bien observer M. Robert, cette rédaction, qui fait encore loi devant les tribunaux, est un véritable non-sens, car elle ne tient aucun compte de l'emploi des engrais chimiques, des fumures vertes, ou même des matières organiques, telles que laine et sang desséché, de sorte qu'un fermier qui a eu recours à ces modes de fertilisation, même s'il en a fait un emploi rationnel, est exposé à se voir en fin de bail condamner à une indemnité de 300 francs par hectare pour les terres qu'il n'aurait pas fumées au fumier de ferme, au cours des quatre dernières années; s'il y a eu demi-fumure, l'amende est réduite de moitié, mais, en tous cas, la valeur des fumures artificielles est comptée pour zéro ; bien mieux, si le preneur exploite une terre pauvre ne donnant que de maigres récoltes, même s'il a au complet son effectif de bétail tel que le bail a pu le lui imposer, s'il n'a pas récolté assez de paille pour fumer toute son exploitation dans le délai de quatre années qui lui est imparti, ce preneur est exposé ou à avoir à acheter de la paille afin d'obtenir le fumier qui lui fait défaut, ou à payer une indemnité, même si, pour suppléer à l'insuffisance de litière, il a fait parquer son bétail sur le domaine : le parcage n'étant compté que comme demi-fumure. Il y a là non seulement non-sens, comme dans le cas du fermier qui, pour vendre ses pailles, remplace le fumier de ferme par les fumures minérales, mais injustice véritable, car un fermier ne saurait être tenu de fournir plus qu'il en reçoit de la terre qui lui est confiée. Une refonte des textes s'impose donc dans le sens que j'indiquais tout à l'heure, et qui suppose l'application par le preneur des lois de restitution avec la réserve du maintien de l'emploi des fumures organiques dans une proportion à déterminer par les deux parties. L'épuisement du sol en humus étant d'autant plus considérable que la culture est plus intensive et les produits exportés plus nombreux, il semble que l'on arriverait à une solution assez simple en même temps qu'équitable pour le propriétaire aussi bien que pour le locataire, en convenant que le poids des fumures organiques devrait être dans un rapport donné avec le poids des exportations, le surplus étant fourni par les fumures minérales. Le contrôle ne serait pas plus compliqué que celui auquel, d'après les anciens textes, est obligé d'avoir recours le propriétaire, généralement par l'intermédiaire d'un fondé de pouvoirs, pour s'assurer que le fermier n'a pas distrait de paille en fin de bail et a appliqué à chaque parcelle du domaine une fumure suffisante.

Question de l'indemnité au fermier sortant. — Si le bailleur doit préserver ses terres d'un appauvrissement possible par le fermier et prendre à ce sujet les garanties nécessaires, que se passera-t-il si, au lieu d'une terre appauvrie, le preneur laisse à sa sortie une exploitation en meilleur état que celui où il l'a trouvée? Les baux sont muets sur ce point, qui est celui de l'indemnité au fermier sortant et qui est encore bien plus complexe que la question qui vient de nous arrêter.

En principe il semble absolument justifié que l'auteur d'une plus-value en bénéficie, au moins pour partie; malheureusement, dans la pratique, la chose n'est pas aussi simple, parce que d'abord deux éléments ont contribué à réaliser la plus-value : le sol, c'est-à-dire la matière première, qui appartient au propriétaire ; le travail et l'habileté professionnelle, c'est-à-dire l'outil, qui est aux mains du locataire. Quelle est au juste la part à attribuer à chacun de ces éléments, c'est ce qu'il est à peu près impossible de déterminer ; en second lieu, le bailleur peut tenir le raisonnement suivant : « Vous avez réalisé sur mon fonds des améliorations, c'est exact ; mais de ces améliorations que je ne vous demandais pas et que vous avez peut-être même exécutées en dehors de moi, il ne me convient pas de vous dédommager : je n'ai pas la fortune nécessaire pour cela. Mon intention est de faire de mes capitaux un usage différent, les choses que vous considérez comme des perfectionnements sont de nulle utilité pour votre successeur qui a des projets tout autres que les vôtres. » Ce raisonnement, s'il est de bonne foi, est sans réplique ; s'il ne l'est pas, il faudrait faire établir par un tribunal qu'il n'est tenu que pour les besoins de la cause, et sur quoi s'appuyer pour formuler même une semblable demande ? J'en conclus que l'indemnité au fermier sortant est avec raison passée sous silence et qu'il n'y a pas lieu d'essayer d'en introduire le principe dans le contrat en cours de rédaction. Il appartient au locataire, s'il aperçoit pendant sa jouissance des améliorations utiles, ou bien de demander au propriétaire de les exécuter moyennant le paiement d'un intérêt payé par lui locataire et qui ne saurait être inférieur à 5 p. 100, ou bien de les faire lui-même, à ses risques et périls, s'il prévoit pouvoir les amortir pendant la durée de son bail et en obtenir, en plus de l'amortissement, un profit sérieux. De cette façon, le preneur sera certain d'avoir travaillé dans son intérêt et il courra la chance de voir son opération meilleure encore si, à son départ, le bailleur ou le nouveau fermier rachètent à un prix même modique les constructions ou autres ouvrages dont ils reconnaîtraient les avantages.

Je crois, dans les pages qui précèdent, m'être suffisamment attaché aux questions principales soulevées par la rédaction du contrat de location pour que celui-ci, en s'inspirant des textes qui existent pour presque chaque région de la France, puisse être rédigé de manière à donner satisfaction aux deux parties en présence.

Je devrais donner des indications du même genre au cultivateur de qui l'intention est, non plus de louer à ferme, mais d'exploiter par métayage. Il est assez aisé de voir que, sur bien des points, ces indications seraient identiques ou très analogues à celles que l'on vient de lire : inutile donc d'y revenir, d'autant mieux que le métayer a beaucoup moins de latitude que le fermier pour discuter avec le propriétaire les termes du contrat. Le métayer est, en effet, sous la dépendance très étroite du propriétaire, qui lui fournit d'ordinaire presque tous ses moyens d'exploitation et qui, souvent, intervient dans la conclusion des marchés qu'il a tout intérêt à voir passer dans les conditions les meilleures.

Le lien très serré qui unit ainsi les deux parties contractantes dans le cas du métayage est même une garantie pour le métayer que son propriétaire, agriculteur comme lui, ne lui proposera qu'un arrangement profitable, la ruine de l'un devant entraîner celle de l'autre ; ainsi se sont formées de véritables associations auxquelles il faut attribuer les progrès si sérieux accomplis par la petite et la moyenne culture dans les départements où le métayage est resté en honneur.

La période des préliminaires étant ainsi franchie, le chef de l'exploitation, installé sur le domaine, est prêt à le mettre en valeur : la gestion proprement dite commence et, pour donner de bons résultats, elle suppose la connaissance et la mise en œuvre d'un certain nombre de facteurs dont il nous faut aborder l'étude dans notre seconde partie.

ÉLÉMENTS NÉCESSAIRES A LA MISE SUR PIED D'UN

PLAN D'EXPLOITATION

CHAPITRE PREMIER

LA FERTILISATION DU DOMAINE

La plante outil de l'agriculteur. Origine des matériaux qu'elle met
en œuvre : l'atmosphère et le sol. Les engrais et les amendements.
Plan et coût de la fertilisation du domaine.

*La plante, sa composition, éléments qu'elle emprunte
à l'atmosphère et au sol.* — L'agriculteur, en possession
de son exploitation, doit dresser le plan suivant lequel il la
cultivera et s'organisera pour en tirer le meilleur parti possible
à l'aide des outils dont il dispose. Le premier de ces outils est
la plante, véritable fabrique de matière vivante, utilisée par
l'homme, soit directement, soit après avoir servi de nourriture
aux animaux. Comment se servir de la plante ? Comment
mettre à sa portée les éléments dont elle a besoin pour croître
et remplir son rôle? Pour répondre à cette double question
quelques indications sommaires sur le végétal ne sont pas inu‑
tiles.

Importance de l'eau dans la plante. — Il suffit d'un
coup d'œil pour se rendre compte que nombre de végétaux
cultivés sont très riches en eau sans laquelle ils ne sauraient
vivre et que cette eau, une fois introduite dans leurs tissus, n'y
séjourne pas, mais au contraire ne fait que les traverser, sans
cesse appelée des racines vers les feuilles d'où elle s'échappe,
par la transpiration, dans l'atmosphère. L'importance de ce
courant continu puisque, de l'air, l'eau retourne sous forme
de pluie à la terre et aux racines, est très considérable ; on a

cherché à la mesurer et l'on a trouvé que, pour l'élaboration d'un kilogramme de matière vivante, les plantes devaient, suivant les cas, évaporer de 300 à 700 kilogrammes d'eau ; les betteraves en particulier, étudiées de façon toute spéciale par M. E. Saillard, le distingué chimiste du Syndicat des fabricants de sucre de France, en demandent 400 kilogrammes. Si l'on songe qu'au moment de la récolte un hectare de betteraves à sucre porte environ 10.000 kilogrammes de matière sèche — feuilles et racines — c'est quelque chose comme 4.000 mètres cubes d'eau qu'il a dû recevoir et livrer pendant les six mois qu'a duré la végétation des betteraves. En d'autres termes, il a dû tomber sur cet hectare, d'avril à novembre, un minimum de 40 centimètres de hauteur d'eau pluviale, mettant à la disposition des plantes, sous forme de réserve, une provision d'eau maximum en juin et juillet, époque où la végétation est le plus intense. On voit immédiatement l'importance de considérations de l'ordre que je viens d'indiquer pour le choix des végétaux à faire figurer dans les assolements : leur culture n'est possible que si, directement de l'atmosphère, ou indirectement par les irrigations, ils peuvent recevoir en temps utile les quantités d'eau dont ils ont besoin ; l'expérience acquise par les praticiens du voisinage ou les données météorologiques recueillies par les stations agronomiques, s'il en existe aux environs, peuvent servir de guides.

Mise en évidence des autres éléments de la plante. — Outre son eau de constitution, la plante renferme de la matière organique fabriquée ou en voie de formation. Une carbonisation incomplète en vase clos en met en évidence les éléments : carbone, oxygène, hydrogène et azote ; poussée plus loin, la combustion détruit bientôt ces principes qui se volatilisent dans l'atmosphère et elle ne laisse plus subsister que les cendres où l'analyse a reconnu l'existence du phosphore, de la potasse, de la chaux, de la magnésie, de la soude, du fer, du manganèse, du soufre, du chlore et de la silice, substances minérales qui toutes, à des degrés divers, sont indispensables au végétal, puisqu'il suffit que l'une d'elles vienne à manquer pour qu'il soit arrêté dans son développement ou même dépérisse et meure.

C'est au sol que le végétal emprunte les éléments retrouvés

dans les cendres ; il tire de l'atmosphère l'oxygène, le carbone, l'hydrogène et l'azote.

Oxygène, hydrogène, carbone et azote. Apports par l'atmosphère d'azote ammoniacal, nécessité de favoriser ces apports par la jachère nue ou mieux cultivée. — Nous avons déjà vu que les eaux pluviales, auxquelles le sol ne fait que servir de réservoir momentané, apportent à la plante l'hydrogène combiné à l'oxygène. Pur, l'oxygène entre dans l'organisme végétal par le mécanisme même de la respiration. Le carbone provient de la décomposition de l'acide carbonique de l'air, grâce à la merveilleuse propriété que possède, sous le nom de fonction chlorophyllienne, la chlorophylle, ou matière colorante verte des feuilles, d'opérer cette décomposition en présence de la lumière solaire. Quant à l'azote atmosphérique, les plantes le reçoivent à l'état libre, ou bien combiné à l'oxygène sous l'influence des effluves de l'électricité aérienne, ou encore uni à l'hydrogène sous forme de poussières ammoniacales. Il m'aurait fallu retracer ici l'enchaînement remarquable des belles découvertes qui ont illustré les noms de Boussingault, Georges Ville, Hellriegel et Willfart, Lawes et Gilbert, le colonel Chabrier, Aubin, MM. Muntz, Schlœsing père et fils, Laurent et tant d'autres dans leurs recherches sur ,l'alimentation des végétaux et suivre avec ces savants les cycles complets que l'eau, le carbone et l'azote parcourent à travers le monde ; mais le cadre de cet ouvrage ne comporte pas l'étude d'un aussi vaste sujet avec les développements que lui ont donnés M. Schlœsing père dans son *Traité de chimie agricole* ,M. Schlœsing fils dans ses *Principes de chimie agricole*, M. Dehérain, dans son livre sur les *Engrais*, et M. André dans sa *Chimie végétale*, de l'Encyclopédie agricole : je me contenterai donc de renvoyer à ces divers traités les personnes qui voudront bien me lire. Toutefois, en me cantonnant dans le cadre particulier que je me suis imposé, il est certains faits que je dois signaler à l'attention du praticien.

L'agriculteur reste sans action sur les apports d'azote nitrique, c'est-à-dire en combinaison avec l'oxygène provenant de l'atmosphère, mais il peut exercer un rôle prépondérant au sujet de l'utilisation de l'ammoniaque aérienne par les végétaux. M. Schlœsing père a en effet montré que ces apports d'azote ammoniacal devenaient maximum lorsque l'ammoniaque était reçue par des surfaces liquides ou par les tissus, très riches en eau et sans cesse agités par le vent, des feuilles. Ils augmentent déjà lorsque le sol, au lieu d'être sec, est humide, et lorsque, au lieu de rester inculte, il est travaillé par les instruments agricoles, qui renouvellent ses surfaces d'absorption. C'est ainsi que, de 12 à 13 kilogrammes par hectare et par an, dans les conditions les plus défavorables, on les voit peu à peu s'élever jusqu'à 60 kilogrammes, si l'on sait donner à la terre arable des façons bien conduites, capables d'assurer dans son sein le maintien d'une humidité suffisante. Or 60 kilogrammes d'ammoniaque correspondent à plus de 200 kilogrammes de sulfate d'ammoniaque d'une valeur de 70 francs environ, d'où ressort pour le cultivateur le très considérable avantage qu'il a à soumettre aux travaux multiples de la jachère nue les guérets confiés à ses soins. Ce même agronome vient-il à substituer la jachère verte à l'ancienne jachère nue, son bénéfice, du fait de l'utilisation de l'ammoniaque aérienne, augmente encore, puisque, grâce aux végétaux dont est couvert le sol, l'apport de 60 kilogrammes par hectare et par an, qui était un maximum, est très sensiblement dépassé, justifiant ainsi les améliorations apportées aux méthodes culturales.

Utilisation de l'azote libre de l'air; moyen d'accroître cette utilisation. — De même, le cultivateur qui favorise l'utilisation par les végétaux des poussières ammoniacales de l'atmosphère, en occupant ses terres par une série ininterrompue de récoltes, peut aussi favoriser l'emploi, par les plantes, de l'azote libre de l'air. Libre, l'azote aérien n'arrive à nos plantes cultivées que par l'intermédiaire d'organismes inférieurs : bactéries et algues minuscules. Les algues nous échappent, mais il n'en est pas de même des bactéries, et il appartient au praticien de développer leur rôle si utile en donnant aux cultures de légumineuses qu'elles ont choisies pour vivre dans les renflements particuliers ou nodosités de leurs racines, toute l'extension désirable. L'azote que, par cette sorte de vie en commun, ou symbiose avec la bactérie, les légumineuses accumulent dans leurs tissus, par suite de l'évolution naturelle à tout être vivant, fait plus ou moins directement retour à la terre, où nous le retrouverons tout à l'heure dans le stock de matière organique qui donne aux sols agricoles une partie de leur valeur.

Le sol. Étude très sommaire du sol. Importance des deux ciments du sol : argile colloïdale et acide humique. — Le sol, où les végétaux trouvent, parfois à l'état d'impuretés accessoires, tant ils semblent y avoir été parcimonieusement répandus, les aliments qu'ils n'empruntent pas à l'atmosphère, se constitue sous l'action continue de certaines forces mécaniques ou chimiques dont nous voyons les effets se poursuivre de nos jours ; on y distingue essentiellement quatre éléments principaux : l'argile, le calcaire, le sable, l'humus ou matière organique ; il se différencie d'un simple amas de débris rocheux plus ou moins grossiers par la présence, simultanée ou indépendante, de deux ciments qui maintiennent entre ses particules les vides nécessaires à la circulation de l'eau et autres agents atmosphériques indispensables à la vie des végétaux. L'un de ces deux ciments est d'origine minérale ; très bien étudié par M. Schlœsing père, sous le nom d'argile colloïdale, il ne joue son rôle qu'en présence d'un milieu légèrement acide ou rendu alcalin par le carbonate de chaux ou calcaire ; l'autre ciment, au contraire, paraît en relation avec la matière organique, ou humus, d'où son nom d'acide humique. M. Grandeau, pour ne citer que lui, lui a reconnu la propriété de donner du corps aux terres où l'argile fait défaut, et lui a surtout trouvé le pouvoir de retenir à un état spécial certains principes phosphatés et potassiques d'un intérêt considérable pour la végétation. Ce pouvoir absorbant n'est pas détruit par l'intervention d'acides même énergiques, mais il ne résiste pas à la dialyse c'est-à-dire à l'équilibre de composition qui tend à s'établir entre deux milieux liquides différents séparés par la cloison d'une cellule vivante : il assure ainsi la nourriture de la plante en même temps qu'il maintient à sa portée la provision d'aliments où elle doit puiser. Très important, comme on le voit, l'acide humique a, d'autre part, ceci de remarquable que ses effets, au lieu de s'ajouter à ceux de l'argile colloïdale, les neutralisent, et par suite tendent à rendre plus malléable un sol que l'argile en excès rendrait par trop compact en l'absence du calcaire.

L'argile, ses propriétés. — Souvent riche en sels de fer, matière organique, potasse, magnésie et même chaux en combinaison avec les acides sulfurique, carbonique ou phosphorique, l'argile retient l'attention du praticien par ses propriétés physiques. Par suite de la ténuité des éléments qui la composent, elle peut donner naissance à des terres lourdes et serrées, et, en raison de son affinité pour l'eau, elle en absorbe de grandes masses qui s'échauffent très difficilement et perdent promptement le peu de chaleur qu'elles ont emmagasinée. Très froids, le sols argileux doivent être corrigés par l'intervention du ciment de l'argile colloïdale sous l'influence des amendements calcaires, ou par l'évacuation de l'eau en excès à l'aide d'un drainage soigné.

Le calcaire, importance de son dosage dans le sol et méthode à employer pour ce dosage. — Le calcaire est, par la chaux qu'il renferme, un aliment pour les plantes ; je viens de rappeler son rôle comme correctif de la compacité des terres fortes ; il est nécessaire à la transformation des matières azotées du sol par la nitrification qui les rend utilisables pour les végétaux en voie de développement.

Il y a là trois raisons pour lesquelles le cultivateur doit se préoccuper s'il existe ou non sur son domaine. Il est, à cet égard, renseigné par la végétation spontanée (les prêles, les carex, les oseilles, caractérisant les sols où le calcaire est absent) et mieux par les procédés de dosage de M. de Mondésir. Un poids déterminé de terre est agité en un vase clos, de volume connu, avec de l'acide tartrique et de l'eau : le carbonate de chaux est décomposé et, de l'importance du volume de l'acide carbonique dégagé, on peut déduire la proportion de calcaire renfermée dans l'échantillon considéré. Si l'on n'observe pas de dégagement gazeux, c'est que cette proportion de carbonate de chaux est nulle, ou même que le sol est acide à un degré qu'il est facile de mesurer en renversant l'expérience, c'est-à-dire en substituant à l'acide tartrique de tout à l'heure un poids connu de carbonate de chaux. Cette fois, le dégagement d'acide carbonique mesure la proportion de calcaire qu'il est nécessaire d'ajouter au sol pour neutraliser son acidité et il n'est pas besoin d'insister sur l'importance économique d'un pareil renseignement : sa répercussion sur la valeur locative ou foncière de l'exploitation n'est que trop évidente.

Le sable, ses propriétés. Texture physique des sols, conséquences de cette texture au point de vue agricole. — Le sable, troisième élément du sol, est, géologiquement parlant, constitué par de la silice pure sous forme de fragments de quartz ; il n'intervient dans la nutrition des plantes que par les impuretés qui lui sont associées et il a ce point commun avec l'argile ; pour tout le reste, il lui est diamétralement opposé, c'est-à-dire que les sols auxquels il donne naissance sont légers, faciles à travailler, prompts à s'échauffer et sans aucune affinité pour l'eau. Un mélange du sable et de l'argile ne peut donc avoir que d'heureux effets, faciles à constater avec la terre de jardin, qui est le type de ce mélange. Pratiquement, au sable défini comme je viens de le faire on associe tous les éléments rocheux du sol ayant des dimensions appréciables. Les plus volumineux de ces fragments sont les cailloux, véritables réserves de principes utiles mis peu à peu à la disposition des végétaux sous l'influence des phénomènes continus de leur désagrégation. En dehors de ce rôle de magasin, les cailloux, lorsqu'ils sont de forme plate, ont une autre action qui est de conserver aux terres qui en sont couvertes leur humidité en s'opposant à l'évaporation de l'eau, aussi est-il quelquefois nécessaire d'apporter un certaine discrétion dans l'exécution des épierrages.

A côté des cailloux figurent les graviers de plus en plus fins qui ont l'argile pour limite. Grâce aux ciments du sol, selon que la proportion des divers graviers est différente, selon qu'ils sont plus ou moins gros, les vides qu'ils laissent entre eux sont plus ou moins considérables. Il en résulte que l'acide carbonique renfermé dans les couches arables trouve vers l'extérieur une issue plus ou moins facile, ou bien s'accumule dans le sol qu'il épuise de son calcaire par la formation de bicarbonates solubles ; de même l'oxygène, par un mouvement inverse, s'en vient plus ou moins aisément vivifier les racines et brûler les principes nocifs ou simplement inutiles par suite de leur insufsante oxydation ; l'eau enfin disparaît dans les régions profondes ou, au contraire, peut remonter vers la surface sous l'influence de la capillarité combinée à l'évaporation qui se produit sans cesse au niveau du sol. Les terres à éléments trop fins la retiennent au point de noyer les racines dans un milieu sans air ou de garder pour elles des réserves liquides que les plantes aimeraient à utiliser lors de périodes de sécheresse. Les sols à éléments grossiers, s'ils ont l'inconvénient de se dessécher trop rapidement, abandonnent au contraire aux végétaux la presque totalité de l'eau qu'ils renferment. Les racines ont besoin que l'eau, véhicule des éléments solubles qui pénètrent avec elle dans l'organisme végétal, se renouvelle à leur contact à mesure qu'elle est absorbée ; l'intensité de cette absorption étant énorme, on conçoit que la texture du sol empruntée à ses éléments sableux puisse avoir sur sa fertilité une influence considérable.

Certes, les plantes ont besoin, pour vivre, des principes minéraux que nous avons reconnus dans leurs tissus et, si ces principes sont absents d'un sol, il faut les y apporter par les engrais ; mais si complexes sont d'ordinaire les roches d'où le sol est sorti et si intimes leurs mélanges, si grand est le cube de terre dans lequel plongent les racines, si faibles par rapport à la masse totale de la couche arable sont les poids des substances utiles enlevées par les récoltes, qu'en dehors de toute restitution, les plantes prospéreraient de longues années sur les mêmes champs si, grâce à leur texture mécanique, l'eau et ses matériaux solubles pouvaient, ainsi que les agents atmosphériques, y circuler assez facilement. L'importance de ce point de vue n'a pas échappé aux agronomes allemands, et c'est pour avoir donné à leurs terres, par des façons culturales appropriées, un état physique analogue à celui des sols où ils avaient vu prospérer leurs récoltes qu'ils sont arrivés à mettre en valeur plus d'une région pauvre de leur empire.

L'analyse physique des terres permettant de les comparer aux bons sols pris comme étalons est généralement hors de la portée du cultivateur praticien, qui ne dispose ni du temps, ni des instruments de laboratoire nécessaires pour l'exécuter ; il y a aussi un tour de main que donne la répétition fréquente des mêmes dosages, aussi est-il plus sûr de s'adresser aux stations agronomiques qui, avec les résultats de l'analyse, indiqueront les conclusions pratiques qu'il est permis d'en tirer. Au reste, si l'agriculteur voulait opérer par lui-même, il trouverait tous les renseignements désirables sur le mode opératoire à adopter dans la *Chimie agricole* de Schlœsing (Encyclopédie chimique de Frémy), dans l'*Analyse des terres* de H. Lagatu et L. Sicard, dans les travaux de MM. Müntz et Faure sur l'*Irrigation*, dans les ouvrages de MM. Wéry, *Irrigations et drainages*, Diénert, *Hydrologie agricole*, Garola, *Engrais*, André, *Chimie agricole* (tous publiés dans l'Encyclopédie agricole J.-B. Baillière) et dans un très intéressant rapport présenté sur l'exploitation rurale et les cartes agronomiques au deuxième Congrès des Ingénieurs agronomes (février 1910), par M. E. Saillard. Il est, dans ce rapport, question d'une méthode d'analyse physique imaginée par Hazard, géologue chargé, de son vivant, du service des cartes agronomiques à la station de Mockern (Saxe), et qui, par sa simplicité relative, séduira peut-être le praticien.

L'analyse physique a pour indispensable complément l'analyse chimique, qui renseigne le cultivateur sur la présence ou l'absence plus ou moins complète des aliments des plantes englobés dans les éléments sableux du sol ou admis à circuler plus ou moins facilement entre ces éléments. Elle aussi, l'analyse chimique, est du ressort du laboratoire; toutefois elle est puissamment aidée et même éclairée par les essais culturaux que l'agriculteur a tout intérêt à ne pas négliger. Si, en effet, en donnant à ses récoltes des doses croissantes de potasse, d'acide phosphorique, de magnésie, voire même de manganèse, le praticien voit augmenter les rendements dans des proportions correspondant aux quantités d'engrais employés, c'est que ces engrais sont nécessaires, et il ne faut cesser d'en apporter que lorsque l'opération cesse d'être économiquement avantageuse. Les mêmes engrais sont-ils de nul effet, les végétaux en ont déjà à leur portée de quoi satisfaire à leurs besoins : inutile de s'imposer un sacrifice qui n'aurait aucune raison d'être. Toutefois, l'étude du sol par la plante, très suffisamment exacte quand il s'agit des principes minéraux dont je viens de parler, surtout si on les associe par deux ou par trois en faisant varier leurs proportions dans les mélanges, cesse de nous renseigner avec la précision désirable lorsqu'il est question de l'azote. Nous en trouvons l'explication dans les quelques considérations que j'ai déjà présentées sur les origines de l'azote utilisé par les végétaux et sur l'influence exercée par les façons culturales sur l'absorption de l'ammoniaque aérienne ; d'autre part, nous verrons bientôt qu'il dépend du cultivateur de mettre à profit pour ses récoltes certains stocks d'azote accumulés dans les sols par les êtres vivants, stocks dont il ne saurait reconnaître l'existence et la nature que par l'emploi des réactions chimiques. La chaux ici intervient pour aider l'agronome, mais il n'est généralement pas besoin pour elle de dosages rigoureux, et les renseignements que donnent l'emploi du procédé de M. de Mondésir ou l'utilisation des calcimètres peuvent, dans la plupart des cas, être considérés comme suffisants. Le principe des calcimètres, celui du calcimètre Bernard en particulier, est le suivant : un poids connu de terre fine est traité par l'acide chlorhydrique ; le gaz carbonique qui se dégage est recueilli dans une éprouvette graduée et l'on mesure son volume ; du volume ainsi trouvé se déduit, au moyen de calculs tout préparés, la proportion de calcaire contenue dans le sol en expérience.

La matière organique. L'alimentation azotée des plantes et la nitrification. — Le quatrième élément du sol végétal est la matière organique, débris qu'après leur mort abandonnent à la terre les plantes qui ont développé leurs racines dans son sein, et les animaux qui ont vécu à sa surface. Cette substance, qui présente tous les degrés successifs d'une décomposition de plus en plus avancée, n'est pas, à proprement parler, indispensable aux terres arables ; des laves où elle fait complètement défaut portent de fort belles récoltes peu d'années après leur émission par les volcans. Il est, d'autre part, certain qu'au début de leur formation, les sols ne contenaient pas de matière organique : elle y a été apportée par la vie suivie de la disparition des premiers végétaux qui ont vraisemblablement, comme les algues dont j'ai parlé ou comme les légumineuses, directement ou avec l'aide de bactéries, pris à l'air l'azote nécessaire à la formation de leurs tissus. Sans doute aussi les apports d'azote ammoniacal et nitrique provenant de l'atmosphère ont joué leur rôle, et la matière organique élaborée grâce à tous ces concours divers est aujourd'hui assez importante dans les terres cultivées pour que nous la considérions comme un élément sérieux de leur richesse.

A côte de l'acide humique, dont j'ai déjà parlé, la matière organique donne, par sa décomposition, naissance à de l'acide carbonique. Celui-ci, directement ou dilué dans les eaux souterraines, contribue à la désagrégation des roches et à la formation des sols agricoles. Vient-il à se répandre dans l'atmosphère, il y est saisi par la chlorophylle et devient un véritable aliment. Mais il semble que l'humus n'atteigne pas toujours aux derniers stades de la putréfaction, quelque actifs que soient les microorganismes qui, avec le concours de l'oxygène et de l'humidité, travaillent à cette œuvre de désorganisation. Au passage, pour ainsi dire, sont saisis, par les générations nouvelles des végétaux, des principes minéraux encore tout préparés et très assimilables. D'autres éléments, au moment de reprendre une forme volatile ou gazeuse qui les enlèverait à nos plantes, sont réengagés dans des combinaisons qui, de matières inertes, les transforment en aliments de la plus haute utilité. Au nombre de ces éléments est l'azote organique : oxydé par l'oxygène ou nitrifié, d'inactif qu'il était, il entre en jeu pour donner à la végétation une remarquable intensité.

Étudiée par de nombreux savants, MM. Schlœsing, Müntz, Maquenne, Dehérain, Warington, Frankland, Winogradski, la nitrification est l'œuvre de microbes ou ferments qui, pour remplir leur rôle, ont besoin de trouver à leur portée de la matière organique azotée dans un milieu aéré et légèrement alcalin, présentant certaines conditions de température et d'humidité. Aération, température, humidité sont autant de facteurs sous la dépendance étroite de la texture du sol, de cette texture dépend aussi l'importance des apports d'ammoniaque aérienne, et ainsi s'accumulent les preuves de l'intérêt présenté par l'ensemble des façons aratoires destinées à modifier dans un sens favorable la texture du sol. Pour obtenir ces heureux effets, la chaux s'ajoute aux travaux de culture, mais en même temps elle rend alcalin un milieu précédemment acide et impropre à la nitrification : elle donne la vie aux terres tourbeuses, terres de bruyère et analogues, si riches en azote organique qui, sans le calcaire, s'accumulerait en dépôts stériles.

Les engrais. Cultures dérobées et engrais verts. — Très assimilable, l'azote nitrique est en même temps très soluble et vis-à-vis de lui, ainsi que l'ont montré Dehérain, Lawes et Gilbert, le pouvoir absorbant de l'acide humique demeure impuissant. Il ne tarderait donc pas à être perdu pour nos récoltes, tout au moins pour un temps plus ou moins considérable, s'il n'était saisi par les racines des plantes tandis qu'il est encore à leur portée. Il faut donc multiplier les occasions que l'azote a ainsi d'être fixé par l'appareil radiculaire des végétaux : pour atteindre ce but, le cultivateur avisé dispose de l'emploi des cultures dérobées occupant sa terre sans arrêt, et ainsi apparaît un nouvel avantage de la jachère verte substituée à la jachère nue.

Les plantes susceptibles d'être cultivées de façon dérobée, après l'enlèvement de la récolte principale à l'automne, ou avant sa mise en terre au printemps, doivent, pour réunir les qualités désirables : 1º exiger une préparation du sol très sommaire ; 2º accomplir leur végétation en un temps très court ; 3º donner une masse de feuillage tendre et facilement décomposable plutôt que des tiges ou des racines trop ligneuses ; 4º disparaître sous l'action des gelées ou de la faux, avant d'avoir sali le sol par leurs graines. Il va sans dire que les principes utiles qu'elles ont emmagasinés peuvent faire retour à la terre, aussi bien après avoir servi pour partie à l'entretien de la vie animale, que par un enfouissement direct à l'aide de la charrue, et il convient d'ajouter ici que sous l'épais couvert d'une culture dérobée bien réussie, nombre de plantes adventices annuelles, entrées en végétation hors saison, périssent étouffées, laissant derrière elles un sol nettoyé. Les frais sont largement payés par la destruction des mauvaises herbes, l'azote nitrique retenu et l'azote ammoniacal absorbé.

Le sarrasin, la moutarde blanche, celle-ci semée à raison de

10 à 12 kilogrammes à l'hectare, les navets (5 kilogrammes de semences à l'hectare), utilisés en Picardie pour la nourriture automnale des vaches laitières et autres bovidés, occupent les champs à l'arrière-saison. Les vesces d'hiver (semer 200 à 250 litres à l'hectare), le seigle (250 litres), à manger en vert en avril, le trèfle incarnat, prolongent leur végétation jusqu'au printemps et, à cette époque, rendent grand service à la production laitière. Lorsqu'ils ont été consommés, il est encore temps pour le cultivateur de planter ses pommes de terre ou de faire ses seconds semis de bettéraves. Le trèfle incarnat, légumineuse, prend à l'air de l'azote par ses bactéries ; d'autre part, il n'exige, comme le navet, pour réussir, qu'un travail du sol des plus réduit : coup très léger de scarificateur, hersage au fagot d'épines, passage du rouleau plat ; enfin sa récolte se prolonge pendant un mois environ si l'on a soin de semer les variétés précoce, tardive et extra-tardive à fleurs rouges. Il semble donc qu'il faille lui donner la préférence là où la chose est possible. Sur leur catalogue de 1911, MM. Vilmorin, Andrieux et Cie cotent ses semences à 150 francs les 100 kilogrammes pour la variété précoce et à 165 et 175 francs pour les variétés tardives. Ces prix, sans doute en raison de la mauvaise maturité de graines en 1910, paraissent en hausse sensible sur ceux qu'il me souvient d'avoir autrefois payés. Il faut 20 à 25 kilogrammes de semence à l'hectare. On peut aussi semer la graine en bourre, à raison de 8 hectolitres ou 40 kilogrammes : à mon avis, la première méthode assure un semis plus régulier, la seconde permet de semer sans avoir recours au battage des graines récoltées chez soi, aussi ai-je cru devoir la mentionner.

Je reviendrai, dans mon chapitre sur les assolements, sur les cultures dérobées et sur les cultures fourragères de plus longue durée qui peuvent leur être comparées. Enfouies en vert comme engrais, ces diverses cultures feuillues rendent au sol l'équivalent d'une demi-fumure au fumier de ferme pour un poids de matière verte de 15 à 18.000 kilogrammes (Dehérain, *Engrais et ferments de la terre*). Ce chiffre est à lui seul assez éloquent ; il avait certainement frappé Georges Ville lorsque, dès 1849, il formula la théorie de la sidération d'après laquelle, grâce aux fumures vertes, on devait pouvoir, sans le secours du fumier de ferme, maintenir dans le sol assez d'humus pour combler les pertes provenant des exportations par les plantes et de la destruction du stock préexistant de matière organique. Il y a une grande part de vérité dans les idées de Georges Ville, mais, comme d'autres théories, celle de la sidération ne doit pas être poussée à l'extrême : si l'on considère surtout que les engrais minéraux, qui suffisent à l'obtention de superbes récoltes de graminées, demeurent impuissants lorsque, avec leur seule aide, on veut maintenir des emblavures de légumineuses dans les sols pauvres en humus, il est clair que, si utile soit-elle, la sidération n'est qu'un adjuvant précieux du fumier, aussi l'agriculteur soucieux de conserver l'humus, ou, comme disent les praticiens, la sève de son sol, ne fera-t-il jamais trop de fumier et n'emploiera-t-il jamais trop les résidus de la vie animale dans ses champs soumis à la culture intensive.

Le fumier de ferme. — Nous voici ainsi conduits à parler du fumier de ferme, qui fut pendant longtemps l'engrais par excellence. La question a été étudiée à fond par les maîtres Müntz et Girard, Garola, Dehérain et bien d'autres savants et agronomes aux travaux de qui il est possible au chef d'exploitation de se reporter : il rentre seulement dans mon sujet de rappeler les précautions à prendre pour éviter la perte des principes volatils du fumier et du purin.

Fabrication et conservation du fumier de ferme. — Dans cet ordre d'idées, l'aménagement bien étudié des fosses ou plates-formes se recommande tout particulièrement et, quel que soit le système adopté, un réservoir où convergent tous les purins est indispensable pour recueillir les liquides qui constituent par eux-mêmes un engrais puissant et pour arroser le fumier en voie de confection. L'arrosage, malheureusement trop souvent négligé, a deux effets aussi favorables l'un que l'autre : l'eau qu'il introduit au cœur même du tas de fumier retient les composés ammoniacaux et elle apporte avec elle l'oxygène nécessaire au travail des bactéries et aux combustions partielles dont la matière organique en décomposition est le siège.

Aussi important que l'arrosage est le tassement des fumiers :

l'arrosage amène les gaz nécessaires à la formation du fumier, le tassement empêche la sortie des principes volatils que nous avons intérêt à conserver. Il s'opère presque automatiquement si l'on a soin de monter les tas en y plaçant le fumier par lits réguliers : le séjour, lorsqu'il est possible, des animaux à l'engrais sur la fumière complète le résultat cherché.

Malgré tout, les pertes d'éléments fertilisants subies par le fumier restent énormes, et MM. Müntz et Girard ne les estiment pas à moins de la moitié de l'azote en mettant toutes choses au mieux ; aussi a-t-on essayé de les réduire en employant divers absorbants et en fixant les principes gazeux en combinaisons de nature plus stable. Nous retiendrons seulement l'emploi de la terre fine en raison de son affinité pour certaines bases et en particulier pour l'ammoniaque. Le plâtre et le sulfate de fer, parfois préconisés, sont à laisser de côté : il faut les acheter, et surtout les sulfates auxquels ils donnent naissance ne tardent pas à perdre leur oxygène et à se transformer en sulfures que décompose l'acide carbonique remettant l'ammoniaque en liberté (Dehérain).

Emploi du fumier, durée de son action. — Il ne suffit pas de savoir bien fabriquer le fumier, son emploi rationnel n'est pas moins important, et il n'est pas indifférent de se faire une idée de ce qu'il peut coûter.

Les fumiers faits, à un état de décomposition avancée ou de beurre noir, conviennent aux sols légers, sableux ou calcaires ; les fumiers frais, où la paille subsiste encore presque intacte, sont à réserver aux terres lourdes et argileuses: l'acide humique des premiers donne du corps aux sols légers, les pailles et débris grossiers des seconds allègent les sols argileux, ils y permettent l'accès de l'air et favorisent la nitrification qu'ailleurs il est nécessaire de ralentir, surtout lorsque la présence du calcaire en exagère l'intensité. Or la nitrification de l'azote des fumiers est d'autant moins prompte que le fumier de ferme est plus mûr : au début, le ferment de l'urée détermine la formation d'une grande quantité de carbonate d'ammoniaque très facile à nitrifier, plus tard le carbonate d'ammoniaque est transformé par d'autres microorganismes en matière organique très stable ; l'habileté du cultivateur consiste à mettre à profit ces modifications successives de l'azote en choisissant celles qui s'adaptent le mieux à la nature des terres de son exploitation ; mais comme, malgré tous ses soins, il n'arrivera jamais à modérer suffisamment la nitrification dans les sols légers dont je parlais à l'instant, non seulement il leur confiera des fumiers très faits, de nature à augmenter leur compacité, mais encore ce n'est que par doses faibles et répétées qu'il leur donnera ces fumiers, de façon à régler l'apport des aliments azotés d'après les besoins mêmes des récoltes. Dans les terres fortes, le fumier de ferme s'emploiera avantageusement d'avance et par grandes masses, pour qu'au moment de leur germination les jeunes plantes trouvent à leur portée une provision toute prête d'azote nitrique ; en terres sableuses, au contraire, l'incorporation par petites quantités de l'engrais précédera immédiatement les semailles, pour que ce même azote nitrique, trop vite fabriqué, ne sont pas perdu. Il y a là tout un art dont on conçoit l'importance pour la bonne gestion du domaine et pour l'organisation des transports de fumiers, qui peuvent s'échelonner au cours de l'année selon les exigences des plantes cultivées et la nature toujours plus ou moins variée des sols : bien conçu, en tenant compte des considérations que je viens d'exposer, le plan de fumure permettra de réaliser une économie dans le nombre des attelages nécessaires à son exécution ; il permetra aussi de mieux employer les matières fertilisantes rendues à la terre avec les déjections animales ; variable presque avec chaque ferme, il comportera, non pas la confection d'un tas de fumier unique, mais celle de deux ou trois tas, dont l'un presque toujours prêt à être transporté aux champs et les deux autres à des degrés divers d'avancement.

Dehérain, voulant se rendre compte de la façon dont le fumier de ferme se comportait dans le sol, a entrepris une série d'études à la suite desquelles il a été amené à conclure que, dans les terres légères, l'azote du fumier était, dès la première année, nitrifié dans la proportion de plus d'un tiers, ce qui donne à penser que, dans ce genre de terres, l'action fertilisante du fumier ne doit guère persister plus de trois ans ;

au contraire, dans les terres fortes, comme celles de la Limagne, cette action se prolonge très vraisemblablement pendant cinq, six, ou même sept ans.

Coût de la production du fumier de ferme. — Il est difficile de quitter ce sujet sans dire un mot du problème délicat soulevé par la détermination du prix de revient du fumier. Il y a là comme une pierre d'achoppement de toute comptabilité agricole, car ce prix de revient est lié à un nombre de facteurs trop considérable pour qu'il soit possible de l'évaluer de façon même approximative. Du côté des recettes nous avons le produit donné par les vacheries, bergeries et porcheries, ainsi que celui fourni par les écuries ; mais quelle valeur donner en particulier à ce dernier produit représenté par le travail des animaux de trait plus ou moins grevé de frais d'amortissement et d'entretien de tous genres ? Aux dépenses figurent le prix des pailles et fourrages, la valeur de l'herbe mangée au pâturage, les tourteaux et autres denrées achetées au dehors, et, si les notes payées aux fournisseurs donnent le prix de celles-ci, quelles bases adopterons-nous pour fixer la valeur des autres aliments ? Si nous cherchons à nous rapprocher de la réalité en faisant entrer dans nos calculs les cours relevés sur les marchés commerciaux et les prix demandés par les compagnies de camionnage, nous verrons que, sauf des cas très exceptionnels, il faut dépenser pour produire du fumier de ferme, mais nous verrons aussi que, même en laissant de côté la valeur représentée par l'humus et ses bons effets dans le sol, pour ne considérer que les prix auxquels il nous faudrait payer au commerce les 5 p. 100 d'azote, 3 p. 100 d'acide phosphorique, 5 p. 100 de potasse contenus dans le fumier, le coût de production de l'engrais de ferme demeure très sensiblement inférieur à la valeur marchande des principes minéraux qu'il renferme. Le fumier conserve donc une place prépondérante ; il s'agit seulement de savoir, à l'aide des engrais commerciaux, l'enrichir des éléments dont il est pauvre, afin de ne pas être conduit à l'employer en quantités exagérées, préjudiciables à tous égards.

Si le cultivateur vendait du fumier, il pourrait introduire le prix de vente dans sa comptabilité ; de même s'il en achetait, ou s'il en était vendu ou acheté par des voisins à lui ; mais comme la question transport et épandage est un facteur important de la valeur du fumier, ce facteur est peut-être suffisant pour fixer la valeur d'un produit qui, s'il figure en dépenses au chapitre récoltes, ressort en recettes au chapitre bétail.

Engrais organiques du commerce. — Je ne puis que rappeler les autres engrais organiques dont le cultivateur dispose en dehors du fumier. Ce sont : les gadoues ou ordures ménagères des villes, dites vertes lorsqu'elles n'ont subi ni triage ni commencement de fermentation, — la viande préalablement séparée de la graisse et de la gélatine, donnant une matière fertilisante à 13 p. 100 d'azote, — le sang, la corne, le cuir plus assimilable après traitement par la vapeur surchauffée, — la laine en chiffons effilochés, désignée sous le nom d'azotine quand elle a été dissoute par l'acide sulfurique, — le guano, traité lui aussi par l'acide sulfurique pour déterminer le production de sulfate d'ammoniaque qui permet le broyage de la matière et le mélange de ses parties, — les matières excrémentitielles de l'homme, très en usage dans le Nord et aussi dans le Var pour les cultures de fleurs. Vient ensuite toute la série des engrais verts : plantes fourragères dont j'ai parlé, — algues marines ou goémons qui font la richesse de la Bretagne, de Jersey, de Noirmoutiers, — tourteaux ou résidus d'huileries, très employés en Provence (tourteaux de ricin, de croton, de moutarde, de pignon d'Inde) ; les déchets végétaux de toutes sortes : feuilles de betteraves qui, enfouies après l'arrachage de ces racines, représentent la valeur d'une demi-fumure, au point de vue tout au moins. de l'azote qu'elles rendent au sol et que décèle l'odeur ammoniacale dégagée par les feuilles laissées quelque temps sur le champ.

Engrais azotés, nitrate de soude, sulfate d'ammoniaque, nitrate de chaux. — Des engrais organiques se rapprochent, si l'on se reporte à leur origine, les deux engrais azotés par excellence : le nitrate de soude et le sulfate d'ammoniaque, le premier à 15 ou 16 p. 100 d'azote, le second à 20 p. 100 environ. Ces deux engrais sont trop importants pour que je ne m'y arrête pas, ne fût-ce qu'en raison de leur valeur argent qui a atteint 26 francs les 100 kilos et oscille encore pour le nitrate de soude autour de 23 francs, tandis qu'elle se maintient aux environs de 30 francs pour le sulfate d'ammoniaque. Leur mode d'emploi est d'ailleurs loin d'être indifférent.

Une première précaution consiste à n'employer que des engrais sains, en écartant le sulfate d'ammoniaque qui contiendrait du sulfocyanure de potassium, poison violent reconnaissable à la coloration rouge qu'il donne en présence du perchlorure de fer. Cette précaution prise, le cultivateur portera son attention sur l'effet plus ou moins prompt qu'il désire obtenir et sur la nature du sol auquel il se propose de confier l'engrais azoté. Très soluble dans l'eau et insensible au pouvoir absorbant des sols, le nitrate de soude agit au moment même de son emploi : il donne à la végétation un véritable coup de fouet qui, s'il est trop violent, dépasse le but en déterminant la verse des céréales. Il convient aux terres calcaires et plutôt sèches où il ne se dissout que lentement. D'action moins rapide mais aussi plus soutenue, le sulfate d'ammoniaque s'applique aux sols humides et argileux; en terres calcaires il n'a que de mauvais effets ou, tout au moins, des effets très atténués, parce que, en présence du carbonate de chaux, il donne naissance à du carbonate d'ammoniaque, produit très volatil qui risque d'être en partie perdu avant d'avoir été utilisé par les plantes.

Dans les terres à la fois argileuses et calcaires, les récoltes sont parfois meilleures les années pluvieuses que les années sèches ; lorsqu'il en est ainsi, c'est qu'elles ont besoin pour réussir de copieux arrosages et que, normalement, les sols ne contiennent qu'une quantité d'eau suffisante pour dissoudre le nitrate de soude sans amener son entraînement dans le sous-sol : c'est alors le nitrate qu'il faut employer. Dans le cas contraire, il y aurait lieu de donner la préférence au sulfate d'ammoniaque. Cette influence de l'humidité sur le choix des engrais azotés est démontrée par les résultats que l'agronome anglais Warington a obtenus sur sa ferme de Woburn. Les mêmes terres y furent emblavées en blé en 1882 et 1887 et, chacune de ces deux années, elles reçurent des doses égales d'azote, moitié sous forme de nitrate de soude, moitié sous forme de sulfate d'ammoniaque.

L'année 1882 fut humide, le sulfate d'ammoniaque accusa des rendements supérieurs à ceux du nitrate ; l'année 1887 fut sèche, l'inverse se produisit, et le rendement supérieur donné par le nitrate fut précisément égal à celui qu'avait donné le sultate en 1882, tandis que la même égalité se retrouvait pour les faibles rendements du nitrate en 1882 et du sulfate en 1887.

L'avantage du nitrate de soude, lorsqu'il peut être employé, est que l'on peut juger rapidement de l'intensité de son action et, par suite, la très bien régler par des applications successives de doses savamment graduées. Malheureusement les gisements du Chili, source de ce précieux engrais, n'auront pas une durée indéfinie, et l'on aurait pu se demander comment y suppléer le jour où ils auraient manqué, lorsque, employant les forces hydro-électriques de la Norvège, à Notodden, MM. Birkeland et Eyde parvinrent à oxyder directement l'azote de l'air et à fixer sur la chaux l'acide azotique formé. Leur industrie, depuis 1905, prit un rapide développement ; de nouvelles usines s'ouvrirent, et l'on prévoit qu'une seule d'entre elles, à Saaheim, utilisant 120.000 chevaux, moitié de la chute de Rjukanfos, donnera, en 1911, 100.000 tonnes de nitrate de chaux (Grandeau, *Journal d'agriculture pratique* du 13 janvier 1910). L'agriculture peut se rassurer ; peut-être même arrivera-t-elle à préférer le nitrate de chaux au nitrate de soude, parce que le nitrate de soude est, en somme, transformé dans le sol en nitrate de chaux apporté sans transition par l'engrais de Notodden. Le nitrate de chaux est d'un emploi tout aussi facile que le nitrate de soude, et de bien meilleure conservation, si l'on a soin de tenir clos les barils de 100 kilogrammes nets dans lesquels il arrive de son pays d'origine. De plus, il apporte au sol 26 kilogrammes de chaux par 100 kilogrammes d'engrais, de sorte que, tout en ne contenant que 13 p. 100 d'azote au lieu de 15 p. 100 dans le nitrate de soude, son effet est presque aussi actif que celui du nitrate de soude : les récoltes l'utilisent entièrement s'il est bien employé.

R. VUIGNER. — Domaine agricole. 6

Le nitrate de chaux rentre dans la catégorie des engrais azotés minéraux ; il en est de même de la cyanamide de calcium, obtenue par MM. Franck et Caro en fixant sur du carbure de calcium l'azote de l'air préalablement séparé de l'oxygène par un passage du mélange aérien sur de la tournure de cuivre chauffée au rouge. L'emploi de la cyanamide, qui, avec 20 à 22 p. 100 d'azote, apporte aussi au sol de la chaux, n'est peut-être pas encore aussi bien en mains que celui des autres engrais azotés ; néanmoins, grâce aux travaux de M. Müntz, il semble qu'elle soit appelée à remplir un rôle au moins égal à celui du sulfate d'ammoniaque, aussi sa faveur grandit-elle tous les jours.

Les engrais phosphatés. Généralités sur les engrais phosphatés. — C'est au règne minéral qu'appartiennent la plupart des engrais phosphatés ; il semble que les eaux thermales aient apporté avec elles de leurs sources profondes l'acide phosphorique qui s'est fixé sur la chaux, le fer, l'alumine et autres bases, pour constituer les gisements aujourd'hui reconnus sur de nombreux points des deux continents. Toutefois, nous aurions tort de ne pas laisser aux engrais phosphatés d'origine animale la place qui leur revient : ils furent au début seuls connus ; leur emploi a montré l'importance de l'acide phosphorique pour la nutrition des plantes, et ce sont eux qui le présentent sous une de ses formes les plus assimilables.

A l'inverse de ce qui a lieu pour l'azote, nous ne sommes plus, en effet, ici en face d'un corps que le végétal emprunte à des composés solubles préparés au besoin par les microbes de la nitrification ; l'acide phosphorique est, on peut le dire, toujours insoluble, ses combinaisons ne sont pas toutes aussi stables et résistantes les unes que les autres : mais pour être assimilé il doit subir une véritable digestion de la part du végétal ou du fait d'éléments extérieurs au végétal, tels que les principes bruns de l'humus. Cette digestion est plus ou moins facilitée par la texture des engrais phosphatés, l'état de finesse et de dissémination plus ou moins grandes sous lequel ces engrais se trouvent dans le sol, enfin l'aide qu'ils rencontrent naturellement ou artificiellement dans le travail préparatoire de digestion nécessaire à leur absorption par les racines. S'il s'attache à ces trois points, l'agriculteur est assuré du succès aux conditions économiques les plus avantageuses.

La texture dépend de la nature des produits employés ; ceux qui ont une origine animale sont d'ordinaire plus ou moins poreux, ce qui favorise leur désagrégation et permet leur mise en œuvre relativement rapide. Les phosphates minéraux proprement dits, au contraire, proviennent de roches plus ou moins dures, parfois cristallisées et très difficilement attaquables par les acides faibles du sol et des plantes : ils occupent le bas de l'échelle sous le nom d'apatites ou phosphates cristallisés de l'Espagne et de la Norvège ; les phosphorites du Quercy, du Gard et de l'Estramadure leur sont un peu supérieures, en raison surtout des terres où elles trouvent leur emploi en Limousin et en Vendée. Au-dessus des phosphorites, se placent les phosphates arénacés de la Somme, les craies phosphatées de la Somme et de la Belgique, et enfin les nodules et coprolithes de l'Albien (Ardennes, Meuse et Boulonnais), du Sénonien (Quiévy), du Liasique (Auxois). Les nodules, ainsi que l'a constaté Dehérain, sont bien plus attaquables que les autres phosphates minéraux, grâce à leur origine : fossiles animaux (déjections ou autres déchets) imprégnés de phosphate de chaux, ils forment comme un trait d'union entre les phosphates minéraux et les ossements accumulés dans les brèches osseuses, véritables cimetières où les squelettes des animaux ont été rassemblés naturellement ou poussés par des courants fluviaux. Les os des brèches osseuses, ceux qui, chaque jour, sortent de nos abattoirs ou de nos clos d'équarrissage, constituent les engrais phosphatés les plus actifs.

Le rôle actif des os, comme celui des apatites, est d'ailleurs en relation étroite avec leur degré de finesse ou de broyage : les expériences culturales le prouvent, et MM. Müntz et Girard en donnent, dans leur excellent livre sur les engrais, une explication typique. Un nodule de 1 centimètre cube de volume présente une surface de 6 centimètres carrés. Divisons-le en 10.000 cubes de un dixième de millimètre de côté, sa surface, centuplée, est portée à 600 centimètres carrés : au lieu d'un point sur lequel pouvait s'exercer l'action des agents extérieurs (acides du sol ou de la plante), il y en a cent. Toutefois, comme chaque molécule, séparée par un procédé mécanique, conserve la structure propre du corps dont elle a été détachée, à degré de broyage égal, la valeur relative des différents engrais phosphatés que nous avons énumérés n'est pas modifiée.

Il faut avoir recours à des réactions chimiques pour donner une valeur culturale à des minerais, riches en acide phosphorique, mais inattaquables pour les plantes, en raison de leur structure ou de la nature des combinaisons dans lesquelles leurs principes utiles se trouvent engagés : tel est le but de l'industrie des superphosphates et des phosphates précipités.

Superphosphate et phosphate précipité. — Le fabricant de superphosphates, par un traitement à l'acide sulfurique, enlève au phosphate de chaux insoluble deux des trois équivalents de chaux qu'il renferme : la chaux se porte sur l'acide sulfurique pour former du plâtre et le phosphate à un équivalent de chaux obtenu (phosphate monocalcique), **soluble** dans l'eau, est très assimilable pour les végétaux. Simple en théorie, la fabrication des superphosphates est pratiquement beaucoup plus complexe : quelque soin qu'on y apporte, jamais elle ne donne de phosphate monocalcique à l'exclusion de tous autres composés phosphatés. Les corps étrangers (fer, alumine) provoquent des réactions secondaires et toujours les superphosphates contiennent un mélange de phosphate à un, deux ou trois équivalents de chaux. Avec le temps, ces différentes formes de phosphates agissent les unes sur les autres et la forme monocalcique tend à disparaître au profit de la forme bicalcique, c'est ce qu'on exprime en disant que le superphosphate rétrograde. Mais, malgré cette rétrogradation, il conserve une valeur supérieure à celle des phosphates naturels parce que, bien qu'il ne soit plus soluble dans l'eau, le phosphate bicalcique reste soluble dans le citrate d'ammoniaque, c'est-à-dire plus attaquable que le phosphate à trois équivalents de chaux.

Le phosphate précipité est un sous-produit de la fabrication de la gélatine. Les os sont traités par l'acide chlorhydrique, qui dissout le phosphate de chaux qu'ils contiennent ; la solution décantée est précipitée à l'état de phosphate bicalcique

par addition d'un lait de chaux. Comme pour le superphos·
phate, le dosage exact des réactifs est impossible et généra·
lement les phosphates précipités renferment une certaine proportion de phosphate tricalcique.

D'où vient la supériorité du superphosphate et du phosphate
précipité ? On pourrait à première vue l'attribuer, pour le superphosphate, à l'acide phosphorique soluble que contient
cette forme d'engrais ; mais, si l'on songe que l'état de solubilité de l'acide phosphorique est éminemment passager et que,
d'ailleurs, il n'existe pas d'acide phosphorique soluble dans le
phosphate précipité, force nous est de reconnaître que, si les
engrais phosphatés qui ont subi un traitement chimique ont
un avantage sérieux sur les engrais bruts, c'est d'une part
parce que la structure moléculaire du minerai d'origine a été
modifiée d'une façon favorable à la végétation, et d'autre
part parce qu'ils présentent l'acide phosphorique à un état
de division beaucoup supérieur à celui que l'on peut obtenir
mécaniquement. Leur incorporation au sol est, ainsi, d'autant
plus parfaite qu'avant de quitter sa forme soluble, quand il
s'en trouve sous cette forme, l'acide phosphorique a le temps
de parcourir un trajet, si faible soit-il, au sein des couches
arables dont il englobe les particules terreuses.

*Phosphates naturels, importance du degré de mou-
ture.* — Ce point de vue est tellement exact que, lorsqu'il
s'agit de l'acquisition des phosphates naturels, il est tenu
compte du fini de leur broyage. L'Association des chimistes
de sucrerie et de distillerie voudrait que ces engrais se comportent au tamisage sur tamis métalliques de la façon suivante :

	Simple mouture.	Double mouture.
Éléments passant au tamis de 200...........	55	80
— — 150...........	25	10
— — 100...........	10	8
Éléments restant sur le tamis de 100........	10	2

(Le tamis de 100 a ses mailles espacées de quinze centièmes
de millimètre.)

Sans être aussi strict, l'agriculteur agira sagement en faisant joindre une analyse physique de ce genre à l'analyse chimique qui indique la teneur en acide phosphorique.

6.

Mais ce que le broyage donne mécaniquement, ce que les traitements chimiques industriels donnent artificiellement, il est parfois possible de l'obtenir ou de le compléter par la mise en jeu des seules forces naturelles.

Emploi des engrais phosphatés suivant la nature des sols auxquels ils sont destinés. — Certains sols, notamment ceux qui sont très riches en matières organiques, les sols tourbeux, les terres de bruyère, renferment des acides capables de jouer vis-à-vis des phosphates naturels un rôle analogue à celui que joue l'acide sulfurique dans la fabrication du superphosphate ; nous aurions le plus grand tort de négliger un concours aussi précieux et, pour en tirer le meilleur parti, il y a lieu de doser à l'aide du procédé de M. de Mondésir le degré d'acidité de la terre que nous voulons fertiliser. Cette terre est-elle très acide, il nous est loisible d'y employer des phosphates de décomposition peu facile, et par suite très bon marché ; si l'acidité diminue, nous pouvons recourir aux craies phosphatées ou aux nodules plus attaquables. Il vaut la peine, en tout cas, d'harmoniser la nature des engrais phosphatés avec la nature du sol : il peut en résulter de notables économies dont nous avons des exemples frappants avec la mise en culture des landes de Bretagne et l'heureuse réussite, dans les champs du Limousin et de la Vendée, des phosphorites qui seraient d'une utilité contestable dans les terres fortes du Nord. Il faut se féliciter d'ailleurs que les sols acides puissent être ainsi enrichis à bon compte en acide phosphorique : c'est, avec leur valeur foncière généralement faible, une compensation aux frais importants de chaulage et de marnage qu'ils exigent.

Dans d'autres terres, l'emploi direct des engrais phosphatés d'une valeur marchande peu élevée n'est plus permis, mais leur utilisation par des moyens détournés est encore possible.

Les fermentations qui s'opèrent dans le fumier en voie de formation agissent sur les phosphates naturels et les rendent plus assimilables ; un mélange de ces phosphates au fumier a les meilleurs effets : il augmente la valeur du phosphate, simplifie l'épandage dans les champs et assure une uniformité plus grande de cet épandage. On peut l'obtenir de deux manières : la fumière est saupoudrée avec l'engrais minéral à chaque nouvelle couche de fumier qu'on y apporte, ou bien les poudres de nodules et les phosphates arénacés sont mélangés aux litières, aux heures où les animaux, absents des étables, ne sont pas incommodés par les poussières du phosphate. Cette seconde méthode est préférable à la première. MM. Müntz et Girard indiquent que, si l'on veut, par ce moyen, apporter une fumure de 1.000 kilogrammes de phosphates naturels pour 20.000 kilogrammes de fumier à l'hectare, il faut employer : $1^{kg},300$ de phosphate par jour et par cheval, $2^{kg},500$ par bœuf, 80 grammes par mouton et 165 grammes par porc ; plus simplement, si l'on se reporte au fait que le bétail produit annuellement 20 à 25 fois son poids de fumier, on arrive à l'enrichissement désiré en utilisant chaque année, dans les litières, un poids de phosphate égal au poids de l'ensemble des animaux de la ferme.

La fabrication du cidre laisse un résidu qu'il est d'autant plus important de restituer au sol qu'il contient tout préparés une partie des éléments nécessaires aux récoltes futures. Certains cultivateurs hésitent à l'employer en raison de son acidité ; loin de redouter cette acidité, ils devraient en tirer parti pour rendre assimilable l'acide phosphorique des phosphates naturels.

. La richesse des phosphates naturels est essentiellement variable : on trouve de 16 à 22 p. 100 d'acide phosphorique dans les nodules des Ardennes et jusqu'à 30 p. 100 dans les sables de l'Artois ; je n'ai pas à m'étendre sur ce sujet. Au point de vue de la gestion du domaine, il importe seulement au praticien de calculer à quel prix lui revient à pied d'œuvre le kilogramme d'acide phosphorique dans les différents engrais ; c'est facile, puisque les marchés se font de plus en plus en prenant pour base l'unité d'acide phosphorique sur wagon, gare la plus proche de l'acheteur. Celui-ci n'a donc qu'à vérifier l'exactitude des dosages annoncés ; s'il tient compte en outre du degré d'assimilabilité lié au degré de broyage et à la nature même du phosphate naturel, il aura tous les éléments nécessaires pour se procurer la marchandise qui lui convient le mieux.

D'une façon générale, c'est aux sols riches en matières organiques que doivent être réservés les phosphates minéraux ; je précise toutefois que les craies phosphatées de l'Oise, de la Somme et du Pas-de-Calais ont leur place, à la fois comme engrais phosphatés et comme amendement calcaire, dans les terres acides ou très argileuses. Dans les terres franches bien saines, telles que les limons des plateaux, les nodules peuvent être utilisés ; si l'on veut essayer les autres phosphates naturels, il faut au préalable les avoir soumis aux macérations ou digestions dont j'ai parlé, par un contact prolongé avec les fumiers ou des résidus acides, mais, en général, on leur préférera les phosphates d'os et guanos phosphatés, surtout si le taux de matière organique est peu élevé dans le sol.

Les os employés comme engrais doivent tous, avant broyage, être débarrassés de la graisse qu'ils renferment et qui formerait un véritable vernis contre l'attaque des agents extérieurs ; ainsi dégraissés, ils sont écrasés sans autre préparation et ils constituent les os verts utilisés surtout en Angleterre et en Allemagne, apportant au sol, avec de 20 à 26 p. 100 d'acide phosphorique, 4 p. 100 d'azote. Dégélatinés par un traitement en autoclave sous deux ou trois atmosphères, leur taux d'acide phosphorique s'élève à 27 ou 29 p. 100, mais ils n'ont plus de valeur comme engrais azoté. Ils peuvent être livrés aussi à l'agriculture sous forme de noirs de sucrerie ou de raffinerie ayant servi à la clarification des jus sucrés ; c'est même sous cette forme qu'ils furent d'abord employés et que l'on se rendit compte de leur puissante action sur les récoltes. Enfin, de Montevideo, ils nous arrivent sous forme de cendres contenant, d'après Voelker environ 73 p. 100 de phosphate de chaux. Les guanos sont constitués par des déjections d'oiseaux que les pluies ont lavées de leur azote et qui n'ont d'autre valeur que celle de leur acide phosphorique.

Lorsque, à leur tour, os et guanos deviennent impuissants comme engrais phosphatés, les superphosphates et les phosphates précipités entrent en jeu : ils conviennent aux sols où l'acide phosphorique ne trouverait pas réunies les conditions nécessaires à sa mise en œuvre par les forces naturelles, c'est-à-dire aux sols calcaires et légers.

Les superphosphates contiennent souvent de 13 à 15 p. 100 d'acide phosphorique ; cette teneur varie avec celle des phosphates naturels traités pour les obtenir. Pur, le phosphate précipité devrait contenir 52 p. 100 d'acide phosphorique ; pratiquement, il n'en contient guère que de 36 à 40 p. 100, et même de 27 à 35 p. 100 dans le précipité Thomas, qui présente son acide phosphorique en combinaison avec le fer et à l'état de phosphates bi et tricalcique très divisés. L'un et l'autre engrais — superphosphates et phosphate précipité — produisent, à doses égales d'acide phosphorique, les mêmes effets sur les récoltes, ainsi que l'ont montré les expériences de MM. Garola et Grandeau en France, de M. Petermann en Belgique et de M. Maerker en Saxe ; cependant il semble que l'action des superphosphates puisse prendre une importance particulière du fait du sulfate de chaux et même de l'acide libre qu'ils renferment quelquefois. Dans les terres très argileuses et sans calcaire, cet acide attaque le silicate d'alumine et de potasse, principe même de l'argile, et rend ainsi utilisable pour les plantes une certaine quantité de potasse. En terres calcaires, une intervention de l'acide sulfurique peut se produire, et il paraît certain que le plâtre ou sulfate de chaux, contenu par le superphosphate dans la proportion de 25 p. 100, produit sur les légumineuses des résultats analogues à ceux que l'on obtient par les plâtrages ordinaires (Risler, de Gasparin).

Scories de déphosphoration. — Le rôle joué par le superphosphate acide en terre argileuse et sans calcaire est, on peut le dire, exceptionnel et trop spécial pour justifier dans ces sols l'emploi d'un engrais coûteux. Nous avons pour eux un autre engrais phosphaté dont nous n'avons pas encore parlé et qui a le grand avantage d'apporter, en même temps que l'acide phosphorique, la chaux nécessaire à la coagulation de l'argile colloïdale et à la nitrification de la matière organique : j'ai nommé les scories de déphosphoration, ou phosphate Thomas Gilchrist, du nom de son obtenteur. Les scories, produit d'épuration des fontes phosphoreuses, contiennent de 14 à 20 p. 100 d'acide phosphorique, 40 p. 100 de chaux vive, de la magnésie, plusieurs centièmes de bioxyde de manganèse et enfin de 6 à 13 p. 100 de silice. On conçoit qu'elles soient un engrais puissant, en raison de leur chaux et de leur acide phosphorique très bien divisé, et en raison aussi de la magnésie et du manganèse qu'elles renferment, et dont le rôle agricole paraît s'affirmer par de récentes expériences. Grâce à leur chaux vive, les scories conviennent non seulement aux terres argileuses, mais aussi aux terres acides où elles agissent comme amendement calcaire, sans risquer de saturer l'acide du sol avant que celui-ci ait donné tout son effet utile dans la dissolution des phosphates.

Je pourrais encore citer le phosphate ammoniaco-magnésien, obtenu dans le traitement des guanos et poudrettes, et auquel Boussingault a reconnu un effet des, plus actif, mais je dois forcément limiter mon énumération. J'avais à faire ressortir que l'agriculteur dispose d'une série de produits phosphatés adaptés aux différents genres de terres qu'il peut avoir à exploiter, je crois avoir atteint mon but : au praticien de faire son choix, guidé par les essais culturaux et par les considérations théoriques que je viens d'exposer. Son rôle est prépondérant, ainsi que le montrent les conclusions auxquelles arrivent les agronomes de tous les pays : MM. Jamieson en Écosse, Grandeau sur divers points de France, Garola dans la Beauce, Gâtellier dans la Brie, ont en effet reconnu que, sous ses trois formes principales, l'acide phosphorique donne des résultats identiques, si l'on fournit à chaque sol la forme qui lui convient. Seule varie la rapidité de l'action, et ce dernier point s'explique très facilement : l'acide phosphorique prêt à être digéré du superphosphate est naturellement bien plus vite saisi par les plantes que celui des phosphates naturels qui, avant d'être utilisé, doit subir l'action des acides du sol ou de l'humus. Toutefois, comme, une fois introduit dans les couches arables, l'acide phosphorique s'y insolubilise immédiatement, quelle que soit sa forme dans l'engrais distribué, il y a avantage à faire les applications d'engrais phosphatés le plus longtemps possible à l'avance. Et cette fois il n'est plus question d'emploi en couverture, l'eau des pluies ne pouvant amener qu'un entraînement mécanique tout à fait insuffisant. Il faut, au contraire, incorporer à la terre les fumures phosphatées de façon aussi complète que possible, afin que les plantes rencontrent dans toute la masse où se développent leurs racines les molécules des phosphates et puissent pour ainsi dire les enserrer dans leurs poils radicants, MM. Müntz et Girard préconisent, pour atteindre ce résultat. l'enfouissement d'une première partie de la fumure par un labour profond ; la deuxième partie est ensuite confiée au sol par un second labour plus léger, donné dans un sens perpendiculaire au premier. Ce procédé est excellent, surtout si l'on a soin de le compléter par un travail énergique au scarificateur et à la herse après chacun des deux labours. Je prévois, il est vrai, une objection : le manque de temps pour exécuter une série de travaux aussi compliqués et qui serait plus parfaite encore si l'on y ajoutait un recoupage complet du sol au moyen du régénérateur des prairies, ainsi que les roulages et cross-killages nécessaires pour éviter que la terre reste creuse. A cette objection j'ai une réponse toute prête : profiter de ce que le phosphate peut être donné en doses massives pour le très bien appliquer, quitte à ne recourir à cette application très bien faite qu'à intervalles éloignés. Je pose seulement le principe, j'aurai à y revenir en traitant la question au point de vue économique.

Les engrais potassiques. — L'influence de l'azote, saisissable à l'œil par le développement et la couleur que prennent les végétaux sous l'action des engrais azotés, celle de l'acide phosphorique, qui donne du soutien à la charpente de nos plantes et qui fait que le grain est lourd dans les épis, furent assez rapidement reconnues des cultivateurs ; il n'en fut pas tout à fait de même de celle des engrais potassiques, dont le rôle apparaît moins nettement et dont l'emploi est encore plus délicat que celui des engrais qui m'ont précédemment occupé.

Il semble, en effet, ainsi que le fait remarquer Dehérain, que beaucoup de terres n'aient pas besoin de fumures potassiques, car l'analyse y révèle des quantités importantes d'alcali ; cependant la pratique n'est pas toujours, sur ce point, d'accord avec la théorie : nos moyens d'analyse nous permettent, le plus souvent à l'aide de réactifs violents et sous l'influence de températures élevées, de reconnaître la potasse existant dans les sols, mais ils ne nous indiquent pas dans quelle limite les végétaux peuvent ou non en tirer parti, aussi voyons-nous des terres très riches en potasse se trouver bien de l'emploi des sels de potasse, tandis que dans des terres pauvres en apparence, la potasse est de nul effet. La plante, soumise à des essais bien compris, est ici notre meilleur guide.

Il ressort toutefois des expériences de M. Risler que les terres qui révèlent au moins 1 p. 1.000 de potasse, lorsque, après les avoir tamisées au tamis à mailles de 1 millimètre, on les traite par l'acide nitrique bouillant, contiennent assez d'alcali pour n'avoir pas besoin d'engrais potassiques. Or les roches primitives renferment souvent jusqu'à 6 p. 100 de potasse, les argiles (Schlœsing, Perrey) en ont environ de 4 à 6 p. 100, les roches volcaniques 3 p. 100, aussi n'a-t-on généralement pas besoin de se préoccuper de donner de la potasse aux terres qui en dérivent : limon des plateaux, argiles à silex, terrains quaternaires, terrains liasiques du Nivernais, sols issus des roches primitives du Morvan, du plateau central, de la Vendée, de la Bretagne. Les terrains calcaires, au contraire, bénéficient de l'apport des sels de potasse. Joulie l'a vérifié et, en Champagne, près de Reims, Ponsart, Risler, de Rohans ont constaté le très bon effet de la potasse, non seulement sur les légumineuses, mais aussi sur l'ensemble des autres plantes cultivées. MM. Müntz et Girard ont observé des faits de même ordre sur les sols sableux des landes de Gascogne et sur les sols tourbeux délavés par les eaux. Mais il ne suffit pas de donner de la potasse aux terres qui en manquent, il faut encore que les engrais potassiques, confiés au sol, n'en soient pas enlevés avant d'avoir pu produire leur effet, ou n'y subissent pas des réactions qui, au lieu de les rendre utiles aux végétaux, les transformeraient au contraire en de véritables poisons pour les plantes. Faute d'avoir pris ces précautions, on a couru au-devant de plus d'un insuccès, et il ne faut pas chercher ailleurs la défiance que beaucoup d'agriculteurs montrent encore aujourd'hui pour les sels de potasse.

Une autre raison justifie leur prudence : la potasse est très stable dans la plupart des terres arables, les eaux de drainage n'en enlèvent que de 5 à 6 kilogrammes par hectare et par an, selon les recherches de Warington, Lawes et Gilbert, et, comme les quantités qui quittent la ferme dans les produits exportés sont inférieures à celles que rapportent les denrées consommées sur place, le stock de potasse s'entretient naturellement. Il peut même s'accroître et surtout revêtir une forme plus utile aux végétaux s'il subit comme une sorte de préparation de la part de certaines plantes dont les débris font ensuite retour à la terre. Particulièrement avides de potasse, les légumineuses fourragères, les plantes racines semblent, en effet, douées de la faculté de s'en emparer assez facilement et d'en accumuler dans leurs tissus des réserves supérieures à leurs besoins : ce sont ces réserves qui, ramenées au sol par les fumiers, nourrissent très probablement les céréales, en leur fournissant un aliment dont elles ne sauraient prendre par elles-mêmes les faibles quantités qui leur sont nécessaires. Si elles n'avaient pas cette difficulté à saisir la potasse autrement qu'à un état très assimilable, on ne comprendrait pas que les céréales soient aussi sensibles aux fumures potassiques que les légumineuses, qui prennent au sol des quantités de cet élément jusqu'à sept et huit fois supérieures.

Origine et différentes sortes d'engrais potassiques. — La potasse s'extrait des eaux de la mer à l'état de chlorure de potassium, des plantes marines, des cendres de bois, des vinasses de betteraves, des marcs et des lies à l'état de chlorure de potassium et de sulfate de potasse, du suint à l'état de carbonate. C'est aussi à l'état de sulfate de potasse et de chlorure de potassium qu'on la tire des inépuisables gisements de Stassfurt près de Magdebourg, en Thuringe. Je n'ai pas à décrire les préparations que subissent le plus souvent les produits bruts avant d'être livrés au commerce ; quelques-uns s'emploient à l'état naturel, telles les cendres de bois; d'autres à peine débarrassés des corps étrangers les plus encombrants, tel la kaïnite de Stassfurt, mélange de sulfate de potasse et de chlorure de potassium unis à du sulfate de magnésie ; préparés pour la vente, les engrais livrent à l'agriculteur la potasse sous différentes formes.

Le sulfure de potassium et le sulfocarbonate de potasse sont particulièrement précieux pour la vigne, parce qu'ils constituent de puissants insecticides contre le phylloxera en même temps qu'un très bon engrais. Le sulfocarbonate de potasse est obtenu par réaction du sulfure de carbone sur le sulfure de potassium ; il dose environ 18 p. 100 de sulfure de carbone et de 18 à 22 p. 100 de potasse.

Le chlorure de potassium est un sel extrêmement soluble : de fabrication française, il titre 90 p. 100 de chlorure pur avec 56 à 57 p. 100 de potasse ; de fabrication allemande, il dose, cinq fois concentré, 80 à 85 p. 100 de chlorure.

Moins soluble que le chlorure de potassium, le sulfate de potasse titre de 80 à 90 p. 100 de sulfate pur : le titre en sulfate pur multiplié par 0,54 donne la teneur en potasse.

Le nitrate de potasse provient du traitement des sels d'osmose ; on peut l'obtenir aussi par réactions chimiques. C'est un engrais de premier ordre puisque, avec 13 p. 100 d'azote, il apporte 44 p. 100 de potasse ; toutefois, sa production est limitée, et, comme son prix est élevé, il est préférable d'utiliser séparément les principes qui lui donnent sa richesse.

Le carbonate de potasse, lorsqu'on a soin de veiller à ce qu'il soit exempt des cyanures qu'il contient quelquefois lorsqu'on l'extrait des salins de betteraves, constitue l'engrais potassique le meilleur. C'est, en effet, sous forme de carbonate que la potasse est utilisée par les plantes, et il faut qu'elle soit ramenée à cet état sous l'influence de réactions subies en présence du calcaire pour que les sels potassiques solubles soient retenus dans le sol. L'argile, l'humus, l'oxyde de fer, l'alumine exercent avec toute son intensité sur le carbonate de potasse. leur pouvoir absorbant reconnu par Schlœsing, et les expériences de ce chimiste, contrôlées à la fois au laboratoire et dans la plaine, ont montré que, sans la présence simultanée du calcaire, de l'humus et de l'argile dans une terre arable, les sels de potasse sont exposés à être entraînés avant d'avoir pu produire leur effet sur les végétaux.

Application des engrais potassiques aux différents sols. — Nous sommes alors éclairés sur l'emploi rationnel des engrais potassiques, et nous avons la clef des mécomptes qu'ils ont occasionnés lorsque l'on a négligé les règles de cet emploi.

Dans les terres franches, si l'analyse, ou mieux les essais culturaux ont fait reconnaître une insuffisance de potasse, nous pouvons apporter cet élément sous n'importe quelle forme, puisque nous trouvons réunies les conditions nécessaires à sa fixation après sa transformation en carbonate : il est alors indiqué de donner la préférence au chlorure, qui est l'engrais potassique le moins cher, et, comme nous n'avons pas à craindre de le voir entraîné, nous profiterons des labours pour le mélanger au sol de la façon la plus complète ; de plus, nous procéderons à ce mélange assez tôt pour qu'au moment des semailles, le chlorure de calcium, sous-produit de la transformation du chlorure de potassium en carbonate de potasse, ait eu le temps d'être éliminé dans le sous-sol, hors de la portée des racines. S'il s'agit d'enrichir en potasse un sol exempt de calcaire, ou n'en renfermant que des traces, que ce sol soit argileux, sableux ou tourbeux, il faut commencer par le marner pour lui donner le calcaire qui lui fait défaut ; malgré cela, nous resterons encore exposés à ce qu'il manque d'un des éléments nécessaires pour que le pouvoir absorbant puisse s'exercer, et il sera au moins prudent, pour ne pas dire nécessaire, d'appliquer les engrais potassiques par petites doses, en faisant ces applications à une époque aussi proche que possible de leur utilisation, tout en restant encore assez éloignée pour que les sels de potasse aient le temps de perdre leur causticité. Le carbonate et le sulfate de potasse se prêteront à ce mode d'emploi ; le chlorure de potassium, au contraire, devra être laissé de côté : il détruirait le calcaire introduit à grands frais, et nous aurions à craindre que ses solutions concentrées n'exercent sur les racines une action corrosive. Avec un sol calcaire et en même temps très argileux, nous retombons dans le cas des terres franches, avec cette différence qu'il faut employer des fumures potassiques très fortes, afin de neutraliser en partie le pouvoir absorbant de l'argile dont l'intensité trop considérable laisserait les végétaux impuissants à s'emparer de la potasse ; mais comme les hautes doses de chlorure de potassium pourraient être nuisibles en déterminant la formation d'une trop grande quantité de chlorure de calcium et l'entraînement excessif du calcaire, la préférence revient au sulfate de potasse ou, mieux encore à la kaïnite, qui renferme les deux sels en mélange et n'aurait pour inconvénient que d'augmenter un peu l'affinité trop grande que les terres fortes ont déjà pour l'eau du fait de leur teneur en argile. Il semble enfin que c'est encore le sulfate de potasse qui devrait être employé dans les terres exclusivement calcaires. Le chlorure, il est vrai, a pour lui son bon marché et nous n'avons pas à nous inquiéter cette fois de son action sur le calcaire dont nous avons une grosse réserve, mais il reste la question du chlorure de calcium : ce sel doit disparaître avant l'entrée en végétation des semences, et ceci semble inconciliable avec la nécessité où nous nous trouvons d'employer le chlorure de potassium peu de temps avant son utilisation dans un sol à peu près dépourvu de pouvoir absorbant. Le sulfate de potasse, au contraire, introduit dans les sols riches en carbonate de chaux, non seulement ne donne naissance à aucun composé nocif, mais il provoque la formation d'une certaine quantité de sulfate de chaux, ou plâtre, dont la remarquable action, sur les légumineuses en particulier, fut reconnue en 1765 par le pasteur Mayer.

Le plâtre, son emploi comme amendement, et son rôle dans le sol. — Vers cette époque, on n'avait encore que des prairies de graminées très sensibles à la sécheresse et l'on ne pouvait suppléer à leur insuffisance par les ressources encore très limitées données par les plantes racines. L'Allemand Schubart avait tenté de remédier à cette situation fâcheuse, en donnant aux cultures de trèfle l'extension la plus large possible ; à sa suite, les agronomes s'appliquaient à augmenter les rendements de la précieuse légumineuse, et c'est alors que Mayer eut l'idée de lui donner du plâtre comme engrais. Les effets obtenus furent merveilleux, et chacun voulut se les assurer ; malheureusement les résultats ne répondirent pas partout aux espérances que l'on avait conçues. Une enquête, à laquelle le Français Bosc, professeur au Muséum, fit procéder pour rechercher les causes de ces inégalités, établit que, là où le plâtre exerçait une influence avantageuse sur les légumineuses, le sol était riche en matière organique ou humus. Sans humus, l'effet était nul ; il était également nul sur les céréales, quelle que fût la nature du terrain.

L'ensemble de faits ainsi constatés avait une cause que d'autres savants français, Boussingault, Schlœsing, allaient bientôt mettre en lumière. Les céréales prospèrent sous la seule influence des fumures minérales, la présence ou l'absence de l'humus ne présente pour elles qu'un intérêt très relatif ; au contraire, les légumineuses, pour acquérir tout leur développement, ont besoin du concours de la matière organique ; mais il arrive parfois que cette matière organique est engagée avec le calcaire en des combinaisons tellement étroites et peu solubles que les plantes (en l'espèce des légumineuses) ne peuvent pas en tirer parti. Il faut donc détruire ces combinaisons pour qu'à leur place d'autres principes se forment, susceptibles de servir à l'alimentation des trèfles et luzernes. Ce rôle appartient au plâtre : il a sur la potasse des sols riches en humus une première série d'actions à la suite desquelles la potasse revêt, d'une part, un état plus assimilable pour les végétaux, et, d'autre part, entre en combinaison avec la chaux des composés humiques insolubles qui, privés de leur base, deviennent utilisables eux aussi. Dehérain (*Engrais et ferments de la terre*) rend un compte aussi exact qu'intéressant des transformations successives qui prennent leur point de départ dans l'usage du plâtre ; il nous suffit d'en connaître les effets ultimes, à savoir : digestion avant la lettre des matières humiques et des composés potassiques. Ce double travail, où le plâtre semble intervenir comme agent mécanique plutôt que comme aliment proprement dit des plantes, suppose la présence dans le sol de l'humus et de la potasse ; nous sommes ainsi fixés sur les conditions nécessaires à un effet profitable du plâtrage : en observant ces conditions, nous éviterons les frais d'un apport inutile de sulfate de chaux, et c'est à ce point de vue que j'avais à dire un mot de l'utilisation agricole du plâtre, dont je viens de montrer les rapports très étroits avec celle des engrais potassiques.

Le sulfate de chaux, s'il modifie les propriétés chimiques du sol, n'est pas d'ailleurs un aliment pour les plantes : il ressort des recherches de Boussingault que les trèfles plâtrés ne contiennent pas plus d'acide sulfurique que les trèfles non plâtrés : ce n'est donc pas au plâtre que les végétaux empruntent le soufre qui entre dans la composition de leurs tissus : le sulfate de chaux est un amendement, non un engrais.

Les amendements calcaires ; leur rôle multiple. —

La marne et la chaux, au contraire, sont à la fois des engrais et des amendements : elles fournissent directement aux plantes un de leurs éléments les plus utiles et, en même temps, elles agissent sur le sol.

Mon sujet m'oblige à passer rapidement, d'autant plus que j'ai déjà signalé le rôle de la chaux dans la nitrification et l'allègement des terres fortes. Si je reviens sur l'emploi des amendements calcaires, c'est que, en vue d'une bonne gestion du domaine, j'ai encore quelques points à préciser.

Comme la chaux doit modifier non seulement les propriétés chimiques mais aussi les propriétés physiques des terres cultivées, il semble que l'on soit conduit, pour lui permettre de remplir son rôle dans les sols qui en sont dépourvus, à l'employer par quantités souvent considérables, et alors intervient la question des frais de transport qui tiennent une grande place dans la valeur de l'engrais rendu à pied d'œuvre. Pour les atténuer, il serait possible de choisir des produits très purs, exempts de matières étrangères susceptibles d'augmenter à la fois le poids et le volume ; malheureusement ces produits existent rarement à l'état naturel, et toute manipulation supplémentaire grèverait leur emploi de telle façon qu'il cesserait d'être avantageux. Seule la chaux grasse, pesant 700 à 800 kilogrammes le mètre cube, avec une teneur en chaux de 95 à 98 p. 100, réunit les qualités désirées. Et cependant, dans la pratique, nous devons souvent l'écarter parce que son action trop prompte dépasse le but : elle provoque une nitrification trop intense, l'humus est véritablement brûlé sans que les plantes puissent arriver à saisir tout son azote, qui disparaît en pure perte dans les eaux de drainage. Ce n'est que dans les terres tourbeuses que la chaux est à sa place, parce qu'elle neutralise leur acidité et perd ainsi elle-même une partie de son excès d'énergie ; alliée à l'acide phosphorique dans les scories de déphosphoration, elle fait merveille dans ces terres, de même que dans tous les sols de prairies riches en matière organique. Ailleurs, son emploi doit être très discret, il est bon d'en atténuer les effets par un mélange avec des débris végétaux de toutes sortes : terres de route, boues retirées des fossés, déchets de betteraves, etc.

Emploi de la chaux ; son utilisation dans les composts. — Dans ces composts, la chaux s'éteint lentement, elle détruit les semences nuisibles ou leur enlève leur faculté germinative, et surtout elle prépare de l'azote nitrique éminemment utilisable pour les récoltes. Cet azote doit être surveillé à cause de la tendance qu'il a toujours à être entraîné dans le sous-sol sous l'influence des eaux pluviales, même si l'on a soin de donner aux tas de composts, ou tombes, une forme surélevée et de les disposer sur des emplacements sains où ils aient le moins possible à souffrir de l'action des pluies. Il faut employer le contenu des tombes aussitôt qu'il se présente sous l'aspect d'une terre fine et meuble, véritable terreau où les débris végétaux décomposés ne se reconnaissent plus. Il faut aussi mélanger au contenu de la tombe proprement dite la terre sur laquelle repose le tas de compost et qui s'est imprégnée de principes utiles. Le praticien est renseigné sur la masse de terre à détacher ainsi par la couleur même de cette terre qui, pareille à la couleur du terreau dans ses parties supérieures, s'estompe ensuite peu à peu jusqu'à se confondre avec celle du sol environnant. Le mélange du terreau et de la terre sous-jacente apporte aux champs, en même temps que la chaux employée dans les composts, tout l'azote qu'elle a préparé pour les plantes.

Il n'y a plus qu'à combler les excavations formées par l'enlèvement des tas de composts pratiqué comme je viens de l'indiquer : c'est chose facile à l'aide de terres maigres et pauvres qui, prises dans les pièces à chauler, bénéficient à leur tour de l'édification de nouvelles tombes.

Pourquoi, dira-t-on, ne pas éviter toute cette main-d'œuvre en laissant sur place le sous-sol des tombes et en se contentant de déplacer celles-ci de proche en proche de façon à enrichir peu à peu le champ tout entier? — Je verrais à cette manière de faire, séduisante au premier abord par son économie, plusieurs inconvénients. Suivant que les composts auraient séjourné plus ou moins longtemps sur la pièce, la fertilisation de celle-ci serait poussée plus ou moins loin, d'où des inégalités fâcheuses, des excès d'azote amenant la verse, ou des insuffisances ne permettant pas aux cultures d'atteindre tout leur développement. Irrégulier, l'enrichissement du sol serait en outre fort lent, et chacun conçoit aisément la gêne que causeraient les tas de composts au milieu des terres en culture ; mieux vaut donc avoir, à bord de route, un emplacement d'accès facile et choisi à demeure, où se font toutes les manipulations nécessaires à la confection des composts : le supplément de travail est payé par l'obtention d'une plus grande quantité de terreau et par sa meilleure utilisation. L'agriculteur a tout à y gagner, puisqu'il tire ainsi parti de déchets qui, sans l'intervention de la chaux, non seulement seraient perdus, mais encore deviendraient un danger d'infection pour les récoltes, à cause des mauvaises graines qu'ils contiennent souvent.

Incorporée au terreau, la chaux s'épand uniformément sur les terres à chauler, et son emploi n'occasionne, de la part de poussières irritantes, aucune gêne pour l'ouvrier chargé du travail. Ce travail, exécuté plus rapidement et de façon moins pénible, peut être payé moins cher que s'il s'agissait d'employer la chaux sans aucune addition de corps étranger ; c'est là un premier avantage. Un second est qu'il n'est pas toujours facile de juger du point où la chaux, convenablement éteinte, se présente à l'état de division nécessaire à sa dissémination régulière; si l'on dépasse ce point, la chaux devient pâteuse et l'opération est manquée, risque auquel nous ne sommes pas exposés avec les composts. Lorsqu'il n'est pas possible d'avoir recours aux composts, dans les terrains qui exigent l'emploi de la chaux à doses très faibles et répétées pour ne pas libérer l'azote organique dans des proportions supérieures à celles où il est absorbé par les plantes, mieux vaut renoncer à la chaux vive malgré ses avantages au point de vue du transport. En agriculture, en effet, il faut, autant que possible, éviter les opérations qui, par leur fréquence ou leur minutie exagérées, ont sur le budget du cultivateur un contre-coup fâcheux.

La marne, différentes sortes de marnes, leur application aux sols de natures différentes. — Reléguée au second plan dans les terres que je qualifierai de moyennes en raison de leur degré de compacité et des proportions de silice et d'argile qu'elles contiennent, la chaux fait place à la marne qui n'est autre que son carbonate. L'effet du carbonate de chaux, ou calcaire, de direct, comme il l'était tout à l'heure, devient indirect, puisque, avant de se produire, il exige une première réaction avec les éléments de la terre végétale ; il se trouve ainsi ralenti, mais il acquiert la continuité et la modération que nous avions peine à obtenir avec la chaux libre. Cet avantage compense l'élévation des frais de transports, atténués d'ailleurs en raison de ce fait que les épandages de marne reviennent à des intervalles plus considérables que pour la chaux et sont beaucoup plus faciles et moins chers, toutes proportions gardées. En outre, la marne accuse sa supériorité sur la chaux parce qu'elle n'est jamais pure, c'est-à-dire composée uniquement de carbonate de chaux : à côté de principes inertes, qu'il faut tâcher d'éviter, elle renferme presque toujours de l'argile et du sable, et si nous savons mettre à profit cette particularité, nous augmenterons les bons effets des amendements calcaires, au lieu de voir ceux-ci rester inactifs ou même se montrer nuisibles.

Dans les terres très argileuses, le sable apporté avec la marne ajoute son effet à celui du calcaire pour rendre plus légères ces terres très lourdes. Toutefois il faut prendre garde de pousser la chose trop loin, et si, à ce genre de sols, doivent être apportées des marnes très pauvres en argile, il ne faut pas y apporter des marnes trop sableuses : celles-ci ne laisseraient plus assez de place à la double action de la chaux, qui prime de beaucoup l'action purement mécanique du sable, et elles nous livreraient un amendement défectueux, très difficile à épandre régulièrement, car il se déliterait mal en raison de sa trop faible teneur en calcaire.

Dans les terres légères, au contraire, où le sable domine avec peu d'argile et une quantité modérée d'humus, les marnes argileuses sont seules à leur place : avec du carbonate de chaux pur ou simplement mélangé de silice, nous nous exposerions à ruiner nos champs pour de longues années.

C'est un fait qu'a reconnu Dehérain en étudiant les effets du chaulage sur des terres de la ferme de Grignon analogues à celles dont je viens de parler, et voici l'explication qu'il en donne en s'appuyant sur les recherches antérieures de Schlœsing. L'argile, en présence du calcaire, se coagule ; l'eau qu'elle retenait, exprimée comme le serait l'eau d'une éponge imbibée de liquide et pressée entre les doigts, trouve son chemin vers les profondeurs du sous-sol pour le plus grand bénéfice des couches arables, qui se trouvent ainsi aérées et assainies. Mais cet assainissement n'est nécessaire que lorsque l'argile est en excès dans un sol naturellement trop humide ; dans le cas contraire, si l'on supprime, par un marnage mal compris, l'action déjà trop faible de la petite quantité d'argile, on ajoute au défaut de terrains trop sujets à se dessécher : l'effet, au lieu d'être bon, est au moins fâcheux. Aux sols légers, pauvres en argile et en chaux, pour conserver le bénéfice des apports de calcaire il faut, comme je le disais tout à l'heure, ne confier que des marnes argileuses, de façon à rapporter d'un côté ce que nous enlevons de l'autre, et encore est-il nécessaire de procéder par petites doses souvent répétées, car la généralité des marnes n'est pas assez riche en argile pour que la chaux n'y prédomine pas. Si l'inverse se produisait par hasard, nous ne serions plus en présence d'un amendement calcaire, mais d'un amendement argileux, dont l'emploi est le plus souvent trop coûteux pour pouvoir être envisagé, si l'on excepte toutefois le cas d'un sous-sol argileux à mélanger avec un sol sableux ou réciproquement.

Sous réserve de ces considérations, l'emploi des marnes est subordonné à leur teneur en calcaire d'une part, et à la richesse du sol en chaux d'autre part ; il y a là une double série d'analyses auxquelles il est indispensable de procéder, soit à l'aide de la méthode de M. de Mondésir, soit à l'aide des calcimètres, la précision n'étant nécessaire que dans les terrains de richesse médiocre, laissant place à l'indécision. Au point de vue agricole, les marnes les meilleures sont celles qui, avec une forte proportion de carbonate de chaux, 50 p. 100 et au-dessus, renferment un peu d'argile capable, en se gorgeant d'eau, de faciliter le délitement. Convenablement délité, l'amendement se présente à l'état pulvérulent et les labours et hersages peuvent l'incorporer au sol d'une façon parfaite. L'exécution des marnages pendant les mois d'hiver aide à obtenir l'entier effritement du calcaire par les alternatives de gel et de dégel qui ajoutent leur action à celle de l'argile.

Amendements calcaires autres que la marne. — La marne constitue l'amendement calcaire des régions continentales ; dans celles qui avoisinent la mer, la Bretagne en particulier, on la remplace par les sables coquilliers ou par la tangue que l'on a sous la main, sans avoir à les faire venir de points éloignés.

Ailleurs le cultivateur peut faire appel aux écumes de défécation provenant de la purification des jus de betteraves servant à la fabrication du sucre. Ces écumes, où sont fixés, par l'action de la chaux puis par celle de l'acide carbonique, les produits potassiques et azotés qu'il est nécessaire d'éliminer avant de concentrer les sirops, forment un engrais en même temps qu'un amendement de grande valeur lorsque, aux portes mêmes des sucreries, elles peuvent être confiées au sol presque au sortir des appareils où elles ont pris naissance.

Il est superflu de rappeler ici, autrement que comme simple indication, les transformations obtenues grâce à la chaux dans la ceinture dorée de la Bretagne, aujourd'hui célèbre par ses primeurs, et dans les terres schisteuses du Limousin ou les sols argileux et compacts du département du Nord. En Limousin, l'eau captée sert à l'irrigation des prairies, la chaux nitrifie l'azote des matières organiques, la flore se modifie et s'enrichit des meilleures espèces de graminées et des légumineuses les plus luxuriantes. Ce pays, où l'on ne connaissait guère que le blé noir l'été et les châtaignes l'hiver, nourrit maintenant une des plus belles races de bétail qui soient pour le travail et la boucherie.

Clause concernant le marnage dans les baux du Vexin normand, corrections à apporter à cette clause. — La preuve n'est plus à faire de l'importance qu'ont pour l'agriculteur les chaulages et les marnages ; les propriétaires sont à ce point convaincus de cette importance qu'ils font à leurs fermiers une obligation de marner, en réglant dans les baux la quantité de marne à employer à l'hectare et la périodicité des marnages. Ils ont raison de prendre une telle garantie, car la valeur même de leurs biens-fonds est ici en jeu, toutefois il est regrettable que dans les baux du Vexin normand que j'ai eus sous les yeux il ne soit fait aucune mention de la quaité du produit à employer ni de la nature des sols auxquels ce produit est destiné. L'omission, il est vrai, perd de son importance dans les exploitations de grande étendue, aux terres arables à peu près uniformes de composition sur toute leur surface et enrichies à l'aide de marnes d'un type connu, tirées des profondeurs mêmes du sous-sol et employées dans les conditions que la pratique a reconnues être les meilleures ; mais, ce cas excepté, il devrait être tenu compte des éléments que j'ai rappelés au cours de cette étude très sommaire : fermiers et propriétaires y gagneraient par une bonne adaptation de l'amendement au sol dont il s'agit de corriger les défauts. Le fermier ne ferait pas de frais inutiles ou excessifs, le propriétaire ne s'exposerait pas à voir les réserves de sa terre trop vite épuisées, laissant après leur départ un domaine déprécié pour de nouvelles locations.

Évidemment le bail ne peut entrer dans tous les détails et doit donner seulement un certain nombre de points de repère qui permettent au bailleur de voir si le preneur remplit bien ses engagements, mais des rapports directs du fermier et du propriétaire devraient naître des arrangements suffisamment élastiques pour se prêter aux circonstances spéciales à chaque exploitation. J'estime, en particulier, qu'il serait possible de fixer une relation d'équivalence entre la chaux et la marne et les scories de déphosphoration avec leur 40 p. 100 de chaux. En second lieu, il serait intéressant de faire une distinction entre les terres où l'amendement calcaire est efficace et celles où il est sans action ; celles-ci soustraites à l'obligation de marner imposée au locataire, une première concentration de temps et de capitaux serait effectuée au bénéfice des terrains pauvres ; de plus, nous aurions une indication sur le choix à faire dans l'application des engrais chimiques et nous pourrions commencer à préciser le genre et la quantité de ceux qu'il faudrait acheter.

Classement des terres suivant leurs besoins en chaux. — Une fois mises à part, les terres à marner devraient être classées suivant leur nature : trois sections seraient, à mon avis, suffisantes et auraient chance d'être admises par un propriétaire n'exploitant pas par lui-même.

1ᵉʳ *Groupe*. — Terres tourbeuses ou analogues, pouvant

provenir de vieilles prairies, landes et défrichements de bois, tous sols acides à des degrés divers et qui peuvent être chaulés.

2e Groupe. — Terres argileuses compactes, retenant l'eau et formant, lorsqu'on les travaille trop humides, de véritables briques qui prennent au soleil une dureté contre laquelle les instruments aratoires demeurent impuissants : à marner très copieusement en espaçant les marnages. Nous avons en effet, dans cette section, affaire à des sols où il est nécessaire de faciliter la circulation de l'eau en excès et de provoquer la nitrification qui, contrariée par l'eau et la température basse de ces terres noyées, a besoin d'être stimulée. Pour atteindre ce but, de petites doses de chaux seraient sans effet, mais l'amendement introduit en grandes masses agit d'une façon efficace et persistante, ce qui permet d'en espacer les applications et parfois même de les réduire en quantité.

3e Groupe. — Terres légères sans caractère acide mais moyennement riches en humus et surtout en argile : à marner très discrètement, avec des marnes argileuses dont l'apport est renouvelé fréquemment, ou à chauler avec la chaux des tombes incorporée au terreau ; si l'on essaie les chaulages directs, se montrer excessivement prudent.

Nous ne pouvons pas pousser plus loin le nombre des cas à soumettre par le fermier à son bailleur, et il ne paraît pas nécessaire que le propriétaire qui fait valoir en envisage lui-même davantage : bien fixés sur le sens général de leurs opérations, ils n'ont plus, l'un et l'autre, qu'à déterminer la teneur en chaux des terres de chaque groupe afin de pouvoir graduer l'intensité des marnages.

Établissement du plan de marnage et de la carte agronomique du domaine préparatoire à ce plan. — Ces principes posés, il s'agit de passer à la pratique, c'est-à-dire de dresser le plan de marnage tel qu'il peut être prévu à la suite des considérations qui précèdent. Nous touchons ici à la confection des cartes agronomiques, longuement discutée au congrès tenu par les ingénieurs agronomes en février 1910 et à l'occasion duquel furent présentés de nombreux et intéressants rapports que l'agriculteur soucieux de faire de bonne gestion consultera avec fruit. La question mérite que je m'y arrête moi-même et que je recherche comment il serait possible de la traiter d'une manière pratique.

La première chose à faire est de reporter sur le papier le plan d'ensemble du domaine. Ce plan, que l'on suspendra à un mur, afin de l'avoir toujours sous les yeux et de pouvoir le consulter facilement, n'est pas la carte agronomique de l'exploitation, il sert seulement d'auxiliaire à cette carte afin de la débarrasser d'une foule d'indications qui l'encombreraient et que le cultivateur a cependant besoin de connaître. Il doit, dans ma pensée, donner une idée très nette de la physionomie du domaine, avec son relief représenté par des hachures ou des courbes de niveau plus ou moins rapprochées, — ses abris : bois ou plis de terrain marqués, — ses routes et ses moyens d'accès, — ses formations géologiques, indiquées avec leurs teintes conventionnelles et accompagnées de leurs légendes explicatives. Les chemins et sentiers, très soigneusement tracés de façon à apparaître à première vue, doivent porter l'indication des distances à parcourir entre les principales pièces et les bâtiments de la ferme ; ils doivent indiquer aussi les accidents de terrain de nature à compliquer plus ou moins les transports. Des traits forts font ressortir les parcelles cadastrales appartenant à l'exploitation et leurs numéros ; à côté d'elles figurent les parcelles qui pourraient faire l'objet d'échanges avantageux : deux teintes, assez faibles pour ne pas masquer les teintes géologiques, font apparaître, l'une les parcelles cédées, l'autre les parcelles reprises, et la comparaison des étendues occupées par chacune d'elles montre jusqu'à quel point les cessions sont compensées par les reprises.

Registre parcellaire du domaine. — Un registre, annexé au plan général, le complète avec avantage. Chaque page du registre porte en tête le nom de la commune et le numéro de la section du cadastre, puis le nom et le numéro d'un des lieudits de cette section ; au-dessous, dans une première colonne verticale, sont inscrits dans leur ordre les numéros des parcelles du lieudit cultivées par le tenancier de l'exploitation ; une deuxième colonne mentionne la contenance de chaque parcelle en regard du numéro correspondant ; une troisième reçoit les noms des propriétaires fonciers, et une quatrième porte indication des dates d'expiration des baux. Ces quatre colonnes sont groupées sous le titre commun de « *Parcelles appartenant à l'exploitation* ». Sous le titre de « *Parcelles acquises* » je groupe quatre autres colonnes renfermant les numéros des parcelles acquises, leurs contenances, les noms des personnes de qui elles ont été acquises par échange, les dates des expirations des contrats d'échange. Enfin un troisième groupe, celui « des *Parcelles cédées* », donne des indications du même ordre pour les parcelles qui, également par voie d'échange, ont été cédées à des tiers. Évidemment il en coûte quelque peine pour ouvrir le registre disposé comme je viens de le dire, mais c'est ensuite chose facile de le tenir à jour, et, si l'on songe aux recherches qu'il évite de faire sur les matrices cadastrales, ainsi qu'aux renseignements qu'il donne réunis en un ensemble unique, on ne regrettera pas de l'avoir préparé. Voici d'ailleurs, comment il se présente :

COMMUNE DE…… SECTION A. N° 11. LIEU DIT « LA GRANDE PIÈCE ».

Parcelles appartenant à l'exploitation.				Parcelles acquises par échanges.				Parcelles cédées.			
Numéros des parcelles.	Contenance des parcelles.	Noms des propriétaires.	Date d'expiration du bail.	Numéros des parcelles.	Contenance des parcelles.	Noms des personnes de qui on les tient.	Date d'expiration des contrats.	Numéros des parcelles.	Contenance des parcelles.	Noms des personnes à qui on les a cédées.	Dates de l'expiration des contrats.
1	0h 25a 15	M.X.	19 sept. 1925								
3	1h 10a 32	M.X.	29 sept. 1918					3	1h 10a 32	M.V.	mars 1920
				5	1h 20a 82	M.Z.	mars 1920				
6	0h 48a 29	M.X.	19 sept. 1925								
7	0h 85a 83	M.X.	*id.*								

Avec cette disposition il est facile de voir que, si l'on venait à louer ou à acquérir de nouvelles parcelles, il serait facile de les inscrire chacune à son rang.

Plans partiels du domaine à annexer au plan d'ensemble ; données à faire figurer sur ces plans partiels.
— Le plan d'ensemble du domaine, tel que je l'ai décrit, est assez chargé sans lui demander davantage ; pour inscrire les renseignements culturaux dont la réunion permet de dresser la carte agronomique proprement dite, je divise le plan en un certain nombre de parties dont chacune doit être, autant que possible, occupée par un ensemble de pièces bien définies constituant un même groupe. Chaque portion ainsi séparée est reproduite sur une feuille distincte à une échelle qui ne saurait être moindre de un millimètre pour un mètre ; mais dans cette reproduction, où je retrace les formations géologiques et leurs teintes conventionnelles avec indication plus précise des taches ou dépôts alluvionnaires s'il s'en trouve, je ne m'occupe plus des parcelles cadastrales. Je m'inquiète seulement de marquer les contours des lieudits et, de façon plus nette, les contours des morceaux de terrain d'un seul tenant cultivés par le chef de l'exploitation, étant entendu que de ces contours sont exclues les parcelles cédées à des tiers, tandis qu'y sont englobées les parcelles acquises par voie d'échanges.

Division du domaine en pièces soumises au même régime de cultures. Tracé des limites de séparation des diverses pièces entre elles. — Ce premier travail accompli, je fais figurer les chemins, en m'attachant surtout à celles de leurs parties qui sont comprises dans les contours dont je viens de parler ; je détache ainsi des surfaces de formes parfois régulières, mais, le plus souvent, plus ou moins bizarres. Ce sont ces surfaces qu'il faut découper pour constituer les pièces définitives du domaine à chacune desquelles je donnerai un nom et un numéro, de façon à pouvoir y rapporter toutes les opérations culturales qui les concernent.

Plusieurs considérations doivent me guider dans le tracé des lignes séparatives des futures pièces. Je dois viser à obtenir : 1° des pièces à peu près d'égale étendue, afin d'avoir plus facilement des soles égales pour chaque année de l'assolement que j'aurai choisi ; 2° des pièces régulières, ou tout au moins ayant deux longs côtés parallèles, pour n'être pas gêné dans l'exécution des labours ; 3° des pièces autant que possible d'un terrain de nature uniforme afin que, sur toute leur surface, elles puissent recevoir les mêmes engrais et être conduites de la même façon. Si j'ajoute qu'il faut donner à chaque pièce un accès direct sur un chemin, en évitant qu'elle soit commandée par une autre, on voit que, pratiquement, mon programme soulève bien des obstacles.

Il y a de ces obstacles : chemins vicinaux, chemins ruraux reconnus, cours d'eau, talus élevés ou fossés profonds, que l'on ne peut surmonter ; d'autres, au contraire, sont susceptibles d'être tournés. Les chemins de terre de caractère privé, établis par les riverains pour la desserte de leurs champs, peuvent être redressés lorsqu'ils coupent des parcelles appartenant au même propriétaire. Si leur rectification est impossible, il reste facile de les franchir avec les instruments de culture sans occasionner de grands dommages, aussi n'ont-ils pas à nous arrêter. De même les fossés autres que ceux qui servent au drainage, les haies qui autrefois séparaient deux parcelles aujourd'hui réunies peuvent être supprimés, dût-on les rétablir suivant des directions plus favorables, de façon à conserver un utile abri ou une limite nécessaire. Il faut voir seulement ce que coûte l'amélioration désirée et comparer la dépense avec le bénéfice espéré. Pour un exploitant propriétaire, l'avantage existe presque toujours parce que le temps est là qui permet un amortissement à longue échéance ; pour le fermier, au contraire, qui doit avoir d'ailleurs l'autorisation du bailleur, le calcul est à serrer de beaucoup plus près, et il me semble que, dans les cas où le caractère nettement foncier de l'amélioration est bien établi, le concours du propriétaire pourrait être sollicité et accordé. Je retiens seulement, pour le moment, qu'il y a quelquefois moyen de corriger dans un certaine mesure la mauvaise configuration des pièces à créer sur le domaine, et je remarque que le point le plus délicat du tracé est le compte à tenir de la nature du sol afin d'obtenir des pièces homogènes.

La nature, heureusement, se charge de venir à notre aide. Dans les pays accidentés, les couches géologiques affleurent d'ordinaire suivant des courbes de niveau, or ce sont aussi des courbes de niveau que l'on s'efforce de faire suivre aux chemins un peu importants ; il en résulte que ces chemins se confondent avec la limite de deux formations géologiques ou sont parallèles à cette limite ; comme les chemins bornent forcément nos pièces d'un côté ou d'un bout, on saisit immédiatement la conséquence du parallélisme que je viens de faire ressortir. Dans les pays plats, pays de plaine où la grande culture est le plus ordinairement possible, de grandes surfaces sont généralement occupées par les mêmes terrains, et ainsi nous voyons notre tâche simplifiée. Si nous étions forcés d'avoir dans un même champ plusieurs sols différents, il faudrait, à l'aide des amendements, prendre les mesures nécessaires pour supprimer cet inconvénient et quelques années de culture suffiraient à nous conduire au but cherché, le plus souvent sans dépenses exagérées, car les modifications à apporter ne porteraient que sur des points limités.

Toutefois, étant donnée l'importance qui s'attache à la distribution des pièces, tant au point de vue des frais de premier établissement qu'elle entraîne que des facilités qu'elle donne ensuite pour la mise en culture économique du domaine, on ne saurait prendre trop de précautions avant de fixer définitivement son choix : le tracé qui paraît devoir être le plus convenable est à étudier d'abord sur le plan, puis sur le terrain ; l'étude sur le terrain montre si le tracé projeté s'harmonise bien avec les mouvements du sol et la nature de ce dernier, elle oblige à sacrifier parfois des dispositions qui, sur le papier, étaient séduisantes à l'œil, pour en choisir d'autres plus pratiques. Ainsi préparés pour chaque feuille du plan, les avant-projets sont rapprochés les uns des autres pour que l'on puisse juger de la façon dont ils se raccordent : il est, en effet, souvent nécessaire de pouvoir passer d'une pièce située d'un côté d'un chemin dans une pièce située de l'autre côté et, pour la commodité des attelages, les angles trop aigus et les tournants trop courts sont à éviter. Les rapprochements que je signale montrent si on a tenu compte de cette considération qui pourrait échapper en prenant séparément les deux portions voisines du plan.

Dosages du calcaire pour rechercher si le tracé adopté pour les diverses pièces du domaine peut être reporté sur le terrain. — Tout étant ainsi bien prévu, le moment est venu de procéder aux prises d'échantillons pour les analyses de terres, afin de voir si nos sens ne nous ont pas trompés dans le choix des limites que nous avons tracées à nos pièces et en même temps aux sols de natures différentes. Généralement leurs indications, tirées de la couleur, de l'aspect plus ou moins cailouteux, de la résistance plus ou moins grande aux instruments de culture, sont suffisantes pour le travail préparatoire que nous venons d'exécuter ; toutefois il n'est pas inutile, au point de vue même de ce travail, de les confirmer par les analyses calcimétriques et même par les analyses physiques faites suivant la méthode de Hazard dont j'ai parlé, ou par toute autre méthode : il appartient à chacun de tenir compte des circonstances spéciales où il se trouve placé. J'envisage personnellement le cas où les terres du domaine étant relativement agglomérées et le domaine lui-même ayant une étendue de 150 à 200 hectares, j'ai divisé les terres labourables en pièces de six à huit hectares qui me paraissent une bonne dimension moyenne à ne pas dépasser, à moins de pouvoir faire du labourage à vapeur. Soit A une de ces pièces de contour *abcd*, séparant les pièces B et C et bornée par un chemin suivant *ab* ; cette pièce A est supposée s'abaisser en pente douce et régulière de *bc* vers *ad* ; sur une courbe de niveau N voisine du côté *bc* en I et I', à 25 mètres environ de chaque côté de *ab*, je prends deux échantillons; je fais de même en 2 et 2' de chaque côté de *cd* ; je répète l'opération sur la courbe N_1 mais en choisissant N_1 à environ 40 mètres de *ad* afin d'éviter l'influence du voisinage du chemin. Si les huit échantillons présentent la même teneur en calcaire, nous pourrons admettre que cette teneur est uniforme dans toute la pièce et appuyer cette opinion par la prise et l'étude d'un échantillon en 5 au centre même de la pièce A. Ce cas ne sera pas le plus ordinaire : généralement les échantillons 3, 3', 4 et 4' (groupe N_1) seront plus riches que les échantillons 1, 1', 2 et 2' (groupe N) recueillis aux points les plus élevés ; nous pourrons alors trouver deux égalités, l'une entre les teneurs du groupe N, l'autre entre les teneurs du groupe N_1. En est-il ainsi, si 5, qui occupe une situation à mi-hauteur entre

N et N$_1$, présente une teneur en chaux intermédiaire entre celles que nous constatons en N et N$_1$, nous aurons lieu de supposer que la teneur en calcaire croît régulièrement à mesure qu'on s'approche des parties basses de la pièce A. La teneur moyenne sera sensiblement égale à la teneur relevée en 5 et, d'après cette teneur, nous devrons, s'il y a lieu, régler l'importance des amendements calcaires à apporter ; nous au-

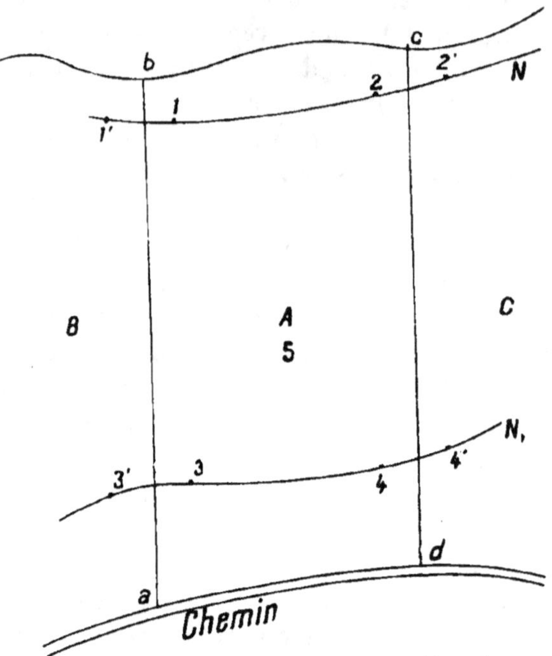

Dosage du calcaire dans une pièce A.

rons soin seulement, une fois le calcul établi pour la pièce entière, de faire les tas de marne de plus en plus gros à mesure que nous approcherons de *bc*, de façon à rétablir l'équilibre entre les diverses parties du champ.

Les échantillons 1 et 1' ont, je viens de le supposer, la même teneur en calcaire ; rien n'empêche dans ces conditions, si pour une raison ou pour une autre nous y trouvons un avantage, de déplacer la limite *ab* dans la direction de 1' en agrandissant la pièce A. Trouvons-nous, au contraire, une différence sensible entre les teneurs en 1 et 1', la limite *ab* a été bien tracée ; elle ne serait à modifier que si l'amélioration qui résulterait de ce déplacement pour la configuration de A devait être nettement supérieure à l'inconvénient d'avoir une même pièce inégalement riche en chaux. Si 1 et 1′ égaux, de même que 2 et 2′, 1 et 2 présentent une différence marquée, la question se pose de rechercher s'il n'y a pas lieu de partager la pièce A en deux portions au profit de ses voisines B et C, et, pour fixer les points où devraient passer la limite nouvelle, il faut étudier la variation du calcaire sur les deux courbes N et N_1.

L'examen de ces différents cas nous donne tous les éléments nécessaires pour tracer, de la façon la plus rationnelle, les limites de nos pièces, puisque (nous l'avons vu) le choix et les doses des divers engrais chimiques sont, dans une large mesure, sous la dépendance du calcaire existant dans les sols.

Application des dosages du calcaire pour l'exécution du marnage des différentes pièces du domaine. — En prélevant les échantillons 1′ 2′ 2′ et 4′ nous avons commencé le travail pour les pièces B et C ; il faut donc beaucoup moins de temps qu'on ne pourrait le supposer pour avoir un aperçu très suffisamment exact de la richesse en calcaire de toutes les parties du domaine. Si nous voulons opérer d'une façon tout à fait rigoureuse, nous soumettrons une moyenne de 1, 2 ou 3 échantillons par hectare à l'analyse calcimétrique, en suivant les méthodes les plus simples qui sont d'exécution très rapide. Nos résultats, tous consignés sur les plans partiels, aux points mêmes où auront été recueillis les échantillons, classeront les terres suivant leurs teneurs en chaux et, pour celles qui contiendront de très faibles doses de calcaire, il faudra recourir à des dosages précis pour fixer avec soin les quantités et la nature des amendements à appliquer ainsi que la fréquence des épandages ; mais, comme ces dosages, en raison de leur précision, sont plus minutieux et coûteux que les autres, il est superflu de les appliquer à tous les échantillons. Il suffit de les faire porter sur les échantillons moyens dont nous n'avons qu'un ou deux pour chaque pièce. J'appelle échantillon moyen de la pièce A celui qui, par la position du point où il a été prélevé et par sa teneur en calcaire mesurée au calcimètre, semble devoir donner une idée exacte de la richesse moyenne de la pièce A. Le chiffre fourni par cet échantillon, rectifié ou confirmé par le dosage précis, est inscrit sur le plan de manière à attirer immédiatement l'attention ; il sert de point de départ à tous les calculs relatifs au marnage de la pièce A. Effectués et reportés en marge du plan où figure la pièce à laquelle ils se rapportent, ces calculs nous indiquent que, pour une durée de n années, nous avons à prévoir pour la pièce en question le transport et l'épandage de P mètres cubes de marne dosant t p. 100 de calcaire, et, en rapprochant ces prévisions de façon à les sérier et répartir à peu près également année par année, nous entrons en possession d'un élément très important de la bonne gestion du domaine : nous chiffrons la dépense entraînée annuellement par les marnages et nous apprenons à connaître le nombre et le temps des attelages à affecter à ce travail.

Relevé sur les plans partiels des données calcimétriques. — Nous pourrions nous en tenir là, mais, puisque nous avons sur nos plans toute une série d'indications calcimétriques, autant vaut les rendre sensibles à l'œil et faire ressortir la physionomie de l'exploitation au point de vue de ses exigences en chaux ; il suffit, pour cela, de tracer, en utilisant les points que nous avons marqués, des sortes de courbes de niveau du calcaire. Ces courbes délimitent des surfaces d'exigences analogues et, si nous adoptons pour toutes les surfaces ayant mêmes exigences une teinte d'ombre d'autant plus accentuée que ces exigences sont plus considérables, le but que nous cherchons est atteint, en même temps qu'apparaissent nettement tous les éléments du plan de marnage précisé par un véritable graphique. Les teintes d'ombres, d'ailleurs, doivent être assez discrètes pour ne pas masquer la couleur indiquant l'étage géologique et empêcher la lecture des chiffres portés au plan parfois à raison de deux pour un même point. Il arrive, en effet, que lorsque nous détachons une tranche du sol pour la soumettre à l'analyse, il est intéressant d'étudier à part sa portion supérieure sur 30 ou 35 centimètres d'épaisseur, et sa portion inférieure sur une épaisseur de 25 à 30 centimètres. Si la teneur en chaux des deux couches, sol et sous-sol, est la même, un chiffre unique nous le dit d'emblée ; si les teneurs sont différentes, nous sommes renseignés par l'inscription de deux chiffres superposés, celui du bas correspondant au sous-sol. Cette indication peut être très précieuse en nous montrant que, par un simple défonçage, mélangeant un sous-sol riche en chaux avec un sol pauvre ou réciproquement, il est possible d'épargner le marnage ; elle est de rigueur lorsque le sol et le sous-sol, au lieu d'avoir la même apparence homogène, présentent une ligne de démarcation bien tranchée, de nature à faire supposer qu'ils n'ont ni la même origine ni la même composition : la profondeur du sol ne doit plus être alors donnée par le chiffre de 30 ou 35 centimètres, hauteur de la couche remuée ou détachée par les instruments aratoires, mais par le chiffre qui indique son épaisseur véritable, et, surtout lorsque ce chiffre est faible, il faut le faire figurer à gauche des deux chiffres calcimétriques, en adoptant pour l'inscrire une encre qui l'empêche d'être confondu avec eux.

Si j'ajoute à ces indications le tracé des grandes lignes de drainage et d'irrigation, et si, à côté du numéro de chaque pièce, j'inscris sa contenance et le nom sous lequel elle est ordinairement désignée, j'imagine que mes plans répondront bien au but que je me suis proposé.

Le registre des cultures. — Le plan d'ailleurs n'est qu'un cadre. Chaque pièce, une fois délimitée, est l'objet d'une sorte de monographie spéciale qui rend compte de tout ce qui peut la concerner. Le registre qui nous a déjà servi à noter les parcelles cadastrales et les échanges dont elles sont l'objet est rouvert et divisé en chapitres consacrés chacun à une pièce déterminée.

Au-dessous du numéro d'ordre de la pièce figure son nom, emprunté d'ordinaire au lieudit où elle se trouve située ou à quelque détail caractéristique ; je marque ensuite la contenance, les numéros des parcelles cadastrales englobées dans la pièce ; toutes les données calcimétriques en mettant en relief la teneur moyenne en calcaire ; la quantité de chaux qu'il peut y avoir lieu d'apporter et la fréquence des marnages. Je fais suivre ces données des analyses physiques du sol suivant la méthode de Hazard ou une méthode analogue, des analyses chimiques, enfin de toutes les particularités susceptibles de retenir l'attention : profondeur et nature du sol et du sous-sol, humidité, etc. La pièce ainsi décrite, — et il est bon de réserver pour cette description une place suffisante, afin de pouvoir noter comment les récoltes se sont comportées lors de certaines années particulièrement sèches ou humides, sous l'influence de gelées précoces ou tardives, etc., — je consacre les pages de gauche du registre aux engrais reçus par la pièce de terre et les pages de droite aux récoltes qu'elle a produites.

Disposition générale des pages du registre des cultures. Lecture de ce registre. — Les pages intitulées : « *engrais et amendements* », comprennent, en dehors d'une colonne pour les dates, deux grandes divisions verticales : la première indique, en regard des dates d'épandage, la nature et la quantité des engrais employés, avec leur prix aux cent kilos et la dose à l'hectare ; — la deuxième mentionne le prix d'achat de l'engrais, les prix de transport et d'épandage, tous trois totalisés dans une colonne spéciale. Les pages, portant l'en-tête « *récoltes* », ont de même trois divisions principales : la première pour les dates auxquelles ont été semées et rentrées les récoltes ; — la deuxième pour l'indication de leur nature et de leurs rendements ; — la troisième pour l'inscription du produit brut argent qu'elles ont permis de réaliser. Je préciserai plus tard comment ce produit doit être calculé quand il s'agit de denrées utilisées à la ferme ; remarquons seulement pour l'instant que, si à l'expiration du bail ou de chaque période qui s'écoule entre deux marnages successifs je fais le total de chacune des colonnes 3 et 6, je puis comparer le montant de la dépense engrais avec les recettes que cette dépense a permis de réaliser. L'écart doit être assez considérable pour que soient payés les frais de location, culture, récolte, etc., et qu'il reste encore place pour un bénéfice. S'il y a doute, la comptabilité me renseigne, mais le plus souvent je puis être fixé à première vue : les opérations culturales sont bien comprises et les engrais donnent les résultats que je suis en droit d'en attendre, ou au contraire la dépense *engrais* est hors de proportion avec la recette *récolte*.

La lecture de la colonne n° 5 renseigne, d'autre part, sur

l'assolement suivi et permet de rendre à la sortie du bail les terres telles qu'on les a reçues à l'entrée, au cas où cette condition est imposée. Rapprochée de la lecture de la colonne n° 2, la lecture de la colonne n° 5 rend compte de l'état de fertilité où se trouve, chaque année ou à la fin d'une période importante, la pièce que nous considérons : nous pouvons voir ainsi si la fertilité est en voie d'amélioration, ou au contraire se perd plus ou moins vite. Il va sans dire que pour comparer ainsi utilement les colonnes n°s 2 et 5 et remédier au besoin à un appauvrissement du domaine, il est nécessaire de faire intervenir les exigences des récoltes en principes fertilisants : nous avons pour cela des tableaux tout préparés qui, rapprochés de la richesse initiale de notre sol, nous permettent de rectifier nos premiers calculs.

Comparaison du registre des cultures avec l'ancien « livre des engrais en terre ». Disposition du livre des engrais en terre. — Le livre que je viens de décrire et dont je donne plus loin le modèle est un véritable *registre des cultures* ; il correspond au livre que j'ai vu tenir sous le nom de *livre des engrais en terre* ; il est plus complet que ce dernier en ce qui concerne les indications relatives aux récoltes ; il l'est moins au point de vue comptabilité, mais je crois que ceci n'a pas d'inconvénient et que les comparaisons d'ensemble que j'ai conseillé de faire donnent, au contraire, des indications plus voisines de la réalité que les balances annuelles du livre des engrais en terre, qui reposent sur des hypothèses plus ou moins conventionnelles.

Toutefois, pour ceux qui voudraient se servir de la méthode adoptée dans le livre des engrais en terre, voici comment ils devraient procéder.

Je suppose qu'en 1910 j'ai employé sur la pièce A 140.000 kilogrammes de fumier, 3.000 kilogrammes de scories, 800 kilogrammes de chorure de potassium et 600 kilogrammes de nitrate de soude et que j'ai récolté des betteraves. Le nitrate a été entièrement utilisé par les betteraves ; s'il ne l'a pas été, il est perdu pour les récoltes à venir, par conséquent les betteraves doivent le payer tout entier et il n'en reste plus pour 1911 ; au contraire, le fumier et les autres engrais ont une durée plus prolongée, que j'estime à trois ans pour le fumier si je fume tous les trois ans et à quatre ans pour les engrais phosphatés et potassiques si je ramène ces engrais tous les quatre ans. Ceci admis, comme le fumier est utilisé plus largement la première année que les deux suivantes, je charge cette première année de moitié de la dépense et chacune des deux autres d'un quart seulement. Quant aux engrais chimiques, je les fais payer en quatre annuités égales, de telle sorte que la récolte de betteraves se trouve avoir à payer comme fumure :

$\frac{1}{2}$ de 140.000 kilos fumier d'une valeur de........... $\frac{1}{2}$ de a francs.

$\frac{1}{4}$ de 3.000 kilos scories   —   — .... $\frac{1}{4}$ de b francs.

$\frac{1}{4}$ de 800 kilos chlorure de potassium d'une valeur de. $\frac{1}{4}$ de c francs.

600 kilos nitrate de soude d'une valeur de....... d francs.

Total.................... $\left(\dfrac{a}{2} + \dfrac{b}{4} + \dfrac{c}{4} + d \right)$ francs.

et l'année 1911 commence avec un reste en terre de :

$\frac{1}{2}$ (140.000) kilos fumier valant........................ $\frac{1}{2}$ a francs.

$\frac{3}{4}$ (3.000) kilos scories   — .... $\frac{3}{4}$ b francs.

$\frac{3}{4}$ (800) kilos chlorure   — .... $\frac{3}{4}$ c francs.

Je sème du blé ; sur ce blé, qui occupe le terrain en 1911, il est possible que j'aie à employer du nitrate : j'inscris alors au-dessous des quantités d'engrais reportées de 1910 la quantité et la valeur de ce nitrate que le blé de 1911 doit payer tout entier.

Le blé de 1911 est ainsi grevé :

Nitrate.. totalité.

Fumier.. $\frac{1}{4}$ (140.000) kilos, pour..................... $\frac{1}{4}$ a francs.

Scories.. $\frac{1}{4}$ (3.000) kilos, pour.... .... $\frac{1}{4}$ b francs.

Chlorure. $\frac{1}{4}$ (800) kilos, pour....................... $\frac{1}{4}$ c francs.

et j'ai à reporter pour 1912 :

Fumier.. $\frac{1}{4}$ (140.000) kilos, pour...................... $\frac{1}{4}$ a francs.

Scories .. $\frac{1}{2}$ (3.000) kilos, pour...................... $\frac{1}{2}$ b francs.

Chlorure. $\frac{1}{2}$ (800) kilos, pour....................... $\frac{1}{2}$ c francs.

Raison pour laquelle il faut préférer le registre des cultures au livre des engrais en terre. — Le principe du livre des engrais en terre consiste donc à faire supporter à chaque récolte les frais qui réellement lui incombent afin de mieux voir si elle a été profitable ou non, et à mettre en lumière l'importance des éléments de fertilité qu'on a confiés au sol et qui peuvent encore s'y trouver à un moment donné. Ce principe est bon, mais, pour l'appliquer avec une rigueur suffisante, il faudrait faire payer les récoltes proportionnellement à leurs prélèvements de principes utiles et non plus par tiers ou par quarts des dépenses engagées par l'emploi des engrais ; les calculs deviendraient alors trop compliqués pour être pratiques, c'est pourquoi je suis conduit à préférer mon modèle de livre à celui qui m'avait été montré lorsque j'étais stagiaire à ma sortie de l'Institut agronomique, et qu'à cette époque j'approuvais sans réserve.

REGISTRE DES CULTURES.

CHAPITRE Iᵉʳ. — PIÈCE A.

LA COMMUNAUTÉ.

Contenance : 3 hect. 80 ares 16.

Section A du cadastre de *** Nᵒ 11 parcelle 3 parties..... 1ʰ 40ᵃ
                       —   4   — 1ʰ 28ᵃ
                       —   5   — 0ʰ 95ᵃ
                       —   6   — 0ʰ 17ᵃ 16
                                              —————
                                              3ʰ 80ᵃ 16

ÉCHANTILLONS.	1	2	3	4	MOYENNES.
Teneurs en calcaire.......					
Analyses physiques :					
Pierres au-dessus de 20 millimètre.....					
Graviers de 10 à 20 millimètres........					
Fin gravier de 10 à 3,5 millimètres....					
Sable grossier de 3,5 à 1 millimètre...					
Sable moyen de 1 à 0,4 millimètre.....					
Sable fin de 0,4 à 0,15 millimètre					
Éléments capillaires....................					
Matière organique					
Analyses chimiques :					
Azote : organique.................					
nitrique......................					
total.......................					
Acide phosphorique : total............					
soluble à l'eau...					
soluble au citrate.					
Potasse					
Chaux.......					

Marnages : à renouveler tous les   ans. le 1ᵉʳ en 19   . avec
                  kilos de marne dosant X p. 100 de calcaire pour
        la pièce entière (kilos à l'hectare).

Profondeur du sol.
Nature du sol.
Nature du sous-sol.
Exposition.
Remarques spéciales à la pièce A.

Page de gauche
du registre.

Chapitre 1. — Engrais et Amendements.

DATES.		NATURE ET QUANTITÉ D'ENGRAIS EMPLOYÉS.		DÉPENSES ENGAGÉES.		
1910 février.	20	Fumier kilos à fr. 1.000 kilos..		Valeur globale............		» fr.
mars..	10	Scories 14 16 kilos à fr. 100 kilos. A raison de kilos à l'hectare..		Valeur achat............. » fr. Transport............... » fr. Épandage............... » fr.		» fr.
				Total............		
avril...	25	Nitrate de soude kilos à fr. 100 kg. A raison de kilos à l'hectare..		Valeur achat............ » fr. Transport............... » fr. Épandage............... » fr.		» fr.
				Total............		
				A reporter.......		
1		2		3		

8.

DATES.		NATURE DES RÉCOLTES.		PRODUITS ARGENT.		
1910 avril..	18	Betteraves fourragères........... kilos semence, semée à raison de kilos à l'hectare, du prix aux 100 kilos de..........		Valeur de la récolte....... (Pour du blé ou autres céréales distinguer la paille et le grain)............ Mettre les valeurs partielles dans la 1ʳᵉ colonne et totales dans la 2ᵉ.........		fr.
octobre.	15 à 25	Récolte de kilos racines...... du prix moyen aux 1.000 kilos de.				
novembre. —	4 11	Le silo a été paillé............. Le silo a été couvert de terre pour la garde d'hiver				
				A reporter.........		
4		5		6		

Engrais fonciers et engrais d'entretien. — Supposons adopté le livre dont modèle ci-dessus ou tout autre livre
d'un modèle analogue : parmi les engrais notés dans la colonne n° 1, nous aurons à distinguer les engrais qui constituent
une amélioration foncière et dont la valeur doit figurer comme
élément du capital d'exploitation et ceux que j'appellerai
engrais d'entretien, dont le prix entre dans les dépenses à
prévoir pour chaque exercice.

Dans la première catégorie je range les engrais phosphatés
et les amendements calcaires. Il est nécessaire : 1° d'en déterminer l'importance, et 2° de rechercher comment en faire
l'emploi dans les conditions les plus avantageuses. Les engrais phosphatés, sauf dans les terres riches, doivent figurer
au compte capital d'exploitation parce que, surtout si nous
avons affaire à des sols acides, il faut profiter de cette acidité
et de la stabilité de l'acide phosphorique dans le sol, pour incorporer dès l'entrée en ferme tout l'acide phosphorique dont
on prévoit l'utilisation pendant la durée du bail. On enfouit
là dans la terre un capital qui s'amortira ensuite par annuités
successives. De même pour les amendements calcaires : une
fois les engrais phosphatés digérés, il peut y avoir lieu d'apporter la chaux dont une partie servira à neutraliser l'acidité
du sol et à amener ce sol à la richesse minimum qu'il doit
avoir — c'est la partie que j'appellerai foncière et dont l'amortissement sera calculé suivant la durée du bail ; — l'autre
partie, au contraire, servira de ration d'entretien pour compenser les pertes provenant des prélèvements par les récoltes
et des entraînements dans les eaux de drainage à la suite des
diverses modifications physico-chimiques dont j'ai eu occasion de parler.

La ration d'entretien pourrait être servie chaque année, il
est préférable de la donner à des intervalles plus considérables
pour éviter des frais de transport et d'épandage ; néanmoins,
comme ce n'est pas la même année que l'on marne toutes les
parties du domaine où cette pratique est nécessaire, chaque
année il faut payer intégralement la quantité de marne dont
il a été fait usage cette année-là.

Application des engrais fonciers ; calcul du capital

qu'ils représentent. — Pour les engrais fonciers, c'est-à-dire ceux qui doivent avoir une répercussion à longue échéance, le mieux serait évidemment de les appliquer tous lors de l'entrée en jouissance; malheureusement cette manière de faire soulèverait plusieurs obstacles. Je ne parle pas de la question d'argent : si l'on veut cultiver un domaine, il faut avoir des capitaux suffisants, et parmi ces capitaux doit figurer la valeur des engrais que je viens d'appeler fonciers ; cette question mise à part, vu la nature des récoltes qu'elles portent, toutes les terres ne sont pas aptes à recevoir la même année des doses massives d'engrais et d'amendements : en serait-il autrement, il faudrait pour appliquer les engrais un surcroît momentané d'attelages et de main-d'œuvre dont le prix ne serait pas en rapport avec l'avantage obtenu ; nous sommes ainsi conduits à répartir l'opération sur deux ou trois ans. Celle-ci se chiffre assez facilement en notant les besoins — si besoins il y a — de chacune de nos pièces en chaux et en acide phosphorique, les exigences en acide phosphorique étant comptées pour une durée de vingt à vingt-cinq ans si l'on est propriétaire, pour la durée du bail si l'on est fermier. Ce premier point posé, on totalise les résultats trouvés pour chaque pièce et l'on trouve qu'il faut faire l'acquisition de tant de mille kilos de scories ou de phosphates naturels, de tant de mille kilos de chaux, etc. Les engrais phosphatés valent tant, la chaux ou la marne vaut tant sur wagon gare la plus proche, la dépense totale est de tant. Restent à ajouter les frais de transport et d'épandage ; c'est assez facile : dans le Vexin normand, les épandages de marne se paient 5 à 6 francs l'hectare ; les épandages de scories ou de phosphates au semoir mécanique s'établissent en tenant compte du prix du semoir, qui doit être vite amorti, et de la surface couverte en une journée de travail de l'instrument dont l'emploi exige, suivant les cas, un ou deux hommes et un ou deux chevaux. Les transports se calculent d'après la distance moyenne à parcourir et la charge apportée par l'attelage qu'un homme peut conduire. Lorsque la terre porte, par temps de gelée, il est de bonne administration de s'assurer le maximum d'effet utile avec une dépense minimum, en utilisant les attelages à deux ou trois chevaux avec relais de tombereaux, pour qu'il n'y ait pas d'arrêt dans le roulement des voitures et qu'une voiture pleine prenne aussitôt la place d'une voiture ramenée vide.

En possession de la valeur des engrais fonciers à confier au sol, — et cette valeur comprend, outre les éléments ci-dessus, les prix des labours et hersages comptés à l'hectare suivant les chiffres admis pour les expertises, — nous savons quels sont le capital à débourser et les sommes à consacrer de ce chef aux amortissements annuels.

Fumures d'entretien, calcul de la dépense qu'elles entraînent. — Il convient maintenant de calculer la dépense annuelle nécessitée par l'entretien de la fertilité. Cette dépense serait très atténuée si elle se réduisait aux fumures organiques, fumier de ferme et engrais verts, indispensables pour conserver dans la plupart des sols une quantité d'humus suffisante, et aux apports de potasse et d'azote, qu'il faut renouveler fréquemment en raison de la solubilité de l'azote et des inconvénients des doses trop élevées de potasse. Malheureusement, même en faisant les choses très largement, il est difficile d'introduire d'emblée assez d'acide phosphorique pour que, chaque année, les récoltes puissent facilement absorber les quantités de cet élément dont elles ont besoin : il faut donc faire de nouveaux apports d'engrais phosphatés plus assimilables que l'engrais foncier, et ainsi se trouvent grossis les frais d'entretien au point de vue fumure.

Ces frais d'entretien sont liés à la richesse initiale du sol, accrue dans certains cas par l'emploi des engrais fonciers, et à la nature et aux besoins des plantes cultivées sur le domaine. Nous aurons à étudier le choix de ces plantes et à combiner notre assolement. Celui-ci choisi, chaque année les récoltes enlèvent à la terre tant d'acide phosphorique, de potasse et d'azote ; d'autre part le stock de réserve fournit ces éléments jusqu'à concurrence de tant (chiffre fourni par les analyses du sol) et les fumiers, les engrais verts, la culture des légumineuses ramènent des quantités de ces mêmes principes que nous pourrons elles aussi mesurer ; il y a une différence à fournir, cette différence nécessite l'emploi d'engrais dont nous connaissons la valeur franco notre gare. Pour connaître la dépense totale, nous n'avons plus qu'à calculer les frais de transport et d'épandage, en faisant une répartition entre les différentes plantes de notre assolement et entre les diverses pièces sur lesquelles elles seront semées : ici intervient l'habileté du praticien.

Puisque certains engrais font sentir leurs effets pendant plusieurs années et ne se perdent pas dans le sol, l'agriculteur peut en employer d'un seul coup la dose nécessaire pour trois ou quatre ans ; il y gagne d'avoir des frais d'épandage et de mise en terre moindres, il diminue aussi ses frais de transports, les expéditions par wagons complets étant toujours moins chères que pour de petites quantités. S'il le faut, une année sont commandés les engrais potassiques et l'année suivante les engrais phosphatés ; toutefois, comme le mélange des matières fertilisantes est quelquefois permis, il faut tâcher de concilier cet avantage avec celui qui résulte de la formation de wagons complets. Il faut enfin, en se reportant au plan d'ensemble du domaine et à chaque plan partiel, s'arranger pour que, une même année, tous les engrais de même nature soient à conduire dans le même secteur, au lieu d'avoir à les charrier sur les points les plus divers de l'exploitation : le cultivateur donnera ainsi au travail plus de continuité, il aura sous la main tous ses chantiers d'épandage et d'enfouissement et de grosses pertes de temps et d'argent lui seront épargnées.

L'ouverture du *registre des cultures* facilite beaucoup ce travail préparatoire et fournit les éléments nécessaires pour compléter le calcul de la dépense « engrais d'entretien ». Celle-ci doit être, autant que possible, équilibrée de façon à avoir sensiblement la même importance pour chaque exercice et il faut aussi tenir compte du fait que, s'il y a des engrais qui se conservent et se retrouvent les années qui suivent leur épandage, il n'est pas indifférent d'appliquer ces engrais à n'importe quelle époque de l'assolement : la potasse, par exemple, est de préférence donnée au sol l'année où celui-ci porte une récolte de légumineuses ou de plantes racines. Je ne parle pas, bien entendu, des engrais solubles, à n'employer qu'au moment même de leur utilisation : par leur nature même, ils reviennent chaque saison en quantités à peu près égales dans un assolement bien compris, et la dépense qu'ils occasionnent ne subit d'autres à-coups que ceux qui proviennent de retards dans la végétation par suite de circonstances climatériques particulières obligeant à forcer les doses et à augmenter les frais.

Pour traduire en chiffres les résultats auxquels conduisent les différents calculs que je viens d'exposer, il faudrait reproduire les tableaux dressés par les auteurs qui ont recherché les besoins des récoltes et la composition des fumures qui leur conviennent le mieux. M. Wéry, dans son agenda agricole, présente des résumés très pratiques ; M. Garola, dans son livre sur les engrais, entre dans le sujet de façon plus détaillée ; je me contenterai de rappeler quelques indications générales qu'il est bon d'avoir à l'esprit pour dresser le bilan de la dépense engrais dans une exploitation agricole.

Un sol de fertilité moyenne (Cf. les ouvrages précités, de MM. Garola et Wéry) doit contenir par kilogramme de terre fine :

1 gramme d'azote ;

1 gramme d'acide phosphorique, dont $0^{gr},2$ soluble dans l'acide citrique faible à 2 p. 100 pendant vingt-quatre heures de contact ;

1 gramme de potasse dont $0^{gr},3$ soluble dans l'acide azotique faible ;

Et de 10 à 50 grammes de calcaire, selon sa nature plus ou moins compacte, le chiffre de 10 grammes s'appliquant aux terres légères et le taux de 50 grammes aux terres fortes, argileuses.

Si les taux des principes fertilisants tombent au-dessous des quantités que je viens d'indiquer, l'emploi des engrais chimiques et des amendements s'impose, pour les rétablir d'abord, et ensuite pour apporter un approvisionnement annuel égal aux prélèvements des cultures. Cet approvisionnement est indispensable si l'on ne veut pas voir le sol s'appauvrir et les récoltes péricliter ; mais, pour la première partie de l'opération, il importe de ne pas commettre une erreur dont les conséquences économiques seraient désastreuses.

Lorsqu'on dit qu'un sol est assez riche quand il contient un gramme d'acide phosphorique par kilogramme de terre fine, cela veut dire que, dans un tel sol, le blé par exemple trouve l'acide phosphorique dont il a besoin pour donner une bonne récolte moyenne — une récolte déjà fort belle de 40 hectolitres à l'hectare prélève de 40 à 45 kilogrammes d'acide phosphorique. Si la richesse du sol, au lieu d'être égale à un gramme d'acide phosphorique par kilogramme de terre fine, tombait à $0^{gr},5$ seulement, le blé ne trouverait plus que moitié de l'acide phosphorique qui lui est nécessaire et son rendement diminuerait d'autant; il n'en faudrait toutefois pas conclure que, pour remettre les choses en l'état et combler le déficit, il serait nécessaire d'apporter sous forme d'engrais toute la quantité d'acide phosphorique qui fait défaut dans le sol, soit pour 4.000.000 de kilogrammes, poids de la couche arable prise sur un hectare, 2.000 kilogrammes d'acide phosphorique ou 10.000 kilogrammes de phosphate à 20 p. 100 : il suffirait de fournir au blé, sous forme d'engrais immédiatement utilisable, les 20 ou 25 kilogrammes d'acide phosphorique manquant, soit environ 200 kilogrammes de superphosphates à 13/15 p. 100 d'acide phosphorique; mais, comme pratiquement une portion sensible de cet acide échappe aux racines, il y a lieu de porter la dose à 400 ou 500 kilogrammes à l'hectare, chiffre tout à fait d'accord avec ce que nous voyons faire journellement dans les fermes à culture intensive où les fortes fumures au fumier de ferme apportent d'autre part annuellement 40 à 50 kilogrammes d'acide phosphorique à l'hectare.

Ce qui est vrai pour l'acide phosphorique l'est aussi pour la potasse et l'azote, avec cette différence que, pour l'azote, au lieu de l'apporter par des engrais dispendieux, nous pouvons nous le procurer à l'aide du travail des bactéries qu'il suffit de provoquer en donnant à ces bactéries, par la culture des légumineuses, l'habitat dont elles ont besoin.

Emploi économique des engrais phosphatés. — Je répéterai toutefois ici qu'il vaut mieux faire de l'acide phosphorique un engrais foncier plutôt qu'un engrais d'entretien : l'économie de main-d'œuvre qui résulte de l'emploi en masse des engrais phosphatés représente et au delà l'intérêt des capitaux engagés ; d'ailleurs l'action de l'humus sur le phosphate, solubilisant peu à peu celui-ci à mesure que les végétaux le réclament, a aussi son avantage en dispensant d'acheter des produits phosphatés soumis à des traitements chimiques et par conséquent plus chers que les autres. MM. Müntz et Girard n'hésitent pas à conseiller, surtout dans les terres de landes et de défrichement, l'emploi des phosphates des Ardennes à 20 p. 100 d'acide phosphorique à des doses pouvant s'élever de 1.500 jusqu'à 3.000 kilogrammes et davantage à l'hectare. 3.000 kilogrammes de phosphates des Ardennes apportent avec eux 600 kilogrammes d'acide phosphorique ; il y en a pour un bail, puisque, à l'exception des rutabagas et de certains choux qui enlèvent dans une récolte plus de 100 kilogrammes d'acide phosphorique à l'hectare, on peut fixer les exigences moyennes des autres plantes cultivées entre 40 et 50 kilogrammes par hectare et par an ; or les 3.000 kilos de phosphates des Ardennes coûtant environ 5 francs les 100 kilos, soit 150 francs à pied d'œuvre et 240 à 250 francs une fois confiés au sol et intimement mélangés à lui par les façons multiples que j'ai eu occasion de recommander, nous nous trouvons en présence d'un amortissement de 20 francs par an réparti sur une période de douze ans, l'intérêt étant payé par les avantages que je rappelais à l'instant. Si nous rapprochons ce chiffre de celui auquel s'élèverait la dépense si nous procédions par épandages annuels ou trisannuels, il n'y a pas à hésiter à adopter l'emploi par grandes masses, même dans les terrains moins avides d'acide phosphorique que ceux dont parlent MM. Müntz et Girard : la mise de fonds initiale une fois faite, les petites doses d'engrais phosphatés choisis parmi les plus assimilables ne viendront que pour servir de coup de fouet après une récolte épuisante, susceptible d'avoir pris, avec sa part, une partie de celle de la récolte qui doit la suivre.

C'est d'ailleurs dans des conditions analogues que, dans une exploitation bien comprise, nous devrions utiliser les engrais azotés solubles : il faut s'efforcer dans une exploitation de ce genre, de mettre en jeu la nitrification des matières organiques de l'humus, enrichi au besoin de l'azote aérien, de manière que cette nitrification donne à nos récoltes l'azote qui leur est nécessaire dans les limites où il peut être pris par les racines : le nitrate du dehors, celui que fournit le nitrate de soude, viendrait seulement pour combler un vide ou pour donner l'élan utile au passage d'une période critique.

Application rationnelle des amendements calcaires. — Avec la chaux, nous nous trouvons dans des conditions différentes de celles où nous étions avec l'acide phosphorique : nous ne pouvons constituer de grosses réserves qui nous débarrasseraient de toute préoccupation ultérieure au sujet des amendements calcaires ; l'entraînement du calcaire n'est pas négligeable, et l'apport trop brusque d'une grande masse de chaux détermine une nitrification funeste par son excessive intensité. Il faut donc nous y prendre autrement et donner des rations d'entretien que nous n'hésiterons pas à fractionner et à renouveler tous les quatre ou six ans par exemple au lieu de tous les douze ou quinze ans. Cette pratique, il est vrai, grossira un peu les frais d'épandage, mais elle ne les augmentera pas dans la proportion des avantages qu'elle procurera par la régularisation de la nitrification et peut-être aussi par une répartition plus égale des frais d'extraction de l'amendement. Il n'est pas, en effet, indifférent, au point de vue de la bonne organisation et de la rétribution du personnel, de disposer chaque année d'une somme de travail à peu près constante.

Remarquons cependant que, en dehors de la ration d'entretien, nous pouvons avoir à saturer à l'aide de la chaux l'acidité du sol, ou simplement à lui apporter la quantité de cette chaux nécessaire pour compléter le stock minimum qui doit exister dans une terre au double point de vue physique et chimique. Ce stock, nous l'avons vu, est de 1 p. 100 en sols sableux et légers, et il s'élève jusqu'à 5 p. 100 en sols argileux. Le procédé de M. de Mondésir en terres acides, les analyses calcimétriques en terres simplement pauvres en chaux, nous renseignent sur les quantités de marne à apporter pour parfaire le stock désirable, à condition seulement que nous soyons fixés sur l'épaisseur de la couche arable que nous nous proposons d'enrichir. Pour faire de la culture intensive, cette profondeur ne saurait être moindre de 40 à 45 centimètres ;

elle suffit à montrer avec quel soin la marne, préalablement très bien délitée, doit être incorporée au sol pour être uniformément répartie sur une pareille épaisseur.

Le marnage ainsi pratiqué est un marnage foncier à amortir progressivement; il doit être majoré de la quantité de chaux nécessaire pour subvenir aux besoins des récoltes jusqu'au premier marnage d'entretien qui suivra le marnage foncier. L'importance de ces marnages d'entretien ne peut s'établir que par tâtonnements ; elle dépend, en effet, des prélèvements culturaux, que l'on trouve dans les tableaux où ils ont été consignés, et aussi des entraînements dans les eaux de drainage. Pour procéder sans trop de chances d'erreur, une étude directe de la quantité de chaux contenue dans les eaux de drainage serait nécessaire ; malheureusement il nous manque généralement un facteur, à savoir le volume des eaux disparues dans le sous-sol ; force nous est donc de recourir aux essais culturaux et de corriger par eux ce que les coutumes établies en matière de marnage peuvent avoir de défectueux. Je suis persuadé qu'il y a là une réforme très sérieuse à faire dans l'intérêt du fermier comme dans celui du propriétaire foncier; j'estime, en tout cas, que la distinction entre le marnage foncier et le marnage d'entretien a une raison d'être qui mérite que l'on s'y arrête ; peut-être même faudrait-il envisager l'exécution par le propriétaire du marnage foncier, quitte à demander au fermier un supplément de loyer en rapport avec l'amélioration réalisée.

Prix d'extraction de la marne. — Avant de quitter ce chapitre, peut-être le lecteur notera-t-il avec profit les prix que j'ai moi-même payés dans le Vexin normand pour l'extraction de la marne en carrière souterraine : il m'était demandé 1 franc par mètre cube extrait d'une profondeur de vingt pieds, 0 fr. 10 par dix pieds en sus de vingt, et 0 fr. 15 comme indemnité de boisson. Le puits de mine cerclé en coudrier, de façon à éviter les éboulements, m'était facturé un franc par pied. Les couches calcaires affleuraient aux flancs des falaises qui bornent la vallée de la Seine; au centre de l'exploitation elles plongeaient jusqu'à soixante ou quatrevingts pieds sous l'argile à silex et le limon des plateaux auquel étaient empruntées la plus grande portion des terres du domaine.

Épandage des engrais. — Je n'ai pas à revenir sur la question de l'épandage des engrais : la pratique de cette opération est décrite dans les traité d'agriculture, et j'ai moi-méme indiqué les époques les plus favorables pour l'exécuter, ainsi que les cas où l'engrais devait être épandu en couverture sur le sol, ou au contraire plus ou moins profondément incorporé à lui ; le seul point important, une fois bien déterminées la dose à employer et l'époque de l'emploi, est d'opérer l'épandage avec la plus parfaite régularité. Il est, on le conçoit, nécessaire, pour obtenir ce résultat, de n'utiliser que des produits bien secs et finement pulvérisés, et comme, par suite de leur finesse et de leur légèreté, ces poussières d'engrais pourraient être emportées au loin par le vent, même avec les semoirs mécaniques, il peut y avoir lieu de leur donner du poids par le mélange avec une substance inerte dont la meilleure est assurément du sable siliceux très pur et bien sec comme l'engrais lui-même. L'addition de sable par pelletage prolongé pour assurer l'homogénéité du mélange se recommande surtout lorsque les quantités à semer par hectare sont très faibles.

Mélanges d'engrais. — J'ai dit plus haut qu'il pourrait y avoir avantage, pour supprimer des frais de main-d'œuvre, à employer simultanément plusieurs engrais préalablement mélangés ; ce point appelle une première observation : d'une façon générale, l'achat de mélanges tout préparés par les marchands d'engrais est à éviter. D'une part la vérification des pourcentages annoncés est parfois plus difficile à faire, et d'autre part il est rare que les proportions adoptées soient précisément celles qui conviennent le mieux au terrain que nous voulons amender. Enfin le mélange a demandé un certain temps à celui qui l'a fait, et il est juste que ce temps soit payé ; c'est une dépense que le cultivateur aurait tort de s'imposer, car d'ordinaire il trouvera le moyen de faire exécuter à temps perdu les mélanges de ses engrais aux heures où le travail au dehors n'est plus permis et où il reste encore quelques bons moments à utiliser avant la cloche du soir. Une seconde observation, celle-ci plus importante encore que la première, est la précaution qu'il est nécessaire de prendre pour ne pas rapprocher les engrais qui réagiraient chimiquement l'un sur l'autre et se décomposeraient en entraînant la perte de principes fertilisants. M. Wéry, dans son agenda agricole, a groupé d'ingénieuse façon les engrais dont le mélange est permis réunis par un trait fin (—) ; ceux dont le mélange est possible au moment même de l'emploi réunis par un double trait fin (=) et ceux dont le mélange doit être rigoureusement proscrit, réunis par un gros trait (▬). C'est un graphique qu'il serait bon de faire reproduire de façon très apparente

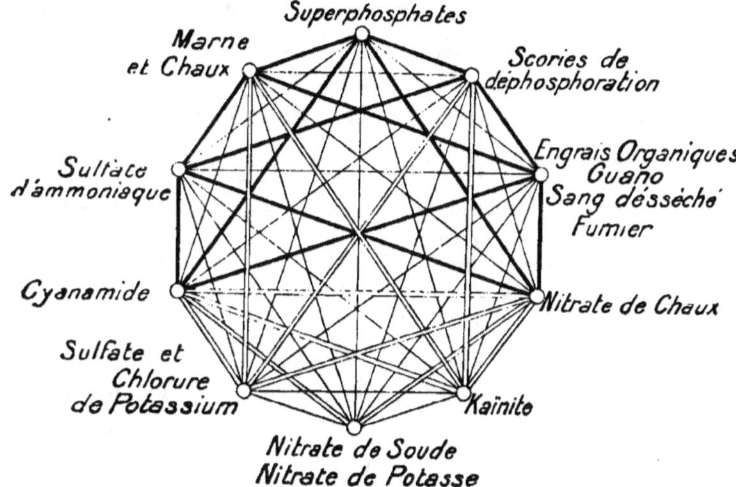

dans le bureau du contremaître ; on l'aurait ainsi toujours sous les yeux et les ouvriers finiraient par le connaître, eux aussi, en le voyant les jours de paie. Il me semble toutefois qu'il contient une erreur : contrairement à l'indication du tableau, le mélange des phosphates naturels avec le fumier, non seulement n'est pas à éviter, mais il est recommandable. Il aurait mieux valu, je crois, malgré la grande différence qui existe entre eux du fait de l'intervention de l'acide sulfurique, rapprocher les phosphates naturels des superphosphates ; peut être a-t-on craint une réaction possible du sulfate d'ammoniaque avec la chaux des phosphates, réaction donnant naissance à du carbonate d'ammoniaque très volatil : en tous cas, la correction est facile à faire pour ce cas particulier.

Ici se termine le long chapitre consacré à la plante considérée comme l'outil qui met en œuvre différents éléments du sol et de l'atmosphère dans l'intérêt de la gestion bien comprise du domaine agricole.

Exemple d'un calcul de la dépense fumure d'entretien, sur une ferme de 100 hectares. — Je citerai seulement, en manière de conclusion, les quantités d'engrais d'entretien dont, avec un sol de fertilité moyenne, aurait annuellement besoin une ferme de cent hectares dont soixante-quinze hectares seraient soumis à l'assolement triennal : blé, avoine, betteraves, et les vingt-cinq autres hectares à un assolement de six ans : blé, avoine, luzerne, celle-ci occupant le sol quatre ans et renouvelée chaque année par quart. Sur cette ferme, la répartition des cultures serait la suivante :

Betteraves....................	25 hectares.		
Blé de betteraves............	25 —	}	Ensemble
Blé sur défriche de luzerne...	4 —	}	29 hectares.
Avoine sur blé de betteraves..	25 —	}	Ensemble
Avoine sur blé de luzerne	4 —	}	29 hectares.
Luzerne......................	16 —		
Divers.......................	1 —		
Total..............	100 hectares.		

Le sol étant supposé calcaire, nous avons recours au superphosphate à 13/15 p. 100 d'acide phosphorique, au chlorure de potassium à 50 p. 100 de potasse et au nitrate de soude.

Pour les vingt-cinq hectares de betteraves, nous emploierons. :

25 × 40.000 ou 50.000 kilogrammes de fumier soit 1.000.000 ou 1.250.000 kilogrammes dont je réserve la valeur étant donnée la difficulté de la calculer de façon intéressante, pour les raisons que j'ai données d'autre part.

Francs.

25 × 250 kilos = 6.250 kilos nitrate de soude à 23 fr. 25 p. 100 kilos soit.................. 1.463,15

25 × 400 kilos = 10.000 superphosphate à 14/16 p. 100 d'acide phosphorique et au prix de 5 fr. 85 les 100 kilos..................... 585

Total......................... 2.048,15

Le blé de betteraves demandera :

Francs.

25 × 200 kilos = 5.000 kilos nitrate de soude. 1.162,50

et peut-être en plus sur les terres les moins riches :

2 000 à 3 000 kilos superphosphate, mettons
2 500 kilos pour une valeur de............　146,25

Total........................　1.308,75

Les quatre hectares de blé ou luzerne auront assez de 500 à
600 kilogrammes de superphosphates à l'hectare, soit pour
les quatre hectares :

Francs.

2.200 superphosphate d'une valeur de........　134

L'avoine sur 25 hectares, après le blé de betteraves exigera :

25 × 150 kilos = 3.750 kilos nitrate de soude
pour....................................　871,90
25 × 100 kilos = 5.000 kilos superphosphate.　292,50

Total........................　1.164,40

L'avoine sur quatre hectares de blé après luzerne prendra :

Francs.

800 kilos superphosphate pour................　46,80
500 kilos nitrate de soude pour...............　93

Total........................　139.80

Enfin les seize hectares de luzerne exigeront une moyenne
annuelle de :

Francs.

16 × 200 kilos = 3.200 kilos superphosphates
d'une valeur de............................　187,20
et 16 × 100 kilos = 1.600 kilos chlorure de potassium à 23 fr. 25 p. 100 kilos. et 50 p. 100 de
potasse, soit.............................　372

Total........................　559,20

Une partie de ces données sont empruntées à l'agenda
agricole de M. Wéry, où, comme je l'ai dit, on trouve les éléments d'un calcul de ce genre appliqué aux différents cas susceptibles de se présenter ; elles se résument en une dépense
totale en engrais chimiques de 5.421 fr. 40, soit environ 54 francs
par hectare et par an, dépense à laquelle il faut ajouter les
frais de transport et d'épandage qui peuvent élever le chiffre
à 65 ou 70 francs, le prix du nitrate en particulier étant
compté sur wagon départ de Dunkerque.

Il ne s'agit d'ailleurs que d'un simple aperçu et il appartient
à chacun de serrer les choses de très près avec les éléments
que je viens d'exposer.

CHAPITRE II

ASSOLEMENTS ET SYSTÈMES DE CULTURE

Assolement triennal et ses dérivés. — Assolement quadriennal. —
Assolements spéciaux à certains systèmes de culture. — Terres en
dehors de l'assolement, culture extensive et culture intensive. —
Prairies temporaires et permanentes. — Comment faire rentrer
dans l'assolement les terres en nature de prairies temporaires
pour ne pas détruire l'équilibre du système de culture adopté ? —
La vigne et les vergers. — Les cultures arbustives. — Les bois. —
Exploitation de parcelles boisées enclavées dans le domaine
agricole. — La production des semences. — L'achat des semences.
— Les plans de culture.

*Facteurs divers de l'amélioration du sol : façons
culturales ; drainage et irrigations ; cultures.* — Les
engrais et les amendements ne sont pas les seuls moyens dont
nous disposons pour améliorer le sol : les façons culturales, les
irrigations, le drainage nous permettent aussi de contribuer
dans une large mesure à le mettre en état de porter des récoltes productives, et ces récoltes elles-mêmes ne sont pas sans
effet sur le milieu qui leur sert à la fois de support et de réservoir alimentaire.

Les façons culturales amènent le sol agricole à l'état de division et de perméabilité nécessaire pour que les racines et les
agents atmosphériques indispensables à la vie de celles-ci y
trouvent facilement leur chemin ; c'est grâce aux labours convenablement exécutés que les terres fortes en particulier s'ef-
fritent d'une manière si remarquable sous l'action combinée
des gels et des dégels ; mais je n'ai ici qu'à rappeler le fait en
passant, j'aurai plus tard à parler de l'ordre à apporter dans
l'exécution successive ou simultanée des travaux de préparation du sol ainsi que dans les opérations de récolte, à ce moment j'entrerai dans les détails nécessaires pour donner de la
question un aperçu suffisant au point de vue de la gestion du
domaine.

De même, le drainage et l'irrigation, qui assurent, l'une l'amenée de l'eau favorable aux grosses productions de fourrage vert ou à la destruction d'insectes nuisibles, l'autre l'écoulement de l'humidité en excès dans des sols trop compacts, constituent des améliorations foncières dont l'étude trouvera sa place dans un chapitre ultérieur à côté des autres travaux qu'entraîne la conservation du faire-valoir dans l'état d'entretien nécessaire à sa bonne exploitation.

Je dois, par contre, m'occuper dès maintenant de l'influence des récoltes sur le sol et du parti qu'un agriculteur soucieux de ses intérêts sait tirer de cette influence pour ramener sur sa terre, dans un ordre rationnel, les différentes plantes susceptibles de concourir au but spécial qu'il s'est proposé.

Origine des assolements. — Si nous nous reportons aux temps reculés où nos ancêtres, renonçant à la chasse puis à l'exploitation exclusive des troupeaux sous le régime pastoral, commencèrent à confier au sol quelques grains destinés à l'alimentation humaine, nous nous représentons assez bien ces premières cultures comme faites au voisinage immédiat des habitations et se renouvelant jusqu'à ce que le sol épuisé se refusât à les nourrir. A ce moment, déplaçant au besoin leurs villages primitifs, nos aïeux allaient plus loin chercher d'autres champs qu'ils usaient comme les premiers ; puis après s'être ainsi déplacés une ou plusieurs fois, gênés dans leurs mouvements d'expansion, soit par des peuplades voisines, soit par l'insuffisance des moyens de transport à leur disposition, ils se hasardaient à revenir sur les terres le plus anciennement exploitées. Pendant leur période d'abandon, ces terres s'étaient enrichies des apports atmosphériques, tandis qu'au sein même du sol en formation de nouveaux aliments s'étaient trouvés mis en liberté pour les plantes : celles-ci réussissaient donc une deuxième fois, et tout naturellement les périodes d'exploitation en vinrent à alterner avec les périodes de repos.

Forme triennale des premiers assolements. — Tels furent les débuts du premier assolement ou système de culture ; il reposait sur des faits tangibles dont plus tard nos savants devaient donner l'explication raisonnée. Seule, la pratique fit assez vite franchir un premier pas : alors que le sol n'était

9.

plus favorable à la culture des grains de choix destinés à la nourriture de l'homme, il pouvait encore porter des céréales moins exigeantes, utiles à l'alimentation des animaux ; ainsi prit naissance l'assolement à trois périodes qui, bientôt réduites chacune à une année, amenèrent l'introduction de l'assolement triennal que nous retrouvons encore aujourd'hui. Cette hypothèse sur l'origine des premières rotations culturales se trouve confirmée par ce que nous pouvons voir encore de nos jours dans les plaines du Far West du Canada et des États-Unis ; il n'y a qu'une différence : derrière la culture extensive et épuisante des immenses champs de blé et de maïs, les formes plus parfaites de la culture raisonnée prennent immédiatement la place qui, sur le vieux continent, fut si longtemps occupée par l'assolement triennal. Toutefois, l'agriculteur américain, en retournant de sa charrue les prairies de graminées où paissent ses troupeaux, ne se soucie pas, provisoirement tout au moins, de la disparition de la sole fourragère ; il trouve dans le maïs, dont la culture lui est permise aussi bien que celle du blé, un aliment excellent pour son bétail et particulièrement favorable aux spéculations d'engraissement : il n'a que faire de ses pailles et il s'applique à les utiliser comme combustible dans ses moteurs à vapeur plutôt que de les laisser se perdre inutilement en monceaux encombrants. L'agriculteur européen, au contraire, n'avait pas devant lui l'espace comme son collègue du Nouveau Monde : à côté des surfaces relativement limitées où les céréales pouvaient lui donner leurs grains, il devait tenir compte d'autres surfaces, souvent plus étendues, qui par leur nature ou leur situation n'étaient bonnes qu'à la croissance de l'herbe et à l'entretien des animaux : il fut ainsi forcé de conserver des prairies jusqu'au jour où par un travail opiniâtre, il put les conquérir à la culture intensive ou les améliorer par un réseau bien compris de canaux d'irrigation. Cette nécessité devait d'ailleurs avoir pour conséquence très prompte de montrer au cultivateur le parti précieux qu'il pouvait tirer des fumiers. La crainte des vols et razzias de la part des tribus voisines l'obligeait à ramener le soir son bétail, sinon dans des locaux couverts, du moins sur les terrains voisins de sa demeure et consacrés à la production du grain : aux places où les animaux avaient ainsi couché et abandonné leurs déjections, la récolte fut meilleure ; l'engrais, dont l'action n'avait été qu'accidentelle, fut vite recherché pour ses bons effets et comme, à l'état natif, il était d'une manutention peu facile, que les liquides imprégnaient en pure perte des points très limités du sol, l'idée vint de le recueillir sur les litières constituées par les pailles.

Avantages de l'assolement triennal primitif. — Ainsi se trouva établi le système de culture de l'Europe centrale comportant, à côté de l'assolement de trois ans : jachère ou repos, blé, avoine, une large place laissée aux prairies naturelles. Tel qu'il se présentait, il faut avouer qu'il était remarquablement bien combiné, étant données surtout les connaissances agricoles que pouvaient posséder les anciens Germains. Le sol auquel on demandait peu, n'était pas encore fatigué ; les prairies s'y maintenaient sans s'affaiblir, au contraire, car elles trouvaient à leur portée les éléments minéraux dont elles avaient besoin pour se développer ; les apports atmosphériques, la fixation de l'azote aérien par les légumineuses qui s'y rencontraient compensaient une partie des exportations, le reste était fourni par la désagrégation même des matériaux du sol.

Les exportations d'ailleurs étaient faibles puisque les animaux séjournaient longtemps sur les pâtures, et que, s'ils laissaient dans les fumiers une partie de ce qu'ils avaient pris à la prairie, ils lui rapportaient, par contre, des principes utiles empruntés aux pailles et aux grains. Nourri d'une herbe souvent de bonne qualité, le bétail était dans de très bonnes conditions pour s'élever et donner les produits de la laiterie ; avec l'avoine et l'orge qui occupait parfois la place de l'avoine. on avait les aliments nécessaires pour stimuler les bêtes de travail ou contribuer à l'engraissement des animaux de boucherie ; d'autre part, le blé donnait le pain nécessaire à l'homme, et les pailles des céréales, en même temps qu'elles permettaient d'absorber les déjections animales, fournissaient aux rations un utile complément. Les travaux agricoles eux-mêmes se succédaient assez bien au cours de l'année : juillet et août voyaient la moisson, septembre les semailles de blé ; les mois suivants, le temps se partageait entre les travaux de nettoyage des terres en jachères et le battage des grains, à la main d'abord, à la machine ensuite. Février et mars ramenaient les labours pour les céréales de printemps, leurs semailles, les soins d'entretien des céréales d'hiver ; puis reprenaient les soins donnés à la jachère, l'enfouissement des fumiers et de nouveau revenaient les moissons succédant à la fenaison quand commença la récolte du foin dans les prairies les meilleures, celles que fécondaient, l'hiver, les débordements limoneux des rivères. A l'actif de l'assolement triennal ancien s'ajoutaient l'avantage de permettre l'excellente préparation des sols soumis au régime de la jachère et l'atténuation marquée des inconvénients résultant de l'excessif morcellement de la propriété : les terres, en effet, étant toutes aux mêmes moments soumises aux mêmes travaux, les servitudes d'enclave et de droit de passage se trouvaient par ce seul fait, virtuellement supprimées.

Inconvénients de l'assolement triennal primitif. — Malheureusement, s'il a de très bon côtés, l'assolement de trois ans, tel qu'il est encore trop souvent pratiqué, a aussi de très grands défauts. Les progrès de la civilisation et ceux de l'agriculture qui les ont accompagnés n'ont plus permis que l'on laisse la terre une année sur trois sans produire. Il a fallu occuper les jachères par des récoltes qui, non seulement paient le loyer ou assurent au propriétaire du sol la rémunération du capital que ce sol représente, mais encore rendent possible l'entretien d'un bétail dont les exigences mêmes d'existences plus nombreuses à nourrir sur une surface donnée demandaient l'accroissement. La mise en culture des jachères, favorisée par l'introduction des plantes nouvelles fourragères ou industrielles, intervenait d'ailleurs pour remédier à l'un des écueils que je viens de laisser entrevoir au vieil assolement, à savoir l'importante déperdition des nitrates dont on favorisait la production par les travaux d'aération de la couche arable et qu'aucune plante ne retenait à la disposition du cultivateur en leur fournissant dans ses tissus un lieu d'emmagasinement temporaire.

Nécessité du nettoyage fréquent des terres avec l'assolement triennal primitif. Remèdes apportés par le semis en lignes et les plantes sarclées introduites

*sur la sole du jachère. **Rôle des légumineuses fourragères et des plants racines.*** — Pourquoi, d'autre part, le
nettoyage des terres devait-il, il y a peu d'années encore, revenir
si souvent et prendre autant de temps? C'est que les deux
principales plantes cultivées étaient deux céréales semées à
la volée ; entre chaque pied de blé ou d'avoine, né au hasard
sur le sol là où le grain était tombé, il y avait une large place
pour le développement des mauvaises herbes. La herse, au
printemps, arrachait bien, il est vrai, quelques-unes des plus superficielles ; mais les autres, les plus mauvaises, celles qui par
leurs racines pivotantes s'étaient puissamment ancrées dans le
terrain, demeuraient, et à l'arrière-saison, après l'enlèvement
de la récolte, elles avaient tout le temps nécessaire pour se développer et même amener leurs graines à maturité. Aujourd'hui
le danger n'est plus à craindre, le semis en lignes permet de
passer entre les rangs des bonnes plantes les houes à cheval à
lames multiples construites par nos fabricants de machines
agricoles. Si même l'on craint la maladresse du bineur dans
les étroits sentiers que laissent entre elles les lignes de blé ou
d'avoine on peut avoir recours à l'ingénieuse disposition du
semis en bandes pratiqué par M. Boisseau sur sa ferme de
Chantemerle, sur la ligne Paris-Soissons, entre Dammartin et
Plessis-Belleville (Oise). Dans ce mode de semis, les lignes sont
alternativement espacées de 7 et 28 centimètres. Dans les
intervalles de 7 centimètres, étouffées par les céréales, les plantes adventices n'ont pas la place de se développer ; dans ceux
de 28 centimètres, au contraire, la houe passe facilement
en même temps que l'air et la lumière, double garantie pour
l'obtention d'un grain lourd et d'une paille raide résistant bien
à la verse. Ainsi sarclées, les céréales ne méritent plus ou méritent beaucoup moins le nom de plantes salissantes qui leur
fut longtemps réservé ; à côté d'elles, d'ailleurs, l'agriculteur a
introduit, dans l'assolement triennal considérablement amélioré,
d'autres cultures qui contribuent à l'entretien ou à l'augmentation de la fertilité du sol. Il s'agit des racines et des légumineuses. Les racines tiennent les terres propres par suite des
soins multiples dont elles sont l'objet ; les légumineuses concourent au même but en s'emparant complètement du sol et

en s'opposant au développement de toute plante nuisible, si l'on a soin de ne les garder que le temps raisonnable au lieu de s'obstiner à les vouloir conserver alors que, ne garnissant plus leurs emblaves, elles deviendraient de véritables foyers d'infection. Grâce aux unes et aux autres, la jachère nue a pu faire place à la jachère cultivée pour le plus grand avantage de l'exploitant du sol ; en outre, racines et légumineuses, pour mieux justifier leur qualificatif de plantes améliorantes, ne se contentent pas de jouer un rôle de propreté : elles augmentent la fertilité du sol en ramenant vers sa surface, où les plantes à racines superficielles peuvent les retrouver, les principes utiles que leur système radiculaire très développé leur permet d'aller chercher dans les couches profondes ; une grande quantité de nitrates, des sels de potasse, des composés phosphatés rentrent ainsi dans la circulation, qui, autrement, seraient définitivement perdus pour la culture. Encore ne fais-je pas mention de la remarquable propriété déjà mise en lumière qu'ont les légumineuses d'enrichir le sol en azote aérien. Nous ne devons rien négliger pour nous assurer ces précieux avantages, aussi ne faut-il pas limiter à l'année de jachères l'introduction dans l'assolement triennal des plantes racines et légumineuses ; celles-ci doivent avoir aussi leur place aux périodes des deux autres années où le sol serait libre, et par suite exposé à se salir et à s'appauvrir : les cultures dérobées font ainsi leur apparition et assurent une remarquable continuité dans la façon dont la terre nous fournit ses récoltes.

Les cultures dérobées d'automne : sarrasin, spergule, moutarde blanche. — M. A. Donon, le distingué professeur départemental d'agriculture du Loiret, dans un article très documenté paru dans le numéro du 27 mai 1909 du *Journal d'agriculture pratique*, énumère les plantes fourragères qui peuvent occuper à l'automne les soles laissées nues par l'enlèvement des céréales. Après nous avoir parlé des pois gris de printemps pour les sols silico-argilo-calcaires, les limons des plateaux riches en chaux, les sols silico-calcaires profonds suffisamment humides à l'époque de la levée ; de la serradelle, précieuse pour les terres à seigle siliceuses, les granits de Bretagne, le Plateau central, les landes et la Sologne, là où ne réussit pas le trèfle violet, — pois et serradelles susceptibles d'occuper l'année de jachère en récoltes principales, — M. Donon nous cite le sarrasin, la spergule, la moutarde blanche, qui conviennent davantage pour cultures dérobées d'automne.

Le sarrasin est la plante des terres sableuses pauvres, il lui est bon toutefois de venir sur un sol précédemment enrichi par une copieuse fumure au fumier de ferme complétée par 300 kilogrammes de superphosphate et 100 kilogrammes de nitrate de soude à l'hectare, et ameubli par un labour profond d'hiver, suivi au printemps d'un labour plus léger et d'un scarifiage soigné. Sur un tel sol, il succède a du trèfle incarnat ou a du seigle coupé en vert ; le semis (60 kilogrammes à l'hectare) n'a lieu qu'en mai, une fois passée l'époque des gelées tardives auxquelles le sarrasin est très sensible ; il peut se prolonger jusque fin juillet, la levée a lieu en dix à douze jours et cinquante jours plus tard on peut faucher. Le rendement en vert est de 15 à 17.000 kilogrammes d'un fourrage apprécié des bovins mais mauvais pour les moutons ; on l'améliore en associant au sarrasin, du maïs et des pois gris, — du millet, de la moutarde blanche et de la spergule, — de la navette d'été ou de la moutarde blanche seule.

La spergule réussit sous climats brumeux, en terres siliceuses ou argilo-siliceuses, fraîches ; en culture dérobée, on la sème à raison de 25 à 30 kilogrammes à l'hectare, avec un labour moyen suivi d'un coup de scarificateur par lequel on enterre 300 kilogrammes de superphosphate et 100 kilogrammes de nitrate de soude. La récolte est bonne à prendre huit à dix semaines plus tard et fournit de 8 à 14.000 kilogrammes de fourrage vert à l'hectare.

La moutarde blanche demande, en culture dérobée, les mêmes doses d'engrais que la spergule ; elle a l'avantage de pousser très vite, d'être très peu exigeante sous le rapport de l'humidité et d'avoir des semences très bon marché. Bien réussis, les semis, qui débutent en août, peuvent donner jusqu'à 25.000 kilos de fourrage vert à l'hectare, mais l'on devine avec quel soin l'on doit faucher avant que les graines venues à maturité infestent les emblaves, ou simplement communiquent au fourrage une saveur trop irritante ; il est bon d'ailleurs d'associer la moutarde au sarrasin et au millet, ou à la spergule et au millet ; on peut aussi y mêler du foin sec au moment de la donner au bétail.

Les choux fourragers. — J'ai eu occasion de signaler déjà le trèfle incarnat et les navets semés après blé ; dans l'ouest de la France, les choux constituent une excellente récolte d'automne. Élevés en pépinière, repiqués à la charrue au milieu de l'été, consommés pendant tout l'hiver qui suit, ils peuvent être encadrés entre un fourrage de printemps et une récolte automnale, qui parfois n'est autre que de la betterave fourragère repiquée : le sol ne cesse d'être occupé, mais comme les récoltes qu'il produit ainsi sans arrêt lui font retour sous forme de fumier, il s'épuise en somme beaucoup moins qu'on ne pourrait le croire et ses principes utiles sont employés dans les meilleures conditions.

Association des plantes pour la constitution d'un assolement. — Nous retrouverons tout à l'heure les choux de l'Anjou ; on conçoit que je ne puisse m'étendre ici sur leur culture : il me faut seulement montrer, et je crois l'avoir fait, que l'agriculteur intelligent n'a que l'embarras du choix pour associer, dans ses systèmes de culture, les plantes nettoyantes ou salissantes, industrielles, alimentaires ou fourragères, susceptibles de lui permettre l'exploitation économique de son sol dans la voie où il a résolu de s'engager. Est-il, en effet, nécessaire d'insister sur le fait que les diverses récoltes n'ont pas toutes les mêmes besoins et ne tirent pas toutes des mêmes régions du sol les aliments qui doivent les nourrir ? Si à une plante à racines profondes en succède une autre à enracinement superficiel, si un végétal peu gourmand de potasse en remplace un autre qui en était très avide, il est facile de comprendre que la terre travaillera tout en se reposant, puisque ce ne sont ni les mêmes éléments ni les mêmes couches arables qui entreront en jeu dans l'enchaînement des cultures ; le stock latent de richesses alimentaires aura la possibilité de se solubiliser peu à peu pour rendre au sol concurremment avec les engrais venus du dehors sa fertilité perdue. Évidemment le but cherché, le climat, les débouchés sont facteurs importants qui ne sauraient être négligés et qui sont d'indispensables conditions de succès, mais je crois qu'il faut voir dans les considérations qui précèdent la clef même des assolements rationnels. Ceux-ci, ainsi que nous l'allons voir, peuvent s'adapter à l'ancienne forme triennale que bien des baux obligent encore à respecter ; ils peuvent aussi prendre des formes beaucoup plus élastiques où la périodicité n'apparaît pour ainsi dire plus, ou bien qui présentent entre les diverses cultures des conditions d'équilibre meilleures que celles données par l'assolement de trois ans.

L'épuisement du sol et l'emploi des engrais suivant l'assolement adopté. — Une remarque toutefois doit trouver ici sa place et retenir l'attention du praticien. M. Paul Beire (*Agriculture pratique*, 11 août 1910) relevant des chiffres cités par M. L. Grandeau en 1899 dans son livre sur l'*Agriculture et les institutions agricoles du monde*, signale combien peu la France emploie d'engrais azotés, phosphatés, et surtout potassiques, comparativemen taux autres pays d'Europe, et il déplore cet état de choses tout en indiquant qu'une amélioration commence à se produire. Or il ne faudrait pas, suivant moi, adopter trop à la légère les amères conclusions de M. Beire ; certes un effort constant doit être fait pour le développement de l'emploi des engrais chimiques, et c'est une erreur grave de laisser la France s'appauvrir inconsidérément, aux dépens de l'étranger, des richesses en phosphates qu'elle possède sur son territoire ou sur celui de ses colonies; mais il ne faut pas voir dans l'importance des doses de principes fertilisants achetés au commerce un reflet exact de l'état de l'agriculture d'un pays. Lorsque la population est très dense et l'activité industrielle considérable, comme nous le voyons en Belgique et dans les départements du nord de la France, l'agriculture doit revêtir un caractère d'exceptionnelle intensité : le blé alterne avec la betterave, on cherche à produire à l'hectare le maximum de principes nécessaires à l'alimentation humaine. Les pulpes engraissent le bétail de boucherie, les pailles servent de réceptacle aux déjections animales, résidus abondants d'une nourriture très riche, ou trouvent dans les villes d'intéressants débouchés; à elles seules, elles ne suffisent, ni comme aliment, ni comme engrais, d'autant plus qu'une partie en est détournée des exploitations agricoles ; il les faut compléter par d'importants apports de tourteaux et d'engrais chimiques : le maintien d'une haute fertilité à l'aide de grandes quantités de denrées commerciales s'impose ; l'azote surtout est nécessaire parce que nous n'avons plus que peu de place pour les légumineuses, même si entre blés d'hiver et de printemps nous enfouissons une récolte verte. Au contraire, lorsque les débouchés sont plus éloignés, la population plus clairsemée, le climat éminemment favorable à la production des herbages et prairies et à l'élevage du bétail, la situation devient tout autre : tout fait retour au sol, il n'y a de perdu pour lui que les grains et les produits animaux exportés ou encore les principes volatils des fumiers. Les légumineuses maintiennent et même accroissent le stock d'azote ; avec de faibles quantités d'engrais du commerce, il devient possible de conserver le sol en un bon état de culture et d'élever son rendement. Dans un cas il faut de gros poids pour maintenir l'équilibre, dans l'autre il n'en faut que de petits ; ainsi s'explique jusqu'à un certain point l'énorme écart qui existe entre la Belgique d'une part, la France et l'Angleterre d'autre part. Pour 100 hectares de terres cultivées, la Belgique utilise 1.137 kilogrammes d'azote et 1.800 kilogrammes d'acide phosphorique, l'Angleterre et la France respectivement 113 à 115 kilogrammes d'azote, et 500 et 680 kilogrammes d'acide phosphorique.

Personne ne conteste la remarquable habileté des éleveurs anglais, ils emploient cependant encore moins d'acide phosphorique que nous ; c'est qu'avec leur assolement de Norfolk : raves consommées sur le champ même par les moutons, — orge, — trèfle, dont la deuxième coupe est enfouie, — blé, ils n'enlèvent à leurs terres que de très faibles proportions de principes utiles, tout en leur demandant cependant beaucoup. En ce qui nous concerne, prenons à l'Angleterre ce qu'elle a de bon dans ses assolements, et à l'Allemagne ce qu'elle a d'excellent dans la façon dont elle applique aux sols la loi de restitution ; mais n'oublions pas que nous aussi pouvons servir d'exemple à nos voisins, puisque nous avons trouvé moyen de mettre en culture 34 millions d'hectares de notre territoire, tandis que l'Allemagne en cultive · 32 millions et demi seulement.

Nettoyage à faire du sol avant l'inauguration d'un assolement quel qu'il soit. Pratique de ce nettoyage. Préparation du terrain pour la première récolte de plantes racines. — Cette remarque faite, quel que soit le système de culture que l'on se propose d'adopter, la première chose à faire en prenant possession d'une exploitation agricole est d'en bien nettoyer la terre ; il n'est point pour cela absolument nécessaire de sacrifier toute une année : une demi-jachère peut suffire si l'on dispose d'un nombre d'attelages élevé et si la moisson a été rentrée de bonne heure. Je considère, en effet, que pour bien nettoyer un champ il faut le travailler sur toute l'épaisseur de la couche arable qu'ont envahie les mauvaises herbes à racines ou à graines persistantes ; or un tel travail n'est pas réalisable en une seule fois ; il convient de diviser la couche arable en une série de tranches de faible épaisseur et d'approprier successivement chacune de ces tranches ; on y arrive par des labours de plus en plus profonds, entre chacun desquels prennent place des façons au scarificateur, à la herse, au rouleau et de nouveau à la herse, herses et scarificateurs étant réglés de manière à remuer dans toute son épaisseur la zone à nettoyer. Le passage des divers outils dans l'ordre que j'ai indiqué a pour effet d'isoler des particules de terre les rhizomes du chiendent et les autres racines traçantes ; il devient alors facile de les réunir en tas et de les enlever hors du champ si les circonstances ne permettent pas de les brûler sur place. Si l'arrière-saison est belle, les nettoyages successifs des tranches détachées par la charrue peuvent se faire très rapidement ; si, au contraire, le temps est mauvais, force est d'aller plus lentement, et alors une année entière peut être nécessaire pour conduire à bien l'opération ; toutefois le temps n'est pas entièrement perdu, car entre chaque labour les mauvaises graines ont la possibilité de germer et elles sont détruites par les façons aratoires ultérieures, ce qui simplifie les binages des plantes sarclées. Le sol une fois propre, pour achever de le mettre en état, c'est, en effet, une plante racine qu'il est indiqué de lui faire porter ; et comme celle-ci exige une grosse fumure au fumier de ferme ; il faut autant que possible conduire le fumier avant l'époque où les terres sont détrempées par les pluies d'automne et l'enterrer par un labour de 10 à 12 centimètres. On herse ensuite légèrement pour ne pas ramener le fumier, puis on donne un nouveau labour de 25 à 30 centimètres, l'engrais reste ainsi entre deux terres, et le sol, profondément remué, est abandonné tout l'hiver aux actions des intempéries. Au printemps, il se travaille admirablement à l'extirpateur, au rouleau et à la herse, et l'on profite de ces opérations pour lui confier les fumures minérales qui n'ont pas besoin d'être données d'avance en raison de pertes possibles ; il est alors prêt à recevoir les semences et nous pouvons inaugurer notre assolement.

Assolement triennal rationnel. La durée des luzernières. — Appliquant les notions en possession desquelles nous nous trouvons, je vois à l'assolement triennal une première et heureuse modification :

Période I.
- *1re année :* plante sarclée : betteraves, navets, pommes de terre, sur fumier de ferme.
- *2e année :* blé, suivi au besoin d'une culture dérobée ou en tout cas d'un déchaumage accompagné d'un hersage pour détruire les graines qui ont pu tomber à la surface du champ.
- *3e année :* avoine.

Périodes II et III.
- *4e 5e 6e 7e années :* luzerne semée dans l'avoine.
- *8e année :* blé sur luzerne défrichée et engrais chimiques.
- *9e année,* avoine.

Période IV.
- *10e année :* plante sarclée fumée au fumier de ferme et engrais minéraux.
- *11e année :* blé.
- *12e année :* avoine.

Période V.
- *13e année :* trèfle ou plante fourragère annuelle.
- *14e année :* blé sur demi-fumure animale et engrais minéraux.
- *15e année :* avoine.
- *16e année :* plante sarclée, puis blé et avoine, avec retour de luzerne en 19e année pour quatre ans.

L'assolement ainsi modifié respecte les périodes triennales, et les fourrages y prennent une large place, permettant l'accroissement du nombre de têtes de bétail et la diminution des prairies permanentes lorsque le sol ne leur est pas particulièrement favorable ; d'autre part, il est facile de voir que la luzerne ne revient sur les mêmes terres qu'à intervalles de douze années, ce qui empêche les champs de s'en lasser. Autrefois ces luzernes duraient bien plus que quatre ans, aujourd'hui elles peuvent se soutenir ce laps de temps en terres profondes en bon état de culture, remuées au besoin au scarificateur lorsque la légumineuse a trois ans d'existence ; toutefois nous voyons des agriculteurs trouver qu'en étant conservées quatre ans les luzernes risquent trop de salir leurs exploitations ; ils préfèrent alors ne les garder que deux ans en leur associant du trèfle, du sainfoin et de la minette pour s'assurer dès la première année un fourrage abondant. Cette pratique est en usage dans le Vexin normand, où l'on désire conserver au blé et à l'avoine une place prépondérante ; l'assolement devient alors :

1re année, betteraves ; 2e, blé ; 3e, avoine ; 4e et 5e, légumineuses en mélange ; 6e, blé ; 7e, avoine ; 8e, betteraves, 9e, blé ; 10e, avoine ; nous quittons la période triennale pour adopter une période de cinq années. Les betteraves sont d'ailleurs fourragères ou industrielles, et une partie de leur sole peut être occupée par des pommes de terre ou des fourrages annuels succédant a un trèfle incarnat ; les moutons paissent sur les chaumes et trouvent à vivre plusieurs semaines du grain échappé des épis et des collets détachés des betteraves.

Quelquefois, au lieu de restreindre la durée des luzernières, on cherche à la prolonger ; je considère la chose comme un peu risquée et à réserver pour lesfermes où l'élevage du bétail tient une large place. Si on veut la tenter, il sera prudent de suivre le conseil donné par M. H. Hitier, membre de la Société Nationale d'Agriculture et passé maître en toutes ces questions. Ce conseil s'applique à une luzernière de sept ans sise en Maine-et-Loire ; M. Hitier engage à lui donner à la fin de l'hiver trois coups d'extirpateur, puis un hersage quelques semaines plus tard ; le hersage est suivi d'un roulage, puis on sème à l'hectare :

4 kilos.......................	ray grass.
5 —	dactyle aggloméré.
8 —	fromental.
5 —	fléole.
5 —	fétuque des prés.

on herse le tout légèrement ; on crosskille, et on roule après avoir saupoudré d'un peu de terreau.

L'assolement triennal plus ou moins modifié de fermes de la grande banlieue parisienne. — Dans les grosses fermes des environs de Paris, c'est l'assolement du Vexin qui paraît adopté. M. Hitier, qui les connait presque toutes, en décrit plusieurs dans le *Journal d'agriculture pratique* ; d'autres sont, dans la même publication, étudiées par M. Ringelmann, directeur de la Station d'essais de machines.

Ferme de Mormant (Seine-et-Marne). — A Mormant (Seine-et-Marne), M. Bachelier cultive 265 hectares ainsi répartis :

Blés...............................	100	hectares.
Betteraves.......................	55	—
Avoines..........................	65	—
Luzernes.........................	45	—

La luzerne n'est maintenue que deux ans, comme je l'ai dit ; la seconde année, elle est retournée après la troisième coupe, le sol est plusieurs fois plombé au crosskill et hersé ; il reçoit, du 10 au 20 octobre, 200 litres de blé Chiddam sur 500 kilogrammes de superphosphate à l'hectare ; le blé est écimé le printemps suivant. — Le blé qui succède aux betteraves n'est semé qu'en novembre sur labour léger. M. Bachelier emploie un mélange constitué par du Chiddam, du Bon Fermier et du Japhet dont la proportion augmente à mesure qu'on avance en saison. Si les semailles se prolongent jusqu'en février, le Japhet reste seul ; ces blés de betteraves sont suivis d'un blé de printemps afin d'éviter le piétin qui envahirait un deuxième blé d'automne venant immédiatemnt après le premier. Les labours et déchaumages ont lieu avant l'hiver, le Chiddam de mars est semé à raison de 250 litre à l'hectare sur 500 kilogrammes de superphosphate d'os et 90 à 100 kilogrammes de sulfate d'ammoniaque.

L'avoine qui vient après les blés de luzerne reçoit 90 kilogrammes de nitrate de soude et 200 kilogrammes de superphosphate minéral ; on donne la préférence aux variétés grise de Houdan et de Ligowo, la paille de cette dernière étant très bien mangée par les moutons.

Les betteraves se font sur : fumier 40 à 50.000 kilogrammes à l'hectare, 700 kilogrammes de superphosphates, 200 kilogrammes de sang desséché, 120 kilogrammes de sulfate d'ammoniaque et 80 kilogrammes de nitrate de soude ; c'est une formule souvent adoptée, sauf que, parfois, les proportions du sulfate d'ammoniaque et de nitrate de soude sont forcées au détriment du sang qui disparaît, et que, au contraire, on voit figurer la potasse généralement à l'état de kaïnite.

A l'avoine succède la luzerne, semée dans la céréale de printemps. D'après les chiffres reproduits par M. Hitier, il est facile de voir qu'on sème annuellement : 22 hectares et demi de luzerne, il reste alors 42 hectares et demi pour les betteraves après avoine, le reste des 55 hectares de betteraves suit le blé de printemps. Les blés d'hiver comptent 55 + 22 1/2 soit 77 hectares et demi ; il y a en outre un surplus de 10 hectares qui sont marqués comme emplantés en blés et qui probablement sont en fait répartis entre diverses cultures accessoires : pommes de terre, blé et petites céréales.

Ferme de la Trousse et ferme de Chantemerle. — A la Trousse, près de Lizy-sur-Ourcq (Seine-et-Marne), M. le comte de Mony-Colchen propriétaire, M. Sibille régisseur, nous retrouvons sur 330 hectares, un assolement triennal avec prairies artificielles intercallées ; cette ferme, prime d'honneur en 1908, comprend :

Betteraves, dont 15 hectares de betteraves fourragères	55 hectares.
Blés	110 —
Avoines	80 —
Luzernes, trèfles et sainfoins	65 —
Prés	10 —
Pacages à moutons	10 —

L'examen des chiffres montre qu'ici encore les prairies artificielles ne subsistent que deux ans ; à la ferme de Chantemerle, dont j'ai signalé le mode particulier des semailles de blé, les luzernes, sont, au contraire, maintenues trois ans. L'exploitation comporte 390 hectares dont 300 d'un seul tenant ; en raison de la nature du sous-sol, dont une partie est

imperméable et nécessite un drainage soigné, nous trouvons
65 hectares de prairies naturelles ; le reste des emblavures est
constitué par :

```
110 à 115 hectares de blé.
 70 hectares de betteraves.
 65     —      d'avoine.
 40     —      de luzerne.
 10     —      de trèfle.
 10     ---    de sainfoin.
 10     —      de carottes, pommes de terre, vesces,
                 maïs ou navets.
```

L'assolement est libre, mais, comme ceux des fermes à cultures intensives de la Brie (ferme de M. Rommelin au Plessis-
Belleville), il se rapproche de l'assolement triennal avec repos
donné au sol par l'introduction des légumineuses.

Les blés viennent après défriche de luzerne ou après betteraves.

Les blés de luzerne sont semés du 1er au 15 octobre ; la terre a
reçu un labour immédiatement crosskillé, par lequel on a enfoui
500 kilogrammes de superphosphate, 500 autres kilogrammes
du même engrais sont enterrés plus superficiellement par
un hersage. Point de fumure d'automne pour les blés de betteraves ; un simple labour léger, un coup de herse si besoin et un
coup de rouleau plat. Le semoir passe directement sur le roulé.
Les blés ainsi semés résistent mieux à la verse et au piétin ; les
meilleurs sont du début de novembre. Il faut à l'hectare
300 litres de semences ; les variétés adoptées sont le Japhet,
le Bon Fermier, le Trésor, le Gros Bleu et le blé à grosse tête,
associés en mélange où le Japhet entre dans la proportion de
trois cinquièmes.

La sole d'avoine fait suite à celle du blé ; à l'automne, le
blé enlevé, le sol est déchaumé, hersé et roulé ; l'hiver, on
donne un labour de 26 centimètres, ou de 20 centimètres seulement si la saison est trop avancée ; ce labour est suivi d'une
double dent de herse et du passage du semoir à engrais qui, au
moyen de ses appareils diviseurs, enfouit à l'hectare 300 kilogrammes de superphosphate, 100 kilogrammes de sulfate
d'ammoniaque et 100 kilogrammes de chlorure de potassium

si l'on doit semer des petites graines dans l'avoine. Les variétés d'avoine cultivées sont l'avoine de Beauce, l'avoine grise de Houdan, Mesdag, Ligowo et Excelsior; toutes sont arrosées à l'aide de solutions nitrocupriques en vue de la destruction des sanves ; le passage du pulvérisateur coïncide avec celui du semoir qui confie au sol les graines des légumineuses.

La luzerne revient tous les douze ans ; j'ai dit qu'on la conservait trois ans, la deuxième année on la travaille énergiquement au scarificateur pour la maintenir exempte de mauvaises herbes ; entre les périodes à luzerne, le trèfle ou le sainfoin trouvent leur place.

Les betteraves sont semées après blé sur défriche de luzerne, ou après avoine succédant à du blé ; dans le premier cas, elles ne reçoivent pas de fumier, mais seulement 1.000 kilogrammes de superphosphate, 200 kilogrammes de chlorure de potassium, et 100 kilogrammes de nitrate de soude lors du démariage. Après avoine il leur est donné 50.000 kilogrammes de fumier de ferme, 1.000 kilogrammes de superphosphate, 250 kilogrammes de sulfate d'ammoniaque et 100 kilogrammes de chlorure de potassium.

La préparation du sol pour la culture des betteraves à la ferme de Chantemerle. — Voici, pour ce second cas, la succession des travaux pour la préparation du sol. Aussitôt après la moisson : déchaumage, roulage, conduite du fumier ; épandage de l'engrais de ferme, mise en terre par un labour de 5 à 6 centimètres ; crosskillage et (si possible) hersage et roulage. En novembre ou décembre, labour profond. Au printemps, quand les gelées ont produit leur effet, semaille des engrais, façons à l'extirpateur, coup de crosskill, passage des herses lourdes, coup de rouleau plat, passage des herses légères, coup de rouleau très léger ; herse fine ou émotteuse Bajac ; semaille des betteraves en rayons espacés alternativement de 32 et 53 centimètres. A première vue, je préférerais pour les betteraves des rayons également espacés, malgré la petite facilité que donne pour l'arrachage à la main le rapprochement alternatif des rangs ; il semble en effet, qu'au cas spécial, le passage des instruments mécaniques doive être moins simple que lorsque les surfaces à travailler sont égales. L'expérience peut facilement renseigner sur ce point, il n'en subsiste pas moins que la préparation du sol pour betteraves est, à Chantemerle, remarquablement bien conduite ; j'ai tenu à la décrire à la suite de M. Hitier, parce que l'examen des différentes opérations qu'elle comporte permet les conclusions les plus intéressantes en nous donnant tous les éléments nécessaires pour calculer combien il nous faudra de temps, d'attelages et d'hommes pour mettre en terre nos plantes racines. Le temps est limité, puisqu'il s'étend sur une portion seulement de l'année, fin août au 15 avril, 1er mai, au plus tard, de l'année suivante, et qu'il faut prévoir d'autre part les autres travaux culturaux (semailles de céréales, récolte des racines) et les déchets provenant des jours non ouvrables ou inutilisables en raison d'intempéries. On peut toutefois évaluer le nombre de jours dont nous disposons pratiquement pour un objet déterminé et pour le travail d'une surface déterminée elle aussi. De ces données, se déduit le nombre d'hommes et d'attelages. Les fumures appliquées aux diverses cultures par M. Boisseau, l'éminent agriculteur de Chantemerle, n'ont pas moins d'intérêt : en rapprochant quantités et prix, on peut calculer la dépense annuelle du chef des engrais, et ceci n'est plus un calcul approché, il correspond à un ensemble de faits tangibles dont chacun de nous peut avoir à faire l'application pratique ; mon sujet reste donc toujours en vue ; pour le serrer de plus près, je mentionnerai encore ici l'assolement suivi par M. Pluchet sur sa ferme de Roye, près Amiens (Somme).

La ferme industrielle de Roye. — M. Pluchet possède une sucrerie capable de traiter 330 tonnes de betteraves par jour ; il a donc dû chercher à donner une large place à la betterave à sucre, de même qu'il faudrait s'efforcer de réserver une sole importante aux betteraves de distillerie dans les exploitations où la fabrication de l'alcool est rattachée au système de culture. Cette place importante donnée à la betterave semble avoir été acquise à Roye aux dépens de la sole des petites céréales (orge et avoine) dont une partie paraît occupée par les légumineuses fourragères qui vraisemblablement prennent place entre blé venu après betteraves et nouvelle récolte de betteraves ; ainsi s'explique la répartition des 602 hectares de l'exploitation, entre :

Betteraves à sucre	175	hectares.
Blé	175	—
Avoine et orge	130	—
Prairies artificielles	80	—
Prairies naturelles	20	—
Fourrages verts consommés sur place	10	—
Pommes de terre	2	—
Cours, chemins et jardins	10	—

Le cadre de l'assolement triennal s'est assoupli plus encore que dans les fermes de la grande banlieue de Paris. Roye nous reverra d'ailleurs quand j'en serai venu au chapitre des animaux de travail.

L'assolement triennal dans l'est de la France. — Dans la région de l'Est, la rotation de trois ans, plus voisine peut-être de son lieu d'origine, semble s'être maintenue davantage. Elle trouve dans les prairies irriguées des Vosges et dans celles du Jura le complément de fourrage nécessaire à l'entretien des vaches qui alimentent en lait les fruitières ou fromageries. La jachère est quelquefois encore nue dans les petites exploitations, mais chaque jour elle se couvre de plus en plus de fourrages annuels ou de pommes de terre ; les betteraves à enracinement plus profond demandent la culture en billons sur des sols insuffisamment profonds. Lorsqu'on s'éloigne de la zone des prairies naturelles, on emprunte la provende du bétail aux prairies temporaires à base de graminées et légumineuses, comme celles que l'on voit sur les fermes de M. Paul Génay, président du Comice de Lunéville, ou de la famille Thiry aux environs de Nancy. Ces prairies de production intensive, conservées quatre ou cinq années, sont parfois encloses pour y permettre la mise en pâture des animaux, et un bon mélange à adopter pour leur ensemencement est donné par l'association de :

	Kilos.
Brome des prés	5
Brome doux	2,500
Canche flexueuse	2,500

Canche touffue.............................. 2,500
Dactyle pelotonné........................... 3,750
Fétuque des prés............................ 3,750
Fétuque traçante............................ 3,750
Fétuque ovine............................... 3,750
Houlque laineuse 5
Paturin des prés............................ 7,500
Ray grass anglais........................... 5
Ray grass d'Italie.......................... 5
Trèfle blanc................................ 3,750
Trèfle hybride.............................. 1,250

M. Paté, président du Comice de Château-Salins, auteur de la formule ci-dessus pour herbages clos de Lorraine, y ajoute, en terres sèches ou argileuses, 100 litres de sainfoin, le tout à l'hectare ; et l'association des légumineuses aux graminées a constitué un sérieux progrès sur les prairies exclusivement composées de graminées très épuisantes recommandées par l'Alsacien Gœtz et qui un moment passèrent comme devant révolutionner l'agriculture des terres crayeuses de Champagne : les forts rendements des prairies Gœtz n'étaient obtenus que par un véritable gaspillage de fumier et de grosses fumures azotées que fournissent en partie gratuitement des légumineuses.

Dans l'arrondissement de Troyes, où l'on se propose de fournir aux vaches laitières une nourriture verte aussi riche et prolongée que possible, la sole de jachère est occupée par de la navette venant aussitôt après l'avoine de la sole précédente ; le seigle vert fait suite à la navette, puis viennent le mélange seigle et vesce d'hiver, la vesce d'hiver seule, les trèfles incarnats hâtifs, puis tardifs, le trèfle violet, la minette, le mélange vesce de printemps et avoine, le maïs jaune, le maïs dent de cheval et enfin les deuxièmes et troisièmes coupes de trèfles ou de luzerne. C'est à cette année de jachère que Georges Ville appliquait ses essais sur la sidération ou usage des engrais verts ; M. F. Nicolle, professeur d'agriculture aux facultés catholiques d'Angers, montre de très intéressante façon, dans son ouvrage sur *les Assolements et systèmes de culture*, comment l'idée fort juste de Ville fut progressivement transformée jusqu'à conduire à la mise en valeur de la jachère d'une façon analogue à celle que l'on retrouve dans la banlieue de

Troyes avec cette différence qu'un tiers environ des emblavures peut être constitué par des betteraves fourragères.

*L'année de jachère et la sidération ; modifications
successives apportées à la pratique de la sidération.*
— Primitivement on enfouissait en juin, à l'époque de la pleine
floraison, la première coupe d'un trèfle semé l'année précédente dans la sole d'avoine ; mais, de juin à septembre ou octobre, époque des semailles de blé, la nitrification agissait rapidement sur la matière verte facilement décomposable et des principes utiles se trouvaient perdus. On avait, il est vrai, la possibilité de nettoyer la terre avant l'ensemencement de la céréale ;
mais, cet avantage n'étant pas jugé suffisant, Ville imagina d'a-
bandonner sur le terrain la première coupe de trèfle fauchée
et de laisser pousser la seconde : un labour pratiqué en septembre enterrait à la fois les deux coupes, et les semailles de blé sui-
vaient bientôt après. Sur le sol, la première coupe se décompo-
sait plus ou moins, devenait plus facile à enfouir sans que la
terre restât creuse derrière la charrue, mais perdait en somme
peu de son azote auquel s'ajoutait celui de la seconde coupe.
C'était un progrès au point de vue de la conservation de l'azote
tiré de l'air par la légumineuse, ce n'en était pas un au point de
vue de la verse possible du blé sur un champ trop enrichi
d'azote ; d'ailleurs après l'enlèvement du blé, il y avait de
nouveau perte de nitrates pendant le temps qui s'écoulait entre
la moisson d'août et les semailles d'avoine en mars suivant.
Aussi une nouvelle amélioration fut-elle apportée : enlevée du
champ et ensilée, la première coupe de trèfle fut mise en réserve pour l'avoine ; chacune des deux récoltes bénéficia d'une
coupe de la légumineuse, l'azote fut mieux réparti, on en perdit
moins et les rendements des grains furent accrus. Mais, au lieu
de laisser l'ensilage inutilisé, autrement que comme engrais,
l'idée devait venir bientôt d'en tirer parti pour l'alimentation
du bétail qui gardait bien pour lui une portion des principes
utiles de la récolte verte mais en rendait une autre portion dans
ses déjections. Ce bétail avait besoin des pailles qui, jusqu'a-
lors, étaient vendues ; et, les pailles restant sur le domaine
sous forme de fumier, il devenait possible, tout en diminuant
les dépenses d'engrais commerciaux, de consacrer aux plantes

racines la partie de la sole de jachères qui recevait les fumures animales. En même temps que s'accomplissait cette transformation, le travail s'équilibrait mieux au cours des diverses saisons de l'année, de telle sorte qu'à tous égards l'assolement triennal était fort amélioré.

Les assolements de l'Ouest ; importance de la place tenue par les fourrages. Description complète d'un assolement de neuf ans en Anjou. — Sous l'influence de modifications de l'ordre de celles que je viens d'indiquer, la rotation de trois ans revêtit, dans la région de l'Ouest, et particulièrement dans l'Anjou, où l'humidité d'un climat doux est très favorable à la production du bétail, la forme suivante que nous décrit M. Nicolle dans son ouvrage déjà cité :

1re période.	1re année	jachères, choux.
	2e année	pois ou betteraves.
	3e année	blé.
2e période.	4e année	jarosse, navets fumés.
	5e année	pommes de terre.
	6e année	blé.
3e période.	7e année	avoine.
	8e année	trèfle.
	9e année	blé.

On peut faire avant les choux, si le sol est propre, une récolte dérobée, vesce de printemps, trèfle incarnat, colza ou navets, mais c'est au seigle vert activé par une double application de 50 kilogrammes de nitrate de soude qu'il faut donner la préférence ; il donne en effet, dans ces conditions, une dizaine de mille kilogrammes de fourrage vert à l'hectare ; il laisse la terre libre au 15 avril, et l'on dispose de deux mois pour la fumer et préparer avant la plantation des choux qui se trouveront bien d'une addition de 4 à 500 kilogrammes d'engrais phosphatés.

Les choux occupent le sol jusqu'à la fin d'avril de l'année suivante et l'on sait combien ils sont précieux pour la nourriture d'hiver des animaux. On peut les faire suivre — deuxième année de l'assolement — d'une récolte de vesces sur demi-fumure ou mieux engrais minéraux ; mais on préfère, en Anjou, les betteraves repiquées en juin sur terrain fumé à raison de 20 à 25.000 kilogrammes de fumier de ferme à l'hectare, aussitôt

près l'enlèvement des choux. Bien réussies, ces betteraves
peuvent donner 30.000 kilogrammes de racines à l'hectare,
et le blé qui les suit donne à son tour une bonne récolte avec
l'aide d'un peu d'acide phosphorique. En quatrième année,
la vesce qui a été semée l'automne précédent, après la moisson
du blé, se récolte en mai; la terre, aussitôt fumée à raison de
20 à 25.000 kilogrammes de fumier de ferme, reçoit des navets ;
ceux-ci sont bons si l'on a soin d'utiliser pour bien préparer
le sol les deux mois qui s'écoulent entre la récolte des vesces
et le semis de la plante racine ; l'addition de superphosphate
(200 à 300 kilogrammes) et d'une faible dose de 50 kilogrammes
de nitrate peut assurer une récolte d'environ 20.000 kilogrammes, racines et feuilles, à consommer autant que possible avant
l'hiver, à partir du 15 novembre. De bonne heure, au printemps
de la cinquième année, le terrain doit être libre pour les pommes de terre ; rien n'a d'ailleurs empêché de commencer à donner les labours et le charroi d'une demi-fumure dès l'enlèvement des premiers navets . La plantation des pommes de terre
a lieu en avril, les variétés Richters Imperator, Chardonne,
Géante Bleue et Magnum Bonum sont recommandées. En sixième année, nous retrouvons pour la deuxième fois le blé,
que suit un trèfle chaulé à 1.000 kilogrammes de chaux et plâtré.
Des scories de déphosphoration enterrées par le labour à blé,
assurent le succès du trèfle. La deuxième coupe en est enfouie
pour un troisième blé qui occupe la huitième année de l'assolement clos en neuvième année par une avoine sans fumier ;
d'autres fois, l'avoine vient après le second blé en septième
année, les trois blés sont alors régulièrement espacés.

***Substitution des assolements alternes aux assole-
ments dérivés de l'assolement triennal***. — Appliquant
l'assolement de neuf ans ainsi composé à une ferme angevine
de 33 hectares comprenant, en dehors de 27 hectares soumis à
la rotation, 6 hectares de prairies, M. Nicolle montre que sur
un telle ferme peuvent être aisément entretenues 35 têtes de
gros bétail y compris les jeunes animaux d'élevage ; il fait le
bilan du fumier nécessaire à l'exploitation, celui des engrais
chimiques complémentaires, et, examinant la succession des
travaux, arrive à cette conclusion que l'assolement angevin,

a pour lui beaucoup de bon. Toutefois il est susceptible d'être amélioré pour obtenir une meilleure répartition des fumures animales, et par suite plus d'égalité dans le travail des attelages ; cette amélioration conduit à l'adoption d'assolements alternes, ainsi nommés parce qu'entre chaque récolte de céréales s'intercale une récolte fourragère. Voici quelques modèles de ces assolements indiqués par M. Nicolle, il est aisé d'en déduire les avantages avec les notions que j'ai rappelées :

1er type. — 1re année : choux précédés de seigle vert ou autre récolte dérobée.
        2e année : avoine de printemps.
        3e année : trèfle.
        4e année : blé.

Ce type est très court, il ramène trop rapidement le trèfle sur les mêmes soles et fournit une nourriture trop peu variée pour les animaux.

2e type. — 1re année : seigle vert, choux.
        2e année : betteraves ou pommes de terre, celles-ci après choux récoltés de très bonne heure au printemps de la 2e année.
        3e année : blé.
        4e année : trèfle.
        5e année : blé.

On perd ici la récolte d'avoine mais sans grande diminution dans les pailles pour fumier, étant donnée la présence des deux récoltes de blé assez rapprochées ; un terme manque d'ailleurs pour assurer une alternance régulière.

3e type. — 1re année : seigle, choux.
        2e année : avoine.
        3e année : pommes de terre, ou jarosse, betteraves.
        4e année : blé.
        5e année : trèfle.
        6e année : blé.

Ce troisième type semble parfait pour une exploitation à gros effectif de bétail ; mais il ne comprend pas de plante industrielle et, si l'on désire introduire une culture de ce genre, par exemple le colza, M. Nicolle suggère les deux rotations suivantes qui sont de huit ans :

4e type. — 1re année : betteraves ou pommes de terre.
         2e année : blé.
         3e année : trèfle.
         4e année : blé ou avoine.
         5e année : colza.
         6e année : blé.
         7e année : trèfle.
         8e année : blé ou avoine.

5e type. — 1re année : betteraves ou pommes de terre.
         2e année : blé.
         3e année : trèfle.
         4e année : blé ou avoine.
         5e année : colza.
         6e année : blé.
         7e année : vesces.
         8e année : blé.

Le cinquième type, avec avoine en quatrième année et une récolte dérobée précédant les vesces en septième année, me paraît être le meilleur ; il laisse trois récoltes de blé, donne de nombreux fourrages et surtout évite le retour trop fréquent du trèfle ; il a, il est vrai, un inconvénient : le chou a disparu ; peut-être pourrait-on le ramener en modifiant le type n° 4 de façon suivante :

Seigle vert + choux ; — avoine ; — trèfle ; — blé ; — colza ; — blé (ou avoine) ; — trèfle ; — blé.

Quoi qu'il en soit, je crois que les lignes qui précèdent suffisent à donner une idée de la physionomie des cultures possibles dans l'Ouest ; on y adjoint des prairies temporaires — graminées et légumineuses mélangées — d'une durée de quatre ou cinq ans ou les prairies permanentes souvent irriguées des régions granitiques du Plateau central.

De quelques assolements fourragers sur divers points du territoire : Normandie, Dordogne, Tarn. — Les assolements fourragers du Poitou nous ont insensiblement amenés de la forme triennale à la forme alterne, dont le type le plus renommé est le célèbre assolement de quatre ans dit de Norfolk. Avant de quitter ces assolements fourragers, j'en citerai encore quelques-uns qui s'adaptent à des parties du territoire différentes de celles que j'ai passées en revue jusqu'à présent, et qui, pour ce motif, méritent peut-être de nous arrêter.

M. Hitier, pour une ferme à bétail de la Seine-Inférieure d'une contenance de 200 hectares, conseille d'avoir un quart ou moitié si possible du domaine en prairies, le surplus étant divisé en quatre soles égales : *Première sole* : plantes sarclées : betteraves, navets, pommes de terre ou rutabagas ; *Deuxième sole* : avoine ou orge ; *Troisième sole* : trèfle ou autres fourrages verts annuels en succession ; *Quatrième sole* : blé.

Dans l'arrondissement de Nontron (Dordogne), M. Pénigaud, professeur spécial d'agriculture, voudrait voir les prairies divisées en quatre portions égales auxquelles serait donné : pour la première portion, 500 à 600 kilogrammes de superphosphate et 100 à 150 kilogrammes de sulfate de potasse ; pour la seconde, rien ; pour la troisième, du fumier de ferme ou des composts ; pour la quatrième, rien ; la fumure des prairies présenterait ainsi une véritable rotation où les engrais chimiques alterneraient de très heureuse façon avec l'engrais de ferme. Sur les terres en culture à l'assolement biennal (plantes sarclées, céréales) actuellement suivi, on pourrait substituer un cycle de quatre ans : la première sole recevrait sur fumier des plantes sarclées où, à côté des betteraves et pommes de terre, figureraient des topinambours ou des choux, plantes plus particulièrement adaptées à la région ; la deuxième sole porterait du blé ou de l'avoine sur 400 à 500 kilogrammes scories de déphosphoration et 100 à 150 kilogrammes de sulfate de potasse, à moins qu'on ne préfère partager engrais de ferme et minéraux entre les deux premières années ; sur le troisième sole, on aurait du trèfle qui, mélangé de ray grass, pourrait parfois durer deux ans, et sur la quatrième du blé ou du seigle, suivis, dans les meilleures terres, d'une culture dérobée de raves. Lorsque le mélange trèfle-ray grass serait gardé deux ans, on lui donnerait pendant l'hiver précédant la deuxième récolte 500 kilogrammes de scories (à l'hectare bien entendu). Les gros travaux seraient exécutés par des bœufs, les travaux légers par des vaches aussi bonnes laitières que possible ; les veaux d'élevage trouveraient en Dordogne et dans les Charentes de très bons débouchés.

Dans le Tarn, M. Hitier, répondant à un correspondant qui lui demandait si, pour nourrir des vaches laitières, conviendrait

n assolement où les soles de deux hectares chacune comporte-
aient la succession suivante :

1re année : pommes de terre, maïs, fèves, betteraves.
2e année : seigle.
3e à 8e année : luzerne.
9e année : avoine.
0e année : trèfle incarnat, puis maïs fourrage.
1e année : seigle de printemps.
2e année : trèfle violet.
3e année : trèfle violet, puis maïs fourrage après la 2e coupe de
          trèfle.
4e année : blé.

M. Hitier, conseille une rotation ainsi composée qui
s'appliquerait à des terres granitiques pauvres en chaux
et en acide phosphorique :

1re année : *plantes sarclées*, désignées ci-dessus, avec 60.000 kilos
          fumier de ferme et 1.000 kilos scories de déphospho-
          ration.
2e année : *avoine*, dont les semailles s'effectueront dans de meil-
          leures conditions que celles de seigle et où la luzerne
          réussira mieux.
3e à 7e année : *luzerne*, avec 1.000 kilos de scories répandues avant
          de défricher.
8e année : *blé*.
9e année : *avoine*.
10e année : *trèfle incarnat*, puis 50.000 kilos de fumier et *maïs four-*
          rage.
11e année : *avoine*.
12e et 13e année : *trèfle violet*, puis 50.000 kilos de fumier, 1.000 kilos
          scories et *maïs*.
14e année : *blé* ou *seigle*.

M. Lecouteux, en Sologne, adopte l'assolement :

1re année : *maïs fourrage*.
2e année : *vesce* consommée en vert ou en grain, semis de *trèfle*
          incarnat.
3e année : *trèfle incarnat*, puis *choux* repiqués.
4e année : *pommes de terre* et racines.
5e année : *avoine*.
6e et 7e année : *trèfle violet*.
8e année : *blé*.

Enfin voici un assolement pour bétail convenant à des terres argileuses sous un climat où les gelées d'hiver sont peu à craindre et où les vesces semées à l'automne sont bonnes à récolter suffisamment tôt au printemps :

1re année : *vesces d'hiver*, suivies en juin de *turneps blancs*, de *colza*, ou de *vesces de printemps*, l'une ou l'autre récolte débarrassée en septembre.
2e année : *blé*, dans lequel on sème :
    1° de la *minette* sur une moitié de la sole.
    2° des *herbes en mélange* (ray grass) sur l'autre moitié.
3e année : 1° *minette*, pâturée en mai et suivie de *colza ou turneps*.
    2° *mélange*, fauché puis pâturé.
4e année : *blé*.
5e année : *haricots d'hiver*.
6e année : *vesces d'hiver*, recommençant le cycle.

Plusieurs des assolements fourragers que je viens de faire passer sous les yeux de mon lecteur comportent les formes alternes et même la forme quadriennale sur laquelle j'ai maintenant, un mot à dire.

L'assolement de quatre ans, ses avantages. — J'ai déjà signalé que l'assolement de quatre ans, tel qu'il est pratiqué en Angleterre, est peu épuisant pour le sol en raison de la faible importance des principes exportés ; c'est un avantage qu'il peut partager avec d'autres rotations, mais un avantage qui lui est propre est le bon équilibre qu'il maintient entre les travaux de chaque saison et l'utilisation raisonnée des ressources renfermées dans le sol ; à ce double point de vue l'assolement de quatre ans est tout à fait recommandable. Je ne puis entrer dans le détail, mais il est facile de se représenter : août et septembre avec les moissons ; septembre et octobre, avec les labours de déchaumage et les semailles de blé ; octobre et novembre avec la récolte des racines ; puis les labours d'hiver en vue de la préparation de la nouvelle sole de racines et de l'ensemencement des avoines ; les façons de printemps pour nettoyage des jeunes récoltes, puis la fenaison et le retour des moissons. Je n'insiste pas davantage : d'un bout de l'année à l'autre, il y a de l'occupation pour bêtes et gens. Toutefois, si nous restions trop exclusivement emprisonnés dans la forme type : racines, céréale de printemps, trèfle, blé, nous arriverions probablement à des mécomptes ; nos terres se refuseraient à la culture du trèfle, aussi peut-on recommander l'aménagement suivant :

1re sole : *betteraves* pour deux tiers, *colza* pour un tiers.
2e sole : *blé* ou *avoine*.
3e sole : *trèfle* pour moitié, *trèfle incarnat* et *vesces* pour l'autre
      moitié.
4e sole : *avoine* ou *blé*.

Le trèfle n'apparaît plus que tous les huit ans ; bien mieux, si le sol et le climat conviennent à la culture des raves et à celle des haricots, nous pouvons ne le ramener que tous les douze ans, le cycle comprenant les trois périodes que voici :

1re période.

1re année........................... raves.
2e année........................... orge.
3e année........................... trèfle.
4e année........................... blé.

2e période.

5e année........................... turneps ou pommes
        de terre.
6e année........................... avoine.
7e année........................... pois.
8e année........................... orge.

3e période.

9e année........................... choux.
10e année .... blé.
11e année........................... ray grass.
12e année........................... blé.

avec possiblité de cultures dérobées entre le blé et les plantes racines.

Assolements bretons. Assolements industriels du Nord. — En Bretagne, dont le climat marin a quelque affinité avec celui de l'Angleterre, nous trouvons des rotations du genre de celles qui précèdent, nous les rencontrons aussi dans le nord de la France mais, cette fois, avec un caractère plus nettement industriel. : l'orge de brasserie tient sa place avec sa culture particulièrement soignée, ou bien nous sommes en présence de l'assolement : blé, betteraves ; cet assolement, qui paraît biennal, est lui aussi, en fait, un assolement de quatre ans : Première année, *betteraves* sur fumier ; Deuxième année, *Blé* suivi de récolte dérobée à utiliser comme engrais vert ; Troisième année, *Betteraves* aux engrais chimiques ; Quatrième année, *blé* suivi d'engrais vert ; une petite sole reste parfois en dehors de l'assolement pour obtenir une pleine récolte de trèfle. C'est aussi dans ces rotations de caractère industriel que l'on voit le lin prendre comme culture sarclée le place d'une partie des betteraves.

Systèmes de culture du Sud-Ouest et du Midi ; leur évolution rationnelle. Influence des irrigations et des labours profonds. — J'aurais voulu, pour le Sud-Ouest de la France et pour la basse vallée du Rhône, indiquer de façon précise quelques modes de culture, malheureusement les renseignements me font défaut.

De ceux que je possède, plus ou moins incomplets, une impression se dégage néanmoins qui me paraît rationnelle. Dans les régions méridionales de la France, là où la grande culture est possible, celle-ci doit tendre à se rapprocher de ce que nous l'avons vue dans le Nord et l'Ouest. Elle est favorisée dans cette tendance par la possibilité d'user de l'eau pour les irrigations. Celles-ci prennent un grand développement dans les vallées des affluents du Rhône et, sur les rives de la Garonne, dans l'Agenais, l'agriculteur trouve aussi l'eau nécessaire à l'arrosage de ses récoltes. C'est ainsi que, le long du canal latéral à la Garonne, l'État fournit l'eau à raison de 30 francs le litre par seconde pour un an. En six mois, un hectare peut recevoir 15.552 mètres cubes d'eau, ce qui suffit pour permettre la culture des prairies sur les grandes étendues et l'industrie maraîchère sur les petites. Dans les plaines du Lot, des nappes liquides existent à quelques mètres de profondeur ; des norias, dont les meilleures ont été expérimentées aux concours de Cahors et de Villeneuve-sur-Lot, élèvent l'eau à cinq ou six mètres et la déversent sur les champs.

Au reste, les irrigations ne donnent pas seules au sol l'humidité dont il a besoin pour se couvrir de récoltes : les labours profonds concourent au même résultat en augmentant la capacité du réservoir où s'accumule l'élément liquide ; aussi voit-on l'usage du Brabant double faire des progrès constants dans les environs d'Agen. Les sols approfondis portent de magnifiques récoltes de betteraves qui contiennent jusqu'à 18 p. 100 de sucre et dont les rendement laissent derrière eux ceux des départements du Nord ; la luzerne, sur les argiles garonnaises, de même que dans les plaines arrosées du Midi, donne des coupes nombreuses et abondantes.

J'entends bien d'ailleurs que les plantes susceptibles de figurer dans les assolements méridionaux ne seront pas les mêmes que celles des régions septentrionales ; il faut tenir compte du climat. C'est déjà beaucoup que son enracinement profond nous permette d'utiliser la luzerne ; à côté d'elle, nous avons, pour le Midi, d'autres plantes fourragères, telles l'alpiste, la millade des Landes, le maïs ; celui-ci nous donne son grain si nous le plaçons en culture principale, ce qu'il nous est loisible de faire puisque c'est une plante sarclée susceptible de précéder un blé ; il nous fournit au contraire ses fanes vertes s'il vient en récolte dérobée succédant à un fourrage de printemps. Enfin, comme plante industrielle, le tabac pourra tenir sa place, et l'orge figurera avantageusement comme petite céréale à côté de très bonnes variétés de blés.

La polyculture dans les exploitations méridionales ; causes pour lesquelles elle devient de plus en plus nécessaire : demande croissante du lait, division des risques agricoles. — Nous avons dans les végétaux dont je viens d'énumérer quelques-uns tous les éléments d'une polyculture, et cette polyculture s'impose. Elle s'impose parce que la population de villes aussi considérables que Bordeaux, ne veut plus seulement des animaux de boucheries que nourrit le maïs avec ses fanes et son grain et qui tombent à l'abattoir après avoir donné le travail nécessaire à l'ensemencement des guérets ou à la culture de la vigne. Cette population veut du lait à côté de la viande, et, comme tout près d'elle vit la race bovine bordelaise au pelage pie noir cailleté, il faut alimenter des vaches capables de fournir 10, 14 et même 20 litres d'un lait à 3 1/2 p. 100 de beurre ; or la chose est si peu impossible qu'elle réussit fort bien et que les vaches bordelaises prennent leur place non seulement au concours général de Paris, mais du côté de l'Espagne et de la Provence, où elles trouvent d'importants débouchés, appréciées qu'elles sont non seulement pour leur lait mais pour leurs veaux gras. Le topinambour légèrement fermenté forme, nous dit M. Gouin, le fond de leur ration d'hiver ; au printemps elles reçoivent le seigle vert et le trèfle incarnat ; l'été, du maïs fourrage et de la millade des Landes. Concurremment avec elles, les vaches ferrandaises se rapprochent de Marseille ; là aussi il faut donc développer la production fourragère, mais, comme sous ce climat chaud les légumes frais sont fort appréciés, les melons se réservent une place à côté des fourrages annuels dans les assolements des plaines du Pas-des-Lanciers, de Marignane, Gardanne et Pourrières, et dans la campagne des Martigues.

La polyculture s'impose aussi, dans le Midi plus encore peut-être qu'au Nord de la France, parce qu'elle atténue en les divisant les risques du cultivateur. Précisément parce que toutes les récoltes n'ont pas les mêmes exigences, il est rare, en effet, que toutes soient à la fois déficitaires : ce qui fait le mal des unes assure le succès des autres ; la pluie, qui fait couler le raisin, accroît le rendement des luzernes. Nul doute que si, lors de la crise phylloxérique, le vigneron avait eu à son actif d'autres ressources que celles que lui donnait la culture exclusive de la vigne, il eût beaucoup moins souffert : il y a d'ailleurs, d'autre part, une question de produit net à l'hectare, et certainement ce produit net maximum sera obtenu si, dans l'exploitation, chaque récolte, suivant la devise anglaise, occupe la place qui lui convient le mieux. Il est peu intéressant de mettre en cave d'énormes quantités d'un vin qui ne soit guère que de l'eau légèrement alcoolisée et dont le bas prix, malgré l'abondance, couvre à peine les frais nécessités pour l'amener au cellier. Mieux vaut cantonner la vigne à flanc de coteau dans les sols et aux expositions qui lui sont les plus favorables : concentrés sur de moindres surfaces les efforts du vigneron seront plus efficaces, les rendements seront proportionnellement plus élevés et d'une obtention moins coûteuse, la qualité surtout de beaucoup supérieure ; apprécié, le vin sera bien payé, tandis qu'à côté de lui les récoltes céréales et fourragères apporteront au bugdet du cultivateur un sérieux appoint. De ce côté la mévente n'est pas à craindre : il suffit, pour s'en convaincre, de jeter un coup d'œil sur la pénurie du bétail dans les pays qui nous environnent ; qui dit bétail dit fourrage, les deux productions sont étroitement liées.

Si les fourrages ne sont pas possibles, il ne faut pas pour cela s'avouer vaincu : selon les expositions, les altitudes et les climats, nous pourrons disposer, pour varier nos récoltes, de la culture maraîchère, ou de la production des fruits : olives, amandes, abricots, prunes, cerises, noix ou châtaignes ; nous touchons ici aux cultures arbustives sur lesquelles j'aurai à revenir quand j'aurai achevé de traiter mon sujet à un point de vue plus général.

Culture extensive et culture intensive. — On entend souvent parler de culture intensive et de culture extensive.

La culture extensive est celle dont j'ai donné une idée quand j'ai parlé de l'origine des assolements. Elle reposait primitivement sur ce fait très juste qu'un sol neuf, qui commence seulement à se former, s'il a été épuisé par une série de récoltes successives, peut, abandonné à lui-même, se reconstituer et devenir apte à porter de nouvelles moissons. Les apports atmosphériques interviennent pour lui rendre sa fertilité première, et, dans son sein même, les actions physico-chimiques qui s'exercent sur les roches encore intactes libèrent pour les plantes de nouveaux aliments. La mise à profit de ces phénomènes naturels permet le maintien d'une agriculture simplifiée qui, pour donner des résultats, demande que le cultivateur dispose de vastes étendues soumises à des périodes alternatives de repos et de production. Une telle agriculture ne saurait être qu'une agriculure de début, elle dut bientôt se modifier ; on se servit des espaces que leur situation obligeait à laisser livrés à une végétation herbagère plus ou moins spontanée, pour glaner à leur surface les éléments de fertilité que les animaux trouvaient dans les herbes et les concentrer, sous forme de fumier, sur les champs consacrés aux récoltes de céréales. Les herbages où l'on puisait ainsi gardaient néanmoins leur fertilité relative pour les mêmes raisons qui ramenaient la richesse dans les terres neuves ; les exportations de principes utiles étaient d'ailleurs faibles, et l'expérience scientifique devait faire voir par la suite que les bactéries en symbiose sur les légumineuses exerçaient, au point de vue des apports d'azote, un rôle particulièrement bienfaisant.

Ainsi modifiée, l'agriculteure extensive s'est conservée jusqu'à nos jours ; nous la retrouvons dans toutes les régions du pays où règne le pâturage des troupeaux, sur les montagnes ou sur les plateaux des Alpes, des Pyrénées, des Monts d'Auvergne, du Plateau central et des Causses ; mais, même dans ces régions de production laitière, il n'est plus juste de dire que la culture pastorale ait gardé son ancien caractère : le pays tout entier marche ou devrait marcher vers une production plus intense à l'hectare, chaque jour la terre doit rendre davantage pour lutter contre les circonstances adverses des saisons et des transformations de l'économie politique ; c'est l'acheminement général vers la culture dite intensive.

Assurément, si nous voulons voir la culture intensive portée à son maximum de perfection, c'est vers les jardins maraîchers des banlieues de nos villes qu'il faut porter nos regards ; elle fleurit aussi dans les plaines du Nord, où rien n'est épargné, sous forme de tourteaux, d'engrais et de soins culturaux, pour tirer du sol les rendements les plus élevés en grains, en sucre et en textiles ; nous en retrouvons également de merveilleux exemples dans les fermes à fourrages de l'Ouest, où la terre est couverte d'une succession ininterrompue de récoltes principales ou dérobées, mais dans la zone même des prairies et des pâturages, l'agriculture intensive fait sentir ses effets.

Évolution de l'agriculture française dans un sens intensif. Amélioration des pâturages de montagnes. — Pour nous en convaincre, regardons vers les pentes abruptes des Pyrénées ; là, il n'y a pas longtemps encore, la dent des moutons et surtout celle de chèvres tondaient impitoyablement toute l'herbe qui tentait de naître, tandis que les pieds des animaux dégradaient sans merci les parcelles terreuses qui s'accrochaient aux anfractuosités des roches. Vers 1905, intervint l'Association centrale pour l'aménagement des montagnes, dont le siège est à Bordeaux, 142, rue de Pessac. Son président M. Paul Descombes sut s'assurer l'adjudication du droit de pâturage dans les vallées de la Géla, et de la Saux, propriété des communes de Guchan et Bazus-Aure (Hautes-Pyrénées) ; il limita le nombre des troupeaux admis à paître dans ces vallées et réglementa les époques de pâturage. Cinq années de ces simples précautions ont conduit aux résultats suivants : En 1864 le territoire recevait 3.500 moutons transhumants, qui payaient 2.080 francs, soit 0 fr. 58 par tête ; en 1903, il en avait environ 4.000, qui ne lui donnaient plus que 1.200 francs, soit 0 fr. 30 par tête ; en 1910, 1.300 moutons seulement donnèrent 1.540, francs soit 1 fr. 11 par mouton. Si l'on consentait ce loyer plus élevé par tête de mouton, c'est qu'évidemment le pâturage s'était très sensiblement amélioré ; comme, en dehors des moutons transhumants, les habitants des deux communes avaient le droit d'y conduire gratuitement leur bétail, soit 500 bovins et 800 moutons, représentant, à raison de 10 bovins pour un mouton un troupeau de 5.800 moutons, on se fera une idée du revenu du domaine communal en ajoutant, aux chiffres précédents, ceux que l'on obtient en multipliant 5.800 par la valeur du pâturage en 1864, 1903 et 1910 ; les chiffres globaux sont respectivement 5.424 francs pour 1864, 2.940 francs pour 1903, et 7.888 francs pour 1910, preuve éclatante de ce que peut faire un supplément excessivement faible de soins apportés à la culture la plus rudimentaire (1).

La voie est tracée, non seulement pour les collectivités, mais aussi et surtout pour les particuliers, beaucoup plus à l'aise que les communes pour transformer leurs domaines pastoraux.

Reboisements, culture de chênes truffiers. — Cette transformation est-elle impossible ? l'intensité de l'effort doit se tourner vers les reboisements dont la Champagne et les Landes nous offrent de remarquables exemples et qui, dans le Beaujolais se développent sous l'impulsion de M. Gaudet, inspecteur des eaux et forêts. Là, autour du Mont-Saint-Rigaud, dans les cantons de Monsols et de Lamure, on trouve, nous dit M. Ardouin-Dumazet, 3.278 hectares de sapinières sur 4.678 hectares boisés ; le sol, l'exposition, l'altitude

---

(1) Pour de plus amples détails, voir l'ouvrage de M. Descombes *Leçons de choses de l'Association centrale pour l'aménagement des montagnes.*

(600 à 1.000 mètres), le climat avec ses chutes d'eau annuelles de 1^m,11 à 1^m,26 conviennent admirablement. Non loin, les monts du Lyonnais portent une variété locale du pin sylvestre, des pins Laricio et Noir d'Autriche. Les pins du pays donnent à l'hectare 128 mètres cubes de bois à trente-cinq ans ; à soixante ans, ils en fournissent 200, plus le produit des éclaircies. Les sapins rendent en grume 320 mètres cubes, leur rendement peut s'élever jusqu'à 890 mètres cubes, leur valeur argent va de 4.000 à 15.000 francs l'hectare, avec une moyenne de 6.400 francs à raison de 20 francs le stère ; les arbres eux-mêmes montent jusqu'à 30 mètres de hauteur avec 3 mètres de circonférence à la base. Les épicéas n'ont pas assez d'humidité et meurent jeunes ; on cite cependant des coupes de quarante-deux ans ayant coûté 60 francs de plantation et revendues 2.400 2.500 francs l'hectare. Les mélèzes poussent vite, mais disparaissent vite aussi, d'autant plus qu'ils ne se renouvellent pas naturellement. Toutes ces espèces, en donnant la préférence aux meilleures, pourraient encore être utilisées à boiser 27.000 hectares ; il faudrait seulement tourner la difficulté présentée par le morcellement de la propriété en formant des associations syndicales, ou en ayant recours à des remembrements. En Auvergne, les Vilmorin nous présentent leurs belles plantations de pins sylvestres, Mugho et Laricio, entreprises depuis 1820, et je suis convaincu que l'on trouverait grand profit à boiser les falaises crayeuses qui bordent la basse vallée de la Seine ; celles-ci sont parfois coupées à pic mais souvent elles descendent presque jusqu'au lit du fleuve en pentes abruptes où pousse une herbe sure mal mangée des moutons ; là viendraient des résineux et sur certains affleurements sableux, à la limite des argiles à silex, on pourrait même essayer des châtaigniers.

Ailleurs le caractère des plantations forestières change et devient pour ainsi dire plus agricole : au pays du mûrier, si durement éprouvé à la suite de la maladie des vers à soie, parce que, dans les élevages reconstitués par les belles découvertes de Pasteur, on a voulu faire de la sériculture l'industrie unique au lieu de l'associer à d'autres cultures, on tenterait peut-être avec succès la plantation des variétés asiatiques du mûrier dont le bois à croissance rapide, traité en cépées, serait susceptible de fournir de la pâte à papier ; sur les flancs inférieurs du mont Ventoux, en Vaucluse et dans la Drôme, ce sont les chênes truffiers qui s'alignent et couvrent dans la France du Sud-Est des surfaces de plus en plus considérables, bientôt forêts superbes remplaçant les broussailles incultes ou les friches brûlées par le soleil. Talon, de Croagnes, en Vaucluse, et Rousseau, de Carpentras, furent les promoteurs des truffières du Sud-Est : aujourd'hui, telle commune, Bédoin, a développé ses plantations sur 1.600 hectares qui lui rapportent annuellement 60.000 francs, dont 40.000 francs rien que pour les truffes, elle a pu supprimer ses impôts communaux tout en laissant à ses habitants leurs droits d'affouage et autres (Ardouin-Dumazet)

L'amélioration des herbages naturels, la création des prairies temporaires. — J'avais donc raison de dire que l'effort intensif de notre agriculture s'accentuait là même où il semblait que la nature devait l'empêcher d'atteindre.

En Bretagne, la lande recule devant la pioche d'un agriculteur industrieux et tenace, et lorsque la chaux et l'acide phosphorique ne permettent pas de la transformer en terres à blé, du moins la bruyère disparaît pour faire place à des graminées en harmonie avec la composition du sol, donnant naissance à de bons pâturages. Les pâturages même des Causses et de la Côte-d'Or s'améliorent, et, si l'on ne peut pas dire qu'ils font l'objet d'une véritable culture, il est certain que, dans la mesure du possible, on y favorise l'introduction des bonnes espèces ; les meilleures variétés des bromes y succèdent aux variétés inférieures et la qualité croît là où le pâtre soigneux n'hésite pas à occuper les loisirs de la garde des troupeaux à étendre des taupinières et à disperser les bouses déposées par le bétail. Grattée par un râteau grossier, la terre s'aère et se vivifie ; il devient possible de lui confier de plus riches récoltes, et à l'herbage natif succèdent des prairies créées de toutes pièces par la main de l'homme. Cette création est tout un art où rien n'est plus laissé au hasard et où les mélanges, soigneusement dosés selon la nature du terrain, sont exclusivement composés des graines épurées de nos graminées les plus riches et de nos légumineuses les plus fécondes. Le produit s'élève alors assez haut pour payer les frais d'une préparation approfondie du sol, et la prairie temporaire, telle que nous l'avons vue figurer à côté des pièces soumises à l'assolement, donne des récoltes annuelles qui ne le cèdent plus, en valeur nutritive ou pécuniaire, à celles des autres plantes cultivées.

L'ombrage fourni par une plante à croissance rapide et de préférence peu exigeante, est généralement nécessaire pour assurer une levée régulière de la jeune prairie ; on utilise parfois à cet effet la moutarde blanche ou le sarrasin, dont on se débarrasse ensuite par une fauchaison faite un peu haut; plus souvent, c'est une céréale et surtout une céréale de printemps —orge ou avoine—semée clair, à laquelle on a recours ; mais la condition essentielle du succès est l'ameublissement profond du sol préparé par une culture de plantes racines qui le nettoie parfaitement, c'est aussi l'emploi des hautes fumures aux engrais minéraux confiées au blé et à l'avoine qui précèdent l'ensemencement de la prairie. Il faut défricher lorsque les rendements commencent à décroître et qu'il n'est plus facile de les restaurer efficacement par l'emploi des fumures en couverture ; la durée de la prairie se trouve ainsi limitée à quelques années, mais cela n'a point d'importance car il n'y a pas d'avantage à exagérer la formation de la matière organique dans une terre sur laquelle doivent revenir les récoltes de céréales sujettes à la verse.

Les prairies permanentes et les exploitations herbagères. — Dans son ouvrage sur *La production fourragère par les engrais*, Joulie a donné tous les renseignements nécessaires sur les exigences minérales des herbages du genre de ceux qui viennent de nous occuper ; mon but n'est pas d'ailleurs de décrire leur culture non plus que les soins dont doivent être l'objet les prairies permanentes qui couvrent les versants des Vosges et du Plateau central, occupent nos différents bocages ou tapissent les vallées de certains de nos fleuves, vallée d'Auge, Limagne d'Allier, prairies de la basse Seine, pour ne citer que celles-là. L'exploitation de domaines situés dans ces vallées prend un caractère tout spécial, et c'est sur place que le praticien qui veut faire de bonne gestion aura à prendre les mesures que lui dictent la configuration des lieux, l'intensité de la croissance de l'herbe, la nature et l'importance des débouchés. Il trouvera dans les ouvrages de Heuzé, dans celui de Boitel sur les *Herbages et prairies naturelles*, bien des éléments de nature à faciliter sa tâche ; je croirai moi-même avoir rempli la mienne si j'attire son attention sur un fait qui semble se dégager des expériences dont chaque jour s'enrichit la science agricole : La fumure animale en couverture n'est pas celle qui doit tenir la première place pour l'entretien et surtout pour l'amélioration des prairies permanentes : si les déjections des animaux qui les pâturent doivent y être très uniformément épandues sans en être distraites pour être portées sur d'autres points du domaine, c'est une erreur d'appliquer les fumiers à des emblaves qui naturellement, par leurs légumineuses, accroissent les réserves du sol en azote et, par l'ensemble de leur végétation, grossissent le stock de matière organique ; il faut au contraire favoriser la nitrification de cette matière organique par l'emploi des engrais commerciaux phosphatés et potassiques ; il faut la favoriser aussi par les amendements calcaires et surtout par l'aération des couches profondes à l'aide des régénérateurs de prairies dont les couteaux tranchants découpent le guéret sans le retourner.

Les scories de déphosphoration, qui apportent à la fois la chaux et l'acide phosphorique, sont l'engrais par excellence de la prairie ; pour fournir la potasse, il faut s'adresser aux engrais potassiques qui, à pied d'œuvre, reviennent au meilleur compte. Engrais phosphatés et potassiques doivent être employés assez tôt pour avoir le temps de s'incorporer au sol avant l'arrivée des animaux ; avec eux, la herse, le régénérateur et un chargement convenable du pré en bétail, l'herbager a en mains tous les éléments nécessaires pour bien travailler, il lui suffit de les chiffrer pour voir quel résultat financier il peut espérer obtenir.

Formules pour création ou restauration de prairies permanentes ou temporaires. — Il est rare que l'herbager ait à créer de nouvelles prairies permanentes : si le cas se présentait, il devrait s'inspirer de la composition des prairies voisines de celles qu'il désire établir, en ayant soin d'éliminer les espèces inférieures ou nuisibles et en remplaçant ces espèces par d'autres de bonne qualité qui auraient des besoins et une croissance analogues à ceux des espèces supprimées. Par contre, il peut être utile au praticien de savoir comment s'y prendre pour ensemencer une prairie temporaire ou restaurer un pré dont il a intérêt à prolonger l'existence. Ce sont questions que posent souvent les agriculteurs praticiens et auxquelles M. Hitier a souvent répondu ; je lui emprunte quelque formules, et, pour plus ample information, je renvoie aux mélanges adaptés aux différents sols, climats et buts cherchés, que donnent MM. Boitel et Garola dans leurs livres sur les *Prairies*.

J'ai eu l'occasion de reproduire plus haut la composition d'un mélange indiqué par M. Paté pour herbage clos en Lorraine ; voici maintenant comment M. Hitier conseille de rajeunir une prairie qui s'épuise. Cette prairie étant supposée en terre forte argilo-siliceuse, on y épand l'hiver 800 à 1.000 kilogrammes de scories de déphosphoration et 200 kilogrammes de sulfate de potasse à l'hectare ; au printemps, on donne un vigoureux hersage et quelques jours plus tard on sème :

Trèfle blanc	2 kilos.
Lotier corniculé	3 —
Ray grass anglais	4 —
Fléole	3 —
Fétuque des prés	6 —
Pâturin des prés	2 —

Le semis est suivi d'un coup de rouleau, et l'on saupoudre le sol d'un peu de terreau emprunté à un compost de fumier, chaux et terres de route en mélange parfaitement mûri dans la tombe. Si besoin, l'ensemble de ces opérations est complété par l'épandage de 100 kilogrammes de nitrate de soude destiné à stimuler la végétation. Cet épandage s'exécute par temps légèrement humide, quelques jours après la levée.

Veut-on convertir en un pré, une terre en labour franche à sous-sol argilo-siliceux d'une teneur médiocre en calcaire ? on peut faire usage de la formule :

	Kilos.
Trèfle violet	1
Trèfle hybride	1,500
Trèfle blanc	1,500
Lotier cornieulé	2
Sainfoin à deux coupes	10
Ray grass anglais	4
Ray grass d'Italie	2
Avoine élevée	8
Dactyle	6
Fléole	3
Fétuque des prés	8
Pâturin de prés	2
Pâturin commun	3
Houlque laineuse	2
Brome des prés	5

Peut-être, dans ce mélange, forcerais-je un peu la proportion des trèfles blanc et hybride, ainsi que celle des pâturins, qui me paraissent devoir constituer une herbe de fond plus fine que celle donnée par l'avoine élevée, la fléole et le dactyle, qui dominent la prairie de leur taille ; je vois assez bien le brome occuper une situation intermédiaire, mais il me semble suffire pour ce rôle et je renoncerais volontiers à la houlque laineuse qui vaut surtout par sa rusticité.

Pour établir une prairie fauchable sur une terre pauvre en chaux mais enrichie par l'emploi des scories de déphosphoration et des engrais potassiques, M. Hitier indique, sous climat humide et tempéré, le mélange à l'hectare de :

	Kilos.
Trèfle violet	1
Trèfle hybride	2
Trèfle blanc	1,500
Lotier corniculé	3
Sainfoin	8
Ray grass anglais	4
Ray grass d'Italie	2
Avoine élevée	4
Dactyle pelotonné	5
Fléole des prés	3
Fétuque des prés	14
Pâturin des prés	2
Pâturin commun	4

C'est une excellente formule, où l'on remarquera l'importance donnée à juste titre à la fétuque des prés ; on a eu raison aussi de forcer la proportion du trèfle hybride, remarquable par sa durée et son fourrage abondant beaucoup plus élevé que celui du trèfle blanc. Tout en conservant ce dernier, peut-être pourrait-on essayer de porter de 2 à 2^{kgr},500 la quantité de trèfle hybride, et, s'il fallait réduire un peu les légumineuses, je diminuerais plutôt le lotier. Le sainfoin a des tiges raides qui donnent au foin un support avantageux.

Enfin terminons par une composition donnée pour création d'une pâture permanente destinée à nourrir des bœufs sur une terre humide de fond de vallée portant naturellement des légumineuses ; cette composition est ainsi formée :

Trèfle blanc	5 kilos
Lotier corniculé	3 —
Ray grass anglais	8 —
Fléole des prés	3 —
Fétuque des prés	14 —
Vulpin des prés	3 —
Pâturin des prés	3 —
Pâturin commun	1 —

L'incorporation préalable au sol de 800 kilogrammes de scories et 200 kilogrammes de chlorure de potassium est très vivement conseillée. 800 kilogrammes pour les scories est certainement un minimum ; il reste de beaucoup préférable de faire, si l'on peut, l'avance d'une haute dose d'engrais phosphaté de fond, celui-ci ne se perd pas et il est bien mieux à la portée des racines

Une question se pose à propos des prairies :

Comment faire rentrer dans l'assolement des terres en nature de prairies sans détruire l'équilibre des autres cultures? — Comment faire rentrer dans l'assolement, sans détruire l'équilibre des autres cultures, les terres consacrées à la production de l'herbe? La prairie peut être permanente ou temporaire. Lorsqu'il est nécessaire de défricher une prairie permanente, c'est généralement parce que cette prairie a été épuisée pour avoir été mal conduite, soit qu'on lui ait mesuré trop parcimonieusement les engrais, soit que l'on ait abusé du fauchage ou du pâturage ; dans ces conditions, la plante qui réussit le mieux, sur un sol appauvri de principes minéraux et plus ou moins creux après le labour qui a retourné le gazon à 20 ou 25 centimètres de profondeur, est une petite céréale, avoine ou seigle. On la fait suivre d'une plante sarclée nécessitant de multiples façons, qui aèrent la couche arable et déterminent la nitrification de la matière organique accumulée par la prairie, surtout si l'on a soin de faire un usage convenable des amendements calcaires et des fumures phosphatées et potassiques. Ceci posé, nous devrons choisir, pour défricher notre prairie, le moment où logiquement, dans l'assolement, aurait dû venir une avoine; cette avoine, nous l'avons sur la prairie retournée, et après elle vient tout naturellement la plante sarclée (betteraves ou pommes de terre) qu'aurait ramenée l'assolement régulier ; l'enchaînement de nos récoltes en rotation est ainsi respecté, mais, comme il nous faut retrouver la prairie que nous avons perdue et ne pas augmenter nos autres soles, à la place de l'avoine des terres assolées, nous nous arrangeons pour semer une prairie temporaire ou une série de plantes fourragères. Nous pouvons même y semer une nouvelle prairie permanente, s'il n'y a pas d'inconvénient à conserver à la culture les terres acquises par le défrichement de l'ancienne prairie. Dans le cas contraire, lorsque ces terres ont été bien nettoyées et fumées, nous les remettons en prairie permanente quand le cycle de l'assolement ramène pour elles l'année des semailles d'avoine.

S'agit-il de prairies temporaires? il est encore plus facile de les introduire dans l'assolement, car elles n'ont pas eu le temps de fatiguer une terre qu'on n'a pas laissée manquer d'engrais, et le stock de matière organique qu'elles abandonnent derrière elles n'est pas assez élevé pour ne pouvoir être suffisamment aplombé par les rouleaux crosskills et s'opposer à la culture du blé ; nous ne sommes plus limités, dans ces conditions, à l'avoine ou au seigle, ce qui simplifie beaucoup notre tâche ; tous les ans, un quart ou un cinquième de la prairie temporaire est détruit et remplacé par une surface égale de prairie neuve. L'assolement triennal, l'assolement de quatre ans et l'assolement de neuf ans de l'Anjou se présentent de la façon suivante si nous voulons inaugurer pour eux le régime que je viens d'indiquer:

ASSOLEMENT DE TROIS ANS.

Années.

1.		Betteraves (ou autres plantes sarclées).
2.	1re période ..	Blé.
3.		Avoine.
4.		Luzerne.......
5.	2e période...	Luzerne.......
6.		Luzerne.......
7.		Luzerne.......
8.	3e période...	Blé.
9.		Avoine.
10.		Betteraves.
11.	4e période...	Blé.
12.		Avoine.
13.		Trèfle ou fourrage annuel.
14.	5e période...	Blé.
15.		Avoine.
16.		
17.	6e période...	Retour à la première période.
18.		

La luzerne dure 4 ans et est renouvelée par quarts. (en regard des années 4 à 7)

ASSOLEMENT DE QUATRE ANS.

Années.

1.		Plantes sarclées.
2.	1re période ..	Avoine.
3.		Trèfle.
4.		Blé.
5.		Plantes sarclées.
6.	2e période...	Avoine.
7.		Prairie temporaire.
8.		do
9.		do
10.	3e période...	do
11.		do
12.		Blé.
13.		
14.	4e période...	Retour à la première période.
15.		
16.		

La prairie temporaire, maintenue 5 ans, est renouvelée chaque année pour un 5e. (en regard des années 7 à 11)

ASSOLEMENT DE NEUF ANS DE L'ANJOU.

Années.

1.		Seigle vert, choux.	
2.		Pois ou betteraves.	
3.		Blé.	
4.		Jarosse, navets.	
5.	1ʳᵉ période ..	Pommes de terre.	
6.		Blé.	
7.		Trèfle.	
8.		Blé.	
9.		Avoine.	
10.		Seigle vert, ou vesce, choux ou trèfle incarnat.	
11.		Pois ou betteraves.	
12.		Blé.	
13.	2ᵉ période...	Prairie temporaire.	La prairie temporaire de graminées et légumineuses est maintenue 5 ans et renouvelée chaque année pour un cinquième.
14.		dᵒ	
15.		dᵒ	
16.		dᵒ	
17.		dᵒ	
18.		Avoine.	
19.	Retour à la première période.		

Le premier système de culture comporte 15 soles, le second
12, et le troisième 18. Toutes ces soles doivent être égales entre
elles et comprendre un nombre entier des pièces tracées sur le
terrain. Si toutes ces pièces pouvaient être elles-mêmes égales
et se confondre chacune avec une sole, on voit quel avantage
il en résulterait ; toutefois à moins de pouvoir exécuter les
semailles et les travaux qui les accompagnent assez vite pour
que chaque pièce occupée par une même culture se comporte
de la même manière au moment de la récolte, on n'a généralement pas avantage à dépasser l'étendue de 7 à 8 hectares
pour une pièce donnée. J'ajoute que le praticien doit faire le
compte de la place tenue par chaque groupe de récoltes (fourragères, céréales, etc.) dans les plans de cultures indiqués ci-
dessus et voir si cette place, en tenant compte des prairies naturelles et des herbages, s'harmonise bien avec le but qu'il se
propose ; s'il venait à trouver que le système nᵒ 3, par exem-

ple, lui donne trop de fourrages, il pourrait le modifier en répétant deux fois de suite la période n° 1 ; la période n° 2 deviendrait n° 3, le cycle serait de vingt-sept ans au lieu de dix-huit. C'est une précaution qu'il serait peut-être sage de prendre avec l'assolement n°,2 à forme quadriennale, qui, conçu suivant mon modèle, ne laisse que sept ans de repos avant le retour sur la même sole de la prairie temporaire : à chacun d'agir selon les conditions spéciales où il se trouve placé.

La viticulture, la pomologie, les cultures arbustives, fruitières ou maraîchères soulèvent diverses questions qui intéressent d'assez près la bonne gestion du domaine pour que je ne les passe pas entièrement sans silence.

Utilisation des terres de l'exploitation qu'il n'est pas possible de mettre en prairies ou de faire rentrer dans l'assolement : pâturages à moutons, boisements, cultures arbustives. — Tous les sols d'une exploitation agricole ne se prêtent pas toujours à l'obtention des plantes fourragères, céréales et industrielles; certains d'entre eux, par leur situation, leur composition chimique ou mécanique, leur accès plus ou moins facile, échappent à la culture intensive ; il convient alors d'envisager leur utilisation comme pâturages à moutons ; mais, si nous songeons que ces pâturages n'ont souvent qu'une durée très limitée au printemps ou à l'arrière-saison, alors que les eaux pluviales ont rendu quelque vigueur aux berbes généralement médiocres qui les composent ; si nous songeons aussi qu'en pays de culture intensive, l'éleveur s'attache à envoyer ses animaux à la boucherie dans les délais les plus courts, qu'il conduit à bien deux ou trois moutons dans le même laps de temps où il en formait autrefois un seul, on conçoit que le pâturage à moutons des riches contrées agricoles n'ait plus guère de raison d'être. Presque toujours il sera plus avantageux de boiser ces espaces anciennement consacrés à la vaine pâture, et le propriétaire désireux de transformer ainsi en bois une partie de son domaine trouvera dans l'ouvrage de *Sylviculture* publié par M. A. Fron dans l'Encyclopédie agricole tous les renseignements nécessaires à la bonne conduite du reboisement.

D'ailleurs les terrains impropres à la grande culture ne doivent pas tous être convertis en forêts. La forêt peut revêtir un caractère particulier si, au lieu de viser la productiun du bois de chauffage ou de charpente, on s'y attache à la culture d'arbres susceptibles, comme le noyer ou le châtaignier, de donner, en même temps que des bois appréciés de la charronnerie et de l'ébénisterie, d'intéressants produits par le commerce annuel de leurs fruits. MM. Ardouin-Dumazet et J. Farcy ont donné à ce sujet des détails qu'on lira avec grand profit : à côté des noyeraies des Alpes dauphinoises, et des châtaigneraies de la région lyonnaise, du Périgord et du Plateau central, M. Ardouin-Dumazet attire à juste titre l'attention sur les plantations de chênes truffiers du Sud-Est. Ailleurs cette sorte de jardinage forestier cède à son tour la place à la vigne ou au pommier à cidre.

La vigne. Conditions nécessaires à son succès. — Nombreuses sont les régions de notre France où la vigne est susceptible de prospérer et de prendre une place, non plus accessoire, mais prépondérante. Cette plante merveilleuse s'adapte à presque tous les sols et, si l'on prend garde d'éviter pour elle les situations où elle serait exposée aux gelées tardives du printemps, elle ne demande pour réussir que la chaleur nécessaire pour mûrir ses fruits et la sécheresse suffisante pour résister victorieusement aux assauts répétés des maladies cryptogamiques. Le vigneron peut-il compter sur ces deux éléments indispensables du succès qui, placés sous la dépendance d'influences climatériques dont il n'est pas maître, échappent presque complètement à son action? Il semble qu'autrefois la réponse à cette question pouvait être affirmative et qu'il y avait dans le climat assez de fixité pour que celui-ci une fois reconnu favorable, le viticulteur puisse espérer, dans l'ensemble, de bonnes récoltes rémunératrices de sa peine. Aujourd'hui, malheureusement, les choses paraissent s'être quelque peu modifiées. Le phylloxera est venu porter à notre ancien vignoble une atteinte redoutable dont il s'est bien en partie relevé, mais qui l'a laissé d'autant plus sensible aux autres maladies que les porte-greffes américains ont apporté avec eux un cortège de cryptogames néfastes souvent favorisés par les allures des saisons.

La vigne, garantie contre la sécheresse ; les cultures fourragères, garantie contre l'humidité. Avantages de leur association : polyculture. — Aussi de tous côtés, voit-on prendre naissance et se développer la conception d'après laquelle il faut conserver et même accroître dans quelques endroits les étendues plantées en vignes, afin qu'elles servent de garantie contre la sécheresse, tandis qu'au contraire, dans des cas très nombreux, il faut détruire les vignobles qui ne sont pas particulièrement bien exposés et dont les produits trop aléatoires sont d'une qualité par trop médiocre, afin de les remplacer par des cultures arbustives ou par des plantes fourragères, telles que la luzerne, qui, à leur tour, seront une garantie contre les années trop pluvieuses.

C'est un point auquel il faut certainement s'attacher et, comme je l'indiquais plus haut, la diversité dans les cultures est encore le meilleur moyen de résister aux crises navrantes dont nous avons le spectacle. Mon ami, M. Rigoigne, inspecteur des forêts à Bourbonne-les-Bains, me signale qu'il est mis en œuvre dans le vignoble de l'arrondissement de Langres (Haute-Marne) que j'eus l'occasion de bien connaître lorsque j'y étais professeur spécial d'agriculture, et M. Pénigault, professeur spécial de Nontron (Dordogne), tient un langage analogue en ce qui concerne les départements de la Dordogue et des Charentes.

Exemple de polyculture en Dordogne. — J'ai emprunté à M. Pénigault un modèle d'assolement. Ces types d'assolements se rapprochent de ceux que conseille M. Nicolle, leur durée est de quatre ou cinq ans avec une place laissée à la luzerne conservée elle-même quatre ou cinq années. Les plantes sarclées sont le maïs, le topinambour, la pomme de terre ; on est plus réservé pour la culture des betteraves exposées à souffrir de la sécheresse dans des sols trop peu profonds ; les céréales sont des céréales d'hiver, qui réussissent mieux que celles de printemps, notamment l'orge à six rangs d'hiver et l'avoine grise d'hiver qui pourrait remplacer le son et le tourteau dans l'alimentation des porcs et des bœufs. A cet ensemble de cultures, M. Pénigault engage à associer la vigne, en visant la production d'un bon vin de consommation et en se tenant également éloigné de la recherche des gros rendements et de l'obtention des vins fins ; d'après lui, le Limousin et le Plateau central offriraient d'excellents débouchés et, dans ces régions, les qualités les plus ordinaires trouveraient facilement preneur à 50 francs la barrique de 225 litres. On obtiendrait de bon vin rouge en plantant moitié en cépages fins : Cabernet-Souvignon, Malbec et Merlot, et moitié en cépages à grand rendement : Durif et Folle-Noire, ancien cépage du pays très recommandable ; pour les vins blancs, il faudrait adopter moitié cépages fins : Sémillon et Souvignon, moitié cépages à grands rendements : Colombard et Folle-Blanche ; le Balzac et le Saint-Rabier sont à laisser de côté, car ils réussissent mal greffés et sont sensibles au mildew ; quant aux hybrides producteurs directs, M. Pénigault s'en montre modérément partisan. Bien entendu, tous les cépages qu'il préconise ne sauraient être employés que greffés sur plants américains.

Choix des porte-greffes ; quelques types recommandés par la station viticole des Charentes. — Nous touchons ici au point délicat du choix des porte-greffes : un fait acquis est que ce choix est, dans une très large mesure, subordonné à la proportion de calcaire existant dans le sol à un état friable et non coloré par des sels de fer. Les plants américains, d'une façon générale, ne s'accommodent par des sols où ce genre de calcaire est abondant ; ils y contractent la chlorose ou jaunisse des feuilles et, sous l'influence de cette maladie, dépérissent et meurent. Le mieux, pour éviter semblable écueil, est, si l'on désire faire une plantation de vignes, de s'adresser à un voisin ou mieux d'avoir recours aux professeurs d'agriculture ou aux directeurs des stations agronomiques et œnologiques du département où l'on habite.

M. P. Viala, M. Foëx donnent, dans leurs traités de viticulture, des descriptions très complètes de tous les cépages français et américains, en indiquant les aptitudes spéciales de chacun d'eux. M. Guicherd, professeur départemental de la Côte-d'Or, traite la question au point de vue particulier de la Bourgogne dans son ouvrage sur *La vigne en Côte-d'Or* ; l'École de Montpellier, la Station viticole de Cognac, au centre même des Charentes où l'adaptation des porte-greffes fut particulièrement difficile, ont acquis une expérience qui leur permet de donner des renseignements de tout premier ordre ; M. J.-M. Guillon, directeur de la Station de Cognac, qui tient un journal très complet des travaux poursuivis par la station, a dressé une liste des porte-greffes les plus réputés. A titre d'indication, en voici le résumé.

Le *Riparia gloire de Montpellier* tint longtemps le première place, il résiste à une proportion de 12 à 15 p. 100 de calcaire dans le sol, mais, comme il lui faut des terrains riches, profonds et meubles et qu'il est grand mangeur d'engrais, on l'abandonne aujourd'hui de plus en plus.

Le *Rupestris du Lot* s'accommode de terrains médiocres pourvu que leur sous-sol ne soit pas trop imperméable ; il supporte 30 p. 100 de calcaire ; il faut le tailler à long bois les premières années.

Le *Berlandieri Rességuier* n° 2 est peu exigeant au point de vue du sol, il supporte le calcaire à hautes doses ; il communique aux greffes qu'on lui confie une fructification abondante, régulière et hâtive ; son défaut est de reprendre difficilement de bouture.

Les hybrides de *Cordifolia*, 106-8 (Riparia $\times$ Cordifolia-Rupestris) — 107-11 (Rupestris $\times$ Cordifolia) et 125-1 (Cordifolia $\times$ Riparia) réussissent en terrains secs mais sont sensibles à la chlorose.

Les hybrides de *Monticola*, 18808, 18810 et 18815 (Riparia $\times$ Monticola), vigoureux et fructifères, sont sensibles au calcaire.

Les *Riparia $\times$ Rupestris* au contraire, tout en possédant les mêmes qualités que les précédents, supportent jusqu'à 25 à 30 p. 100 de calcaire, le 3306, en particulier, se recommande par la façon dont il résiste à la sécheresse.

Les *Rupestris $\times$ Berlandieri* vivent dans des sols à 30 et 35 p. 100 de calcaire ; les meilleurs sont les 301 A, 301-34, 218-1, 219-9 et 220 A ; ils sont toufefois moins intéressants que les *Berlandieri $\times$ Riparia* qui résistent à 40 p. 100 de calcaire et donnent en abondance des fruits de bonne qualité.

Les *hybrides franco-rupestris*, très vigoureux, sont peu exigeants au point de vue de la nature du sol et des engrais ; ils sont suffisamment résistants à la sécheresse et au phylloxera, et supportent 50 p. 100 de carbonate de chaux. Ils demandent à être soumis à la taille longue pour corriger la vigueur excessive avec laquelle ils poussent à bois ; l'un des plus recommandables est le Mourvèdre ✕ Rupestris 1202, qui est aussi le plus employé.

On apprécie enfin les *franco-berlandieri*, de qui la fructification est abondante, régulière et hâtive ; les meilleurs sont le Cabernet-Berlandieri 333 et le Chasselas-Berlandieri 41 B, qui prend une grande extension et tient avec le 2102 la plus large place parmi les porte-greffes utilisés dans les Charentes.

La polyculture en Charente et en Haute-Marne. Ce qu'elle pourrait être en Champagne et dans le Midi. — Dans les Charentes, on tend à la polyculture, en rendant au vignoble l'importance que le phylloxera lui a fait perdre et en faisant de la vigne le complément des fourrages et des céréales, là où elle peut avantageusement occuper des sols trop secs où sa culture n'avait pas été jusqu'ici essayée et entre avec profit dans la proportion de 2 à 3 hectares sur chaque exploitation. En Haute-Marne, au contraire, c'est par la destruction d'une partie du vignoble qu'on arrive à trouver la place nécessaire au développement des légumineuses à enracinement profond : le bétail peut ainsi s'étendre et apporter quelque argent dans la caisse du vigneron qui sans cela serait complètement ruiné. Il semble qu'il faudrait s'orienter dans le même sens dans les régions méridionales, où l'on emploie la pratique de la submersion pour conserver à grands frais les vignes sous la menace constante du phylloxera. C'est un calcul à faire en mettant en regard recettes et dépenses, mais, à première vue, les légumes de primeur devraient mieux payer les irrigations et, surtout, porter remède à la mévente par surproduction d'une denrée que n'améliorent certainement pas des arrosages trop abondants. En Champagne le vignoble est trop important, en raison de la valeur des vins qu'il fournit, pour qu'il faille songer à le réduire autrement que dans des cas tout à fait exceptionnels, mais, en présence de désastres comme ceux qu'ont occasionnés les intempéries de l'année 1910, on peut, ici encore, se demander sérieusement s'il n'y aurait pas lieu de chercher à introduire ou développer quelques-unes de ces cultures que l'on pourrait appeler cultures adjuvantes par l'aide qu'elles apporteraient pour supporter les pertes. En certains cas le jardinage, qui, sur de faibles surfaces, donne des produits de plus en plus recherchés, serait sans doute envisagé avec profit ; ailleurs il y a peut-être encore des étendues bonnes pour la plantation de résineux qui, indépendamment de leur bois, fourniraient un très utile abri contre certains courants d'air défavorables à la vigne.

Cas où l'agriculteur doit envisager la création de vignobles. — Ces quelques considérations n'étaient pas inutiles puisqu'elles permettent de préciser de quel côté faire pencher la balance pour maintenir l'équilibre entre les diverses opérations culturales que l'agriculteur peut envisager ; en s'y attachant, on voit que les cas où il sera avantageux de développer la vigne, étant donné qu'au point de vue climat les conditions nécessaires à son succès se trouveront réunies, ces cas, dis-je, se ramènent à trois principaux : occupation par la vigne de sols en coteaux impropres à d'autres cultures, — plantation de vignobles pour s'assurer une récolte lorsque la sécheresse compromet les récoltes fourragères, — utilisation de terrains sableux ou de terres irrigables, le calcul étant fait pour s'assurer que les bois de résineux dans les sables, les légumes et primeurs dans les terres arrosables ne donneront pas un produit plus assuré et finalement plus rémunérateur.

Plantation de la vigne en coteau. — M. Ardouin-Dumazet, décrivant le vignoble du Beaujolais, donne une idée assez exacte de ces sols en coteau où j'entrevois comme profitable l'extension de la culture de la vigne annexée à l'exploitation agricole : « La partie la meilleure du vignoble du haut Beaujolais, dit-il est celle qui avoisine les communes de Morgon, Chiroubles, Fleurie, Juliénas, les Thorins ; il est planté en gamay et surtout en petit gamay noir ; le sol granitique y est constitué par une roche très dure traversée par des filons de phosphorite, roche qui se délite facilement à l'air et donne naissance à un sable grossier (gore ou grès), mélangé parfois d'argile, où la vigne pousse très bien. Sur la montagne de Morgon se rencontrent des îlots de schistes micacés, relevés par des poussées de diorite ; désagrégés, ces schistes forment les terres pourries, ou morgon, qui donnent au vins ses qualités ; le sol est analogue autour du mont Brouilly où le cru est également réputé. »

Lorsque nous trouverons, à flanc de coteau et à bonne exposition, des terrains se rapprochant de ceux qui viennent d'être ainsi décrits, nous pourrons y planter la vigne ; elle réussira si, après s'être enracinée dans une couche superficielle de terre arable parfois disposée en poches plus ou moins profondes, elle trouve à plonger ses racines dans les fissures d'une roche friable où reste, même au cœu rde l'été, emmagasinée un peu d'humidité. De tels sols demanderont généralement à être travaillés à la main ; quelquefois aussi de solides instruments, lentement tirés par les bœufs, pourront intervenir et détacher les quartiers de roches les plus gênants pour les travaux d'ameublissement de la zone destinée à recevoir les jeunes plants ; ailleurs on emploiera avec avantage la mine, comme l'a fait M. Vermorel sur son remarquable domaine de l'Éclair, où il obtient en cépages fins jusqu'à 80 hectolitres de vin à l'hectare. Partout, vu la quantité limitée de bonne terre que le vigneron a à sa disposition, il devra porter grande attention à la fumure et aux engrais employés ; les composts, préparés d'avance en tenant compte des besoins de la vigne, seront d'une utilité incontestable, et l'exemple que je viens de citer de M. Vermorel prouve que, s'il a su s'y prendre, l'agriculteur sera récompensé d'un labeur ingrat et minutieux.

Établissement d'un vignoble en bon terrain. — Tous les coteaux d'ailleurs ne sont pas aussi difficiles à travailler que ceux que nous venons d'envisager : beaucoup, vers leurs parties basses, présentent des terres profondes dont une part peut être réservée au vignoble dans le second cas que j'ai indiqué. Ici il n'y a plus à hésiter : si le cultivateur a reconnu le bien-fondé de la création d'un vignoble, il lui faut avoir recours à un défoncement complet. Le sous-sol est-il meilleur que le sol ? il le ramènera à la surface ; est-il au contraire inférieur ? il se contentera de l'ameublir à l'aide de la charrue sous-soleuse. Il apparaît, en effet, que le but à poursuivre, dans les conditions particulières où nous nous supposons placés, est de mettre à portée de la vigne un vaste réservoir d'eau suffi-samment sain et aéré pour que ses racines n'y soient pas expo-sées à la pourriture, suffisamment profond pour qu'elle trouve à s'y désaltérer au cœur de l'été, alors que souffriront les ré-coltes à enracinement plus superficiel. Les vignes américaines greffées, plus que nos anciennes vignes françaises, ont besoin d'humidité. Au labour de défoncement succédera un labour plus léger qui sera avantageusement donné après que l'hiver aura fait sentir ses effet sur le labour profond ; j'estime ce second labour nécessaire pour parfaire l'ameublissement du sol et aussi pour enterrer les engrais à une profondeur modérée, la tendance de ceux-ci étant toujours de descendre sous l'in-fluence des eaux pluviales. L'application d'engrais de fond faite à ce moment ne devra pas être ménagée, c'est l'époque la plus favorable pour confier à la terre une abondante réserve d'aliments que la vigne trouvera peu à peu au cours de son exis-tence prolongée sur le même champ. Le choix de ces aliments est dicté par la nature du sol et les exigences de la vigne ; d'après M. Marès, cité par M. Foëx dans son *Manuel pratique de Viticulture*, une vigne d'aramon, dont la production attein-drait le chiffre élevé de 120 hectolitres à l'hectare enlèverait dans :

	POTASSE.	AZOTE.
	Kilos.	Kilos.
120 hectolitres vin	12	2,400
1 680 kilos marc de raisin	7,760	15,42
3 160 kilos sarments verts	3,950	3,41
Totaux	23,710	21,230

L'acide phosphorique atteindrait le tiers du poids de la po-tasse ; il n'est point fait mention des feuilles qui font retour au sol. Si l'on adopte ces chiffres, il faut compter par hectolitre de vin produit :

	Kilos.
Potasse	0,197
Azote	0,176
Acide phosphorique	0,065

et l'on se rapprochera de la vérité, en estimant que, pour main-tenir le sol en bon état de production, il lui faut confier une moyenne annuelle de :

Potasse	50 kilos.
Azote	40 —
Acide phosphorique	15 —

la moitié de ces éléments échappant à l'absorption par les racines, dont le rayon d'action est forcément limité. L'emploi des engrais azotés à décomposition lente, tels que cuir, chiffons de laine, rognures de corne, permet leur incorporation à haute dose lors de l'établissement du vignoble; il en est de même des phosphates naturels qui très souvent seront le meilleur engrais phosphaté convenant à la vigne; quant aux engrais solubles ou à action rapide, on les réservera pour les fumures d'entretien.

Le sol nivelé après le labour de fumure sera planté au premier printemps de façon à ce qu'il puisse se tasser avant l'été autour des jeunes vignes. Il me paraît, en effet, indiqué d'adopter, pour la plantation, des greffes-boutures d'un an bien enracinées ; celles-ci seront disposées en carré, ou mieux en quinconce, pour faciliter les opérations culturales qui devront être données au vignoble ; la distance la plus convenable entre les plants greffés sera de 1^m,50 à 1^m,75 en tous sens. Le commerce livrera facilement des plants de ce genre offrant toutes garanties, aussi est-ce à un pépiniériste sérieux qu'il faut s'adresser au début de la plantation, surtout si l'on est pressé de récolter ; toutefois, lorsque est passée la période de début, je conseillerais au cultivateur d'avoir lui-même une petite pépinière des portes-greffes qui lui auront paru devoir le mieux s'adapter à son sol, il les suivra sur place et pourra faire ainsi la meilleure des sélections; d'autre part, s'il est bien sûr de ses greffons, il mettra dans ses mains tous les éléments du succès, à condition de se défier des gelées. Or, s'il n'appartient pas au viticulteur d'empêcher les abaissements de température, il peut du moins éviter qu'ils ne se fassent sentir sur les jeunes pousses de la vigne, en interposant entre elles et l'atmosphère un écran d'épaisse fumée ; il peut prévenir les effets fâcheux des gelées à glace en choisissant des cépages à débourrement tardif, ou en adoptant une taille tardive. Pour cette dernière pratique, il se heurte, il est vrai, à un écueil, à savoir que le champ a besoin d'être débarrassé des sarments qui l'encombrent afin de pouvoir recevoir les labours d'hiver : heureusement un moyen existe de tourner la difficulté : le bois une fois bien aoûté, ce qui se produit plus ou moins tôt suivant le climat, mais souvent dès novembre, on supprime tous les sarments inutiles et l'on taille très long ceux qui doivent être conservés; de cette façon, on peut attendre au printemps presque jusqu'au moment'du départ de la végétation pour donner la taille définitive qui s'exécute très rapidement sur des rameaux qui, raccourcis, n'auront en rien gêné les travaux aratoires. Les gelées blanches s'évitent, jusqu'à un certain point tout au moins, par l'utilisation d'abris naturels ou artificiels du côté du nord et de l'ouest, par la plantation sur coteau, la conduite des ceps sur souches hautes, la suppression des obstacles qui, arrêtant au milieu du vignoble les courants aériens, produisent des zones de refroidissement ; il est bon de se défier aussi des cultures intercalaires et du rayonnement très intense dont elles sont parfois l'occasion.

Calculs à faire au point de vue de la gestion du domaine dans l'établissement d'un vignoble annexé à une exploitation agricole. — Ces précautions une fois prises et le vignoble établi, l'agriculteur devra prévoir le temps et le personnel nécessaires aux travaux d'entretien. Ceux-ci consistent essentiellement en un premier labour, dit labour de déchaussement et que les charrues vigneronnes déchausseuses permettent d'exécuter de façon de plus en plus parfaite, de manière à ramener entre les lignes de ceps un cube maximum de terre qui s'aère et subit les effets du gel et du dégel. Le labour de déchaussement est suivi d'autres façons sur lesquelles j'aurai à revenir ; il s'exécute avec le plus d'à-propos une fois passée l'époque des fortes gelées, sans être toutefois trop précoce pour ne pas s'exposer à l'enherbement de la vigne ; il est accompagné d'un travail à la main qui constitue le déchaussement proprement dit et rabat la terre laissée par la charrue autour des souches ; ce travail est indispensable pour supprimer les drageons qui naîtraient sur les pieds mères, et les racines qui se développeraient sur les greffons et tendraient à les affranchir. L'épaisseur de la couche remuée par l'ensemble de ces -façons hivernales est en relation avec la nature du sol : très faible dans les terres humides où les racines sont superficielles, elle peut atteindre 15 à 20 centimètres dans les terrains secs où les racines plongent plus profondément pour chercher la fraîcheur.

Au labour d'hiver ou de déchaussement succède un labour de rechaussement, qui ramène au printemps la terre autour des souches: on dispose, pour son exécution, de charrues dites chausseuses; des houes vigneronnes et de petits scarificateurs maintiennent ensuite la propreté du vignoble ou y conservent l'humidité à la manière des binages donnés à nos autres cultures. C'est en mai ou au début de juin que s'opère le labour de printemps: la seule précaution à prendre est de ne pas le faire coïncider avec la floraison, de crainte d'occasionner la coulure par suite du refroidissement de la couche arable ouverte par la charrue. Le premier labour de binage suit à la fin de juin; il est quelquefois unique, si après son exécution la vigne couvre complètement le sol de ses pampres. On profite des deux premiers labours pour donner les engrais d'entretien : suivant l'âge des souches, on les dispose au pied même de celles-ci dans les cuvettes de déchaussement, ou bien on les épand sur toute la surface du champ afin que les racines éloignées puissent en profiter.

L'hiver voit les traitements du vignoble au sulfure de carbone ou au sulfocarbonate de potasse et le grattage des souches contre l'œuf d'hiver du phylloxera lorsqu'il s'agit encore de vignes françaises exposées aux ravages de cet insecte ; c'est aussi en hiver qu'ont lieu, contre la pyrale, l'ébouillantage, la sulfurisation, le badigeonnage avec 6 kilogrammes d'huile lourde pour 100 litres d'urine de vache. — La taille est d'hiver ou de printemps, ou se répartit, comme nous l'avons indiqué, entre les deux saisons.

En mai, juin et juillet ont lieu les trois soufrages contre l'oïdium aux doses respectives de 15, 30 et 45 kilogrammes à l'hectare; au 15 mai, en fin juin, en août, et parfois aussi après la vendange, si l'année est favorable au développement des maladies cryptogamiques ont lieu les applications de bouillies cupriques contre le mildew et les maladies causées par les champignons du même ordre ; en août, septembre ou octobre la vendange occupe un nombre de bras dont il faut pouvoir disposer en temps utile.

Je crois avoir passé en revue les frais principaux qu'occasionnent la création et la culture d'un vignoble ; il resterait à les chiffrer, c'est l'affaire de chaque intéressé car on conçoit que ces frais soient liés très intimement aux prix de la main-d'œuvre locale. Les prix courants des pépiniéristes indiquent la dépense du chef de l'acquisition des plants, il est bon, de débattre les conditions plus avantageuses que l'on pourrait obtenir pour des livraisons importantes; la plantation à forfait avec garantie de reprise peut être aussi envisagée, sous réserve que le cultivatur aura préparé lui-même le terrain avec tout le soin qu'il aura jugé nécessaire.

Les vignobles à établir en terrains submersibles ou dans les sables. — Bon nombre des considérations qui précèdent s'appliquent aux vignobles soumis au régime de la submersion ; si l'établissement ou le maintien de semblables vignobles a été reconnu avantageux, il faut, avant de se livrer à la culture de la vigne ainsi conduite, s'assurer que l'on dispose de la quantité d'eau nécessaire à l'hectare, soit 7.000 mètres cubes environ. Les planches, entourées de bourrelets d'un mètre environ de hauteur, doivent présenter une surface aussi unie et horizontale que possible; l'eau doit y séjourner en couche de 25 à 30 centimètres d'épaisseur pendant une durée de trente à soixante jours selon l'altitude et le climat, la durée de la submersion diminuant quand s'abaisse la température de la région où on l'applique, et l'époque de son début coïncidant avec le parfait aoûtement des sarments qu'il ne faut pas faire baigner complètement. Les champs dont les terres peu perméables ont nécessité le drainage sont éminemment propres à ce genre d'exploitation : on bouche tous les orifices extérieurs des drains collecteurs, le sol est alors complètement noyé, puis quand le bain a été suffisamment prolongé pour assurer la destruction des colonies souterraines du phylloxera, on ouvre les vannes des digues et celles des drains, et l'égouttement tant superficiel qu'interne s'opère de façon parfaite. Après le départ de l'eau, il est nécessaire de donner le plus tôt possible un labour d'aération et comme ce labour peut favoriser les gelées blanches, on soumet à une taille tardive les vignes submergées. Les cépages qui s'adaptent le mieux à un pareil traitement sont d'après M. Foëx : l'Aramon, l'Espar ou Mourvèdre, le Petit Bouschet, le Moustardier de Vaucluse, le Cot, le Cabernet Souvignon, le Chasselas et la Syrah.

Conviennent, d'après le même auteur, pour la plantation dans les sables marins où le phylloxera ne peut vivre : le Cinsaut, le Petit Bouschet, l'Aramon et le Chasselas. La condition de succès est une proportion d'au moins 60 p. 100 de sable siliceux à un état très divisé ; les meilleurs terrains de cette catégorie sont ceux qu'occupait autrefois la garance et qu'ont enrichis de nombreux apports de matière organique en même temps qu'ils ont été longtemps travaillés par les façons aratoires. Il semble toutefois qu'à ces sols doivent être données de préférence des fumures minérales, afin de ne pas leur faire perdre leurs propriétés en changeant leur constitution physique ; et si un labour profond y a été de bon effet pour les aérer, il faut ensuite y réduire au minimum, c'est-à-dire à une seule, les façons d'entretien annuelles, afin de ne pas soulever une terre très mobile par elle-même. L'enjoncage, ou couverture du sol avec de petites bottes de joncs à raison d'un millier au prix de 3 francs le cent par hectare, retient ces sables mouvants où la présence du sel serait une cause d'insuccès. Dans les sables, comme d'ailleurs en terrains submergés, les maladies cryptogamiques sont fort à redouter, en raison du voisinage de la mer ou de l'humidité apportée par les eaux de submersion ; les traitements doivent donc être très soignés et souvent plus nombreux que dans les vignobles de plaine et surtout de coteau ; les sables rachètent il est vrai cet inconvénient par la simplification des façons culturales, mais il n'en est pas moins assez sérieux pour arrêter l'attention du cultivateur. Ce dernier, quelles que soient les conditions où il ait décidé de se servir de la vigne pour donner un complément à son exploitation agricole, agira sagement en se tenant très au courant de la législation sur le phylloxera et des arrêtés qui autorisent ou limitent la circulation des plants et boutures greffés ou non sur les différents points du territoire français. Le texte de la loi et ses dispositions principales sont généralement reproduits dans les traités de viticulture et dans ceux de droit rural.

Cultures arbustives. — Je ne puis que mentionner l'intérêt que l'agriculteur, sans pour cela devenir un spécialiste, trouverait souvent à occuper certaines terres de son exploitation par les cultures fruitières ou de primeurs. La Compagnie d'Orléans, qui s'est assuré le concours de plusieurs agronomes distingués, a fait publier sur cette question des brochures auxquelles je renvoie, au double point de vue agricole et commercial, les propriétaires de domaines situés sur l'étendue de son réseau : ces propriétaires consulteront aussi avec fruit le volume publié par M. Poher dans l'*Encyclopédie Agricole*. Pour la région du Sud-Est (Vaucluse, Ardèche) M. J. Farcy a de son côté réuni des notes très pratiques sur le *Commerce des produits agricoles*. On consultera avec profit celle qu'il consacre au choix des porte-greffes pour cerisiers, pruniers, abricotiers, pêchers, etc. suivant la nature des terrains à planter et telle autre où il attire l'attention sur l'olive à confire.

Le pommier à cidre. Sols convenables pour la culture des pommiers à cidre. — Je passe forcément, pour ne m'arrêter qu'au pommier à cidre qui tient déjà une place importante sur les exploitations du Nord-Ouest, et est appelé à s'étendre sur divers points du territoire, aussi bien du côté des Ardennes que de celui du Plateau central et du Sud-Est. Cette extension s'accentue déjà dans le Craonnais d'où l'on exporte dès maintenant jusqu'à 500 wagons de pommes annuellement sur l'Allemagne.

Moins exigeant que la vigne sous le rapport de la chaleur, le pommier à cidre s'accommode de climats tempérés humides et légèrement brumeux où séviraient sur le raisin les maladies cryptogramiques. Les sols sur lesquels on le cultive ne sont pas sans exercer leur influence sur les qualités et la durée de conservation du cidre. D'après M. de Caumont (*Le Cidre*, par de Boutteville et Hauchecorne, traité cité par M. Nanot dans son ouvrage sur le pommier à cidre), « là présence de frag-
« ments quartzeux ou siliceux dans les terrains est très favo-
« rable à la production du bon cidre... Les meilleurs crus des
« arrondissements de Bayeux et de Caen sont situés dans le
« *grès bigarré*, terrain recouvert le plus souvent d'une grande

« alluvion de galets roulés de quartz, ou sur le *lias* et l'*oolithe*
« *inférieure*, terrains calcaires, argileux, recouverts eux-mêmes
« de fragments quartzeux ou siliceux.

 « Dans les arrondissements de Lisieux et de Pont-l'Évêque
« les meilleurs crus sont situés dans la *craie recouverte d'une*
» *argile avec silex nombreux*, dans le *grès vert*, souvent aussi
« dans la région de l'*Oxford Clay*, mais quand celle-ci est re-
« couverte des silex de la craie qui y forme un dépôt alluvial
« très considérable dans un grand nombre de localités.

 « ... Les pommes recueillies dans les terres où la chaux est
« en excès, comme sur la grande oolithe (plaines de Caen
« et de Falaise), sont moins sucrées que les autres et que celles
« qui croissent sur un sol argileux. « ... Le cidre récolté dans
« nos plaines calcaires devient de «bonne heure acide et il est
« très inférieur en qualité à ceux «du Bessin et des régions de
« la craie inférieure (Lisieux, Pont-l'Évêque). J'ai fait cette
« observation, non seulement dans le Calvados mais dans
« l'Orne... »

Mes observations personnelles, d'accord avec les faits rap-
portés par M. de Caumont, m'ont montré que les sols où le
pommier à cidre se convenait le mieux étaient ceux qui occupaient la limite entre les formations calcaires et l'argile à silex,
terrains généralement caillouteux, allégés par la présence de
certains filons sableux constitués parfois par de la silice pure,
blanche ou colorée plus ou moins — ce qui semble être un avantage — par des sels de fer. Ces sols reposent sur sous-sol per-
méable où les arbres peuvent au besoin s'ancrer profondément ;
ce ne sont d'ailleurs pas les seuls où les pommiers puissent
réussir : ils poussent aussi très bien dans les terres argilo-siliceuses du limon des plateaux et dans toutes les terres, drainées naturellement ou non, où l'argile, le calcaire ou le sable
ne sont pas en excès ; celles où l'eau demeure stagnante tout
l'hiver sont à écarter absolument, l'insuccès y serait certain ;
au contraire, les sols dérivés de l'argile à silex méritent d'arrêter l'attention du cultivateur parce que souvent ils ne se prêtent pas par leur nature ou leur position à la culture intensive ;
il faut les réserver aux pommes de terre, au trèfle incarnat
et aux céréales de deuxième rang : orge ou seigle, et l'appoint

apporté à ces récoltes par les pommes à cidre est fort précieux. Les labours ne sauraient y être profonds de peur de porter atteinte aux racines ; les terres de route mûries en composts avec les déchets de toutes sortes provenant du balayage des cours de ferme constituent le meilleur engrais en même temps qu'amendement à ces sols généralement légers dans leurs régions superficielles d'où les fumiers pailleux doivent être exclus.

Tracé de la plantation. Port des arbres à planter. — La plantation se fait en plein et en carré suivant deux directions perpendiculaires, l'une nord-sud, l'autre est-ouest, de façon que les deux lignes du nord et de l'ouest servent de garantie aux autres. En observant un écartement de 16 à 20 ou même 25 mètres entre les arbres suivant la qualité du sol, on ne porte pas obstacle aux récoltes sous-jacentes et l'on voit que le tracé de la plantation permet les labours en long et en travers. La distance entre les pieds d'arbres diminue avec la fertilité du terrain : si celui-ci devient impropre aux cultures céréales, on peut rapprocher les pommiers jusqu'à ce que leur ramure arrive à couvrir à peu près complètement le sol lorsqu'ils auront atteint leur développement maximum ; dans ce cas, pour mieux occuper la surface du verger, la plantation en quinconce est substituée à la plantation en carré, et les distances s'abaissent à 12, 10 ou même 8 mètres. Ce sont celles que l'on observe aussi dans les cours plantées des fermes normandes où le pommier est récolte principale à laquelle l'herbe elle-même est en partie sacrifiée, bien qu'elle arrive encore à pousser grasse et verte sous l'influence des conditions favorables à son développement qu'elle rencontre dans ces clos particuliers.

Dans les vergers en plantation serrée situés en terrain accidenté, exposé au vent et impropre à la culture ou à l'établissement des pâturages autres que les pâturages à moutons, les pommiers seront avec avantage conduits sur tronc peu élevé : 1^m,50 à 1^m,80 environ, et l'on pourra choisir les variétés à port étalé. Hormis ce cas, il ne faut planter que les espèces à port relevé ; celles-ci n'ont par elles-mêmes que trop de tendance à s'évaser, ce qui constitue un inconvénient sérieux pour les travaux de culture et expose les rameaux à la dent des bêtes bovines ; les troncs auront au moins 2 mètres à 2^m,25 de hau-

eur, et il faudra veiller au maintien de la forme en gobelet par
la suppression des rameaux qui, trop nombreux à l'intérieur
du vase, étoufferaient les bourgeons à fruits et par l'enlèvement de branches extérieures nuisibles par leur direction
retombante.

Plantations à bord de route. — Je ne parle pas des plantations à bord de routes dans les terres en culture : celles-ci,
aux côtés nord et ouest des champs, ne causent, il est vrai,
pas grand préjudice aux récoltes, car elles n'interceptent pas les
rayons solaires, mais elles offrent à l'emploi des instruments
de récolte et aux labours profonds un obstacle tellement manifeste qu'il y a lieu d'y renoncer complètement ; aussi bien,
leurs récoltes sont-elles très généralement compromises : les
blessures des racines ou des troncs, les coups d'air fâcheux
qui, s'ils prennent les lignes par le travers amènent la coulure
générale des fleurs, la tentation que le voisinage des fruits
cause aux nomades indélicats, sont autant de raisons pour que
le cultivateur goûte rarement les pommes ainsi cultivées. S'il
veut courir la chance d'une récolte qui plus que toute autre
mérite le nom de dérobée, il s'adresse à des variétés sur hautes
tiges à port relevé, rustiques et de maturité très tardive pour
que les fruits ne soient pas perdus dans les céréales encore sur
pied ou dans les betteraves et fourrages.

Aménagement du verger de pommiers à cidre. — Lorsque les vergers se rapprochent de la mer, il est bon de leur donner un abri du côté du nord et de l'ouest, et lorsque cet abri
n'existe pas naturellement, on l'emprunte à des lignes d'ormes
ou de peupliers plantées pour la circonstance ou encore à des
rangées de poiriers moins délicats et de taille plus haute que
les pommiers. Derrière ces abris sont plantées les variétés de
pommes les plus vigoureuses et en même temps les plus résistantes aux intempéries ; à mesure qu'on s'en éloigne, on plante
les variétés les plus sensibles aux gelées et à la végétation la
moins luxuriante ; protégées des mauvais vents par leur voi-
ines plus rustiques, elles reçoivent en plein les rayons du soleil
du matin jusqu'à une heure avancée de la journée. En adoptant cette disposition, on se trouve tout naturellement conduit
à grouper ensemble les arbres de même espèce et par suite

de même maturité; ce point est important lorsqu'arrive l'heure de la récolte ; il faut le compléter par l'attention donnée à la nature du pommage ; on distingue, en effet, trois sortes de fruits à cidre : les doux, les amers et les acides. Les fruits acides doivent être proscrits du verger ; les autres sont réunis de façon à ce que ceux de chacune des deux catégories puissent être récoltés à part et associés dans les proportions les plus favorables à la fabrication d'une bonne boisson.

M. A. Truelle classe les pommiers à cidre suivant leurs époques de floraison, la forme relevée ou tombante de leur frondaison, et les dates de la maturité de leurs fruits : septembre, octobre, novembre et décembre. Les pommiers de première saison fleurissent fin avril, ceux de deuxième du 1er au 15 mai, de troisième du 16 au 31 mai, de quatrième en juin ; s'il est bon d'avoir à bonne exposition, permettant à la suite d'une année de disette de faire du cidre de très bonne heure, un lot de pommiers précoces à fruits mûrissant dès septembre, le choix du cultivateur exploitant un domaine agricole ne doit s'arrêter d'une façon générale qu'aux arbres de troisième et quatrième époques, beaucoup moins exposés que les autres aux gelées printanières. D'ailleurs, toutes les fois qu'il s'agira d'établir un verger, il sera prudent de s'entourer des mêmes garanties que pour l'établissement d'un vignoble : on s'adressera pour cela aux mêmes sources (directeurs de stations pomologiques, professeurs départementaux, praticiens éclairés, etc.); des auteurs, tels que M. Nanot, M. Warcollier dans son volume *Pomologie* et *Cidrerie* de l'Encyclopédie agricole, ont réuni dans leurs traités spéciaux tous les renseignements utiles. Il ne saurait être, bien entendu, question pour le cultivateur d'élever lui-même ses plants ; il se fournira à un pépiniériste connu, en ayant soin d'éviter l'emploi des sujets cultivés en terres trop riches ou trop humides, et en exigeant toutes les précautions nécessaires à l'arrachage, afin d'avoir des arbres sains et de bonne reprise; ceux qu'il est préférable de planter ont leur tête formée sur six ou huit branches, on double encore une fois ce nombre de branches charpentières, puis il n'y a plus qu'à s'occuper des émondages d'entretien.

Pratique de la plantation. — L'exécution de la plantation est un élément capital de succès : les trous ne sont jamais trop grands et l'on n'y apporte jamais trop de terres neuves, composts et autres, enrichies d'engrais à décomposition lente ; toutefois, si l'extension de la largeur des trous n'a de limite que celle d'une dépense trop onéreuse, il n'en est pas de même de leur profondeur ; à moins d'être traversées, les couches imperméables que l'on viendrait à rencontrer ne doivent pas être entamées, sans quoi on formerait une cuvette où l'eau séjournerait et ne tarderait pas à causer la mort du jeune arbre ; on peut, au contraire, sauver ce dernier en établissant une sorte de drainage à l'aide de pierres ou de fascines et en favorisant l'expansion latérale des racines. — La plantation sera d'automne toutes les fois que le terrain sera assez sain pour le permettre.

A titre d'exemple, voici comment M. Wéry, sous-directeur de l'Institut agronomique, conseille de planter un verger de pommiers à cidre sur un terrain argilo-siliceux assez compact, manquant de calcaire, sous un climat sec et froid l'hiver, brumeux au printemps, sujet aux gelées tardives (département des Ardennes) :

Pommes de deuxième saison : Bérat blanc, Médaille d'Or, Godard.

Pommes de troisième saison : Argile Grise, Binet blanc, Fréquin tardif, Grise dieppoise Panneterie, Pomme à tanin, Rousse-Latour.

Frais de premier établissement ; rapport d'un verger de pommiers à cidre. — J'ai acheté moi-même, dans l'Eure, des sujets greffés à tête bien formée, tronc de deux mètres, d'un diamètre de 4 à 5 centimètres, à 1 mètre de hauteur, au prix de 3 francs pièce départ ; on peut se procurer des armures au prix de 1 fr. 15 à 1 fr. 40 suivant qualité ; avec les frais de transport, le forage des trous, l'acquisition des engrais, l'apport plus ou moins facile des terres neuves, je crois qu'il n'est pas exagéré de compter à 7 ou 8 francs le prix de revient d'un bon pommier tout planté. Peut-être descendra-t-on à 6 francs, d'autres fois on montera jusqu'à 10 francs, surtout si, pour avoir planté trop tard, on est obligé d'avoir recours aux arrosages.

Si nous adoptons le chiffre de 8 francs, la création dans un herbage d'un verger comportant à l'hectare 75 pieds de pommiers coûtera 600 francs de premier établissement ; or il n'est pas exagéré d'estimer avec M. Nanot qu'un tel verger donnera, lorsqu'il aura une vingtaine d'années de plantation, une récolte moyenne annuelle de 3 hectolitres par arbre soit six francs au prix très bas de 2 francs l'hectolitre, ce qui constitue pour un hectare un produit brut de 450 francs. Ce chiffre est intéressant ; les pommes, dans les bonnes fermes normandes, paient souvent une grosse partie du fermage.

Exploitation de parcelles boisées attenantes à l'exploitation agricole. — Il arrive parfois, lorsque les exploitations sont situées en bordure de bois ou de forêts, que certaines bandes ou forières boisées d'une largeur de quelques mètres font partie des terres en culture. La question, dans ce cas, peut se poser pour le fermier de savoir s'il les louera avec le reste des terres, où s'il demandera à son propriétaire de les déduire, quitte à accepter une légère augmentation du prix de location pour des champs ne comportant aucun point de qualité inférieure ou impropre à l'exploitation agricole proprement dite.

Rallié d'abord à cette seconde manière de voir, je suis aujourd'hui d'avis, après expérience, qu'il vaut mieux pour le fermier conserver les parcelles boisées rattachées aux terres cultivées par les divisions du cadastre. Surtout si l'on a peu de pommiers à cidre, ou si l'on n'a pas la jouissance du produit de leur ébranchage, il est très utile de trouver à couper, sans avoir besoin de l'acheter au dehors, le bois de chauffage toujours indispensable dans une ferme, si large soit la place faite au charbon. Ceci d'ailleurs n'est qu'un côté secondaire de la question : vient-on à examiner de près les parcelles boisées qui nous occupent, on voit que très souvent elles sont séparées du reste du bois par un fossé plus ou moins comblé, qui évidemment servait autrefois de limite entre le bois et la plaine cultivée : la végétation forestière a donc une tendance manifeste à empiéter sur les récoltes, et le cultivateur sera bien plus maître d'enrayer cet empiétement s'il a la jouissance de la forière boisée que s'il lui faut chaque année solliciter l'intervention du propriétaire. Bien mieux, non seulement cette jouissance lui permettra de limiter l'extension du bois, mais encore, en soumettant les forières au régime du taillis simple et en ne tolérant de réserves qu'à une distance suffisante de la lisière, le fermier évitera le tort causé à ses cultures par un ombrage fâcheux. Enfin en supprimant genêts, fougères et autres abris pour les lapins, il se donnera une garantie contre les ravages de ces rongeurs.

La production des semences. Production de semences à ses risques et périls. — L'agriculteur soucieux d'augmenter le revenu qu'il tire de la terre confiée à ses soins a quelquefois l'idée d'ajouter aux denrées alimentaires ou industrielles la production de semences à vendre au commerce. Il est certain qu'il peut y avoir là une source de profits sérieux que je devais indiquer. Je crois toutefois devoir signaler que, si l'on veut opérer pour son compte personnel, il ne faut pas s'engager dans la voie de la production des semences sans y avoir très mûrement réfléchi.

Tout d'abord, il me paraît indispensable de connaître à fond tous les marchés de la région où l'on espère trouver un débouché. On y observe à la fois le caractère de l'acheteur et celui des courtiers ; on arrive ainsi à se rendre compte de la meilleure façon de présenter la marchandise pour séduire le client, du meilleur mode de paiement à offrir pour concilier ses intérêts personnels et ceux de l'acheteur. On voit quelles sont les sortes de graines les plus demandées et celles qui peuvent faire défaut, soi-même on se signale à l'attention des futurs clients par la façon dont on traite les affaires, etc. Tous ces éléments bien en mains, il n'est pas encore temps de se risquer à la culture des semences dont a reconnu la pénurie sur le marché ; il faut franchir auparavant une seconde étape en se faisant remarquer dans les concours et en y obtenant diplômes et médailles pour l'ensemble de son exploitation ; il faut aussi faire visiter ses cultures par de nombreux voisins qui soient frappés de leur bonne tenue et de leurs hauts rendements. Cette étape franchie, presque naturellement les voisins demanderont à renouveler chez vous leurs semences, et on pourra les leur faire payer un prix rémunérateur. S'il en arrive là, le cultivateur est lancé, le moment est venu pour lui de sélectionner quelques-unes des graines les plus demandées : l'art commence avec toutes ses difficultés, puisque aux bonnes méthodes de culture doivent s'ajouter les procédés les plus rigoureux de la sélection : choix des portions d'épis les meilleurs, criblages, nettoyages de tous genres, voire même la pratique de l'hybridation. Tout cela ne va pas sans entraîner un matériel complexe et coûteux de batteuses, trieurs et tarares, une série de locaux distincts pour chaque variété récoltée : il faut donc être très circonspect et se limiter, au moins au début, si l'on ne veut pas s'engager dans des dépenses qui ne seront pas couvertes. Les débuts sont-ils heureux ? il est possible de s'étendre avec prudence, suivant l'importance du domaine exploité.

Production des semences pour le compte d'un tiers. — Malheureusement pour les nouveaux venus la place qui reste à prendre paraît de plus en plus limitée et la grosse mise de fonds pour se mettre en route arrêtera plus d'un cultivateur. Sans renoncer pour cela à son projet, l'agriculteur agira donc sagement, à mon avis, en devenant le collaborateur d'une grosse maison, déjà existante et bien connue, au lieu d'opérer à ses risques et périls ; plusieurs de nos meilleurs grainetiers, leurs variétés nouvelles une fois fixées, n'ayant pas chez eux tout l'espace nécessaire pour produire les quantités de semences qu'ils devront livrer à la vente, donnent à des praticiens appréciés pour l'habileté qu'ils apportent à la conduite de leurs exploitations de petites quantités de semences sélectionnées. Le produit de ces semences est soigneusement récolté en évitant les mélanges, battu et nettoyé par les moyens usuels et expédié au marchand qui lui fait subir les derniers préparatifs nécessaires à la vente. Le prix payé au cultivateur surpasse de quelques francs le prix des grains de consommation, et son travail se trouve avantageusement rétribué sans qu'il ait eu de capitaux à engager, le seul trouble pour lui résidant dans l'engrangement séparé des diverses variétés et dans les battages précoces à un moment où le personnel est encore très pris par la moisson qui s'achève.

Pour donner une idée du profit que peut offrir la production des semences ainsi conçue et de l'habileté qu'elle exige pour que ce profit ne se change pas en perte, voici un exemple emprunté à M. Olry, ingénieur agronome ; il s'agit de la production de graines de betteraves à sucre.

100.000 planchons ou plants destinés à porter graines après repiquage en seconde année s'obtiennent sur un hectare et coûtent :

	Francs.
Location et impôts..	62
Engrais : deux tiers de 385 francs......................	260
Semences (graines de mères analysées, fournies et facturées par le grainetier qui donne la commande).	100
Labours, extirpations, binages, démariage..........	160
Arrachage et mise en silo................................	250
Désilotage, triage, transport au lieu de plantation...	235
Total	1 062
A déduire 10000 kilos betteraves utilisables pour le bétail...	100
Reste net..	962

Avec 100.000 planchons on peut planter 4 hectares de porte-graines ; la dépense, pour se procurer les porte-graines est donc par hectare de 962 francs : 4 = 240 fr. 50 ; dans ces conditions la graine récoltée sur un hectare coûte à produire :

	Francs.
Location et impôts...........................	62
Deux tiers de 520 francs d'engrais............	345
Plants..	240,50
Labours, façons... binages...................	125
Moisson et engrangement.....................	50
Vannage et épierrage.........................	100
Total.....................................	912,50

Ce chiffre se rapporte à une région du Nord où, d'après M. Olry, l'hectare peut produire 1.800 à 2.000 kilogrammes de graines de betteraves sucrières ; le prix de revient est donc pour 100 kilogrammes : 912 fr. 50 : 18 = 50 fr. 70. C'est un minimum, car M. Olry reconnaît lui-même que ce prix ne comprend pas l'amortissement de l'outillage ni les frais de vente, et j'ajouterai moi-même que le prix de location de l'hectare (62 francs avec les impôts) me paraît bien modeste, de même que l'on n'a pas toujours 10.000 kilogrammes de betteraves à consommer. Il ne semble donc pas exagéré d'estimer à 55 ou 60 francs le prix qu'il en coûte pour obtenir 100 kilogrammes de graines ; si ces 100 kilogrammes sont achetés par le commerce, qui doit encore leur faire subir un complément de nettoyage, 100 à 110 francs, il y a place pour un beau bénéfice à l'hectare ; mais n'oublions pas qu'à côté du chiffre de 1.800 kilogrammes de graines de betteraves pour un hectare dans le groupe des départements du Nord, M. Olry indique que la production tombe à 1.200 kilogrammes dans le groupe : Eure-et-Loir, Maine-et-Loire, Indre-et-Loire, Loiret, Deux-Sèvres ; à 700 kilogrammes dans le groupe Bouches-du-Rhône, Vaucluse, et à 680 kilogrammes dans le groupe Puy-de-Dôme, Cher. Il est vrai que pour les deux derniers groupes la surface cultivée en graines de betteraves est très faible (10 hectares pour chaque groupe), mais mon observation ne s'en trouve pas moins confirmée : bonne si elle est bien conduite, la production des semences peut, du fait d'une maladresse ou des intempéries, devenir très médiocre ; l'aléa, d'après mon expérience personnelle, est d'ailleurs beaucoup moindre avec les céréales qu'avec les graines potagères et analogues

Choix et achat des semences employées par le cultivateur du domaine agricole. — Quel que soit le genre d'exploitation sur lequel le cultivateur a fixé son choix, au point de vue de la production végétale, il ne saurait porter trop d'attention à l'acquisition des semences qui lui sont nécessaires : il y a là pour lui un très gros élément du succès qu'il est en droit de désirer. Les semences doivent être pures, de bonne levée, et de la variété que l'on a demandée. Elles-mêmes, les variétés adoptées doivent être en rapport avec le sol et avec le climat de la localité habitée par le praticien. J'ai eu l'occasion de citer quelques-unes d'entre elles en parlant des assolements et j'ai dit, à propos de la vigne et des pommiers à cidre, où l'agriculteur pourrait s'adresser pour se faire utilement renseigner ; la question est d'ailleurs étudiée à fond dans tous les bons traités d'agriculture. Mais si le cultivateur peut ainsi se documenter pour le choix des variétés, il devient bien plus difficile de lui dire où faire ses achats. Les maisons sérieuses ne manquent pas, et il est fort délicat de risquer de faire tort aux unes en recommandant les autres. Beaucoup d'entre elles acceptent le contrôle de la Station d'essais de semences établie par le Ministère de l'Agriculture sous la direction de M. le professeur Schribaux de qui la réputation n'est plus à faire, pas plus d'ailleurs que celle de ses collaborateurs. L'acceptation spontanée de ce contrôle est une garantie très sérieuse de parfaite honorabilité ; et, dans les cas douteux, il ne faudrait pas manquer de le réclamer, surtout pour les graines des graminécs de prairies, qui coûtent souvent fort cher et ne sont pas toujours faciles à identifier.

Les plans de culture. — Il ne me reste plus maintenant avant de clore un chapitre forcément très écourté et où je n'ai pu qu'indiquer les différentes voies où marcher, qu'à dire quelques mots des plans de culture qu'il me paraît très utile de tracer sur le papier quelle que soit l'habileté pratique que l'on possède. L'ouverture du *livre des cultures*, tel que je l'ai décrit à propos des plans de marnage et de fertilisation du domaine, permet déjà de rassembler bien des données utiles recueillies au fur et à mesure que se déroulent sur une pièce déterminée les différentes phases de l'assolement ; mais le *livre des cultures* à lui seul n'est pas suffisant, il est nécessaire de le compléter avec quelques tableaux d'ensemble qui chaque année montrent d'un coup d'œil la répartition des récoltes sur le domaine et l'orientation générale à donner aux ouvriers et aux attelages. Le principal de ces tableaux n'est autre qu'un plan du domaine sur lequel figurent les contours de chacune des pièces délimitées à la suite du travail d'analyses calcimétriques et autres dont j'ai parlé. Chaque pièce porte indication de son numéro d'ordre et de sa contenance : les numéros ne sont pas inscrits au hasard, mais dans un ordre qui laisse la possibilité de grouper au besoin les numéros qui se suivent. Ceci fait, toutes les parcelles occupées par des prairies permanentes, vignes, bois, etc., en un mot hors de l'assolement, sont séparées et mises en évidence par des couleurs conventionnelles. Restent alors à part les terres soumises au régime du système de culture choisi. Si celui-ci comporte l'assolement à forme triennale avec un cycle de cinq périodes, ou de quinze ans, nous devons grouper

DOMAINE OU FERME

PLAN DE

Terres en assolement: 195 hectares, divisés

PIÈCES.	CONTE-NANCES.	SOLES.	ANNÉES.					
			1911	1912	1913	1914	1915	1916
Nº 1 7 hect. Nº 2 4 hect. Nº 3 2 hect.		I	pl.sarclées	blé	avoine	luzerne	luzerne	luzerne
Nº 4 7 hect. Nº 5 6 hect.		II	blé	avoine	luzerne	luzerne	luzerne	luzerne
Nº 6 8 hect. Nº 7 5 hect.		III	avoine	luzerne	luzerne	luzerne	luzerne	blé
» »		IV	luzerne	luzerne	luzerne	luzerne	blé	avoine
» »		V	luzerne	luzerne	luzerne	blé	avoine	pl.sarclées
» »		VI	luzerne	luzerne	blé	avoine	pl.sarclées	blé
» »		VII	luzerne	blé	avoine	pl.sarclées	blé	avoine
» »		VIII	blé	avoine	pl.sarclées	blé	avoine	trèfle
» »		IX	avoine	pl.sarclées	blé	avoine	trèfle	blé
» »		X	pl.sarclées	blé	avoine	trèfle	blé	avoine
» »		XI	blé	avoine	trèfle	blé	avoine	pl.sarclées
» »		XII	avoine	trèfle	blé	avoine	pl.sarclées	blé
» »		XIII	trèfle	blé	avoine	pl.sarclées	blé	avoine
Nº 42 6 hect. 50 Nº 43 6 hect. 50		XIV	blé	avoine	pl.sarclées	blé	avoine	luzerne
Nº 44 8 hect. Nº 45 5 hect.		XV	avoine	pl.sarclées	blé	avoine	luzerne	luzerne
vignes Ha bois Ha						mares Ha chemins Ha		

DE ....

CULTURE

entre 15 soles de 13 hectares chacune.

ANNÉES.								
1917	1918	1919	1920	1921	1922	1923	1924	1925
luzerne	blé	avoine	pl.sarclées	blé	avoine	trèfle (ou vesces)	blé	avoine
blé	avoine	pl.sarclées	blé	avoine	trèfle	blé	avoine	pl.sarclées
avoine	pl.sarclées	blé	avoine	trèfle	blé	avoine	pl sarclées	blé
pl.sarclées	blé	avoine	trèfle	blé	avoine	pl.sarclées	blé	avoine
blé	avoine	trèfle	blé	avoine	pl.sarclées	blé	avoine	luzerne
avoine	trèfle	blé	avoine	pl.sarclées	blé	avoine	luzerne	luzerne
trèfle	blé	avoine	pl.sarclées	blé	avoine	luzerne	luzerne	luzerne
blé	avoine	pl.sarclées	blé	avoine	luzerne	luzerne	luzerne	luzerne
avoine	pl.sarclées	blé	avoine	luzerne	luzerne	luzerne	luzerne	blé
pl.sarclées	blé	avoine	luzerne	luzerne	luzerne	luzerne	blé	avoine
blé	avoine	luzerne	luzerne	luzerne	luzerne	blé	avoine	pl.sarclées
avoine	luzerne	luzerne	luzerne	luzerne	blé	avoine	pl.sarclées	blé
luzerne	luzerne	luzerne	luzerne	blé	avoine	pl.sarclees	blé	avoine
luzerne	luzerne	luzerne	blé	avoine	pl.sarclées	blé	avoine	trèfle
luzerne	luzerne	blé	avoine	pl.sarclées	blé	avoine	trèfle	blé

prairies naturelles   Ha
pâturages   Ha

nos pièces restantes en quinze soles égales et autant que possible d'un seul tenant ; l'étude du plan et des contenances y indiquées conduit uu résultat cherché. Chaque sole, une fois reconnue, reçoit un numéro en chiffres romains et est séparée des soles voisines par un trait fort ou par une teinte conventionnelle, de façon à se détacher très nettement. Le numéro I est affecté à la sole qui, lors de l'entrée en ferme, portait la récolte tête de l'assolement ; le numéro XV est donné à la sole qui, cette même année, portait la dernière avoine de la rotation. Le plan ainsi préparé, et étant admis que la surface de terres assolées est, par exemple, de 195 hectares, nous dressons le tableau ci-dessus.

J'ai rempli entièrement le tableau pour que l'on voie qu'il montre chaque année les pièces occupées par les diverses récoltes et l'emplacement de ces récoltes sur la ferme. Chaque récolte n'occupe jamais plus de quatre groupes de pièces distincts, et douze année sur quinze les quatre soles de luzernes sont contiguës. En pratique, on rédige le tableau année par année en inscrivant la nature de la plante sarclée (il peut y en avoir plusieurs pour la même sole), le fourrage annuel qui peut être cultivé à la place du trèfle, la céréale qui remplace en totalité ou pour partie le blé ou l'avoine sur une sole déterminée. Les récoltes dérobées peuvent être aussi mentionnées en sous-titre de la récolte principale, ce qui indique que le tableau doit être assez grand. Très facilement, on peut faire le calcul des étendues occupées annuellement par chaque récolte, et il est superflu d'insister davantage sur l'importance de ces renseignements divers et des indications qui en découlent.

CHAPITRE III

LES INDUSTRIES AGRICOLES

Intérêt de les annexer à l'exploitation agricole proprement dite
en vue d'une bonne gestion du domaine.

Considérations générales: fermes à grosses exportations
de produits grossiers, ou à faibles exportations de pro-
duits fins. Introduction de l'industrie agricole dans ce
second cas. — Si l'on essaie de grouper les éléments que j'ai
présentés dans les chapitres qui précèdent, il est aisé de voir
que, pour l'agriculteur, deux voies se présentent : exporter
une masse importante de produits plus ou moins achevés ;
livrer au contraire à la consommation une quantité beaucoup plus faible de denrées toutes prêtes à être employées
sans transformation ou après avoir subi des transformations
insignifiantes. Dans le premier cas (culture industrielle), les
exportations devront être compensées par des importations
suffisantes pour entretenir ou même accroître la fertilité du domaine, et le cultivateur aura à établir un calcul pour se rendre
compte si la valeur des importations, frais d'arrivage inclus,
reste plus faible que la valeur des exportations frais d'expédi-
dition déduits. Si la balance penchant en sens inverse, on se
trouvait dans une position d'équilibre trop instable, il faudrait
abandonner le système de culture adopté ou n'y persévérer
qu'avec une grande prudence. Susceptible de donner de gros
profits si elle est bien conduite, la culture industrielle a contre
elle l'inconvénient d'exiger un gros roulement de capitaux.

Dans le second cas, comme il sort de la ferme fort peu d'élément fertilisants et que tout ce qui est susceptible d'être rendu
au sol y retourne directement ou après un court passage dans
le corps des animaux, le maintien ou l'accroissement de la
fertilité de l'exploitation s'obtient à frais beaucoup moindres
et c'est un très gros avantage. Il y en a un second, peut-être
encore plus important. La culture que je qualifierai de pure-

ment agricole implique l'entretien d'un nombreux bétail qui utilise les fourrages et consomme la récolte des prés. Si ce sont les prés qui dominent, si les animaux y passent presque toute leur existence et s'y engraissent, le personnel est très réduit et le chef d'exploitation est débarrassé du gros souci de la main-d'œuvre. Si, au contraire, les prairies temporaires ne jouent dans l'assolement qu'un rôle de complément ou d'adjuvant; si, à côté d'elles, les fourrages annuels consommés à l'étable tiennent une large place; si ces fourrages, pour une exploitation mieux raisonnée du sol, doivent, à côté des graminées et légumineuses, comprendre toute la série des plantes racines et en particulier les betteraves, le personnel agricole sera nombreux, mais une partie au moins aura de l'occupation pour chaque saison et ne sera pas soumise aux à-coups que présente la culture industrielle demandant de gros effectifs pendant quelques mois d'été et d'automne, puis presque plus personne pendant les mois d'hiver, lorsque les betteraves sont parties à la sucrerie. A l'abri du chômage et des manques à gagner qui en résultent, l'ouvrier s'attache au domaine et en rend l'exploitation beaucoup plus facile; malheureusement le bétail ne suffit pas à lui seul pour donner du travail pendant la morte-saison, il faut compléter son rôle utile, et alors apparaît l'industrie agricole qui, à la ferme même, aux époques les moins remplies par les travaux d'extérieur, opère une sorte de départage entre les produits grossiers restant sur place où on les donne aux animaux et les produits plus fins susceptibles d'entrer dans l'alimentation humaine ou de concourir directement à la fabrication de certains objets nécessaires à l'exercice de notre activité.

Principales industries agricoles. La fabrication des pois cassés. — Lorsqu'on parle d'industrie agricole, on s'attache d'ordinaire à la distillerie et à la féculerie, peut-être faudrait-il mentionner aussi le rouissage et le teillage du lin et du chanvre, et il me semble intéressant d'attirer avec M. H. Blin l'attention du cultivateur sur une préparation qui serait susceptible de donner un bénéfice important. Il s'agit de l'industrie des pois cassés; nous sommes, pour cette industrie, tributaires de l'étranger, qui nous envoie annuellement, surtout l'Autriche, de 300 à 400.000 kilogrammes de pois ; nul doute que, si nous livrions nous-mêmes au commerce ce stock important, notre marque ne fasse prime et trouve un débouché facile. L'ingénieur français Tritschler estime que, pour traiter par jour 100 hectolitres de pois, un bâtiment à deux étages de 10 mètres de large sur 15 à 18 mètres de long, sans agencements compliqués, permettrait la fabrication proprement dite et le logement des marchandises à préparer ou prêtes pour l'expédition. Le capital de premier établissement serait de 6 à 7.000 francs, la force motrice de 7 à 8 chevaux à prendre peut-être pour partie, sinon en totalité, sur le moteur préexistant et déjà utilisé aux autres travaux mécaniques d'intérieur ; enfin l'ensemble des appareils pour trier les pois par grosseur, les décortiquer, séparer sans les briser les deux cotylédons, etc., ne paraît comporter aucun organe particulièrement délicat ou de conduite difficile pour un ouvrier agricole. Au point de vue culture, la question de cette industrie est résolue dans la pratique d'un assolement fourrager, puisque les fanes des pois constituent un bon aliment pour les moutons en particulier, et, si la récolte est faite en bonnes conditions, il n'est pas très difficile de préserver, au besoin à l'aide de quelques traitements à l'acide sulfureux, jusqu'au moment de leur emploi, les pois rentrés bien mûrs en magasin.

La distillerie agricole. Son importance. Matières premières. — [La distillerie agricole a été étudiée par M. E. Boullanger dans son livre sur la *Distillerie agricole industrielle* ; l'ouvrage de M. Sidersky (*Distillerie agricole*) renferme aussi de précieux documents, et le tableau suivant, emprunté au rapport présenté par M. Heuzé à la Société d'encouragement pour l'industrie nationale (séance du 11 février 1870), montre de quelle importance fut la distillerie sur l'essor pris par l'agriculture française, confirmant ce que je disais au début de ce chapitre. Il résume les résultats d'une enquête faite par la chambre syndicale des agriculteurs distillateurs sur 500 fermes pourvues de distilleries système Champonnois.

	Avant la distillerie. 1854	Après la distillerie. 1864	Différence.
Sole de betteraves, hectares..........	1 947	21 405	19 548
Sole de blé, hectares.................	21 906	27 670	5 764
Rendement en blé par hect., hectolitr.	19,52	27,75	8,23
Têtes de gros bétail, entretenues.....	25 386	51 449	26 063
— — engraissées	6 995	46 656	39 661
Personnel : été, ouvriers.............	9 853	25 735	15 884
— hiver, ouvriers..........	4 767	14 718	9 951

D'autre part, les chiffres collationnés par M. Sidersky donnent une idée de l'importance au double point de vue de la quantité et de la valeur argent des produits livrés en France par la distillerie des betteraves :

ANNÉES.	BETTERAVES (tonnes).	ALCOOL (hectolitres).	PRIX par hectolitre.	PULPES (tonnes).	VALEUR EN ARGENT (millions de francs).		
					Alcool.	Pulpes.	Total.
			francs.				
1903	1 543 600	926 459	42	771 800	38 899	4 631	43 530
1904	1 653 582	992 149	44	826 791	43 648	4 960	48 608
1905	1 542 200	1 002 429	45	771 100	45 090	4 626	49 716
1906	1 457 930	1 160 554	42	928 965	48 743	4 374	53 117
1907	1 431 790	1 145 433	43	715 895	49 254	4 295	53 549

Le rendement en pulpes est évalué à moitié du poids des betteraves et leur valeur est estimée à 6 francs les 1.000 kilogrammes départ ; le comparaison des colonnes 2 et 3 montre les progrès réalisés par les procédés d'extraction.

Si l'on envisage la consommation croissante de l'alcool industriel et les mesures de protection qui sont susceptibles de défendre les alcools français contre les produits similaires fabriqués avec des grains venus du dehors ou contre les pétroles, essences et analogues, il y a tout lieu d'envisager pour la distillerie agricole un avenir de prospérité ou, tout au moins, de prix rémunérateurs. Celle-ci a pu autrefois traiter les grains, mais il semble que, pour l'agriculteur, cette matière première doive passer au second plan : le blé pour la meunerie et l'orge pour la brasserie ont trop de valeur pour que le cultivateur ait intérêt à les convertir en alcool; resterait, il est vrai, le seigle, mais, dans la culture intensive, il doit faire place aux autres céréales qui lui sont à tous points de vue supérieures. Ce sont donc la betterave, la pomme de terre et le topinambour qui sont les matières premières les plus intéressantes pour le cultivateur, suivant qu'il travaillera des terres favorables à l'une ou l'autre de ces plantes, mais, comme la pomme de terre trouve en nature un gros et profitable débouché et que la zone de culture du topinambour est circonscrite, ainsi que nous le verrons plus loin, la betterave tient incontestablement le premier rang.

Distillerie de betteraves. Conduite générale de l'opération. — Soumis, depuis 1890 environ, à la fermentation au moyen de levures pures et sélectionnées, le jus des betteraves s'obtenait au début à l'aide de râpes donnant une pulpe que pressaient des presses continues. A ce procédé, Champonnois substitua la macération, qui devint méthodique et fut perfectionnée par MM. Barbier, Déom (macération tournante), Petit, etc. ; puis vint la diffusion, fondée comme la macération sur les phénomènes d'osmose et rendue pratique par des constructeurs tels que M. Wauquier, la Compagnie de Fives-Lille, M. Boullanger, M. Guillaume. La lutte, aujourd'hui, se circonscrit entre la diffusion et la macération : bien conduits, l'un et l'autre procédé donnent en dernière analyse un rendement en alcool sensiblement égal, et il semble, d'après M. Sidersky, que, dans ces conditions, l'avantage doive être accordé à la macération dans les petites distilleries dont le travail ne dépasse pas 25 à 35 tonnes par jour, car son installation, moins coûteuse, est plus facilement mise en mains d'ouvriers inexpérimentés. Toutefois il ne faut pas oublier que la diffusion demande une quantité d'eau moindre que la macération, et cette considération revêt, dans certains cas, une importance tout à fait capitale.

Au reste, ce qu'un agriculteur doit chercher dans toute son exploitation, c'est la simplicité, et les appareils que les constructeurs mettent aujourd'hui à sa disposition ont réalisé dans cette voie les améliorations les plus remarquables.

L'idéal, dans la diffusion, serait d'avoir un appareil tubulaire unique suffisamment allongé qui recevrait à sa partie inférieure les cossettes neuves émises par le coupe-racines, et laisserait par cette même partie s'échapper les liquides enrichis au maximum ; ces liquides (eau ou vinasses) arriveraient par l'autre extrémité du tube où ils trouveraient la cossette épuisée sans cesse en voie de déchargement pour être emportée au dehors, et, cheminant de haut en bas à travers le tube, y rencontreraient des cossettes de plus en plus riches avec lesquelles ils se mettraient en équilibre : or, ce diffuseur idéal, M. Guillaume l'a réalisé dans sa batterie de diffusion simplifiée qui se réduit à trois éléments, dont chacun agit comme cinq diffuseurs d'une batterie ordinaire, grâce à un procédé que l'inventeur décrit avec tous les détails nécessaires à l'agriculteur praticien dans son ouvrage *La nouvelle distillerie agricole*.

Je dois cette brochure à l'amabilité de MM. Egrot et Grangé, que je tiens à remercier ici d'une façon toute spéciale pour tous les détails qu'ils m'ont très complaisamment fournis. On y peut voir représentés de façon schématique l'appareil de diffusion simplifiée, la stérilisation, l'aération et la fermentation continue aseptique du jus suivant la méthode de M. Guillaume ; tout le jus est fermenté dans une cuve fermée dite *cuve nourrice*. Cette cuve peut être vidée dans de petites cuves (cuves de chute, où la fermentation s'achève avant l'envoi du jus fermenté à la distillation) soit par le bas, ce qui entraîne toutes les impuretés, levures mortes, etc., qui s'amasseraient sur la portion conique inférieure, soit par la région moyenne, soit enfin par le haut, ce qui entraîne les mousses : on assure ainsi une égale fermentation de toute la masse du jus. Toutefois, ayant trouvé à l'user que la fermentation continue en cuves fermées comportait un ensemble d'appareils trop compliqués, MM. Egrot et Grangé l'ont remplacée par la fermentation continue en cuves ouvertes, de construction et d'entretien beaucoup plus simples. Ce dispositif apparaît sur le schéma de distillerie agricole de betteraves dressé par MM. Egrot et Grangé. On y voit, après les laveurs, élévateurs de betteraves et coupe-racines, qui précèdent la batterie de diffusion, les bacs jaugeurs qui la suivent. Des bacs jaugeurs le jus est envoyé dans la cuve de fermentation principale, soit directement, soit après passage au travers d'un réfrigérant, suivant la température à laquelle il se trouve. La fermentation, une fois établie à l'aide d'un pied de cuve dans la cuve de fermentation principale, s'y continue pendant toute la durée de la fabrication, sauf accroc obligeant à faire un pied de cuve neuf ; elle est réglée de façon à ce qu'après un séjour d'une dizaine d'heures dans la cuve, le jus, entré avec une densité de 5°, en sorte avec une densité de 0°,9 seulement, soit par un trop-plein, soit par des robinets de sortie placés à différents niveaux. De la cuve principale le jus est envoyé alternativement dans une des trois cuves de chute, où la fermentation achève de tomber en trois heures environ ; il poursuit ensuite sa route vers les appareils à distiller. Si j'ai bien compris, les dimensions de la cuve principale doivent être calculées à raison de un hectolitre par 120 kilogrammes de betteraves traitées. Les appareils à distiller qui figurent sur le schéma ne sont autres que l'appareil de distillation rectification directe de M. Guillaume.

Cet appareil (type agricole) livre en une seule opération :

70 p. 100 d'alcool bon goût.

25 p. 100 environ d'alcool à 90-92°, propre à la dénaturation.

5 p. 100 environ de produits d'un degré moindre pouvant être repassés dans l'appareil en fin de campagne.

Les 70 p. 100 d'alcool bon goût, à un degré garanti de 96 à 97° Gay-Lussac, sont susceptibles d'être vendus avec une prime plus ou moins forte.

L'appareil comprend : une colonne à distiller, système Guillaume, dont le dispositif rend impossible toute obstruction, même par des moûts épais, et permet le nettoyage presque instantané ; il n'utilise guère plus de vapeur qu'un des appareils de distillation continue donnant, suivant modèle, des alcools à 60-70° Gay-Lussac, 90-92° Gay-Lussac, ou 95° Gay-Lussac. Certains de ces appareils se chauffent à feu direct, d'autres sont susceptibles d'être démontés en une série de pièces de transport facile ; je ne puis que les signaler.

Plans et devis de distilleries agricoles. Matériel

et personnel nécessaires. Bénéfices possibles. — Ce que j'ai voulu, par contre, tâcher de me procurer, ce sont les plans et devis de distilleries susceptibles de traiter la production de 50 hectares de betteraves, ou celle de 120 à 150 hectares. Dans mon esprit, les premières peuvent être construites par un agriculteur exploitant une ferme de 200 hectares, dont un quart en betteraves; les secondes, par un agriculteur exploitant 400 à 450 hectares, ou un groupe de cultivateurs ne cultivant chacun que quelques hectares de racines, mais pouvant s'associer pour élever une distillerie coopérative, édifiée au besoin à l'aide du crédit agricole à long terme dont j'aurai plus tard à montrer les avantages.

Je me suis adressé à la maison Egrot. Il appartient aux intéressés de mettre en concurrence avec elle les maisons sérieuses qui peuvent leur donner satisfaction. MM. Egrot et Grangé ont bien voulu me dire qu'une distillerie traitant par jour 25.000 kilogrammes de betteraves (premier type, production de 50 hectares) coûterait à monter (prix des appareils seulement) 50.000 francs pour production de flegmes à haut degré et extraction du jus par macération. La même, avec extraction du jus par diffusion, coûterait 60.000 francs, et, si l'on voulait y produire de l'alcool rectifié, il faudrait compter 72.000 francs.

Pour la distillerie correspondant au travail de 120 à 150 hectares de betteraves et traitant 50.000 kilogrammes de betteraves par jour, M. Egrot ne conseille pas la macération : la matière séjournerait trop longtemps dans des batteries trop grandes et risquerait de se contaminer par des ferments butyriques ; il faut préférer la diffusion, coût 86.000 francs pour la production de flegmes à haut degré et 110.000 francs pour la production de l'alcool rectifié.

Avec juste raison, M. Egrot me fait observer qu'il ne peut me donner de prix global d'installation à cause de la facilité plus ou moins grande que l'on a à se procurer de l'eau propre et à évacuer les eaux boueuses et les vinasses ; j'aurais du moins aimé avoir quelques chiffres indiquant la dépense à faire pour la construction des bâtiments qui abritent les appareils et servent de magasin à alcool et j'aurais voulu pouvoir donner les dimensions principales de ces bâtiments ; je n'ai pas eu ces chiffres, mais les plans que MM. Egrot et Grangé ont bien voulu me communiquer présentent déjà ceci de très intéressant qu'ils permettent de voir que l'on peut aménager la distillerie dans des locaux de formes très diverses dont une faible partie a besoin d'être assez élevée.

Ce sont ceux de la distillerie de M. François Theillier à Priel (Aisne), montée pour travailler 50.000 kilogrammes par jour avec production directe d'alcool rectifié, — de la distillerie de M. Léon Fouillard, à Oulchy-la-Ville (Aisne), montée pour traiter 25.000 kilogrammes et produire (par jour, bien entendu) 15 hectolitres (comptés à 100°) d'alcool à 90-92°, — et de la distillerie de M. Potel, à Dammard, par la Ferté-Milon (Aisne), traitement de 50.000 kilogrammes de betteraves à 6° de densité, environ 30 hectolitres d'alcool par jour.

· Le plan d'ensemble de cette dernière distillerie donne un aperçu de la position que l'on pourrait donner à la distillerie en rapprochant les bâtiments qui la composent des autres constructions de la ferme ; il fait voir les silos à betteraves et à pulpe, bassins de décantation, etc. ; il suggère seulement une observation quant à la position des silos à pulpe : à Dammard ceux-ci ont l'avantage d'être très faciles à vider, mais il est douteux qu'il soit partout permis de les établir au bord d'un chemin un peu important. Il faudrait choisir un dégagement privé et, autant que possible, facilement accessible de la chambre à mélange des aliments.

M. Potel se loue beaucoup des résultats qu'il a obtenus avec l'appareil de rectification système Guillaume, type agricole ; il en a tiré 75 p. 100 d'acool rectifié, facilement vendu au commerce ou en bourse de Paris, et les mauvais goûts ont été recherchés pour la dénaturation. Le personnel employé pour l'intérieur de l'usine à compté quatre hommes par poste de jour et de nuit, savoir :

1° Un distillateur, surveillance générale, marche de la fermentation, colonne de distillation, rectification directe ;

2° Un chauffeur, chauffage, graissage et surveillance des machines ;

(Ces deux hommes font les nettoyages intérieurs, repassent et remontent les couteaux du coupe-racines.)

3° Un homme pour la diffusion ;

4° Un homme pour le services des pulpes et la mise en silos complète.

La production journalière, garantie de 30 hectolitres, a été en moyenne de 33 hectolitres (arrêts compris) pour le mois de décembre 1905, et pour ce même mois, malgré l'obligation d'élever l'eau de 9 mètres et une dépense de vapeur pour l'éclairage électrique, la consommation en charbon tout venant de Liévin a été d'un peu moins de 85 kilogrammes par hectolitre d'alcool à 100°.

Dans son étude, M. Guillaume fait la description d'une usine traitant seulement 10 000 kilos de betteraves par jour et fixe avec précision les attributions de chaque personne employée. Il assigne à divers appareils des dimensions qui permettent de calculer les locaux nécessaires à leur logement et que, pour ce motif, je reproduis ci-dessous :

Diffuseurs : hauteur 3 mètres, diamètre.......	0m,60	
Cuve à levain............................	2 à 3	hectolitres.
Cuve à fermentation.......................	100	—
Cuves de chute au nombre de trois, chaque..	35 à 40	—
Réservoir à vinasse, en bois.................	8 à 10	—
— à petit jus, en bois.................	6 à 8	—
— à jus fermenté, en tôle.............	8	—
— à eau, maçonnerie revêtue de zinc..	20 à 30	—

Ces quatre réservoirs sont placés sur la terrasse du bâtiment principal.

Au magasin à alcool, il faut prévoir :

2 bacs de dégustation de 4 hectolitres chaque.
2 citernes à alcool bon goût de 100 hectolitres chaque.
1 citerne à moyens goûts de 50 hectolitres.
1 citerne à mauvais goûts de 10 à 15 hectolitres.
1 fût en fer pour produits de queue au-dessous de 90°.

Établissant d'autre part le rapport possible de sa petite distillerie, M. Guillaume arrive à un résultat qu'il me paraît intéressant de donner à titre d'indication.

L'usine travaillant cent vingt jours à raison de 10.000 kilogrammes par jour de betteraves d'une densité moyenne de 6°, donnant par 100 kilogrammes de racines et par degré de densité un litre d'alcool à 100°, la production est, pour la campagne entière, de 720 hectolitres d'alcool à 100°, ou 800 hectolitres d'alcool au titre commercial de 90°. Sur ces 800 hectolitres on peut compter avec une fabrication soignée :

720 hectolitres alcool bon goût et 80 hectolitres alcool industriel. Le cours en bourse étant supposé de 40 francs l'hectolitre pour le bon goût et de 1 fr. 50 de moins pour l'alcool industriel, le produit net :

```
720 hectolitres alcool bon goût à fr. 40.....   28 800 francs.
 80      —       alcool industriel à fr. 38,50.   3 080    —
                              ci..........   31 880 francs.
```

A quoi il faut ajouter la pulpe qui, avec la diffusion simplifiée, est très riche en eau et représente 90 p. 100 du poids des betteraves, soit 1.020.000 kilogrammes cotés 6 francs les 1.000 kilogrammes, ci 6.480 francs, donnant avec l'alcool un produit total de 38.360 francs. Ce chiffre est d'autant plus acceptable qu'il n'est pas tenu compte de la valeur des eaux résiduaires et autres déchets.

La dépense s'élève pour la campagne à 2.562 francs affectés au paiement d'un chauffeur machiniste payé 4 francs, d'un homme pour la diffusion et le service intérieur payé 3 fr. 50, et d'un homme à tout faire (approvisionnement des lavoirs, conduite des pulpes au silo, propreté) payé 3 francs, soit ensemble 10 fr. 50 par jour et par poste ou 21 francs pour la journée de vingt-quatre heures.

Au payement du personnel il faut ajouter :

```
Charbon 110 × 800 = 8 800 kg à fr. 20..............   1 760 francs.
    (On compte 110 kg par hectolitre d'alcool).
Acide, dégras, nutritine ou maltopeptone, huile, etc.    500   —
Entretien et frais généraux........................      800   —
Commission pour vente de l'alcool : fr. 0,50 par hect.   400   —
Amortissement du matériel et intérêt...............    3 500   —
Total général, y compris les frais de personnel......  9 522 francs.
```

ce qui fait ressortir la tonne de betteraves à :

$$\left(\frac{38\,360 - 9\,522}{1\,200}\right) = 24 \text{ francs.}$$

En tenant compte de l'alcool et de la pulpe donnés par les collets qui n'entrent pas dans le calcul ci-dessus et que le distillateur peut utiliser au lieu qu'il ne pourrait les vendre au fabricant de sucre, M. Guillaume arrive même à faire ressortir la tonne de betteraves à 25 fr. 90, et il montre que les résultats obtenus par la production directe d'alcool rectifié accusent en faveur de ce procédé des avantages pouvant, suivant la prime obtenue au-dessus du cours, varier de 6 fr. 03 à 8 fr. 53 par hectolitre, le cours de la Bourse étant toujours supposé de 40 francs.

Je ne puis entrer dans le détail, ni discuter les conclusions de M. Guillaume, mon cadre n'est pas assez vaste ; mais, si je rapproche les chiffres auxquels il arrive des prix payés à la culture par la distillerie industrielle au cours des dernières campagnes pour l'achat de la tonne de betteraves, je dois reconnaître que les données fournies par l'auteur que je viens de citer conduisent à une appréciation très suffisamment exacte du produit que l'agriculteur peut tirer de sa distillerie.

Dans le cas où la construction peut être faite de toutes pièces, la disposition adoptée chez M. Theillier est de beaucoup la meilleure, car elle se prête facilement à des agrandissements ultérieurs. Le recul d'une portion de cloison avec petit toit en appentis permet le logement d'une seconde batterie de diffuseurs parallèle à la première. On double symétriquement, sous un abri extérieur doublé lui-même, les laveurs et nettoyeurs qui alimentent un second coupe-racines placé à côté de celui qui existait déjà ou convergeant dans ce premier coupe-racines si son débit est suffisant. Il y a place pour un générateur supplémentaire sous le hangar qui sert de dépôt à charbon ; le magasin à alcool s'allonge autant qu'on peut le désirer et il en est de même de la salle des cuves à fermentation où l'on peut disposer une ou deux nouvelles cuves mères, chacune avec ses deux cuves de chute, les cuves mères restant toujours au voisinage de la

iffusion tandis que les cuves de chute sont reportées vers
'autre extrémité de la salle.

Variétés de betteraves à cultiver. — Une autre ob-
ervation trouve aussi sa place ici : on distingue la betterave
e distillerie, dont la densité ne dépasse guère 5 à 6°, de la bette-
ave à sucre, dont la densité s'élève jusqu'à 9° et atteint avec
ne bonne culture une moyenne de 8°. Pourquoi cette distinc-
ion? Il semble qu'il faille l'attribuer à ce qu'il fut une époque
ù le distillateur, surtout le distillateur agricole, éprouvait
uelque difficulté à faire fermenter convenablement des jus
rop riches, la fermentation s'établissant beaucoup plus faci-
ment avec du jus de 4 à 5° de densité ; d'autre part, les bette-
aves se rapprochant de ces faibles densités donnaient à l'hectare
es rendements beaucoup plus élevés que la betterave à sucre.
ujourd'hui, ce sont là considérations auxquelles il ne faut
lus s'arrêter : il est possible d'acclimater les levures et de les
abituer à travailler dans un milieu riche en sucre ; en outre
a pratique journalière a fait voir que, pour les betteraves à
autes densités, chaque degré de densité correspondait sensi-
lement à 2 p. 100 de sucre, quelquefois même un peu plus,
andis qu'avec des betteraves pauvres, le degré ne correspond
lus qu'à 1,84 p. 100 de sucre et tombe parfois à 1,54 p. 100.
vec des écarts aussi considérables, une analyse s'impose
orsque le cultivateur, au lieu de ne traiter que ses betteraves,
omplète ses approvisionnements auprès de cultivateurs voi-
ins, avec qui il est ou non associé dans une coopérative qui a
les bénéfices à partager ; il faut aussi faire le calcul du sucre
btenu à l'hectare suivant que l'on s'adresse aux variétés riches
e la sucrerie ou de densité moindre de la distillerie ; bien cul-
ivées, les premières donneront à l'hectare au moins autant
e sucre, et partant d'alcool, que les secondes, et si l'on songe
u'elles nécessitent moins de charrois et laissent des résidus plus
utritifs sous un volume moindre, il est probable qu'avec les
rogrès de la culture se développera la place donnée aux
acines les plus riches.

Cette double remarque faite, le distillateur agricole, après
raitement de ses betteraves, se trouve en présence d'alcool
abriqué et de résidus divers.

Importance de divers produits donnés par la distillerie de betteraves. Utilisation des sous-produits, pour l'alimentation du bétail ou la fertilisation du sol. Résultats obtenus par M. Hanicotte à Béthune. — Théoriquement, d'après Pasteur, 100 grammes de sucre devraient donner 51^{gr},10 d'alcool, ce qui correspond à une production de 64^l,32 d'alcool à 100° pour 100 kilogrammes de sucre ; en fait, il ne faut guère compter que 60 litres d'alcool pour 100 kilogrammes de sucre. C'est le résultat auquel arrivent MM. Boullanger frères, à leur distillerie de Moyenneville, où ils ont établi un système de pesées très exact des betteraves travaillées ; ils obtiennent par tonne de betteraves 66^l,81 de flegmes à 100° Gay-Lussac. Nous avons là une base de calcul sérieuse pour évaluer la production d'alcool dans une distillerie où nous connaissons le poids de racines que l'on se propose de mettre en œuvre pendant la campagne ; l'importance de ce renseignement n'échappe pas, il règle la dimension à donner aux réservoirs et les conditions de livraison au commerce.

D'un autre côté, du poids même des betteraves dépendent le volume et l'étendue des silos à betteraves et à pulpes. Pour celles-ci le poids, suivant les procédés d'extraction du jus, varie de 50 à 90 p. 100 du poids des racines, selon qu'on a ou non pressé les résidus ; on peut tabler sur une moyenne de 66 p. 100 et calculer le volume du logement en évaluant la densité du produit à loger comme égale à celle de l'eau. Bien entendu la consommation journalière est à déduire, et celle-ci peut être estimée entre 8 et 10 p. 100 du poids des animaux auxquels sont distribuées les pulpes. L'aliment ainsi fourni présente la composition suivante d'après deux analyses de M. Sidersky :

	Pulpes de macération.	Pulpes de diffusion.
Humidité	94,00	89,40
Cendres	1,79	1,20
Matières protéiques	1,70	1,32
— grasses	1,68	0,47
— hydrocarbonées	0,71	3,03
Cellulose	3,12	4,60
	100,00	100,00

Les pulpes incontestablement sont le sous-produit le plus intéressant pour l'agriculteur, mais elles ne sont pas le seul. Dans une distillerie qui produit par vingt-quatre heures 600 hectolitres de jus, il a été reconnu qu'à raison de 4^{gr},50 par litre, la levure morte recueillie au fond des cuves livrait par hectolitre de jus :

		grammes.
Azote		36,70
Potasse		10,70
Acide phosphorique		8,33

soit, pour la production journalière :

Azote	22 kilos.
Potasse	6 —
Acide phosphorique	5 —

M. Sidersky fait observer que ces chiffres se passent de commentaires, soit qu'on utilise les levures mortes comme engrais, soit qu'on les introduise, comme les pulpes, dans l'alimentation du bétail. Restent les vinasses et les boues sortant des laveurs ; celles-ci doivent nous arrêter à cause : 1° de leur valeur comme engrais ; 2° de la nécessité où le distillateur se trouve placé de s'en débarrasser sans nuire à la santé publique ; 3° de la quantité d'eau qu'elles contiennent et que nécessairement il a fallu leur fournir au cours du travail. Voyons d'abord les boues des laveurs.

Les boues sont constituées par l'eau de lavage, la terre et les débris organiques détachés des racines, elles sont donc relativement peu putrescibles, et c'est une erreur de les mélanger aux vinasses lorsque l'on peut faire autrement ; leur importance et surtout la quantité d'eau qu'elles absorbent dépendent évidemment du degré de saleté des betteraves, il n'est dès lors pas possible de dire combien le lavage des racines exigera d'eau, mais ce qu'il faut signaler, c'est que, si on emploie les boues à l'irrigation, on peut, après abandon des matières en suspension, récupérer une partie des eaux clarifiées et les faire resservir d'une façon plus ou moins directe : c'est un point à ne pas négliger lorsque l'eau est rare. En irriguant ainsi deux hectares de terre drainée situés au voisinage de sa distillerie, M. Hanicotte, de Béthune, y cultive sans arrêt, avec le seul secours de 100 kilogrammes de nitrate de soude à l'hectare, des betteraves de distillerie dont il obtient, à l'hectare, 65.000 kilogrammes avec 10 p. 100 de sucre.

Les vinasses constituent un engrais beaucoup plus riche que les boues et, à l'inverse de ce que nous venons de constater pour celles-ci, nous pouvons en prévoir le cube et la composition pour une fabrication déterminée. On compte en effet qu'avec la diffusion, il faut tirer 160 litres de jus pour 100 kilogrammes de racines traitées ; ceci suppose 16 hectolitres de jus par tonne de betteraves donnant 66 litres d'alcool ou 24 hectolitres de jus pour un hectolitre d'alcool. La pratique confirme ce chiffre moyen et l'on prévoit 24 hectolitres de vinasse par hectolitre d'alcool fabriqué. M. Pagnoul, directeur de la Station agronomique d'Arras, assigne à la vinasse une teneur moyenne au mètre cube de $1^{kg},024$ d'azote, $0^{kg},470$ d'acide phosphorique et $1^{kg},674$ de potasse ; il sortirait donc d'une distillerie produisant par jour 500 hectolitres de vinasse : 50 kilogrammes d'azote, $23^{kg},25$ d'acide phosphorique et 84 kilogrammes de potasse, soit, pour une fabrication de quatre mois, une valeur d'environ 4.000 à 4.500 francs d'engrais chimiques dont l'agriculteur aurait grand tort de ne pas profiter. Malheureusement, s'il examine la composition de sa vinasse telle qu'elle a été reconnue par M. Pagnoul, il voit bien vite que l'azote y est en un très fâcheux excès par rapport à l'acide phosphorique ; il lui faut alors, ou étendre beaucoup le champ de ses irrigations, de manière à ne pas y provoquer une sursaturation d'azote amenant la verse des céréales et la médiocrité exagérée des betteraves, ou tourner la difficulté en faisant deux lots de son engrais. Ce dernier parti doit seul le retenir ; le premier exigerait l'emploi de canalisations trop importantes et par suite trop coûteuses. La vinasse, préalablement refroidie sur un réfrigérant à fagots afin d'éviter le développement de levures spéciales qui, au dessus de 55°, décomposent la matière azotée et donnent lieu à des produits putrides, la vinasse est abandonnée au repos dans des bassins de décantation où elle circule très lentement, laissant tomber tous ses éléments solides pour arriver, sous forme d'un liquide relativement clair, à une pompe qui l'envoie dans les canaux d'irrigation. L'été, la portion solide suffisamment ressuyée est enlevée des bassins et mélangée à des pailles et autres litières pour constituer un excellent fumier destiné aux parties éloignées de l'exploitation. M. Hanicotte, dans son exploitation de Béthune, conduit les vinasses claires sur ses principales terres au moyen d'une canalisation souterraine en fonte, qui n'a pas moins de 1.000 mètres de longueur ; aux points convenables cette canalisation présente des tubulures qu'on ouvre suivant les besoins pour donner accès au liquide dans les rigoles creusées à la charrue ; celles-ci, pour une bonne répartition, ne doivent pas avoir plus de 30 mètres de long, aussi est-il nécessaire d'ajuster, sur les tubulures, des conduites fixes, des conduites mobiles de longueurs appropriées pour amener la vinasse au point précis où elle doit se déverser sur le sol.

Les 1.000 mètres cubes de vinasse claire employés à l'hectare par M. Hanicotte contiennent (analyse Pagnoul) :

Matières minérales....................	6 600 kilos.
— organiques..................	3 400 —
Azote...............................	821 —
Acide phosphorique..................	322 —
Potasse.............................	1 646 —

L'insuffisance d'acide phosphorique est corrigée par l'emploi de 1.000 kilogrammes de phosphates naturels qui neutralisent en même temps l'acidité de la vinasse. L'irrigation terminée, la terre est hersée pour faire disparaître les rigoles, puis on donne les façons nécessaires aux betteraves semées en poquets à raison de 105.000 pieds à l'hectare. Le rendement atteint 70.000 kilogrammes avec une densité de 5° à 5°,6, si l'on a soin de semer une variété pivotante à collet très peu feuillu.

Les betteraves sont suivies d'un blé blanc à épi carré écimé deux fois lorsque sa tige atteint 30 centimètres environ. Cette double opération empêche la verse et permet aux épis faibles de se développer, d'où des rendements en grains de 36.000 kilogrammes à l'hectare, le poids de paille ne dépassant pas 6.000 kilogrammes. Le blé enlevé, des récoltes dérobées non légumineuses, enfouies en vert, reconstituent en partie l'humus du sol ; en troisième année, l'avoine jaune de Groningue donne 4.000 kilogrammes de grains et 6.500 kilogrammes de paille après un écimage unique.

Ces trois récoltes n'enlevant d'après Wolf que 270 kilogrammes d'azote, 120 kilogrammes d'acide phosphorique et 450 kilogrammes de potasse, on voit que les terres traitées aux vinasses claires s'enrichissent malgré les beaux produits qu'on en obtient.

Le compost des éléments solides des vinasses, mélangés aux litières des animaux et à une certaine quantité de paille, est employé pour fumer les betteraves cultivées par M. Hanicotte sur les terres éloignées de la distillerie ; il a le temps de mûrir tout l'été, protégé par une couche de cendres et de terre empêchant les déperditions gazeuses. A la dose de 45.000 kilogrammes à l'hectare, il apporte au sol (analyse Pagnoul) :

Azote...............................	580 kilos.
Acide phosphorique..................	135 —
Potasse.............................	85 —

Il est faible en potasse, aussi y ajoute-t-on 850 kilogrammes de kaïnite ainsi qu'une ration de 350 kilogrammes de scories de déphosphoration, ces dernières sans doute autant pour leur chaux que pour leur acide phosphorique. Sur les terres ainsi fumées, l'assolement comporte :

1° Betteraves : 68.000 kilogrammes à l'hectare, densité 5°,5 à 6° ;

2° Blé : 3.400 kilogrammes de grain et 6.200 kilogrammes de paille (on sème un mélange de 1/2 blé blanc épi carré + 1/4 roux Théverson + 1/4 roux Nursery, et le blé, comme l'avoine, est généralement écimé une fois pour éviter la verse et obtenir une récolte plus régulière. Après blé, récoltes dérobées (colza, moutarde) donnant 20.000 kilogrammes d'engrais vert enfoui par un labour d'hiver ;

3° Avoine des salines de Groningue : 3.600 kilogrammes grain et 6.500 kilogrammes paille à l'hectare ;

4° *Trèfle, lentilles ou hivernages*, où sont semées les doses complémentaires de scories et de kaïnite; ou *blé*, avec engrais ci-dessus, plus 125 kilogrammes de nitrate en mars.

Les quatre récoltes enlèvent (Wolf) :

```
Azote...................................    270 kilos.
Acide phosphorique.....................    110   —
Potasse................................    348   —
```

L'équilibre est donc bien maintenu au point vue des deux premiers éléments ; pour la potasse, il faut que le sol ait chez M. Hanicotte d'importantes réserves, car les portions cultivées au fumier vinassé sont appauvries au profit de champs qui reçoivent la vinasse claire. Il faut remarquer aussi que, si les assolements de M. Hanicotte sont fort intéressants avec leurs rendements élevés, ce qui fait que j'ai cru devoir résumer les indications que M. Sidersky donne à leur sujet, il y a lieu de se défier d'en tirer des conclusions trop absolues. M. Hanicotte a 100 hectares qu'il cultive avec 12 chevaux et ne paraît plus nourrir de bétail : pour qu'il réussisse, il doit être avant tout distillateur, il vend les pulpes, mais les éléments fertilisants laissés dans les boues et dans les vinasses par les betteraves venues du dehors compensent, avec leur complément d'engrais verts et minéraux, les exportations de grain et de paille. L'agriculteur distillateur se trouverait dans des conditions différentes : il ne pourrait appliquer boues et vinasses qu'à une portion de ses terres en rapport avec l'importance de sa fabrication, c'est-à-dire en rapport avec l'étendue de sa sole de betteraves ; mais chez lui la pulpe prendrait pour la nourriture du bétail une grosse importance dont chacun peut déduire les conséquences économiques fort avantageuses. Peut-être d'ailleur l'agriculteur, n'ayant à se débarrasser que de 6 à 8.000 mètres cubes de vinasses pour une campagne de cent vingt jours, pourrait-il avec profit envisager leur épuration sur une masse de terre filtrante, en utilisant cette donnée de M. Durand Claye qu'un mètre cube de terre peut épurer par jour 33 litres d'eaux vannes. Les vinasses seraient préalablement décantées, et l'on pourrait employer, pour épurer les vinasses claires, les boues desséchées de l'année précédente. On n'aurait plus à conduire aux champs qu'un engrais solide, et les eaux épurées rentreraient dans la consommation de l'usine. M. Léon Martin (Ermenonville) a présenté sur cette question, en 1895, un mémoire intéressant à la Société des Agriculteurs de France.

Distillerie de topinambours. — La distillerie de topi-

nambours me retiendra seulement pour indiquer que ces tubercules donnent 8 à 10 p. 100 de leur poids d'un alcool estimé.
Pour l'extraire, il est nécessaire, en diffusion, de tirer de 20 à
30 hectolitres de jus par tonne ; ceci suppose une consommation d'eau supérieure à celle qu'emploie le distillateur de betteraves, et la difficulté présentée par le lavage des racines de
formes irrégulières augmente encore la quantité d'eau nécessaire.

Le topinambour rachèterait, il est vrai, en partie ces inconvénients par ce fait qu'il ne gèle pas et se conserve en terre avec
toutes ses qualités ; malheureusement l'arrachage, coûteux, est
souvent fort compliqué par les intempéries de l'hiver, et le
coût du montage de la distillerie se trouve majoré de la dépense
nécessaire pour la cuve autoclave de saccharification où
l'inuline et la lévuline du topinambour doivent être transformées en glucose avant de subir la fermentation alcoolique, et
surtout par les frais d'une amenée d'eau plus considérable que
dans le cas des betteraves. Il semble donc que le topinambour,
sauf certains cas exceptionnels, doive être de préférence employé à l'alimentation directe des animaux.

Distillerie de pommes de terre. — La maison Savalle
a monté une distillerie de pommes de terre exploitée à la ferme
d'Olizy, par Savigny (Ardennes), par M. Marc de la Pérelle,
ancien élève de l'Institut agronomique. M. Lindet a donné
de cette distillerie une description à laquelle je renvoie (1).
Au point de vue de la gestion du domaine, je me contenterai de noter que la conduite de l'opération ne doit plus être
la même que pour les betteraves et les topinambours : les
drêches ne sont guères transportables et leur conservation
ne s'étend pas au delà de quelques jours, de là obligation de
les consommer sur place au fur et à mesure de leur production.
1.000 kilogrammes de tubercules donnent 15 hectolitres de drêches qui forment la ration de 30 à 35 têtes de gros bétail ; 130 à
140 têtes étant déjà un gros effectif, on ne peut traiter à la
ferme plus de 4.000 à 4.500 kilogrammes de pommes de terre

____

(1) *Annales de l'Association des Chimistes de sucrerie et de distillerie*, mai 1893.

par jour ; d'autre part, il est nécessaire d'employer, pour saccharifier la fécule, le malt de seigle ou d'orge, car la saccharification à l'acide donnerait un produit nuisible pour les animaux. La saccharification proprement dite exige un poids de grain égal à 3 p. 100 du poids des pommes de terre traitées, la fermentation qui suit en exige 2 p. 100 : il faut donc prévoir un approvisionnement d'orge ou de seigle égal en poids à 5 p. 100 du poids de pommes de terre qui seront mises en œuvre au cours de la fabrication. Si le cultivateur opère avec le produit de sa seule récolte, sa fabrication sera de cent vingt jours, à raison de 4.500 kilogrammes par jour pour 24 à 25 hectares de tubercules d'un rendement moyen de 22.000 kilogrammes à l'hectare ; il lui faudra, d'après ce que nous venons de voir, 27.000 kilogrammes d'orge, c'est-à-dire la récolte de 15 à 16 hectares donnant 17 quintaux de grain à l'hectare, et sa production d'alcool sera d'environ 750 à 800 hectolitres, Aimé Girard ayant calculé que, en mettant à part l'alcool provenant de la distillation du malt, 100 kilogrammes de pommes de terre à 16 p. 100 de fécule donnaient $11^l,216$ d'alcool pur et 100 kilogrammes de pommes de terre à 20,9 p. 100 de fécule, $14^l,330$.

L'ensemble des appareils ne comporte plus ni coupe-racines ni diffuseur ; par contre, il y a lieu de compter :

1° Un cuiseur Henze des pommes de terre par la vapeur sous pression de trois atmosphères environ ;

2° Une cuve matière où est préparé le malt nécessaire à la saccharification et où s'opère la saccharification du moût (la cuve matière et le cuiseur sont combinés pour pouvoir recevoir chacun la même quantité de pommes de terre, 1.500 kilogrammes par exemple, et il faut tenir compte que dans la cuve matière on ajoute un volume d'eau représentant environ 14 à 15 p. 100 du poids des tubercules) ;

3° Un cuvier pour la préparation du levain ;

4° Trois cuves à fermentation de 70 à 80 hectolitres chacune puisqu'une cuve doit contenir les moûts de toute une journée, soit 15 hectolitres × 4,5 = 67 hectolitres, plus les quelques hectolitres de levain ;

5° Les appareils de distillation proprement dits. Comme le moût est très pâteux, la colonne à distiller exige un dispositif spécial pour supprimer toute cause d'obstruction. Le système Guillaume trouve ici une place tout indiquée, et M. Sorel a imaginé une colonne horizontale à cloisons verticales qui est adoptée dans plusieurs usines.

Trois cuves à fermentation sont nécessaires, car la fermentation se prolonge environ trois jours ; mais on remarquera qu'il n'y a plus besoin de cuves de chute, et, d'autre part, le volume du moût à distiller est, pour la même quantité d'alcool, environ moitié moindre que dans la distillerie de betteraves. La consommation d'eau est considérablement réduite, et, les pulpes ou drêches étant consommées par le bétail, on n'a pas à prévoir pour elles de grands silos ou l'utilisation comme engrais dans les champs. Autant de facteurs à faire entrer dans le calcul des frais de premier établissement. A ces facteurs s'ajoutent les aléas auxquels sont exposées du fait des intempéries les récoltes de pommes de terre et la haute valeur comme aliment de ces tubercules, valeur qui ne justifie pas toujours leur passage à l'alambic.

La féculerie agricole. — La féculerie de pommes de terre, autre industrie agricole, a des débouchés qui, pour n'avoir pas l'étendue des débouchés de la distillerie, n'en sont pas moins importants : collage des pâtes à papier, préparation de la dextrine, préparation des sirops blancs de glucose, confection de semoules et de vermicelles, encollage des fils de chaîne pour tissus avec les qualités inférieures, alimentation des jeunes veaux suivant la méthode de M. Gouin.

Elle laisse des pulpes qui, simplement égouttées, représentent 65 p. 100 du poids des tubercules et renferment 12 p. 100 de matière sèche avec 7 p. 100 de fécule ; enfin ses eaux résiduaires, décantées avec les précautions nécessaires pour éviter les dégagements d'acide sulfhydrique, fournissent un engrais solide, dit poudrette végétale, d'une valeur égale à la moitié de la valeur de la poudrette animale et des eaux claires convenables pour l'irrigation.

On trouve dans le *Traité de chimie industrielle* de H. Payen des chiffres empruntés à la féculerie de M. Dailly, à Trappes. En trois mois, M. Dailly avait râpé 17.400 hectolitres de pommes de terre et il avait recueilli 82.000 hectolitres d'eaux de lavages et 1.100 hectolitres de dépôts, les eaux résiduaires séjournant de douze à vingt-quatre heures en deux bassins de décantation ; il travaillait donc 193 hectolitres et demi de tubercules par jour et devait, dans le même laps de temps, écouler 900 hectolitres d'eaux claires ; ceci donne les éléments nécessaires au calcul des dimensions des bassins et des surfaces à irriguer. D'après Payen, eaux claires et dépôts auraient représenté une valeur nette de 1.662 francs, frais de canalisation et de dessiccation des boues déduits. Cette valeur me paraît avoir été estimée trop haut ; plus exact serait le compte de fabrication établi pour une journée :

Dépenses :

Pommes de terre : 200 hectolitres, soit 13.000 kilos à 3 francs p. 100 kilos......	390 francs.
Emmagasinage et mise en silo..........., ...	75 —
Main-d'œuvre en fabrique................	60 —
Direction...............................	10 —
Combustible et force mécanique..........	47 —
Loyer, entretien........................	25 —
Transports des produits.................	10 —
Intérêts, frais imprévus, emballage......	12 —
Total...........................	539 francs.

Recettes :

	Francs.
Fécule : 2.200 kilos à 28 francs p. 100 kilos.....	618,50
Pulpes : 4.400 kilos pressées, à fr. 0,75 p. 100 kilos. ou 8.500 kilos égouttées à fr. 0,38........	33
Total.............................	651,50

Bénéfice (651 fr. 50 — 529 francs) = 112 francs, soit environ 10.000 francs pour une campagne de quatre-vingt-dix jours. Depuis 1878, date de publication de l'ouvrage auquel j'emprunte les chiffres ci-dessus, il y a eu augmentation de frais de main-d'œuvre et de combustible, augmentation compensée peut-être par l'emploi d'un personnel moins nombreux ; mais il faut remarquer que la fécule n'est comptée qu'à 28 francs les 100 kilogrammes, alors que je l'ai payée pour mes veaux 32 et 34 francs, et, d'autre part, il est supposé qu'il en a été extrait

$$\frac{2\,200 \times 100}{13\,000} = 17 \text{ kilogrammes pour 100 kilogrammes de tu-}$$

bercules, chiffre très raisonnable puisque nous avons des pommes de terre à 20 p. 100 de fécule.

Voici, d'un autre côté, le compte de fabrication d'une féculerie sise dans la banlieue parisienne ; il se rapporte à l'année 1909-10. Aux recettes, figure le produit global de 111.006 fr. 40. Je n'ai malheureusement pu avoir le détail, mais si nous admettons que les 1.782.650 kilogrammes de pommes de terre travaillées ont donné 16 p. 100 de fécule, à 34 francs les 100 kilogrammes, il reste une somme de 4.100 francs représentant la valeur des pulpes pressées, ce qui doit nous mettre dans des limites assez approchées de la vérité et fort acceptables au point de vue industriel.

Les dépenses comprennent :

	Francs.
Achat des pommes de terre................	74 987
Loyer....................................	3 000
Contributions	497,05
Assurance incendie.......................	118
— accidents......................	198,40
Téléphone...............................	50
Ouvriers.................................	5 532,15
Contremaître............................	2 400
Combustible.............................	3 807,70
Camionnage de la fécule et des pulpes.....	1 453,75
Entretien, éclairage et divers	1 199,95
Total............................	93 244,00

Bénéfice brut 17.762 fr. 40 ; dont il faudrait, ce semble, déduire l'amortissement du matériel. Une usine de ce genre traite la production de 90 hectares de pommes de terre rendant 20.000 kilogrammes de tubercules à l'hectare, elle exigerait une coopérative pour être exploitée par des agriculteurs producteurs ; mais si un cultivateur voulait en réduire les proportions pour n'y utiliser que des tubercules récoltés chez lui, elle lui laisserait encore un bénéfice appréciable. Il n'est pas impossible d'établir, sur une exploitation conduite par un chef unique, un assolement comportant 30 hectares de pommes de terre ; on aura, dans ce cas, 600.000 kilogrammes à travailler, soit 6 tonnes par jour pour une fabrication de cent jours et la quantité d'eaux résiduaires claires atteindra 41.000 hectolitres environ. Il apparaît alors que la féculerie emploie une quantité d'eau beaucoup supérieure à celle que réclame la distillerie.

C'est un écueil dans certaines situations, mais la féculerie reprend l'avantage au point de vue de l'outillage à mettre en œuvre. Sans parler des laveurs et épierreurs qui peuvent être analogues à ceux de la distillerie, le traitement des tubercules est presque exclusivement mécanique ; et les râpes, tamis, laveurs à fécule et élévateurs divers sont certainement moins délicats que la colonne à distiller. Il n'y a que pour le séchage à l'étuve qu'il est nécessaire de savoir manier la vapeur ; les tables où le liquide chargé de fécule abandonne le produit industriel qu'il tient en suspension prennent une place assez grande, mais nous n'avons pas à loger d'appareils volumineux demandant des locaux spéciaux, et l'aménagement, pour une féculerie, de bâtiments déjà existants est plus simple, et par suite moins coûteux, que pour la distillerie ; aussi la féculerie devrait-elle retenir l'attention du cultivateur plus peut-être que la distillerie de pommes de terre, si, pour l'une comme pour l'autre, les prix de revient de la matière première ne venaient lui montrer qu'il a d'un autre côté des bénéfices plus élevés et d'une obtention plus facile. Les comptes de féculerie établis ci-dessus supposent la pomme de terre payée 3 ou 4 francs les 100 kilogrammes ; avec de la pomme de terre à 3 francs les 100 kilogrammes nous aurions pour la distillerie les résultats suivants :

Un hectolitre d'alcool, vendu 45 francs, serait obtenu avec 770 kilogrammes de pommes de terre à 18 p. 100 de fécule donnant 13 p. 100 d'alcool et valant 23 fr. 10 ; les frais de fabrication étant estimés à 12 francs, il resterait une marge de 10 francs. Cette marge tomberait à zéro si le cours de l'alcool revenait à 35 francs, ou s'il fallait payer la pomme de terre entre 5 et 6 francs ; or l'agriculteur obtient pour les variétés comestibles un prix sensiblement supérieur à ces derniers prix, et comme il ne lui est pas impossible d'avoir à l'hectare de bons rendements de pommes de terre à manger, de même que pour les pommes de terre industrielles, féculerie et distillerie de pommes de terre sont sans doute destinées à passer au second plan, d'autant plus qu'à côté de la conversion de la pomme de terre en alcool ou en fécule, il y a aussi sa conversion en viande par le bétail.

CHAPITRE IV

LE BÉTAIL DE RENTE

Exploitation des Bovins : La production du lait et de ses dérivés ;
la porcherie. — L'élevage des jeunes. — Opérations d'engraissement. — Le travail des bovidés.

Exploitation des Ovins. — Production de la laine, du lait et de la
viande.

Exploitation des Chevaux. — Élevage du cheval de gros trait ;
débouchés et produits. — Élevage du cheval de demi-sang ;
débouchés et produits. — Élevage du cheval de pur sang ;
débouchés et produits. — Industrie mulassière.

Exploitation de la basse-cour.

Élevage d'animaux reproducteurs des espèces chevaline, bovine et
ineov.

Plan d'alimentation du bétail de rente.

Pharmacie vétérinaire à la ferme.

*Fermes sans bétail ; elles ne peuvent être qu'une
exception ; dans le cas le plus habituel le bétail s'impose
et n'est pas un mal nécessaire.* — A côté des opérations
culturales proprement dites, prennent place dans toute exploitation agricole les entreprises sur le bétail, qui présentent avec
le système de cultures adopté un lien des plus étroit. On
ne conçoit guère en effet de ferme sans bétail ; tout au plus
dans quelques cas particuliers, au voisinage de centres importants possédant une cavalerie nombreuse, peut-on se représenter le cultivateur vendant ses pailles et ses fourrages et rapportant en retour du fumier acheté à bon compte, car il constitue
pour le citadin une denrée dont l'hygiène l'oblige à se débarrasser dans un très court délai. Ce même cultivateur, s'il travaille
dans sa distillerie des betteraves dont il vend ou rend les pulpes
à ses fournisseurs, par les déchets que lui laisse son industrie,
complète les engrais que je qualifierai d'engrais humiques : il
n'a pas besoin d'entretenir d'animaux ; mais, je le répète, c'est
une exception. Même lorsqu'il est placé dans ces conditions
diéales, et à certains égards très avantageuses, l'exploitant du

sol doit nourrir du bétail de rente. Il y a, surtout parmi les fourrages donnés par les cultures dérobées, des marchandises qui n'ont pas d'écoulement au dehors, et il faut compter aussi sur les seconds choix dont l'acheteur ne veut pas ou qu'il paierait trop mal : le mouton intervient alors pour utiliser avec profit ces sortes de sous-produits agricoles, dont la valeur peut être réduite mais n'est jamais négligeable.

Georges Ville, il est vrai, avait pensé pouvoir s'affranchir du bétail en rendant directement à la terre, sous forme de fumures vertes l'humus détruit par un usage trop exclusif des engrais chimiques. Excellente en soi, la sidération, qui a une application tout indiquée là où le transport du fumier se ferait difficilement, la sidération, dis-je, ne doit pas être généralisée à l'excès sous peine de conduire à des déboires ou, tout au moins, cesser d'être économique : nous avons vu qu'elle présentait un écueil par l'impossiblité où l'agriculteur se trouve de ramener au delà d'une certaine limite les cultures de légumineuses, le trèfle en particulier, sur les mêmes champs. Est-il juste d'ailleurs de regarder avec Georges Ville et son école le bétail comme un mal nécessaire? Il faudrait, avant de se prononcer, mettre en regard le coût de la fertilisation du domaine avec les engrais chimiques et les engrais verts, et le coût de cette même fertilisation avec les engrais chimiques — toujours nécessaires — et le fumier de ferme. Si l'on faisait cette comparaison en n'oubliant pas la difficulté que peut soulever le retour trop fréquent des récoltes vertes et l'exagération qui peut s'ensuivre dans l'emploi des fumures minérales, on verrait sans doute que le bétail livre l'engrais de ferme à des conditions très acceptables et parfois même lucratives, lorsque le cours de la viande s'élève dans les proportions qu'il nous est donné de constater actuellement : ainsi se trouve très adoucie la nécessité qui s'impose au cultivateur d'avoir des animaux de rente.

Intérêt qu'il y a à ne pas multiplier les spéculations animales sur une même ferme lorsque celle-ci est importante. — Ceci posé, une autre observation doit être faite avant d'aller plus loin : lorsque j'ai parlé des assolements, j'ai signalé dans la polyculture une sorte de garantie contre les aléas

R. Vuigner. — Domaine agricole.   15

auxquels les saisons soumettent les plantes cultivées ; le même
raisonnement ne s'applique pas, suivant moi, au bétail. A des
degrés divers, mais dans le même sens, nos différentes espèces
animales domestiques sont sensibles au froid ou à la chaleur,
à l'humidité ou à la sécheresse ; de plus, bien des maladies sont
contagieuses à la fois pour les unes et pour les autres, mais
surtout toutes ne demandent pas les mêmes soins, et alors
qu'on peut obtenir facilement du charretier agricole le labour
plus ou moins profond ou le hersage plus ou moins énergique
qui conviennent à telle ou telle culture, il est presque impossible,
lorsqu'il s'agit d'une grosse exploitation, de trouver réunies
chez la même personne les qualités qui font le bon éleveur ou
l'engraisseur habile ; ici le travail n'est plus aussi mécanique
que pour la culture des plantes, il faut un doigté spécial que
toute la capacité du chef ne suffit pas à suppléer, et, en fût-il
autrement, l'agriculteur ne parviendrait pas à disperser efficacement sur un nombre d'objets par trop considérable l'effort
de son intelligence.

Deux ou trois spéculations animales sont, à mon avis, suffisantes dans le domaine de la grande culture ; seul le petit cultivateur qui agit par lui-même ou avec le concours de ses pro-
ches peut avec succès entreprendre la série complète de ces
spéculations : il a deux ou trois vaches laitières, vend son
lait en nature ou transformé en beurre ou en fromages, élève
quelques porcs avec les sous-produits, nourrit les veaux qu'il
a de ses vaches et, suivant leur sexe et leur conformation, les
envoie à la boucherie, ou en fait des élèves pour remplacer
ses laitières ou former une paire de bœufs de trait. Parallèlement à ce groupe d'opérations, il lui est loisible de travailler
sa terre avec des juments poulinières de qui il obtient chaque
année un ou deux poulains gardés pour prendre le collier à la
place des bêtes réformées ou vendus après le sevrage ; à côté
de lui, la ménagère, qui déjà a en mains la laiterie et les porcs,
fait fructifier le poulailler dans des conditions sur lesquelles
nous aurons à revenir et que nous verrons être refusées au gros
agriculteur. Obligé de choisir, celui-ci est placé dans une situation fort délicate et sur les différentes faces de laquelle il
semble qu'il n'arrête pas toujours suffisamment son attention.

Le haut prix de la viande ; à quoi il faut l'attribuer, tentation à laquelle il expose le cultivateur. — Si nous considérons le prix de la viande de bœuf, vache, mouton, nous sommes frappés de son élévation.

Lorsque j'exploitais une ferme du Vexin, entre 1898 et 1908, 1 fr. 60 était, sur le marché de Rouen, un très beau prix pour le kilogramme de viande nette 1re qualité (bœuf ou vache, celle-ci souvent de cinq ou dix centimes au-dessous du bœuf), et le mouton pour la même qualité s'élevait lentement de 1 fr. 90 à 2 fr. 20 ou 2 fr. 30 ; or la fin de 1910 et les premiers mois de 1911, époque à laquelle j'écris ces lignes, voient (toujours à Rouen) 1 fr. 90 pour la viande de bovin et 2 fr. 70 pour la viande de mouton, tandis que les prix de la troisième qualité sont supérieurs à ceux qu'atteignait la première il n'y a que peu d'années. Les prix actuels, d'ailleurs, ont déjà été pratiqués ; on les retrouverait en feuilletant, vers 1875 je crois, les annales de nos marchés ; ce ne sont donc pas des prix de famine, comme on a essayé de le démontrer, et, s'ils paraissent aussi lourds, c'est qu'à côté de la viande, la plupart des autres objets nécessaires à la vie ont aussi augmenté pour de multiples causes parmi lesquelles il me semble apercevoir une dépréciation de la valeur de l'argent et le contre-coup de grèves répétées où l'on n'a pu, sous peine de mort pour l'industrie et l'agriculture elle-même, donner d'une main qu'en reprenant de l'autre. Sans nous arrêter à ces considérations, qui soulèvent de graves problèmes, il nous faut reconnaître une raison d'être des hauts prix de la viande dans une augmentation générale du bien-être et dans la place de plus en plus grande que prend la viande dans l'alimentation humaine. Les statistiques du ministère de l'Agriculture nous montrent la population bovine française en voie d'accroissement : cet accroissement est-il en rapport avec l'augmentation des besoins ? suffit-il surtout à compenser le déficit qui existe du côté des ovins malgré la rapidité plus grande avec laquelle sont consommés les produits de nos troupeaux ? Il y a là certainement un point à élucider ; il est hors de doute, en tous cas, que chez nos voisins nous assistons à un ensemble de faits du même ordre et que ceux-ci, qui paient la viande encore plus cher que nous (jusqu'à 0 fr. 20 et 0 fr. 25 par kilogramme net), viennent chercher sur nos marchés les animaux sur pied qui leur manquent. Nous savons malheureusement que, s'ils enlèvent notre bétail à des conditions presque inespérées, parfois aussi ils apportent la fièvre aphteuse dont nous étions débarrassés, mais en prenant les précautions nécessaires pour éviter cet écueil, l'avantage de la vente de la viande de boucherie à des prix rémunérateurs subsistera seul, et, comme un avantage aussi sérieux est trop tangible pour ne pas séduire le cultivateur, nous voyons celui-ci se tourner tout entier vers l'engraissement ; des vacheries disparaissent et sont remplacées par de jeunes animaux qui après dix-huit mois ou deux ans de séjour à la ferme partent pour les abattoirs.

Comment d'ailleurs l'agriculteur ne serait-il pas incité à développer son effectif de bêtes à l'engrais ? Les animaux qu'il achète pour les mettre à l'auge ont passé les débuts parfois difficiles du premier âge ; pendant qu'ils achèvent de grandir, ils trouvent les aliments nécessaires à leur développement dans les prés et prairies temporaires ou bien sur les emblaves de légumineuses dont ils consomment au piquet les deuxièmes ou troisièmes coupes ; ils sont là aussi pour manger à discrétion les fanes de betteraves, ou les fourrages de deuxième choix et la paille d'avoine joints à la provende que, tard en saison, ils tirent encore des herbages où ils passent l'hiver au grand air ; n'importe quel homme de cour ou journalier peut les suivre au cours de cette période très facile de leur existence, et bientôt arrive le moment de les rentrer à l'étable pour l'engraissement proprement dit ; il faut là plus de science, car tous les animaux ne sont pas aussi fort mangeurs les uns que les autres ; il en est qu'on peut pousser avec profit, d'autres qui, au contraire, réussissent mieux si on les nourrit avec plus de discrétion ; mais tout cela, il n'est pas impossible au maître de le voir, et le bouvier lui-même s'en rend vite et assez facilement compte ; il suffit donc de lui donner le type de rations que l'on désire adopter et de lui dire : « Forcez la dose pour le numéro 3, diminuez-la pour le numéro 4 ; donnez un repas supplémentaire au numéro 6 » ; l'opération s'emmanche ainsi de façon normale. Vient-il à y avoir quelque accroc, le bouvier est-il négligent ou manque-t-il de parole brusquement, on lui retire les animaux ou l'on supplée au concours dont il vous a inopinément privé : quelques jours d'apprentissage, et tout rentre dans l'ordre sans que le bétail ait eu à en souffrir.

La production du lait : plus délicate que celle de la viande, elle donne au cultivateur l'envie d'y renoncer, étant donnée la difficulté de trouver pour le lait une rémunération convenable. Mais si l'on abandonne la production du lait, comment se procurera-t-on les jeunes animaux à engraisser? — Avec les vaches laitières, au contraire, il en va tout autrement : si le vacher a fait au cabaret une trop longue station ; si, au moment de la traite, il dépose entre vos mains son seau à traire et son escabelle ; si, comme cela m'est arrivé, il s'en va laissant le beurre en confection dans la baratte, on n'a pas toujours sous la main une doublure prête à le remplacer, et le patron a beau savoir lui-même traire ou façonner le beurre, il ne peut à lui seul faire l'ouvrage de deux ou trois hommes : son rôle de surveillance doit être sacrifié et il est, dans ces conditions, fort mal pris.

Ainsi s'explique que beaucoup de grosses exploitations normandes renoncent à la laiterie. Mais alors, pour peu qu'il réfléchisse un instant, le chef de l'exploitation voit se dessiner sous un aspect redoutable la question à laquelle je faisais allusion tout à l'heure. S'il abandonne le production du lait, partant l'entretien des vaches laitières mères des veaux qui à dix-huit mois viendront peupler les herbages des fermes d'engraissement, d'où — pour peu qu'une semblable manière de faire se généralise — d'où notre agriculteur tirera-t-il ses bêtes d'engrais? Peut-il admettre que la petite culture, qui, elle, n'a pas comme lui toutes les difficultés de la main-d'œuvre, les lui fournira en quantité suffisante? Si oui, il faut reconnaître que cette petite culture a beaucoup de bon, et il faut l'encourager à tous égards, même lorsqu'elle prend la forme du métayage. Si non, où est la solution?

J'entends bien certains agriculteurs dire : « Payez-nous notre lait plus cher, nous pourrons alors payer nous-mêmes nos vachers un prix plus élevé; nous en trouverons, ce qui nous est actuellement presque impossible, ou tout au moins nous conserverons ceux qui nous échappent tous les jours et nous quittent pour se tourner vers d'autres professions moins pénibles et mieux payées. Ce raisonnement est peut-être défendable au point de vue du cultivateur, il soulève toutefois quelque critique si l'on se place au point de vue du consommateur. Celui-ci peut-il payer le prix plus élevé qu'on voudrait lui demander? et le lait plus cher ne deviendrait-il pas un objet de luxe hors de la portée des bourses modestes, tarissant par sa suppression la source même de l'accroissement déjà si faible de notre population? La question vaut qu'on s'y arrête ; les éléments du problème sont les suivants : les besoins, je dirai vitaux (car il ne s'agit plus ici d'une fantaisie), du consommateur en général et de la classe laborieuse en particulier empêchent le prix du lait de bonne qualité loyale et marchande de dépasser une limite supérieure. Étant donnée cette limite d'une part, et d'autre part la nécessité pour le producteur de ne pas exploiter ses vaches à perte, ce qui implique une limite inférieure au-dessous de laquelle il ne peut descendre, il faut que le producteur évolue entre ces deux limites qui lui dictent quels prix il lui est possible de payer à la main-d'œuvre. Ces prix sont-ils inférieurs à la juste rémunération que le vacher est en droit d'attendre? comme ils ne sont sous la dépendance du patron que dans la mesure très faible que nous venons de voir, il devient nécessaire, ou de remplacer la traite à la main par un procédé artificiel plus économique, ou de rechercher s'il y a pas dans une répartition plus juste du bénéfice entre le producteur et l'intermédiaire un moyen de trancher équitablement la question. Je ne serais pas éloigné de penser que de ce côté il y ait quelque chose à faire, mais il serait injuste de méconnaître qu'il a déjà été beaucoup fait pour améliorer le sort des vachers qui, s'ils ont une tâche pénible, sont l'objet de traitements et d'attentions particuliers. En l'oubliant, les vachers seraient coupables et chacun doit, dans un cas aussi sérieux, songer, en même temps qu'à ses droits, à ses devoirs et à sa responsabilité. Je viens d'ailleurs d'émettre l'hypothèse que peut-être le salaire des vachers pourrait encore être arrondi par une meilleure répartition des bénéfices entre l'intermédiaire et le patron, je dois justifier cette manière de voir subordonnée aux éléments dont j'ai connaissance.

A Paris le litre de lait atteint facilement quarante et même cinquante centimes, en laissant de côté les laits garantis purs, provenant de vaches tuberculinées et vendus en flacons d'un litre ou d'un demi-litre ; il faut au minimum compter 0 fr. 35 pour obtenir un produit se rapprochant des teneurs légales en matières grasses et en caséine et auquel on ne puisse guère reprocher que d'avoir été passé à l'écrémeuse pour enlever le beurre qu'il aurait pu contenir en sus du minimum imposé. Or, en 1898, les laiteries qui, en Normandie, recueillaient le lait à destination de la capitale le payaient, pris dans les fermes, de dix à douze centimes le litre ; j'ai pu, vers 1900, faire avec une de ces laiteries un marché à 0 fr. 14 pour les six mois d'hiver, d'octobre à avril, et à 0 fr. 10 pour les six mois d'été ; ce prix était un prix de faveur qui m'avait été accordé en raison de la qualité reconnue de mon lait et de la quantité que j'en pouvais livrer par jour ; depuis, la concurrence s'en est mêlée et il y a eu quelques essais de coopératives, aussi la limite maximum s'est-elle élevée à 0 fr. 15 et exceptionnellement 0 fr. 16 le litre. En rapprochant ces prix des prix de vente à Paris, malgré les frais supportés par les intermédiaires, il semble bien que ceux-ci pourraient céder aux producteurs une part de leur gain. Sur place, au détail, le producteur n'obtient généralement que 0 fr. 20 pour un litre de lait, parfois même 0 fr. 15 en été ; s'il porte en ville, j'entends par ville la localité voisine de l'exploitation, il reçoit 0 fr. 25 ; ces prix sont très bas si nous les comparons aux prix de revient du litre de lait ; et ceux qu'on obtient dans les coopératives ne donnent pas lieu à une observation beaucoup plus favorable, car j'ai sous les yeux quelques chiffres de coopératives normandes qui font ressortir le double litre entre vingt-quatre et trente-sept centimes (vingt-sept centimes et demi en moyenne), avec abandon au cultivateur du lait écrémé.

Prix de revient du litre de lait. — Voici, pour permettre la comparaison entre le prix de vente et le prix de production du lait, deux prix de revient établis par M. A. Leconte pour la Beauce et par M. Paisant pour une ferme de l'Oise. L'un et l'autre comptes se rapportent à des vacheries de vingt bêtes, nombre de têtes de bétail ordinairement confiées au même vacher.

Les chiffres de M. Paisant furent présentés à la Société nationale d'agriculture en mai 1909.

Frais généraux :

		Francs.
1°	1 bête achetée 500 francs est revendue 5 ans plus tard 350 francs, ce qui représente 150 francs à amortir en 5 ans, ci, par an.......	30
2°	Les intérêts annuels à 4 p. 100 de 500 francs, prix d'achat de la bête, sont de.............	20
3°	Il est compté pour vétérinaire................	5
4°	En comptant qu'une bête sur 20 vienne à périr après n'avoir été amortie que pour 200 francs, le troupeau doit supporter par tête, une perte de	15
5°	Un vacher pour 20 têtes, à 1 200 francs........	60
	Total...................................	130
	D'où un ensemble de frais généraux s'élevant par tête et par jour à...............................	0,35

Nourriture :

1°	Betteraves hachées et menues pailles en mélange par tête et par jour, 50 kilos, à 20 francs les 1.000 kilos...............................	1
2°	1 botte fourrage à 30 francs le cent............	0,30
3°	Tourteau de lin 1 kilo à 23 francs les 100 kilos.	0,23
4°	Son 1 kilo à 15 francs les 100 kilos...........	0,15
	Total...................................	1,68
	Ensemble...................................	2,03

Cette dépense s'applique à une moyenne journalière de 10 litres de lait, ce qui est une belle moyenne et donne pour prix de revient du litre de lait 0 fr. 20.

On remarquera que la litière n'est pas comptée; c'est un principe que l'on peut admettre dans les comptes où l'on note simplement pour mémoire les quantités de pailles absorbées par les litières ; avec cette manière de faire, la valeur de la litière est sensée payée par le fumier. En réalité le fumier vaut davantage ; mais, comme nous l'avons dit, si nous le facturons un prix élevé en recettes, il faudra le facturer au même prix en dépenses aux récoltes, aussi cela n'a-t-il d'intérêt que par comparaison avec la valeur des engrais commerciaux qu'il faudrait acheter pour le remplacer, et nous ne devons pas oublier d'autre part que M. Paisant ne compte rien pour l'assurance ni pour les frais des réparations locatives ; son budget peut donc être regardé comme sincère. Il n'est pas fait mention du veau, mais en faisant la part des non-valeurs, du coût de la nourriture du veau vendu vers sept ou huit jours, etc., le bénéfice moyen laissé par cet animal ne doit pas dépasser quelques francs, ce qui n'influe pas sur les calculs précédents.

M. Leconte arrive à un chiffre sensiblement inférieur à celui de M. Paisant mais encore supérieur au prix payé par les laiteries (0 fr. 152 contre 0 fr. 13).

Dépenses annuelles :

Amortissement d'une vache achetée 600 francs à 4 ans et revendue 400 francs à 10 ans........ 32

Intérêts à 4 p. 100 de 600 francs, prix d'achat d'une bête 24

Assurance à 2 fr. 50 p. 100................... 15

Médicaments, vétérinaire, réforme anticipée..... 15

Main-d'œuvre : 1 vacher pour 20 bêtes payé par an 1.300 francs (soit 750 francs en argent et 550 francs en nourriture) ci pour 1 vache... 65

Travail du cheval de cour..................... 18

Taureau...................................... 16

Nourriture :

6 mois d'hiver :

Betteraves, 35 kilos × 182 jours = 6.370 kilos à fr. 1 les 100 kilos........................... 63.70

Son, 3 kilos × 182 jours = 546 kilos à fr. 13 les 100 kilos................................... 71

Tourteau, 1 kilo × 182 jours = 182 kilos à fr. 16.50 les 100 kilos................................. 29,25

Menue paille, 5 kilos × 182 jours = 910 kilos à fr. 2 les 100 kilos............................. 18,20

Paille d'avoine, 4 kilos × 182 jours = 728 kilos à fr. 3 les 100 kilos........................... 21,85

Litière, 4 kilos × 182 jours = 728 kilos à fr. 3 les 100 kilos................................. 21,85

Total.. 225,85

6 mois d'été :

Fourrages verts, 50 kilos × 183 jours = 9.150 kilos à fr. 0,60, les 100 kilos 54,90

15.

Tourteau, 2 kilos $\times$ 183 jours = 366 kilos à fr. 16,50 les 100 kilos...................................... 58,80

Son et issues, 2 kilos $\times$ 183 jours = 366 kilos à fr. 13 les 100 kilos...................................... 47,60

Paille d'avoine, 3 kilos $\times$ 183 jours = 549 kilos à fr. 3 les 100 kilos.................................... 17,70

Litière, 4 kilos $\times$ 183 jours = 732 kilos à fr. 3 les 100 kilos.. 22

             Total................................... 201

    Ensemble : total des dépenses annuelles........... 609,85

Recettes annuelles :

10.000 kilos fumier à 11 fr. les 1.000 kilos....... 110

1 veau vendu à 3 semaines.................... 50

         Total des recettes annuelles............. 160

La différence, ci...................................... 449,85

représente ce qu'a coûté la production annuelle du lait donné par une vache.

En évaluant cette production à 3.100 litres et en défalquant les 150 litres absorbés par le veau, il reste que 2.950 litres de lait ont coûté à produire 449 fr. 85 soit 0 fr. 152 pour un litre, et, avec juste raison, M. Leconte fait observer que ce prix ne saurait être abaissé car les moyens qu'on pourrait mettre en œuvre pour atteindre ce résultat conduiraient infailliblement les animaux à l'épuisement, puis à la tuberculose. Il faudrait, en effet, élever les rendements non seulement en nourrissant bien, mais en rapprochant les vêlages pour qu'il n'y ait pas de morte-saison, ou bien donner une nourriture plus économique, des pulpes avec du tourteau de coton par exemple ; et avec une semblable nourriture très aqueuse, on courrait le risque d'obtenir du lait très pauvre qui, bien que naturel, serait refusé comme fraudé. La polylactie (ainsi désigne-t-on ces gros rendements de lait inférieur) a récemment fait parler d'elle de façon défavorable ; on l'a condamnée car il est difficile de reconnaître l'eau introduite dans le lait avant ou après son passage dans l'appareil glandulaire des mamelles, et il faut avouer qu'ainsi réglementé et obligé de se débattre au milieu des diverses difficultés que nous avons étudiées, le producteur de lait aurait un sort vraiment bien peu enviable si d'autres branches ne lui donnaient d'importantes compensations et si les chiffres que j'ai cités devaient être rigoureusement pris à la lettre. Heureusement il n'en est pas tout à fait ainsi.

Moyens de relever le produit donné par une vacherie de laitières. — En première ligne, à part quelques exceptions, il est avantageux de faire circuler les animaux rapidement dans les étables ; par ce moyen, même pour la boucherie, il y aura une dépréciation beaucoup moindre, et si, au lieu de vendre au boucher, on vend au laitier nourrisseur de la grande ville, on peut retrouver les prix d'acquisition et quelquefois une légère plus-value ; le prix de revient du lait se trouve abaissé d'autant. Secondement, le fermier qui produit du lait ne le vend pas toujours en nature : il lui arrive d'en faire du beurre et de se servir des dessous pour la nourriture des porcs. Le porc a eu des hauts et des bas, mais il est certain que son élevage est grandement facilité par la possession d'une laiterie, et le profit qu'on en retire allège lui aussi le prix de revient du lait. Il faut bien qu'il en soit ainsi, sans quoi il est probable que l'industrie laitière aurait périclité depuis longtemps, alors qu'elle subsiste encore aujourd'hui. Je reconnais d'ailleurs qu'elle est peut-être plus profitable aux mains du petit fermier qui, soignant ses vaches lui-même, s'affranchit de la dépense de main-d'œuvre, mais le gros agriculteur peut, lui aussi, en tirer un important revenu par l'obtention de produits de luxe portés au domicile même du consommateur. Il faut une grosse mise de fonds, mais, le débours une fois fait, les frais sont ensuite assez vite amortis, car on paie bien une denrée de marque connue pour offrir au point de vue de l'hygiène d'indispensables garanties recherchées pour les malades ou les nourrissons délicats : la difficulté est ici d'amorcer la vente par une réclame habilement conduite et par la qualité irréprochable des livraisons. Du lait à 0 fr. 80 ou 1 franc le litre, même fortement grevé de frais généraux, laisse une large marge aux bénéfices, et encore n'est-ce pas avec lui seul qu'on peut faire rapporter la vacherie.

La vente de bêtes de choix en pleine production est un autre élément de succès ; un troisième est constitué par la vente de jeunes animaux issus de parents inscrits au herdbook ; ce n'est plus 50 francs mais le double ou davantage que peuvent, peu après leur naissance, rapporter une génissse ou un taurillon bien réussis dont on connaît l'étable d'origine. La vogue ne naît pas en un jour, c'est évident, toutefois c'est de ce côté qu'il faut s'engager pour maintenir prospère en grande culture l'exploitation des vaches laitières : il y a là une nécessité qui, méconnue, ne tarderait pas à se faire lourdement rappeler quand l'engraisseur ne trouverait plus la marchandise dont il a besoin.

Exploitation d'un troupeau de vaches laitières. — Il n'est pas nécessaire que je m'attarde davantage sur ce sujet: pour réussir, le cultivateur qui se rapprochera des conditions du laitier nourrisseur achètera des animaux encore jeunes qu'il s'efforcera de revendre avant qu'ils aient perdu de leur valeur; hormis ce cas, je conseillerai à l'exploitant d'une grosse ferme de joindre à l'exploitation de la vache laitière l'élevage des jeunes. Dans les animaux ainsi élevés, il prendra les remplaçants des bêtes réformées ; un second lot, comprenant quelques taurillons, fera l'objet de ventes pour la reproduction ; le troisième partira comme sujets à engraissser, mais, comme les animaux de ce lot n'atteindront pas le prix des autres, je crois qu'il sera bon d'en réduire le nombre en éliminant dès leur jeune âge les veaux de conformation médiocre ne donnant pas d'espérances pour l'avenir. Le système des ventes aux enchères, pratiqué en Angleterre, pour écouler les excédents annuels d'une vacherie conduite sur le plan que je viens d'esquisser prend pied chez nous ; en Normandie même, il a été inauguré avec grand succès par MM. Lavoinne, de Bosc,-aux-Moines (Seine-Inférieure), lauréats de nombreux prix pour la race normande.

De semblables vacheries comportent, suivant l'importance de leurs effectifs, la possession par leurs propriétaires d'un ou deux taureaux, achetés de préférence au dehors pour éviter les inconvénients d'une excessive consanguinité. Le service de ces taureaux pour les vaches étrangères sera fait en s'entourant de toutes les garanties nécessaires pour éviter l'introduction de maladies contagieuses, en particulier l'avortement épizootique ou la non-fécondation par suite de germes morbides

importés de l'utérus d'animaux malades dans celui d'animaux
sains ; on aura d'autant moins de peine à adopter ces précautions
élémentaires que jusqu'à présent nombre de petits cultivateurs
ne font aucune différence entre la saillie d'un taureau d'élite
et celle d'un mâle quelconque : ils paient l'une et l'autre un
prix dérisoire pour lequel se serait folie que de risquer des
pertes souvent énormes.

*Frais de premier établissement pour constituer une
vacherie.* — Pour constituer une vacherie de vingt bêtes, le
fermier dispose de deux moyens, suivant l'importance de ses capitaux : il peut acheter vingt vaches, de quatre à six ans, prêtes
à lui donner du lait et à des degrés divers d'avancement dans
leur gestation. Ces vingt vaches lui coûteront, s'il s'agit de
normandes, environ 600 francs pièce, d'où un débours de 12.000
francs, comptons 13.000 avec le taureau qui vaut au moins
5 à 600 francs âgé d'une quinzaine de mois. Les veaux nés des
vaches ainsi achetées permettront, au bout de trois ans, le remplacement d'un tiers de l'effectif, en choisissant pour les réformer les sujets médiocres ou âgés : ceux-ci auront alors au
plus une dizaine d'années, ils pourront partir gras dans les conditions prévues par MM. Leconte et Paisant. Les deux années
suivantes disparaîtront à leur tour les deux autres tiers du
trouveau d'origine et, à ce point de l'opération, on pourra régler la réforme en l'espaçant sur trois, quatre ou cinq ans,
selon qu'il aura été jugé plus avantageux. Avec ces données, et
selon la durée choisie pour la période d'exploitation d'une
même vache, il sera facile de prévoir, chaque année, la vente
de tant d'animaux réformés et de tant de bêtes jeunes, étant
donné que pour celles-ci il faut conserver un nombre de
sujets supérieur à celui des besoins afin de pouvoir faire face
aux déchets.

Au lieu d'adopter cette manière de faire, le cultivateur peut
débuter avec dix vaches faites, cinq à six génisses prêtes à
mettre au taureau et autant d'animaux d'un an : il mettra alors
trois ans à constituer son effectif, et dès la quatrième année le
plan de réforme et de ventes pourra fonctionner comme dans
le cas précédent ; seulement, au lieu d'un débours initial de
13.000 francs, le fermier n'aura eu à sortir de sa poche que

10.000 à 10.500 francs environ. Cet avantage est-il compensé par le manque à gagner des premières années? Chacun peut s'en rendre compte selon les conditions où il se trouve placé; on conçoit que je ne puisse faire autre chose qu'indiquer les éléments des calculs sans les effectuer pour tous les cas possibles. Un dernier élément toutefois, que je ne saurais passer sous silence, est qu'un vacher entretient environ vingt vaches en rapport ; pour un troupeau comportant en plus les élèves, il faut lui adjoindre un aide aux époques où les élèves en question ne sont pas libres au pâturage.

Exécution de la traite. Vente au laitier en gros. — Le troupeau une fois à l'étable, nous sommes arrivés au moment où il s'agit de l'exploiter, c'est-à-dire procéder à la traite. Pour cette opération, comme pour toutes les manipulations de la laiterie, la plus absolue propreté est de rigueur. Il faut obtenir des vachers qu'ils lavent le pis de chaque vache avant de traire et qu'eux-mêmes se lavent les mains avec de l'eau fréquemment renouvelée en passant d'un animal au suivant; de cette façon on évite l'introduction de corps étrangers dans le lait et aussi la transmission des mammites ou autres inconvénients du même genre.

Le lait, une fois trait, est versé dans des bidons en fer battu, en passant sur un tamis à mailles fines doublé au besoin d'une mousseline. Seaux, tamis et bidons doivent être livrés propres aux vachers, c'est-à-dire avoir été, avant chaque traite, ébouillantés puis refroidis à l'eau pure; l'eau courante, si on en possède, est la meilleure. Lorsque le lait est livré à une laiterie qui le manipule, le bidon plein et bouché est immédiatement emporté par le service chargé de le recueillir; le producteur n'a plus à s'en occuper, et c'est évidemment le système le moins compliqué pour lui : il n'a pas de matériel à prévoir et l'eau dont il a besoin représente un volume insignifiant ; il paie ces avantages par le bas prix qu'il obtient de sa marchandise. Ce prix, très généralement, a le gros inconvénient de ne pas tenir compte de la qualité ; il ne doit pas continuer à en être ainsi, et, comme les Américains le cherchent, il faut arriver à ce que le produit soit payé selon sa richesse, en mettant en ligne à la fois la teneur en matière grasse et en caséine.

Vente du lait au détail par le producteur lui-même.
— Si le producteur de lait vend lui-même sa marchandise,
à moins de la livrer immédiatement dans un rayon très rap-
poché, il doit la préparer pour la vente et disposer, pour ce faire,
des appareils nécessaires à la pasteurisation. Dans ces conditions, il ne faut plus mesurer l'eau, celle-ci doit être employée
avec toute l'abondance utile ; il faut prévoir en outre un important matériel de verrerie à fermeture hermétique pour le
transport chez les clients : il me semble, à ce sujet, qu'il n'est
pas trop de compter un vase en cours de route aller, un deuxième en cours de route retour et un troisième à l'emplissage
à la ferme, plus une réserve pour remplacer les objets brisés,
le tout à multiplier par le nombre de clients. Un personnel
spécial devient alors nécessaire, son importance et sa composition varient avec l'importance des livraisons, mais on conçoit que
celles-ci, pour être avantageuses, doivent être suffisamment
nombreuses et justifier l'emploi régulier d'une personne occupée
au rinçage et aux opérations connexes, en même temps que
les frais d'un livreur avec cheval et voiture. Toutes ces précautions une fois bien prises, la vente au détail, à une clientèle
choisie, est peut-être la plus lucrative des industries laitières.

Comme la vente au laitier en gros, elle implique la recherche des rendements maxima en lait aux époques où celui-ci est
le mieux payé. Généralement cette époque est l'hiver, mais
parfois aussi, c'est l'été lors des saisons balnéaires.

Il apparaît immédiatement que le producteur qui peut
ainsi vendre son lait à une clientèle balnéaire est le mieux placé
de tous, la nourriture d'été lui coûte pour son bétail beaucoup
moins cher que la nourriture d'hiver grevée de frais de manutention et de distribution, mais surtout il peut tâcher de
provoquer en juin le plus grand nombre possible de naissances.
A cette époque, en Normandie notamment, le bétail est dehors,
au piquet dans les prairies artificielles, les veaux naissent en
plaine et restent dehors avec leurs mères. Élevés au grand air,
ils supportent fort bien orages et intempéries, et jamais je
n'en ai perdu un seul ; ils sont déjà forts et prêts à être sevrés
lorsque en novembre arrive le moment de remettre les vaches
à l'étable, ils y rentrent, eux aussi, à moins que l'hiver ne soit

doux, auquel cas on peut les tenir dans un herbage abrité muni d'un hangar. De toute façon, remis au pré au premier printemps, ils ne connaissent la stabulation que lorsque est arrivé pour eux l'automne qui suit leur premier vêlage : c'est une vraie cure d'air, le meilleur antidote contre la tuberculose, et la précocité ne souffre pas si l'on a soin de donner l'hiver un complément de nourriture suffisant aux fourrages de second choix qui forment le fond de l'alimentation.

Quand il faut avoir l'hiver les gros rendements en lait, l'élevage des jeunes devient un peu plus délicat, aussi la sélection rigoureuse des sujets d'élite s'impose-t-elle pour ne pas dépenser sans profit du lait et des soins. Un moyen de tourner jusqu'à un certain point la difficulté serait d'avoir les veaux des meilleures vaches au début de la saison, puisque aussi bien tous les vêlages ne peuvent être simultanés à peine d'avoir une mortesaison que n'accepteraient ni la clientèle ni les laitiers.

Vente de veaux gras, alimentation de ces derniers — La vente du lait en nature n'est pas toujours possible en raison de la situation des fermes et de la quantité de lait produite chaque jour ; il faut alors chercher autre chose : beaucoup de petits cultivateurs emploient dans ces conditions leur lait à la nourriture de veaux gras. Pour les grandes races, normande, race bleue du Nord, ces animaux atteignent entre trois et quatre mois des poids de 180 à 200 kilogrammes et se vendent de 220 à 275 francs ; ils sont généralement recherchés des bouchers pour la qualité supérieure de leur viande : ce sont les vrais veaux blancs, et quand les cours sont bons, ils font ressortir le lait à un prix un peu supérieur à celui que paient les laitiers en gros. Toutefois, après les remarquables travaux poursuivis pratiquement, depuis nombre d'années, par MM. Gouin et Andouard, il paraît aujourd'hui préférable de perdre environ cinq centimes sur le prix du kilogramme vif et d'engraisser les veaux au lait écrémé additionné de fécule de pommes de terre ou de manioc. Cette méthode nouvelle permet de faire du beurre dont le prix grossit le prix de vente du lait, et elle rend beaucoup plus économique l'engraissement et l'élevage des jeunes. MM. Gouin et Andouard ont donné tous les détails de leur alimentation à la farine de manioc dans un travail récemment paru. Je retiens seulement qu'un veau de huit jours pesant 50 kilogrammes absorbe, pour gagner 40 kilogrammes, 500 litres de lait pur qui comptés à 0 fr. 10 le litre, représentent 50 francs. Si on lui donne du lait écrémé et les 30 kilogrammes de manioc nécessaires pour obtenir la même augmentation de poids, la dépense n'est que de 9 francs, soit, beurre non compris, une économie de 41 francs (1 litre de lait écrémé + 60 grammes farine de manioc = 3/4 de litre de lait complet). Pour amener à trois mois pour les mâles et à trois mois et demi pour les femelles les veaux d'élevage au poids de 150 kilogrammes, la dépense serait de 40 francs comprenant paiement de 100 kilogrammes farine manioc plus 4 kilogrammes farine de riz ou tourteau de lin, et lait écrémé ; la quantité de fourrage à donner comme complément de cette ration est insignifiante : on en voit immédiatement les avantages, même si on ne l'adopte pas à l'exclusion de toute autre. L'un de ces avantages est de conduire à la fabrication du beurre, quatrième forme revêtue par l'industrie laitière.

Fabrication et vente du beurre. — La beurrerie, lorsqu'elle cesse d'être un accessoire, demande pour réussir peut-être encore plus de savoir-faire que la vente du lait au détail si elle est conduite à la ferme même. Elle soulève, en effet, tout un groupe de questions qu'il faut avoir résolues avant de s'engager à fond.

Il y a d'abord la question de l'eau : celle-ci doit être fraîche, pure et en quantité très abondante, puisque, en dehors de l'entretien des vases à lait, nous avons à envisager le lavage parfait du beurre et le rinçage biquotidien de l'écrémeuse. En second lieu, nous avons à nous préoccuper des débouchés ; ceux-ci marchent parallèlement avec les débouchés du lait dans le cas de la vente à domicile des produits fins ; ils présentent également une certaine facilité sur les petits marchés de province, dans les régions peuplées où l'industrie tient une place importante ; je connais de ces marchés où le beurre n'arrive même pas, il est enlevé, dès l'entrée du bourg, à des prix qui vont de 1 fr. 50 à 2 francs le demi-kilogramme, et, en admettant que ces prix soient ceux de pays riches qu'on ne retrouverait pas dans les départements pauvres, il est aisé de voir le parti que peut en tirer le beurrier là où ils sont pratiqués.

S'il ne se trouve pas dans une de ces régions privilégiées, il devra se montrer très prudent ; je pense même que pour lui la beurrerie ne sera pas avantageuse, à moins qu'il ne réussisse à imposer sa marque à un courtier des Halles qui en apprécie la qualité et obtienne pour elle un prix de faveur. Il faut, en effet, compter, pour la vente en gros, avec d'importantes maisons qui ont entre les mains le monopole de la vente tant pour la consommation intérieure que pour l'exportation. Ces maisons sont peu nombreuses, mais pourvues de capitaux puissants qui les rendent maîtresses du marché ; seules des associations de producteurs pourraient lutter contre elles, à condition de réunir un nombre suffisant d'adhérents. Il n'y a donc que deux partis à prendre : ou traiter avec les maisons de commerce auxquelles je fais allusion, et alors nous retombons dans le cas de la vente du lait en nature avec cette différence que parfois le lait écrémé est rendu au producteur ; ou organiser des coopératives.

Un premier type de coopérative (Cf. Galliot, *Beurre en basse Normandie*) fabrique et vend le beurre en prélevant pour se couvrir de ses frais un centime ou un centime et demi par litre de lait ; le lait écrémé est rendu aux adhérents à qui les bénéfices sont distribués proportionnellement à la quantité (mesurée au Gerber) de matière grasse contenue dans le lait qu'ils ont livré. Sur ce modèle sont conçues : la laiterie coopérative des fermiers d'Isigny, au capital de 500.000 francs, traitant par jour une moyenne de 40.000 litres de lait ; la laiterie des Fermes de Périers, capital 200.000 francs, 8.000 litres de lait par jour ; la laiterie de Cartigny-l'Épinay, capital 100.000 francs. Un deuxième type, qui est celui des coopératives proprement dites, est placé sous un contrôle plus direct des adhérents que les beurreries du type précédent. On trouve des coopératives de ce genre à Benoitville (Manche), où le capital de 79.000 francs a été amorti pour moitié en dix-huit mois avec un traitement journalier de 10.000 litres de lait, à Bayeux, Beaumont, Hague, Sottevast, Juaye-Mondaye, Douvres, etc. Leurs frais de premier établissement ont varié de 80 à 110.000 francs, et rien ne s'opposerait à ce qu'un gros agriculteur en monte une sur

son exploitation après s'être assuré le concours de ses voisins.
S'il s'en tient à la transformation en beurre de ses seuls produits, évidemment le capital à débourser n'atteindra pas les
chiffres que je viens de relever ; l'écrémeuse centrifuge, la
baratte et le malaxeur sont les principaux instruments dont
il aura besoin ; il faut y ajouter l'ensemble des bidons à crème,
seaux, balances, moules à beurre, thermomètres, appareils
à mesurer l'acidité de la crème ; etc., réservoir à eau et logement
proprement dit de la laiterie. Les constructeurs fourniront des
devis, avec projets d'installation suivant la quantité de lait
qu'on se propose de traiter par jour ; je dois cependant signaler
que, d'après ma propre expérience, il ne faudrait pas, à moins
de cas de force majeure, adopter une installation où la force
motrice serait empruntée à un moteur animé autre que l'homme,
La baratte, en effet, demande à tourner d'un mouvement régulier que les chevaux ne donnent généralement pas pendant
toute la durée de l'opération ; il en résulte des à-coups qui re-
tardent la formation du beurre quand ils ne la rendent pas
à peu près impossible. Le meilleur moteur est une beurrière
intelligente qui au son que rend le beurre dans la baratte, apprécie son degré d'avancement et règle en conséquence la vitesse donnée à l'appareil ; malheureusement, lorsqu'il s'agit de
barattées supérieures à une vingtaine de kilogrammes de beurre,
la force d'une femme est insuffisante pour tourner les barattes
les mieux équilibrées ; il faut alors avoir recours à un moteur
mécanique, en prenant sur une dynamo l'énergie voulue ou en
utilisant directement un moteur à gaz pauvre. Des poulies folles
permettant le débrayage instantané des barattes aussi bien
que du malaxeur rotatif sont indispensables.

Un autre point ne doit pas non plus échapper à l'attention
du beurrier : pour obtenir un produit de garde et d'un goût
franc recherché du consommateur, il lui faut ne baratter que
des crèmes où le ferment lactique ait pris le dessus sur les autres germes qui lui disputent la possession de la crème ; or,
s'il est vrai que la qualité de l'alimentation donnée aux vaches
laitières ne soit pas sans influence sur l'abondance des ferments
nuisibles qui peuvent se rencontrer dans le lait, il est non moins
certain que la propreté et la température sont les facteurs

prépondérants de la bonne fabrication du beurre : la propreté, parce qu'elle limite le développement des bactéries nuisibles dont le lait a pu être ensemencé avant son arrivée à la laiterie ; la température, parce qu'elle agit dans le même sens que la propreté, en n'étant pas favorable à toutes les fermentations, suivant qu'elle est plus ou moins élevée. Basse, vers 10° environ, elle paralyse la fermentation lactique ; plus élevée, à 16 ou 17°, elle favorise au contraire cette fermentation et assure la bonne confection du beurre. Il ne faut pas l'oublier et croire que la fraîcheur des laiteries est un élément de succès, si l'on ne peut y maintenir naturellement la température de 16 à 17° dont je viens de parler ; l'intervention d'un appareil de chauffage inodorant devient nécessaire : l'emploi de la braise de boulanger est recommandé.

Favorisée par une température convenable, la fermentation lactique doit encore être stimulée par l'addition à la crème jeune d'un levain emprunté à de la crème en pleine fermentation et mélangé à la crème à ensemencer dans la proportion de 3 à 6 p. 100 suivant la fréquence des barattages. Initialement la crème est ensemencée de la sorte avec des levures pures ; plus tard on se sert de levain prélevé, au fond des pots là où le ferment lactique n'est pas souillé par le contact de l'air.

Veut-on sur ces matières délicates des documents plus complets, on les trouvera dans *les Principes de laiterie*, de Duclaux, dans la *Technique fromagère et beurrière*, théorie et pratique, de M. Mazé, le distingué chef de services à l'Institut Pasteur, dans *l'Industrie laitière*, de M. Antonin Rolet, dans *Laiterie, fromagerie et beurrerie* de V. Houdet, directeur de l'École de Laiterie de Mamirolle, enfin, pour limiter mon énumération, dans *La Laiterie* de M. Ch. Martin, ancien directeur de Mamirolle, ouvrage qui fait partie de l'Encyclopédie Agricole.

Je rappellerai pour mémoire qu'il faut de 20 à 25 kilogrammes de lait pour faire un kilogramme de beurre, j'ai atteint le chiffre inférieur pour la moyenne d'une assez forte production, au cours d'une année où j'avais pu suivre mon troupeau de très près, mais je crois qu'il ne faut pas le prendre comme base de calcul ; il est, par contre, fort à propos de se tenir aussi

en dessous que possible du chiffre de 25 litres : 22 à 23 litres
dénotent déjà une bonne fabrication.

Fabrication du fromage. — Les ouvrages que je viens
de citer et bien d'autres qui m'échappent ne s'occupent pas
seulement du beurre mais aussi du fromage. La fabrication
du fromage est une cinquième forme de l'industrie laitière ;
comme le beurre, elle nécessite l'étude préliminaire des débouchés, l'évaluation du matériel d'exploitation et du personnel nécessaire aux diverses manipulations. La propreté, la température,
la mise en présure, l'acidité plus ou moins grande du lait sont
ici encore facteurs à considérer et il faut réunir les conditions les
plus favorables au développement d'une fermentation lactique
bien franche, à l'exclusion des autres micodermes et oïdium
dont l'épais revêtement aurait pour moindre inconvénient
d'empêcher le bon égouttage des produits fins, tels que les ca-
memberts. Sans entrer dans les détails d'une étude à laquelle
je ne me suis pas personnellement attaché, je crois cependant
pouvoir dire que c'est principalement aux fromages de petites
tailles, brie, camembert, marolles, etc., que doit s'attacher
le cultivateur qui transforme dans sa ferme son lait en fromage ;
plus simplement encore, il pourra faire des fromages double
crème et genre petits suisses justement appréciés.

Pour les fromages de grandes dimensions, tels que les gruyères,
un même fermier ne produirait pas assez de lait à lui seul, les
groupements deviennent indispensables, et nous retrouvons
la coopération avec les fruitières de l'Est. Un de mes anciens
à l'Institut agronomique, M. Friant, a, sur cette fabrication
du gruyère dans les fruitières, publié un travail fort intéressant ;
de son côté, J. Farcy montre que dans le Velay et le Vivarais
de petites fruitières pourraient fort bien s'organiser en réunissant des capitaux souscrits par parts de 20 francs ou moyennant versement d'une certaine somme par vache dont le lait
serait traité par la coopérative. Un intérêt de 3 p. 100 pourrait
être servi au capital moyennant un prélèvement sur l'ensemble
des bénéfices. Quant aux résultats financiers, voici comment
ils se chiffreraient.

Dans la région susindiquée, le lait est converti en beurre
une fois par semaine en été, une fois par mois en hiver, et

livré à un coquetier aux prix de 2 francs le kilogramme
pendant la saison chaude et 2 fr. 25 pendant le saison froide.
Le lait écrémé est utilisé à faire un fromage maigre vendu
0 fr. 90 le kilogramme. 1.000 litres de lait donnent ainsi :

	Francs.
37ᵏˢ,500 beurre à fr. 2,10	78,75
25 kilos de fromage à fr. 0,90	22,50
800 litres petit-lait à fr. 0,015	12
Total	113,25

Faisant ressortir le litre de lait à 0 fr. 113. Abandonnant
cette pratique, les fromageries de Sainte-Eulalie (Ardèche) et
des Estables (Haute-Loire) fabriquent au lieu de beurre du
fromage de gruyère; pour ce faire, elles commencent par passer à l'écrémeuse centrifuge 200 litres de lait sur les 1.000 litres
qu'elles travaillent journellement : ces 200 litres fournissent
8 kilogrammes de beurre qui, en raison de sa qualité, atteint
sur le marché du Puy le prix de 2 fr. 60 le kilogramme en juillet,
époque des cours bas; d'autre part, elles tirent 2 kilogrammes
de beurre des 800 litres de petit-lait chaud restés dans le chau-
dron après l'enlèvement du caillé, de sorte que finalement
les 1.000 litres de lait leur donnent :

90 kilos gruyère à fr. 140 les 100 kilos (le prix varie de 120 à 200 francs suivant cours et qualité) ci	126 francs.
10 kilos beurre à fr. 2,50	25 —
800 litres petit-lait à fr. 0,01	8 —
Total	159 francs.

La plus-value est de 45 fr. 75 pour 1.000 litres de lait. Après
avoir prélevé leur bénéfice, les fromageries peuvent encore
payer le litre douze centimes à leurs fournisseurs, plus 0ᶜᵐ,8
représentant la valeur du petit-lait rendu en nature et si on
donnait à ces fromageries la forme de coopératives, ce n'est
plus 12ᶜᵐ,8 mais bien 14ᶜᵐ,325 auxquels ressortirait pour
chaque adhérent le litre de lait, en déduisant des 15ᶜᵐ,19,
donnés par le précédent calcul, 1ᶜᵐ,575 pour frais de fabrication
établis de la façon suivante pour le traitement journalier de
1.000 litres de lait :

	Francs.
Chef fromager	7
Aide fromager...............................	5
Moteur et chauffage du chaudron..............	2
Location de la fromagerie....................	0,50
Amortissement à 12,5 p. 100 par an du matériel estimé 3.500 francs......................	1,25
Total pour frais de fabrication.........	15,75

A première vue, de petites fromageries agricoles ainsi conçues auraient sur les beurreries l'avantage de demander un capital d'exploitation beaucoup moindre ; d'autre part les cours sont peut-être sous une dépendance plus entière de la loi de l'offre et de la demande, ce qui permettrait d'obtenir pour le fromage un prix mieux en rapport avec sa valeur réelle.

Utilisation des sous-produits de la laiterie et la fromagerie ; la porcherie. — La fromagerie et la beurrerie donnent des sous-produits. Nous venons de voir deux de ces sous-produits estimés par J. Farcy à 0 fr. 01 et 0 fr. 015 le litre ; c'est aussi la valeur que l'on peut attribuer au lait de beurre ; quant au lait écrémé, il est juste de le coter à un prix plus élevé : il fournit, pour 100 litres, environ 3 kilogrammes de fromage maigre à 0 fr. 90 le kilogramme, soit en chiffres ronds 2 fr. 50 ou 0 fr. 025 par litre de lait écrémé. En été, il est très apprécié des moissonneurs après une chaude journée de travail et il intervient d'indispensable façon pour assurer l'alimentation des veaux dans les conditions que nous avons étudiées. Sous ces réserves, c'est plus généralement aux porcs que vont les sous-produits de la laiterie, et si intimement liées sont la vacherie et la porcherie qu'il est recommandable de ne pas les séparer l'une de l'autre et de les placer sous la direction unique du maître vacher de qui l'un des aides peut consacrer aux porcs ses heures disponibles. En associant ainsi les deux branches de l'exploitation, on réalise une économie de main-d'œuvre par un meilleur emploi du temps de chacun, et ceci a une importance qu'il ne faut pas méconnaître, bien que souvent, dans le cas que nous envisageons, il faille faire cuire les aliments des porcs par la personne chargée de l'entretien des vases à lait ou par l'homme de cour. On n'allège pas seulement les frais de personnel pour la porcherie : le vacher sait à quelles époques il peut disposer de quantités de sous-produits plus ou moins considérables et il règle sur ces prévisions les naissances et les ventes de porcelets, sans qu'on soit exposé à avoir des animaux qu'on ne pourrait nourrir ou des denrées à jeter faute de bouches pour les consommer ; c'est là, sinon la clef, du moins un élément sérieux du succès et, en sachant s'en servir, on augmentera certainement le profit que donne l'exploitation bien conduite d'une porcherie. Je crois pouvoir dire, en effet, que ce profit est la règle ; il ressort de chiffres empruntés à diverses comptabilités et donnés par Heuzé dans son livre sur *Le Porc*, et moi-même je l'ai toujours constaté sur ma propre exploitation.

Les pertes sont certainement accidentelles ou proviennent d'une mauvaise gestion.

Allures du marché des porcs, conclusions à en tirer. — Considérons les allures du marché des porcs : nous constaterons à première vue une série d'à-coups successifs avec alternatives de hausse et de baisse. Le plus souvent la hausse a son origine dans une mauvaise récolte de pommes de terre ou d'orge : un des aliments de fond de la nourriture des porcins fait défaut, on n'élève plus d'animaux qui reviennent à un prix trop élevé, on sacrifie même une partie de l'effectif de reproducteurs. La saison redevient-elle meilleure, on reprend l'élevage avec d'autant plus d'intensité que les cours sont favorables et qu'il n'est pas assez d'offres pour la demande, tous les petits fermiers et même certains artisans désirant réintroduire dans leurs étables le ou les porcs qu'ils engraissent pour la subsistance de leurs familles. Si l'on savait s'arrêter à temps tout serait pour le mieux, malheureusement on va trop loin : l'équilibre est rompu en sens inverse, les cours retombent jusqu'à ce qu'une nouvelle réaction les fasse remonter. L'extrême facilité avec laquelle les porcs se reproduisent, l'âge précoce auquel les truies ont leurs premières portées ; le peu de durée de la gestation qui permet presque trois portées par an si l'on veut obtenir un rendement maximum bien qu'exagéré, sont autant de facteurs qui expliquent dans une large mesure les fluctuations du marché, et c'est peut être pour suivre de trop près ces fluctuations que l'on subit les quelques insuccès parfois constatés. A mon avis, un éleveur prévoyant devra se tenir toujours dans une situation intermédiaire ne comportant jamais des étables à peu près vides et voici, selon moi, comment il pourrait s'y prendre pour suivre mon conseil. Il y a toujours une période de transition où le cours est encore bon, où l'on devine qu'il va fléchir ; il faut sentir cette période et liquider le plus possible d'animaux prêts à partir, en concentrant sur les autres les produits de la ferme auxquels ils donnent une utilisation qu'on ne retrouverait pas ailleurs ; ainsi débarrassé de bouches devenues trop encombrantes, on poursuit l'élevage des sujets conservés qui, bien entendu, seront les meilleurs comme conformation, mais au lieu de châtrer les femelles on les garde entières. Si la disette ou la mévente persistent, mâles castrés et coches non castrées sont sacrifiés après engraissement ; les cours viennent-ils à remonter, on a, au contraire, sous la main un lot de jeunes femelles en âge de repeupler très rapidement la porcherie, au lieu d'être réduit aux quelques truies d'âge non éliminées. Il est vrai qu'il faut faire deux lots des porcs coureurs lorsque les uns et les autres n'ont pas été émasculés, mais il y a de la place dans les loges et il n'est pas difficile de procéder à la séparation. Un inconvénient peut-être un peu plus sérieux serait qu'aux époques où elles sont en chaleur les coches à l'engrais s'agiteraient de façon préjudiciable à la rapidité de leur engraissement. Un tel inconvénient vaut-il qu'on le mettre en balance avec l'avantage que je viens d'indiquer? il semble que non ; remarquons d'ailleurs que la manière de faire que j'indique ne serait qu'accidentelle : une fois franchi le pas difficile, on reviendrait aux pratiques normales ; mais on y reviendrait après avoir atténué la crise et s'être ménagé la possibilité de profiter sans retard et avec toute l'ampleur désirable d'une situation redevenue avantageuse.

Exploitation de la porcherie à la ferme. — Des lignes qui précèdent, même si l'on n'adopte pas l'idée que j'y ai développée, ressort très nettement que, à part le cas où il s'agit d'engraisser un petit nombre d'animaux, à part aussi peut-être le cas d'une très grosse laiterie fabriquant du beurre, il n'y a pas lieu, pour l'agriculteur qui s'occupe de porcherie, de se spécialiser et d'adopter, à l'exclusion des deux autres, une des trois opérations susceptibles d'être entreprises sur les porcs : production de jeunes vendus à deux ou trois mois; production de porcs coureurs vendus à sept ou huit mois, époque à laquelle leur engraissement va pouvoir commencer; engraissement d'animaux achetés au dehors comme porcs de lait ou comme coureurs. Le cultivateur a un avantage réel à posséder des coches qu'il fait saillir chez lui si leur nombre justifie la possession d'un verrat. Ces coches lui donnent une moyenne de deux portées ou deux portées et demie par an ; davantage épuiserait rapidement les mères, et les petits, nés chétifs, seraient difficiles à élever, il y aurait déchet ou produits poussant mal avec une nourriture coûteuse ; donc portées moins répétées, mais porcelets ne demandant qu'à vivre et à assimiler tout ce qu'on leur donnera dès qu'ils seront en âge de supporter les transformations successives de leur alimentation. Ces porcelets pourront constituer deux lots : le lot le plus parfait sera réservé pour la reproduction, il fournira les coches destinées à prendre la place des truies réformées ; il donnera aussi quelques mâles à mettre en vente afin d'éviter les inconvénients d'une consanguinité trop étroite. Si la race est appréciée, le lot de choix sera plus nombreux et la spéculation comportera l'exploitation du troupeau en vue de la vente des reproducteurs : c'est un débouché à créer qui demande temps et habileté consommée de la part de l'éleveur. Le deuxième lot est le lot qui doit alimenter la charcuterie; ce lot doit être, autant que possible, homogène et de très bonne qualité ; il y a généralement assez de naissances pour sacrifier les seconds choix. Si l'on était dans la nécessité de garder des sujets moyens, il serait bon de les conserver pour soi et peut-être même de les réserver à la nourriture du personnel de la ferme, afin que des animaux dont la bonne santé devrait de toute façon être hors de question ne déprécient pas la marque par un fini moins parfait de leur engraissement ou ne mécontentent pas un acheteur par une crue peu rapide.

Selon l'importance des disponibilités en fait de nourriture, la portion du lot de vente qui quitte la ferme est plus ou moins considérable; il est bon de la déterminer le plus tôt possible, car c'est lorsque les gorets n'ont encore utilisé que le lait de leur mère et du lait écrémé additionné de mouture que leur vente est le plus avantageuse pour l'éleveur ; si l'on ne peut s'en défaire à ce moment, il vaut mieux les conserver jusqu'au bout. Lorsqu'il est acquis que, dans une ferme, les porcs de lait sont porcs de qualité, ils sont généralement très recherchés par une clientèle toujours la même qui s'étend de plus en plus, la réputation faisant tache d'huile : j'ai pu le constater par moi-même, et il est rare que j'aie eu besoin de recourir à des revendeurs. Les sujets gardés sont conduits jusqu'à l'étal du charcutier. Pour les vendre à l'état de coureurs et en tirer un bénéfice, il faut pouvoir les nourrir à très bon compte, c'est un cas qui doit se présenter lorsqu'on nourrit les bêtes d'élevage avec des viandes provenant de clos d'équarrissage. Cette pratique, si, elle n'est pas à condamner d'un façon absolue, doit du moins faire l'objet d'une scrupuleuse attention : le tenancier du clos d'équarrissage doit être connu, de même que la nature des animaux qu'il achète ; encore pour éviter tout ennui — j'entends par là la production d'une viande malsaine — est-il préférable de tuer soi-même les chevaux hors d'âge, donnés aux porcs ; leur chair distribuée après cuisson prolongée constitue un aliment à l'abri de toute critique.

Un autre bon moyen de faire grandir les porcs à peu de frais est de les laisser libres l'été dans une prairie de préférence traversée par un ruisseau et l'hiver dans un champ de topinambours dont ils arrachent eux-mêmes les tubercules au fur et à mesure de leurs besoins ; au printemps, on retire les animaux ; on laboure pour aligner grossièrement les débris de racines laissés dans le sol et la végétation repart pour donner à l'automne une nouvelle récolte moyennant quelques sarclages et un léger buttage lorsque les fanes vont couvrir le sol. J'ai parlé d'un ruisseau traversant la prairie parce que les gorets ont besoin pour prospérer d'avoir bien ouverts les pores d'une peau dont l'épaisseur ne permet qu'une transpiration défectueuse : ce résultat est obtenu par de fréquentes ablutions, qui procurent en outre aux animaux la fraîcheur qui leur est indispensable. A défaut de bains, il faut entretenir la respiration cutanée par des pansements à la brosse dure, on assure ainsi une excellente hygiène et le bien-être qui en est la conséquence accélère l'engraissement, étant bien entendu qu'il n'est rien négligé du côté de la nourriture et du choix des sujets mis à l'engrais.

Du choix des races de porcs. — A ce propos, il fut une époque où les éleveurs français montrèrent pour les races anglaises de porcs un engouement qui leur faisait passer outre à toute autre considération. On est aujourd'hui revenu de cet engouement et, en laissant aux races anglaises leur grande facilité d'engraissement et leur précocité remarquable, il a bien fallu reconnaître que nos porcs français avaient eux aussi leurs qualités qu'il ne fallait pas sacrifier : rustiques, nos suidés présentent une aptitude appréciée dans les régions où ils trouvent au pâturage une partie de leur nourriture et par conséquent doivent pouvoir marcher sans qu'il en résulte pour eux de fatigue préjudiciable à leur développement. Cette faculté de pouvoir ainsi prendre un exercice salutaire a pour conséquence directe l'importance acquise par les masses musculaires aux dépens du lard proprement dit, et, de plus en plus, on dédaigne chez nous ces couches épaisses de graisse souvent molle, peu faite pour exciter l'appétit, surtout aux époques de fortes chaleurs. Reste la question de précocité ; mais quand on songe que les porcs craonnais par exemple, au corps long et ample, à la tête réduite, aux membres courts, pèsent à six mois 70 kilogrammes, pour atteindre à douze ou treize mois de 150 à 250 kilogrammes, sans parler des bêtes de concours qui montent jusqu'à plus de 300 kilogrammes, avec une viande mêlée de graisse et un lard consistant qui se sale facilement, il semble que du côté de la précocité et des bonnes méthodes d'élevage, nous n'avons plus guère à apprendre de nos voisins. D'ailleurs rien n'empêche de continuer à leur emprunter ce qu'ils ont de bien, et ceux de nos agriculteurs qui trouvent que nos machines à fabriquer la viande ne vont pas encore assez vite peuvent fort bien avoir recours aux croisements. On se loue souvent de l'accouplement d'un porc yorkshire ou au moins très près du sang avec les truies du pays. Celles-ci sont gardées pures à l'aide d'un verrat français auquel on demande quelques portées, et les gorets croisés auxquels elles donnent naissance sont généralement des bêtes réunissant pour la charcuterie toutes les qualités désirables, puisqu'ils tiennent de leurs ascendants le squelette réduit, la précocité, l'aptitude à l'engraissement du père et la bonne santé, les poumons robustes, l'ampleur de bassin de la mère. La nature des qualités transmises par chacun des parents est même une raison pour laquelle l'union des truies françaises avec les mâles étrangers se recommande de préférence à l'accouplement inverse; il est d'ailleurs plus facile d'introduire un verrat qui sert plusieurs femelles que plusieurs coches qui n'auraient pas une descendance aussi nombreuse que le mâle unique.

Composition d'une porcherie annexée à une laiterie. — Les animaux dont on se propose l'exploitation une fois choisis, comment composer la porcherie dans une ferme où l'on veut faire utiliser aux porcs les dessous de la laiterie? Au 1er octobre 1906, mon inventaire relevait dans ma vacherie : un taureau, 27 vaches à lait, 6 génisses pleines de leur premier veau et 21 élèves, en tout 55 animaux. Malheureusement pour moi je dus reconnaître, vers le mois de décembre, que beaucoup de mes vaches étaient frappées de stérilité, sans doute d'origine infectieuse et provenant d'une contamination du taureau. Je changeai ce dernier, essayai de guérir les vaches, parmi lesquelles plusieurs jeunes sujets n'ayant pas encore rapporté, et finalement dus réformer toutes les bêtes qui continuèrent à se montrer rebelles à la fécondation. On comprendra qu'un aussi grave mécompte ait réduit dans une énorme proportion mes rendements en lait en même temps que, malgré le travail de reconstitution commencé sans retard, le nombre de mes bovins tombait à 44 au 1er octobre 1907, savoir : 1 taureau, 17 vaches laitières, 8 génisses pleines, 16 élèves et 4 vaches à l'engrais. En avril je ne pouvais plus turbiner par jour que 90 litres de lait; en septembre j'étais remonté à 190 litres. En 1908, la reconstitution du troupeau se poursuivait, et, malgré l'élimination des vaches grasses en provenant, je pouvais laisser à mon successeur, au 15 mai, 43 animaux exclusivement reproducteurs, dont 23 vaches laitières. Ceci dit, voici comment parallèlement s'était comportée ma porcherie composée de truies normandes saillies par un verrat normand-yorkshire. Le 1er octobre 1906, j'avais 39 animaux : 1 verrat, 5 truies mères,

4 truies d'élevage, 12 porcs à des degrés divers d'engraissement et 17 porcelets. Les truies mères prenant de l'âge, trois furent réformées en cours d'année et remplacées par les 4 jeunes; à cause de cette circonstance, les portées furent moins nombreuses qu'elles auraient dû être pour chaque femelle et, dans chaque portée, il n'y eut qu'un nombre restreint de petits. Cette faible natalité eut encore un autre motif : à savoir la nourriture trop substantielle des mères par un vacher qui recherchait de façon exagérée les formes opulentes des animaux confiés à ses soins ; aussi, au cours de l'exercice 1906-1907, ne fut-il vendu que 29 porcelets et 18 porcs gras d'une valeur totale de 3.930 francs.

L'effectif passa d'ailleurs de 39 têtes à 44 au 1er octobre 1907, et il y eut à cette époque : 1 verrat, 7 truies en pleine production, une jeune truie, 5 porcs à l'engrais, 10 porcs coureurs et 20 porcelets ; d'où résulte qu'en un an ma porcherie avait permis de livrer à la vente ou élever 52 animaux : elle me laissait, malgré ces conditions déplorables, un bénéfice d'un millier de francs, et, de plus, le troupeau renouvelé devait bientôt prouver ce qu'il pouvait donner par des soins simplement mieux en rapport avec le rôle demandé à chaque sujet. Les ventes, du 1er octobre 1907 au 15 mai 1908, atteignirent, en effet, 63 têtes pour sept mois et demi, et mon successeur me reprit 48 animaux dont 2 verrats et 8 coches. Pour l'année entière la production se serait élevée à une centaine de têtes, soit environ 12 petits par coche ; ceci n'a rien d'exagéré, et je crois pouvoir affirmer que ce devrait être la règle dans toute porcherie bien conduite. En 1906-07, les porcelets sevrés valaient à ma ferme 30 à 37 francs pièce ; à ce prix on arrive au produit moyen de 300 à 400 francs pour chaque mère, en supposant tous les jeunes vendus à l'état de laiterons. En pratique, un tiers ou un quart peuvent être conservés et engraissés sur l'exploitation où la porcherie est associée à une laiterie qui, en dehors du lait écrémé livré dans les quantités que j'ai indiquées, donne encore du lait de beurre.

Vente des produits de la porcherie. — C'est généralement de dix à treize mois que des porcs comme ceux que je nourrissais sont bons à partir ; de neuf à onze mois ils pesaient chez moi de 110 à 135 kilogrammes, très en viande et seulement demi-gras. Surtout l'été, les animaux trop en lard n'avaient pas de débouché, et on ne recherchait pas non plus les poids trop lourds ; c'est pourquoi partaient de bonne heure les sujets vendus à la charcuterie. Une considération règle d'ailleurs l'époque du départ, et n'est autre que l'accroissement journalier : tant que cet accroissement paie largement la nourriture et se traduit par une augmentation des muscles plutôt que du lard, on peut avec profit poursuivre l'opération ; si le gain devient douteux, il faut l'arrêter. Lorsqu'une coche, choisie pour sa bonne conformation pour être élevée en vue de la reproduction, donne des portées médiocres ou se montre mauvaise mère à un titre quelconque, elle doit être castrée sans retard et s'en aller grossir le lot des porcs à l'engrais ; si au contraire, comme une truie normande avec un peu de sang berkshire que j'ai élevée, elle donne en deux ans cinq portées variant de 11 à 15 petits qu'elle nourrit facilement, on ne saurait la conserver trop longtemps. La truie à laquelle je fais allusion existe toujours, elle a environ six ans et sa dernière portée a été de 10 petits ; c'est ce qui m'a fait écrire que la moyenne annuelle de 12 porcelets pour une mère devait être aisément réalisée. Les porcelets ne se vendent pas toujours au cours élevé de 1906-07, je les ai vus tomber à 18 francs ; 25 francs est un prix courant, et pour vendre sans risque d'erreur, rien de mieux que la bascule jointe à la connaissance des cours. Gras, les porcs sont parfois achetés à la traverse, c'est-à-dire d'après leur rendement supposé, estimé à l'œil ou après palper des maniements, mais, pour eux comme pour les porcelets, la bascule est préférable ; on les pèse après vingt-quatre heures de jeûne et on leur applique les cours du marché le plus proche. Des sujets jeunes et [demi-gras doivent être payés au cours le plus haut et même recevoir une légère prime. Le moyen d'obtenir cette prime avec le plus de sûreté est de déterminer le nombre des animaux que l'on peut vendre dans l'année et de faire marché avec un charcutier connu auquel on garantit tant de têtes par an. Dans ces conditions, lorsque acheteur et vendeur sont l'un et l'autre consciencieux, l'acheteur ne vient même plus à la ferme vérifier le poids de la marchandise qui lui est expédiée ; c'est une cause d'introduction de fièvre aphteuse supprimée et, comme personne n'a de faux frais, il y a avantage pour les deux parties. Les Anglais ont généralisé ce mode de vente : associés, ils ont un courtier qui visite les charcuteries et connaît bien les fermes de ses mandants ; il passe les commandes à chacun suivant les besoins qui lui sont signalés et suivant la nature du produit qui lui est demandé ; chaque porc trouve ainsi son utilisation la mieux appropriée et subit de ce cas une plus-value qui compense plus que largement la rémunération accordée au commissionnaire. Celui-ci a un traitement fixe pour ses frais généraux et une prime par tête d'animal vendu par ses soins. Une semblable manière de faire pourrait peut-être être avantageusement introduite dans nos centres de production ; on voit le profit qu'on en tirerait pour les expéditions par wagons complets sur les marchés des grandes villes, sans s'exposer à des relèves, ou à des ventes à prix trop réduits. Il semble, au reste, que ces ventes aux abattoirs urbains intéressent quelques commissionnaires et laitiers en gros plutôt que le producteur chez qui l'élevage du porc n'est qu'un accessoire de la laiterie. Cet élevage viendrait-il à se délopper, à défaut de l'application du système anglais, le producteur devrait se mettre en rapport avec un courtier connu de la Villette, par exemple : il lui ferait apprécier sa marque et l'inciterait à lui passer des ordres d'expédition ; une opération de ce genre n'aurait d'ailleurs nulle raison d'être limitée aux porcs, rien n'empêcherait de l'étendre aux autres bestiaux.

Porcherie non annexée à une laiterie. — Je viens d'envisager la porcherie comme annexe de l'exploitation des vaches laitières ; ces deux spéculations animales ne sont pas forcément associées et il ne faudrait pas croire qu'on ne peut nourrir économiquement les porcs sans laiterie. Si l'on jette les yeux sur l'ouvrage que M. Heuzé a publié sur *Le Porc*, on remarquera même, dans les exemples de rations qu'il donne, que le petit-lait doit être surtout réservé aux jeunes, aux truies nourrices et aux porcs à l'engrais ; pour les truies portières, il n'en faut faire qu'un usage modéré, ainsi d'ailleurs que le confirme l'expérience personnelle que j'ai rappelée : les eaux grasses ou le bouillon de viande y suppléent, le reste de la ration est constitué par des racines : pommes de terre, carottes, ou même betteraves, par des drêches, de la farine d'orge ou un peu de tourteau ; je me suis moi-même fort bien trouvé du riz cuit lorsque les pommes de terre étaient rares et chères. Eaux grasses, bouillon de viande, farine d'orge, pommes de terre et petit-lait, si on en a, permettent l'élevage rapide des jeunes. J'ai parlé de l'alimentation au vert, à la glandée ou aux topinambours ; les beaux porcs craonnais, dont j'ai donné les poids à divers âges, s'obtiennent, ainsi que le rapporte M. P. Diffloth, dans *Moutons, Chèvres et Porcs*, de l'Encyclopédie Agricole, avec une ration journalière de 5 kilogrammes de pommes de terre, 1^{kg},500 de farine d'orge et 6 litres d'eaux grasses. Le nombre de sujets entretenus doit être, dans ce dernier cas, en rapport avec la quantité d'eaux grasses dont le cultivateur peut disposer. Ce point tranché, l'importance à donner à l'opétion dépendra du prix auquel elle fait ressortir les autres éléments de la ration : question de sol, de débouché ou de cours au marché.

Les opérations d'engraissement. — S'il faut bien nourrir, il importe au moins autant de ne pas trop bien nourrir : faute d'y prendre garde, on rend les vaches laitières difficiles ; elles gâchent la nourriture et laissent immangés des produits dont, moins exigeantes, elles auraient tiré bon parti, ou bien, de même que les truies portières, elles tournent à l'engraissement, au grand préjudice de leur rendement en lait, de même que nous avons vu les coches trop grasses ne plus nous donner que des portées insignifiantes. Cet écueil, qui exige de la part du patron une surveillance de tous les instants, nous n'y sommes pas exposés avec les animaux à l'engrais, et cette considération, jointe aux hauts cours de la viande, porte le cultivateur à faire de la viande plutôt que du lait. Il est certain qu'actuellement il y gagne à tous égards ; à lui seulement de prendre garde et de ne pas gâter son affaire en tarissant la source du jeune bétail dont il charge ses herbages ou emplit ses étables.

Industrie des bœufs d'herbe. — Cette précaution prise, l'engraissement des bovidés peut être conduit de diverses façons pour s'assurer le maximum de profit. L'une des plus simples est l'industrie des bœufs d'herbe, nourris dans les gras herbages du pays normand ou dans les prés d'embouche du

Nivernais. L'art de l'herbager consiste à n'admettre dans ses prés que le nombre d'animaux qu'ils peuvent nourrir sans qu'il y ait d'herbe perdue ou sans que les bœufs soient rationnés : ceux-ci doivent trouver à manger autant qu'ils le veulent une herbe suffisamment mûre sur un sol assez rassis après les pluies de l'hiver pour qu'il ne soit pas détérioré par les sabots des animaux. En Normandie, le bœuf d'herbe n'a généralement pas travaillé : dès sa naissance, il est dirigé sur l'abattoir et l'on s'applique à ce qu'il y arrive dans le minimum de temps possible, généralement vers trois ou quatre ans. Son maître le fait naître, ou plus habituellement l'achète, au cours de sa seconde année, de 150 à 225 francs pièce.

Dans le Nivernais, dans le Bazois en particulier, communes de Saint-Saulze, Tannay, Châtillon, les Amognes, les Vaux-de-Montenoison, beaucoup de fermes ou métairies ont 15 vaches qui donnent annuellement 14 veaux en moyenne. De ces veaux quelques-uns sont sacrifiés en bas âge, mais c'est l'exception ; les bonnes génisses remplacent les mères, les mâles de bonne conformation sont dressés au joug ou font des reproducteurs s'ils sont tout à fait supérieurs, les autres sont placés dans les prés d'embouche et, comme les bœufs normands, s'en vont à la boucherie sans avoir travaillé ; en dehors de l'herbe, ils ne consomment qu'un peu de fourrage l'hiver, et parfois, durant les six derniers mois de leur vie, de bon foin, des betteraves et des tourteaux. On voit, d'après ces indications empruntées à M. Ardouin-Dumazet, que déjà dans la Nièvre une partie des bœufs travaillent ; s'il en est qui s'engraissent à ne rien faire, c'est, d'une part, qu'ils n'ont pas d'aptitude pour le joug et de ce fait ne trouveraient pas acquéreur et, en second lieu, parce que l'importance des prairies dans les exploitations justifie la présence d'animaux exclusivement de rente.

Le travail des bœufs destinés à la boucherie. — Hormis ces cas, que l'on peut qualifier d'exceptionnels, le travail est la règle pour les bœufs de boucherie. Pourquoi d'ailleurs en serait-il autrement ? Un travail modéré est la condition même d'une bonne hygiène, entraînant une croissance rapide et la formation de masses musculaires développées ; il paie les frais de nourriture et parfois même laisse un bénéfice ; enfin l'animal de trait, s'il vient à être vendu comme tel au lieu d'être conduit jusqu'à l'abattoir par le cultivateur qui l'a utilisé comme moteur, obtient au kilogramme vif un prix de un franc et quelquefois même davantage, prix qu'en général il est loin de retrouver auprès du boucher qui l'achète gras. Ce genre de spéculation est souvent si avantageux que de petits fermiers s'y adonnent exclusivement : ils attraitent les bouvillons de quinze à dix-huit mois et les revendent, un an ou deux après, à des agriculteurs à la tête d'exploitations plus importantes ; ceux-ci, à leur tour, dirigent leurs bœufs de cinq ans, c'est-à-dire dans la plénitude de leur force, sur les sucreries ou sur les domaines à cultures industrielles qui ont besoin, pour leurs charrois ou leurs labours, de moteurs puissants. On peut dire que le cultivateur qui travaille ainsi sa terre avec des bœufs en période de croissance a pour rien son travail et une partie du fumier : il y a donc là une spéculation à suivre de près et plus intéressante encore que la production exclusive de la viande ; je devais de toute manière en parler ici, puisqu'elle est comme le prélude de l'engraissement proprement dit qui la complète.

L'engraissement des bœufs en Charente. — Dans la région du Centre, certains métayers conduisent l'opération jusqu'au bout : ils mettent à l'auge dans les Charentes, vers trois ans ou trois ans et demi, des bœufs qui depuis l'âge de quinze mois ont moyennement travaillé mais ont toujours été maintenus en bon état. Ces métayers tirent de la Saintonge leurs animaux de race limousine et ils prennent leurs dispositions pour les envoyer gras sur Paris à partir de novembre, époque où cessent les arrivages de bœufs d'herbe. Leur art consiste à obtenir de la viande persillée de qualité supérieure où la graisse pénètre pour ainsi dire entre les fibres musculaires au lieu de s'étaler en couche épaisse à leur surface. Pour atteindre ce résultat, les métayers charentais ont renoncé aux tourteaux : ils donnent en deux repas, l'un à sept heures du matin, l'autre à quatre heures du soir : 50 litres ou 32^{kg},500 de topinambours, 3 kilogrammes de son, 1 kilogramme de farine de maïs ou d'orge et 4 à 5 kilogrammes de foin de prairies naturelles ou artificielles présenté de la façon la plus engageante aux animaux qui sont étrillés journellement et tenus très propres sur une litière de fanes de topinambours. La ration est calculée pour produire un accroissement quotidien de 1 kilogramme, soit 125 kilogrammes pour quatre mois ; dès que le kilogramme n'est plus gagné, on liquide l'animal. Concurremment, dit M. Hitier, sont élevés des porcs craonnais yorkshires qui, tués à un an, pèsent 140 à 150 kilogrammes après avoir reçu des choux, des betteraves et des citrouilles : on ne leur donne pas de lait, l'exploitation ne comportant pas de vaches laitières, mais à la ration ci-dessus on ajoute, pendant la période d'engraissement, un complément de pommes de terre cuites et de farine d'orge.

Engraissement des bœufs de sucreries. — Fréquemment, les bœufs sont, au contraire de ce que nous venons de voir en Charente, achetés aux cultivateurs ou industriels qui les ont utilisés comme moteurs, pour être engraissés de façon intensive : ces animaux ne valent pas les jeunes bœufs traités avec ménagement, néanmoins leur engraissement, qui dure de quatre à cinq mois d'hiver et se fait surtout à la pulpe et autres produits bon marché additionnés de tourteau de lin, peut être avantageux si l'on a racheté les bêtes à bon compte aux sucreries qui ne les engraissent pas elles-mêmes, une fois leurs charrois terminés.

D'autres fois, les bœufs passent à l'auge en quittant le harnais de travail, après avoir fait sur les fermes deux à trois campagnes ; ils ont alort sept ou huit ans, et il est assez vraisemblable que les exigences du consommateur conduiront encore à abaisser cette limite de réforme, sauf pour certains animaux que leur remarquable docilité inciterait à conserver jusqu'à complète usure pour la traction des instruments délicats. Engraissés comme ceux de leurs congénères qui sortent des sucreries, généralement ils ne permettent pas de retrouver leur prix d'acquisition lors de leur vente, et cependant l'industrie agricole qui consiste à les exploiter ne cosntitue pas, tant s'en faut, une mauvaise opération, car on n'obtiendrait pas avec d'autres moteurs que ces bœufs le travail à si bon compte : eux-mêmes ne gagnent pas, mais ils grossissent les gains culturaux et ils fournissent à la terre un abondant fumier qui peut être regardé comme n'ayant rien coûté ou comme venant en amortissement du prix de la journée de travail. Leur compte s'établit de la façon suivante :

Doit :

Prix d'acquisition.
Salaire des bouviers qui conduisent les animaux.
Salaire du vacher qui les engraisse (y compris les frais de nourriture, s'il y a lieu, de ces divers employés).
Ferrure et harnachement.
Nourriture.
Amortissement des bouveries.
Part de frais généraux ; frais de vente.
Assurance et frais de vétérinaire.
(La nourriture peut se calculer en s'inspirant des cours des marchés si les bêtes sont en stabulation permanente ; elle est plus difficile à évaluer si elles sont partiellement nourries au vert pendant les périodes d'été.)

Avoir :

Prix de revente.
Fumier (noté pour mémoire et payant les litières, ou estimé d'après la valeur marchande des principes fertilisants qu'il contient).
Travail.

La balance donne le bénéfice de l'opération ou la perte qu'elle a entraînée. Toutefois, présentée comme je viens de le faire, cette balance est établie en faisant figurer à l'avoir le travail évalué en prenant pour base le prix auquel il faudrait payer à un entrepreneur le travail en question ; peut-être vaudrait-il mieux ne pas inscrire le travail à l'actif. En procédant de cette façon l'actif sera inférieur au passif, et la différence, divisée par le nombre de journées de travail effectif que le bœuf aura fournies pendant son passage à la ferme, donnera le prix de revient de la journée de travail. Plus ce prix de revient sera bas, meilleure aura été l'opération. Si par hasard il était plus élevé que le prix du travail acheté à un entrepreneur, il y aurait quelque chose à réformer dans [la conduite générale de l'exploitation ; si, au contraire, il était tout à fait minime, la question pourrait se poser de rechercher si on ne pourrait pas l'abaisser encore par une réforme plus rapide des animaux, réforme qui permettrait d'obtenir un prix de vente meilleur. Là se trouve, suivant moi, le critérium d'après lequel on peut juger l'impor-

R. Vuigner. — Domaine agricole.   17

tance du profit donné par l'emploi de bœufs au maximum de leur développement terminant leur carrière à la boucherie. Dans ce genre de spéculation il ne faut pas séparer le travail de l'engraissement, sans quoi on formulera sur le papier des résultats absolument fantaisistes, qui justifieront la soutenance de thèses diamétralement opposées.

Engraissement de vaches maigres. Précautions à prendre pour leur achat. — Le cultivateur, au lieu de bœufs maigres, peut acheter des vaches qui, elles aussi, ne passeront dans ses étables que le temps nécessaire à leur engraissement. L'opération est bien plus facile à chiffrer que celle que je viens d'étudier, les éléments du doit et de l'avoir apparaissent assez facilement pour que chacun puisse faire le calcul. Les éléments de succès sont seulement un peu plus complexes que dans le cas des bœufs à l'engrais. Pour ceux-ci, il suffit de s'assurer que le travail ne les a pas trop épuisés, qu'ils ont le cuir tendre et que leur âge n'est pas trop avancé ; avec les vaches nous devons, non seulement tenir compte de ces considérations, mais aussi rechercher la cause de leur réforme. La réforme peut avoir pour origine la reconnaissance d'une tuberculose à son début, la stérilité de l'animal, sa propension à l'engraissement aux dépens de la production du lait et de la qualité du veau, le fait, enfin, que la vache est taurelière. Un soupçon de tuberculose naissante doit suffire à faire écarter le sujet proposé ; question d'hygiène mise à part, une saisie pour tuberculose entraîne des frais de désinfection et d'épuration du troupeau auxquels il est prudent de ne pas s'exposer. Il faut se défier aussi beaucoup des taurelières, les bouchers savent les reconnaître et n'en apprécient pas la viande d'une obtention généralement difficile et coûteuse en raison du caractère agité et inquiet des bêtes qui sont atteintes de ce genre d'excitation maladive. La castration n'est pas toujours un remède.

Au contraire, les jeunes génisses simplement stériles ou trop sujettes à l'embonpoint peuvent être recherchées sans crainte ; elles seront très probablement profitables malgré leur prix d'acquisition plus élevé. Prix d'acquisition, cours de la viande grasse, degré de cherté des aliments concentrés, tourteaux et autres, sont, avec la qualité des animaux choisis, les éléments

qui permettront d'apprécier le succès plus ou moins grand à
espérer de l'entreprise. J'ai fait moi-même en cinquante jours
gagner 100 et même 125 kilogrammes à des bêtes tendres pesant
au début de l'opération de 400 à 450 kilogrammes ; ces chiffres
donnent une idée de ce qu'on peut obtenir avec l'engraissement des vaches maigres et, sans le prendre comme moyenne,
car lors de la première pesée les animaux fraîchement débar-
qués du train étaient absolument vides, et il faut aussi compter avec les non-valeurs, je crois néanmoins que, bien conduite,
la spéculation dont je viens de m'occuper peut être une des
meilleures, aussi n'engagerais-je pas les cultivateurs qui auraient à faire dans leurs troupeaux de vaches laitières des réformes ancicipées, à laisser à autrui le soin d'engraisser les
animaux ainsi condamnés : en y procédant eux-mêmes ils
atténueront tout au moins le dommage qu'il y a le plus habituellement à conduire à la boucherie un sujet destiné à la reproduction.

Engraissement des bouvillons. — J'ai, au début du présent chapitre, esquissé dans ses grandes lignes l'opération
qui consiste à préparer pour l'abattoir de jeunes bouvillons ou
génisses de dix-huit à vingt mois, gardés environ deux ans
sur le domaine. D'après des renseignements tout récents, des
animaux de cette sorte peuvent valoir 225 à 250 francs, en
augmentation sensible sur les prix que j'ai cités ; ils sont revendus de 550 à 575 francs, avec un écart de 300 à 325 francs, et la
marge est peut-être, dans ces conditions, un peu supérieure à ce
qu'elle était autrefois. Les frais de nourriture sont relativement
peu élevés puisque les bêtes arrivent sur l'exploitation avec la
première pointe de l'herbe de pâturages spécialement convenables pour elles et qu'elles ont ainsi deux saisons d'été à rester
à la ferme ; le premier hiver, sont utilisés des déchets de fourrages, qui, de ce fait, reçoivent une valeur ; le second, commence
l'engraissement proprement dit à la pulpe ou aux betteraves
fourragères et aux tourteaux. Parfois même des sujets très
précoces sont bons au sortir de l'herbage, avant la rentrée à
l'étable pour la période d'engraissement.

Aux cours actuels de la viande, l'opération paraît recherchée
du cultivateur ; je ne suis cependant pas convaincu qu'elle soit

aussi profitable que celle où le bétail reste sur l'exploitation uniquement le temps nécessaire à son engraissement ; je fonde cette appréciation sur la tendance actuelle que l'éleveur de moutons a à vendre ses agneaux à six ou sept mois au lieu de quinze, après avoir eu d'abord des moutons de trois ans ; les faits sont du même ordre : pour un animal qui ne travaille pas, ce n'est pas pendant le temps où il se développe sans prendre de graisse qu'il gagne le plus. Toutefois, il est certain qu'on ne saurait tout avoir et qu'une place doit être laissée aux bouvillons d'élevage si l'on ne veut pas réduire une source importante de richesse et risquer de perdre des produits de second ordre dont l'emploi donne au moins le fumier gratuitement. Pour augmenter le profit à tirer de l'engraissement des jeunes bovins, peut-être pourrait-on envisager une levée à faire à l'automne, à la fin des herbes, à côté de la levée d'hiver aux aliments commerciaux unis aux sous-produits des sucreries, distilleries ou féculeries.

Calcul du bénéfice donné par l'engraissement d'un bovin. — Quelle que soit l'opération entreprise pour l'obtention de la viande de bovin, il ressort des lignes qui précèdent qu'il est très difficile d'en calculer l'exact bénéfice : l'avantage le plus considérable existe certainement lorsque la viande est le complément du travail ou du lait ; je placerais au second rang l'embouche à l'étable d'animaux maigres bien achetés, et au troisième la formation des bœufs d'herbes n'ayant jamais travaillé. A leur sujet M. F. Rollin, secrétaire honoraire de la chambre syndicale des commissionnaires en bestiaux, a soulevé, à propos de la cherté de la viande, une très intéressante question que M. Poher, ingénieur agronome, inspecteur des affaires commerciales à la Compagnie d'Orléans, a reprise sous un aspect différent, en introduisant l'élément travail. D'après M. Rollin un bœuf d'herbe de quatre ans, vendu à la Villette 865 francs, en octobre 1910, coûterait :

Frais de vente	30 francs.
Frais de nourriture à raison 0,50 par jour.	750 —
Ensemble....................	780 francs

d'où résulteraient 85 francs pour le bénéfice de l'éleveur et les frais généraux de quatre années ; c'est dérisoire, et M. Poher n'a pas de peine à montrer que pour un animal qui travaille les choses changent complètement d'aspect. Je ne suivrai pas M. Poher sur un terrain que je viens d'étudier moi-même. M'arrêtant au cas du bœuf d'herbe, pure machine à viande, envisagé par M. Rollin, je demanderai seulement au distingué secrétaire s'il ne croit pas qu'il a mal évalué le bénéfice donné par le bœuf d'herbe. ¡Voici comment, suivant moi, il faudait calculer :

		Francs.
Recettes :		
1 bœuf de 4 ans..		865
Dépenses :		
1 veau de 6 mois.......................................		150
Loyer de 25 ares de terre, à raison de 100 francs l'hectare, pendant 3 ans et demi, en supposant l'herbage chargé en moyenne de quatre bœufs à l'hectare...		90
Frais de vente..		30
Impôts pour 3 ans et demi, assurance..............		60
Frais de vétérinaire, environ.......................		20
Frais d'entretien des clôtures, paiement du bouvier en supposant un homme à 1.200 francs par an pour 30 bêtes, ensemble pour les 3 ans et demi.........		160
(Ce dernier chiffre serait à vérifier sur place, je le pose pour indiquer seulement le principe du calcul).		
Total..		510
Balance.......................................		355

soit pour un an :

$$\frac{355}{3,5} = 101,30$$

ou, pour un hectare nourrissant 4 bœufs, 400 à 405 francs, dont il faudrait au besoin déduire la valeur du foin et des autres aliments donnés l'hiver en complément à l'herbe. Cette déduction faite et les chiffres ci-dessus rectifiés aux articles où je n'ai pu les avoir exactement, on verrait quel bénéfice exact l'hectare d'herbe a permis de réaliser ; d'après ce bénéfice on calculerait l'avantage de l'opération de l'embouche de bœufs blancs charolais ; on trouverait sans doute que, dans les conditions spéciales où l'on se livre à cette opération, l'avantage en question est supérieur à celui que donnerait une autre entreprise agricole; en tout cas, on en aurait l'expression sincère qui ne paraît pas ressortir des comptes établis en séparant le produit donné par l'herbe de celui obtenu de l'animal qu'elle a nourri.

Vente et achat des bovins destinés aux diverses opérations d'élevage et d'engraissement. — Les bovins de trait sont vendus sur foire, soit dans les exploitations mêmes où ils ont été dressés, les veaux et le bétail maigre se vendent et s'achètent dans des conditions analogues ; le bétail gras a son écoulement sur les marchés des villes ou auprès d'une clientèle locale ; la vente directe au boucher de village n'est pas aussi avantageuse, hormis pour les veaux gras, que lorsqu'il s'agit des porcs. Les animaux s'écoulent, en effet, par bandes ou lots débutés ensemble et livrés en bloc ; on ne saurait, sauf cas exceptionnel, avoir un bœuf prêt à partir pour chaque semaine successive, et, pour se prêter à une combinaison de ce genre, on s'exposerait à avoir des aliments mal utilisés ; on ne peut l'adopter que s'il s'agit de vaches laitières réformées et remplacées par les génisses d'élevage, les réformes ayant lieu une par une.

Opérations à faire avec les moutons. Considérations sur le marché des laines. Vente de la laine. — A côté des bovidés et des porcs, les moutons tiennent une place qui, dans certaines exploitations, devient prépondérante. Exploité en culture extensive, le mouton réussit, en effet, là où l'on n'aurait que déboires avec les bœufs ou les vaches ; par contre, en culture intensive, ses exigences deviennent presque aussi considérables que celles des bovins et sa vie à la bergerie l'emporte de beaucoup sur son existence au grand air, sauf dans les contrées à climat doux, comme l'Angleterre, où il supporte de rester tout le temps dehors. La faculté qu'a le mouton de tondre l'herbe plus ras que le bœuf lui permet de passer après lui dans les herbages et il s'accommode de prés accidentés à herbe courte ou à sol rocailleux ou léger, où les grands ruminants ne pourraient pas prospérer. S'il craint les chaleurs lourdes du milieu du jour au fort de l'été, on ne peut pas dire qu'il redoute les climats secs, car il boit très peu et, d'un autre côté, il s'adapte aux climats humides, ainsi que l'Angleterre nous en est un exemple, de même qu'une partie des pays bas qui s'étendent de notre Artois à la Hollande ; ce qu'il lui faut, ce sont des sols sains, se drainant facilement après la pluie, et surtout ne gardant pas l'eau stagnante, sans quoi il ne tarde pas à être victime de la cachexie aqueuse.

Ces quelques indications préliminaires n'étaient pas inutiles au cultivateur qui cherche le meilleur mode d'exploitation du domaine où il s'établit. Maintenant que je les ai données, voyons à quelles entreprises agricoles peut donner lieu l'exploitation du mouton. L'agriculteur a le choix entre l'élevage, la production de la viande, et celle du lait ; qu'il s'adonne à l'une ou à l'autre de ces industries, ou en associe deux ensemble, la laine retient toujours son attention et elle constitue un produit assez important pour n'être jamais négligé. Le temps des moutons à viande et des moutons à laine est passé : tous ont de la laine sur le dos et des muscles autour des os ; on ne saurait séparer les deux choses, et il se trouve qu'en améliorant l'une par une alimentation bien entendue et une sélection soignée, on améliore aussi l'autre ; les mérinos précoces n'ont rien à envier au point de vue de la viande aux meilleures races anglaises, ils leur sont même supérieurs par une union plus intime du gras et du maigre dans une chair succulente ; souvent, d'ailleurs ; on allie les qualités des mérinos à celles de moutons d'outre-Manche, et de nos jours les troupeaux dishley-mérinos sont justement réputés. Peut-être, il est vrai, certaines de nos races du Centre laissent-elles un peu à désirer sous le rapport de la laine, mais elles sont tellement supérieures par la finesse de leur viande ou la richesse de leur lait, qu'on leur passe d'autant mieux cette infériorité qu'il semble qu'elles soient faites pour la région où on les exploite.

Étant donnée l'importance de la laine, même lorsqu'elle n'est pas le principal objectif en vue, il est intéressant pour tout possesseur de troupeaux de savoir comment un tel produit se comporte sur les marchés et quel est son avenir au point de vue des cours. M. D. Zolla, le distingué professeur de Grignon, s'est occupé de cette étude et il a résumé ses observations dans un travail très documenté publié au commen-

cement de l'année 1910. Je crois bien faire de le signaler ici.
En 1907, ont produit :

La France	43	millions de kilos de laine.	
L'Angleterre	59	—	—
Les autres pays d'Europe	160	—	—
L'Amérique du Nord	140	—	—
Ensemble	402	millions de kilos de laine.	

Cette même année ont exporté vers les pays ci-dessus :

L'Australie	356	millions de kilos de laine.	
Le Cap	48	—	—
La Plata, l'Uruguay	208	—	—
Les autres pays hors d'Europe	113	—	—
Ensemble	725	millions de kilos de laine.	

Le rapprochement de ces deux chiffres montre combien les vieux pays d'industrie ont besoin des pays neufs pour satisfaire aux exigences de leurs manufactures de lainages ; or, en 1904, les exportations de l'Australie (Tasmanie et Nouvelle-Zélande comprises) sont tombées à 1371 milliers de balles, après avoir été de 2001 milliers de balles en 1895 : on comprend que cette chute ait été, pour les prix de la laine, l'occasion d'une hausse sensible, qui se traduit de la façon suivante pour la balle prise comme unité (circulaire de Prides Hugh de Londres) :

12,2 £ pour la période de	1895 à 1899
12,6 £ — —	1900 à 1904
(avec un minimum en 1901 et 1902).	
15,3 £ pour la période de	1905 à 1908

Parallèlement, le prix du kilogramme de laine lavée à fond était en Champagne, d'après M. Charles Marteau, de Reims :

Francs.

3,52 le kilo pour la période de	1895 à 1899
3,91 — —	1900 à 1904
4,81 — —	1905 à 1908

Avec une chute de fr. 5,20 à 4 francs le kilo en 1908.

Enfin M. Gaillet, directeur de la Bourse de Reims, donne pour le kilogramme de laine les cours suivants sur le marché de Reims :

	1904	1905	1906	1907	1908	1909
	fr.	fr.	fr.	fr.	fr.	fr.
Lorraine, laine lavée, croisée....	2,45	2,85	3,50	3,05	2,25	2,90
Champagne, laine lavée, fine...	3,05	3,45	3,80	3,60	2,75	3,55
Bourgogne, laine lavée, fine....	2,90	3,40	3,80	3,65	2,75	3,50
Brie, laine en suint, demi-fine ..	1,50	2,75	2	1,80	1,30	1,80
Vexin, — — croisée fine.	1,40	1,60	1,85	1,65	1,20	1,85
Beauce, — — demi-fine ..	1,45	1,70	1,90	1,90	1,25	1,75
Berri, — — croisée.....	1,25	1,55	1,95	1,95	1,15	1,80
Dauphiné, laine commune......	»	1,25	»	»	0,95	1,35
— laine fine..........	»	1,30	»	»	1,22	1,30
Provence, laine commune......	1,10	1,25	1,90	1,35	0,95	1,35
— laine fine..........	1,35	1,45	1,75	1,70	1,15	1,45

Un examen du tableau ci-dessus laisse apercevoir une hausse marquée et régulière jusqu'en 1906 ; en 1907 il y a un léger fléchissement, puis une chute brusque en 1908, chute après laquelle la hausse reprend malgré l'augmentation des importations qui diminuent seulement pour l'Argentine où la culture cesse de rester pastorale et devient plus agricole.

Ces importations sont :

	AUSTRALIE	LE CAP	LA PLATA	TOTAL
	Millions de balles.	Millions de balles.	Millions de balles.	Millions de balles.
En 1895........	2 001	269	513	2 283
En 1904........	1 371	201	476	2 048
En 1907........	2 103	287	478	2 865
En 1908........	2 072	276	484	2 832

et si elles n'empêchent pas la hausse de la laine, c'est que l'Australie n'a plus aujourd'hui les effectifs qu'elle avait en 1895 ; elle reste une terre à moutons, mais son troupeau, décimé par les périodes de sécheresse, subit des fluctuations qui ne l'ont pas encore ramené à son ancienne importance ; il était de :

100 millions de têtes en 1895			
71	—	—	1900
54	—	—	1903
56	—	—	1904
65	—	—	1905
74	—	—	1906
85	—	—	1907
87	—	—	1908

17.

Il y a là une première explication de la hausse. M. Zolla en voit une seconde dans l'extraction de l'or qui, de 166.000 kilogrammes en 1876, s'est élevée à 609.000 kilogrammes en 1907. Le métal devenant de plus en plus abondant, on en demande une quantité de plus en plus considérable pour payer le même objet et le fait est sensible pour bien d'autres produits que la laine.

Le blé, par exemple, dont les récoltes ne diminuent pas dans leur ensemble, se paie aujourd'hui 8 et 9 francs de plus le quintal qu'en 1899. Il en ressort qu'il y a pour la laine peu de chances de baisse, à moins que son emploi ne vienne à être moins important. Sous réserve de cette diminution bien improbable de la consommation, la hausse chez nous paraît devoir être d'autant plus vraisemblable que les statistiques accusent une très forte décroissance de notre troupeau national, tombé de 23 à 17 millions de têtes. Cette décroissance est, il est vrai, plus apparente que réelle, d'une part parce que les animaux pèsent plus lourd, d'autre part parce que beaucoup d'agneaux étant mangés maintenant à six mois, si l'on fait le recensement au lendemain de leur départ, on trouve évidemment un vide qu'on n'aurait pas trouvé la veille ; il n'en subsiste pas moins que la catégorie des moutons d'élevage de deux à trois ans s'est singulièrement réduite et que la laine donnée par cette catégorie disparaît de nos marchés où ne subsiste plus guère que celle des mères et des agnelles de remplacement, la laine d'agneaux étant elle-même bien peu abondante étant donné le jeune âge de ceux de ces animaux qui sont tondus.

Suivant la race et l'alimentation, un mouton adulte (une brebis le plus généralement avec les modes d'exploitation actuels) peut donner de 3 à 5 et même 6 kilogrammes de laine par an ; les agneaux de six mois de certaines grandes races précoces donnent un kilogramme ; au futur éleveur de se renseigner sur les aptitudes et les exigences du troupeau qu'il se propose d'introduire sur son exploitation : en rapprochant les chiffres généraux donnés ci-dessus des cours relevés pour le kilogramme de laine en suint, il se rendra compte du profit qu'il peut escompter en défalquant les frais de tonte. Ces frais peuvent être fort réduits par l'emploi de tondeuses mues par l'électricité ;

les tondeurs qui opèrent dans le Vexin, par équipes, sous la direction d'un chef, tondent à la main et demandent souvent 0 fr. 40 par tête non nourris ou 0 fr. 25 nourris. Quand faire se peut, il est plus simple de s'affranchir du souci de la nourriture. La tonte à lieu en Normandie fin avril ou commencement de mai ; des acheteurs viennent s'assurer la laine encore à dos et l'estiment au kilogramme, en suint, avec escompte de 5 p. 100 suivant cours et qualité. Le marché conclu, la marchandise est dirigée sur un certain nombre de centres où l'acheteur forme des wagons complets et paie comptant la laine pesée en présence du vendeur ; celui-ci paie un pourboire aux chargeurs, l'acheteur donne par contre une pièce (5 francs génélement) au charretier livreur. Ce mode de vente de la laine, quand les deux parties ont pu se connaître et s'apprécier, a certainement de grands avantages ; l'une et l'autre se font mutuellement confiance, bien des faux frais sont ainsi supprimés, ce qui est tout bénéfice pour le vendeur à qui l'acheteur peut même quelquefois accorder une prime sur les prix convenus, s'il trouve au livrer la marchandise de qualité supérieure à celle qu'il escomptait.

Toutefois beaucoup d'agriculteurs préfèrent apporter euxmêmes leurs laines sur certains marchés où, à époques déterminées, ont lieu des ventes publiques dirigées par des courtiers assermentés ; la vente ainsi conçue prend de plus en plus d'extension. A Dijon, il y a six ventes par an, les 27 avril, 10 mai, 8 et 29 juin, 27 juillet et 14 septembre ; l'étranger et 40 maisons françaises viennent s'y approvisionner ; en 1902, 1.100 éleveurs y ont apporté 170.000 toisons et 30.000 kilogrammes de laine d'agneaux, et peu à peu d'autres marchés se sont ouverts à Roubaix, à Reims où le courtier assermenté est M. Loilier, à Châteauroux, à Toulouse, plus récemment encore à Amiens sous la direction de M. E. Fouque. Pour plus amples détails, voir un bon ouvrage de M. Henry Girard sur les meilleurs moyens de gagner de l'argent avec les moutons.

Production du lait de brebis ; industrie du Roquefort. — La production du lait de brebis est une des industries principales de la région des Causses qui couvre le département de l'Aveyron et une partie des départements de l'Hérault, du Tarn, du Gard et Tarn-et-Garonne. On la retrouve aussi en Corse. En 1904, le lait était traité pour la fabrication du Roquefort dans 326 fromageries dont les trois quarts situées dans l'Aveyron ; en 1907, 100 nouvelles fromageries, provoquant la concurrence, permirent d'obtenir pour l'hectolitre de lait les prix de 32 et 33 francs ; le fromage, fabriqué avec du lait meilleur pour avoir parcouru de moindres distances avant d'arriver à la fromagerie, atteignit le chiffre de 85.000 quintaux au prix de 225 francs le quintal sur les Halles de Paris, et l'on put prévoir, pour 1909, le chiffre de 100.000 quintaux. Ces chiffres donnent une idée de l'importance de la production. Au point de vue de l'éleveur, il faut noter que, si les brebis laitières de la région du Larzac donnent en laine des rendements très médiocres, elle fournissent de 100 à 120 litres de lait par an, représentant une valeur de 32 à 40 francs au cours de 32 francs l'hectolitre ; leurs agneaux pèsent à trois ou quatre semaines, époque à laquelle on vend ceux qui ne sont pas gardés pour la reproduction, de 7 à 12 kilogrammes, représentant, au prix de 1 franc le kilogramme, une valeur de 7 à 12 francs : comptons 9 francs et 3 francs de laine pour la mère, c'est un produit brut de 50 francs environ sur lequel on peut compter annuellement pour une brebis du Larzac. Pour chiffrer le résultat final de son entretien, il faudrait connaître les dépenses ; je n'ai pas en mains les éléments nécessaires pour les calculer, mais on conçoit que sur place il soit facile de se les procurer avant de s'engager dans l'affaire. Il faut, en tout cas, envisager que, pour obtenir un rendement élevé en lait de bonne qualité, les brebis doivent recevoir du tourteau et, dans leurs breuvages, des farines de céréales, l'herbe du causse ne leur suffit pas. MM. Fernand de Barrau et M. Marre, professeur départemental de l'Aveyron, sont extrêmement bien documentés sur la question, et nul doute qu'en s'adressant à eux, le nouvel exploitant d'un troupeau de brebis laitières ne trouve tous les renseignements désirables.

M. Marre, à la suite d'un voyage en Frise, avait été frappé de voir que les brebis frisonnes donnaient annuellement jusqu'à 4 et 500 litres de lait, et, bien que ce lait fût moins riche que celui des brebis du Larzac, il s'était demandé si, pures ou mieux croisées avec nos sujets français, les bêtes de Frise ne donneraient pas un profit plus rémunérateur que nos moutons aveyronnais. Autant que je puis savoir, la question est encore à l'étude, mais elle mérite d'être envisagée. Une question d'un ordre différent, mais tout aussi intéressante que la précédente pour les éleveurs de l'Aveyron, est la nécessité pour eux de se syndiquer pour soutenir le cours du lait de leurs brebis ; en 1909, ce cours avait atteint 34 francs l'hectolitre : le trouvant sans doute trop élevé, les fromageries, qui jusqu'alors s'étaient fait concurrence se sont, au contraire, unies pour imposer leur prix à la culture ; à la suite de cette entente, il y a eu une baisse en 1910, baisse qui n'a pas dû être moindre de 3 ou 4 francs. Aux agriculteurs de répondre à une organisation par une autre organisation et de discuter à armes égales leurs intérêts.

Production de la viande de mouton adulte. — Le producteur de viande de mouton achète des agneaux maigres de quinze à dix-huit mois, ou mieux des moutons maigres ayant atteint leur pleine maturité, c'est-à-dire âgés de deux ans et demi à trois ans. L'opération est, en général, une opération d'hiver poussée avec rapidité, de façon à obtenir au moins deux levées par saison, la durée de l'engraissement variant de deux à trois mois suivant la qualité des sujets auxquels on l'applique et aussi suivant la manière dont on peut les pousser en nourriture. Deux bonnes époques de vente sont janvier, à l'occasion des fêtes du jour de l'an, et Pâques surtout pour les bêtes jeunes dont il est fait alors une grande consommation de gigots. Les moutons vendus à Pâques peuvent être tondus ; c'est un élément dont il faut tenir compte ; on paie en partie l'avantage qui résulterait de la vente de la laine par le prix un peu plus élevé demandé par le marchand de moutons maigres, ou le prix un peu plus faible exigé par le boucher, qui tire vingt ou trente sous seulement des rasons, au lieu des cinq ou six francs qu'il recevrait pour une toison en laine. Mais le bénéfice que peuvent laisser les moutons de Pâques n'en reste pas moins, en raison de la valeur de la laine, un peu supérieur à celui que laissent les moutons de janvier. Il en serait autrement si les frais de manutention et de conservation des aliments non concentrés, drêches, pulpes ou betteraves, venaient de façon sensible grever la valeur de ces aliments : ici intervient la question de l'aménagement des locaux de garde et des silos ; je ne puis que la signaler, je ferai remarquer toutefois qu'indépendamment de la difficulté qu'il peut y avoir à garder trop tard en saison certaines denrées périssables, le mouton ne profite plus ou profite beaucoup moins lorsqu'il vient à souffrir de la chaleur dans les bergeries d'engraissement ; d'autre part sa viande, qui prend alors un léger goût de suint, se troupe dépréciée ; ceci nous fixe une limite au delà de laquelle il convient de ne pas prolonger l'opération. Le bénéfice que cette opération peut donner dépend du prix de l'animal maigre, de ses dispositions à prendre la graisse et de la valeur des divers aliments qui lui sont nécessaires et dont on dispose avec une économie plus ou moins grande. Il faut pouvoir au moins compter sur des plus-values de 7 à 8 francs par mois pour les moutons de grandes races. Dans le Vexin normand, les bouchers qui donnent des animaux en pension à charge simplement pour le gardien de les entretenir en bon état, paient, en effet, une pension journalière à l'étable de 0 fr. 20 soit 6 francs par mois.

Je conseille de se défier beaucoup des animaux très épuisés, qui séduiraient par le prix très bas auquel ils seraient offerts et par leur bel appétit à leur arrivée chez l'acquéreur ; il n'est pas rare que, le deuxième ou troisième jour, de tels animaux succombent pour n'avoir pas résisté à la différence des régimes : une transition progressive est au moins prudente, sinon de rigueur. J'ai remarqué aussi plusieurs cas de mort par suite d'ingestion de tourteau de coton : le tube intestinal s'irrite sans doute sous l'influence des poils qui restent dans le tourteau mal décortiqué et peut-être en raison de cet état trop considérable de délabrement auquel je viens de faire allusion.

Les moutons maigres sont le plus ordinairement procurés par des courtiers qui vont les chercher dans les fermes des pays d'élevage ; certains sont ramenés de la plaine de Chartres, d'autres de Bourgogne et de Champagne ; le courtier prend une commission de tant par tête, ou bien il débat le prix de vente à l'engraisseur directement avec ce dernier ; inutile d'insister sur les conditions auxquelles une entente peut intervenir entre les deux parties, les divers intérêts en présence sont trop transparents ; tenir compte de ce que des marchands donnent, encore aujourd'hui, deux ou quatre animaux en sus d'un cent de bêtes payantes, le prix se trouve alors abaissé dans une proportion qu'il est nécessaire d'apprécier.

Production de la viande d'agneau blanc ou gris. Exploitation du troupeau d'élevage comportant cette production. — Étant donnée l'importance prise par la consommation de viande d'agneau blanc ou gris, il ne paraît pas d'ailleurs que l'industrie qui consiste à engraisser des animaux dits de remplacement achetés et nourris dans les conditions que je viens d'indiquer soit destinée à s'étendre ; il semble au contraire qu'elle doive tendre à se réduire à la préparation pour la boucherie des brebis de réforme ; elle perdra, s'il en est ainsi, une bonne partie de son intérêt, car les brebis de réforme, si elles sont encore jeunes, ne seront cédées qu'à un bon prix par leur propriétaire, et, si elles sont vieilles et bon marché, seront mal payées par la boucherie ; de telle manière qu'elles laisseront toujours une marge de profit très étroite. De plus en plus, nous verrons donc l'élevage et l'engraissement réunis dans la même main et se complétant l'un l'autre.

Dans ce cas le principe de l'opération est le suivant : le nombre des mères est en rapport avec l'étendue de l'exploitation, et si l'on estime que le domaine peut nourrir à l'hectare une tête de gros bétail, comme on considère que dix moutons représentent l'équivalent d'une vache, on voit combien il est possible de posséder de brebis selon que le troupeau existera seul sur la ferme ou y partagera avec des bovins les ressources alimentaires disponibles. Ce point acquis, l'exploitant du sol achète d'un seul coup toutes les brebis dont il a besoin, ou bien il forme progressivement son troupeau en partant d'un noyau qu'il grossit avec ses élèves. Ainsi que nous l'avons vu en parlant de la vacherie, ce second moyen donne un profit moins immédiat mais engage une mise de fonds moins élevée que le premier. Une brebis donne à trois ans son premier agneau et il paraît sage de ne pas lui en demander plus de deux ou trois, ce qui conduit à réformer chaque mère entre quatre ou cinq ans, à moins de qualités laitières exceptionnelles de sa part.

Dans le Vexin, les dishley-mérinos n'ont d'ordinaire qu'un agneau par portée et il est des fermes où les doubles appartiennent aux bergers à qui doit les racheter le propriétaire ; c'est une pratique fâcheuse à tous égards, car je ne vois pas pourquoi, au lieu d'être l'exception, on ne s'appliquerait pas à faire la règle des naissances gémellaires. Il en est ainsi en Angleterre, où les brebis shropshire, par exemple, élèvent de fort beaux agneaux et où l'on réformerait celles qui n'en n'auraient qu'un à la fois. Quoi qu'il en soit, dans l'état actuel des choses, il ne faut pas compter que 100 brebis donnent, dans notre région normande, plus de 95 à 100 agneaux, en admettant que les naissances doubles compensent à peu près les cas de stérilité ou les morts accidentelles qui, épidémies à part, doivent être rares. Le troupeau une fois en pleine exploitation, sur les cent agneaux supposés donnés par les cent brebis, il y a environ cinquante agnelles et cinquante mâles. Les mâles sont gardés comme reproducteurs dans une proportion qui dépend des qualités propres à chaque individu et de l'état d'amélioration général du troupeau ; les autres, castrés de bonne heure au caoutchouc, sont destinés à la boucherie où ils partent plus ou moins tôt.

Des cinquantes agnelles on peut admettre que dix doivent suivre le sort des agneaux mâles destinés à la consommation, les quarante autres sont élevées pour remplacer les mères, et, s'il n'y a pas d'insuccès, on voit que la réforme se fait ainsi, comme je l'ai dit, au bout de deux ans pour les sujets ordinaires et trois ans pour les sujets d'élite. Un mois après la mise bas des brebis mères, pour cent de celles-ci, le troupeau est donc composé de la façon suivante :

```
100 mères de 3 à 5 ans.
 40 agnelles de 2 ans.
 40    —      de 1 an.
 40    —      de 1 mois pour reproduction.
 10    —         —       pour vente.
 45 agneaux mâles de 1 mois pour vente.
  5    —      béliers de 1 mois pour reproduction.

Total.  280 animaux.
```

Sur ce nombre partiront dans l'année :

> 40 brebis réformées.
> 45 agneaux mâles.
> 10 agnelles impropres à faire des mères.
> 5 agneaux béliers.

Total.   100 animaux.

et il y aura à la tonte 150 toisons, plus la laine de 100 agneaux de l'année.

Le calcul ci-dessus suppose que les agneaux nés en novembre partiront, âgés de cinq à six mois, pour Pâques de l'année suivante ; il s'applique aussi au cas où l'agnelage est provoqué de meilleure heure et où les jeunes animaux vendus s'en vont à la boucherie à sept et huit mois au lieu de cinq à six. Dans certaines fermes, ce n'est que vers l'âge de quinze mois que sont liquidés les agneaux ; il est aisé de voir comment la composition du troupeau se trouve alors modifiée. Je dois dire ici toutefois que plusieurs éleveurs de ma connaissance donnent la préférence aux ventes précoces parce que, d'après eux, et je crois qu'ils ont raison, la valeur argent du supplément de nourriture de toute une année (même en faisant la part de la nourriture très intensive et par conséquent plus coûteuse donnée aux agneaux sacrifiés à six mois) est plus élevée que l'excédent de prix qu'on obtient des animaux de quinze mois. Les raisons qui militeraient en faveur de la conservation des agneaux jusqu'à un âge plus avancé seraient que ceux-ci pourraient être nourris avec plus de modération et par suite moins de risques de troubles du côté de la vessie, troubles qu'il faut parfois conjurer par l'emploi du bicarbonate ; de plus, il y a la question du fumier et surtout le fait que la viande d'animaux voisins de l'âge adulte a une saveur que n'a pas, quoi qu'on puisse dire, la chair blanche et mal formée de laiterons. On pourrait jusqu'à un certain point concilier les deux systèmes en reculant l'agnelage jusqu'en janvier ou même février ; les agneaux auraient ainsi de treize à quatorze mois au moment de leur abatage, et la période pendant laquelle ils vivent exclusivement du lait de leurs mères prendrait sur l'ensemble de leur existence une importance plus considérable. Malheureusement, en janvier, les brebis sont dans de moins bonnes conditions de lactation qu'en juin ou juillet où elles ont les fourrages d'été, ou en octobre et novembre où elles viennent de glaner sur les chaumes de céréales et trouvent une abondante nourriture dans les pièces où se récoltent les betteraves. Le cultivateur doit peser toutes ces considérations : l'abondance du lait à un moment où il coûte peu et où les jeunes sont d'élevage plus facile est un facteur important du succès de l'élevage combiné avec l'engraissement. Cette opération se recommande en outre parce qu'elle permet l'utilisation par les mères de produits dont des bêtes à l'engrais tireraient un parti moins bon.

La fécondation des brebis s'obtient à l'aide de béliers possédés par l'éleveur et de races choisies par lui pour provoquer des croisements avantageux ; le prix de tels animaux est très variable et s'élève facilement jusqu'à plusieurs centaines de francs ; pour cette raison, beaucoup de cultivateurs préfèrent ne pas avoir de béliers à eux appartenant : ils louent des reproducteurs pour la saison de lutte, étant entendu que celle-ci ne se prolongera pas plus d'un mois ou six semaines, ou bien pour la campagne entière. Les prix de location partent, suivant les cas, de 100 à 135 francs, pour atteindre 200 francs et plus. La location permet d'obtenir des animaux d'un type absolument certain, en corrigeant d'une année à l'autre les défauts où l'on craint de tomber ; on conçoit qu'elle soit aussi très avantageuse pour le possesseur de béliers, lorsque ceux-ci, bien conduits, peuvent être utilisés pour deux luttes séparées par quelques semaines de repos.

Pour calculer le produit annuel que peut donner une troupe de moutons conduits comme il vient d'être indiqué, on se reportera aux traités spéciaux qui entrent dans les détails nécessaires : l'ouvrage de M. H. Girard, auquel j'ai déjà fait allusion, a l'avantage de donner les poids, avec rendements en viande, des animaux des diverses races suivant leur âge ou leur sexe ; il indique aussi les quantités de laine qui tombent à la tonte ; avec ces indications, il devient possible de chiffrer l'opération en tenant compte des circonstances spéciales où on se trouve placé. La vente des brebis de réforme peut se faire par petits lots à un boucher local ; pour les agneaux, il est préférable de s'adresser à un boucher de ville qui s'entend avec un ou plusieurs collègues et à qui tout le lot est vendu en une fois ou en deux fois, à huit ou quinze jours d'intervalle pour terminer les retardataires. La vente se fait sur place à la ferme, l'acheteur appréciant l'ensemble du lot, ou bien elle se fait au kilogramme vif après vingt-quatre heures de jeûne. Les pesées ont lieu en présence de l'acheteur s'il désire exercer son contrôle : ce mode de vente est indispensable si le boucher ne peut fixer de façon certaine le jour où il prendra livraison, ou s'il doit, après entente, échelonner ses livraisons. Hormis les cas visés ci-dessus, les ventes ont lieu sur les marchés. A la Villette les grands courtiers pour moutons sont MM. Pénot frères, 46, rue du Pré-Saint-Gervais, à Pantin (Seine), et Paquin et Cie, 188, rue d'Allemagne ; les frais de commission sont de 0 fr. 30 à 0 fr. 40 par tête, les droits d'entrée au marché sont de 0 fr. 30, d'attache 0 fr. 15 et de désinfection 0 fr. 025, le tout par tête.

A la ferme de M. Bachelier, à Mormant, dans la grande banlieue de Paris, ferme dont M. Hitier nous a décrit le bétail le troupeau comprend 325 brebis dishley-mérinos, il y a 300 agneaux par an dont on garde 100 agnelles et 20 mâles ; le reste est engraissé à huit mois, et, chaque année, sont réformées 100 brebis après leur deuxième ou troisième agneau. Grâce à la sélection, à l'alimentation et aux bons soins donnés depuis vingt ans par le même berger, les agneaux, qui pesaient 34 kilogrammes à huit mois, en pèsent aujourd'hui 50 ; les brebis elles-mêmes pèsent 66 kilogrammes.

L'agnelage a lieu en juillet à la bergerie, où les brebis sont nourries de fourrages verts ; après l'agnelage les animaux sortent sur les chaumes, puis sur les fanes de betteraves. Le sevrage se fait au début de novembre et les agneaux reçoivent 800 grammes de regain de luzerne sec avec des betteraves mélangées de menue paille dont la quantité s'élève jusqu'à 5 kilogrammes. Fin décembre on commence à donner des grains concassés (avoine, orge, maïs), jusqu'à concurrence de 600 grammes ; en mars les agneaux sont vendus tondus et fournissent 2 kilogrammes de laine.

Exploitation du mouton en Charente. — C'est un exemple de l'exploitation en grand. Dans les Charentes, les troupeaux ne comptent que quinze à vingt bêtes. Ces animaux dit M. Prioton, professeur départemental d'agriculture des Charentes, appartiennent à la race poitevine, qui utilise très bien pour son engraissement les topinambours mêlés de son ; ils sont rustiques, donnent des portées doubles et, s'ils sont peu couverts d'une laine blanche, il suffirait de les améliorer par sélection pour en faire de très bon sujets. A Ruffec, où les effectifs atteignent très rarement 30 têtes, les naissances ont lieu en tout temps, mais principalement en décembre, janvier, février, octobre et novembre ; les agneaux de ces deux derniers mois sont vendus gras à quatre ou cinq mois ; ils tètent leurs mères jusqu'à leur envoi à la boucherie mais, dès l'âge de six semaines, reçoivent du regain de troisième coupe de luzerne, puis du maïs et de l'avoine concassés (1 hectolitre de chaque pour cinq agneaux) ; aux cours de 0 fr. 90 à 1 franc le kilogramme, ils valent de 30 à 35 francs en quittant l'exploitation. Les agneaux de janvier et février sont vendus dès mars à des nourrisseurs ou bien on les conserve jusqu'à dix mois en les laissant s'alimenter au dehors ; en octobre, ils sont vendus de 30 à 38 francs ; mis à l'engrais par leurs acquéreurs, ils sont sacrifiés deux ou trois mois plus tard avec une prime de 8 à 10 francs. Cela paraît peu, bien qu'il s'agisse de petits animaux représentant un capital moindre que les moutons plus lourds, aussi a-t-on cherché à améliorer l'opération en croisant les mères avec des béliers southdowns ; les agneaux qui naissent de ce croisement se vendent gras de 0 fr. 05 à 0 fr. 10 de plus que les autres par kilogramme.

Voici, toujours d'après M. Prioton, le compte d'une petite troupe des environs d'Angoulême, comprenant 4 brebis et 1 bélier primé. En 1908, les 4 brebis ont fait 7 agneaux ; 5 ont été vendus à cinq mois 37 francs pièce, ils pesaient 211 kilogrammes ; 2 mâles ont été payés chacun 55 francs pour la reproduction. En 1909, il y eut de nouveau 7 agneaux ; 4 furent vendus gras 34 francs pièce ; 2 femelles, gardées comme bêtes de remplacement, valaient 40 francs chaque à six mois ; le septième agneau périt ; le bélier, encore jeune, fut, après la saillie, engraissé et sacrifié. Du chef seul des agneaux, cette petite bande rapporta pour les deux ans 275+216 francs. Les brebis mères sont gardées jusqu'à huit et neuf ans, tant qu'elles donnent 2 ou 3 agneaux ; il vaudrait sans doute mieux les réformer beaucoup plus jeunes, car leurs filles donneraient à leur tour des portées doubles et elles-mêmes représenteraient encore une certaine valeur après engraissement.

L'argent recueilli par l'exploitation de quelques ovins comme à Angoulême doit d'ailleurs être presque bénéfice net ; comme je l'ai remarqué dans quelques petites fermes du pays de Caux ou même du Vexin normand, on s'occupe de ces moutons à moments perdus et on leur fait consommer bien des déchets en les logeant tant bien que mal dans quelque coin de bâtiments. Leur laine permet de renouveler les matelas de la famille, ou bien on la réunit pour la vente à celle qu'ont recueillie les voisins.

L'élevage du cheval. — Beaucoup de gros agriculteurs, ceux-là surtout qui font de nombreuses livraisons de pailles et de fourrage, ont des chevaux pour exécuter les travaux de la ferme, soit seuls, soit concurremment avec les bœufs. Ainsi comprise, l'exploitation du cheval comme moteur n'est pas à proprement parler une entreprise agricole, la machine employée est animée au lieu d'être purement mécanique ; tout comme les autres machines elle coûte une certaine somme pour son entretien annuel et sa dépense de combustible (avoine et fourrages) et il faut la grever de frais d'amortissement en rapport avec le prix d'acquisition et la durée probable du service.

La valeur du fumier rend un peu moins coûteux l'emploi de la machine animale et, depuis quelques années, la question se pose de rechercher si, au lieu d'user l'animal jusqu'au bout, en le traitant humainement, il n'est pas encore plus humain, en même temps qu'avantageux pour le propriétaire, de sacrifier les chevaux alors qu'ils n'ont pas perdu toute valeur pour la boucherie. Mort, un cheval n'est pas payé par l'équarrisseur plus de deux ou trois pièces de cinq francs ; on en tire un peu plus de profit si l'on sépare soi-même le cuir et si l'on transforme chair et os en superphosphate. En bon état, après avoir travaillé aux allures lentes, le boucher l'achètera parfois 250 ou 300 francs, alors qu'à cinq ans il avait facilement coûté 1.000 ou 1.500 francs. Avec ces données, le cultivateur peut se rendre compte du parti le meilleur à prendre lorsque baisse par trop le rendement du moteur animé. Jeunes, la boucherie paie les chevaux un prix plus élevé que celui que je viens d'indiquer ; nous n'en sommes cependant pas arrivés au point où il serait profitable d'élever le cheval pour l'abattoir, exception faite des fournitures à faire pour l'extraction du sérum antidiphtérique, qui exige, paraît-il, l'exploitation de plusieurs milliers d'animaux dont la carrière est abrégée par les prises de sang, même conduites avec ménagement. Aussi bien n'avons-nous pas besoin de nous arrêter sur ce cas particulier.

Le cheval de luxe, le cheval de service et l'automobile. — L'automobile a pu faire tort au cheval de luxe, qui, avec plus de qualités apparentes que réelles, traînait, il y a peu d'années encore, les riches équipages sur les promenades publiques et certes il est fâcheux que cette source de profits soit perdue pour le cultivateur, mais le cheval de guerre est toujours là, et à côté de lui le cheval de gros trait. Celui-ci semble de plus en plus recherché, et on lui demande d'être de plus en plus lourd et puissant de façon à pouvoir démarrer les charges les plus pesantes. Possède-t-il ces qualités, peut-il enlever au trot la charge une fois démarrée comme le font nos boulonnais, il n'a pour ainsi dire pas de prix. Par conséquent, de ce côté il y a encore quelque chose à faire pour le cultivateur ; d'autant mieux qu'à côté du cheval de service lui-même, il y a l'étalon, payé fort cher par nos concurrents et qui, heureusement pour nous, lorsqu'il change de climat, ne transmet plus à ses descendants toutes ses perfections, de telle sorte que les infusions de sang d'origine sont périodiquement nécessaires.

Production du cheval de gros trait. Rôle de l'État. — Il faut demander aux éleveurs du Perche, du Nivernais, du Bourbonnais, des Ardennes et aussi de la Bretagne leurs secrets pour faire de bons chevaux de service et des reproducteurs d'élite dans les races de gros trait : ils diront quels prix ils atteignent pour leurs animaux de choix et quels sont les bénéfices que le jeune concurrent qui voudrait s'engager avec eux dans la carrière pourra tirer de l'exploitation du cheval de camion. Cette partie n'est pas la mienne, et si je suis, pour ce motif, obligé de me montrer sobre de détails, on pourra du moins se faire un idée des résultats qu'on obtient en méditant quelques chiffres empruntés à M. Dumont, professeur d'agriculture à Cambrai. Il s'agit d'une race de création relativement récente et qui, si je suis bien informé, tire ses origines du boulonnais, peut-être allié à l'ancienne race des Flandres et à l'Ardennais. Les chevaux de cette race, baptisée race du cheval de trait du Nord, valent à dix-huit mois de 12 à 1.800 francs ; les juments se paient de 2 à 3.000 francs et les étalons de 4 à 5.000. M. Leleu, au Tilloy, n'a pas moins de cent chevaux du Nord dans ses haras ; il a comme émules MM. Bruniaux à Maubeuge, Davaisne Destombes à Frelinghien ; des animaux du prix de ceux qui sortent de leurs écuries sont certainement productifs. Encore ne le sont-ils pas autant qu'ils devraient l'être, parce qu'évidemment nous ne savons pas tirer de nos excellents chevaux le même parti que nos voisins savent tirer des leurs. Nous avons, d'après des documents reproduits dans une des chroniques agricoles du *Journal de Rouen*, chroniques que j'ai quelque raison de supposer écrites par un ingénieur agronome, M. L. Laurent, professeur départemental d'agriculture de la Seine-Inférieure, nous avons, dis-je, environ 4 millions de chevaux, nous en exportons annuellement 30.000, soit à peine 2.000 de plus que la Belgique dont la population chevaline est douze fois moindre que la nôtre, et 10.000 de plus que le Danemark qui n'a que 500.000 chevaux. Pourquoi ces exportations sont-elles si faibles ? pourquoi surtout les animaux exportés ont-ils une valeur beaucoup moindre que celle des animaux exportés par la Belgique et le Danemark? Il faut malheureusement reconnaître que l'intervention de l'État n'y est pas étrangère. Préoccupé de relever les effectifs de ses chevaux de guerre en qualité et en quantité, l'État, représenté par l'Administration des Haras, s'est exclusivement, ou peu s'en faut, attaché à la production du cheval d'armes et il a cru pouvoir l'obtenir en croisant les meilleurs types de ce cheval avec nos races de trait léger et même de gros trait. L'erreur a été manifeste : le cheval d'armes, ou mieux le cheval de demi-sang, n'est pas l'améliorateur universel ; avec les gros chevaux, il fournit des sujets décousus, qui ont perdu les qualités de force et d'endurance de leurs mères sans avoir acquis l'énergie, la rapidité d'allures et la conformation générale appréciées chez leurs pères. Il faut donc faire une sélection : réserver pour l'armée les races susceptibles de lui convenir; améliorer, d'autre part, pour les services de transports, en les conservant dans toute leur pureté, nos races de chevaux de gros trait. Or le moyen d'atteindre ce but n'est pas d'imposer aux naisseurs les reproducteurs qui leur sont nécessaires pour saillir leurs juments : la voie une fois ouverte dans le sens vrai de l'amélioration, l'État doit, comme en Belgique, se contenter de favoriser l'acquisition, par les éleveurs, des étalons de premier ordre dont ils ont besoin. Il y arrivera par deux moyens : d'abord en instituant des primes qui, au lieu de consister en un prix une fois donné lors de la présentation du cheval dans un concours, lui seront renouvelées s'il sert un nombre suffisant de juments et donne naissance à des produits de marque ; en second lieu en s'abstenant de faire aux particuliers une concurrence regrettable à tous égards.

Actuellement, non seulement les encouragement de l'État ne sont peut-être pas aussi judicieusement donnés qu'ils pourraient l'être, malgré les sommes énormes qu'il y consacre dans les différents concours, mais surtout ils ne sont pas répartis équitablement entre les diverses races en tenant compte des services spéciaux que chacune de ces races peut rendre; on en a la preuve dans ce fait qu'au concours central des animaux reproducteurs des espèces chevaline et asine de 1910, sur 209.200 francs de primes, 110.200 francs ont été attribués aux seules races de demi-sang, tandis que les boulonnais aussi bien que les percherons n'ont reçu chacun que 14.000 francs. Une réforme sur ce point, complétée par une très large extension donnée aux primes de conservation, rendra donc à l'élevage français du cheval. considéré dans son ensemble, un premier service. L'Administration des Haras en rendra un second non moins important à l'industrie du cheval de gros trait en cessant de lui faire la concurrence à laquelle je viens de faire allusion.

Vu les crédits dont ils disposent, les Haras ne paient guère leurs 500 étalons de trait plus de 2 à 3.000 francs chaque, alors qu'ils paient les étalons de demi-sang normand de 3 à 8.000 francs et certains bons trotteurs de 30 à 50.000 francs ; si l'on songe qu'en Danemark l'étalon de trait vaut de 7 à

14.000 francs, il apparaît de suite que les reproducteurs de trait mis par l'État français à la disposition des particuliers doivent donner des produits tout au plus moyens et peu recherchés de l'étranger, mais comme, d'autre part, le prix de saillie de ces étalons nationaux est dérisoire, beaucoup de petits éleveurs s'adressent à eux de préférence à i'industrie privée et, conséquence forcée, celle-ci ne peut immobiliser dans des sujets d'élite des capitaux dont elle ne retrouverait pas l'intérêt sous forme d'un prix rémunérateur consenti pour la saillie. Qu'on mette fin à cet état de choses contraire au développement d'un bon étalonnage privé que favoriseraient les primes de conservation et une rémunération convenable de la monte et l'on verra nos chevaux reprendre la place qu'actuellement leur enlèvent sur les marchés américains et autres, le Shire des Anglais et l'ardennais des Belges que nos éleveurs de l'Est n'hésitent pas à multiplier chez eux. Les efforts si méritoires de nos lauréats des concours central et régionaux seront couron- nés d'un succès moins précaire que celui d'un simple prix et tout le monde y gagnera par un relèvement général du niveau de nos races. Une objection, il est vrai, m'a été formulée quand j'ai exposé la manière de voir que je viens d'indiquer : « C'est agir contre l'intérêt des petits que supprimer la saillie quasi gratuite des étalons nationaux. Rien n'est plus inexact : qu'im- porte au petit cultivateur s'il doit payer la monte de ses ju- ments cinquante ou même cent francs, s'il vend ses poulains deux ou trois cents francs plus cher que s'ils sont sortis de chevaux médiocres dont le service lui aura coûté une dizaine de francs? Or l'écart de prix entre un poulain quelconque et un poulain d'origine est bien plus élevé que deux ou trois billets de cent francs, d'autant plus que le poulain d'origine a au- près de l'étranger une place que n'a pas le poulain mal venu, et que n'eût-il pas cette place, le cultivateur qui l'achètera à dix-huit mois saurait l'apprécier parce qu'à son tour il entirera à cinq ans un bon prix du camionneur. Pour me résumer, l'indus- trie du cheval de trait a encore devant elle de beaux jours en France; il suffit de la laisser libre en réduisant à un con- trôle sanitaire le contrôle exercé sur les étalons, et de l'encou- rager d'une façon plus efficace, tout en étant peut-être moins.

R. Vuigner. — Domaine agricole.   18

onéreuse que celle actuellement en vigueur : le débouché extérieur et le débouché auprès des compagnies de transports repren-
dront, pour elle, une importance qui n'aurait pas dû fléchir.

Entreprises agricoles diverses auxquelles on peut se livrer avec le cheval de gros trait. Profits qu'elles peuvent donner. — Ainsi améliorée, cette industrie pourra s'exercer de plusieurs façons différentes. Le naisseur, possesseur ou non de ses étalons, travaillera avec les poulinières le sol de son exploitation, en réservant pour les juments vides ou ayant passé l'âge de pouliner les transports sur route, principalement la traction entre les deux limons d'un tombereau dont la charge pèse parfois sur le dos du cheval. Soumises aux travaux des champs, les juments resteront attelées à la charrue et à la herse presque jusqu'au moment de la mise bas, et, le poulain une fois né, elles ne tarderont pas à reprendre le collier, surtout lorsque le poulain aura assez grandi pour rester séparé de sa mère la durée entière de l'attelée. De cette façon, le jeune coûtera très peu jusqu'à son sevrage, il coûtera d'autant moins que, né généralement au printemps, il restera dehors toute la belle saison et ne rentrera à l'écurie qu'en octobre, une fois sevré. Arrivé à ce point, de deux choses l'une : le naisseur con-servera ses élèves, ou bien il les vendra laitons, c'est-à-dire à six mois, ou antenais, c'est-à-dire à dix-huit mois. La vente à six mois est peut-être préférable, car elle permet l'exploita-tion exclusive des juments suivant un plan plus simple que lorsqu'il y a à côté d'elles de jeunes animaux en période de for-mation ; l'industrie ainsi entendue donne à celui qui la pratique le travail gratuit de son sol ; il peut même arriver que la vente de bons sujets fasse plus que payer le travail de la terre à l'aide des poulinières, qui, sauf le cas où elles se montrent des mères de premier ordre, doivent être vendues à leur deuxième ou troisième poulain, lorsqu'elles ont le maximum de valeur.

L'élevage du jeune par le naisseur ou par le cultivateur qui l'a acheté au naisseur constitue la seconde phase de l'industrie chevaline; je viens de dire pourquoi il me paraissait préférable que les deux branches soient confiées à des mains différentes. Qu'on se range ou non à cette manière de voir, il faut deman-der au poulain de payer une partie de plus en plus grande de son entretien par un travail proportionné à ses forces et commencé le plus tôt possible; je crois que c'est une règle dont il ne faut pas plus se départir avec les animaux de demi-sang qu'avec les animaux de trait. Si l'on ne demande au cheval que ce qu'il peut raisonnablement donner, on assure son développement rationnel et par conséquent le meilleur équilibre entre toutes les parties de son organisme ; en outre, habitué de très bonne heure à l'intervention de l'homme, qui doit toujours se faire sentir très doucement, son dressage s'accomplit d'une façon insensible, sans les à-coups toujours fâcheux auxquels on s'expose en attraitant trop tard les jeunes chevaux. J'ai vu des poulains de trait utilisés déjà à un an : c'est, sans doute, un peu précoce, mais à dix-huit mois ils rendent d'utiles services à la herse ou à la charrue, et j'en connais qui avant trois ans, pour peu qu'ils soient intelligents, font de remarquables chevaux de devant. Allégé par la valeur du travail fourni, l'élevage du cheval est certainement avantageux ; le même cultivateur le garde jusqu'à cinq ou six ans, époque de la vente à l'industrie, ou bien il partage le bénéfice de l'opération avec un collègue qui prend le poulain à trois ans. Quand il en est ainsi, le cultivateur qui exploite les poulains est naturellement celui que n'a qu'une petite ferme et des terres légères, il dépense moins pour avoir le poulain à six mois, il regagne moins lors de la vente : le mouvement de fonds est en rapport avec l'importance du capital d'exploitation.

Réussi, un poulain de six cent francs, ce qui est déjà un gros prix, peut à cinq ans, bien sain dans ses membres et franc du collier, valoir 2.000 francs et au-dessus. Même en se tenant dans des limites plus modestes, on peut apprécier l'intérêt qu'il y a pour le cultivateur à former pour l'industrie des chevaux de gros trait. Le risque est constitué par les accidents qui pourraient survenir à des animaux de valeur : efforts excessifs amenant une tare, bris d'un membre nécessitant l'abatage, etc. ; contre ce risque on doit se garantir par une assurance aussi nécessaire que l'assurance contre la perte par décès des chevaux.

Emploi des chevaux de réforme. — Certains agriculteurs, soit parce qu'ils n'ont pas confiance dans leurs charretiers, soit parce que la situation de leurs terres le leur permet, soit encore parce qu'ils ne veulent pas engager un gros capital dans leurs animaux de trait, emploient des chevaux de réforme qui leur ont coûté bon marché et qui se trouvent rapidement amortis pendant les quelques années de travail qu'ils fournissent ; l'opération méritait de retenir l'attention à l'époque où la traction des omnibus était encore purement animale et où les réformes avaient lieu avant complète usure des attelages; actuellement elle est plus aléatoire, les chevaux n'étant vendus que le plus tard possible par les compagnies qui ne les remplaceront pas. Je devais pourtant la signaler.

Élevage du cheval de demi-sang. Ses débouchés. Production d'étalons, vente à la remonte. Coût de la production d'un cheval bon pour la remonte. — Si, au lieu du cheval de trait, le cultivateur veut élever le cheval de demi-sang, les principes généraux de l'exploitation ne me font pas l'effet de différer sensiblement de ceux que je viens d'exposer ; il faut seulement préparer le cheval au service aux allures vives qu'on doit lui demander souvent à partir de quatre ans. Pour ce faire, l'introduction dès l'âge de six mois de l'avoine dans les rations est nécessaire ; il en est de même du développement des muscles par les foulées au trot ou au galop dans les prés, puis par le travail au manège ou sur piste, d'abord à la longe, puis monté ou attelé. Il y a là un entraînement qui exige des hommes habitués à le pratiquer, mais qui n'exclut pas, tant s'en faut, l'emploi aux semailles et à la traction des chariots à flèche où les animaux sont attelés par paires. Ainsi utilisés, les jeunes chevaux coûtent moins cher à leurs propriétaires et gagnent les qualités d'endurance et de docilité dont j'ai parlé plus haut; ils peuvent subir chez l'éleveur lui-même, au lieu d'avoir à passer par les écoles de dressage, la préparation dont ils ont besoin pour être présentés à la remonte et surtout pour être vendus comme étalons à l'Administration des Haras. Le cultivateur garde de la sorte pour lui le gain qu'il devrait abandonner à l'intermédiaire. Dans la plaine de Caen, les seigles verts, le trèfle incarnat, les vieux sainfoins à défricher, puis les deuxièmes coupes des sainfoins plus jeunes assurent, pendant une partie importante de l'année, l'alimentation des jeunes

chevaux de demi-sang qui prendront à l'automne le harnais
pour les labours à blé; ce système de culture facilite l'élevage
et en allège les frais; il semble toutefois que M. Gallier, médecin vétérinaire, inspecteur sanitaire de la ville de Caen, correspondant de la Société nationale d'Agriculture ne tienne pas un
compte suffisant du travail fourni par les poulains jusqu'à leur
mise en vente dans l'estimation qu'il fait des dépenses entraînées
par leur éducation depuis leur achat à six mois jusqu'à leur
livraison aux remontes militaires. Voici, à titre de document,
les chiffres de M. Gallier ; il admet pour le sainfoin pris à la
ferme une valeur de 3 à 4 francs les 100 kilogrammes, pour
l'avoine une valeur de 16 francs les 100 kilogrammes, et il
compte la paille pour le fumier.

6 mois. Prix moyen d'achat à six mois.....................	300 francs.
1 an. De novembre à mai, six mois de nourriture, une demi-botte de foin, trois litres d'avoine, soit environ.	90 —
18 mois. De mai à octobre ou novembre, cinq à six mois à l'herbe ou au piquet, fr. 0,30 par jour.......	60 —
2 ans. Novembre à mai, six mois à raison de quatre à six litres d'avoine, une botte de foin par jour......	120 —
2 ans et demi. Six mois, de mai à novembre, fr. 0,30..	60 —
3 ans et demi. Un an dans les mêmes conditions que l'année précédente.............................	180 —
Pertes et non-valeurs.............................	40 —
Total.............................	850 francs.

Or un poulain de 300 francs n'est guère vendu pour le trait
léger que 925 à 950 francs, d'où apparaîtrait un bénéfice bien
faible si on négligeait complètement le travail. Il est vrai que
payés 600 ou 800 francs, les poulains peuvent être, à trois ans,
revendus de 1.500 à 2.000 francs aux Haras, ce qui est beaucoup
plus avantageux.

La remonte exige annuellement 12 à 13.000 chevaux pour
maintenir au complet les effectifs sur le pied de paix et paie :

Les chevaux de carrière (chevaux des écoles spéciales militaires)...........................	1 800 à	3 000 francs.
Les chevaux de tête (chevaux d'officiers) suivant ca- tégorie...........................	1 400 à	1 700 —
Les chevaux de réserve (cuirassiers, taille de 1^m,58 à 1^m,62)...........................		1 260 —
Les chevaux de ligne (dragons, taille minimum : 1^m,54).		1 120 —

Les chevaux de légère (hussards, chasseurs)........ 1 000 francs.
Les chevaux de batterie (artillerie de batteries à cheval
    des divisions de cavalerie)...................... 1 200   —
Les artilleurs de selle................................ 1 030   —
Les artilleurs de trait léger de devant ou de derrière. 1 000   —

Il y a là un débouché intéressant.

Celui des carrossiers livrés aux particuliers a malheureusement beaucoup perdu d'importance du fait du développement des automobiles, mais il reste encore celui des étalons. A Caen, les Haras n'en achètent pas moins de 150 par an pour une somme de 1.100.000 francs. Si on laisse de côté quelques trotteurs de tête, le prix moyen est de 6.000 francs par tête; or un poulain de trois ans, acheté 1.800 francs, revient, frais de dressage compris, à environ 2.500 francs pour être présenté aux Haras, ceux-ci en achètent environ un pour quatre individus présentés; si l'élu est payé 6.000 francs, il faut que l'éleveur retrouve 4.000 francs avec ses trois autres chevaux, cela lui est possible s'il réussit à les placer comme chevaux de carrière ou de tête.

M. Gallier, à qui j'emprunte ces renseignements, dit qu'un éleveur qui entretient dix poulains en a généralement de trois à quatre pour lesquels il vise aux places de luxe et fait la dépense du dressage spécial nécessaire à l'obtention des hauts prix, les sept autres suivent simplement la carrière et sont offerts à la remonte; parfois un d'entre eux émerge qui relève la valeur du lot ; au reste, si l'on veut sur l'élevage du demi-sang les indications les plus complètes, on ne saurait mieux faire que se reporter à l'ouvrage de M. Gallier ; il étudie à fond, les méthodes employées dans les différents centres, le montant des encouragements en argent, les dates des concours et des foires, les débouchés possibles, etc.

On conçoit que l'État intervienne comme il le fait pour s'assurer les modèles qu'il juge les plus aptes aux différents services de son armée, mais si, serrant les faits de plus près, ainsi qu'ils ressortent du rapport de M. Fernand David pour le budget de l'agriculture de 1911, on observe dans quels départements les remontes ont effectué l'achat des 15.550 chevaux dont elles ont eu besoin en 1909, en raison de la création de nouveaux régiments d'artillerie, on est immédiatement frappé de voir que ces chevaux proviennent de quelques centres assez limités : le Calvados, l'Orne et la Manche ont livré 5.388 chevaux (savoir les deux tiers de la remonte des cuirassiers, un **tiers** de la remonte des dragons et 45 p. 100 de l'effectif de l'artillerie), le Gers, les Hautes et Basses-Pyrénées, les Landes, Tarn-et-Garonne ont donné 2.173 chevaux (de cavalerie légère pour la plupart), le Finistère et la Loire-Inférieure ont fourni 1.744 chevaux et la Charente-Inférieure et la Vendée 1.294; le reste se répartit par petits lots entre dix départements du Sud-Ouest et du Plateau central, à l'exception de Saône-et-Loire avec 549 chevaux; d'où il appert avec une grand netteté que, malgré les efforts tentés partout pour obtenir le cheval de guerre, sa production n'a réussi que sur les points que je viens d'énumérer. Sur ces centres donc il importe de localiser les dépenses énormes faites par l'État pour la remonte de son armée, car seuls ils présentent les conditions de climat et de milieu requises pour le succès; ailleurs les secours de la nation seront bien mieux employés en faveur de nos races de gros trait et de nos éleveurs de pur sang.

L'élevage du pur sang. — Quand on considère d'ailleurs ce qui se passe à la ferme de Neuvillette, dans l'Oise, on se demande si ces éleveurs, qui n'ont plus rien à apprendre de l'État, ont encore besoin de son appui financier autrement que sur les hippodromes. M. Remy, qui exploite la ferme de Neuvillette et ses annexes, y cultive 575 hectares dont 225 en prairies; à côté de ses vaches laitières et de ses moutons southdowns et oxford-downs, il possède un très important haras de pur sang qui ne compte pas moins de 200 boxes. 45 à 50 juments y sont saillies par 4 étalons et donnent de 35 à 40 poulains, — 32 seulement en 1910 en raison de trois avortements et de deux parturitions gémellaires dont les produits ont été sacrifiés. Les étalons sont : Masqué, acheté 60.000 francs à M. Edmond Blanc, et assuré encore pour 60.000 francs au taux de 6 p. 100 bien qu'il ait déjà quinze ans, sa saillie coûte 2.500 francs; Son o'Mine, qui appartient à lord Durham et depuis une dizaine d'années est loué à M. Remy de 5 à 10.000 francs par an, sa saillie coûte 2.000 francs; Amiral Cricthon, qui est lui aussi importé d'Angleterre et dont la saillie se paie déjà 1.000 francs bien que, âgé de six ans seulement, il n'ait pu encore se révéler dans ses produits ; enfin Marcassin qui, inférieur à ses compagnons, saillit surtout les juments de demi-sang envoyées à Neuvillette. Ces quatre étalons font l'objet d'un service spécial, les juments sont réparties en deux services de 25 têtes chacun, les poulains sont soignés à part, et un cinquième palefrenier s'occupe des pouliches. Le haras est situé au voisinage de la rivière qui traverse les prairies destinées aux juments. L'alimentation se fait au box, l'herbage sert surtout à l'hygiène des animaux ; dès deux mois, les poulains commencent à manger l'avoine, ils en reçoivent 3 litres à trois mois, 6 litres à six mois, 14 à 15 litres à un an ; pour les rafraîchir on leur donne, en plus de leur ration d'avoine, un mash composé de 2 kilogrammes son, 1 kilogramme orge et 1 kilogramme graine de lin, le tout pour quatre chevaux. Le mash est consommé tous les deux jours au repas du soir par les poulinières ; les jeunes chevaux le reçoivent deux ou trois fois par semaine seulement ; tous les aliments sont d'ailleurs rigoureusement pesés. A quinze ou dix-huit mois les 22 poulains et pouliches, qui vers le milieu d'août quittent Neuvillette pour être vendus à Deauville, mesurent 1^m,58 et même davantage, ils ne se vendent pas moins de 10 à 12.000 francs en moyenne; on en cite un qui a été payé 23.000 francs, et un autre, Vichy, acheté par M. E. Blanc 76.000 francs. Vichy, blessé, a été racheté par M. Remy; lauréat du prix d'honneur du pur sang au concours central de reproducteurs de Paris, il est parti pour l'Autriche après avoir fait 25 saillies à Neuvillette. De tels chiffres montrent que ne se livre pas qui veut à l'élevage du pur sang ; ils méritaient toutefois d'être cités, car l'agriculteur qui peut faire les avances nécessaires en est assurément largement rémunéré quand il se trouve opérer dans les conditions où a su se placer M. Remy. En s'inspirant de cet exemple, et en n'oubliant pas qu'évidemment le débouché est limité, peut-être l'exploitant d'un domaine agricole pourrait-il aussi se risquer avec succès, tout en se tenant dans des proportions plus modestes et en réduisant au quart l'importance de son haras, soit un étalon avec une dizaine de juments.

Si, après avoir tout bien considéré, un débutant songeait sérieusement à s'engager dans la voie tracée à Neuvillette, je lui conseillerais, avant de se lancer, d'agir comme a agi M. Remy, c'est-à-dire en prenant en pension des chevaux fatigués, mis au vert pour recommencer une campagne nouvelle sur le pavé de Paris. La pension de ces chevaux est un bon moyen de faire rentrer des capitaux et, à mesure que ceux-ci augmentent, l'élevage peut prendre la place du simple entretien. Le produit des saillies ne tarde pas à grossir le fonds de roulement et ainsi se trouve amorcée l'exploitation lucrative du cheval de pur sang. Comme on le voit, le succès de cette exploitation est lié aux succès remportés sur les hippodromes par les produits de l'élevage, mais elle n'entraîne pas avec elle tous les risques que court le possesseur d'une écurie de courses qui s'en sert pour disputer les prix en argent.

L'industrie mulassière. — Peut-être devrais-je clore ici mon étude des spéculations animales à tenter sur le domaine agricole ; toutefois l'industrie mulassière a trop d'importance pour être entièrement passée sous silence. Elle a pour centres les arrondissements de Melle et de Niort et livre au baudet 45.000 juments dans le département des Deux-Sèvres et dans ceux de la Vendée, de la Charente-Inférieure, de la Charente, de la Vienne et de Haute-Vienne pour parties. Les juments poitevines employées à l'obtention des mulets, et pour ce motif dites mulassières, sont, dit M. Gallier, de formes massives, au ventre volumineux ; leur encolure est forte, leur tête sans expression avec des lèvres épaisses et des oreilles longues et tombantes ; leur taille varie de 1^m,45 à 1^m,66 ; les hanches sont larges, le corps court, les flancs relevés, le devant bien ouvert, le jarret large et bas, la cuisse charnue, la patte large, le talon bien sorti ; elles valent à deux ans de 700 à 800 francs, à trois ans de 12 à 1.300 et, poulinières, de 1.500 à 2.000. Elles demandent à être suivies de près, car certaines d'entre elles sont fécondées par le baudet et d'autres ne le sont pas ou ne le sont que d'une façon intermittente ; il y a donc là une première sélection à faire dont la conséquence est la mise à l'écart d'un tiers environ de juments. Parmi les deux autres tiers une nouvelle élimination doit être faite des mères avortant vers le septième mois de la gestation ou donnant naissance à des produits enlevés par la jaunisse ou le pissement de sang. Celles-ci d'ailleurs peuvent être rendues à l'étalon et donner avec lui des produits sains, mais, tandis qu'avec le cheval on peut compter les réussites dans la proportion de 5/6, 4/9 seulement des juments servies par le baudet amènent à bien des muletons. M. Gallier a décrit l'étalon avec lequel on les doit accoupler pour les conserver pures avec leurs qualités spéciales ; je renvoie mon lecteur à son article très documenté, en relevant seulement le prix de 8.000 francs refusé pour Breton 1er à M. Jacques Vergnault de Thorigné (Deux-Sèvres). Ce prix indique qu'avec de bons reproducteurs, il y a de l'argent à gagner quand les sujets sont adaptés à leurs fonctions. M. Gallier fait également un portrait très exact du baudet. Le baudet a la tête lourde, les yeux bordés de blanc et entourés de marques de feu, le nez blanc, les oreilles longues, poilues intérieurement (cadenettes). Sa robe noire s'atténue sous le ventre et à la face interne des cuisses, la queue est plus fournie que chez les ânes communs ; les formes sont trapues, les membres forts, les genoux et les jarrets larges, les cuisses et les épaules musclées, le cou fort, le poitrail, les reins et la croupe larges, les côtes arrondies, le poil bourru, feutré de préférence, la taille au maximum de 1m,50.

Les baudets sont soumis au régime de la stabulation permanente et, jusqu'à présent, le pansage est considéré comme inutile pour eux ; il n'y a pas de raison pour que ce qui est une faut d'hygiène avec les autres animaux soit à encourager en ce qui le concerne ; il est probable, au contraire, qu'un traitement différent n'aurait à tous égards que des avantages. En temps ordinaire la ration consiste en foin de luzerne ; lors de la monte on y ajoute de 6 à 12 litres d'avoine, du pain et du son ; chaque baudet saillit, de février à juin, 30 à 40 juments, moyennant une redevance de 20 à 25 francs, plus 2 francs pour le palefrenier ; on lui confie ensuite de 7 à 8 ânesses servies au prix de 50 francs. Il est nécessaire de terminer la saison de monte par les ânesses, sans quoi le mâle se refuserait à connaître les juments, mais cette nécessité met les ânesses dans un état d'infériorité marquée quant à l'époque où naissent leurs petits après une ges-

tation dont la durée n'est pas moindre d'une année entière;
de plus, la proportion des femelles l'emporte de beaucoup sur
celle des mâles, et ainsi s'explique qu'à huit mois, époque du
sevrage, un âne mâle vaille déjà de 2 à 3.000 francs. Les femelles du même âge atteignent 700 à 1.000 francs; une ânesse
pleine ne vaut pas moins de 1.500 à 2.000 francs; quant aux
reproducteurs adultes, ils se vendent de 4 à 6.000 francs selon
qualité. Les mulets reçoivent le nom de jetons et jetonnes,
l'année de leur naissance ; l'année suivante, on les désigne sous
le nom de doublons et doublonnes ; quand ils ont terminé
leur croissance ils mesurent de 1ᵐ,55 à 1ᵐ,65, leur tête doit
être portée haut, le poitrail doit être large, les côtes arrondies,
la croupe bien fournie, les cuisses et les épaules musclées,
les jarrets larges, les canons forts, secs et nerveux, une grande
docilité est très appréciée. Ils quittent généralement comme
jetons ou jetonnes les fermes où ils sont nés ; les bons, qui
valent alors de 500 à 800 francs, sont dirigés sur l'Isère, la Drôme
l'Hérault, le Tarn, le Gard et l'Aveyron; les médiocres partent
pour la Lozère, l'Ariège, l'Ardèche, les Pyrénées-Orientales,
Tarn-et-Garonne, le Lot, la Haute-Loire. Les uns et les autres
commencent à travailler vers l'âge de un an; à quatre ans, ils
sont vendus aux Espagnols de 800 à 1.500 francs, ou à la remonte de 900 à 1.000 francs. On obtient des prix extra pour certains attelages de luxe. Castrés à quinze mois, les mulets valent
en général un tiers de moins que les mules. Le commerce se fait
aux foires de Fontenay, Neuilly-sur-Antise, Oulmes (Vendée),
Niort et Champdeniers (Deux-Sèvres). D'après les chiffres empruntés à M. Gallier et que je viens de reproduire, il semble
que, dans l'industrie mulassière, le plus gros profit doive être
pour le naisseur s'il a réussi à s'assurer un lot de bonnes juments, presque toutes fécondées et travaillant son sol seules ou
à côté des bœufs : un mûleton de 600 francs à un an allège
en effet grandement le coût de la force animale nécessitée par
la culture ; l'entretien proprement dit du baudet est, lui
aussi, avantageux, le capital de 5.000 francs qu'il représente en
moyenne rapportant :

Saillie de 35 juments à 25 francs........   875 francs
Saillie de 8 ânesses à 50 francs.........   400   —
                                          ____
    Total........................   1 275 francs.

dont il faut, il est vrai, déduire les frais d'entretien qui sont peu
élevés, et l'amortissement qui l'est davantage. L'élevage des
jeunes, de huit mois à quatre ans, procure à celui qui s'y adonne
la force motrice à bon marché, le coût de celle-ci étant dégrevé
de la valeur que prend en grandissant le jeune muleton, soit
de 120 à 200 francs par an.

La basse-cour à la ferme. — A côté de l'entretien du gros
bétail, nous avons aussi, dans les exploitations agricoles, celui de
la basse-cour ou du clapier. Si l'on veut avoir mon avis au sujet des poules et des lapins, je dirai très nettement que je suis
à leur endroit excessivement réservé. Mon opinion est que leur
élevage ne peut être profitable que dans certains cas particuliers. L'un de ces cas consiste à exploiter une ferme à volailles où tous les soins sont concentrés sur la basse-cour; il s'agit
alors d'aviculture et non plus d'agriculture, et je n'ai qu'à renvoyer mon lecteur aux ouvrages spéciaux..

Deux autres cas nous intéressent davantage ; celui du petit
fermier de qui la femme s'occupe du poulailler et de la laiterie,
et celui du journalier ou domestique agricole qui possède
un home où il laisse derrière lui femme et enfants. La femme
du travailleur, comme celle du petit fermier, trouve, dans l'intervalle des soins du ménage, moyen de cultiver le jardin et d'entretenir quelques poules productives. Le domaine agricole,
au contraire, vient-il à prendre de l'importance, la basse-cour
n'y est plus à sa place, à moins d'avoir la chance de posséder
une fille de ferme capable ou une femme de charge entendue ;
j'entends par femme de charge la personne dans les attributions de qui entre le soin de nourrir les charretiers et autres employés, célibataires en général, qui couchent à la ferme. Hormis cette heureuse circonstance, malheureusement de plus en plus
rare, les volailles ne sont en grande culture qu'une source
de dépenses et d'ennuis. On les nourrit trop et mal avec les
déchets de grains que la basse-courrière leur jette sans compter,
parce qu'elle n'attribue à ces résidus qu'une insignifiante
valeur. La plus grande partie en est ainsi gâchée, ou avariée

par les intempéries, et les poules, qui s'attendent à recevoir
ample provende, cessent de chercher dans les fumiers les graines
dont elles les débarrasseraient ou sur les pelouses l'herbe et les
insectes favorables à leur bonne hygiène. La conséquence
est qu'elles ne pondent plus ou qu'elles pondent insuffisamment ; si l'on ajoute à cela que leurs poulaillers restent souvent
sales, car les nettoyer constitue une corvée que personne ne
veut prendre, il n'est pas malaisé de voir que les œufs sont
pondus un peu partout, et les hommes de journée, qui connaissent les nids mieux encore que les personnes chargées de la
cueillette, ne se gênent pas pour se les approprier. « Perdus
pour perdus, se disent-ils, mieux vaut encore que ce soit nous
qui en profitions, et puis, pour une chose de si peu de valeur,
ce n'est pas faire tort au patron. » Ces faits ne sont que trop
fréquents, j'ai bien souvent entendu s'en plaindre et j'en ai fait
moi-même l'expérience.

*Aménagement d'une basse-cour sur l'exploitation
de grande culture.* — Si l'on possède la personne de confiance à qui remettre le poulailler dans une ferme importante,
voici comment j'envisage l'exploitation rationnelle de la basse-
cour à la ferme.

Il convient tout d'abord de rechercher une variété bien adaptée au pays et connue pour y prospérer, tant au point de vue de
la chair qu'elle donne que du nombre des œufs qu'elle pond.
La race choisie, les poulettes gardées chaque année pour maintenir au complet l'effectif du troupeau sont marquées à l'aide
d'un signe quelconque, bague de couleur aux pattes par exemple ; par ce moyen, l'on sait toujours combien l'on possède de
poules de chaque âge et l'on peut combiner les réformes
pour ne jamais conserver trop longtemps des bêtes épuisées qui,
sacrifiées, seraient à peine mangeables. Les coqs sont suivis comme les femelles et l'on en règle le nombre pour qu'ils assurent
la fécondation de toutes les poules qui leur sont confiées, mais
ne leur portent pas préjudice en les tourmentant par trop ou
en se battant entre eux.

Ces premières précautions prises et une fois en possession
d'une bande bien homogène qu'il n'y aura pas avantage à avoir
très nombreuse si tous les sujets qui la composent sont en plein

rapport, il faut s'occuper de la nourriture et du logement : partout s'impose la plus rigoureuse propreté. La nourriture doit être variée et la verdure aussi bien que la viande ou tout autre élément azoté doivent y entrer ; on tiendra compte ainsi des exigences des volailles qui sont omnivores et qu'il est nécessaire de rafraîchir à certaines époques, s'il est indispensable de les réchauffer à d'autres, particulièrement pendant les temps froids et à l'époque des couvées. Variée, l'alimentation sera d'autre part donnée en quantité modérée : deux repas par jour, un au lever, l'autre vers deux heures de l'après-midi semblent suffisants ; la pratique et les conditions spéciales où chacun se trouvera placé indiqueront s'il faut en donner un troisième ; en tout cas, je crois que c'est une erreur que de faire perdre aux volailles l'habitude de chercher par elles-mêmes un complément de nourriture, étant bien entendu qu'il s'agit ici de poules pondeuses et reproductrices, et non de volailles soumises à l'engraissement. L'eau pure et fraîche est indispensable et il ne faut pas craindre de nettoyer souvent les abreuvoirs aussi bien que les augettes à grains et surtout à pâtées. Pour ce qui est des poulaillers, une bonne chose serait d'en avoir autant qu'il y a de poules d'âges différents. Chaque année les jeunes poulettes seraient habituées à prendre le logement rendu disponible par le départ des poules réformées et le contrôle des aptitudes et effectifs des sujets de chaque catégorie serait grandement facilité. Qu'on ait ainsi un ou plusieurs poulaillers, l'aménagement dans un bâtiment de bauge à toit couvert en chaume se recommande tout particulièrement : de tels bâtiments sont frais en été, chauds en hiver, double condition pour que d'abord la ponte soit abondante et pour qu'en second lieu les œufs ne soient pas dispersés dans les granges là où les volailles se trouveraient mieux que dans les locaux qui leur sont réservés. L'hiver, on peut relever la température du poulailler par l'emploi du fumier de cheval formant réchaud, ou bien par le voisinage de la bouverie des bœufs de travail, lesquels étant dehors la plupart du temps, pendant la saison chaude, n'incommodent pas les poules en été ; à côté de ces conditions de logement, le sarrasin, les pâtées chaudes sont un bon stimulant pour la ponte d'hiver, la plus rémunératrice.

A l'intérieur du poulailler seront disposés les juchoirs de façon que les animaux ne se salissent pas les uns les autres ; une section elliptique des perchoirs, le grand axe de l'ellipse étant vertical, paraît la plus confortable pour les poules. Les pondoirs seront accrochés aux murs tenus exempts de vermine par de fréquents badigeonnages au lait de chaux ; ils devront être eux-mêmes d'un nettoyage très facile par un passage à l'étuve ou par ébouillantage ; la paille, renouvelée lors de chaque nettoyage, sera brûlée ou immédiatement portée au fumier. Ainsi traitées, les poules devront payer les soins, en somme assez simples, dont elles seront l'objet ; on en aura la quantité nécessaire pour subvenir aux besoins de la ferme en œufs et en volailles, et les couvées par les poules elles-mêmes ou à l'aide des dindes assureront un renouvellement facile du troupeau, ou bien on voudra grossir le troupeau pour faire en ville des livraisons d'œufs en même temps que de lait. Dans cette seconde hypothèse apparaîtra la nécessité de l'incubation artificielle et de l'emploi des éleveuses à eau chaude. Nous n'aurons plus le service accessoire que j'envisageais dans les lignes qu'on vient de lire, mais nous aurons un établissement avicole annexé à l'exploitation agricole. Un tel établissement devient nécessaire si, à côté de l'œuf, on veut produire la volaille grasse et précoce autrement que pour des besoins personnels limités.

Élevage des oies et des dindons. — Si nous restons dans le domaine ordinaire de la grande culture, à côté du poulailler que j'ai décrit on pourra, à mon avis, tirer quelque profit de l'élevage des oies et des canards. A condition de recueillir les œufs pour qu'il ne s'en perde pas, à condition aussi d'assurer aux mères un abri tranquille au moment de la couvaison, les oies sont d'un élevage très facile : une troupe de 7 à 8 femelles avec 2 ou 3 jars, peut parfaitement amener à bien soixante jeunes et même plus, dont, en Normandie, on obtient 5 et 6 francs par tête dès l'âge de quatre mois. On reproche, il est vrai, aux oies, qui se nourrissent presque seules, de salir les herbages et de rebuter ainsi le bétail ; cet inconvénient n'est malheureusement pas négligeable et il empêche les agriculteurs d'en avoir davantage.

Le dindon, lorsqu'il réussit, est encore plus avantageux que l'oie, il n'a pas le même inconvénient qu'elle au point de vue des pâtures et peut, au contraire, être utilement employé à la destruction des vers blancs lors de l'exécution des labours ; pourquoi faut-il que les dindonneaux aient à traverser au cours de leur élevage une période délicate dont ils ne sortent pas tous indemnes? C'est là un écueil qu'une alimentation raisonnée et une bonne hygiène aideront à surmonter, et il est certain qu'il ne faut pas qu'il arrête l'éleveur français. M. Duplessis, professeur départemental du Loiret, a publié sur cette question un intéressant article où l'on trouvera les détails nécessaires au succès ; je ne m'y arrêterai moi-même que pour appeler l'attention du futur cultivateur sur les chiffres ci-dessous.

Il a été exporté de France sur Londres :

En 1880..............................	14 800 dindons.
En 1898..............................	79 920 —
En 1906..............................	69 083 —
En 1907..............................	56 225 —

Nos exportations sont donc en baisse alors qu'avec les facilités données pour les transports par la Compagnie des chemins de fer d'Orléans, elles devraient être en hausse; s'il en est ainsi, c'est que les dindons italiens font concurrence aux nôtres parce qu'ils sont plus gros. La sélection et les bonnes méthodes d'élevage doivent faire cesser un semblable état de choses puisque nous sommes en mesure de livrer sur Londres de la marchandise plus fraîche que nos voisins et que les améliorations réalisées en Sologne pour la mise en culture des terres ont leur répercussion sur les conditions meilleures où se trouvent placés les animaux en général et les volailles fines en particulier. Les fermes de Sologne ont presque toutes un troupeau d'une soixantaine de dindons à vendre chaque année. Tués sur place, les animaux pèsent au début de décembre, époque de la vente, de 6 kilogrammes à 7^{kg},500 ; le prix va, suivant qualité, de 0 fr. 80 à 1 fr. 50 la livre de 453 grammes rendue à Londres. Si nous entrions dans la voie recommandée par M. Duplessis, 7^{kg},500 cesseraient d'être la limite maximum du poids, et le prix s'élèverait facilement en moyenne de 12 à

15 francs, soit, pour chaque exploitant, un produit brut de 60 × 15 = 900 francs au lieu de 720 francs. C'est à considérer, car, si nous ne développons pas ainsi nos débouchés par la fourniture d'une marchandise meilleure et mieux payée, nous les perdrons.

Le commerce des œufs. — A cet égard, le tableau ci-dessous, que j'emprunte aux rapports annuels du ministère de l'agriculture d'Angleterre, me parait très suggestif.

Œufs exportés en Angleterre des pays suivants.

ANNÉES.	FRANCE.		DANEMARK.		ALLEMAGNE.	
	Centaines.	Valeur en £.	Centaines.	Valeur en £.	Centaines.	Valeur en £.
1901.....	1 805 196	696 125	3 019 414	1 160 948	2 971 777	895 624
1902.....	1 680 433	717 474	3 518 212	1 366 073	3 931 280	1 260 871
1903.....	1 601 940	670 104	3 851 557	1 648 367	3 087 751	994 817
1904.....	1 698 614	710 057	3 602 326	1 461 459	3 554 232	1 191 161
1905.....	1 565 572	660 369	3 858 435	1 634 288	2 175 721	764 966
1906.....	1 491 219	623 104	3 823 942	1 701 291	2 644 242	957 905
1907.....	1 232 107	541 088	3 800 376	1 774 318	2 821 124	1 030 190
1908.....	1 225 338	535 249	3 916 368	1 824 273	2 370 429	855 256

De 1901 à 1908 nos exportations d'œufs sur l'Angleterre ont diminué d'un tiers, et cela avec une régularité navrante ; celles du Danemark, dans le même temps, ont augmenté au contraire de près d'un quart, mais ce qui est encore plus sérieux c'est qu'en 1901 la centaine d'œufs français était cotée sur les marchés anglais le même prix que la centaine d'œufs danois (9 fr. 70 et 9 fr. 67), tandis qu'en 1908 l'œuf danois atteignait 11 fr. 762 le cent contre 10 fr. 926 atteints par le cent d'œufs français, révélant ainsi un fléchissement dans la qualité de nos produits aussi bien que dans leur quantité. On dira peut-être : « Nous gardons pour nous nos œufs les plus beaux et nous n'en expédions que le rebut; nous mangeons en 1908 plus d'œufs qu'en 1901. » Je ne crois pas malheureusement qu'un tel raisonnement résiste à l'examen des faits. J'entends, en effet, parler d'importations d'œufs russes en France ; ces importations ne sem-

blent pas indiquer qu'il y ait surabondance dans notre pays ;
aussi bien, si je considère les allures du marché dans ma région
normande, je vois que chaque année l'œuf s'y vend un prix
plus élevé que l'année précédente et qu'on en trouve de moins
en moins. A l'automne de 1910, en novembre particulièrement,
la douzaine d'œufs, dans les petits bourgs de mon voisinage,
a valu 2 fr. 30 ; en mars 1911, elle n'est pas tombée au-dessous
de 1 fr. 10, alors que je l'ai connue à la même époque à 0 fr. 75
et 0 fr. 80, et que 1 fr. 80, était il n'y a pas longtemps, considéré
comme un beau prix aux saisons les plus défavorables. Si nos
œufs renchérissent ainsi et s'ils sont enlevés par le consommateur avant même d'être arrivés sur les lieux de vente, nul
doute, la production n'est plus en rapport avec la consommation intérieure du pays, ou bien le commerce est mal organisé,
et le trop-plein d'une région ne s'écoule pas sur la région voisine déficitaire. Quelle que soit l'origine du mal, il faut y prêter
attention et surtout y porter remède. Je vois ce remède dans
l'organisation de fermes spéciales pour l'exploitation des volailles, dans une honnêteté plus scrupuleuse de la part du personnel des fermes où la récolte des œufs n'est qu'un accessoire
auquel on renonce parce qu'il ne paie plus le temps qu'on y
consacre, dans le développement de l'élevage chez les petits fermiers et artisans agricoles, enfin dans la coopération. Le petit
fermier aussi bien que l'ouvrier agricole laborieux gagnent de
l'argent avec leur basse-cour parce qu'ils n'ont chacun qu'un
petit nombre de poules qu'ils connaissent individuellement
chacune avec ses habitudes particulières, aussi n'y a-t-il point
d'œufs perdus ; les mauvaises pondeuses ne sont pas gardées,
les bonnes au contraire sont l'objet de soins jaloux. L'alimentation est profitable, en même temps qu'économique, parce que
variée : on y fait entrer en effet, à côté du grain glané par les
enfants, maint débris de cuisine qui trouve là son utilisation
la meilleure ; le logement lui-même est parfois favorable à la
ponte parce que suffisamment chaud en hiver, vu sa contiguïté
avec l'étable qui abrite le porc ou la chèvre. D'autre part, il
est certain que la coopération peut, dans cette branche spéciale,
rendre de grands services ; c'est par elle que, dans bien des cas,
on réussira à grouper les envois et à constituer des lots homo-

gènes d'où réduction dans les frais de vente et augmentation dans la valeur du produit vendu. Ces coopératives commencent à se fonder : l'une d'elles a pris naissance à Échiré, dans les Deux-Sèvres, en octobre 1909. M. Poher, ingénieur agronome, inspecteur des services commerciaux de la Compagnie d'Orléans, signale qu'elle comptait à ses débuts 550 sociétaires et les trois premiers mois de son exploitation avaient donné lieu aux résultats suivants :

	Octobre 1909.	Novembre.	Décembre.
Œufs reçus	22 457	13 768	19 884
Produit net	3 234,34	2 365,10	3 084,93
Valeur de l'œuf, 1er choix	0,14	0,165	0,16
— — 2e choix	0,115	0.13	0,128
Boni d'amortissement du capital engagé ... fr.	123,97	112.10	128.29
Frais de vente par œuf ... fr.	0,036	0,038	0,031

Élevage du lapin. — Le lapin, plus que le poulet, peut donner des déceptions. Il est très prolifique, mais encore faut-il régler sa reproduction et se rappeler qu'il mange et surtout gâche beaucoup ; il ne donnera des profits rappelant ceux que l'on a tant vantés qu'à la condition d'être l'objet de soins spéciaux. Si on peut les lui donner, les prix meilleurs obtenus actuellement sur les marchés, la valeur croissante des peaux de plus en plus employées par les fourreurs, mériteront d'attirer l'attention sur une petite industrie rémunératrice si l'on sait se placer dans les conditions voulues.

L'élevage des reproducteurs : béliers, étalons, taureaux, aperçu des avantages qu'il peut procurer. — Avec les animaux, aussi bien qu'avec les plantes, l'obtention de sujets d'élite capables de faire des reproducteurs est une industrie avantageuse ; elle a contre elle, dans un cas comme dans l'autre, la nécessité, pour celui qui s'y adonne, d'avoir à disposer de mises de fonds importantes ; elle exige aussi des soins continus et une sélection des plus rigoureuse. Le type apprécié qu'on soit assuré de voir se reproduire dans ses descendants n'est souvent fixé qu'au bout de plusieurs générations : il faut pouvoir attendre ce moment, il faut pouvoir surtout faire connaître sa marque. Cette période heureusement franchie, l'ère des bénéfices commence, et l'exemple, que j'ai à dessein cité, de M. Rémy à Neuvillette montre que ces bénéfices peuvent être élevés. L'Amérique du Nord et celle du Sud ont longtemps acheté nos bons chevaux et n'ont pas hésité à les payer ; elles continueront l'une et l'autre à visiter nos marchés si nous savons ne pas laisser prendre notre place par nos concurrents. En admettant que, pour une raison ou pour une autre, les goûts changent et aillent aujourd'hui au cheval ardennais plutôt qu'au cheval percheron ou boulonnais, les Ardennes ne sont pas exclusivement belges, elles sont aussi françaises, et plusieurs de nos départements se prêtent admirablement à l'obtention du cheval dit belge. D'ailleurs, est-il vrai qu'on recherche actuellement dans les races de trait un type plutôt qu'un autre ? Je ne sais si je me trompe, mais, quand on admire les étalons et juments de tête de nos belles races françaises, cheval ardennais compris, il semble que, pour chacune d'elles, les lignes qui donnaient les physionomies propres s'effacent devant la recherche du gros et devant l'attention portée aux bons aplombs, qui sont évidemment les mêmes chez tous les animaux d'une même espèce élevés en vue du même but. Si donc un cheval est bon et que ses aptitudes s'harmonisent avec celles des juments avec qui on veut l'accoupler, on ne s'inquiétera probablement pas énormément qu'il ait nom boulonnais, ardennais ou percheron : telle est sans doute l'origine du succès de la race de trait du Nord, vantée à juste titre par M. Dumont et MM. Le Gentil et le baron d'Herlincourt viennent d'ouvrir à leurs gros et bons chevaux boulonnais un débouché en Argentine.

Du côté des bovidés et des moutons, le champ s'ouvre vaste aussi pour l'exploitant du domaine agricole. Nos mérinos, nos dishley-mérinos, nos petits moutons du Centre, aux gigots si bien établis, sont appréciés chez nous et à l'étranger ; ils ont leur place marquée à côté des southdowns et des races anglaises, avec lesquelles leur croisement donne souvent d'admirables animaux de boucherie, et quand un bélier atteint à quelques mois jusqu'à 5, 6, 800 francs, et même davantage, quelques frais qu'ait entraînés son obtention, la place pour le gain de l'éleveur est encore là. L'École nationale de Grignon, qui, chaque année, procède à une vente publique de ses béliers dishleys, dits de Grignon, pourrait donner à ce sujet des chiffres très intéressants qui renseigneraient complètement le débutant sur les aléas, dépenses et produits d'une opération du même genre que ce débutant voudrait tenter. Nos races de bovins ne le cèdent en rien à celles de nos voisins au triple point de vue du lait, de la viande et du travail ; pour elles l'Argentine, l'Uruguay aussi, si je suis bien informé, donneraient de fort bons débouchés ; il est regrettable qu'avec l'Uruguay un ou deux envois n'aient pas donné toute satisfaction ; c'est une faute qu'on n'aurait pas dû commettre, mais qui n'est pas irréparable. Ce sont d'ailleurs les bœufs blancs qui ont eu surtout l'honneur de porter à l'extérieur les couleurs françaises, il y aurait quelque chose à faire du côté de nos limousins qui, pour la boucherie, sont hors de pair, et lorsque nos normandes, améliorées par l'intelligente sélection parmi les promoteurs de laquelle on compte les frères Lavoinne de la ferme de Bosc-aux-Moines, par Doudeville (Seine-Inférieure), auront donné dans leur ensemble ce que donne déjà en lait et en viande un lot d'entre elles de plus en plus nombreux, pourquoi celles-ci n'iraient-elles pas, sous les climats qui leur conviennent, prendre rang à côté des races laitières anglaises ou danoises? Sans nous attacher aux prix exceptionnels, je dirai de fantaisie, que l'étranger paiera parfois pour nos bons taureaux, ceux que l'éleveur apprécié peut déjà obtenir dans le pays même sont intéressants. MM. Lavoinne, dans l'excellente étude qu'ils ont publiée sur la race bovine normande en Seine-Inférieure, donnent un aperçu de nombreux prix : les mâles qu'eux-mêmes ou les autres grands éleveurs de Normandie ont payés de 1.000 à 1.200 francs ne sont pas rares ; ces prix sont doubles ou triples de ceux auxquels on acquiert un reproducteur sans origine et, si celui-ci a coûté moins cher à obtenir parce que, dans son jeune âge, on lui a parcimonieusement mesuré le lait, l'écart n'est pas tel qu'il n'y ait encore plus à gagner avec le bon sujet qu'avec le médiocre.

Les foires-concours facilitent aux naisseurs les moyens qu'ils ont de faire connaître leurs étables ; il y a aujourd'hui de ces foires pour presque toutes les races bovines et ovines ; elles sont, à dates fixes, le rendez-vous, de tous les éleveurs renommés et les affaires qui s'y traitent sont de la plus haute importance. Les foires de Nevers et de Moulins passent parmi les plus célèbres pour les bœufs nivernais. A Limoges s'exposent les limousins ; au printemps de 1910 on n'y a pas vu moins de 65 taureaux adultes, 167 veaux mâles, 99 génisses, 23 vaches suitées et 107 vaches pleines ; les veaux mâles de dix à quatorze mois se sont enlevés à des prix variant de 600 à 900 francs, et l'on a vu se dessiner un intéressant débouché sur l'Italie Je ne puis m'étendre davantage et je suis obligé de clore cet aperçu par une observation que me suggère la lecture de l'ouvrage précité de MM. Lavoinne. Lorsqu'un agriculteur veut se livrer à l'élevage des reproducteurs ou simplement améliorer un troupeau pour en obtenir de meilleurs produits de vente courante, il doit prendre garde de ne pas acheter des animaux trop jeunes, à moins d'être parfaitement renseigné sur les qualités de leurs ascendants et sur la façon dont eux-mêmes ont été conduits depuis leur naissance. Il arrive, en effet, que, faute d'avoir pris ces précautions, on paie fort cher un sujet de quelques mois, premier prix de sa catégorie, qui, l'année suivante, n'obtient pas même une mention. Si l'on veut être sûr du succès, il est préférable de commencer par suivre l'animal convoité pendant un an ou deux. Si, détaché du lot des veaux de son âge, lors de sa première présentation sur les foires-concours de sa race, il voit ses qualités s'affirmer dans les concours nationaux ou généraux qui suivent, il tiendra la promesse donnée par ses premiers lauriers et sa marque s'imprimera telle qu'on le désire sur ses descendants.

Les plans d'alimentation. — Le climat, les débouchés, le système de culture interviennent à des degrés divers pour dicter à l'agriculteur le choix qu'il doit faire de telle ou telle entreprise avec son bétail. On conçoit toutefois que le lien qui existe entre la culture et le bétail est tellement étroit que si la culture réagit sur le bétail, réciproquement le bétail réagit sur la culture, force est donc de voir lequel doit plier devant l'autre pour le plus grand avantage de l'exploitant. Ce travail préliminaire suppose que l'on calcule de quels aliments aura besoin le genre d'animaux que l'on se propose de faire valoir ; il suppose qu'ensuite on se rende compte du moyen de se procurer les aliments en question, soit qu'on les récolte sur le domaine, soit qu'on les achète au dehors ; la question se complique, car certains aliments sont les sous-produits de récoltes dont le produit principal, grain, alcool, sucre, peut, par ailleurs, procurer un profit intéressant ; on n'en voit pas moins les différents termes du problème : de ces termes ou éléments, les uns sont affectés du signe $+$, ce sont les recettes ; les autres s'accompagnent du signe $-$, ce sont les dépenses ; il faut viser à l'écart maximum entre le groupe recettes et le groupe dépenses. Si la première combinaison qu'on avait en vue ne laisse espérer qu'un résultat insuffisant, on reprend sur d'autres bases le premier calcul : souvent c'est une fois en marche que l'expérience montre les modifications à apporter au plan primitif et souligne les moyens les meilleurs pour introduire ces modifications.

Quoi qu'il en soit, supposons le problème résolu dans le sens jugé le plus favorable : les récoltes fourniront des quantités de pailles de différentes sortes, de grains et de fourrage dont on peut escompter le rendement année moyenne ; parallèlement, les animaux prendront certaines quantités de ces pailles, grains et fourrages, et il faudra compter avec les pertes résultant de la dessiccation et des manipulations dans les greniers.

Pour peu qu'on connaisse, par exemple, le nombre de bottes de luzerne récoltée et le poids moyen de celles-ci que donnent quelques pesées, l'importance des ressources, en tenant compte des réserves en magasin, sera facilement calculée par chaque nature de fourrage. Ceci fait, des disponibilités ainsi trouvées on retranchera les pertes. D'après M. Grandeau, les pertes ne sont pas inférieures à :

10 à 15 p. 100 pour le foin de pré.
15 à 20 p. 100 pour le regain.
 8 à 10 p. 100 pour les betteraves et pommes de terre.
30 p. 100 pour les feuilles et collets de betteraves ensilés.
40 p. 100 pour les pulpes.

Après qu'on les a retranchées sans les exagérer, car il ne faut pas oublier qu'elles sont à peu près nulles au début de la consommation, nous sommes en présence d'un premier reste

Supposons la culture faite avec des chevaux : ces chevaux absorbent, au cours de l'année, des quantités d'avoine, de paille de blé et de foin qui découlent de la composition même des rations ; il en est de même pour les bœufs, sauf que, pour eux, il faut faire intervenir la nourriture prise au pâturage pendant les mois d'été, mais l'expérience ne tarde pas à renseigner sur la quantité d'herbages ou le nombre d'hectares de fourrages en vert à laisser à la disposition des animaux de trait. D'autre part, animaux de trait aussi bien qu'animaux de rente ont besoin d'être couchés ; par jour, toujours d'après M. Grandeau, il faut :

Par tête de bovin adulte............ de 3 à 5 kilos de litière.
    —   de veau................ de 1 à $1^{kg},500$ —
    —   de cheval.............. de 2 à 3 kilos   —
    —   de porc................ $1^{kg},500$ —

Les bovins consomment de la paille d'avoine, les porcs et les chevaux, qui ont besoin d'être plus au sec sur une litière plus résistante, formant drainage, utilisent de la paille de blé. Les quantités de ces pailles pour litière une fois calculées et ajoutées aux dépenses nécessitées par l'alimentation des bêtes de trait, nous avons à faire une deuxième soustraction. Le nouveau reste donne les quantités des différents aliments dont nous disposons pour le bétail de rente.

Les besoins dudit bétail varient évidemment avec sa nature et l'ensemble des spéculations en vue desquelles nous l'exploitons, mais si nous nous reportons aux travaux très complets qui ont été publiés sur l'alimentation des animaux et notamment aux recherches remarquables que M. Grandeau a publiées au cours de ces dernières années, nous verrons que, pour chaque cas particulier, les rations ont été très nettement déterminées et rapportées à 1.000 kilogrammes de poids vif, de telle sorte que la nature et le poids des bestiaux abrités dans les étables étant connus, de simples multiplications permettent de savoir de combien de betteraves, paille, sainfoin, etc., ils auront besoin au cours de l'année. Si l'on veut serrer les choses de plus près, on procède à quelques analyses élémentaires pour s'assurer que la richesse des aliments que l'on possède est bien conforme à celle des aliments d'expérience : un écart en plus ou en moins est-il trouvé ? on fait la correction et, résultat final de ce travail absolument indispensable, on trouve que dans les greniers ou dans les silos il y a certaines denrées en quantités suffisantes, d'autres ne sont pas assez abondantes, d'autres enfin sont en excès ; il y a place alors pour des ventes dont l'importance est connue par nos calculs, ce qui fait qu'on peut, dès le début de la campagne, voir quels marchés passer avec la clientèle. Pour les denrées en quantité suffisante, rien à faire qu'à les livrer à la consommation, en surveillant pour elles les gaspillages possibles particulièrement à éviter dans leur cas. Pour les aliments qui font défaut, force est de se les procurer en achetant au dehors les quantités qui manquent, ou plus généralement en y suppléant par les denrées du commerce, dites aliments concentrés, dont la présence dans les rations est toujours indispensable pour en diminuer le volume qui sans leur concours, serait hors de proportion avec la capacité stomacale des animaux. Ici intervient l'estimation serrée de la dépense qu'entraînera l'acquisition des aliments complémentaires ; de son importance dépendent tout l'équilibre de l'exploitation, le succès ou la ruine, étant donné, bien entendu, que tous les autres facteurs de la production auront été pris en considération et qu'on aura apporté à chacun d'eux tout le soin nécessaire. Je devais donc mettre en évidence l'intérêt qui s'attache à l'établissement d'un bon plan d'exploitation du bétail et au choix à faire parmi les différentes industries animales que j'ai passées en revue.

Pharmacie vétérinaire à la ferme. — Quelque soin qu'un chef d'exploitation habile apporte au choix et à l'entretien de ses animaux de rente ou de travail, il n'évitera jamais que la maladie franchisse le seuil de son domaine ou que son bétail soit atteint par les accidents. Il faut donc qu'il sache, sinon le soigner lui-même, du moins prendre les mesures parfois urgentes qui s'imposent avant l'arrivée du vétérinaire, surtout si celui-ci n'est pas à portée. Dans cet ordre d'idées, certains agriculteurs, d'ailleurs très capables, prétendent pouvoir se passer complètement de l'homme de l'art ; d'autres au contraire, trop timorés, n'oseraient pas donner un lavement sans qu'il soit

présent, et il leur arrive de perdre une bête de prix faute d'avoir
pratiqué eux-mêmes en temps utile une ponction du rumen.
Sous réserve d'une habileté manuelle plus ou moins grande
ou des connaissances plus ou moins développées que tel ou tel
peut posséder en pathologie animale, je crois que, d'une façon
générale, la vérité doit prendre place entre les deux extrêmes ;
aussi bien n'aurait-on pas donné aux écoles de médecine vétérinaire comme aux écoles de médecine humaine l'importance
qu'elles reçoivent chaque jour davantage si les savants éminents
qui sortent de ces écoles n'avaient, auprès de leurs semblables,
un rôle, direct ou indirect, des plus utiles à remplir. Pour nous-
mêmes, comme pour nos animaux, nous devrons être surtout des
hygiénistes ; si, par là, nous ne réussissons pas à éviter le mal
nous agirons au mieux de nos intérêts en nous contentant
de parer aux cas les plus pressés ou les plus simples, et en mettant, pour les autres, nos patients dans les conditions les meilleures pour attendre l'intervention du docteur. Ayant ainsi
limité dans mon esprit le rôle médical du chef de l'exploitation, je me suis adressé à M. Laisné, vétérinaire à Fleury-sur
Andelle (Eure), de qui j'avais, par une expérience personnelle de plusieurs années, apprécié les qualités de praticien
consommé, et je lui ai demandé quels étaient selon lui les
remèdes et instruments médicaux que tout possesseur d'un
cheptel vivant devrait toujours avoir sous la main afin d'en
obtenir le maximum de rendement. Se plaçant au même
point de vue que moi, M. Laisné m'a à peu près textuelle-
ment répondu :

« Les   instruments et les médicaments indispensables à
« l'agriculteur pour parer aux cas pressés et pour assurer
« d'une façon permanente les prescriptions élémentaires d'une
« hygiène rationnelle sont peu nombreux.

« Parmi les instruments, je citerai :

« Une flamme à deux lames, permettant de saigner les
« bovins et les chevaux dans tous les cas de congestion ;

« Un trocart pour la ponction du rumen dans le cas de météo-
« risation des bovins ; un trocart plus petit pour les moutons ;

« Une sonde œsophagienne pour refouler vers la panse les
« fruits et tubercules obstruant l'œsophage;

(Cette sonde est indispensable dans toutes les exploitations où les animaux peuvent être mis au pâturage dans les herbages plantés, pratique qui demande toujours certaines précautions, tant en raison des obstructions possibles que des indigestions ou maladies du tube digestif par consommation exagérée de fruits tombés souvent mal mûrs.)

« Un thermomètre à maxima permettant de déceler au dé-
« but des maladies inflammatoires graves et dont l'inappétence
« est jusque-là le seul symptôme ;

« Une seringue de gros calibre (1 litre et demi à 2 litres)
« pour lavements ;

« Une seringue de petit calibre (150 à 250 centimètres cubes)
« pour le lavage des plaies et blessures ;

« Un tube auto-laveur en catouchouc très fort, muni d'une
« canule en bois à perforations multiples, pour les lavages
« utérins nécessités par l'avortement, la métrite, la non-déli-
« vrance chez la vache ;

« Une petite pompe pour y adapter l'auto-laveur ;

(Pour les lavages utérins, une grande discrétion se recommande, et il est bon d'en régler le nombre et l'importance sur
les indications données par le vétérinaire ; en en exagérant la
fréquence on finit par provoquer des mouvements expulsifs
qui amènent des renversements de matrice.)

« Des sondes trayeuses permettant la traite sans douleur
« des vaches dont les trayons sont devenus d'une sensibilité
« anormale à la suite de lésions aphteuses, de vaccin confluent
« ou de blessures diverses ;

« Une paire de ciseaux droits, une paire de ciseaux courbes
« et un bistouri, les uns et les autres très utiles dans une foule
« de circonstances où il est nécessaire de faire des pansements.

« Les outils nécessaires pour déferrer les chevaux ou les
« ferrer sont indispensables à la ferme : une rénette permet-
« tant l'amincissement de la corne et la recherche des clous
« de rue est fort utile.

« Parmi les médicaments que le propriétaire d'un cheptel
« doit avoir d'une façon permanente à sa portée, je citerai :

« Le sulfate et le bicarbonate de soude et l'azotate de po-
« tasse, dont les propriétés laxatives et diurétiques sont connues

« de tous et dont l'administration peut se faire en dehors de
« toute prescription magistrale ;

« L'essence de térébenthine, qui permet d'obtenir, par fric-
« tion sur la peau, une dérivation énergique, mais fugace, dans
« tous les cas de congestion ;

« La farine de moutarde déshuilée, qui, délayée dans l'eau
« tiède et appliquée en friction ou en cataplasmes, donne une
« dérivation beaucoup plus prolongée ;

« L'huile sinapisée, préférable à la farine de moutarde parce
« que sa conservation est plus facile et son application plus com-
« mode et plus prompte ;

« La teinture d'iode, très utile contre les engorgements gan-
« glionnaires, les dilatations synoviales et les inflammations
« articulaires ;

« L'eau oxygénée chirurgicale, puissant hémostatique et
« antiseptique non toxique, à employer immédiatement pour
« arrêter les hémorragies et pour procéder aux lavages des
« plaies de toute nature ;

« La vaseline blanche (toutes les vaselines colorées étant
« plus ou moins irritantes), la vaseline boriquée, qui trouvent
« un emploi journalier dans le traitement des petites plaies
« simples ;

« L'onguent populéum, employé avec succès contre les engor-
« gements inflammatoires bénins ; particulièrement celui
« des mamelles chez les vaches laitières ;

« L'élixir calmant de Lebas, qui, administré à la dose de
« 80 à 90 grammes dans une infusion aromatique (thé, café,
« camomille), donne de bons résultats dans un grand nombre
« de cas de coliques chez le cheval ;

« Le crésyl, désinfectant non toxique, à employer pour arro-
« sage des étables, écuries, poulaillers, etc., et pour pédiluves
« dans les cas de fièvre aphteuse ;

(Je crois devoir signaler qu'ayant eu soin de tenir les deux
entrées de ma ferme noyées d'une boue crésylée en temps d'épi-
démie aphteuse, mes étables en sont toujours restées indemnes
malgré la sortie en plaine des bœufs de travail pour l'exécution
des travaux quotidiens.)

« Le permanganate de potasse, employé de préférence à

« tout autre antiseptique pour les injections intra-utérines.

« Enfin, comme objets de pansement, je conseillerais d'avoir
« toujours d'avance du coton hydrophile par petits paquets
« (50 grammes) et des bandes de gaze aseptique. On trouve
« les unes et l'autre à des prix très faibles dans le commerce,
« et ils doivent remplacer l'étoupe, autrefois en usage, de même
« que les bandes de toile au contact des plaies. »

(Celles-ci peuvent encore servir pour les bandages de maintien et comme protection des pansements proprement dits, et
le vieux linge convient particulièrement pour cet usage externe.)

Ici s'arrête l'énumération de M. Laisné, à qui je me fais un
agréable devoir d'exprimer mes remerciements les plus sincères ; à sa liste, le vétérinaire de chaque chef de cultures ajoutera
certainement quelques remèdes d'usage courant ; M. Laisné
ne pouvait, pas plus que moi, entrer dans de plus amples détails ; nous serions sortis du cadre que je me suis tracé. Toutefois, il fait observer qu'il a omis à dessein l'appareil d'Evers
pour les insufflations mammaires dans le cas de fièvre vitulaire
chez la vache, bien que quelques cultivateurs s'en servent eux-
mêmes. L'emploi de cet appareil réclame, en effet, de grandes
précautions antiseptiques et par là n'est pas à la portée de tout
le monde. Des accidents forts sérieux de gangrène de la mamelle ont été constatés à la suite d'insufflation mammaire
pratiquée de façon peu aseptique, aussi est-il préférable que
l'opération soit exécutée par un praticien capable de faire le
diagnostic différentiel entre la fièvre vitulaire et d'autres maladies qui, survenant comme elle après le vêlage, nécessitent, malgré
des symptômes analogues, des traitements tout différents.
Parmi ces maladies, on cite la paraplégie post partum, la
métrite, la péritonite, etc., et, à vouloir les traiter soi-même
sans le secours de l'homme de science, il est certain que souvent on courra de gros risques.

CHAPITRE V

ENTRETIEN ET AMÉLIORATION DU DOMAINE

Dépenses auxquelles l'agriculteur peut être entraîné de ce chef. — Le drainage. — Les défoncements. — Les irrigations. — Entretien des chemins et clôtures. — Entretien des bâtiments ruraux.

Nécessité de certaines améliorations à apporter au domaine. —Lorsque l'agriculteur a fixé son choix sur le système de culture à adopter sur son exploitation et sur les diverses opérations qu'il peut y entreprendre utilement avec son bétail, il lui faut se mettre au travail; et tout d'abord il doit résoudre cette question : le domaine, loué ou acheté, une fois prises toutes les précautions que j'ai indiquées au début de cet ouvrage, est-il dans les meilleures conditions pour donner les meilleurs résultats ? N'est-il pas, au contraire, susceptible d'améliorations ? La réponse ne fait pas de doute; il est toujours possible de mieux faire et d'obtenir des rendements plus élevés en s'adaptant et en adaptant le sol et les animaux aux conditions économiques du moment. Nous avons vu, en parlant de la fertilisation des terres, comment, par l'emploi raisonné des engrais et des amendements, un praticien habile pouvait les mettre en état de nourrir au mieux ses céréales ou ses plantes industrielles et fourragères ; comment il pouvait en modifier la texture et corriger, par l'usage de la chaux ou de la marne, les défauts d'un sol argileux trop compact ; j'ai fait ressortir aussi comment les assolements, en utilisant alternativement les parties profondes ou superficielles de la couche arable, lui donnaient un repos relatif favorable à un surcroît de production ; mais tout cela ne suffit pas si, malgré les chaulages, les engrais et les assolements bien compris, le sol reste plus ou moins gorgé d'une eau plus ou moins stagnante : devant l'excès d'humidité, tous les efforts les mieux combinés viendraient se briser s'il n'était avant tout remédié au mal. Il y a là un point sur lequel doit se porter l'attention du cultivateur au moment même où il commence à exploiter sa ferme, et ce point se résume en ceci : assurer dans la couche arable une circulation convenable de l'eau pluviale ou des eaux souterraines ; c'est-à-dire rechercher dans quelles limites le domaine a besoin d'être drainé ou irrigué, car ces deux opérations, qui paraissent à première vue opposées l'une à l'autre, sont en réalité étroitement unies.

Le drainage, son but et ses effets. Coût du drainage. Qui doit le payer ? — Le sol reste-t-il gorgé d'eau? celle-ci, sous l'influence des oxydations qui se produisent sans cesse dans la terre, sous l'influence même de la vie des plantes, ne tarde pas à perdre son oxygène et à se charger d'acide carbonique en excès et autres produits nocifs ; elle constitue alors un milieu absolument impropre à toute végétation : les plantes souffrent d'abord et meurent ensuite. A supposer même que les choses n'aillent pas jusque-là, le mal serait encore considérable ; en effet, l'eau, qui, l'hiver, se refroidit au voisinage de la surface du sol, augmente de densité, elle descend vers les couches profondes, tandis que, plus légère, l'humidité encore tiède de ces couches vient prendre à la surface la place de l'eau refroidie. La température de toute la masse se trouve ainsi progressivement abaissée au détriment des végétaux, et ce très sérieux inconvénient n'a pas sa contre-partie au printemps, où il faudrait que nos récoltes poussent vigoureusement. A cette époque, l'eau superficielle, chauffée par les rayons solaires, s'évapore en partie, elle ne pénètre pas dans le sous-sol qu'elle réchaufferait, et il faut, pour que celui-ci bénéficie de la douceur de l'air extérieur, que la chaleur lui arrive de proche en proche à travers l'élément liquide, ce qui ne saurait être que fort lent pour des raisons que nous connaissons tous. Conséquence : les sols humides à l'état permanent sont non seulement mal aérés, mais encore ils restent froids ; j'ajoute qu'ils s'appauvrissent des aliments dissous que l'eau charrie avec elle jusqu'aux racines puisque cette eau n'est pas renouvelée, et enfin je relève une très judicieuse observation du professeur anglais Wrightson dans ses *Principes d'agriculture pratique* : lorsque les terres s'égouttent mal, ce n'est que tard au printemps qu'on peut y introduire les attelages pour donner les façons culturales, et de bonne heure à l'automne elles deviennent inabordables pour l'exécution de labours d'hiver. Disposant d'un temps beaucoup plus court que celui dont il bénéficie dans les sols sains pour travailler la terre, le cultivateur doit pousser plus activement ses travaux; il lui faut un surcroît de personnel et d'attelages qui, aux autres époques de l'année, sont superflus ou au moins difficiles à employer avec plein profit. A ces inconvénients d'ordres variés remédie le drainage, et j'en ai dit assez pour justifier le haut intérêt qui s'attache à la recherche des conditions où il est utile.

La nature de la végétation spontanée, l'impression particulière d'élasticité éprouvée sous les pieds, l'état marécageux du sol, la façon dont il retient l'eau après une pluie, lorsque le temps reste couvert, sont autant d'indications auxquelles le praticien peut reconnaître que ses terres ont besoin d'être drainées; il peut les préciser par le forage à la bêche de quelques trous peu profonds où il surveillera pendant la saison d'hiver l'arrivée et le séjour de l'eau; mais, s'il est encore nécessaire que le cultivateur s'entoure de ces premiers renseignements, il faut reconnaître qu'aujourd'hui sa tâche se trouve singulièrement simplifiée à la suite de l'organisation du service des améliorations agricoles au ministère de l'Agriculture.

Dès 1852, la Société d'agriculture de la Seine-Inférieure s'était préoccupée d'encourager le drainage, non seulement par des subventions en argent et en nature (drains fabriqués sous son contrôle), mais aussi par des projets dressés gratuitement et de nombreuses conférences faites avec le concours de l'administration des Ponts et Chaussées à laquelle appartenait alors comme ingénieur M. Marchal. M. Marchal fit introduire dans la loi du 10 juin 1854 un article d'après lequel tout propriétaire qui veut assainir son fonds par le drainage ou un autre mode d'assèchement peut, moyennant une juste et préalable indemnité, en conduire les eaux souterrainement ou à ciel ouvert à travers les propriétés qui séparent ce fonds d'un cours d'eau ou de toute autre voie d'écoulement. Le 30 août 1854 l'État prit à sa charge l'étude et la surveillance des travaux de drainage; puis, en 1856, il ouvrit un crédit de 100 millions pour prêts destinés à favoriser le drainage : ces prêts étaient remboursables en vingt-cinq ans, capital et intérêt à 4 p. 100 compris, avec faculté de libération anticipée, et, pour en simplifier le contrôle, la loi du 28 mai 1858 substitua à l'État la Société du Crédit foncier de France, puis vinrent les lois du 21 juin 1865 et du 22 décembre 1888 qui accordèrent aux associatons syndicales des facilités encore plus grandes qu'aux particuliers.

Malgré tout, en 1903, on ne comptait guère encore que 200.000 hectares drainés en France, soit un vingtième de la surface pour laquelle le drainage aurait été profitable, et deux millions seulement avaient été empruntés au Crédit foncier. Il est vrai que, dans la Brie, on avait assisté à un magnifique essor et que des fermiers y avaient fait eux-mêmes la dépense du drainage de leurs terres, mais il fallut la création du service des améliorations agricoles pour qu'on entrât résolument dans la bonne voie. Ce service fit voir les avantages des lois déjà votées, et l'on sut qu'il suffisait de s'adresser à lui par l'intermédiaire du préfet du département où l'on habitait pour avoir gratuitement un projet complet de l'opération qu'on voulait entreprendre. Parfois, surtout lorsqu'il s'agissait de collectivités, une subvention s'ajoutait au projet, et, en 1910, M. Noulens, dans son rapport sur le budget de l'Agriculture, put signaler un drainage de 1.000 hectares pour une seule commune de Seine-et-Marne et un autre encore plus important dans la vallée de la Troesne, dans l'Oise; le plus intéressant peut-être est que l'on a pris, en 1910, les mesures nécessaires pour développer l'enseignement pratique du drainage et former des maîtres et ouvriers draineurs.

Pourquoi, en effet, nos agriculteurs, malgré l'exemple de l'Angleterre où Elkington, Smith et Parkes furent nos grands éducateurs, se montraient-ils si peu empressés à bénéficier d'avantages qui, d'après des études récentes dans la Meuse, se sont élevés dans ce département à une plus-value de 715 francs par hectare en capital et de 77 francs en revenu? Pourquoi n'engageaient-ils pas des dépenses qui donnent des plus-values annuelles de 15 p. 100? C'est, apparemment, que ceux-là mêmes qui auraient possédé les connaissances voulues pour faire les nivellements nécessités par le drainage n'avaient ni le temps

ni le personnel indispensables pour y procéder. Depuis 1903,
ils sont tirés d'embarras : ont-ils acquis, par les moyens élémentaires que je résumais tout à l'heure, une présomption suffisante
en faveur de l'utilité du drainage de leurs terres, ils s'adressent
au service des améliorations, qui leur livre un plan complet,
entièrement piqueté sur le terrain, où il n'y a plus à procéder
qu'à l'exécution mécanique du travail, grandement facilité
par l'emploi d'un maître draineur, chef d'une équipe dont il a la
direction et avec laquelle il peut entreprendre le drainage à
forfait à raison de tant par hectare.

Certains sols sont humides par position, d'autres le sont par
nature ; les sols humides par position sont ceux qui reçoivent
l'humidité qui les baigne de régions voisines ou parfois très
éloignées. Emmagasinée dans le sous-sol, où elle est retenue
par une couche glaiseuse imperméable, cette humidité vient
sourdre à la surface aux points d'affleurement de la couche qui
la retient, ou bien, sans sourdre au dehors, elle se borne à noyer
les racines des plantes, ce qui n'est pas moins nuisible. On
conçoit que si, à l'aide de puits perdus ou de tranchées percées
dans la couche imperméable au-dessus de laquelle circule la
nappe d'eau, on arrête celle-ci ou bien on lui procure une issue
souterraine, on assèche toutes les terres en culture qu'elle
venait mouiller. Tel est le principe du procédé d'Elkington,
fermier anglais du Warvickshire. Le procédé d'Elkington exige
pour réussir une parfaite connaissance de la disposition des
couches géologiques, sinon on fait en pure perte de grosses dépenses de tranchées et de puits qui, mal placés, ne remplissent
pas leur but. Si, au contraire, les mesures sont bien prises, la
méthode d'Elkington se recommande par son économie. Toutefois, avant de l'employer, une très importante question
doit être, à mon avis, tranchée : une fois les sources taries ou
détournées, le terrain asséché recevra-t-il directement assez
d'eau de pluie pour ne pas souffrir de la sécheresse ? Ceci dépend
évidemment de la nature du sol et du climat plus ou moins
humide ; il faut tenir compte aussi de la possibilité que l'on
aurait d'emmagasiner l'eau interceptée par les tranchées et
de s'en servir pour l'irrigation au moyen de machines élévatoires,
ou simplement par suite de la disposition même des lieux.

Y a-t-il doute sur la réponse à faire à la question que je viens de poser, il est préférable d'employer un système de drainage abaissant simplement le plan d'eau et surtout amenant la circulation de l'eau dans le sol. Ce double résultat s'obtient avec le drainage dit drainage complet, inauguré par Smith et grandement perfectionné par Parkes dans les sols humides par nature, c'est-à-dire dans les sols qui, en raison de leur texture trop compacte, ne se débarrassent pas assez vite de l'eau tombée à leur surface.

Dans le système de Parkes, l'égouttement des terres arables s'opère à l'aide de conduits en terre poreuse placés parallèlement les uns aux autres et conduisant l'eau dans d'autres conduits plus grands appelés collecteurs. La porosité de la poterie des drains et surtout leur vide intérieur appellent l'humidité des particules terreuses qui les avoisinent ; de proche en proche l'action s'étend jusqu'à une limite qui dépend de la nature du sol et des frottements que sa texture oppose aux mouvements du liquide. Cette limite fixe l'écartement des drains, elle en fixe aussi la profondeur, parce que l'on conçoit que sous l'action du frottement l'abaissement du plan d'eau, au lieu d'être uniforme et égal à la profondeur même des drains, est d'autant moins considérable que l'action du drain se fait moins sentir, en raison à la fois de sa profondeur et de son éloignement. Pour faire de bonne besogne, il faut que l'action de chaque drain soit confluente avec celle du drain voisin, et le travail sera d'autant meilleur que la profondeur du réseau souterrain sera plus considérable. $1^m,25$ n'a rien d'exagéré, parce que la capillarité vient ajouter son effet à celui de la résistance des molécules terreuses pour contrarier l'abaissement du niveau de l'eau. D'après ces indications sommaires, il apparaît que les drains doivent être dirigés suivant les lignes de pente et les collecteurs transversalement à ces lignes ; bien conduite, l'opération doit amener en quarante-huit heures l'évacuation de l'eau en excès tombée à la suite d'une pluie de douze heures consécutives sur le sol drainé. L'eau qui circule ainsi vivifie les racines en leur apportant de l'oxygène pur et les précieuses poussières ou solutions recueillies par elle dans son passage à travers l'atmosphère ou les couches supérieures de la terre arable ; elle échauffe aussi le sol, car elle lui ramène la chaleur qui se perdait par rayonnement et qu'elle a saisie en arrivant à la surface de la terre ; enfin elle provoque une véritable irrigation, puisqu'elle est attirée par les drains profonds dans des régions où elle ne descendrait peut-être pas naturellement et où plongent les radicelles de bien des végétaux : par là, le drainage se rapproche, ainsi que je le faisais ressortir, des irrigations dont il semble si différent. M. Wéry, directeur de l'Encyclopédie Agricole, a publié dans cette bibliothèque un *Traité de drainage et d'irrigation*, en collaboration avec M. Risler, ancien directeur de l'Institut agronomique, un maître en la matière. Il ne m'en voudra pas si, tout en renvoyant mon lecteur à ses remarquables travaux, je viens rappeler ici un ouvrage qui, pour être déjà un peu ancien, ne m'en a pas moins paru intéressant : je veux parler du traité de drainage de J. Leclerc, chef du service du drainage en Belgique, publié en 1856. L'étude de M. Leclerc est à la fois très complète et conçue dans un esprit très pratique ; on y trouve une foule de renseignements qui n'ont pas perdu leur utilité. C'est ainsi qu'un tableau relève, pour 25 opérations de drainage faites dans des conditions diverses, le détail de la dépense à l'hectare : ce tableau donne la nature du terrain drainé, la profondeur (de $0^m,60$ à $1^m,40$), l'espacement (de 5 à 15 mètres) des drains, la longueur totale du réseau des petits drains, variant de 455 à 1.765 mètres, celle du réseau de collecteurs allant de 94 à 237 mètres, le coût des tuyaux, celui de leur transport, de la main-d'œuvre et des frais divers, enfin la dépense totale, qui va de 97 fr. 80 à 392 fr. 60, avec une moyenne de 194 fr. 40. La longueur moyenne des petits drains est à l'hectare, de 847 mètres, pour un espacement de 10 mètres, 808 pour un espacement de 11 mètres, 726 pour un espacement de 12 mètres, et 684 mètres pour un espacement de 13 mètres ; celle des collecteurs est respectivement de 161 mètres, 198 mètres, 158 mètres et 146 mètres, pour les espacements correspondants ; avec ces chiffres, on peut aisément calculer le nombre de tuyaux dont on aura besoin et avoir un premier aperçu de la dépense avant de rien entreprendre.

Je ne puis malheureusement m'étendre davantage sur ce sujet, je relève seulement le chiffre de 195 francs de dépense à l'hectare ; il doit être de nos jours majoré, car la main-d'œuvre a augmenté de prix, mais, en tenant compte de cette majoration, il nous fournit l'importance du capital à engager dans le drainage de l'exploitation agricole et, à ce titre, ne pouvait être passé sous silence.

Lorsque le propriétaire draine pour son compte, il débourse lui-même ce capital, et nous avons vu que le Crédit foncier lui permettait d'alléger l'importance du débours en l'échelonnant sur vingt-cinq années. La ferme est-elle louée, est-ce encore le propriétaire qui doit supporter les frais du drainage? ou, au contraire, ces frais n'incombent-ils pas au fermier? En principe, le drainage étant une amélioration foncière d'une durée presque indéfinie si elle a été bien exécutée, c'est toujours, à mon avis du moins, le propriétaire qui devrait la payer ; mais il serait juste que le loyer de la terre lui donne un intérêt doublé d'un amortissement du capital drainage ; si donc le drainage a été exécuté en cours de bail, le loyer devra subir une plus-value calculée sur l'augmentation de valeur foncière prise par l'hectare de terre à la suite du drainage, ou encore représentée, selon le conseil de M. Leclerc, par 6 p. 100 de la somme dépensée par le propriétaire. De ces 6 p. 100, la moitié constitue le paiement d'un intérêt, l'autre moitié un amortissement, et il semble que l'ensemble ne soit pas trop élevé pour le fermier, étant donné que ses frais de façons culturales sont, grâce au drainage, moindres pour de meilleures récoltes. Il faut, au reste, que l'avantage soit grand, puisque certains fermiers qui ont de longs baux font eux-mêmes le drainage de leurs terres quand ils ne peuvent l'obtenir de leurs bailleurs.

Labour en billons. — Autrefois, avant l'introduction du drainage souterrain, les cultivateurs assainissaient leurs champs à l'aide de fossés à ciel ouvert ou en les labourant en planches étroites et bombées. Les fossés sont peut-être encore utiles dans les terrains bas qui avoisinent le bord de la mer et ils se défendent là où ils servent de clôtures aux herbages ; mais, d'une façon générale, ils sont tellement gênants pour la culture qu'il faut les éviter autant que faire se peut ; quant au labour en billons, il revient à ne cultiver que la moitié de la terre, c'est-à-dire que c'est une extrémité à laquelle il ne faut se résoudre que lorsque les sols sont trop pauvres ou trop peu profonds, encore aurait-on bien souvent dans ces cas avantage à y faire autre chose que des céréales ou des fourrages.

Les défoncements ; leurs avantages ; coût de leur exécution. — Les défoncements et labours profonds, outre qu'ils ont comme le drainage l'avantage d'assainir le sol et de favoriser la circulation de l'eau, augmentent la profondeur de la couche meuble où se développent les racines et par suite accroissent les rendements culturaux du domaine ; à ce titre, ils figurent parmi les travaux d'amélioration que le cultivateur doit envisager et dont il lui faut calculer le coût. Ils ne doivent pas être exécutés à la légère mais avec précaution, si l'on ne veut pas s'exposer à plusieurs années de récoltes médiocres, en ramenant à la surface une trop grande masse de terre morte, n'ayant pas vu le jour, et par suite insuffisamment oxydée et vivifiée par l'oxygène de l'air.

Deux méthodes sont, dans ces conditions, en présence : l'une consiste à procéder doucement et progressivement, elle est plus lente, mais comme en l'adoptant on n'augmente chaque année l'épaisseur de la couche arable que de quelques centimètres, on peut, au début tout au moins, ne se servir pour l'employer que des instruments ordinaires de culture ; l'achat d'un matériel spécial ne s'impose que plus tard, alors qu'on a déjà pu amasser une partie des fonds nécessaires à son acquisition. Avec l'autre méthode on fait suivre la charrue d'un instrument dit « sous-soleuse », qui remue le sous-sol et l'ameublit sans le changer de place. Le sous-sol ainsi ameubli est peu à peu pénétré par les agents atmosphériques, et les racines y plongent à mesure qu'il devient habitable pour elles. La sous-soleuse exige d'emblée les fortes tractions; il en est de même des labours de défoncement proprement dits, où l'on ne s'arrête plus à la considération que je signalais tout à l'heure lorsque, en les pratiquant, il s'agit, par le mélange des éléments du fond avec ceux de la surface, de créer un sol arable bientôt productif aux lieu et place d'une lande stérile.

M. Ringelmann, à qui j'ai déjà fait plusieurs emprunts, a établi ce que coûtent des travaux de ce genre. L'exécution des défoncements par treuils à vapeur présente ceci d'intéressant qu'elle permet l'emploi de la locomobile utilisée à d'autres époques de l'année pour les battages et la mise en marche des instruments d'intérieur de ferme ; par là elle devient aussi possible pour les entrepreneurs de battage qui, possédant déjà une locomobile, n'ont qu'à acheter les treuils et charrues pour pouvoir pratiquer des travaux de défoncements à forfait.

Selon l'importance du matériel utilisé, la disposition des treuils, la charrue disposée pour travailler alternativement dans les deux sens ou pour n'ouvrir qu'une raie à l'aller et être ensuite ramenée à vide par un attelage de bœufs, le prix de revient à l'hectare est très variable ; les difficultés provenant de la nature ou de la configuration du terrain, la présence des pierres ou des souches, la profondeur du labour sont autant de facteurs qui le modifient considérablement.

A. Salœuze, dans l'Aude, M. Perrière, cité par M. Ringelmann, emploie un matériel ainsi composé :

1 locomobile de 7 chevaux..........	5 800 francs.
Châssis, treuils et accessoires.......	3 000 —
Câble................................	250 —
Charrue non réversible.............	700 —

La valeur de ce matériel est donc, en chiffres ronds, de 10.000 francs, en comptant par an un amortisement de 2.000 francs, et deux cents jours de travail ; en estimant d'autre part l'intérêt annuel du capital à 5 p. 100, la journée de travail se trouve grevée d'une somme initiale de 12 fr. 50.

	Francs.
Aux frais fixes, ci...........................	12.50
Il faut ajouter :	
Salaire journalier d'un mécanicien logé et nourri. 6	
— — d'un ouvrier au treuil........ 3	
— — du laboureur.............. 3	
— — d'une paire de bœufs et de son	
conducteur pour ramener la charrue à vide.. 6	
156 kilos de charbon à 34 francs la tonne....... 5,30	
Huile à graisser........................... 0,70	
Ensemble...........................	24
Total	36,50

En supposant la surface défoncée en une journée de travail, à $0^m,60$ de profondeur, égale en moyenne à quarante ares, il coûte à M. Perrière 91 fr. 15 pour défoncer un hectare ; il n'est pas exagéré d'arrondir cette somme à 100 francs, car dans le devis ci-dessus, il n'est pas tenu compte du transport de l'eau pour la machine ni de l'entretien du matériel. De plus, une très importante remarque doit ici être faite par le praticien qui voudrait inaugurer par ses propres moyens le défoncement à la vapeur sur son domaine : le calcul que nous avons relevé suppose que la charrue a marché deux cents jours par an et a par conséquent défoncé 80 hectares ; on a rarement à accomplir un pareil travail, on l'échelonne sur plusieurs années, d'autant mieux que l'action du défoncement est durable, et alors ou les frais augmentent dans une proportion qu'il est facile de calculer, ou bien on renonce à posséder soi-même un matériel de défoncement et l'on s'adresse à un entrepreneur, conclusions auxquelles conduit d'ailleurs le tableau ci-contre.

Ce tableau très instructif montre que dans une exploitation où il serait défoncé 20 hectares par an, ce qui est un cas qui n'a rien d'extraordinaire, le défoncement d'un hectare coûterait de 26 à 27 francs par an, à supposer que ses effets se fassent sentir dix ans, ce qui est assez admissible; ce prix n'est pas celui d'un quintal et demi de blé, et, partout où il a sa raison d'être, les plus-values de rendement données par le défoncement sont bien supérieures à la dépense qu'elles ont entraînée pour les obtenir, d'autant mieux qu'ici la locomobile est supposée ne servir qu'au défoncement, alors qu'elle peut travailler pour bien d'autres usages.

Exécuté électriquement avec une chute d'eau pour actionner les dynamos, le défoncement d'un hectare ne coûte plus que 35 francs environ de frais journaliers, ce qui met la dépense totale à environ 85 francs, en fixant l'amortissement annuel du capital à 3.000 francs répartis sur 60 hectares ou à 135 francs s'il n'est travaillé que 30 hectares. Je voudrais pouvoir citer le détail de ces chiffres donnés par M. Ringelmann sur les indications de M. Prat, d'Enguibaud, près de Saint-Paul-Cap-de-Joux (Tarn); la place me manque, mais je ne puis résister à donner les plus-values que M. Prat attribue au défoncement accom-

DÉSIGNATION.	TREUIL.	
	à simple effet.	à double effet.
Données générales : Valeur du matériel complet................	10 000 francs.	15 000 francs.
Amortissement en 10 ans et entretien annuel estimé en bloc à 20 p. 100.	2 000 francs.	3 000 francs.
Puissance de la locomobile..................	8 chevaux.	10 chevaux.
Charbon consommé par jour	320 kilos.	400 kilos.
Temps employé pratiquement pour défoncer un hectare	4 jours.	3 jours.
Frais de travail par jour :	francs.	francs.
1 mécanicien.............	6	6
2 ouvriers à 3 francs....	6	
3 — —		9
1 paire bœufs pour retour à vide...........	6	
Charbon à 40 francs la tonne................	12,80	16
Huile, graisse et chiffons.	2	2,50
Transport du matériel, de l'eau et du charbon à pied d'œuvre, estimé à quelques heures de 2 bœufs et un homme..	6	6
Frais par jour.........	38,80 (39)	39,50 (40)
Frais de travail par hectare................	156	120

SURFACE DÉFONCÉE PAR AN.	Nombre de journées de travail par an.	Frais par hectare.			Nombre de journées de travail par an.	Frais par hectare.		
		Amortissement et entretien.	Frais de travail.	Frais totaux.		Amortissement et entretien.	Frais de travail.	Frais totaux.
		fr.	fr.	fr.		fr.	fr.	fr.
10 hectares..............	40	200		356	30	300		420
20 —	80	100		256	60	150		270
30 —	120	67	156	223	90	100		220
40 —	160	50		206	120	75	120	195
50 —	200	40		196	150	60		180
60 —	»	»		»	180	50		170
70 —	»	»		»	210	43		163

pagné de l'apport des engrais chimiques, principalement scories de déphosphoration, aux doses de 500 ou 1.000 kilogrammes à l'hectare ; pour M. Prat, ces plus-values n'ont pas été moindres de 19 hectolitres de blé, le rendement étant passé de 14 à 33 hectolitres à l'hectare ; le maïs est monté de 12 à 40 hectolitres, et la luzerne, qui ne poussait pas a fourni de 8.500 à 9.200 kilogrammes de fourrage sec ; le revenu à passé de 70 à 300 francs. Sans nous arrêter à ce que M. Prat entend exactement par revenu, nous sommes en présence de résultats qui, fussent-ils moitié moindres, justifieraient la dépense des défoncements bien compris.

Les irrigations ; leur pratique, leurs effets. Difficulté de calculer la dépense qu'elles entraînent. Répartition rationnelle de cette dépense entre le bailleur et le fermier. — Bien plus complexe que le drainage et les défoncements est la question des irrigations. Il s'agissait, par le drainage, de se débarrasser de l'eau en excès ; par l'irrigation, il faut amener celle qui fait défaut, mais les deux opérations ont ceci de commun que l'une et l'autre concourent à la circulation de l'eau vive dans le sol : j'entends par eau vive celle qui est susceptible de développer la végétation.

L'agriculteur demande aux irrigations d'arroser ses terrains trop secs ; il leur demande plus encore, de nourrir ses récoltes en conduisant à leurs racines l'oxygène et les éléments solubles que l'eau renferme. Il est aisé de voir si un terrain souffre ou non de la sécheresse, et, par l'analyse, nous pouvons nous rendre compte de la somme des principes utiles apportés par un volume déterminé d'eau. Cette analyse nous permet même jusqu'à un certain point d'escompter le bénéfice que nous pourrons tirer de l'irrigation et, ne fût-ce que pour ce motif, elle est absolument indispensable ; elle l'est d'autant plus que, si une eau qui renferme des principes utiles est bonne, cell qui en renfermerait de nuisibles serait essentiellement mauvaise. Étant donné l'intérêt général qui s'attache à la jouissance des cours d'eau, fussent-ils de simples ruisseaux, puisque ce sont les ruisseaux grossis et réunis qui arrivent à former les rivières navigables et flottables, liberté pleine et entière ne pouvait être laissée aux riverains, pas même aux propriétaires sur le fonds de qui jaillissent les sources, d'en disposer à leur plein gré : telle fut l'origine des lois des 29 avril 1845, 11 juillet 1847, 10 juin 1895 et 8 avril 1898 qui règlent les conditions suivant lesquelles les riverains peuvent être autorisés par les préfets, après enquête et avis des ingénieurs des Ponts et Chaussées, et sauf recours au Ministre des Travaux publics, à prélever de l'eau sur les fleuves et rivières navigables ou flottables. La loi de 1898 règle le droit d'usage de l'eau sur les cours d'eau ne rentrant pas dans les deux catégories précédentes, ainsi que les conditions d'établissement de tous travaux d'art sur ces cours d'eau. Celle du 11 juillet 1847 autorise toute personne qui veut se servir, pour l'irrigation de ses propriétés, de l'eau dont elle a le droit de disposer à obtenir la faculté d'appuyer sur la propriété du riverain opposé les ouvrages d'art nécessaires à sa prise d'eau, à charge d'une juste et préalable indemnité ; enfin le paiement d'une indemnité permet de faire passer les eaux destinées aux irrigations sur les propriétés intermédiaires d'autrui. Toutes ces lois sont résumées dans l'*Agenda Agricole* de M. Wéry, ; le relevé très sommaire que je fais moi-même de leurs indications principales suffit à laisser voir que la pratique des irrigations ne va pas sans formalités préalables, plus compliquées que pour le drainage ; il en peut résulter une mise de fonds première qu'il faut avant tout calculer. Le second élément de dépenses résidera dans la captation même des sources et dans les travaux d'art nécessaires pour l'amenée et l'emmagasinement de l'eau. Un troisième sera constitué par le prix de l'eau lorsqu'il faut la payer au mètre cube à une compagnie fermière ; un quatrième par les aménagements du sol et la pratique proprement dite des irrigations ; le dernier élément enfin par l'évacuation des eaux une fois utilisées.

Chacun de ces éléments de dépense varie dans les limites les plus étendues, et, pour en connaître l'importance exacte, un devis propre à chaque cas particulier est nécessaire ; remarquons toutefois que le coût de la captation des eaux peut se trouver singulièrement allégé lorsque cette captation a pour résultat le drainage d'une certaine étendue de terrain dont la valeur est accrue par suite de son assainissement. M. Wéry s'est occupé des irrigations comme il s'est occupé du drainage ; elles ont fait également l'objet d'études de la part de M. Ronna, qui a décrit les systèmes d'irrigations employés en Tunisie, et, M. Vidalin, agriculteur en Limousin, a fait paraître un *Traité pratique des irrigations*. J'en extrais le passage suivant qu'il est utile de connaître car il envisage les différents cas en face desquels l'exploitant du domaine agricole peut se trouver placé.

« Les *arrosages par submersion* des terrains irrigués s'appli-
« quent naturellement et merveilleusement aux petites par-
« celles en pays plats ; ils conviennent aux eaux limoneuses
« qu'ils utilisent parfaitement. Toutefois leur bon fonctionne-
« ment exige un climat chaud, afin qu'après chaque arrosage
« l'évaporation soit assez active pour essuyer le terrain qui ne
« saurait s'égoutter facilement faute d'une pente suffisante.
« Ce procédé s'adapte à toutes les productions du sol et à
« toutes les cultures... il est la providence de petits héritages
« du Midi et de leurs petites eaux. Il convient spécialement
« aux cultures d'Algérie.

« Les *procédés par déversement* ne peuvent s'appliquer qu'aux
« fourrages qui étendent sur le sol une couverture protectrice
« contre l'érosion des eaux courantes. Le système par simple
« déversement convient aux prairies de montagne et aux petites
« provisions d'eau ; il se recommande par les facilités de son
« installation.

« Porté à une perfection savante par la disposition du
« terrain en ados, il constitue ce qu'on pourrait appeler l'arro-
« sage intensif, il n'est alors à propos qu'avec des eaux abon-
« dantes et un sol fertile. A défaut de fertilité, le sol doit rece-
« voir des fumures réitérées, qui sont nécessaires pour se-
« conder l'impulsion donnée à la végétation par les copieuses
« irrigations. Ce serait sottise que de traiter un sol maigre
« par de claires eaux données à outrance.

« Indispensable aux terrains plats que l'on veut soumettre
« aux féconds arrosages d'hiver, la mise du terrain en ados
« pourrait et devrait recevoir en France de nombreuses appli-
« cations dans les plaines alluviales de nos fleuves. Cette dis-
« position du sol assainit et améliore les prairies, de même
« qu'elle procure de bonnes et saines récoltes sur les champs

« mouillés. Un tel mode d'arrosage répond donc à la *grande*
« *règle des irrigations qui veut que l'on assure l'égouttement*
« *du sol, tout en le saturant d'eau.* »

Souvent la bonne eau fait plus qu'arroser les champs, elle
en réchauffe le sol lorsqu'elle provient de couches profondes
où la température ne descend pas au-dessous de 12 à 13°. Ce
réchauffement peut prévenir les gelées d'hiver dans les prairies
situées sous climats peu rigoureux et surtout il hâte au printemps le départ de la végétation en même temps qu'il la prolonge à l'automne. Dans les régions d'arrosage intensif, on
compte, d'après Vidalin, des arrosages moyens pendant vingt
jours de chacun des mois de novembre, décembre, janvier et
février ; on donne l'eau pendant dix jours par mois en mars,
avril et mai ; en juin on arrête pour la fenaison, puis on
reprend en juillet et août si l'on a encore de l'eau, et l'on sus-
pend l'arrosage en septembre et octobre, époque à laquelle le
bétail est au pâturage; ceci donne cent trente jours d'arrosage
par an. Dans les Vosges, M. Hervé Mangon a calculé que la consommation d'eau serait représentée par une colonne d'eau
de 180 mètres au-dessus de la prairie arrosée.

J'ai eu précédemment l'occasion de parler des arrosages par
submersion des vignes méridionales ; je crois avoir ainsi posé
les jalons principaux grâce auxquels on pourra évaluer le coût
des irrigations dans des conditions déterminées. A qui doit-il
incomber? L'amélioration est certainement foncière, comme
dans le cas du drainage, et à ce titre le propriétaire doit payer
les frais de premier établissement, quitte à demander au fermier
un intérêt calculé de façon à amortir le capital engagé ; si, du
fait des ans, les travaux d'art, les digues et barrages viennent
à se détériorier, c'est aussi au propriétaire que j'attribuerais
la dépense de leur entrentien. Toute autre dépense serait, à
mon avis, imputable au fermier, car c'est lui qui, avec ses animaux ou avec ses machines, est constamment exposé à dété-
riorer les travaux de nivellement et les petites rigoles de déversement ou de collature.

Entretien des chemins ruraux. — J'ai dit, dans la pre-
·mière partie de l'ouvrage, ce que je pensais de l'importance des
bons chemins ruraux; l'économie de force animale qu'ils per-

mettent de réaliser compense, et bien au delà, leurs frais d'entretien ; ce n'est pas une raison, pour l'exploitant du sol, de ne pas calculer ces derniers. Les éléments de la dépense sont fonction de la surface des chemins à entretenir, de la nature des matériaux dont on dispose pour l'entretien, de leur degré de résistance et de la fatigue qu'ils sont appelés à supporter. Le prix du mètre cube de marne ou de cailloux rendu à pied d'œuvre est connu pour chaque pays. Dans le Vexin normand on paie 2 fr. 50 le mètre cube de cailloux cassés passant à l'anneau de $0^m,07$; le caillou brut vaut moitié moins, le transport coûte environ 1 fr. 50 lorsqu'il faut le payer ; il revient moins cher au fermier qui fait lui-même les charrois, mais 5 francs pour un mètre cube de cailloux tout placé sur le chemin dont il doit boucher les trous peut être pris comme base de calcul. L'expérience montre d'autre part très vite combien il faut annuellement de cailloux au mètre courant de chemin à entretenir ; le montant du crédit à ouvrir pour ce chapitre s'en déduit ; il est à la charge du fermier qui se sert du chemin. Celui-ci doit, par conséquent, bien faire spécifier dans quel état il prend et doit rendre les chemins de service ; il est de son intérêt de les recevoir en bon état. S'il s'agissait de nouveaux chemins à créer, un accord devrait intervenir entre preneur et bailleur ; il est, en effet, des cas où il serait équitable que ce dernier aide son fermier ; dans d'autres au contraire, plus rares il est vrai, il pourrait être fondé à lui demander une indemnité. Les agents voyers ont généralement en mains toutes les données nécessaires pour établir le coût d'un chemin neuf et en faire le tracé aux conditions les plus économiques ; comme ils acceptent quelquefois de prendre la surveillance du travail, on a tout bénéfice à s'adresser à eux le cas échéant.

Entretien des clôtures. A qui doit-il incomber selon le mode de clôture ? — La création et l'entretien des haies et clôtures est une source de dépenses qui, dans les pays d'herbage surtout, mérite d'être spécialement considérée. Les usages locaux doivent déterminer dans une certaine mesure quelle part en revient au fermier et quelle part au propriétaire foncier ; toutefois, pour éviter toute discussion, il est sage de bien spécifier dans les baux ou dans une annexe au bail les charges qui incomberont à chacun. Pour moi, ces charges devraient être variables avec le mode de clôture ; il me semblerait juste que la valeur donnée à la propriété par les clôtures existantes au moment de l'entrée en ferme soit l'un des éléments d'après lesquels serait fixé le loyer annuel à l'hectare. Ce principe admis, le propriétaire aurait l'entretien de tous barrages en bois et fil de fer, seuls restant au compte du fermier les détériorations ou bris provenant de son chef ou du fait de ses animaux, sous réserve du cas de l'état de pourriture manifeste des poteaux. Pour les haies vives, il en serait autrement. Puisqu'elles peuvent donner un produit dont bénéficie le fermier, il est juste que ce soit lui qui les soigne ou qu'il abandonne le produit au bailleur. Lorsqu'il s'agit des talus plantés qu'on observe encore dans mainte région de France, le preneur pourrait être tenté d'exploiter le bois trop à blanc, le bailleur s'attacherait au contraire davantage à le conserver, et il est bon qu'il ait ce frein à sa disposition pour l'avantage même du fermier : s'il est, en effet, bien des circonstances où il faut supprimer les obstacles qui séparent les pièces d'un même domaine, souvent aussi ces obstacles ont leur raison d'être. Les rideaux boisés constituent une excellente protection contre certains vents nuisibles par leur violence ou leur direction, et nous ne devons pas oublier que les arbres abritent les petits oiseaux dont le concours est si précieux pour la destruction des insectes. On regrette aujourd'hui amèrement d'avoir négligé cette considération dont l'importance apparaît trop tard à certains agriculteurs de nos départements du Nord.

Un autre avantage des haies vives est qu'elles empêchent les animaux des différents compartiments de l'herbage de se voir les uns les autres, ce qui n'est pas indifférent au point de vue de leur tranquillité et, par suite, de leur engraissement. Lorsque ce genre de haies n'a pas sa raison d'être ou qu'on n'a pas devant soi le temps nécessaire pour les créer, on a recours aux clôtures en fils de fer posés sur poteaux ; un fermier qui demande à son propriétaire d'augmenter ainsi l'étendue de ses enclos devrait participer à la dépense dans des proportions à débattre, car il y a plus-value sur l'état initial du domaine. Aux poteaux en bois, chêne ou châtaignier écorcés, fendus suivant le fil du bois ou formés de troncs entiers, on préfère de plus en plus les pieux en ciment armé.

Un de leurs meilleurs constructeurs est la maison Fréret frères à Pîtres (Eure). MM. Fréret sont les créateurs de ces poteaux et chaque année ils s'appliquent à les rendre plus pratiques, notamment par la façon dont les fils sont reliés aux pieux; ils envoient des poseurs dans presque tous les départements de France et se chargent de l'établissement complet de clôtures moyennant un forfait calculé au mètre courant suivant le modèle adopté, l'espacement des poteaux, le nombre des fils. Notons, au sujet de ceux-ci, que les fils unis doivent être préférés aux fils ronce, sauf le cas où l'on veut instituer une véritable clôture défensive. Pour le bétail, non seulement les fils unis se recommandent, mais il est bon que le fil supérieur soit remplacé par un feuillard facilement vu des animaux afin que ceux-ci ne se lancent pas à toute allure contre les barrages ; on imagine assez aisément qu'au niveau du feuillard on puisse tendre un fil ronce extérieurement aux herbages, ce fil ronce suffit pour gêner l'escalade des clôtures grillagées.

Réparations et entretien des toitures et des bâtiments ruraux. — Le chapitre des améliorations et frais d'entretien que je suis en train de traiter doit encore comprendre les réparations de toutes sortes à faire annuellement aux bâtiments d'exploitation; comme je l'ai déjà sigalé, il importe de distinguer soigneusement les réparations locatives de celles qui intéressent le propriétaire. Celui-ci devant tenir son fermier clos et couvert, l'entretien des couvertures lui incombe et la dérogation à cette règle, que j'ai vu faire pour les toitures en chaume, ne saurait être qu'une source de difficultés qu'il faudrait éviter par la fourniture au bailleur par le preneur d'un poids déterminé de paille. Cette remarque faite, le propriétaire qui exploite lui-même a besoin d'introduire dans le calcul des frais de gestion du domaine agricole ce que lui coûtent annuellement les réparations aux toitures. Il résout parfois la question d'une façon très rigoureuse en traitant de gré à gré avec un entrepreneur moyennant un forfait ou abonnement. Excellente au point de vue de la comptabilité, cette manière de faire n'est pas, je crois, d'une bonne administration pratique. Les causes de détérioration des couvertures sont trop diverses pour qu'on puisse prévoir avec assez de certitude leurs effets moyens, et le propriétaire, aussi bien que l'entrepreneur, court le risque de se tromper grossièrement. Mieux vaut faire chaque année le travail nécessaire en payant, s'il le faut, une grosse note qu'en pourra suivre une autre insigniflante.

Quant aux autres réparations, il faut y apporter le même soin qu'à celles que nécessitent les couvertures ; il est très opportun de les exécuter sans retard, aussitôt qu'elles ont frappé l'œil du maître, toujours en éveil s'il veut faire de bonne besogne. Un joint fait à temps peut arrêter une importante dégradation, voire même la chuté d'un pan de mur. Je recommande au locataire, à qui ce soin est généralement laissé dans les baux, de veiller aux joints extérieurs et intérieurs des murs ·qu'il doit tenir en bon état jusqu'à un mètre de hauteur. Il agira sagement en les passant en revue au moins une fois l'an, à l'époque où les bœufs de travail, les animaux de rente et quelquefois aussi les jeunes chevaux de travail sont à l'herbage, pendant la période d'accalmie qui s'étend entre la fenaison et la moisson ou entre les derniers semis de betteraves et la fenaison. L'une ou l'autre époque est éminement favorable à l'exécution du travail en question, car à ce moment de l'année les mortiers sèchent très bien. Les rejointoiements ne s'arrêteront d'ailleurs pas au niveau du sol : en les descendant de quelques centimètres sur les fondations, on assurera une bien meilleure conservation de l'ensemble de l'immeuble et finalement la dépense à faire se trouvera réduite.

Des considérations de même ordre s'appliquent aux aires de grange et aux sols des étables et écuries ; le bon entretien de ces sols, en assurant l'écoulement régulier des purins, a un double avantage : les animaux qui reposent sur eux sont hygiéniquement beaucoup mieux ; ensuite, les eaux étant promptement évacuées, le dégagement de vapeurs ammoniacales est moindre et par suite l'imprégnation des plafonds est moindre aussi. Dans ces conditions, les plafonds pourrissent moins et le fourrage des greniers garde toute sa qualité. Faut-il ajouter que, sur des planchers en bon état, les chevaux ne faussent pas leurs aplombs? D'un autre côté, le goudronnage ou la peinture des boiseries extérieures, l'entretien des ferrures au minium ne sont pas simples fantaisies de luxe. Beaucoup de ces travaux peuvent être donnés à tâche, suivant des barèmes établis par les chambres syndicales de la région. Sauf dans certains villages écartés, le prix de l'heure pour les différents corps de métiers est le résultat d'une entente générale entre ouvriers et patrons. Les premiers ont très souvent conquis leurs prix actuels à la suite de grèves, et, comme il faut que les patrons amortissent l'usure des outils qu'ils mettent entre les mains de leurs employés, qu'ils se couvrent des frais d'assurance contre les accidents du travail et qu'ils aient encore leur bénéfice personnel, il y a peu de place pour discuter les prix finalement demandés. Le prix des matières premières, soumises à des cours très variables, demande au contraire a être suivi de très près, car si pour lui des majorations doivent parfois être consenties, on peut obtenir aussi, en d'autres circonstances, de justes réductions. Je signale en terminant que l'emploi en campagne des ouvriers de ville entraîne la dépense journalière de frais de déplacement, qui, souvent, ne sont pas moindres de 2 francs par homme et par jour, sans parler des frais de voyage aller et retour, et d'un voyage au moins mensuel auprès de leurs familles; il n'est donc pas inutile de s'assurer que l'ouvrier de la ville compense par un surcroît d'habileté ce surcroît de dépense, et il est non moins bon d'apprécier le rendement fourni pour tâcher qu'il reste dans des limites équitables pour toutes les parties intéressées. Je me souviens encore du cours que nous faisait sur ces questions, à l'Institut agronomique, le regretté M. Grandvoinnet : on sentait qu'il vivait son sujet, et son livre sur les *Constructions rurales* sera très utilement consulté par les praticiens, en appliquant aux différents travaux les prix de séries actuels publiés par les chambres de commerce. Plus récemment M. Danguy a traité cette même question dans l'Encyclopédie Agricole.

CHAPITRE VI

LES BATIMENTS AGRICOLES

La maison d'habitation. — Les logements ouvriers. — Les écuries, bouveries, vacheries, bergeries et porcheries. Aération, sol, aménagement général. — Les greniers à fourrages. — Les meules, les granges et les hangars. — Les silos. — Les ateliers de préparation des aliments du bétail. — La chambre à machines et les abris pour instruments. — Les celliers. — La laiterie. — Plan d'ensemble d'un corps de ferme.

Considérations préliminaires. — La dépense à engager pour la construction d'un corps de ferme intéresse la gestion du domaine agricole, puisqu'elle constitue éventuellement un élément important du capital nécessaire pour entreprendre l'exploitation d'une ferme où il y aurait à remplacer par exemple des locaux incommodes et hors d'usage par d'autres plus pratiques. Il ne me semble pas toutefois que j'aie, dans cet ouvrage, à faire un cours de génie rural et, s'il me fallait simplement chiffrer la dépense à laquelle je viens de faire allusion, j'aurais à envisager un nombre de cas tellement considérable que je croirais plus avantageux et pratique de donner le conseil de s'adresser à un architecte expert en la matière en lui demandant un devis. Cet architecte donnera d'utiles indications, car seul il est en état d'apprécier la nature des matériaux dont on peut le plus économiquement disposer, l'importance des charrois nécessaires pour les amener à pied d'œuvre, le cube des déblais ou remblais à faire pour établir les fondations, etc.; mais, s'il a toute compétence pour présenter ainsi un devis sincère, il se peut que, sur certains points, il ait besoin d'être éclairé par les praticiens afin que les bâtiments qui lui sont commandés soient bien construits, non seulement sous le rapport de la charpente et de la maçonnerie, mais aussi sous le rapport du but auquel ils sont destinés. Sur ces points je voudrais, dans le présent chapitre, m'arrêter quelques instants.

Remarques intéressant la maison d'habitation. Le bureau, la cuisine et le réfectoire ; la cave ou garde-manger. — Si je considère d'abord la demeure du chef de l'entreprise, je remarque que, dans un domaine un peu important, elle doit présenter certaines dispositions qui, lorsque la chose est possible, ne doivent pas être négligées. Le rez-de-chaussée doit en être aménagé de façon à comprendre un bureau pour le contremaître où se fera la paie de quinzaine et où se discuteront les questions d'affaires avec les clients. Ce bureau doit avoir un accès indépendant pour que clients et employés ne soient pas obligés, pour y pénétrer, de franchir le seuil des appartement particuliers. Indépendant, son accès sera néanmoins contrôlé par la femme de charge ou toute autre personne que ses fonctions appellent à ne guère quitter la maison ; par elle seront introduits les visiteurs, et il ne sera pas mauvais qu'en attendant le maître ils puissent stationner dans une sorte de vestibule d'entrée. Si une telle salle n'existe pas, le bureau sera toujours soigneusement rangé, de façon que tous les documents un peu sérieux soient sous clef. Le coffre-fort, d'ailleurs, ne s'y trouvera pas ; ce meuble, lorsque l'importance des mouvements de fonds le comporte, sera placé dans un endroit central de la maison, d'accès peu facile pour un étranger : un placard de la chambre à coucher, par exemple.

Tout aussi importante que l'organisation du bureau est celle de la cuisine, de la salle à manger et du réfectoire des ouvriers. La table commune où s'assoient maîtres et domestiques a ses avantages : elle établit plus de lien entre celui qui commande et ceux qui doivent obéir, et, les uns et l'autre se connaissant mieux, il peut en résulter un effet moral justement apprécié. Il faut malheureusement reconnaître que, de nos jours, cette vie commune devient de plus en plus difficile, en raison de la défiance que les employés montrent à l'endroit de leur patron ; d'ailleurs la présence des enfants, les différences d'éducation constitueraient souvent une gêne pesante à la fois pour les deux parties ; le réfectoire et la salle à manger seront donc distincts, mais, en construisant la maison, ils les faudra disposer de manière qu'ils soient l'un et l'autre de facile accès pour la cuisinière chargée du service plus ou moins direct.

des deux pièces; si celles-ci peuvent, d'autre part, communiquer ensemble, il y aura tout avantage : la porte de communication, garnie au besoin d'une portière en étoffe, permettrait ces relations auxquelles j'attribuais à l'instant une réelle utilité.

Lorsque l'exploitation est très grande, le soin des employés à demeure est confié à une personne spéciale ; leur réfectoire est complètement séparé de l'habitation et situé en dehors d'elle, à côté d'une grande salle où les ouvriers mouillés ont la possibilité de venir se sécher ou changer de vêtements. J'attire l'attention sur ce home où les ouvriers célibataires trouveront de quoi écrire et quelques bons livres : son influence morale peut être énorme et j'y reviendrai.

Le reste de l'habitation patronale n'a pas à m'arrêter, le nombre de chambres y est fonction de l'étendue de la famille et des parents qu'on désire pouvoir recevoir, toutes choses qui n'ont rien à voir avec l'administration du domaine. Je noterai toutefois l'importance d'une très bonne cave, au besoin voûtée, de façon à être assez fraîche pour permettre la conservation de la viande quelques jours, même en été, là où la ferme étant éloignée du bourg ne reçoit la visite du boucher ou ne peut s'alimenter en viande qu'une ou deux fois par semaine. Même si, avec les perfectionnements constants subis par les moyens de transports et les livraisons à domicile, cette raison d'être de la cave venait à s'atténuer, sa présence se justifierait encore par la salubrité qu'elle donne à toute la maison. Si mon expérience ne me trompe pas, les rez-de-chaussée secs sont rares dans nos villages ; cela tient à ce qu'ils ne sont généralement pas assez surélevés ; l'usage étant dans certains pays d'enterrer pour ainsi dire les maisons afin d'y avoir plus chaud l'hiver ; cela tient aussi à ce que l'on ne se préoccupe pas toujours assez du genre de terrain sur lequel on construit et que l'on néglige de l'assainir par un bon drainage même lorsqu'on établit les planchers sur muretins avec circulation d'air, ou les dallages sur épaisse couche de silex cassés.

A défaut d'une cave souterraine, il faut au moins un bon cellier, et, pour un garde-manger, les bâtiments en bauge couverts en chaume, plafonnés en terre sous le chaume et exposés au nord se recommandent particulièrement. Ils restent frais l'été et, l'hiver, il n'y gèle pas, surtout si, lors des froids rigou-reux, on défend les ouvertures avec quelques bottes de paille.

Les logements ouvriers, leur utilité, leur aménage-ment ; facilités actuelles pour les construire, coût de leur construction. — Avec les logements ouvriers, je rentre dans le vif de mon sujet ; ceux-ci devraient exister autour de toute exploitation agricole bien comprise, et les propriétaires philanthropes ou simplement avisés se rendraient à eux-mêmes et rendraient à leurs fermiers un très réel service en en cons-truisant partout où il n'y en a pas encore : l'œuvre sociale qu'ils accompliraient ainsi leur ferait le plus grand honneur, et contribuerait à retenir le paysan à la campagne d'abord, au foyer ensuite, qu'il quitte trop souvent, l'un pour le cabaret, l'autre pour la ville. La tâche est aujourd'hui facilitée par l'ins-titution des prêts à longs termes, dont le but est précisément de permettre à l'ouvrier laborieux de devenir propriétaire de la maison qu'il habite, et par la reconnaissance légale du bien de famille insaisissable qui conserve au travailleur le home acquis par un effort méritoire dont il convient de se souvenir aux heures difficiles qu'il peut traverser. Ces deux lois aidant, il ne reste au propriétaire qui ne se soucie pas de construire lui-même qu'à céder à bon compte au paysan le terrain dont il a besoin pour abriter sa famille et établir un jardin avec un petit champ de pommes de terre. Le sacrifice que le bailleur aura consenti lui sera payé au centuple par les liens qui s'éta-bliront entre lui et son employé : il aura pratiqué de vrai et bon socialisme.

Il va sans dire que, si l'on veut entrer dans cette voie, il n'y faut pas entrer à moitié en choisissant, pour le vendre ou pour y construire soi-même, un point du domaine tellement déplai-sant que personne ne se sente attiré à y vivre. Le groupe des logements ouvriers doit pouvoir être facilement desservi par les fournisseurs qui portent à la campagne le pain et la viande ; abrité des mauvais vents au besoin par une plantation d'arbres créée à cet effet, il sera de plus pourvu d'eau propre aux besoins ménagers au moyen de puits et de citernes ; enfin le groupe, à proximité de l'exploitation où le chef de famille a son emploi, ne devra pas être trop compact ; j'entends par là qu'il est désirable de ne pas associer plus de deux maisons : c'est le meilleur moyen d'assurer à chacun son indépendance et d'éviter des difficultés provenant d'un voisinage trop complet. Je parle d'associer deux maisons parce qu'elles peuvent s'appuyer l'une sur l'autre, ce qui épargne la construction d'un gros mur : un mur léger séparant les deux jardinets remédie à l'inconvénient de cette disposition et peut être utilisé par les deux voisins pour recevoir des espaliers.

Les maisons ouvrières agricoles sont en général de deux types : toutes en rez-de-chaussée surmontées d'un simple grenier, ou bien avec un étage. Les maisons à étage, sont peut-être un peu moins coûteuses que les autres, étant ramassées sous des toits de dimensions beaucoup moindres, mais les ménagères les aiment d'ordinaire moins que celles en rez-de-chaussée où elles n'ont pas à monter. J'ai dit les précautions à prendre pour assurer la salubrité intérieure. Les règlements actuels fixent l'épaisseur à donner aux murs suivant les matériaux employés, et le cube d'air (14 mètres cubes) à réserver à chaque individu. L'air et la lumière doivent entrer largement, sans cependant être un obstacle au chauffage pendant l'hiver. Pour une famille où les enfants seraient nombreux, quatre pièces, salle commune, chambre des parents, dortoir des garçons et dortoir des filles seraient nécessaires ; 4 mètres sur 5 sont de bonnes dimensions pour la salle commune ; les autres pièces devraient avoir 4 mètres sur 4, ou au minimum 3 mètres sur 4 mètres ; on pourrait à la rigueur en réduire une aux dimension d'une alcôve ouvrant la nuit sur la salle commune, mais ce serait un pis-aller. L'habitation proprement dite se complète par un grenier, un bûcher pouvant servir de cellier et un toit pour un porc ou une chèvre. Deux ou trois ares de jardin donnent déjà un très bon produit ; s'il s'y ajoute un petit champ, on cultive des pommes de terre pour la provision d'hiver et du fourrage pour la chèvre et les lapins. Cinq ou six poules paient les soins dont elles sont l'objet.

Une question soulevée par la construction de ces petits logements est celle des lieux d'aisances. Si les règlements étaient suivis à la lettre ils devraient être tellement éloignés des habitations qu'autant vaudrait les avoir en plein champ. Pratiquement, à condition de se tenir écarté des ruisseaux d'eau courante et des puits, je crois que, sans nuire à l'hygiène, on peut se contenter d'une guérite en bois à l'intérieur de laquelle est un siège surmontant un seau étanche à anse et poignée. La poignée sert à tirer le seau de dessous le siège, l'anse à le transporter au tas de fumier où l'on enfouit aussitôt le contenu. Les pailles et détritus absorbent tous les produits, il n'y a même pas d'odeur appréciable et l'on ne retrouve rien de répugnant lors de l'épandage dans le jardin. On pourrait installer la cabane au-dessus même du fumier, mais le mélange serait moins intime, à moins d'une attention quotidienne difficile à obtenir de gens occupés.

Dans les grandes fermes, ce point délicat des lieux d'aisances est tranché par l'envoi direct ou indirect (après séjour en caisse étanche à l'abri de l'air), des matières dans la fosse à purin où elles se dissolvent dans la masse du liquide et perdent toute odeur nauséabonde.

J'ai eu occasion de demander à un entrepreneur de Rouen, M. Doré, le dessin d'un logement ouvrier pouvant servir au magasinier ou au premier charretier ; voici le plan et le croquis qu'il a dressés d'après mes indications. Le coût, clefs en mains, serait de 4.900 francs ; on voit que le projet comporte une cave sous terre, peut-être pourrait-on, plus économiquement, la remplacer par un cellier extérieur en bauge ; d'autre part, il y aurait, d'après M. Hitier, des habitations qui coûteraient beaucoup moins cher que celle-ci, où l'on a déjà cherché un certain effet décoratif flatteur pour l'œil, tels sont les logements ouvriers de la ferme de la Trousse, près Lizy-sur-Ourq.

Les logements des animaux : écuries, bouveries, vacheries, bergeries et porcheries. Aération. — Si de l'habitation humaine nous passons aux logements des animaux, le souci de l'hygiène devra nous guider aussi bien dans l'aménagement de locaux préexistants que dans celui de locaux neufs ; c'est-à-dire que nous devrons assurer dans tous ces bâtiments un renouvellement de l'air suffisant pour entraîner, avant qu'elles aient pu devenir nuisibles par leur abondance, les vapeurs ammoniacales dégagées des purins et fumiers. L'air ainsi

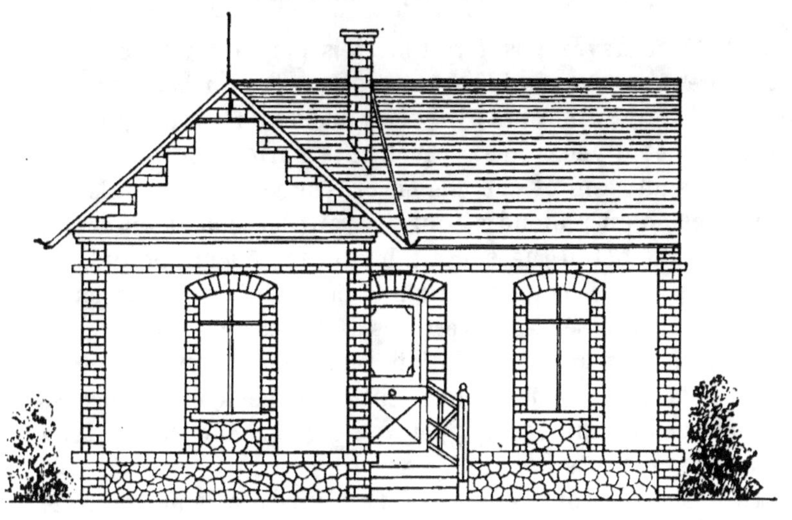

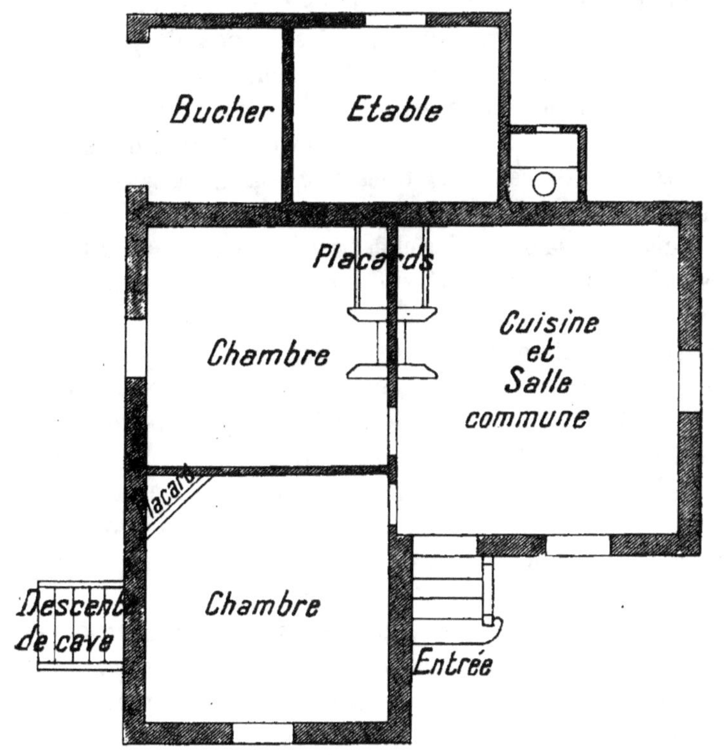

Logement ouvrier.

21.

renouvelé ne devra pas être toutefois pour les animaux une source de gêne en refroidissant trop leur habitation ou en les plaçant dans des courants d'air susceptibles de leur occasionner des maladies d'yeux ou des accidents parfois mortels. Nous arriverons au résultat cherché en provoquant une ventilation toute voisine du plafond et qui, passant largement au-dessus des têtes du bétail, ne saurait lui porter aucun préjudice : l'hiver, on modère cette aération en bouchant avec de la paille plus ou moins tassée les ouvertures exposées au nord ; on peut aussi provoquer une ventilation plus douce, tout en étant encore plus efficace que la précédente, en ménageant dans les plafonds des cheminées d'appel, qui débouchent sur les toits en traversant toute la hauteur des greniers.

Les fenêtres seront munies de persiennes, à lames mobiles ou non, donnant libre accès à l'air mais permettant de s'opposer à l'entrée des rayons solaires ; il sera bon de pouvoir y tendre de fins grillages ou des toiles lâches qui empêcheront l'arrivée des mouches ; enfin les châssis vitrés eux-mêmes s'ouvriront à l'intérieur en pivotant à charnières autour de leur base horizontale ; de cette façon les animaux ne recevront pas de courant d'air direct et ne seront pas exposés à être mouillés par les fouettis de la pluie. Ces châssis vitrés semblent d'ailleurs inutiles dans les bergeries où suffisent les persiennes à lames mobiles ou un grillage ménagé dans l'exécution même de la construction en laissant des vides entre les briques.

Les bergeries, s'aérant également sur les deux faces des bâtiments dont elles occupent toute la largeur, peuvent fort bien être placées sur les côtés nord des cours ; au contraire, écuries et vacheries seront plus confortablement aménagées pour leurs hôtes si le soleil n'y donne que jusque vers dix ou onze heures du matin, pour y rentrer un peu vers la fin de l'après-midi par les ouvertures opposées aux façades.

Greniers au-dessus des logements des animaux. — Très généralement, les logements des animaux sont surmontés de greniers : cette pratique se recommande d'autant plus qu'on abandonne davantage les couvertures en chaume qui tenaient chaud l'hiver et frais l'été. Je ferai cependant une exception pour les bergeries où on laisse s'accumuler le fumier enlevé à intervalles plus ou moins espacés suivant la saison et le régime des moutons : le nombre de ceux-ci et la masse du fumier justifient, dans les constructions neuves, des locaux où le cube d'air s'étend sans obstacle du sol au comble des toits. Pour les porcheries, au contraire, là où le peu de largeur des bâtiments qui leur est destiné ne permet pas l'aménagement d'un grenier, il est fort utile d'avoir au-dessus des loges un plafond en terre. La fraîcheur est, en effet, une condition indispensable au bien-être des porcs, et, afin de s'en assurer plus sûrement le bénéfice, peut-être serait-il bon de faire déborder le toit du côté du grand soleil. Les porcheries sont simples ou doubles, dans ce cas avec couloir de service central : 2 × 2 mètres est une bonne grandeur pour les loges ; le couloir doit être assez large pour qu'on y puisse circuler facilement avec une brouette et les seaux contenant les aliments ou pour que l'on puisse amener un petit wagon sur rails. Au centre ou à une des extrémités du bâtiment doit se trouver une chambre pour la préparation de la nourriture des porcs. Chaque loge a autant que possible une courette extérieure particulière ; à défaut, il faut une cour générale, et je recommanderai une disposition dans laquelle l'ensemble des cours serait traversé, à sa partie la plus déclive, par un ruisseau ou une mare allongée et cimentée pour le bain des animaux. Parallèlement au bain, courrait une rigole pour l'enlèvement des urines afin que celles-ci ne polluent pas l'eau. J'ajoute que, vu les instincts particuliers des porcs, la construction des aires doit être très soignée : briques à champ ou pavage en gros pavés de grès réguliers, d'un lavage facile. Sur une portion de l'aire on dispose, à quelques centimètres de hauteur, un plancher mobile en planches non jointives ; sur ce plancher, où l'on mettra la paille propre, les porcs se coucheront et ils ne le saliront jamais. Enlever le fumier fréquemment et ne pas le placer dans les cours attenantes aux loges, le contraire est une erreur.

Lorsque des greniers s'étendent au-dessus des vacheries, écuries ou bouveries, toute communication entre les deux étages doit être sévèrement proscrite, afin que les odeurs provenant des logements du bétail ne viennent pas contaminer les fourrages placés au-dessus d'eux, et aussi pour que, en cas d'incendie, le fléau ait chance d'être circonscrit aux portions supérieures des bâtiments, ou tout au moins ne vienne en menacer le bas qu'après qu'on aura eu le temps de faire sortir les animaux. Souvent l'on obtient ce double résultat à l'aide d'une aire d'argile placée sur des palets en bois disposés côte à côte sur les solives ; les planchers en ciment armé ou ceux établis sur petites voûtes en briques reliant des solives en fer semblent préférables et doivent racheter par leur durée les frais plus élevés de leur construction : ici intervient l'architecte. A lui aussi appartient le choix d'une charpente qui ne gêne pas l'engrangement des récoltes. Il faut des baies fermées par volets pleins à coulisses en nombre suffisant pour ne pas exiger un personnel exagéré lors du tassage des bottes de fourrage : on y arrive assez facilement avec des fermes espacées de 4 à 5 mètres.

Point très important, peut-être trop souvent négligé : veiller à ce qu'au ras des planchers, au niveau de leur face supérieure, débouchent de petites prises d'air grillagées contre les souris et les oiseaux ; à ces prises d'air correspondront, au faîte même des toits, d'autres prises d'air dont on imagine aisément le dispositif pour qu'elles ne servent pas d'entrée au vent où à la pluie ; l'ensemble assure une circulation d'air à travers le foin, ainsi seront prévenus des échauffements parfois dangereux ; des ardoises en verre donneront un éclairement suffisant. Enfin, dans les greniers du genre de ceux qui nous occupent, dans toute ferme importante, il convient d'isoler, au moyen de cloisons en briques creuses un local en communication avec les écuries par un escalier intérieur.

Chambres à coucher des ouvriers célibataires ; logement du contre-maître. — Ce local comprendra deux parties : une chambre à coucher garnie de placards pour les gardiens, et une petite pièce où seront, s'il y a lieu, disposés sous clefs les appareils à distribution automatique de son et d'avoine. Le principal de ces logements pour employés célibataires pourra être complété par une petite infirmerie. Toutefois, pour la facilité du service de celle-ci, lorsque l'exploitant aura déjà dû prévoir un réfectoire et une chambre commune à l'usage spécial du personnel, l'infirmerie s'ajoutera plus avantageusement à l'ensemble de ces deux pièces; on pourra alors consacrer au tout un pavillon spécial qui comprendra le bûcher et la buanderie, et dont une aile indépendante pourra être affectée au logement du contre-maître. Il y a là une disposition à étudier avec d'autant plus d'attention que souvent la femme du chef de culture aura en mains la cuisine du personnel.

La position du pavillon qui vient de m'arrêter ne sera pas indifférente, il convient qu'il soit situé dans un voisinage relatif de la maison d'habitation pour que le chef puisse correspondre facilement avec son sous-ordre, et que celui-ci, en cas d'absence du patron, puisse exercer une certaine surveillance sur la maison laissée vide. D'autre part, de son logement, le contremaître doit pouvoir compléter la surveillance du cultivateur sur l'ensemble du corps de ferme. L'habileté d'un bon chef d'exploitation consistera à tirer parti de locaux préexistants pour y disposer des services dont l'importance est nécessairement liée à celle du domaine, au point que l'on conçoit assez aisément les transitions par lesquelles ils sont susceptibles de passer, depuis la simple chambre d'infirmerie réservée dans la demeure patronale. Quand la chambre des charretiers ou vachers n'est pas dans les greniers, elle doit occuper une portion des écuries elles-mêmes et, auprès d'elle, doit exister l'espace nécessaire pour avoir une petite sellerie, des placards pour outils et instruments de pansage, un emplacement pour les fourrages et pailles de la ration journalière. Les lits suspendus, parfois à deux places, ou superposés, doivent disparaître partout où ils existent encore.

Aire des logements du bétail : portes extérieures. — Je ne puis m'arrêter sur les aires de tous les logements des animaux; un fond de béton au ciment est partout recommandable; dans les bergeries, il suffira de le revêtir d'un corroi d'argile ; dans les écuries une garniture en briques de champ sera presque indispensable, au moins dans la partie sur laquelle reposent les chevaux et en arrière de laquelle règne le caniveau pour l'écoulement des urines. Je conseille d'avoir à ciel ouvert ce caniveau dont le fonctionnement est très intermittent sauf au moment du régime d'été aux fourrages verts. Les couvercles en fonte avec rainures, tels que ceux que l'on voit sur certains trottoirs au-dessus des conduits de descente d'eau, sont coûteux, et le pied ferré des chevaux est exposé à y glisser malgré les gaufrages de la fonte. Les glissades et les foulures qui peuvent en être la conséquence sont évitées en conservant les passages de service en béton un peu rugueux.

Dans les vacheries ou bouveries, comme les bovins n'usent pas le sol de leurs pieds de devant, la zone à garnir en briques sera limitée à la rigole à purin et à la portion de l'aire sur laquelle les urines sont émises. J'ai pàrlé des porcheries. MM. Zbinden frères, de Payerne (Suisse), ont créé un solage en dalles en terre cuite que fabriquent en France les tuileries de Pins près Morteau (Doubs). Toutes les portes extérieures, quel que soit l'usage fait des bâtiments ruraux, s'ouvriront en dehors. On recommande celles qui glissent sur galets supérieurs et sont maintenues en bas par une sorte de rail creux. J'en suis modérément partisan, parce que le rail est souvent engorgé, ou bien les animaux y butent en entrant ou en sortant. Je préfère les portes pleines à gonds et pantures disposées de façon à se rabattre entièrement contre les murs où on les maintient fixées à l'aide de taquets. Ces portes peuvent se faire en deux parties, et la portion supérieure restant ouverte pendant les temps chauds augmente l'entrée de l'air ; elles ont un léger inconvénient auquel on peut jusqu'à un certain point remédier par la disposition des ferrures : sous l'action de leurs poids, elles ont tendance à tomber en avant, d'où frottements gênants et usure des parties frottantes. Leurs avantages doivent faire passer par-dessus cet écueil ; des battants se déployant à l'intérieur des bâtiments sont exposés à être accrochés lorsqu'on enlève le fumier, et, en voulant sortir, les animaux trop pressés peuvent en condamner l'ouverture, fait extrêmement dangereux en cas d'incendie. Les dimensions des portes d'écuries doivent être calculées pour qu'un cheval harnaché puisse facilement les franchir.

Dispositions particulières aux bergeries. — Dans les bergeries, en plus des portes affectées aux moutons, il convient d'avoir deux larges baies se faisant face de manière à permettre la libre circulation des tombereaux qui servent à l'enlèvement du fumier ; une seule suffit si le bâtiment est assez large pour que les tombereaux y puissent tourner. Pour faciliter cette manœuvre, tous les râteliers seront mobiles. Je conseille le modèle double en fer et bois, présentant une mangeoire sur chaque long côté ; c'est, à mon avis, le plus pratique pour la distribution de la nourriture et le nettoyage. Les râteliers et mangeoires tenant au mur s'enfouissent dans le fumier, ou bien il faut un système à contrepoids pour les soulever à mesure que le fumier s'accumule : c'est un mécanisme délicat d'un entretien coûteux. Dans certaines bergeries, qu'il faut alors curer presque journellement comme les vacheries, les auges en fonte sont fixes et parallèles les unes aux autres, avec un écartement suffisant pour que deux rangs de moutons puissent s'y attabler dos à dos ; un tablier sur galets glisse sur les bords des auges formant rails, il porte les paniers à provende ou un châssis surélevé débordant les mangeoires sur lequel on charge le fumier. Une telle disposition peut avoir ses avantages ; personnellement je lui en préfère une qui, moins dispendieuse, permet de modifier le nombre ou l'étendue des différents compartiments de la bergerie suivant les besoins du moment.

Mangeoires des bovidés, râteliers des chevaux. — Dans les vacheries et bouveries, les animaux mangeant la tête baissée les râteliers n'ont pas de raison d'être, les mangeoires se réduisent à des auges demi-cylindriques, en fonte ou ciment armé, d'un diamètre de $0^m,55$ ou préférablement $0^m,60$. Ces auges se nettoient très facilement au balai de bouleau, et il ne faut pas négliger de le faire au moins journellement, sinon après chaque repas ; en munissant le fond d'une bonde à clapet, on peut les laver, ou même s'en servir comme d'abreuvoir avant de distribuer la provende. Dans les écuries, la conformation des animaux, le temps assez court qui leur est accordé pour prendre deux de leurs repas sur trois, la diversité des aliments qui leur sont servis, sont autant de motifs pour justifier le maintien des râteliers, mais ceux-ci, au lieu d'être inclinés au-dessus de la tête des animaux, de manière que les poussières de foin leur tombent dans les yeux, doivent présenter leurs barreaux verticalement, le fond en bois est incliné d'arrière en avant, de façon à faciliter le glissement des fourrages et à diriger dans l'auge tous les menus débris, on est ainsi conduit à donner à l'ensemble du bâtiment un supplément de largeur, mais l'avantage obtenu mérite l'excédent de dépense qui en résulte.

Dimensions nécessaires aux logements des animaux, aménagements intérieurs. — J'arrive aux dimensions à donner aux logements du bétail : la hauteur ne sera pas moindre de $2^m,50$ pour les bovins et de $2^m,75$ à 3 mètres pour les chevaux. Pour les chevaux, il faut compter : crèche et râtelier $0^m,60$ à $0^m,65$, lit du cheval $2^m,40$ à $2^m,45$ en long et $1^m,50$ à $1^m,70$ en large. On gagne sur la largeur lorsque les animaux, au lieu d'être dans des stalles fixes, sont simplement séparés par des bat-flancs mobiles. Les dimensions ci-dessus n'impliquent ni l'espace nécessaire pour circuler derrière les chevaux, ni celui qu'il faut réserver aux harnais. Je vais y revenir. Dans les écuries de ferme, une bonne disposition, selon moi, consiste à placer les chevaux sur un seul rang ; chaque attelée, conduite et soignée par un même charretier (trois ou quatre chevaux selon les régions), est séparée de la voisine par une cloison pleine de $1^m,70$ à 2 mètres en avant et de hauteur moindre du côté des croupes ; entre les chevaux de la même attelée, sont de simples bat-flancs avec sauterelles faciles à ouvrir pour déprendre une jambe mal prise ; une double chaîne, glissant librement sur tringles en fer placées devant la mangeoire et fuyant légèrement sous celle-ci, maintient chaque animal en face de sa place : un mousqueton détaché du licol et le cheval est en liberté.

Comme les animaux sont dehors une bonne partie du temps pour le travail et qu'à supposer même que l'organisation générales des services ne comporte pas la présence d'un homme de cour chargé de nettoyer mangeoires et râteliers et d'y placer les rations de fourrage pendant que l'écurie est vide, les charretiers sont obligés d'approcher de la tête de leurs chevaux et de passer entre eux pour les atteler ou dételer, pour les panser, etc., la présence d'un couloir de service en arrière des râteliers est inutile ; un couloir de ce genre suffit derrière les chevaux, sa largeur sera de $1^m,35$ à $1^m,40$ et il faudra encore compter $0^m,60$ pour les porte-colliers et harnais ; en additionnant ces dimensions, nous trouvons pour la largeur dans œuvre d'une écurie de ferme, 5 mètres à 5^m,20. Nous pourrions réduire à 4^m,50 en suspendant les harnais extérieurement, sous un petit auvent où ils seraient protégés de la pluie et du soleil. La suspension extérieure permet aux cuirs de mieux s'aérer et sécher lorsqu'ils ont été mouillés par la pluie ou la sueur ; elle a l'inconvénient de donner un peu plus de mal aux charretiers, de perdre un peu de temps et surtout d'exposer les harnachements à être abîmés par les voitures lorsqu'on vient engranger les fourrages au-dessus des écuries. Les écuries doubles dos à dos ont leur place dans les exploitations où l'on veut mettre des chevaux en valeur pour la vente ; ailleurs elles sont à laisser de côté, leur passage central prend trop de place, et, comme il n'y a plus de cloisons pour accrocher les harnais, une sellerie est nécessaire. ·Éventuellement — toujours dans une ferme — la disposition des chevaux tête à tête serait préférable, rien n'empêcherait la libre circulation de l'air dans toute l'écurie en limitant à 2^m,50 la hauteur du refend de séparation entre les râteliers, et nous retrouverions deux murs pour porte-harnais.

Il n'y a pas plus de motifs d'avoir un couloir d'alimentation en tête des animaux dans les bouveries que dans les écuries ; et comme les bœufs sont plus paisibles que les chevaux et surtout n'envoient pas leurs ruades aussi loin, nous avons tout intérêt, pour gagner de la place, à les ranger dos à dos. Les jougs s'accrochent facilement au-dessus des mangeoires, où on les place tout naturellement, les courroies aussitôt déliées de la tête des animaux. Souvent l'attelée de bœufs est de six bêtes, quatre travaillent, les deux autres se reposent, sauf pour les gros labours où toute l'attelée donne ensemble ; dans ces conditions, une bonne disposition consiste à placer les bêtes attelée par attelée suivant le sens transversal du bâtiment qui comprend ainsi une série de petites bouveries contiguës l'un à l'autre et communiquant même par-dessus les murs de refend que rien n'oblige à faire monter jusqu'au plafond. Chaque petite bouverie a sa porte spéciale assez large pour qu'une paire de bœufs entre ou sorte jouguée ; la largeur de la porte dicte celle du passage central, et de chaque côté du passage il faut compter environ 3 mètres, largeur de l'auge comprise ; un bœuf se contente d'un courant de mangeoire de 1^m,30 à 1^m,35, de sorte que, pour six bœufs côte à côte, 8 mètres sont suffisants, d'autant plus qu'avec le système des doubles attaches toute cloison séparative entre les animaux est inutile. Pour les vacheries et pour les bouveries spéciales d'engraissement, en raison du nombre des animaux et de la multiplicité des repas, le couloir d'alimentation, que je juge superflu dans les logements des animaux de travail, devient, au contraire, fort avantageux quand la disposition des locaux se prête à son aménagement. Dans ce cas, les vaches sont tête à tête sur deux files ; le couloir central, de 1^m,60 de large, est flanqué des deux auges semi-circulaires de 0^m,60 ci 1^m,20, le lit des vaches a 2^m,40 ci 4^m,80, et en arrière des animaux règne un passage de 1^m,45 pour l'enlèvement des fumiers, ci 2^m,90, d'où une largeur totale dans œuvre de 10^m,50, la longueur étant celle du bâtiment. Chaque couloir présente une porte à ses deux extrémités et est sillonné par une double ligne de rails sur lesquels circulent des wagonnets de formes adaptées aux différents transports qu'ils ont à exécuter. Il faut réserver au minimum un mètre de courant de mangeoire à chaque vache, toutes les 12 ou 15 vaches un couloir transversal est presque indispensable, en face duquel sera sur chaque façade de l'étable une porte de sortie pour les animaux ; ce serait une erreur grave de se contenter des portes des pignons au cas où une rapide évacuation serait nécessaire. Celle-ci doit être prévue et, pour la faciliter, divers systèmes, mettant d'un seul coup, par un mouvement de levier, tous les animaux d'une étable en liberté, ont été imaginés. Les vacheries doubles tête à tête ne sont d'ailleurs pas seules appréciées, celles où les animaux sont dos à dos ont aussi leurs partisans ; d'autres agriculteurs préconisent le système des petites vacheries analogues aux bouveries que j'ai décrites plus haut. Ils disent avec raison qu'il y est plus facile d'isoler un animal suspect et d'enrayer certaines maladies contagieuses, telles que l'avortement épizootique.

L'eau à l'étable. — Quelle que soit la disposition adoptée, l'alimentation en eau doit tenir une place importante dans l'aménagement d'une vacherie. Il est aujourd'hui démontré que, pour donner du lait, les vaches ont besoin de boire et de compenser par là ce que l'alimentation d'hiver peut avoir de trop sec. Or, quand l'eau est glacée, les animaux n'en veulent pas, ou, s'ils en absorbent, non seulement elle n'entre pas dans la sécrétion lactée, mais encore elle contrarie cette sécrétion par suite de son mauvais effet sur l'ensemble de l'organisme. Il est donc très important que les vaches, en particulier, puissent boire à discrétion de l'eau à la température de leur étable ; pour cela la présence d'un bac contenant la ration journalière doit être prévue à l'endroit le plus commode de l'étable elle-même, afin que l'eau ait le temps de s'y échauffer. Du bac l'eau est envoyée deux fois par jour dans les auges où elle est prise par les vaches. Cette utilisation des auges exige leur parfait nettoyage avant l'amenée de l'eau ; je la crois cependant beaucoup plus pratique que le système qui consiste à avoir une auge à eau parallèle à la mangeoire et de diamètre plus petit ; si on ne veut pas utiliser la mangeoire comme abreuvoir, il faut avoir recours à de petits abreuvoirs s'emplissant automatiquement et disposés en avant de l'auge à raison d'un pour deux animaux. Une telle installation est coûteuse, mais en Allemagne, notamment, on n'hésite pas à en faire la dépense.

Les remises pour instruments agricoles. — Après les logements des animaux, les logements du matériel agricole et des récoltes. Même en ayant soin de les tenir toujours fraîchement peints, les instruments de plus en plus délicats du matériel agricole moderne ne supportent pas sans inconvénient de rester exposés aux intempéries ; c'est faire œuvre d'économie que de leur construire des abris dans les fermes où ils n'en possèdent pas déjà. Ces abris peuvent être très simples puisque, à la rigueur, un toit sur poteaux serait suffisant ; toutefois, il n'est pas mauvais de clore de tels hangars sur deux de leurs faces, du côté des vents de pluie principalement. Il faut en calculer les dimensions pour que les voitures et chariots, même chargés, puissent au besoin prendre place sous une partie d'entre eux ; ceci suppose un écartement suffisant des fermes de charpente et des dimensions de bâtiments en rapport avec celles des équipages. J'ai employé des chariots ayant 10 mètres de long de la pointe de la flèche à la corne de la guimbarde arrière, et il en est de plus grands. Une chambre fermée recevra avantageusement les lieuses, faneuses et semoirs mécaniques ; en bout de cette pièce, avec les précautions nécessaires contre l'incendie, sera aménagée une forge pour les réparations les plus urgentes et la ferrure des chevaux à la ferme même ; non loin sera le travail à ferrer les bœufs. Voici, d'après M. Ferrouillat, les surfaces couvertes nécessaires pour abriter les divers instruments d'extérieur :

	Longueur en mètres.	Largeur en mètres.	Surface nécessaire en mèt. carrés.
Araire	2 à 3	1	2 à 3
Scarificateurs et analogues	2	2	4
Herses	1,5	3	4,5
Semoirs	3	2,5 à 3	7,5 à 9
Houes à cheval	3	2,5 à 3	7,5 à 9
Faucheuses	4	1,5	6
Râteaux et faneuses	3	2,5	7,5
Moissonneuse javeleuse	4	2	8
— lieuse	4	3	12
Tombereaux	4 à 5	2	8 à 10
Locomobile	4	2	8
Batteuse	5	3	15
Presse à fourrage	5	2	12

A noter que les herses peuvent se pendre et, par suite, tenir fort peu de place ; de plus, beaucoup d'instruments peuvent s'enchevêtrer les uns dans les autres, sans grand inconvénient, dans les périodes où ils ne sont pas utilisés.

Greniers à grains. — C'est au-dessus des charreteries qu'il est recommandé de placer les greniers à grains que toute odeur d'écurie déprécierait grandement : dans ce cas, les charreteries doivent prendre dans leur construction un caractère de solidité en rapport avec les charges que leurs planchers sont appelés à supporter. Les aires en ciment armé, les planchers bouffetés parfaitement jointifs ont ici leur application. Autant que possible, il faut avoir des compartiments spéciaux pour chaque sorte de grain, et, si le raccord des planchers avec les murs ne peut se faire au ciment, il faut l'établir en plâtre pétri de verre pilé pour empêcher l'accès des souris. Les charges se calculent d'après le poids au mètre carré du grain qui s'emmagasine sur des épaisseurs atteignant 0^m,80 ; pour du blé à 80 kilogrammes l'hectolitre, elles ne seraient pas moindres. de 640 kilogrammes. Les capacités des greniers sont données par l'importance des récoltes évaluées en quintaux et celle des réserves qu'on désire pouvoir faire pour vendre aux époques favorables.

Meules, granges et hangars. — Nous avons vu que les fourrages trouvaient souvent logement au-dessus des écuries et vacheries ; on peut aussi les conserver en granges ou en meules, comme les pailles et récoltes non battues. J'entends beaucoup attaquer les meules et, bien que plusieurs des arguments invoqués contre elles ne soient pas sans valeur, je ne puis m'empêcher de me souvenir de les avoir vues très employées dans de bonnes fermes anglaises sous le climat humide des comtés du Centre-Ouest. Il est vrai que là, on les réunissait dans une cour spéciale abritée des coups de vents, où chaque meule reposait sur une plate-forme circulaire à claires-voies portée sur des dés en pierre : le grain demeurait ainsi très au sec, le voisinage des bâtiments de ferme tenait éloignés les corbeaux, et les rongeurs eux-mêmes avaient peu de facilité à grimper dans les gerbes. Le grand défaut qui subsiste pour les meules, même dans les conditions favorables que je viens d'envisager, est que le temps est généralement trop incertain pour qu'on puisse les battre sur place ; il faut alors double manipulation pour en ramener le contenu à l'abri et, de toute manière, il y a la dépense de paille pour les couvertures et une complication se présente pour l'emmagasinage des pailles et menues pailles à moins de pouvoir directement charger les chariots à livrer aux clients. A côté des meules, les granges ont tenu, autrefois surtout, une large place ; c'était l'époque où les battages se faisaient au fléau sur l'aire, ou bien avec les premières machines à battre mues par des chevaux travaillant au manège. Les granges avaient alors un caractère de permanence et de stabilité qui obligeait à construire leurs murs et leurs charpentes avec une solidité toute particulière. Sans m'y arrêter davantage, je dirai seulement que leurs dimensions devaient être calculées pour que par les portes entrent aisément les voitures chargées dont le contenu était tassé à droite et à gauche dans des travées profondes de 5 mètres au plus et hautes de 7 à

8 mètres. A l'intérieur, il fallait s'appliquer à réduire au minimum les angles propres au gîte des rongeurs, et des prises d'air ménagées dans les murs et au faîte du toit devaient assurer une circulation suffisante de l'air à travers les gerbes amoncelées ; celles-ci d'ailleurs devaient reposer sur un sol sain, préservé de l'humidité par une légère surélévation et un drain cernant l'ensemble du bâtiment. Là où de telles granges existent encore, et le cas est fréquent car elles ont trop de valeur pour être sacrifiées aux transformations modernes, on apprécie l'adjonction d'un auvent de 4 à 5 mètres de large qui, du côté opposé au vent, permet le remisage temporaire des voitures chargées.

Ces auvents ne sont pas très difficiles à ajouter à une construction préexistante, mais il faut reconnaître qu'aujourd'hui la mode est aux grands hangars légers, que la légèreté même de leur construction autorise à planter en plaine à des endroits convenables pour réduire au minimum les transports. Ces hangars, couverts en ciment armé dit fibro-ciment, en grandes ardoises, en tôle ondulée ou même en tuiles, coûtent en moyenne une dizaine de francs le mètre carré, tout montés, suivant modèles proposés à leurs acheteurs par diverses maisons. Leur très grand avantage est la facilité avec laquelle on peut les emplir de gerbes travée par travée, puis battre en tassant la paille de proche en proche dans les travées rendues libres ; avec les transports de force par électricité rien n'est plus pratique. Toutefois certaines précautions sont à prendre. Lorsque les hangars ne sont pas contigus aux autres bâtiments de l'exploitation, il importe que leur accès immédiat soit interdit aux chemineaux à l'aide d'une clôture efficace dont l'entrée ferme à clef ; il importe non moins qu'un rideau d'arbres, une cloison pleine établie sur un ou deux côtés, ou tout autre moyen, empêche le vent de s'engouffrer sous les couvertures celles en tôles ondulées seraient arrachées, celles en tuiles risqueraient d'entraîner dans leur chute toute la construction. Cette seconde précaution est d'ailleurs à prendre quelle que soit la situation des magasins à récoltes : sont-ils établis dans les champs, comme nous venons de le supposer, on laissera avec profit un homme de confiance pour les garder et, afin de ne pas rendre trop onéreuse cette sureillance, complétée par deux bons chiens, on rapprochera du hangar un abri pour les animaux qu'il est préférable de ne rentrer l'hiver qu'accidentellement. Avec des gouttières aux toits, il sera ainsi créé sur divers points du domaine des réserves d'eau dont l'intérêt n'est pas à démontrer.

Les hangars agricoles ne conviennent pas seulement à l'engrangement des céréales ; ils se recommandent pour la conservation des betteraves en gros silos pendant la durée d'une campagne de distillerie lorsque les froids ne sont pas trop rigoureux, l'air y circule suffisamment pour éviter les échauffements de ces gros silos dont la surface exposée à la gelée est insignifiante par rapport au volume, et le tracé bien compris d'un transporteur hydraulique assure, avec une main-d'œuvre presque nulle, l'arrivée jusqu'aux laveurs des racines ainsi emmagasinées.

Magasin à engrais. — Dans toute grande ferme un entrepôt pour les engrais devrait toujours exister assez grand pour que les diverses substances fertilisantes puissent y être versées par tas séparés, on conserve ainsi les sacs pour des transports ultérieurs ; un emplacement pour l'exécution des mélanges est à prévoir, et, contiguë à ce magasin, doit être placée la réserve des tourteaux et autres aliments concentrés susceptibles de communiquer une odeur aux denrées de vente : un quai de la hauteur ordinaire des voitures rurales facilite grandement les manipulations au cabrouet de sacs ordinairement réglés à 100 kilogrammes, voire même 130 à 135 (nitrate de soude).

Ateliers de préparation des aliments du bétail. Chambre des machines. — Les ateliers de préparation pour les aliments destinés au bétail doivent être, les uns annexés à leur services spéciaux, les autres, servant à l'ensemble des services, placés en un point central, avec de bons chemins pour y rouler les banneaux à bras, lorsque l'exploitation ne comporte pas un réseau de voies ferrées pour wagonnets Decauville. Dans tous ces ateliers une règle s'impose : une denrée en voie de préparation (et ceci s'applique aux marchandises de vente aussi bien qu'aux aliments du bétail) ne doit jamais accomplir deux fois le même trajet. Soit dans le plan horizontal sur un même plancher, soit dans le plan vertical sur une série d'étages successifs, elle doit progresser toujours dans le même sens, de façon qu'arrivée brute à une extrémité du parcours, elle ressorte complètement affinée à l'autre extrémité. En observant cette règle pour le nettoyage des grains, la confection des moutures, la manipulation des pommes destinées à la confection du cidre, on est sûr d'adopter une disposition rationnelle et de faire une grosse économie de temps et d'argent : à chacun d'adapter les détails aux emplacements particuliers dont il disposera. Les dénivellations naturelles du terrain sont souvent d'un précieux secours pour l'établissement des quais d'embarquement et le débaculage des betteraves destinées aux coupe-racines des chambres à mélanges. Contiguë aux ateliers centraux de préparation d'aliments est la chambre des machines où le moteur, sur la nature duquel nous aurons à revenir, donne la vie à tout l'organisme intérieur de l'exploitation agricole.

Les silos à racines et à fourrages. — Une dernière catégorie de magasins est constituée par les silos. On en fait parfois de permanents, mais si ceux-ci, souvent très coûteux, ont leur raison d'être lorsqu'on veut annexer à la ferme une distillerie ou presser des fourrages verts pour faire du foin brun, en général les silos temporaires, beaucoup plus économiques, doivent leur être préférés. Pour les distilleries mêmes, nous avons les hangars qui remplissent à moindres frais le but cherché. Les silos temporaires ont l'avantage de pouvoir être rapidement établis par des ouvriers quelconques, il suffit de choisir pour eux des emplacements sains un peu surélevés et légèrement déclives ; des bouchons de paille placés tous les 5 à 6 mètres assurent l'échappement des gaz intérieurs, la couverture est en paille de second choix plus ou moins chargée de terre, selon la rigueur du climat, le côté nord ayant un revêtement plus épais que le côté sud. Ouverts d'un bout facile à boucher avec quelques bottes de paille, ils laissent, lorsqu'ils sont consommés, le terrain renivelé au fur et à mesure de leur emploi ; l'année suivante, on les édifie sur un autre point à portée des nouvelles pièces de betteraves, en choisissant des champs qui seront ensemencés au printemps suivant quand ils auront disparu.

Laiteries et celliers. — Sans m'étendre sur les laiteries et elliers, au sujet desquels on trouvera tous renseignements utiles dans les traités spéciaux, je dirai simplement que pour les laiteries, avec la température et la propreté, le point principal à considérer est l'adduction de l'eau pure et son évacuation après emploi : les faïences et enduits vernissés sont, pour la propreté, fort à recommander ; veiller aussi à la protection contre l'invasion des mouches. La maison Wallat, de Paris a tout récemment, répandu à profusion une intéressante brochure sur l'aménagement des laiteries coopératives avec tous les renseignements nécessaires pour fonder l'association et la doter de l'outillage dont elle a besoin pour fonctionner ; on y trouve des plans et croquis bien compris, et la maison se met à la disposition des clients pour leur fournir devis et toutes indications utiles, d'autres l'ont certainement imitée.

L'importance des celliers est, on le comprend, essentiellement variable, leur aménagement dans une exploitation viticole mériterait de longs développements. Si je m'en tiens à ceux qui peuvent être nécessaires dans une simple exploitation agricole, je vois qu'il faudra envisager le cas où l'on a simplement besoin d'emmagasiner des boissons achetées toutes prêtes à la consommation, et le cas où le cultivateur fabrique lui-même son vin ou son cidre. Dans le premier comme dans le second cas, les dimensions des locaux seront bien différentes selon que l'agriculteur nourrit ou ne nourrit pas son personnel ; même lorsque le personnel fixe n'est pas nourri, il y a toujours des tâcherons de passage qu'il faut alimenter de boisson et l'on doit avoir assez de place pour pourvoir à cette nécessité. Si l'on foule le raisin ou si l'on écrase des pommes, l'installation d'un pressoir et de ses accessoires s'ajoute à celle du cellier proprement dit. Partout doit régner la plus rigoureuse propreté, et, pour assurer la bonne conservation des produits, on n'oubliera pas ces deux soins élémentaires que sont le traitement des vases à l'acide sulfureux des mèches soufrées et les soutirages après fermentation des jus.

Plan d'ensemble d'un corps de ferme. — Je crois qu'en s'arrêtant aux détails que j'ai trop vite effleurés et à bien d'autres encore qui se présenteront d'eux-mêmes à son attention, le chef du domaine agricole mettra de son côté beaucoup des

atouts d'une bonne gestion, et cependant, pour le point particulier auquel je viens de m'attacher, le principal peut-être de
ces atouts est la disposition d'ensemble des bâtiments agricoles
dans la limite où l'exploitant du sol est maître de cette disposition. Il y aurait beaucoup à dire sur ce chapitre, je ne puis
que poser des principes généraux.

Abstraction faite des conditions à présenter par chaque bâtiment selon l'usage auquel il est destiné, il faut, lorsque l'on
plante un corps de ferme neuf sur le terrain, se préoccuper
d'abord des chemins d'accès et des entrées de cour : celles-ci
devront être assez larges pour qu'aucun instrument ne risque
de s'y avarier en les franchissant. Cette double précaution prise,
on cherchera : facilité de surveillance, rapidité et simplicité
d'approvisionnement, bonne exposition de chaque bâtiment,
tracés pratiques pour les voies ferrées ou lignes électriques,
bon aménagement des fumières, canalisations ou réservoirs de
nature à fournir l'eau à tous les services suivant leurs
besoins, etc. L'emplacement, les constructions préexistantes,
les dénivellations du sol rendront la tâche plus ou moins facile ;
il en sera de même de l'importance de l'exploitation. Il vaut
la peine, avant de rien entreprendre, de se documenter sur
place par la visite de corps de ferme analogues à celui qu'on
se propose de créer ou d'aménager; par là on verra comment
plus d'une difficulté a pu être ingénieusement tournée par un
habile praticien.

Voici d'ailleurs le plan schématique d'une exploitation
agricole d'une certaine importance, tel qu'il me semble pouvoir
être conçu en mettant en pratique les indications des pages
précédentes. Ce plan n'est pas parfait. La forge FF' avec le
travail à bœufs est trop loin des écuries E et bouveries BB' ;
et il serait à désirer que la chambre à mélanges soit plus rapprochée de la vacherie V, de la porcherie P et des autres logements des animaux. Ce double défaut a sa contre-partie. Les
menues pailles, provenant des battages pratiqués sous les hangars à récoltes, arrivent très facilement à la chambre à mélanges,
dans laquelle une levée de terre ménagée derrière le bâtiment
C permet de projeter les betteraves à couper ; de plus, au moyen
de voies Decauville marquées (▬▬▬▬), les transports des ali-

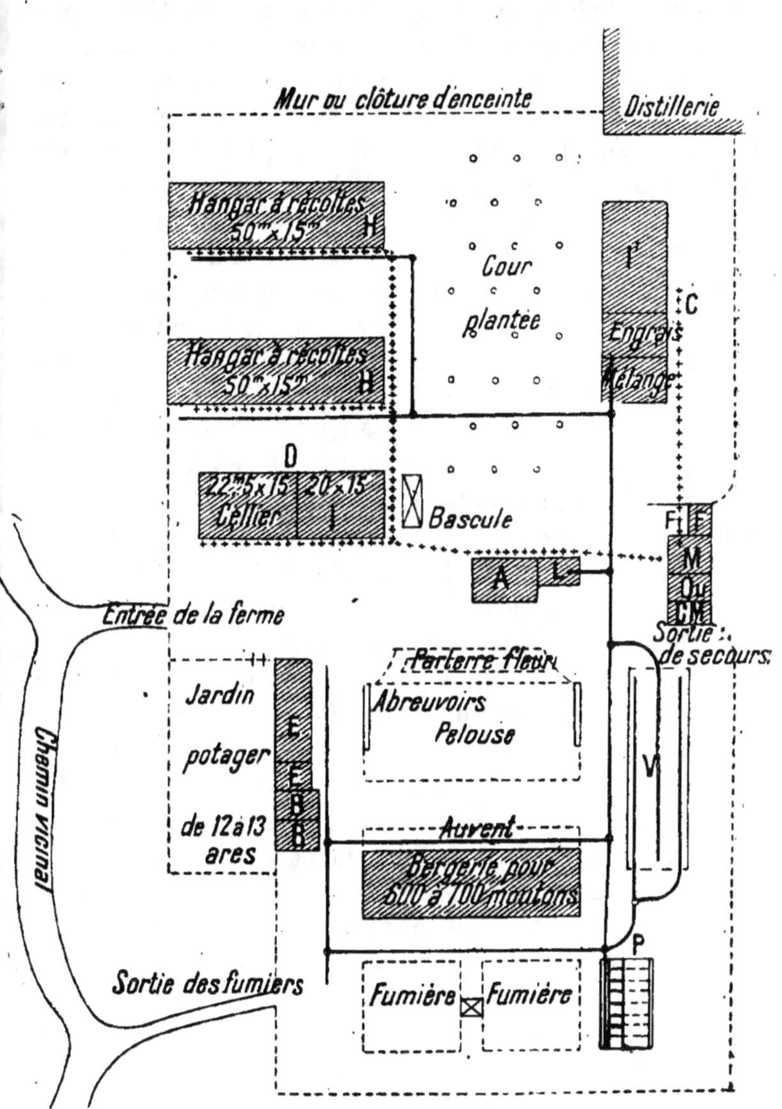

Plan d'une exploitation rurale.

ments préparés s'effectuent rapidement. D'un autre côté, si la forge est à côté de la machinerie M, c'est pour permettre au mécanicien de faire quelques réparations pressées, tout en restant à portée de son moteur ; celui-ci est d'ailleurs placé sous la surveillance rapprochée du contremaître qui habite en CM, un logement contigu au réfectoire des ouvriers, infirmerie, bûcher et buanderie placés en *Ou*. Autour de la cour plantée sont disposés tous les bâtiments concernant les récoltes. En P est la remise des faucheuses, lieuses, etc., et sur tout le bâtiment C s'étend un grand grenier à grains. Le magasin à engrais est surélevé de manière à former quai. Les hangars à récoltes H sont clos sur leurs pignons extérieurs ; on conçoit qu'un rideau de grands arbres du côté du mur d'enceinte puisse les abriter des grands vents. Je les place à dessein à environ 20 mètres l'un de l'autre pour limiter les danger d'incendie. Leur position est d'ailleurs telle qu'à supposer qu'il faille les sacrifier tous deux, on pourrait encore préserver le reste de l'exploitation ; le bâtiment D est, en effet, très solidement construit, car il abrite au rez-de-chaussée le cellier dont les murs sont, en raison de leur destination, très épais La portion I reçoit les équipages, sur le tout règne un grenier, partie pour les grains, partie pour l'installation mécanique des appareils à mouture, broyeurs de pommes, etc., une bascule pour peser animaux et chargements de denrées agricoles a sa place indiquée. Contiguë à la maison d'habitation A est la laiterie L, qui occupe au besoin une portion des caves ménagées sous la maison. De celle-ci, le maître exerce une surveillance générale, complétée par celle du contremaître, de qui le logement CM remplit les conditions dont j'ai signalé l'utilité. Pas plus que le cellier, le jardin potager, clos de murs avec espaliers et muni d'une porte fermant à clef, n'est très éloigné de la cuisine. La vacherie double V, la bergerie, les écuries et bouveries limitent une deuxième cour ; pour égayer la maison qui, d'autre part, a vue sur les pommiers de la cour plantée, on peut occuper le milieu de la cour du bétail par une pelouse entourée de lisses en bois peint et présentant un ou deux parterres à fleurs. Les arbres n'en seront pas proscrits, surtout s'ils peuvent donner de l'ombre aux abreuvoirs sans y laisser tomber leurs feuilles ; il faudra toutefois en déterminer la position de façon à ne pas gêner la surveillance que nous cherchons à faciliter partout. En E, je prévois une chambre pour les gardiens d'écurie, et sur tous les logements des animaux règnent des greniers à fourrages. Lorsque les fourrages n'ont pu être déchargés au moment même de leur rentrée, en fin de journée, ou pour cause de pluie soudaine, on abrite les chariots chargés sous l'auvent des bergeries. Enfin, rejetée tout à fait sur le derrière du corps de ferme, avec sa sortie indépendante, est la double plate-forme à fumier avec pompe à purin centrale. Les fumiers y sont conduits par Decauville. Une bonne disposition pour la plate-forme est la forme bateau légèrement concave relevée sur les bords ; de cette façon l'accès des tombereaux sur toutes les faces est possible, et les purins convergent tous vers la fosse à eux destinée, tandis que le bourrelet circulaire empêche leur mélange avec les eaux pluviales tombées sur le terrain environnant.

CHAPITRE VII

LA FORCE MOTRICE A LA FERME

L'homme. Les moteurs animés ; le cheval et le bœuf. Les moteurs inanimés : la vapeur ; les moteurs à explosion ; l'électricité : force et éclairage. Étude comparée des diverses sources d'énergie.

L'agriculteur, pour mettre en marche les rouages de son exploitation, emprunte la force motrice dont il a besoin à l'homme, aux animaux et aux moteurs inanimés ; son habileté consiste à tirer de chacun le rendement agricole le plus avantageux.

Rendement de l'homme considéré comme moteur ; prix auquel il fournit le travail. — L'homme travaille à la tâche ou à la journée. A la journée son effort moyen est, d'après M. Ringelmann, de 6 kilogrammètres à la seconde, il atteint 10 kilogrammètres dans le travail à tâche où le gain croît avec l'intensité de l'effort ; la durée du travail utile n'est que de 45 minutes pour une heure, qui ressort pour le tâcheron à 0 fr. 40 en moyenne et à 0 fr. 30 seulement pour le journalier. Ces prix sont supérieurs à ceux des calculs de M. Ringelmann, mais je les crois justifiés aujourd'hui par l'élévation des salaires ; ils nous conduisent à ce résultat qu'un ouvrier agricole fournit 200.000 kilogrammètres pour un salaire de 3 fr. 70 s'il est journalier et de 2 fr. 96 s'il est tâcheron. Or 200.000 kilogrammètres est la force pratiquement livrée en une heure par une machine d'un cheval-vapeur qui, sans perte et sans arrêt d'aucune sorte, devrait théoriquement donner 270.000 kilogrammètres, et, si nous cherchons à combien revient le cheval-heure fourni par un moteur inanimé, nous verrons que la force humaine coûte tellement plus cher que la force mécanique qu'il faut lui réserver un rôle de direction et ne la faire intervenir que là où elle doit se doubler d'une réflexion que nous ne saurions demander aux animaux, ni même aux machines, quel que soit le degré de précision auquel on arrive actuellement avec elles. Nous étudierons, dans le chapitre consacré au personnel agricole, l'emploi de l'homme comme moteur ; il nous suffit pour le moment d'avoir mis en évidence les motifs de limiter cet emploi : malgré cette limitation, les cas où nous avons encore besoin de l'homme restent tellement nombreux qu'en agriculture l'offre est malheureusement souvent inférieure à la demande.

Les moteurs animés. Le chien, l'âne, le cheval, le bœuf. — Plus forts que l'homme, les animaux devaient prendre, pour l'exécution des travaux agricoles, une place prépondérante, qu'ils gardèrent longtemps par cette bonne raison que, pour récolter les grains, les ramener à la ferme, labourer, ensemencer, etc., il faut se déplacer et non pas seulement agir d'un point fixe où serait installée la machine motrice. En prenant, récemment, un caractère automobile, la machinerie agricole fit un progrès que nous aurons à signaler ; avant d'en parler, envisageons d'abord les moteurs animés. Le plus modeste est assurément le chien. L'emploi du chien fut longtemps proscrit en France, où on le considérait comme une cruauté; les Belges ont prouvé qu'en traitant humainement les chiens de trait, en adaptant les harnachements à leur conformation et en proportionnant l'effort exigé d'eux à leur taille et à leur puissance, rien n'empêchait de demander au compagnon de l'homme un travail souvent fort utile. Nos voisins, pour encourager l'application du chien à l'exécution de différents travaux, ont même institué des concours où les meilleurs sujets reçoivent de hautes récompenses. Rien ne doit nous empêcher de les suivre dans cette voie et, comme eux, nous trouverons sans doute profitable d'utiliser le chien aux transports maraîchers, laitiers, etc.

A côté des chiens, l'âne rend des services déjà plus complets puisque sa force permet de lui faire tirer la charrue et exécuter des charrois de personnes et de matériaux, où la charge atteint des poids importants. Je ne puis que signaler ces deux humbles auxiliaires pour arriver sans autre transition au bœuf, au cheval et au mulet. J'assimilerai le mulet au cheval, les aptitudes de ces deux animaux sont analogues et les conditions de leur emploi sont liées surtout à des questions d'alimentation et de climat : le mulet, plus sobre que le cheval, est en outre plus résistant et doué d'un pied plus sûr, s'accommodant aux mauvais chemins.

Pour juger des mérites respectifs du bœuf et du cheval, il faut voir à quels prix chacun d'eux nous livre les 200.000 kilogrammètres (cheval-heure des moteurs mécaniques). M. Ringelmann arrive aux résultats ci-dessous en considérant des animaux du poids moyen de 600 à 700 kilogrammes.

	BŒUFS.		CHEVAUX.		
	1 paire.	2 paires.	1 cheval.	2 chevaux.	3 chevaux
	fr.	fr.	fr.	fr.	fr.
Prix de l'heure de travail. { Charretier.	0,30	0,30	0,30	0,30	0,30
{ Animaux..	0.60	1.20	0,50	0,90	1,20
Total............	0,90	1,50	0,80	1,20	1,50
Kilogrammètres par heure...............	372.000	692.000	200.000	372.000	510.000
Prix de 200.000 kilogrammètres..........	0f,482	0f,426	0f,80	0f,644	0f,588

Le travail du bœuf, plus économique que celui du cheval, serait comparable, comme prix de revient, au prix du cheval-heure fourni par certains moteurs, mais les chiffres de M. Ringelmann serrent-ils d'assez près la réalité ? — Le prix de 0 fr. 30 de l'heure pour le bouvier ou le charretier est bien apprécié, ainsi que nous le verrons, et c'est avec raison qu'il n'est pas compté plus de dix heures de travail journalier. Quant aux prix admis pour les animaux, ils méritent d'être discutés, car ils soulèvent la grosse question du prix de revient de la journée de travail du bœuf ou du cheval.

Prix de revient du travail du cheval et du bœuf. — Si je me reporte à ma propre comptabilité et si je groupe les éléments empruntés à mes agendas journaliers, à mes inventaires, livres de magasin, comptes de maréchalerie, bourellerie, etc., j'arrive, sans entrer dans le détail, aux conclusions que voici :

Chevaux.

Doit.			*Avoir.*		
Valeur à l'inventaire au 1er octobre 1906. 12 chevaux..........................	7.125	»	Valeur à l'inventaire au 1er octobre 1907. 12 chevaux..........................	7.425	»
Achat d'un cheval......................	1.014	90	Vente d'une vieille jument............	90	»
Entretien des harnais..................	709	20			
Dépréciation des harnais malgré leur entretien (chiffre résultant de la comparaison entre l'inventaire au 1er octobre 1906 (1.492 fr.) et l'inventaire au 1er octobre 1907 (1.483 fr.)...................	9	»	Coût de l'entretien de 12 chevaux pendant l'exercice 1906-1907............	12.880	01
Ferrure.............................	303	65			
Nourriture et litière..................	7.268	26			
Fourrage vert.......................	150	»			
Vétérinaire, 4 fr. par tête............	52	»			
Gages de 3 charretiers nourris, à 50 fr. par mois...........................	1.800	»			
Nourriture desdits à 40 fr. par mois, chiffre qui sera justifié d'autre part..	1.440	»			
Part de salaire du jardinier employé comme cocher......................	450	»			
Total.................	20.315	01	Total égal...........	20.315	01

Bœufs.

Doit.			*Avoir.*		
Valeur à l'inventaire au 1er octobre 1906. 14 animaux	8.100	»	Valeur à l'inventaire au 1er octobre 1907. 16 animaux	9.600	»
Achat de 8 bœufs	5.472	»	Vente de 6 animaux	3.380	»
Entretien du harnachement	65	»			
Dépréciation des harnais qui, malgré l'entretien, passent de 404 fr. au 1er octobre 1906 à 391 fr. au 1er octobre 1907)	13	»	Coût de l'entretien d'une moyenne de 15 bœufs pendant l'exercice 1906-1007.	11.668	14
Ferrure	488	55			
Gages de 3 bouviers nourris	1.800	»			
Leur nourriture	1.440	«			
1 jeune bouvier non nourri à 75 fr. par mois	900	»			
Nourriture des bœufs à l'étable	5.814	59			
Pâturage sur 5 hectares de prairies naturelles, compté au prix de la location	500	«			
Vétérinaire, 4 fr. par tête	60	»			
Total	24.648	14	**Total égal**	24.648	14

D'où il résulte que la nourriture journalière s'est élevée, pour le cheval à 1 fr. 693, pour le bœuf à 1 fr. 155.

On peut de même calculer l'entretien annuel du harnachement par cheval ou par bœuf, le coût de la ferrure, etc.; je m'arrêterai seulement au prix de la journée de travail effectif.

En supposant que le nombre des jours de travail soit par an de deux cent cinquante, ces prix s'élèvent : pour le cheval à 4 fr. 26 et pour le bœuf à 3 fr. 11, et sont très inférieurs à ceux que donne M. Ringelmann. Je les crois toutefois assez exacts; la différence tient sans doute en partie à ce que M. Ringelmann compte seulement deux cents jours de travail effectif au lieu de deux cent cinquante pour l'année; mais, s'il est vrai que les chevaux qui portent à Paris les pailles et fourrages des fermes de grande banlieue et ramènent en échange du fumier ne sont sur route qu'un jour sur deux, les jours où ils travaillent ils fournissent un effort supérieur à la moyenne, de sorte que la relation entre le prix de la journée et le travail accompli peut être considérée comme subsistant. Je m'en tiens donc à mes chiffres, mais, pour me rapprocher davantage de la vérité, je les complète en y ajoutant : 1º l'intérêt à 4 p. 100 du capital que représentent les animaux et le matériel agricole qu'ils actionnent, et 2º l'amortissement de ce matériel, l'amortissement des bêtes de trait étant déjà compté plus haut et résultant de la comparaison entre les inventaires d'entrée et de sortie, l'un figurant au doit et l'autre à l'avoir.

Mon inventaire au 1er octobre 1907 attribue aux instruments aratoires et de récolte une valeur de 4.396 francs et aux équipages une valeur de 6.782 francs, ensemble 11.172 francs à partager par moitié entre bœufs et chevaux, à raison de 5.536 francs pour chaque ; le capital bœufs est de 9.000 francs en moyenne pour l'exercice 1906-7 et le capital chevaux de 7.200 francs ; j'ai donc à charger le compte chevaux de l'intérêt à 4 p. 100 de 5.536 fr. + 7.200 fr. = 12.736 fr., soit 509 fr. 44, et de l'amortissement à 10 p. 100 de 5.536 francs, soit 553 fr. 60, ensemble 1.063 fr. 04 ; de la même manière, le compte bœufs se charge d'un intérêt annuel de 581 fr. 44 (9.000 fr. + 5.536 fr. = 14.536 fr. à 4 p. 100) et d'un amor-

tissement de 553 fr. 60, ensemble 1.135 fr. 04 et, en tenant
compte de ces nouvelles charges, la journée de travail du
cheval ressort à 4 fr. 621 et celle du bœuf à 3 fr. 414. M. Le-
coûteux, dans son traité d'économie rurale, arrive à des conclusions qui ne s'écartent pas beaucoup des miennes, et tous
ces calculs ne sont pas inutiles, puisqu'ils permettent de se
rendre compte si la force animale fournie par certains entrepreneurs de transports l'est à un prix raisonnable une fois la
part faite de leur bénéfice.

Comparaison entre le bœuf et le cheval. — Il subsiste
de cette étude que les prix de 200.000 kilogrammètres fournis
par les bœufs et les chevaux sont un peu moins élevés que
ne l'indique M. Ringelmann et que le travail du bœuf coûte
moins cher que celui du cheval, parce que le bœuf se nourrit
à meilleur compte, demande un harnais plus simple et souvent
s'amortit mieux que le cheval par suite de sa vente à la boucherie. Pourquoi alors ne pas avoir que des bœufs ? C'est,
d'une part, parce que nous avons vu qu'avec certains modes
d'exploitation des animaux en période de croissance, le cheval
comme le bœuf prenait de la valeur tout en travaillant au
lieu d'en perdre, et, d'autre part, parce qu'il est en agriculture
des cas où il s'agit de déplacer de très lourdes charges ou de
remuer un gros cube de terre aux allures lentes du bœuf
dont l'effort ne se rebute pas comme celui du cheval en face
de l'insuccès, et d'autres cas où il faut, aux allures vives du
cheval, enlever rapidement à une grande distance une charge
légère ou retourner en peu de temps à une faible profondeur
une grande surface de terrain. Les chiffres suivants permettront, en face de ces différentes éventualités, de comparer
les mérites des bœufs et des chevaux : le cheval enlève de
800 à 1.200 kilogrammes à une distance de 32 à 36 kilomètres;
attelé avec un compagnon, il peut labourer jusqu'à 50 ou 55 ares
de terrain par jour pour les semailles de blés de betteraves où
il convient d'accélérer un travail assez superficiel en raison
des façons culturales qui l'ont précédé ; le bœuf sur route
tire en paire de 4 à 5.000 kilogrammes sur 24 à 28 kilomètres
seulement ; il laboure des surfaces variant, suivant profondeur,
de 30 à 40 ares par jour avec une chemin parcouru sur le-

guéret de 12 à 15.000 mètres. On voit par là que le bœuf est à sa place pour tous les gros labours et pour le débardement les betteraves où la charge est pesante et le chemin à parcourir généralement réduit ; le cheval porte au contraire au marché grains et fourrages et il actionne les machines de récoltes : faucheuses, faneuses, râteaux et moissonneuses, qui exigent une traction rapide pour donner aux scies et autres organes la vitesse nécessaire à leur bon fonctionnement. Plus léger, le cheval intervient aussi avec avantage dans l'exécution des binages à la houe où il ne risque pas d'abîmer les jeunes plantes, étant par ailleurs plus adroit que le bœuf.

Toutefois je dois faire remarquer ici qu'un bon bouvier sait, avec des animaux de grande taille et des charges raisonnables, obtenir de ses bœufs une allure très voisine de celle du cheval ; d'autre part, si l'emploi des moteurs mécaniques pour actionner les faucheuses et moissonneuses se généralise de façon que le tracteur n'ait plus qu'à déplacer le bâti de l'appareil, de plus en plus le cheval et le bœuf pourront se substituer l'un à l'autre en donnant la préférence à celui des deux de qui l'exploitation, vu les circonstances locales, est la plus avantageuse. A l'heure actuelle, un bon bœuf charolais dans sa force vaut, vers l'âge de quatre ans, de 750 à 800 francs, j'en ai moi-même payé 600 à 650 francs, mais il y a hausse ; un bon cheval moyen se paie facilement 900 à 1.000 francs ; dans beaucoup d'exploitations, il revient à 15 et 1.800 francs ; mais il est alors de première force et peut, s'il a été bien acheté, être revendu pour le camionnage un prix supérieur à ces très gros chiffres ; je pose seulement quelques jalons, permettant de se rendre compte de la dépense à engager dans l'acquisition des moteurs animés de la ferme.

Nombre d'animaux de trait nécessaires sur une exploitation. — Un facteur de cette dépense est le nombre de moteurs nécessaires pour cultiver une surface déterminée. Le système de culture, l'âge des animaux, le fait que l'on tient ou ne tient pas à les ménager en vue de leur vente ou de leur engraissement futurs sont autant de causes qui rendent très difficile de donner des indications précises. Dans l'ancien

assolement triennal : jachère, blé, avoine, on comptait (1)
trois chevaux pour exécuter les labours et autres travaux
agricoles sur une ferme de 42 hectares ; on devait donc
avoir, par 100 hectares cultivés, sept chevaux plus un cheval
à toutes mains pour le service extérieur. Nous retrouverions,
je crois, ces proportions dans certaines fermes de l'Est (Haute-
Marne), où la prairie tient une place et où subsiste l'assolement de trois ans ; mais partout où s'est développée la culture industrielle et où aux prairies naturelles et à la jachère
se sont substituées les racines fourragères de l'agriculture
intensive, le nombre des animaux de trait à presque doublé
par rapport aux chiffres précédents : il a doublé parce que
les machines à récoltes ont fait leur apparition en face de la
main-d'œuvre trop rare ou trop chère, et parce que, à côté
du cheval, le bœuf a pris place, de qui nous avons vu l'utilité
pour un travail plus complet du sol, mais de qui aussi nous
sommes conduits à ménager les forces si nous ne voulons pas
sacrifier son rôle de producteur de viande et perdre ainsi un
bénéfice important. Nous avons dans ces conditions, pour
100 hectares de terre en culture intensive, 7 chevaux et 6 à
8 bœufs par exemple, et nous pouvons tabler sur ces chiffres,
d'accord avec ceux de la Société d'agriculture de Meaux,
qui donne 10 bœufs et 6 chevaux sur une ferme de 122 hectares (terres argileuses) ; 18 bœufs et 16 chevaux sur une
autre de 224 hectares, et 13 bœufs et 12 chevaux sur une
troisième de 330 hectares à culture plus extensive. M. Ringelmann relève d'autres données relatives à l'Allier (rapport de M. Hitier), à l'Indre (rapport de M. Jean Des-
gardes), aux premières assises du Plateau central (rapport
de M. Peyret-Pommeroux), au Berri (rapport de M. H. Voisin). Des exploitations de cultures et étendues diverses y sont
envisagées et, d'une façon générale, les faits sont d'accord avec
mes indications.

A la ferme de la Trousse, dont j'ai déjà parlé, M. Hitier
nous apprend que pour 330 hectares, sur lesquels 190 hectares
en céréales et 55 hectares en betteraves, il y a 12 chevaux

(1) LECOUTEUX. *Économie rurale.*

divisés en 3 attelées de 4, 2 chevaux à toutes mains et 7 attelées de 6 bœufs, ce dernier chiffre laissant à supposer que,
sauf pour les gros labours, 2 des bœufs se reposent alternativement. Enfin voici le résumé d'un très intéressant travail
fait par M. Ringelmann à la ferme de Roye, déjà décrite au
point de vue des assolements. Sur cette ferme, aux terres
plutôt fortes, il faut compter 3 chevaux pour les labours de
13 à 16 centimètres, 4 bœufs pour les mêmes labours au
brabant à deux raies; et 6 bœufs pour les labours à $0^m,25$. Les
175 hectares de betteraves à sucre comportent en septembre :
deux coups d'extirpateur à 6 bœufs; d'octobre à mars : un
labour à $0^m,15$, un labour à $0^m,25$ suivi d'un sous-solage qui porte
à $0^m,43$ la profondeur du sol remué; puis coups d'extirpateur,
herses, rouleaux, etc. Viennent ensuite les semailles et binages à la houe à cheval. Sur les 305 hectares de céréales :
labour à $0^m,15$, hersages et passage du semoir, hersages et
roulages de printemps, moisson mécanique ou à tâche par
équipes de Belges (moitié des blés sont fauchés à la lieuse
tirée par 3 chevaux ou 4 bœufs); 800 hectares d'artificielles
sont fauchés à la faucheuse mécanique, et 2 hectares de
pommes de terre sont traités comme les betteraves. Les
transports comptent 9.000 tombereaux fumier et betteraves
sur 2 à 3 kilomètres, et 1.200 chariots de céréales sur 2 kilomètres ; il n'y a pas de transports industriels, une voie ferrée
arrivant dans la cour même de la ferme pour amener les produits du dehors et assurer l'expédition des produits de vente.
Le matériel est de 15 chariots, 35 tombereaux, 8 charrettes,
25 charrues brabant doubles, 6 semoirs en ligne, 15 houes
multiples, 3 faucheuses, 5 lieuses, 13 arracheuses de betteraves, plus scarificateurs, herses, rouleaux, etc., ce qui représente pour 100 hectares : 10 véhicules divers et 4 charrues ;
le bétail de rente est de 1.000 à 1.200 moutons, 6 vaches laitières, 23 porcs. Il est nourri 30 hommes, soit 5 pour 100 hectares,
et ces hommes ont à conduire 26 chevaux et juments divisés
en 6 attelées de 3 et 2 de 4 animaux, plus des bœufs nivernais auxquels s'ajoutent quelques salers. Du 1er septembre
au 1er janvier, il y a ainsi 170 bœufs de trait, plus 30 jeunes
bœufs de deux ans et demi, qui sont mis au travail ou en-

graissés s'ils se montrent mauvais ouvriers ; au 1er janvier, 50 à 70 bœufs sont réformés et vendus en avril, de sorte que du 1er janvier au 1er septembre, il n'y a plus que 100 à 120 bœufs de trait, 110 en moyenne, aidés par une vingtaine de jeunes animaux ci-dessus mentionnés, lesquels ne font qu'un très léger travail; en tenant compte de ces fluctuations, le nombre de bêtes de trait est, chez M. Pluchet, de 18 bœufs et 4 chevaux pour 100 hectares du 1er janvier au 1er septembre et de 28 bœufs et 4 chevaux du 1er septembre au 1er janvier. Ce sont effectifs très élevés, mais la culture est ultra-intensive puisque sur 100 hectares il en est 30 en betteraves et 50 en céréales ; si nous les considérons comme un maximum, nous voyons immédiatement combien grande est la marge depuis le minimum de 7 à 8 chevaux ; en argent, l'écart est de 5.000 francs, plus ou moins, à 20 ou 21.000 francs ; chez moi, les attelages représentaient environ 8.500 francs de capital pour 100 hectares en culture, blé, avoine, betteraves, avec large place pour les prairies artificielles.

Les moteurs inanimés : la vapeur, l'essence, l'électricité, prix auxquels ces diverses sources d'énergie fournissent la force. — Si importants que soient les moteurs animés, ils ne sauraient donner avantageusement le mouvement à tous les instruments d'une grosse exploitation ; pour les battages, en particulier, il y a dans le travail au manège, à plan incliné ou non, des pertes de force qui grèvent beaucoup le prix de la puissance mécanique, et, s'il fallait multiplier au delà d'un certain point le nombre des animaux de trait, ils absorberaient pour leur entretien une portion trop considérable des produits de la ferme; ainsi font leur entrée en scène les moteurs inanimés. Les premiers en date furent les machines à vapeur, suivies peu à peu par les moteurs à gaz pauvre et à explosions et plus récemment par l'électricité qui a complètement changé le mode d'emploi des autres sources d'énergie. Nous l'avons vu, en effet, l'agriculture a besoin de force pour actionner des instruments très différents, parfois sur des points éloignés du domaine, ou successivement sur toutes les parties d'une même pièce de terre : il faut donc, et c'est encore de nos jours une des nécessités de la traction animale, ou que les moteurs se déplacent facilement ou qu'ils transmettent leur énergie sans perte appréciable à des distances plus ou moins grandes. Nous réalisons au moyen de l'électricité cet ensemble de conditions ; et, à la ferme, des moteurs ont repris faveur qui semblaient devoir être abandonnés, tels sont le moteur à gaz pauvre et la machine à vapeur fixe. Des transmissions et des arbres de commande actionnent les instruments placés dans un rayon suffisamment rapproché du moteur fixe ; les autres empruntent leur mouvement à une dynamo réceptrice, qui puise elle-même son énergie à une dynamo génératrice mise en marche par la vapeur ou le gaz pauvre, et ici apparaît le merveilleux outil que sont les accumulateurs. Lorsque la force fournie par le moteur initial n'est pas entièrement absorbée par les organismes qu'il commande, l'excès en est emmagasiné, et nous pouvons en retrouver plus tard la plus grande partie, avantage d'autant plus appréciable que, dans nos exploitations rurales, l'effort que nous avons à utiliser n'a pas toujours la même intensité, soit que nos machines soient inégalement chargées dans une même opération, soit qu'elles n'aient pas toutes à marcher en même temps. L'électricité est donc destinée à jouer un rôle prépondérant sur le domaine agricole, où, avec la force, elle donne aussi la lumière qui permet l'emploi des heures sombres à l'égal des heures ensoleillées.

Souvent l'eau ou le vent peuvent nous fournir l'électricité à très bon compte. Nous avons des forces hydrauliques naturelles, qui pour être transformées ne demandent que des travaux parfois peu importants auxquels il n'y a plus à toucher lorsqu'ils ont été exécutés de façon rationnelle ; quant au vent, s'il n'est pas gratuit, car il exige pour être employé d'être dompté de façon à canaliser pour ainsi dire sa puissance essentiellement variable, l'expérience montre aujourd'hui qu'on est parvenu à s'en servir non seulement pour les élévations d'eau à l'aide de pompes, mais aussi pour la production de l'électricité. M. Pillaud, ingénieur agronome attaché au syndicat central des Agriculteurs de France, a décrit nombre d'applications faites dans cet ordre d'idées et ce que M. Ringelmann jugeait encore très aléatoire dans son excellent petit traité sur *L'Électricité dans la Ferme*, entre de plus en plus dans le domaine de la pratique (1).

Avec l'électricité, nous pouvons aussi utiliser les générateurs de nos distilleries agricoles pour actionner des instruments tels que nos batteuses, ce qui autrefois nous était interdit sous peine de perdre beaucoup d'énergie dans les transmissions par câbles ou de faire une dépense exagérée lorsque, la campagne de distillerie terminée, nous voulions chauffer les générateurs pour l'exécution d'un travail très inférieur à leur puissance normale. Cet usage de grosses machines à vapeur dont nous emmagasinons l'énergie est particulièrement intéressant puisqu'il nous permet d'éviter des frais répétés de mise en marche et que, d'après M. Ringelmann, le prix de revient du cheval-heure décroît avec l'augmentation de puissance du moteur qui le fournit; ce prix est, en effet, de 0 fr. 41 pour une machine de 6 chevaux ; 0 fr. 325 pour une de 10 et 0 fr. 228 pour une de 30.

Les locomobiles. — Lorsqu'il n'est pas outillé pour utiliser comme il vient d'être dit un générateur fixe, c'est à une machine locomobile que l'agriculteur emprunte la vapeur qu'il met en œuvre. La locomobile se transporte facilement au lieu même de son emploi où, avec un peu d'habitude, on la met rapidement en position de travail ; elle comporte peu d'organismes délicats et surtout se prête à des efforts très inégaux, donnant momentanément, s'il en est besoin, des suppléments de force de 2 à 3 chevaux, ce qui est précieux pour les battages. Par contre, surtout lorsqu'on travaille en plein air, il y a, par rayonnement, des pertes de chaleur importantes et la surveillance doit, pour obéir à la loi, être continue, ce qui grève le coût de l'énergie fournie. Tenant compte de tous ces facteurs, M. Louis Petit, licencié ès sciences, publie dans un rapport présenté en 1910 à la Société des Agriculteurs de France des renseignements d'après lesquels il établit le prix de revient du cheval-heure pour une locomobile de 10 chevaux actionnant une batteuse de 5 à 6 chevaux. La dépense de mise en marche est de 0 fr. 75 à 0 fr. 90

(1) Voy. aussi Petit. *Électricité Agricole* (Encyclopédie Agricole).

pour une consommation de charbon de 25 à 30 kilogrammes ; l'entretien comporte : 1° un changement du faisceau tubulaire de la chaudière tous les sept ans de deux cents jours de travail à 500 francs ; 2° un nettoyage du même faisceau, pour enlever le tartre qui encroûte les tubes, coût 50 francs avec réfection des joints, nettoyage à répéter au moins tous les cent jours si l'on ne veut augmenter la consommation de charbon de 30 à 50 p. 100 ; 3° les frais de l'épreuve décennale ; 4° la réparation du foyer, d'un coût très variable suivant l'habileté du chauffeur ; 5° l'entretien de la partie motrice de la locomobile et le remplacement des joints de vapeur, coût 50 francs. Le capital est de 6.500 à 8.000 francs, à amortir en dix ans ; la consommation de charbon de 180 à 200 kilogrammes pour dix heures de travail ; la consommation d'eau 1 mètre cube, pour le même temps, de sorte que les dépenses d'une journée de travail pour une batteuse de 5 HP sont :

	Fr.
Intérêt du capital, 6.500 fr. à 4 p. 100 = 260^f/200.	1 30
Amortissement de 6.500 fr. à 10 p. 100 sur 2.000 journées...	3 25
Entretien du générateur, vidange coûtant 50 fr. pour 100 jours...	0 50
Faisceau tubulaire et réparation du foyer.........	0 50
Entretien de la partie motrice et joints............	0 25
Combustible, 200 kilos charbon à 3 fr.............	6 »
Graissage...	1 »
Un homme...	5 »
Eau, 1 mètre cube (transport)....................	1 »
Total...........................	18 80

Prix du cheval-heure 0 fr. 376, sans tenir compte de 0 fr. 80 de charbon nécessaire pour la mise en route.

Le moteur à gaz pauvre. — Un calcul analogue donne, à M. L. Petit 0 fr. 148 pour prix du cheval-heure du moteur à gaz pauvre. Le moteur à gaz pauvre se met plus rapidement en route que la machine à vapeur (trois quarts d'heure au lieu de une heure et plus), ce qui est un avantage, et il n'a besoin d'être chargé que toutes les heures, ce qui est un autre avantage ; en dehors du fait qu'on ne peut le déplacer, il a pour inconvénient d'exiger au moins 7 mètres cubes d'eau par jour pour un moteur de 17 chevaux, et les eaux d'épuration doivent être éliminées de façon à n'avoir aucun effet nuisible sur leur parcours ; enfin, si le graissage n'est pas parfait, on 'expose à des grippages très fâcheux et il est à craindre d'avoir des encrassements des organes qui contrarient la bonne marche du moteur et obligent à des nettoyages intempestifs. Sous ces réserves, et sous réserve de l'adjonction indispensable du moteur électrique, le moteur à gaz pauvre a ses partisans qui, au nombre des raisons qu'ils mettent en avant pour justifier leur préférence, font valoir la faible quantité de combustible à employer : 48 kilos d'anthracite lors de la mise en marche, 7 ^{kgr},500 par heure du même combustible pour appareil de 17 chevaux. M. Petit nous permettra toutefois une remarque : il a supposé que la locomobile de 10 chevaux actionnait une batteuse de 5 chevaux, et il n'a pas compté que partie au moins de 5 autres chevaux pouvait être utilisée sur un coupe-racines, un tarare ou tout autre appareil, abaissant ainsi le prix du cheval-heure, tandis que le prix donné pour le moteur à gaz n'est pas susceptible de réduction, le moteur de 17 chevaux étudié mettant en marche une pompe de 15 chevaux. Ceci explique sans doute les prix du kilowatt donnés par M. Thomassin : ces prix, de 0 fr. 10 pour le moteur à gaz pauvre et de 0 fr. 12 pour la machine à vapeur, présentent un écart beaucoup moindre que celui qui résulte des chiffres de M. Petit.

Les moteurs à explosions. Les forces hydrauliques. — M. L. Petit, continuant son étude, nous donne pour le prix du cheval-heure fourni par moteur à explosions fonctionnant au benzol 0 fr. 167. Le moteur dont il est ici question est un moteur de 12 chevaux utilisé à la ferme de Champagne ; la mise en route est instantanée et le réglage se fait de façon à ce que la force fournie soit précisément celle qui est demandée, la vitesse du moteur s'harmonisant avec celles des différents instruments à faire mouvoir par le simple jeu d'un régulateur. L'appareil est très mobile ; il est dans une guérite fermée supprimant tout risque d'incendie ; une fois bien graissé et réglé, il ne demande plus aucune surveillance ; sa consommation est de 16 litres de benzol pour 10 heures de travail et mise en mouvement d'une batteuse de 5 à 6 HP. Il a coûté avec son chariot et son bac de refroidissement 3.000 francs ; la consommation d'eau n'est que de 20 litres par jour pour remplacer le liquide évaporé. Nous serions donc là en présence d'un moteur excellent s'il était plus flexible, or un à-coup ou une surcharge dans la batteuse, et c'est la panne avec arrêt complet ; pour ce motif, M. Lecler, ingénieur des Arts et Manufactures, est très réservé au sujet des moteurs à explosions pour usages agricoles. S'il ne conteste pas les remarquables résultats obtenus à Champagne avec le benzol, il déconseille les moteurs à essence, en particulier ceux qui normalement servent à la marche des automobiles.

Avec des moteurs à pétrole de 4, 6, 10 et 15 chevaux, M. Ringelmann obtient le cheval-heure aux prix de : 0 fr. 474, 0 fr. 383, 0 fr. 286 et 0 fr. 255 (toujours pour 2.000 heures de travail par an). Enfin une force hydraulique louée par an 150 francs par cheval donne le même cheval-heure aux prix de 0 fr. 234, 0 fr. 182 et 0 fr. 106, selon que la puissance de la chute est de 6, 10 ou 30 chevaux.

Application des moteurs à la production de l'électricité. — En comparant ces chiffres, nous avons une première série de renseignements pour nous guider dans le choix d'un moteur suivant les circonstances où nous nous trouvons placés, mais nous devons compléter ces renseignements, puisque nous employons souvent nos moteurs, non pas directement, mais indirectement pour la production de l'électricité que les accumulateurs emmagasinent au besoin et que des lignes conductrices amènent ensuite au lieu même de son emploi. Les constructeurs vendent les dynamos avec une garantie de rendement de 85 p. 100 et la réceptrice rend à son tour 85 p. 100 de la force qui lui est transmise, ce qui fait que, dans de bonnes conditions, nous retrouvons au plus 75 p. 100 de la force initiale, en supposant qu'il n'y ait pas de perte sur les lignes. Ceci posé, pour actionner notre batteuse de 5 HP, il nous faut une dynamo de 6 HP que M. Petit estime à 1.200 fr., une réceptrice de 6 HP sur laquelle la batteuse prend commande (à 1.100 francs), un chariot pour cette réceptrice : 300 francs, un rhéostat ou régulateur : 40 francs, et une ligne de prix variable suivant longueur, que nous compterons à 500 francs ; dépense totale 3.140 francs, dont il nous faut trouver l'intérêt à 4 p. 100 et l'amortissement à 10 p. 100, de sorte que, tout compte fait (graissage de 0 fr. 25 par jour compris), le cheval-heure revient à 0 fr. 049 ; la dynamo génératrice peut recevoir le mouvement d'une machine à vapeur dont le cheval-heure coûte, nous l'avons vu, de 0 fr. 228 à 0 fr. 415 avec une moyenne de 0 fr. 326 ; en tenant compte des pertes d'environ 25 p. 100, soit un peu moins de 0 fr. 10, valeur argent, nous arrivons à la valeur d'environ 0 fr. 50 pour prix du cheval-heure rendu à la batteuse.

Avec le moteur à gaz pauvre M. Petit trouve 0 fr. 23, et la force hydraulique donnerait à 0 fr. 28 en moyenne la même unité de force; enfin souvent la force électrique est achetée à une usine centrale ; beaucoup de ces usines ont longtemps fait payer le kilowatt, dont le cheval-vapeur représente les trois quarts, au prix de 0 fr. 35 ; dans ce dernier cas, le cheval-heure à la batteuse coûte :

	Fr.
Frais inhérents à l'installation électrique	0,049
HP heure (cheval-heure), pris au compteur, 3/4 × 0,35	0,262
Perte de rendement par la dynamo-réceptrice, 15 p. 100	0,039
Total	0,350

Application de l'électricité aux travaux agricoles. — D'après M. Thomassin, ce prix serait encore réduit, les compagnies tendant à vendre aujourd'hui le courant aux prix de 0 fr. 16 à 0 fr. 18 le kilowatt, et, mettant en œuvre la force électrique achetée dans ces conditions, il arrive aux remarquables conclusions que voici. Pour labourer un hectare sur sa ferme du Puiseux avec les appareils à un treuil de M. Fillet, il dépense pratiquement 90 kilowatts, alors que théoriquement il n'en faudrait que 70 à 75, c'est un débours de 15 à 16 francs par hectare, auquel doivent s'ajouter l'amortissement du matériel et de l'installation, ainsi que l'intérêt du capital engagé à 1.000 francs par an ou 50 francs par jour et à raison de 3 hectares labourés en une journée, 17 franos par hectare, dépense totale 16 + 17 = 33 francs par hectare. Le labour de 1 hectare reviendrait à 28 francs si la source de l'électricité était une machine à vapeur, et 26 francs si cette source était un moteur à gaz pauvre. Comme on le voit, ces prix méritent de retenir l'attention ; pour des labours légers, ils seraient moins élevés, et l'économie de l'installation électrique apparaîtrait manifeste, à condition que l'exploitation permette le labour d'un nombre d'hectares suffisant. Or les bases prises par M. Thomassin supposent que 600 hectares sont labourés par an ; en admettant 3 labours dans chaque pièce, ce qui n'a pas lieu régulièrement, ceci représenterait une étendue réelle de 200 hectares ; le domaine devrait sans exagération en comporter 4 à 500 ; avec une étendue moindre, il faut combiner les services intérieurs et extérieurs de l'installation électrique, et la conclusion reste favorable à l'électricité, même sur une ferme de 200 hectares, bien distribuée en grandes pièces, si l'on demande aux dynamos : labours, battages et lumière.

M. Ringelmann donne à cet égard de très intéressants documents sur un domaine de 360 hectares exploité par M. E. Lebert à Arcachon, où une force hydraulique fournit l'électricité et où les labours de $0^m,30$ de profondeur sur $0^m,40$ de large prennent 118 kilowatts à l'hectare et sur une autre exploitation, à Enguibaus (Tarn), appartenant à M. Félix Prat, où les labours de défrichement reviennent à 110 francs l'hectare, prix inférieur à celui de ces mêmes labours exécutés par treuils à vapeur suivant procédé indiqué dans le chapitre sur les améliorations foncières.

De son côté, M. L. Passy cite des faits absolument d'accord avec ceux que je viens d'énoncer ; l'éminent secrétaire perpétuel de la Société nationale d'Agriculture note en effet qu'à Dangu (Eure) l'installation électrique établie par M. Quervet sur une ferme de 250 hectares est une source d'économie qui n'atteint pas moins de 2.000 francs par an. Le moteur à gaz pauvre de 18 chevaux a coûté 7.250 francs, les dynamos, la batterie d'accumulateurs, la fourniture et la pose des lignes (énergie et lumière), la pose et la fourniture des lampes, 9.000 francs : ensemble 16.250 francs ; la consommation annuelle est de 6.000 kilogrammes d'anthracite valant 44 francs à pied d'œuvre, ci 264 francs; le graissage et l'entretien sont estimés à 200 francs, et l'intérêt et l'amortissement des capitaux ci-dessus désignés à 1.500 francs, soit un total de frais annuels de 2.000 francs.

Enfin sur la ferme de 200 hectares que, dans le Vexin, j'ai cédée à un ancien élève distingué de Grignon, M. G. Callerot, mon successeur a installé une organisation bien comprise qui lui procure actuellement une économie annuelle de 1.000 francs. Quelques-uns des détails fournis gracieusement par M. Callerot feront voir quelle force est prise dans des conditions déterminées par chacun des principaux instruments et donneront un aperçu de la dépense à faire si l'on voulait isoler un groupe de quelques-uns d'entre eux pour monter de petits ateliers de nettoyage de grains, de force et de lumière pour une laiterie, etc. A côté de l'installation complète d'un moteur donnant la vie à tous les rouages de la ferme, on peut, en effet, envisager d'autres dispositifs plus modestes, ne s'appliquant qu'à un objet déterminé et rendant néanmoins des services aux petites bourses auxquelles est interdite une mise de fonds élevée. Là, d'ailleurs, la dépense de force peut être plus régulière et certains des moteurs à essence, déconseillés par M. Lecler pour des travaux d'intensité variable, reprendraient faveur par suite de leur peu de volume, de leur prix très bas et de la propreté du combustible qu'ils emploient avec des exigences en eau presque nulles.

Pour en revenir à la ferme de Senneville, le moteur à gaz pauvre que M. G. Callerot y a disposé est un appareil Tangye de Birmingham d'une puissance maxima de 32 chevaux et d'une force moyenne de 26 chevaux; il commande directement : 1 pompe aspirante et foulante donnant 1.800 litres d'eau à l'heure, 1 génératrice de lumière, 1 coupe-racines, 1 meule à aiguiser, 1 brise-tourteaux et 1 dynamo génératrice de force. Cette dynamo peut être branchée sur deux lignes de force, l'une pour la batteuse qui a son moteur électrique particulier, l'autre pour un aplatisseur, un moulin, un broyeur de pommes et (plus tard) tarares et trieurs, prenant tous leur force sur un moteur Thompson-Houston de 6 chevaux.

La génératrice de lumière charge une batterie d'accumulateurs Tudor d'une capacité de 60 ampères-heure comprenant 60 éléments de 6 plaques chacun et fournissant la lumière pour 3 jours successifs en hiver ou six à sept jours en été ; 97 lampes à incandescence éclairent la ferme, celles des bâtiments ruraux ont un pouvoir éclairant de 10 bougies, et celles de la maison d'habitation de 16 bougies. Le coupe-racines coupe 600.000 kilogrammes de betteraves par an en 300 heures de travail, le brise-tourteaux brise 30.000 kilogrammes de tourteaux en 100 heures de travail ; la meule sert à aiguiser toutes les lames des faucheuses et moissonneuses, les couteaux du coupe-racines, etc. La dynamo génératrice de force, de 100 ampères sous 110 volts, transmet par un interrupteur au tableau la force dans les deux lignes aériennes. La première ligne, spéciale à la batteuse, est nue sur 220 mètres, et sous moulure le long des hangars et des granges avec une prise de courant pour la force et une autre pour 5 lampes tous les 10 mètres ; on peut ainsi exécuter les battages travée par travée, il suffit de déplacer la batteuse Breloux B. 19 à double nettoyage, portant avec elle son moteur Thomson-Houston de 9 chevaux reliable par fils souples aux prises de courant. La batteuse, suivant le personnel dont on dispose, bat de 1.000 à 1.800 gerbes (blé ou avoine) par jour : la récolte entière pouvant être évaluée à 70.000 gerbes, c'est un travail d'une soixantaine de jours par an qu'il faut exécuter pour obtenir finalement 2.400 quintaux de grains au rendement moyen, souvent dépassé à Senneville, de 24 quintaux à l'hectare. La ligne de force des greniers, par sa réceptrice de 6 chevaux, actionne : l'aplatisseur, qui marche une fois par semaine avec une vitesse de 150 tours à la minute, un débit de 4 quintaux à l'heure et un travail annuel de 80 heures pour 320 quintaux ; le moulin, qui, à 550 tours à la minute, débite 75 kilogrammes à l'heure et en 240 heures de travail annuel fournit les 180 quintaux de mouture (orge et déchets de grains) nécessaires aux porcs ; le casse-pommes enfin, qui, à 60 tours par minute, broie 5 hectolitres à l'heure et doit écraser annuellement 300 hectolitres de pommes pour 300 hectolitres de boisson. Le tout a coûté :

	Fr.
Installation des moteurs, gazogène et laveur, montage	8.900
Pompe, bac et tuyauterie pour l'eau, puisée à une citerne existante où fait retour toute l'eau qui n'a pas été polluée par l'épuration du gaz (l'eau polluée va se perdre dans un herbage)	675
3ᵉ palier supplémentaire, semelles	92
Enrouleur pour commande de la génératrice.	300
Volant	562
Installation électrique complète	8.350
Maçonnerie, massif, pavage	700
Transmissions, poulies dans la manutention et le grenier	963
Courroies	453
Supports en bois pour les accumulateurs	36
Batteuse	2.576
Coupe-racine et accessoires	1.130
Brise-tourteaux (occasion)	80
Moulin et aplatisseur	395
Broyeur de pommes	125
Total	**25.337**

La force employée est pour :

	HP
La pompe	0,5
La charge des accumulateurs	2,0
Le coupe-racines	3,0
Le brise-tourteaux	2,0
La batteuse	9,0
Le moulin	3,0
Le casse-pommes	1,0
L'aplatisseur	1,0
Total	**21,5**

Ce qui utiliserait à peu près toute la force disponible, en tenant compte des déperditions, si tous les instruments fonctionnaient ensemble. Nous avons vu que ce n'est presque jamais le cas, étant donné le travail annuel demandé à chacun d'eux; il resterait donc de la force disponible pour les travaux extérieurs, et quand celle-ci sera utilisée pour les labours, l'emploi de l'électricité à la ferme de Senneville aura donné toute sa mesure. M. Callerot estime sa consommation journalière

'anthracite à 100 kilogrammes, ce qui occasionne une dé-
•ense de combustible de 0 fr. 04 par cheval-heure, la tonne
'anthracite revenant à environ 40 francs à pied d'œuvre.
'e n'ai malheureusement pas la place nécessaire pour le suivre
lans ses calculs des prix de revient et d'amortissement qui
ont conçus sur un plan un peu différent de celui que j'aurais
maginé moi-même en tenant compte des données qui résul-
ent des calculs de MM. Petit, Ringelmann et Lecler, et qu'il
st facile d'appliquer à l'installation que je viens de décrire.

*Éclairage d'un chantier en plein air très étendu.
Coût de l'établissement d'une ligne électrique aérienne.*
— Dans les cours de ferme étendues et plus tard en pleins
champs, lorsque le développement de l'électricité y permettra
de façon courante le travail de nuit qui est encore l'exception
même pour sauver une récolte, l'emploi d'une lampe à arc
éclairant à la fois tout un chantier peut être envisagé. Voici,
à ce sujet, des chiffres intéressants relevés dans *l'Électricité
à la ferme* de M. Ringelmann :

Intensité lumineuse de la lampe par régulateur, en bougies............	500	160	70	50
Surface éclairée utilement par la lampe (docks, quais de manutention), en mètres carrés...........	1000	500	250	125
Puissance nécessaire en chevaux-vapeur par lampe (HP)..........	3	1 1/2	1	1/2

En doublant ou triplant, suivant la disposition des lieux,
les chiffres de surfaces éclairées, on obtiendra des données
qui s'adapteront, je crois, aux conditions de nos travaux agricoles extérieurs, et si, comme dernier renseignement, j'indique
le coût de l'établissement d'une ligne électrique aérienne
d'après l'ouvrage précité de M. Ringelmann, sans doute
aurai-je traité la question de la force motrice à la ferme avec
les développements que me permet un cadre trop restreint.

LIGNE ÉLECTRIQUE AÉRIENNE.

Longueur...............................	1 kilom.
2 fils (aller et retour).....................	
Nombre de poteaux.....................	12

1° *Poteaux et pose.*

12 poteaux injectés de 5 m. à 6ᵐ.50, à 6 fr..   72 fr.
Pose des poteaux. 3 jours.
— des fils, 2 jours.

2° *Fils conducteurs.*

a. Fils de fer :

2.000 m. fil fer galvanisé de 4 millim. : 200 kil. à 0 fr. 42	84 »
24 isolateurs à 1 fr. 50	36 »
8 manchons de joint à 0 fr. 20	1 60
Total...................	121 60

b. Fils de bronze :

2.000 m. fil bronze siliceux de 2 millim. : 56 kil. à 3 fr.	168 »
Isolateurs et manchons (comme ci-dessus)...	37 60
Total.................	205 60

Outillage de pose et entretien de la ligne 75 à 80 fr.

(Ringelmann, *Électricité dans la ferme*, p. 34,
librairie de la Maison Rustique.)

CHAPITRE VIII

LE MATÉRIEL AGRICOLE

Composition du matériel agricole; comment s'y prendre pour réunir l'ensemble des outils nécessaires à une exploitation déterminée; calcul de la dépense. Mise en œuvre du matériel agricole, organisation du travail.

Composition du matériel agricole. — Le choix et la composition d'un bon matériel agricole importent presque autant à l'agriculteur que le choix de la force motrice destinée à le mettre en œuvre. Il ne m'appartient pas de décrire le matériel agricole, c'est un soin dont M. Coupan s'est déjà chargé, avec la maîtrise qu'a justement appréciée la Société des Agriculteurs de France, dans son ouvrage sur *Les machines de récolte* qui fait partie de l'Encyclopédie agricole; ma tâche est plus modeste, elle consiste simplement à dégager les considérations qui doivent guider le cultivateur dans le choix de son outillage et à donner si possible un aperçu de ce que cet outillage peut coûter. Le champ d'études ainsi limité est encore assez vaste et, pour l'explorer entièrement, il est nécessaire de le diviser, c'est-à-dire de grouper nos outils suivant le but auquel ils sont destinés ; je suis ainsi conduit à réunir :

1° Les instruments nécessaires à la préparation du sol : charrues herses, rouleaux, extirpateurs, etc.

2° Les instruments de récoltes : faucheuses, moisonneuses, faneuses, râteaux et autres.

3° Les équipages : tombereaux, voitures à gerbes, tonneaux à purin, etc.

4° Les harnais pour les différents animaux de trait, constituant le mobilier d'écurie.

5° Les outils de main-d'œuvre : faulx, fourches, pelles, outils de menuiserie et de charronnerie, forge.

6° Les moteurs et leurs transmissions.

7° Les outils de magasin : batteuses et accessoires, moulins, broyeurs, etc.

8° Les outils de jardinage, qui, lorsqu'ils sont peu nombreux, peuvent être réunis aux outils de main-d'œuvre.

9° Le mobilier de vacherie.

10° Le mobilier de laiterie.

11° Le mobilier de porcherie.

12° Le mobilier de bergerie,

13° Le mobilier de la cave et du pressoir à vin ou à cidre.

Parfois ce dernier chapitre est rattaché à la division de l'inventaire intitulée « Ménage », mais il semble qu'il soit mieux à sa place avec le reste du matériel.

Il est au contraire indiqué de séparer du matériel de culture le mobilier d'usine qui, nous l'avons vu, dans le cas d'une distillerie annexée à l'exploitation, prend une importance considérable.

Pour étudier les treize chapitres du matériel agricole tels que je les ai établis, examinons tout d'abord à quel système de culture nous nous sommes arrêtés. S'agit-il d'élevage au grand air, ou d'engraissement sur des prés d'embouche ? des chapitres entiers vont disparaître, et il sera très facile de doter les chapitres restants des quelques instruments qui doivent y figurer. Très probablement, à moins d'une chute d'eau donnant l'électricité à très bon compte, il n'y aura plus lieu d'avoir un moteur et, si l'on a quelques battages à exécuter, il faudra en charger les gardiens des bestiaux à leurs moments perdus ou bien avoir recours à un entrepreneur qui en très peu de jours livrera pailles d'un côté et grains de l'autre. Seul ici un petit moteur à essence aura sa place pour la mouture ou l'aplatissage des grains et le concassage des tourteaux.

Au contraire, pratiquons-nous la culture intensive ? les chapitres de 1 à 8 prendront une grosse importance. Avant de nous y arrêter, débarrassons-nous des chapitres 8, 9, 10, 11, 12 et 13. Les chapitres 8, 9, 11 et 12 sont secondaires, même dans le cas de vacheries, porcheries ou bergeries nombreuses ; ils seraient chargés par les appareils de distribution d'eau s'il en existait et que ceux-ci ne fassent pas partie de l'immeuble. Le chapitre 10, *mobilier de laiterie*, peut être nul ou au contraire assez étendu dans une ferme où l'on se livrerait à la production du lait et du beurre. C'est à ce chapitre que devraient figurer les vases pour livraisons en ville, les pasteurisateurs, barattes, malaxeurs, écrémeuses, etc., et j'y introduirais la dynamo réceptrice éventuellement utilisée pour la marche des appareils ci-dessus, puisque c'est la laiterie qui doit amortir un moteur à elle spécialement réservé. Étant donnés la valeur des écrémeuses centrifuges et le coût des machines productrices de glace, l'ensemble pourrait s'élever à plusieurs milliers de francs. Aussi une fois déterminée la quantité de lait que je me propose de traiter par jour et étant connus d'autre part les locaux à ma disposition, je soumettrais ces données à un bon constructeur d'appareils de laiterie et lui demanderais de dresser un devis comprenant l'aménagement des appareils. Le chapitre *mobilier de laiterie* serait ainsi établi sans faux frais, et je n'aurais par la suite qu'à le compléter en y inscrivant les acquisitions successives d'outils nouveaux.

Mobilier de cave et de pressoir. — Le chapitre 13, *mobilier de la cave et du pressoir*, est rarement négligeable ; il n'est très réduit que si l'on ne nourrit aucun employé, sinon il comprend, à défaut de la presse et du broyeur de pommes, qui restent souvent groupés avec les autres outils de magasin, les cuves de macération et les réservoirs pour loger le cidre ou le vin. Je n'avais pas moins de 14 foudres de 30 hectolitres chacun, estimés en bloc avec leurs chantiers, à 2.200 francs dans l'état d'usage où ils se trouvaient. Ailleurs aux tonneaux de bois on préfère les citernes en verre ou les logements en ciment. M. Bourgne, le distingué professeur départemental d'agriculture de l'Eure, recommande les citernes en verre, très favorables à la conservation du cidre et d'un prix de revient ne dépassant pas, si mon souvenir est exact, 5 francs l'hectolitre. Les logements en ciment perdent tout goût de chaux si, comme le conseille M. Ringelmann, on les rince avec une solution d'acide tartrique à 20 p. 100 jusqu'à ce que toute effervescence ait disparu.

S'il veut se documenter d'une façon complète sur le chapitre *celliers* (celliers à vin surtout), le chef de l'exploitation rurale n'a qu'à consulter le très remarquable ouvrage sur *Les Celliers*, de MM. P. Ferrouillat, professeur de génie rural à l'École nationale d'agriculture de Montpellier, et Charvet, son répétiteur. Ces messieurs ont visité et décrit plus de cent cinquante domaines viticoles et ils indiquent les aménagements de caves et chais les plus conformes aux récentes découvertes de la science. De leurs informations résulte que les celliers et leur mobilier reviennent à des prix variant de 1.200 à 1.800 francs par hectare de vignes et de 9 à 18 et même 21 francs par hectolitre de vin logé ; ces gros écarts justifient le soin à apporter à la construction des bâtiments qui nous occupent actuellement et à l'acquisition de leurs accessoires. Ceci dit, je retourne aux premiers chapitres de mon matériel, qui constituent un peu comme la clef de voûte de l'exploitation. A quels débours vont-ils m'entraîner ? Quels outils vais-je y faire figurer dans l'hypothèse de la culture intensive où je me suis placé ?

Moteurs et accessoires. Outils de magasin. — De deux choses l'une, l'étendue du domaine est faible ou elle est plus ou moins considérable. Si le domaine est de faible étendue, l'homme et les animaux de trait y ont seuls leur place pour l'exécution des travaux de préparation du sol et de récolte, je ne puis donc introduire que des instruments susceptibles d'être traînés par des attelages en limitant la taille de ces instruments aux forces parfois insuffisantes de deux ou même d'un seul animal. Il se peut que, dans ce cas, comme dans le cas de la culture herbagère, j'aie quelques domestiques au mois insuffisamment occupés par la conduite de leurs animaux, ils me feront alors au fléau une partie des battages, le reste sera confié à l'entrepreneur ; en tout cas, ce que j'ai appelé le mobilier de magasin se réduira à quelques appareils de nettoyage (tarares et analogues) et à un coupe-racines parfois complété d'un aplatisseur ; le moulin, qui exige plus de force, n'apparaîtra qu'avec le développement de l'exploitation. Lorsque celle-ci grandit, les instruments de préparation du sol se multiplient, ils deviennent plus pesants, pour remuer la terre jusque dans ses couches profondes et, au besoin, la défoncer ; aux charrues ordinaires s'ajoutent les brabants doubles dont on devrait multiplier l'emploi, les défonceuses tirées par 6 ou 8 bœufs,

la série complète des herses avec les émotteuses Bajac, celle
des rouleaux, y compris le crosskill, si utile pour aplomber les
terres creuses, celle enfin des extirpateurs, dont on construit
aujourd'hui de remarquables modèles pour ameublir les
bandes détachées par la charrue ou pour régénérer les vieilles
prairies. La machine à vapeur, la locomobile, fait son apparition, consacrée d'abord aux battages et à la mise en marche
des instruments d'intérieur de ferme déjà nommés, puis à la
production de l'électricité localisée à l'intérieur de la ferme
ou réservée à la production de la lumière, puis rayonnant
jusque dans les champs pour y actionner les appareils à défoncer et les charrues pour labours ordinaires.

Quand nous en sommes là le moteur à gaz pauvre ou la
chute hydraulique peuvent prendre la place de la locomobile,
en acquérant, grâce à l'électricité, la souplesse dont ils sont
naturellement dépourvus ; c'est une question de prix de revient à choisir le plus bas possible. Pour des installations
donnant une énergie en rapport avec les exigences les plus
habituelles de l'agriculture, M. Petit indique des mises de
fonds premières de 6.500 francs à 8.000 francs pour locomobile d'une force de 10 à 12 chevaux ; 16.290 francs, dont 11.650 fr.
moteur, 430 francs transport et 4.640 francs bâtiment d'usine
et fondations des appareils, pour moteur à gaz pauvre de
17 chevaux ; 3.000 francs pour moteur à explosions de 12 chevaux marchant au benzol ; 3.140 francs enfin pour force électrique de 6 chevaux comprenant dynamo génératrice et dynamo réceptrice. L'installation de la force électrique se grève
naturellement : du prix de l'abonnement à une usine électrique centrale, ce qui pour de petites! exploitations est destiné à présenter une sérieuse commodité ; du coût du moteur
à gaz pauvre et de ses accessoires, ou du coût de la locomobile ou du générateur à vapeur fixe actionnant la dynamo
génératrice. Avec la vapeur, le débours total est d'une dizaine de mille francs au moins, et, dans le cas du moteur à
gaz, il atteint 15 à 20.000 francs ; car les calculs de M. Petit
doivent être rectifiés lorsque l'immeuble comprend un bâtiment susceptible de recevoir le moteur.

C'est en partant de ces capitaux progressivement amortis

et relevés dans leur détail au chapitre : *moteurs et accessoires*, que MM. Petit, Ringelmann et autres auteurs établissent leurs prix de revient ; mais tous supposent les moteurs marchant au minimum 200 jours par an. La dépense à l'hectare ou au cheval-heure s'accroît beaucoup lorsque le moteur ne sert que 150 ou même 100 jours. Or il faut, comme je le faisais observer à propos des chiffres de M. Thomassin, une **grosse** exploitation d'au moins 400 hectares pour y utiliser rien qu'aux labours une installation électrique 200 jours par an, et la même remarque s'appliquerait à l'emploi exclusif de **cette** installation pour les battages par exemple ; il en résulte (ainsi que je le faisais précédemment ressortir) que si l'on veut qu'une installation de ce genre soit réellement pratique et avantageuse sur une exploitation de médiocre étendue, elle doit être employée, non pas en vue d'un but unique, mais en vue de l'exécution d'un ensemble de travaux qu'il faut savoir prévoir et combiner.

Instruments aratoires. — Voici comment un agriculteur soucieux d'acquérir le matériel agricole le plus convenable au domaine qu'il cultive peut raisonner pour fixer son choix. Il reprendra des chiffres analogues à ceux que j'ai, à dessein, empruntés au mémoire de M. G. Callerot et il se dira : « La surface emblavée en céréales sur mon exploitation est susceptible, en raison de la nature du sol, des engrais et des soins culturaux que je lui donne, de fournir à l'hectare un nombre de gerbes correspondant à une récolte totale de N gerbes ; il faut que je compte un certain temps pour les labours, les ensemencements, les travaux de récolte et, bien qu'une partie de ces travaux divers soient exécutés par le personnel fixe, il ne me reste pour les battages qu'un nombre X de jours sur lequel je puisse tabler ; par conséquent j'ai besoin d'être à même de battre en une journée $\frac{N}{X}$ gerbes. Ce nombre $\frac{N}{X}$ est insuffisant pour justifier l'acquisition d'une batteuse, ou bien il exige que j'en achète une d'une force de P chevaux-vapeur. Si tel est le cas, quel est le modèle qui, pour cette force de P chevaux, exige la main-d'œuvre la moindre, étant donnés le bon aménagement des organes essentiels, la façon dont s'enlèvent le grain, la menue paille, etc. ? L'examen des catalogues, la visite des constructeurs me fait découvrir le type cherché, je l'achète et le ramène chez moi : première difficulté tranchée, qui entraîne avec elle la solution d'un second point du problème. La batteuse, en effet, est la machine agricole qui entraîne la dépense de force la plus élevée ; de cette force se déduit la puissance, le genre et par suite le prix du moteur à acquérir.

Sur le moteur, je puis, en dehors des heures de battage ou concurremment avec le battage, car il est indispensable que j'aie une certaine marge pour prévenir les arrêts résultant d'à-coups dans le cas d'un moteur d'énergie trop parcimonieusement limitée, sur le moteur, dis-je, je puis prendre la force nécessaire à la mise en marche des concasseurs, moulins, tarares, etc., ainsi que la force nécessaire au chargement des accumulateurs en vue de la production de la lumière. Étant donnés le poids de la récolte à passer au tarare et au trieur, et le temps dans lequel doivent prendre place ces opérations de nettoyage, les dimensions, la nature et le prix de ces instruments me sont fournis ; il en est de même en ce qui concerne les moulins et coupe-racines, si je sais qu'ils auront à écraser ou couper des poids déterminés de marchandises dans des laps de temps qui sont fonction de la consommation journalière de mon bétail. Par un raisonnement en somme relativement simple, voici donc toute une partie du matériel prévue et prête à être choisie et payée. Du temps qu'il faudra laisser au moteur pour lui permettre l'exécution des travaux intérieurs se déduira, en tenant compte des jours fériés, du repos hebdomadaire et des arrêts pour nettoyages ou réparations, le nombre de jours pendant lesquels il pourrait être affecté aux travaux extérieurs. Ce nouveau calcul fait, en admettant que nous usions de la faculté qui nous est ainsi laissée d'employer le moteur pour le travail des champs, sous réserve que pendant la moisson tous les attelages et le personnel sont concentrés sur la rentrée des grains, ce qui a pour conséquence la mise au repos de l'énergie mécanique, il nous est facile de voir dans quelles conditions nous retrouverons les prix du cheval-heure indiqués précédemment et dans quelles conditions aussi nous abaisserons les prix en question, même en majorant les frais de premier établissement de la dépense entraînée par le développement des lignes électriques aériennes. Comme en poussant au maximum l'utilisation de l'électricité il est certain que celle-ci nous sera refusée pour les labours pendant les périodes de battages et de manutentions importantes des aliments d'hiver du bétail, il apparaît que les attelages ne sont pas réduits au rôle de convoyeurs de marne, fumiers et grains à livrer au marché ; avec la traction des instruments de récolte, il leur reste encore plus d'une pièce de terre à retourner. Je n'en considère pas moins que, dans les lignes que l'on vient de lire, j'ai exposé les faces du problème que soulève la composition d'un bon matériel agricole ; je crois aussi avoir fourni les éléments principaux d'une solution réellement économique. De cette solution se déduisent la force et par conséquent le prix des instruments aratoires ; leur nombre en résulte aussi, puisque, pour composer notre outillage, nous sommes précisément partis de l'étendue du domaine cultivée en céréales et du rendement probable de ces céréales à l'hectare.

Les rendements convoités à l'hectare sont un facteur très important de la composition du matériel de ferme : ils sont, en effet, fonction du bon état de préparation du sol et de sa propreté. C'est la bonne préparation du sol qui permet la circulation et l'emmagasinage de l'eau si indispensable à la végétation par ses multiples effets ; or, pour bien préparer une terre, on ne saurait, en culture intensive, se contenter des labours plus ou moins superficiels de l'assolement triennal d'autrefois ; il faut augmenter leur nombre et leur profondeur et, au lieu d'un peu plus de deux charrues pour 100 hectares, il n'est pas exagéré de dire qu'il en faut au moins quatre. C'est ce nombre que l'on trouve à Roye, où, sur 600 hectares, M. Pluchet a 25 brabants doubles ; j'avais moi-même, sur 200 hectares, 4 brabants et trois charrues d'un modèle analogue à celui de Mathieu de Dombasle, plus une double déchaumeuse. Les brabants doivent pouvoir exécuter des labours d'au moins 20 à 25 centimètres de profondeur ; une partie d'entre eux doit descendre jusqu'à 30 et 35 ; enfin, si le domaine le comporte, une défonceuse doit leur être adjointe. L'utilité de ce dernier instrument apparaît dans le cheptel lorsque, chaque année, une vingtaine d'hectares au moins doivent faire l'objet d'un défoncement. Dans le même ordre d'idées, bonne préparation du sol, l'émotteuse Bajac s'ajoute aux herses des anciens systèmes ; un jeu de celles-ci, extrêmement fines et légères, n'exigeant que la traction d'un cheval, parachève de façon parfaite la mise au point des terres à betteraves.

Pour le nettoyage des récoltes et aussi l'économie de semences, il n'est plus de semailles à la volée, partout règne le semoir en lignes. Les meilleurs sont ceux qui se prêtent aux écartements variables suivant la plante qu'il s'agit de semer, dont le débit se change facilement par déplacement latéral des distributeurs cannelés, changement de vitesse de l'arbre distributeur, changement de cuillers distributrices ou tout autre dispositif suffisamment simple ; on apprécie également les modèles qui se montent en houes multiples. M. Pluchet en possède un pour 100 hectares, dont 80 en céréales et betteraves ; avec une culture moins intensive, où l'on n'aurait que 50 hectares en céréales et betteraves sur 100 hectares, un semoir de 2^m,50 de large suffit pour une exploitation de 200 hectares ; on peut lui adjoindre un petit appareil pour l'ensemencement rapide et régulier des graines de prairies et de légumineuses fourragères.

Pour la propreté proprement dite, interviennent les houes multiples : on en compte une par 50 hectares environ, les binages devant à certains moments pouvoir être exécutés très rapidement. J'ai ainsi passé en revue les principaux outils du chapitre *instruments aratoires*; c'est à ce chapitre que j'inscrirais aussi les essanveuses, qui font place aujourd'hui aux pulvérisateurs à dos ou à traction animale pour la destruction des sanves.

Instruments de récolte. — Les bons modèles ne manquent pas; pour constituer cette partie du matériel, visiter les ateliers des constructeurs en renom et rechercher les outils les plus simples et les plus solides ; s'assurer que les pièces de rechange, dont il faut posséder au moins les prin-

R. Vuigner. — Domaine agricole.   24

·cipales, peuvent être facilement commandées à distance sans risque d'erreur dans l'envoi de la commande ; porter son attention sur les nouveaux modèles de râteaux à décharge latérale, qui simplifient et abrègent beaucoup la fenaison ; s'attacher enfin à l'étude comparée des moissonneuses lieuses et des moissonneuses javeleuses ordinaires. Avec les progrès dont les lieuses sont l'objet, et qui permettent leur utilisation pour faucher les récoltes de luzernes dont les demi-bottes dressées sur-le-champ sèchent ensuite sans autre intervention de l'homme, avec la rareté croissante d'une main-d'œuvre de plus en plus exigeante, la moissonneuse lieuse doit avoir la préférence même sur des petits domaines d'une quarantaine d'hectares. Le débours n'est même plus de 1.000 francs pour une de ces machines, et, à supposer qu'on veuille l'amortir en cinq ans et que la lieuse ne coupe par an qu'une quinzaine d'hectares de céréales à raison de 3 hectares par jour :

	Francs.
L'amortissement serait par hectare de 200ʳ/15....	13,35
L'intérêt de 1.000 fr. à 4 p. 100, 40ʳ/15..........	2,65
La traction : 1/2 de 3 journées de chevaux avec conducteur, soit d'après mes chiffres..........	7,50
(Je dis 1/2 et non 1/3 car les mêmes 3 chevaux ne marchent pas toute une journée à la moissonneuse sans un certain repos.)	
Le relevage des gerbes........................	4,00
Total par hectare..............	27,50

Or, aujourd'hui, les tâcherons demandent, quand on les trouve, des prix à l'hectare supérieurs au prix ci-dessus, qui est compté très largement et s'abaisse très rapidement en grande culture ; celle-ci emploie une lieuse par 60 hectares de céréales et une faucheuse par 25 hectares de prairies artificielles, elle tend aussi à employer les arracheuses de betteraves à raison de une pour 12 hectares.

Équipages agricoles. — Le chapitre *équipages* varie beaucoup avec le mode d'exploitation et l'intensité des charrois. Mon matériel *équipages* comprenait pour 200 hectares : 2 grands chariots à 4 roues, se montant en fourragères, ou portant facilement 6.000 kilogrammes de betteraves, 2 voitures à bœufs, 3 charrettes à 2 et 3 chevaux, 1 farinière et 7 tombereaux de 2 à 3 mètres cubes pour bœufs ou chevaux. J'ai donné ailleurs la composition du matériel roulant de M. Pluchet : M. Pluchet a 10 équipages environ pour 100 hectares de son exploitation ; chez moi la proportion n'était que de 7 équipages et demi, c'est un peu juste, il en faudrait au moins 8 avec une voiture à gerbes de plus ; et, puisque j'en suis sur ce chapitre, je conseillerai à l'acquéreur d'un matériel neuf de diviser ses équipages en deux groupes : groupe du service extérieur, groupe du service intérieur.

J'entends par service extérieur le transport sur route des denrées agricoles de vente et l'apport à la ferme, également par voie de terre, d'un certain nombre de matières premières : charbons, engrais, tourteaux. Pour tous ces transports il est nécessaire d'avoir de très gros véhicules permettant la conduite par un seul homme d'un fort tonnage de marchandises : on voit d'ici l'économie réalisée ; mais pour le service intérieur, comportant les charrois de marnes et fumiers, l'enlèvement des récoltes, etc., une telle économie n'est plus possible. Il faut de petites voitures dont les roues à larges bandages s'enfonceront le moins possible dans les terres amollies par la pluie. Ces petits véhicules sont faciles à charger et se déchargent très promptement, leur poids est relativement faible et ils ne coupent pas profondément le sol, au grand détriment de leur déplacement, autant d'avantages précieux surtout lorsqu'il s'agit d'aller vite et qu'on n'a pas le temps de disposer des piles de gerbes soigneusement entassées.

Harnachements. — Le chapitre *harnachements* est relativement facile à établir. Chaque attelée est prise isolément et demande pour les chevaux : un harnais de limon, un harnais pour cheval de cheville avec avaloire de retraite, et un ou deux harnais pour cheval de devant suivant que l'attelée est de 3 ou 4 chevaux. Le harnais du limonier doit être disposé pour que la lourde dossière qui sert dans l'attelage au tombereau puisse être complètement supprimée lorsqu'on place le cheval entre les brancards fixes d'un chariot ; le reculement se relie alors directement au collier à l'aide d'une courroie. Les chevaux, en dehors de leurs harnais de voiture, ont leurs harnais de charrue, collier avec traits, croupière, dossière ventrette et porte-traits à la croupe ; le collier de ces harnais reçoit aussi les harnais des faucheuses. Chaque animal a ainsi ses deux colliers, en dehors desquels il est bon d'avoir quelques colliers de rechange en cas de blessures, une ou deux bricoles et les harnachements de voiture pour les chevaux de cour et de carriole. Les lourdes housses en peau de mouton et les queues de renard des brides sont très discutées, ce sont accessoires qui ont longtemps flatté certains charretiers, mais sont destinés à disparaître parce qu'ils sont chers et encombrants et que la protection qu'ils assurent l'hiver n'est pas à comparer avec la gêne qu'ils occasionnent l'été.

Les harnais des bœufs sont plus simples : jougs, chapeaux, courroies et chaînes d'attelage avec quelques pièces en supplément pour parer aux accidents. La suppression du joug double dont les inconvénients ne sont plus à démontrer, l'emploi du bœuf aux faucheuses et moissonneuses, son attelage au tombereau à chevaux entre les limons, ce qui n'exige plus qu'un seul type de véhicules, vont sans doute compliquer un peu le harnachement primitif et le rapprocher de celui du cheval ; en tout cas ce ne sera que mise de fonds un peu plus élevée, rachetée par de sérieux avantages, et il sera toujours aussi aisé que par le passé de réunir les harnais nécessaires à nos bêtes de trait ; il s'agit de dresser une liste et de mettre la valeur en regard de chaque objet. Un point toutefois à ne pas négliger est celui de l'entretien.

Il est important de faire sécher les harnais mouillés et d'en entretenir la souplesse en les graissant légèrement ; comme, plus ou moins vite, ils s'imprègnent de sueur et de saleté, on conseille de les laver à fond, de temps à autre, à l'eau tiède ; c'est une bonne pratique, à condition de surveiller la chaleur de l'eau, d'astiquer les cuivres et de graisser les cuirs ainsi qu'il vient d'être dit. Il ne faut pas laisser un point décousu sans le réparer et deux fois par an il convient de faire procéder sur place à une révision de tout le harnachement : à l'automne, après le débardage des betteraves, et au printemps, après les semailles et avant la fenaison.

Outils de main-d'œuvre. — Au chapitre *outils de main-d'œuvre*, ne pas oublier de faire figurer les brouettes à paille et petits tombereaux à provende; prévoir aussi les outils de menuiserie et charronnerie les plus indispensables et les pinceaux nécessaires à la peinture de tous les instruments; ceux-ci devraient être lavés au minimum chaque fois qu'on les rentre, la campagne finie, et il faudrait les repeindre à intervalles plus ou moins rapprochés suivant l'intensité du service qui leur est demandé; avec cette précaution et un graissage soigné de toutes les portions susceptibles d'usure par frottement, on en doublera la durée. Un matériel de forge permettra d'effectuer sur place certaines réparations les plus urgentes et de ferrer à la ferme bœufs et chevaux, soit qu'on ait recours pour ce faire au maréchal ferrant du pays, soit que les charretiers ferrent eux-mêmes leurs animaux.

Observations sur les outils de magasin : batteuses à grand travail. — Je n'ai pas à revenir sur le chapitre *moteurs et transmissions*, non plus que sur le chapitre *outils de magasin*. Toutefois j'attirerai l'attention du futur cultivateur sur l'intérêt qu'il y aurait pour lui à réduire le personnel que les batteuses occupent en grand excès par rapport à beaucoup d'autres appareils, ce qui fait qu'on a un noyau d'ouvriers mal employés pendant l'hiver au lieu d'assurer à un groupe un peu moindre un travail presque régulier. Pour obtenir ce résultat, il faudrait que certaines parties de l'opération, aujourd'hui manuelles, soient exécutées mécaniquement. Le déblai des menues pailles envoyées directement à la chambre à mélange, le liage automatique des bottes, l'acheminement immédiat des grains battus vers les greniers, enfin l'engrenage automatique supprimant une cause d'accidents nombreux sont autant de progrès réalisés par les machines du système Lanz par exemple; malheureusement ces progrès occasionnent une dépense de force supplémentaire de 7 à 8 chevaux-vapeur, peut-être parce qu'on a voulu comprimer la paille liée, ce qui, dans bien des cas, n'est pas indispensable; c'est -là l'écueil. Est-il insurmontable? Non, si par l'application complète du moteur agricole on abaisse le prix du cheval-

heure et si l'on trouve sur l'exploitation l'emploi économique
d'un moteur de 20 à 25 chevaux, comme celui que nous avons
vu chez M. Callerot. Chez M. Boisseau, que nous retrouverons
en parlant du personnel agricole, il semble aussi que la difficulté ait été vaincue et que le battage s'exécute dans les meilleures conditions, tant au point de vue du prix auquel est
obtenu le quintal de grain qu'au point de vue du personnel
employé et du prix auquel ressort la journée de chaque
ouvrier. M. Boisseau n'est pas seul à utiliser les bonnes méthodes et les agencements bien compris, les bons exemples
ne manquent donc pas ; il s'agit de s'en inspirer en se les faisant montrer au besoin, et puisque j'ai été conduit à revenir
ainsi sur l'opération du battage, elle me suggère encore deux
observations importantes.

Lorsque, par l'emploi des moto-batteuses ou des batteuses
mues électriquement, on peut battre les récoltes sous hangar,
travée par travée, les manipulations de gerbes sont supprimées et la paille n'a pas à être transportée au loin puisque de
la conduite même du battage résulte qu'on a toujours à portée
un espace vide pour l'emmagasiner ; il y a là économie de
temps et de main-d'œuvre ; mais il faut encore accroître cette
double économie ; pour cela, d'après l'importance de la récolte et celle des besoins à satisfaire, on détermine les quantités de paille susceptibles d'être vendues, et on règle les
ventes de manière à ce que les expéditions soient faites au
fur et à mesure des battages : de cette manière les voitures
sont immédiatement chargées pour le départ et les frais de
livraison sont considérablement réduits. Il faut seulement ne
pas se laisser, à la légère, séduire par le supplément d'économie et, avant de s'en assurer le bénéfice, prendre garde
aux allures des cours afin de ne pas perdre le profit d'une
hausse éventuelle par des ventes trop hâtives.

Les batteuses, surtout lorsqu'on développe leur travail
purement mécanique, comportent dans leurs organes annexes
(chaînes à godets ou hélice pour déplacement du grain battu, etc.)
des transmissions plus ou moins compliquées. Quelques-unes
de ces transmissions font partie intégrante des *outils de magasin*, d'autres se classent à l'article *transmissions* du cha-

pitre *moteurs* ; les unes et les autres peuvent représenter un prix d'acquisition important et ont ceci de particulier qu'elles ne gardent pas leur valeur, une organisation d'outils de magasin qui plaît à un cultivateur ne plaisant pas toujours à son successeur. Il est, dans ces conditions, fort intéressant de ne pas faire de fausse manœuvre : les transmissions doivent être établies de façon à occasionner le moins possible un surcroît de dépense de force, à ne pas peser un poids inutile et à pouvoir être facilement démontées si l'on veut les nettoyer ou les emporter au cas où à fin de bail on ne trouverait pas à les céder pour un prix raisonnable. L'intervention d'un ingénieur spécialiste paraît donc absolument nécessaire : grâce à lui seront, de plus, exactement calculées les dimensions des poulies de commande et de renvoi pour obtenir les vitesses les plus favorables au bon fonctionnement de chaque outil, et les chaises porteuses des coussinets recevront des points d'appui absolument fixes ; enfin un devis de là dépense sera dressé. Pour ces transmissions à l'aide d'arbres rigides et de courroies, le prix de revient est en effet presque impossible à indiquer d'une façon générale, et il est en outre peu commode de dire autrement que sur place quand la transmission par câble ou par ligne électrique aérienne doit prendre la place des arbres métalliques. J'ai dit ce que coûtait, d'après M. Ringelmann, l'établissement d'un kilomètre de ligne nue ; les lignes sous moulures sont évidemment plus coûteuses et, si l'ensemble de ces deux sortes de lignes présente des avantages incontestables, il n'en faut pas moins tenir compte des pertes d'énergie qui se produisent sur leur parcours et des pertes de rendement sur les dynamos réceptrices ; c'est un élément qui doit intervenir pour fixer la valeur de cette portion du matériel agricole.

Peut-être aurait-il été intéressant de prendre un exemple et de donner les prix d'un matériel d'exploitation neuf en relevant les prix de chaque objet sur les catalogues des bons constructeurs et en tenant compte des remises consenties par eux aux agriculteurs connus pour leur solvabilité ou aux syndicats : c'est un travail que chacun peut et doit faire ; voici seulement un relevé sommaire du matériel que j'uti-

lisais sur la ferme de 200 hectares aujourd'hui occupée par
M. Callerot :

	Francs.
Instruments de préparation du sol..........	2.914
Instruments de récoltes (un peu insuffisants).	1.482
Équipages (compris tonneaux à purin)......	6.782
Mobilier d'écurie (très complet)............	1.874
Outils de main-d'œuvre....................	478
Moteurs et transmissions (très amortis)......	4.505
Outils de magasin (suffisants)...............	6.325
Outils de jardinage (chapitre insignifiant)....	106
Mobilier de vacherie (les auges sont immeubles et non comprises dans la valeur ci-devant).	310
Mobilier de laiterie.......................	879
Mobilier de porcherie (même observation que pour la vacherie)......................	98
Mobilier de bergerie (partie des râteliers immeubles)................................	436
Mobilier de poulaillers y compris couveuses.	311
Cave et pressoir..........................	2.530
Total....................	29.030

Le tout en état d'entretien et frappé d'amortissements
déjà très importants pour certains articles, tels que les moteurs, que, depuis, M. Callerot a remplacés en augmentant
leur valeur actuelle de 10 à 12.000 francs. D'autre part, j'ai
dit qu'il m'aurait fallu aux équipages une voiture à gerbes
de plus et j'ajoute ici que mes instruments de récolte auraient
dû être complétés au moins d'une bonne lieuse, de sorte
qu'il ne faut pas prendre mes chiffres trop à la lettre. Je les
ai reproduits dans le but unique de préciser, pour un cas particulier, les indications forcément très générales qui précèdent.

Emploi du matériel agricole, organisation du travail.
— En possession d'un bon matériel, l'agriculteur doit savoir
l'utiliser. Ceci suppose d'abord qu'il connaît tous ses outils
suffisamment pour se rendre compte par où ils pèchent et
remédier aux inconvénients qui tiendraient à un défaut de
réglage ; s'il n'a pas cette connaissance, avant de rien entreprendre, il fera sagement de se livrer à une étude pratique de
la question. Mais ce point de vue, presque uniquement matériel, ne donne pas le doigté qui assure le succès et, de ce
doigté spécial, il rentre dans ma tâche de dire un mot.

Considérons un travail agricole quelconque : labour, fauchage à la machine. Au cours de son exécution deux phases se présentent : celle où attelage et machine sont effectivement en œuvre ; celle où, sans profit pour le cultivateur, ils emploient un temps précieux à se mettre en position de travail. Plus nous diminuerons cette seconde phase par rapport à la première, mieux nous saurons utiliser notre matériel ; ceci implique la division du domaine en grandes pièces où les rayages des charrues seront suffisamment longs pour n'avoir pas à passer plus de temps à sortir l'instrument et à le remettre en raie qu'à exécuter le travail proprement dit. Inutile d'insister. Le petit cultivateur lui-même ne doit rien négliger pour faire avec ses voisins des échanges de parcelles afin de grouper ses terres et de n'avoir plus ces petits champs qui sont déjà à moitié fauchés quand la faux a coupé l'andain nécessaire au passage de la machine. Il évitera d'ailleurs de tomber dans l'excès contraire, car de trop grandes pièces pourraient présenter des inégalités de maturation, et les lieuses mettraient trop de temps à y revenir au même point, ce qui, pour le relevage des gerbes, présenterait un sérieux inconvénient. Je m'en tiens donc, comme je l'ai dit, en grande culture aux pièces de 7 à 8 hectares, ce qui n'empêche pas d'avoir plusieurs de ces pièces soudées les unes aux autres entre deux chemins de desserte.

Le point que je viens de toucher est capital, il se traduit en chiffres de la façon suivante que j'engage mon lecteur à méditer : sur de faibles parcelles ou avec des outils tels que les anciennes charrues obligeant à certains parcours à vide : travail utile 1/2, travail stérile 1/2 ; sur des pièces de bonne étendue (à partir de 2 à 3 hectares) : travail utile 3/4 ou plus, travail stérile 1/4 ; application : 1/4 de l'effectif animaux de trait gagné dans des fermes bien assolées.

Le domaine ainsi bien divisé, le plan de fumure et le plan de cultures dont j'ai précédemment parlé donnent au praticien l'enchaînement des divers travaux qu'il doit en cours d'année demander à son matériel agricole et l'importance relative de ces divers travaux ; l'agriculteur peut ainsi placer les opérations que successivement il aura à mener à bien, en réservant à chacune d'elles le temps voulu à l'époque convenable ; peut-être les intempéries viendront-elles le contraindre à faire des retouches à ces dispositions d'ensemble, il n'en est pas moins indispensable de les avoir prises, et, si l'on m'a suivi, je crois qu'on a en mains le moyen de dresser le programme général. Nous passerons ensuite à l'exécution des différents actes. Pour ceux-ci, nous aurons à tenir compte des circonstances locales : climat, sécheresse ou humidité plus ou moins intenses, etc.; mais le cultivateur est sûr de ne pas se tromper, s'il réunit dans sa main sur le même point tous les éléments de ses chantiers de récolte ou de préparation de terre ; il avancera ainsi de proche en proche, voyant toujours d'un coup d'œil l'escouade entière de ses ouvriers que l'émulation stimule malgré tout ; et de cette façon de procéder découlera pour lui un autre élément du succès : quand, le soir, bêtes et gens quitteront une pièce en voie d'être semée en betteraves par exemple, herses, semoir, rouleaux, extirpateurs, charrues seront côte à côte ; sur leur gauche, le champ paraîtra intact ou tel que l'ont laissé les gros labours d'hiver, sur la droite le travail sera fini, de sorte que si la pluie vient à tomber, on ne sera pas exposé à de fâcheux retards ou à des coups de herses supplémentaires pour remettre en état un sol battu. De même, en moisson ou en fenaison, pas une gerbe ne traînera à terre, pas de fourrage susceptible d'être mis en meule ne restera gisant en coquets plus ou moins sensibles à la pluie ; ainsi pour le foin, en particulier, seront évitées d'inutiles manœuvres, dont le moindre inconvénient serait de détacher les feuilles et autres parties tendres et nutritives des légumineuses. Tout cela se vit, pour ainsi dire, quand on a au cœur l'amour de la terre et l'instinct des soins à lui donner pour la rendre productive ; il semble que l'agriculteur voie aussi en pensée, avant de la régler sur le terrain, la chaîne ininterrompue de ses voitures qui de la ferme conduiront aux champs le fumier ou des champs feront rentrer les récoltes : un peu de pratique, et attelages, conducteurs, chargeurs et déchargeurs seront prévus juste en nombre suffisant pour que le travail s'exécute sans heurt et sans flottement ; l'harmonie régnera et avec elle la réussite du patron et la bonne humeur de l'ouvrier. Il faut bien reconnaître, en effet, que si celui-ci n'est pas parfait, souvent il donnerait un rendement bien meilleur en même temps que beaucoup moins pénible pour lui si l'effort qu'on lui demande était régulièrement proportionné à ses forces : là réside, dans une large mesure, le talent du chef qui sait tirer vraiment profit de son matériel agricole et du personnel à qui il a confié le soin de le conduire.

J'ai signalé, dans mon chapitre sur les assolements, l'évolution des attelages des fermes de la grande banlieue parisienne dans les pièces où l'on prépare au printemps l'ensemencement des betteraves ; on peut voir à l'automne ces mêmes attelages sillonner les mêmes pièces en vue des semailles de blé. En tête marche le semoir à engrais, saupoudrant, s'il y a lieu, de superphosphate les fanes qu'ont mangées les moutons et dont les débris flétris s'incorporeront, sans la rendre trop creuse, à la terre qu'ouvrent toutes les charrues disponibles. Ces charrues s'avancent l'une dernière l'autre et refendent le champ en larges planches autour desquelles elles tournent ; bœufs et chevaux, si la saison a été favorable et que la pluie ait suffisamment ameubli le sol, marchent au pas accéléré et deux animaux enlèvent les outils qui chacun travaillent près d'un demi-hectare par jour. Derrière les charrues, les rouleaux plats ; si la terre n'est pas trop fraîche, deux bœufs les remorquent et un bouvier conduit à lui seul les deux paires de son attelée partagée entre deux rouleaux. Vient ensuite la herse qui sur le labour donne deux dents ou un tour, puis c'est le semoir à grains et enfin la herse qui recouvre la semence. Autant que possible tous ces outils ont assez d'avance l'un sur l'autre pour que chaque façon culturale soit donnée un peu obliquement par rapport à la façon précédente. Aucune partie du champ n'échappe de cette manière à l'action des instruments ; la terre n'est pas creuse, et surtout l'on ne s'expose pas à confondre les traces du semoir avec celles de la herse et à laisser ainsi des entre-deux non semés. Le plombage du sol sous le blé est une des bonnes conditions du succès, les racines s'y ancrent solidement ; par contre, au-dessus du grain ne pas craindre de laisser des mottes : l'hiver, elles retiendront la neige ; au printemps, effritées par les alternatives de gel et de dégel, elles donneront de la mie pour rehausser les jeunes plantes.

M. Heuzé, de son vivant inspecteur général de l'agriculture, a écrit sur la *Pratique de l'Agriculture* un traité où le cultivateur expert se révèle à chaque page ; je ne saurais trop conseiller la lecture de ce petit ouvrage, il est rempli de conseils pratiques et de chiffres intéressants sur les quantités de travail que l'ouvrier agricole peut donner journellement, selon qu'il s'agit de moisson, fenaison, etc. ; l'organisation des charrois y est aussi très bien traitée. Mais, s'il y a là un élément très important de bonne gestion, il n'entre pas dans mon rôle de reprendre moi-même cette étude de la pratique agricole ; tout au plus puis-je laisser entrevoir, ainsi que je viens de le faire, comment je conçois l'organisation d'un grand chantier agricole. Ce sont chantiers de ce genre qu'un jour à venir chez nous, et déjà arrivé dans certaines fermes de Saxe, la lumière électrique éclairera lorsqu'il faudra donner le coup de collier nécessaire au salut d'une récolte. Sans m'arrêter outre mesure à un sujet aussi attachant pour un ancien cultivateur qui aimait son métier, il me sera toutefois permis de rappeler un ou deux principes dont j'ai apprécié personnellement toute l'importance. Sous peine de commettre une erreur grave, il ne faut pas laisser un champ sur un labour qui aurait ramené à la surface une couche non antérieurement travaillée à fond et déjà bien nettoyée : en admettant, en effet, que cette couche de terrain neuf ne soit pas défavorable aux récoltes par son aération insuffisante et l'inoxydation de certains de ses éléments, elle risquerait de contenir des graines de sanves ou de coquelicots qui jusque-là trop profondément enterrées pour germer ne manqueraient pas de profiter des conditions plus avantageuses pour elles où on les aurait placées pour infester les céréales ou les plantes sarclées : c'est aux travaux de demi-jachère plutôt qu'aux binages qu'il faut demander de nettoyer une terre, la lutte entre les mauvaises et les bonnes espèces est supprimée au profit de ces dernières.

En second lieu, en général, on ne travaille jamais trop un sol pour le mettre dans les conditions d'ameublissement et de capillarité dont j'ai parlé, exception faite pour les terres trop légères dont il ne faut pas augmenter le défaut ; par contre, moins on touche aux récoltes une fois arrivées à maturité, mieux cela vaut ; le fait n'est que trop tangible pour les foins et les avoines coupées un peu trop tardivement ; pour le foin cependant il faut donner une entorse à l'opinion que je viens d'émettre lorsqu'il a été plaqué sur terre par une forte pluie. J'estime que, dans ces conditions, il ne faut pas attendre qu'il soit complètement ressuyé pour le soulever avec précaution ; il se trouve ainsi aéré et a chance de conserver ses qualités ; cette façon peut d'ailleurs être ultérieurement regagnée, de sorte qu'elle est contraire à mon principe plus en apparence qu'en réalité.

Nous avons vu qu'avec les perfectionnements de la culture croissait le nombre des charrues nécessaires à une exploitation de surface déterminée ; avec les charrues s'accroissent les autres instruments de préparation du sol, mais généralement les attelages qui ont actionné les charrues suffisent à actionner les outils plus nombreux qui les suivent, par conséquent, en possession de la quantité de charrues nécessaires, nous aurons assez d'animaux de trait pour le reste de la culture. Dans un but économique cet équilibre est presque indispensable, aussi est-il prudent de s'assurer qu'occasionnellement il n'est pas rompu ; pour cela il faut placer sur le papier, comme je l'ai dit, la succession des différents travaux avec indication du temps qui, normalement, doit leur être consacré ; si ce classement laisse apercevoir qu'à certains moments il faut un supplément d'attelages, on avisera à se les procurer par location, ou à l'aide de chevaux sans valeur qui, leur besogne faite, disparaîtront pour un prix aussi petit que celui auquel on les aura achetés. Il y a là un calcul à faire ; s'il se solde par un débours excessif, une réforme du plan de culture s'impose, et il ne faut pas hésiter à la rechercher afin de rétablir l'harmonie entre toutes les parties de l'exploitation ; je le répète, cette harmonie est nécessaire, elle l'est d'autant plus que le personnel agricole se trouve être plus difficile à recruter pour des causes que nous allons étudier ainsi que les remèdes qu'on a cherché à y apporter.

CHAPITRE IX

LE PERSONNEL AGRICOLE

Régisseurs. Contremaîtres. Chefs de culture. Hommes de cour.
Mécaniciens. Charretiers et bouviers. Vachers et filles de laiterie
et de basse-cour. Bergers. Cuisinières et femmes de charge. —
Faut-il ou ne faut-il pas nourrir le personnel agricole ? Coût de
la nourriture. — Journaliers et tâcherons. — Moyens de retenir
aux champs les ouvriers ruraux. — La pharmacie de la ferme.

Régisseurs, contremaîtres et chefs de culture. — Me
voici enfin arrivé au personnel agricole sous la dépendance
de qui sont, en dernière analyse, les différents rouages de
l'exploitation que j'ai successivement passés en revue. Je
n'ai que peu de chose à ajouter à ce que j'ai déjà dit des
régisseurs, contremaîtres et chefs de culture lorsque j'ai
parlé du concours qu'ils doivent apporter à l'agriculteur,
quand, dans des limites diverses, celui-ci se décharge sur ses
seconds de la direction même de l'entreprise. Le prix qu'on
paie un régisseur ou un contremaître est essentiellement variable avec l'étendue des attributions et la superficie du domaine qui, à mesure qu'elle croît, augmente les responsabilités de celui qui doit suppléer le patron. Pour deux exploitations d'égale étendue, la rémunération du régisseur est
supérieure à celle d'un simple contremaître, et l'on conçoit
qu'il en soit ainsi puisque le régisseur intervient dans l'élaboration du plan général, tandis que le contremaître et surtout le chef de culture n'ont plus qu'à régler les détails d'un
programme dont toutes les grandes lignes leur sont données
et que seul le maître se réserve le droit de modifier. Cette
remarque faite, il va de soi que le régisseur doit avoir à la
ferme son habitation où il se nourrit à son gré, et comme, sous
réserve d'un contrôle que le chef n'a pas tort de conserver,
c'est lui qui choisit ses sous-ordres, il doit lui incomber aussi
le soin de les nourrir. La demeure du patron est, dans ces

conditions, complètement indépendante; elle achète à l'exploitation agricole tous les produits qu'elle lui emprunte pour les besoins de ses habitants et des animaux affectés à leur service particulier. De son côté, le régisseur tient les comptes du domaine, seul ou mieux de concert avec le chef même de l'entreprise, qui peut ainsi apprécier la façon dont celle-ci est conduite ; mais alors une question délicate se pose : le régisseur qui nourrit le personnel, soit que sa femme elle-même s'occupe de ce soin, soit qu'il ait pour s'en acquitter le concours d'une cuisinière, ce régisseur, dis-je, doit-il recevoir une allocation en argent à raison de tant par tête ou doit-il être laissé à son entière initiative ? Il semble que ce soit à ce dernier parti qu'il faille s'arrêter, d'une part parce que tous les aliments nécessaires à l'entretien du personnel ne sont pas achetés au dehors et d'autre part parce que, dans certains cas, le régisseur serait tenté de serrer les cordons de la bourse à son profit, comme dans d'autres il pourrait être conduit à en mettre de sa poche.

Un compte spécial de ménage sera donc ouvert dont le patron devra faire au besoin la critique d'après les besoins journaliers des travailleurs et les cours des principales denrées aux diverses époques de l'année : le contrôle pourra être exercé par la femme de l'agriculteur, plus au courant que lui des choses du ménage, mais, de toute manière, il faudra qu'il existe et soit appuyé sur des renseignements indiscutables. Ces dépenses de nourriture seront payées de même que sont payées les factures de semences et d'engrais, les notes des marchands de bestiaux, etc.; nous verrons seulement tout à l'heure qu'il y a lieu de se demander si elles ne doivent pas être très réduites par la suppression, dans les limites où la chose est possible, du personnel nourri.

Pour le moment, ce chapitre existe, et afin que, pas plus que les autres, il ne soit l'occasion d'un coulage, le chef de l'entreprise doit prendre dans son contrat avec son régisseur certaines précautions d'ordre général.

Le principe d'un tel arrangement est assez simple : il y est stipulé qu'en plus de son traitement fixe, le régisseur se verra attribuer une part de bénéfices d'autant plus forte que ces bénéfices seront plus élevés. Avec un tel contrat, le régisseur a tout intérêt à diminuer la proportion des dépenses par rapport aux recettes et par conséquent à exploiter le domaine de la façon la plus rationnelle. Un écueil se présente malheureusement : il est fort difficile de déterminer le bénéfice d'une exploitation agricole, et, en présence de résultats déterminés, on arrive à des interprétations très différentes suivant l'intérêt que l'on veut tirer des capitaux engagés, l'importance que l'on donne aux amortissements, les travaux que l'on considère comme se rapportant à un ou plusieurs exercices, que sais-je encore ? Il faut donc rechercher la meilleure façon de tenir les livres et de présenter les bénéfices de manière à ce qu'ils soient sincères et se mettre ensuite d'accord avec le régisseur pour la rédaction du contrat. On trouvera, je pense, assez facilement un terrain d'entente si les deux parties conviennent ensemble des taux d'intérêts et d'amortissements et du caractère des travaux devant conduire à des améliorations foncières payables, suivant leur nature et leur durée, en un nombre déterminé d'années. Il faut en arriver à ces précisions. L'élévation du rendement en blé à l'hectare par exemple, qui, à première vue, semble très simple à mettre en évidence puisque tout le grain — semence exceptée — est pesé et vendu, cette élévation ne saurait être prise pour base de l'encouragement à donner au régisseur, car celui-ci pourrait s'assurer le surcroît de rendement par des dépenses exagérées d'engrais et de soins culturaux. Pour nous mettre en garde de ce côté, nous serions alors conduits à faire entrer en ligne les dépenses et nous retomberions dans les difficultés dont nous aurions cru nous affranchir.

Certain, par les termes mêmes du contrat dont je viens de parler, que son collaborateur a tout intérêt à le bien servir, il ne reste plus au chef de l'exploitation qu'à s'assurer des qualités professionnelles dudit collaborateur et de la sincérité avec laquelle les comptes lui sont rendus. Bien que limitée, cette intervention du patron n'en exige pas moins de sa part une attention soutenue qui ne laisse échapper aucun fait saillant.

Pour le contremaître et le chef de culture, le principe d'un traitement fixe proportionné à l'importance de la charge et complété par une prime est encore le meilleur ; mais, cette fois, la prime est beaucoup plus facile à spécifier, rien ne s'oppose à ce qu'elle soit calculée d'après le nombre de quintaux de blé vendus ou le nombre de tonnes de betteraves entrées à la distillerie ou portées à la sucrerie ; je conseillerais même d'adopter pour la prime ainsi calculée une certaine progression, de façon à stimuler le zèle de l'employé. Celui-ci ne pourra forcer les rendements par des procédés culturaux antiéconomiques, puisque ce n'est plus lui qui, comme le régisseur, fixe les doses d'engrais à employer ni même l'époque d'exécution des travaux de culture ; s'il obtient un résultat meilleur, la saison favorable pourra en être la cause première, l'habileté du fermier en sera la deuxième cause, la troisième enfin résidera dans le fini avec lequel le contremaître luimême aura su remplir les ordres donnés, en réglant ses instruments et son personnel : pour cela il aura mérité d'être encouragé et le système des primes croissantes lui donne une légitime satisfaction.

Le contremaître est marié ou célibataire ; dans un cas comme dans l'autre, devant suppléer le patron en cas d'absence ou lui éviter quelques corvées désagréables s'il est présent, il est indispensable qu'il soit logé à la ferme à proximité du chef dont il doit prendre les ordres. Si le contremaître est marié, sa femme est complètement étrangère à l'exploitation, et ceci constitue un gros inconvénient, à moins qu'elle ait un métier de couturière ou de repasseuse qui occupe son temps. Mieux vaut que la femme travaille avec le mari, et sa place comme cuisinière, femme de charge est tout indiquée ; ainsi sont évitées les difficultés que pouvait soulever, dans le cas du régisseur, la nourriture éventuelle du personnel. Si le contremaître est célibataire, il occupera avantageusement une chambre dans l'habitation de l'agriculteur, à côté du bureau de la ferme et du réfectoire. La cuisinière lui servira ses repas dans le bureau même ; de cette façon, il se trouvera tout près des ouvriers qu'il est appelé à commander et pourra intervenir en cas de querelle sans être mêlé complètement à eux, ce qui amènerait parfois des relations de camaraderie préjudiciables à son autorité. Cette autorité doit être sauve-gardée et elle est d'un exercice particulièrement difficile entre le patron et l'ouvrier qui d'ordinaire n'entend reconnaître qu'un maître ; le chef devra donc, en face du personnel, traiter son second comme celui à qui il a délégué une partie de ses pouvoirs et, en cas de conflit, le couvrir autant que possible. Je dis autant que possible, car malheureusement certaines fautes lourdes ne s'excusent pas, et s'il arrivait qu'elles soient commises, un sacrifice nécessaire s'imposerait. Le souci constant de la justice et du droit sera la meilleure règle en ces délicates matières.

Généralement, lorsque le contrat qui lie le chef de culture au patron vient à être rompu, un délai d'un mois est accordé à chacune des parties pour dénouer cette crise domestique. Je crois l'avoir déjà dit, cette clause devrait pouvoir être éludée moyennant payement d'une indemnité raisonnable convenue à l'avance ; ce serait le moyen d'éviter certaines si-tuations fausses, désagréables pour tout le monde et préjudi-ciables à l'employé aussi bien qu'au patron.

Célibataire, le contremaître est nourri à la ferme ; s'il est marié, il y est également nourri, sauf le cas où sa femme, n'étant pas employée avec lui, tient son ménage particulier dans le logement indépendant qui lui est réservé.

Le régisseur avait un rôle de chef, le contremaître n'a plus qu'un rôle de surveillant. Il doit tenir tous les livres journa-liers permettant d'établir le Journal et le Grand-Livre et de préparer les feuilles de paie, et, s'il n'est pas chargé lui-même de la paie, il est présent quand son patron la fait, de manière à pouvoir répondre à toute contestation éventuelle. A la fin de la journée, il doit avoir tout vu, mais comme il ne saurait être partout à la fois, sa surveillance doit être discontinue, tout en restant efficace par l'imprévu avec lequel elle sera exercée et la façon dont il réapparaîtra inopinément aux en-droits d'où on le suppose le plus éloigné. Il a d'ailleurs deux moyens de simplifier sa tâche : grouper les chantiers de manière à pouvoir ne pas les quitter, ou placer son monde par unités isolées ; par cette seconde méthode, il juge du travail de cha-cun et peut faire les observations que ce travail comporte ;

mais elle est peut-être moins bonne que la première, parce qu'elle supprime l'émulation qui stimule plusieurs ouvriers travaillant ensemble, et parce qu'elle ne tient pas compte de l'esprit de sociabilité qui rend pesante la solitude même active, à moins que la tâche n'ait en elle-même un attrait particulier. Au chef de culture d'user de ces deux moyens selon les circonstances du moment, à lui aussi d'organiser ses tournées de nuit de manière à savoir ce qu'il doit connaître sans sacrifier au delà du nécessaire le repos dont il a besoin. Pour ces rondes nocturnes, une lanterne sourde et un chien bien dressé sont de précieux auxiliaires.

L'homme de cour. — A côté du contremaître, je donne une place prépondérante à l'homme de cour, que trop souvent méprisent les autres travailleurs de la ferme parce que son rôle ne le fait pas briller. L'homme de cour est ce serviteur modeste qui, dans toute exploitation un peu importante et bien tenue, aligne chaque jour aux endroits à ce destinés les bottes de paille et de fourrage de différentes natures requises par chacun des services de la bergerie, de la vacherie, de la porcherie, de l'écurie et de la bouverie. C'est lui aussi qui pèse les rations journalières ou hebdomadaires de grains et de tourteaux suivant les ordres qu'il a reçus du patron et du contremaître, là où n'existent pas d'appareils procédant automatiquement, sous le contrôle direct du chef, aux distributions d'aliments concentrés. On le voit, après le départ des attelages, emplir les abreuvoirs ou nettoyer les auges ; aidé, au besoin, d'un cheval à toutes mains, il s'occupe autour du tas de fumier qu'il monte en lits réguliers ; il tire à boire pour les hommes au moment des repas et, le balai ou la fourche à la main, emploie tous ses instants disponibles à faire de la propreté. Le soir, ses livraisons journalières sont soigneusement relevées sur son livre ; chaque mois, il en présente le détail, service par service, au contremaître, qui vérifie si les instructions données ont été suivies et reporte à chaque compte les sommes dont il doit être grevé du fait de la nourriture consommée ; de même est tenu le livre de magasin, de telle sorte qu'étant données les quantités des diverses denrées prises en charge aux époques d'inventaire ou des rentrées de récoltes, il soit loisible de suivre pas à pas, pour ainsi dire, la marche de la consommation et celle des ventes qui s'y ajoutent, tout en sachant sans cesse quelles sont les réserves encore disponibles. L'homme qui aide à ce service de contrôle peut éviter d'importants coulages ; aussi est-il nécessaire de se l'attacher par une bonne paie et par des gratifications proportionnées à la bonne tenue de son carnet et de ses greniers : le contrôle se fait périodiquement en choisissant les époques où les magasins sont à peu près vides. Pour les engrais, qui doivent être notés aussi bien que les aliments, et pour les tourteaux, la vérification est même automatique, si l'on a soin de ne pas mélanger les lots successifs. Quand un lot est épuisé, le carnet du magasinier doit permettre d'en retrouver l'emploi intégral ; dans le cas où il en serait autrement, il y aurait eu soustraction ou abus non avoué et il faudrait établir les responsabilités.

Les mécaniciens. — Les grosses fermes comportent l'emploi d'un mécanicien à l'année ; c'est lui qui doit chauffer et entretenir le moteur, et, selon les cas, seul ou avec un aide, s'occuper des réparations de menuiserie et de charronnerie les plus urgentes. Il ferre bœufs et chevaux et entretient la machinerie agricole. Il est payé suivant ses capacités et il n'est pas rare qu'il reçoive une moyenne de 4 à 5 francs par jour lorsqu'il travaille comme journalier ; il peut même valoir davantage, c'est au patron d'apprécier. En tout cas, quel que soit le salaire fixe convenu, il paraît à propos de donner au mécanicien-chauffeur une prime sur le charbon économisé par lui en s'inspirant du système en vigueur sur les chemins de fer. De cette façon l'agriculteur a une garantie d'obtenir de ses moteurs un rendement économique, et la tentation du chauffeur de faire, aux dépens de sa machine, son approvisionnement personnel de combustible est moins forte. A cet égard, le moteur à gaz pauvre alimenté à l'anthracite accuse une supériorité sur la machine à vapeur, et j'inclinerais, lorsque la chose est possible, à avoir un mécanicien logé et nourri à la ferme plutôt qu'un homme venant chaque jour du dehors et ayant à son foyer des intérêts contraires à ceux du patron qui l'emploie.

Charretiers et bouviers. — Les charretiers et les bouviers s'attribuent généralement une sorte de supériorité sur
les autres ouvriers de la ferme : c'est assez explicable si l'on
songe que rien que les animaux qui leur sont confiés valent
souvent plusieurs milliers de francs ; aussi ne devraient-ils pas
seulement être fiers de les conduire, mais appliqués à les bien
traiter. J'ai vu encore dans le Vexin des charretiers payés
40 ou 45 francs par mois et nourris, et j'en ai connu en Haute-
Marne qui, non nourris, touchaient de 75 à 90 francs avec
quelques avantages plus ou moins importants ; je crois qu'à
l'heure actuelle, il faut considérer le prix de 50 francs par
mois nourri ou celui de 100 francs non nourri comme des prix
moyens auxquels s'ajoutent des primes de moisson et divers
profits sur lesquels j'aurai à revenir.

Les charretiers soignent de 3 à 4 chevaux et les bouviers de
4 à 6 bœufs ; dans certaines fermes, lorsque les charretiers ont
4 chevaux, on leur adjoint un jeune homme qui les aide au
pansage et prend deux de leurs chevaux à la herse ou au rouleau lorsque l'attelée est dédoublée. Ce jeune homme peut
être un journalier ordinaire, ou bien il est, lui aussi, payé au
mois, de 30 à 40 francs, et, dans ce cas, on l'emploie à marcher
derrière le semoir en lignes ou bien à charger les tombereaux
de marne ou de fumier que le charretier conduit ; autant
que possible, avec cette organisation, il faut conserver au
charretier l'aide auquel il est habitué, il y va de l'intérêt des
chevaux qui sont connus des deux personnes employées autour
d'eux et entre lesquelles s'établit une sorte d'association.
L'homme à qui est confié le soin des animaux de trait leur
distribue leur nourriture et les entretient au point de vue de
la propreté ; il les attelle au moment du départ pour les
champs et, ceci fait, suivant des circonstances, laboure,
dirige faucheuses, moissonneuses ou râteaux, place le foin
ou les gerbes sur les voitures qu'il amène jusqu'à la pièce
et reconduit à la ferme une fois chargées, ou encore dispose
les fumerons et les tas de marne sur les champs dont la
fumure ou le marnage est en voie d'exécution. En dehors de
ces travaux et de la conduite des instruments aratoires non
mentionnés ci-dessus, il ne faut pas demander grand'chose

au charretier. Il est certaines besognes dont il refuserait de s'acquitter et d'autres, telles que la participation aux battages, auxquelles il ne se livre qu'à contre-cœur. S'il rentre, en effet, ses attelages à l'écurie au cours d'une attelée, c'est généralement que la pluie l'y a forcé ; souvent, avant de prendre ce parti, il a continué à marcher dans l'espoir que l'averse serait passagère et qu'un travail pressé pourrait être poursuivi ; dans ces conditions, l'homme mouillé doit bouchonner ses bêtes également trempées et ensuite se sécher lui-même ; s'il lui reste du temps, il nettoie les harnais de la boue qu'ils ont récoltée, les remet en ordre, et ce n'est qu'une fois cette tâche remplie que le contremaître peut songer à lui demander son concours pour une autre besogne. Il en serait tout autrement si l'arrêt du charretier tenait au verglas ou à une pluie persistante qui l'auraient empêché de commencer l'attelée ; dans ce cas, le conducteur n'aurait aucune raison de refuser son aide et il faudrait qu'il la donne sans marchander. Je ne parle pas ici du premier charretier : celui-ci a généralement des attributions spéciales en dehors desquelles il ne lui reste pas de temps pour faire, même occasionnellement, un travail habituellement demandé aux journaliers. C'est lui qui d'ordinaire exécute tous les transports sur route, et dans les fermes de la grande banlieue de Paris ces transports tiennent une très grosse place. La voiture de paille ou de fourrage, partie dans la nuit, arrive de grand matin à la Chapelle ; un courtier l'y achète et la fait diriger immédiatement chez son client où a lieu le déchargement. Sans débrider, les chevaux, qui ont mangé l'avoine tout attelés, retournent avec un convoi de fumier à la ferme, où ils sont mis à l'écurie, pour repartir vingt-quatre heures plus tard. L'homme se repose aussi, sauf le temps qui lui est nécessaire pour remettre sur son équipage les 1.000 ou 1.100 bottes du chargement dont il est responsable. Pour chaque journée passée ainsi sur route, il reçoit d'habitude une prime de 2 francs et sans doute a-t-il aussi souvent un pourboire de l'acheteur. D'autres fois le chargement a lieu sur wagon, à peu de distance de la ferme, ou bien la livraison se fait chez un client habitant dans un rayon rapproché. Le temps ainsi absorbé ne dépasse guère la demi-journée : la prime est de 1 franc par voiture, et, comme il ne s'agit pas d'aller bien loin, le chargement direct par un journalier exercé suffit au sortir de la batteuse.

Lorsqu'il n'est pas sur route, le premier charretier est parfois au transport des fumiers, mais ce sont surtout faucheuses et moissonneuses qui le retiennent. Il conduit jusqu'à un certain point la moisson par la manière dont il dirige la machine qui lui est confiée, et si, par son habileté à saisir dans un sens favorable les places versées, il arrive à couper une surface supérieure à l'étendue prévue, il reçoit un encouragement variable avec l'importance du temps qu'il a gagné. Au reste, il n'est pas rare que, pendant les moissons, les paiements mensuels soient suspendus pour tous les charretiers et bouviers. Il est des fermes où, pour le temps de la moisson, ces domestiques reçoivent 90 francs ; si l'opération est bien conduite et favorisée par le beau temps, leurs gages peuvent se trouver ainsi triplés pour cette période de travail intense où les journées n'ont plus d'heures. En plus de la prime par hectare coupé au-dessus du taux normal et du supplément de gages accordé en moisson, je connais des exploitations où le premier charretier reçoit une prime de 0 fr. 07 par quintal de blé vendu (autrefois 0 fr. 05 par hectolitre). Cette prime est justifiée là où le charretier chef passe assez de temps à la ferme pour imprimer par son exemple une bonne marche aux travaux d'ensemencement qui, ainsi activés, peuvent assurer une meilleure réussite de la récolte ; -je la crois aussi judicieuse en ce qui concerne les betteraves, pour ces dernières les hauts rendements étant dans une large mesure fonction de la bonne exécution des semailles, et j'admettrais le premier bouvier au bénéfice de la prime.

Est-il à propos qu'il y ait ainsi un premier charretier ? Ne vaudrait-il pas mieux que tous les conducteurs soient sur le même pied et puissent se remplacer l'un l'autre suivant les circonstances ? A quoi je répondrai qu'il est bon de donner un stimulant à l'habileté et à l'honnêteté et j'ajouterai qu'il y a généralement avantage à posséder un homme qui, par son savoir-faire, en impose à ses camarades. Cet homme-là se trouve tout indiqué pour suppléer le contremaître malade ou absent, ou même le remplacer complètement sur les petites exploitations.

Le nombre des charretiers et bouviers est dicté par le nombre des attelées, autrement dit des charrues existant sur le domaine : ce nombre, en culture intensive, atteint assez facilement, pour 100 hectares, le chiffre de quatre, que nous pouvons prendre comme base, quitte à l'abaisser parfois d'une unité ou d'une demi-unité si les conditions où nous nous trouvons placés justifient l'économie ainsi faite. Le calcul s'applique encore aux exploitations herbagères, en le faisant porter seulement sur la portion soumise au régime de l'assolement à courte période. Leur nombre une fois déterminé, l'emploi du temps pour nos charretiers, à l'exclusion du premier d'entre eux de qui nous avons vu les attributions particulières, s'établit de la façon suivante en temps normal : l'hiver, le départ a lieu au petit jour, vers six heures et demie, de façon à arriver sur le lieu du travail alors qu'il fait suffisamment clair pour pouvoir atteler. Deux heures au moins avant le départ, les chevaux ont reçu la botte et les bœufs leur ration de provende ; souvent, cette ration étant la même pour tous les animaux, un des charretiers célibataires couchés à la ferme est chargé de la distribuer. Peu après la distribution, doivent d'ailleurs arriver les autres conducteurs qui étrillent et brossent les bêtes dont chacun a la charge et tirent hors de l'écurie le fumier de la nuit. Le pansage achevé, l'on conduit les animaux à l'abreuvoir, puis on leur distribue leur ration d'avoine ; pour celle-ci, jamais il ne faut s'en remettre à un camarade, il est même fort utile de vérifier avant la sortie comment elle a été mangée, afin d'être au besoin renseigné sur une indisposition commençante.

Pendant que les chevaux mangent l'avoine, les charretiers vont eux-mêmes déjeuner ; à leur retour, ils garnissent, pour employer l'expression consacrée, c'est-à-dire revêtent les animaux de leurs harnais, et partent. La rentrée des champs a lieu à onze heures et demie, sans qu'il y ait eu d'arrêt pendant l'attelée. L'enlèvement des harnais, l'apport du fourrage, la conduite à l'abreuvoir après que les premières bouchées ont été mangées, occupent les hommes jusqu'à midi, heure à laquelle ils prennent leur repas principal. De retour à l'écurie, ils se reposent jusqu'à une heure, donnent l'avoine, brossent leurs animaux et leur remettent les harnais, de façon à sortir de la cour lorsque sonne une heure et demie ; parfois, lorsque la besogne presse, on gagne un quart d'heure ou vingt minutes sur ce temps de repos. Dans beaucoup d'exploitations où existent des distributeurs automatiques, on profite de la grand'halte de midi pour donner à chaque charretier la quantité d'avoine qui lui est quotidiennement nécessaire pour ses chevaux. Il doit placer la ration ainsi distribuée dans un coffre dont il garde la clef. Le coffre sert tout aussi bien lorsque les rations sont préparées par l'homme de cour une ou deux fois par semaine ; dans ce cas toutefois, le charretier, avant de prendre livraison des sacs qui lui sont destinés, doit s'assurer qu'il a le poids auquel il a droit : aucune réclamation ultérieure ne devant être admise.

L'attelée de l'après-midi se termine avec le jour. Au retour à l'écurie, pansage, entretien des harnais et distribution du repas du soir. Pendant les jours les plus courts, même en quittant la ferme à près de sept heures du matin, les charretiers ne pourraient se mettre au travail dès leur arrivée aux champs, que, le soir, ils doivent abandonner de très bonne heure : c'est à cette époque que les cultivateurs soucieux d'un bon emploi du temps font prendre aux conducteurs l'habitude de participer à la préparation des mélanges de balles et de menue paille avec les bettéraves hachées.

Au retour de la belle saison, les attelées s'allongent matin et soir; il est rare néanmoins que le départ soit donné plus tôt que cinq heures et demie le matin et que, le soir, le retour ait lieu plus tard que sept heures et demie. Des attelées de cette longueur sont coupées d'un repos vers huit heures et d'un autre à quatre heures, pour le petit déjeuner et la collation. Dans la ferme de l'Est où j'ai fait un stage d'apprentissage agricole, lors des chaleurs les plus fortes, les attelages étaient aux champs à trois heures du matin ; on les en ramenait vers neuf heures et ils ne quittaient de nouveau l'écurie que vers trois heures et demie pour jusqu'à huit heures du soir.

Cette façon d'agir était évidemment plus conforme à l'hygiène des bêtes et des gens : aux heures chaudes, les hommes faisaient la sieste, ils occupaient celles qui précédaient le départ de l'après-midi à panser leurs animaux et à nettoyer les harnais ; parfois y avait-il aussi quelque chargement de foin ou de toute autre denrée à placer en magasin. Actuellement, on retrouve semblable manière de procéder dans de petites exploitations où le patron travaille lui-même avec son unique ou ses deux ou trois charretiers ; dans les fermes de plus grande étendue, où l'organisation se rapproche de celle des entreprises industrielles, je crois qu'il serait difficile de la faire accepter du personnel ; il y a, à ce point de vue comme à d'autres, un changement dans les mœurs. La journée tend à s'uniformiser et à prendre la durée de dix heures de travail effectif ; aux champs, les tâcherons eux-mêmes ne doivent plus dormir aussi souvent qu'autrefois sur le guéret, prêts à reprendre, à l'aube, la binette ou la sape maniées la veille tant que la lune avait suffisamment éclairé le chantier, et des changements de ce genre n'ont pas été étrangers au développement des machines.

Vachers et filles de laiterie ou de basse-cour. — Dans certaines fermes organisées en vue de la production du lait ou de ses dérivés, le vacher prend une importance qui semble à première vue laisser loin derrière elle celle des charretiers, voire même celle du premier charretier. Le capital représenté par les animaux dont il a la charge est autrement élevé que celui représenté par les quatre chevaux d'une attelée, et il y a la valeur des produits fournis par ce capital, valeur considérable dans le cas où nous nous supposons placés. Toutefois, si je m'arrête à ce second point, il ne m'est pas bien difficile de montrer qu'un premier charretier peut, lui aussi, par la façon dont il remplira sa tâche, mettre en péril ou assurer la rentrée d'une récolte valant parfois fort cher, et il n'est pas inutile de le signaler pour rabattre les prétentions des maîtres-vachers. Ceux-ci seraient moins exigeants s'ils étaient plus nombreux, et si, à certains égards, leur emploi est plus dur que l'emploi d'autres ouvriers agricoles, ce n'est pas tant en raison de la nature de leur travail que par la cohabitation presque constante avec les bêtes qu'ils ont pour mission de traire, alimenter et nettoyer. Il faut reconnaître que la tâche n'est pas toujours agréable, d'autant plus que, si, pendant la belle saison, le régime extérieur au piquet succède à la stabulation permanente, le vacher est exposé à recevoir les pluies d'orage après avoir dû supporter les inconvénients d'une atmosphère trop confinée ; mais encore faut-il avouer qu'avec le développement de l'hygiène, le séjour des étables est devenu bien moins pénible que par le passé. Déjà, dans les bonnes exploitations, la ventilation est parfaite, et le souci de ne plus garder aucun animal tuberculeux supprime toute cause d'insalubrité ; il ne reste plus alors que l'ennui d'avoir à faire la première traite en pleine nuit, vers trois heures du matin, et cet ennui a une compensation dans le fait qu'une sieste est généralement possible vers midi, aux heures qui, en été, sont si fatigantes pour les ouvriers du dehors. Si donc on fait entrer en ligne toutes ces considérations, si surtout on parvient, ce qui n'est pas impossible, à faire bénéficier les vachers de quelques jours de congé ; on voit qu'à tout prendre le métier de vacher n'a rien qui doive faire attribuer à ceux qui s'en occupent des avantages exceptionnels. Il est juste que le repas du matin soit plus copieux que celui qui est servi au personnel qui a commencé sa journée de moins bonne heure ; c'est ce qui a lieu, et si à cela on ajoute un salaire fixe un peu supérieur à celui des charretiers, ainsi que cela se pratique déjà puisque les chefs vachers touchent fort souvent 60 francs et plus par mois, il semble que ces employés auront été traités sur un pied auquel ils n'auront rien à envier à leurs collègues, surtout en tenant compte des primes souvent allouées. Parmi les primes en question, il faut retenir celles qui sont allouées pour chaque veau vendu ou heureusement amené au sevrage (0 fr. 50 à 1 franc), celles que l'on donne pour le premier vêlage d'une génisse, etc. ; une prime par litre de lait dépassant une certaine moyenne pour l'hiver ou pour l'été aurait aussi son avantage. Par contre, je ne conseille pas l'abandon au vacher de la pièce touchée pour la saillie des vaches étrangères ; cette pratique incite à faire servir le taureau plus peut-être qu'il ne serait raisonnable et surtout à le laisser accoupler avec des bêtes de santé douteuse. Le prix de la saillie, souvent dérisoire, devrait être en rapport avec les qualités du taureau, et si prime il devait y avoir, ce serait sur l'état de bon entretien conservé à l'animal : cette prime indirecte existe déjà avec la prime donnée pour chaque veau ; il n'y aurait donc qu'à l'améliorer en la relevant au besoin.

Les vachers commencent leur journée par une distribution d'un peu de fourrage sec à leurs animaux ; c'est une bonne habitude, même au piquet où la consommation d'aliments secs prévient la météorisation ; ensuite ont lieu les traites, au nombre de deux ou trois, alternant avec les repas, et le pansage à la brosse complété par les lavages du pis et des ouvertures naturelles. Ces lavages à l'eau crésylée sont particulièrement recommandés en temps de fièvre aphteuse où il faut les étendre aux pieds des animaux ; ainsi pratiqués, ils peuvent préserver de l'invasion du fléau. C'est dans la matinée, après le premier déjeuner des vachers, qu'a lieu le pansage principal et l'enlèvement du fumier ; on profite pour cette opération du moment où les vaches sont à l'abreuvoir hors des étables qui ne possèdent pas de distribution d'eau intérieure. A leur rentrée, les animaux doivent trouver un repas tout prêt, et peut-être serait-ce l'heure la plus propice pour leur présenter, pendant la saison d'hiver, les soupes chaudes si favorables à la sécrétion lactée. Pour ce qui est du fumier, la vacherie étant vide, il est formé en gros rouleaux dans lesquels on plonge les deux dents d'un croc muni d'un palonnier, et un cheval ou le taureau le tirent ainsi jusque sur la fumière par le plan incliné ménagé à cet effet ; arrivé là, il faut obtenir des vachers qu'ils le déroulent immédiatement, sans quoi ses manipulations ultérieures seraient rendues très difficiles. Pareil écueil ne se présente pas lorsque le fumier est chargé directement sur wagonnet à l'étable même ; il y a à cette seconde méthode un avantage très sérieux : les vachers prennent seulement avec leurs fourches le fumier proprement dit, tandis qu'avec le procédé des rouleaux, ils ont toujours tendance à faire de gros paquets auxquels ils demandent de ne pas se désagréger en cours de transport, sans se soucier si, en les formant, ils entraînent la paille encore propre. L'enlèvement par wagonnets assure donc une économie de paille et aussi des fumiers mieux faits, puisque la proportion des déjections y est plus considérable que dans les autres ; le contenu des wagons, basculé sur le pourtour de la fumière y est placé par l'homme de cour.

L'utilisation rationnelle des litières doit être ainsi appréciée chez un vacher qui aura soin de n'employer que la paille nécessaire à la propreté de ses animaux et à la retenue de leurs excréments. Un second point auquel il faut prêter la main est la température du lait pour l'écrémage à la centrifuge et pour l'alimentation des veaux; si on laisse trop tomber cette température, l'écrémage est mauvais et les veaux, de leur côté, sont exposés aux diarrhées et autres accidents de santé, il est nécessaire que le vacher ait sous la main l'eau chaude dans laquelle il plongera au besoin ses bidons après la traite, afin d'en réchauffer le contenu. Un troisième point non moins important que les deux autres est l'exécution de la traite à fond, puisqu'il est aujourd'hui bien démontré que la crème est surtout abondante dans les dernières portions du lait trait. Faite à fond, la traite doit avoir aussi la fréquence voulue, l'excitation des organes créant une excitation parallèle de la fonction, et l'afflux du lait étant assurément plus considérable vers une mamelle vidée que vers des vaisseaux déjà distendus par le liquide qu'ils contiennent ; il n'est pas excessif de traire trois fois par jour les bonnes laitières, qui, après leur vêlage, donnent plus de 15 à 18 litres de lait.

La traite, comme toutes les autres opérations qui prennent place dans les vacheries, doit être accompagnée de la plus rigoureuse propreté et, à cet égard, il est souvent fait grand cas des vachers suisses. La vérité m'oblige à dire que j'en ai eu d'excellents sous tous les rapports, mais que j'en ai expérimenté un nombre encore supérieur de très médiocres, qui ont tenu le record par leur manque de soin, leur ignorance voulue des lois les plus élémentaires de l'hygiène, leur caractère déplorable et leur très mauvais esprit. Je crois, après cette expérience, qu'on peut obtenir des résultats tout aussi bons avec les vachers français ; ceux qui viennent des fruitières de l'Est peuvent avoir quelques-unes des qualités, la douceur pour le bétail notamment, que l'on apprécie chez les Suisses, leurs voisins, et la Bretagne, dans une direction tout opposée, en fournit de très bons.

Le maître-vacher doit avoir, suivant moi, le haute main sur la porcherie ; c'est un service à organiser sur place, car il dépend d'un ensemble de facteurs trop considérable pour pouvoir être précisé en quelques lignes ; on trouvera d'ailleurs les éléments principaux de cette organisation dans les développements où je suis entré lorsque je me suis occupé de l'exploitation des porcs au chapitre Bétail, et comme j'ai, dans ce même chapitre, indiqué combien un vacher pouvait soigner de vaches laitières, je quitterais ce sujet pour m'arrêter aux fonctions que devraient remplir les filles de laiterie et de basse-cour, de qui les attributions touchent par tant de points à la vacherie ou à la porcherie, si je ne croyais pas à propos de souligner ici le rôle que doivent jouer les vachers dans la préparation des aliments qu'ils donnent à leurs animaux.

Comme les bergers, les vachers trouvent toutes préparées, dans la chambre à mélanges, les betteraves coupées unies à la menue paille et légèrement fermentées. Ils les vont chercher avec leurs wagonnets ou leurs tombereaux à bras et les apportent à la vacherie où ils en font la distribution. Il serait bon que les rations ainsi prélevées fussent pesées, mais on conçoit combien la chose serait difficile, sauf dans de grosses exploitations admirablement montées de tous appareils permettant des pesées pratiques ; il faut donc, dans le cas le plus habituel, s'en rapporter au jugement des vachers. La rectitude de ce jugement et leur esprit d'économie sont contrôlés par l'examen des mangeoires après les repas. Les auges restent-elles pleines ou retrouve-t-on dans les litières des amas de nourriture ? c'est qu'il y a abus ; il est nécessaire de modérer les distributions ; dans le cas opposé, il y aurait, au contraire, lieu de les forcer. Mais ce qui, plus souvent que l'un ou l'autre des cas précédents, pourra s'observer, c'est le cas d'animaux qui auront à peine touché à leur nourriture, tandis que d'autres donneront les signes manifestes d'un appétit insuffisamment satisfait. S'il en était ainsi, le chef de l'exploitation devrait très sérieusement attirer l'attention du maître-vacher sur les faits observés et veiller à ce qu'il tienne compte de l'appétit de chacune de ses vaches. La quantité de betteraves coupées ne doit d'ailleurs pas seule arrêter le cultivateur ; la qualité présente tout autant d'intérêt, et parfois la nourriture peut être rebutée, non parce qu'elle est trop abondante, mais parce qu'elle est trop fermentée en raison d'une température trop élevée ou d'une date de fabrication trop reculée. En dehors de la provende de betteraves ainsi contrôlée en qualité et en quantité, le vacher dispose de pailles. pour litière ou consommation, de fourrages et d'aliments concentrés : son et tourteaux principalement. Ces denrées diverses lui sont en général livrées prêtes à être employées, soit que le vacher ait à aller les prendre aux lieux d'emmagasinement, soit qu'il les trouve à sa porte charriées par l'homme de cour, ce qui évite la tentation d'augmenter les quantités allouées et permet de tenir des comptes exacts. Mais si les aliments doivent être ainsi remis au vacher après entente préalable avec lui et rectifications suivant les qualités variables des fourrages ; si de même le vacher doit tenir sous clef tourteau et son, c'est lui qui doit incorporer ces deux derniers produits à la provende, de façon à mettre les quantités données à chaque animal en rapport avec ses goûts et son tempérament : s'il pèche par trop sur ce point important et qu'il ne paraisse pas en progrès, il ne faut pas le conserver.

Les filles de laiterie et de basse-cour sont servantes de plus en plus difficiles à trouver : elles méprisent leur ancien métier et se tournent du côté de l'usine et surtout de la ville. Si l'on veut avoir quelque chance d'en rencontrer encore, il faut s'adresser aux femmes de vachers ou à des personnes déjà âgées. La catégorie des jeunes bonnes de ferme n'existe plus ou présente le plus habituellement (car il y a des exceptions qu'il faut d'autant plus citer qu'elles sont plus rares) tellement d'inconvénients qu'il y a tout avantage à les remplacer par des garçons de treize à quinze ans, de qui on fait ensuite des charretiers ou des bouviers quand ils se trouvent trop hommes pour continuer à s'occuper de la basse-cour.

Les soins qui incombent à l'ancienne fille de ferme sont l'entretien des vases à lait, la fabrication du beurre, la manipulation des eaux grasses et des sous-produits de la laiterie pour la cuisine des porcs desquels la basse-courrière fait cuire les pâtées de racines et de riz, là où ce service n'est pas assez important pour exiger une personne spéciale ; dans les mêmes conditions, ce sont aussi les filles de ferme qui donnent à manger aux volailles et aux lapins et ont en mains l'entretien des poulaillers, la cueillette des œufs, dont elles doivent tenir la comptabilité, et la direction des couvées par couveuses artificielles ou à l'aide des dindes ou des poules elles-mêmes ; enfin elles complètent la cuisinière ou la femme de charge pour la préparation des légumes, la mise du couvert des hommes, etc. ; elles constituent donc un rouage très intéressant et doivent être récompensées par de bons gages si elles s'acquittent de leur tâche avec conscience. Les débuts seraient modestes, vu la multiplicité des attributions dont les plus simples écherraient naturellement aux débutantes, puis peu à peu grossiraient les salaires à mesure que croîtraient l'expérience et le talent.

Dans une grosse exploitation, une fille de laiterie capable mérite facilement les gages que les femmes de chambre reçoivent en ville : partie d'une quinzaine de francs par mois, elle pourrait arriver à 50 ou 60 (nourrie, bien entendu); mais aujourd'hui, je le répète, il n'est plus guère de jeunes basses-courrières ; les femmes qui consentent à s'occuper encore des volailles et de la laiterie ne demandent guère moins de 35 à 40 francs par mois, taux généralement supérieur à leurs capacités, ou bien ce sont des journalières ordinaires à qui on donne quelques primes pour les intéresser, dans la mesure du possible, à l'exploitation productive des animaux qui leur sont confiés. Si, célibataires, elles sont nourries, elles doivent être logées à la ferme dans la maison même de l'agriculteur ou dans celle du régisseur ; c'est une garantie d'ordre moral que le chef de l'entreprise doit à son personnel féminin aussi bien qu'à lui-même.

Les bergers. — Le berger est un personnage au moins aussi important que le vacher, si l'on songe qu'un seul homme a souvent la charge d'un troupeau où il faut faire naître chaque année 180 à 200 agneaux, dont la moitié au moins (sans parler des animaux de réforme) subit un engraissement des plus intensif suivant les méthodes que j'ai décrites. Il est vrai qu'un homme aussi occupé, en dehors du soin proprement dit des moutons, n'a qu'à leur distribuer des aliments qui lui sont presque tous pesés d'avance ou amenés (mélange de balles et de betteraves excepté) à la porte de ses bergeries par l'homme de cour, mais le rationnement des bêtes doit être établi après entente avec le berger, de qui il faut prévenir le gaspillage, et de qui aussi il faut encourager l'initiative, car il est pour beaucoup dans le succès des entreprises tentées avec les bêtes à laine.

Je payais mon berger 100 francs par mois, il était logé dans une maison représentant environ 80 francs de loyer annuel, il avait une petite pièce de terre et recevait des pommes pour sa boisson ainsi que du pain pour ses chiens ; il bénéficiait d'une prime de 0 fr. 25 par agneau sevré et les bouchers lui versaient 0 fr. 50 par mouton gras ; je crois que ce dernier chiffre est supérieur à la prime généralement consentie. Voici d'ailleurs des salaires payés dans diverses régions de la France et relevés dans le livre déjà cité de M. H. Girard sur la manière de gagner de l'argent avec les moutons.

En Seine-et-Oise, les bergers ont 110 francs par mois, 2 soupes et la boisson, 20 francs par 100 moutons, et 50 francs par 100 agneaux blancs vendus ; 15 francs par 100 moutons et 10 francs par 100 agneaux tondus, les agneaux jumeaux et une chèvre. Dans le Cher, un berger qui s'occupe de 260 moutons reçoit 730 francs, logement, chauffage et nourriture, 0 fr. 10 par agneau sevré ou mouton vendu, 5 francs par reproducteur vendu. Dans l'Eure, nourris, les bergers sont payés 55 francs par mois, avec 0 fr. 25 pour chaque mouton livré à la boucherie et 1 franc par bélier loué ; non nourris, on les paie 1.200 francs par an, avec prime de 0 fr. 30 par animal vendu, et généralement les autres avantages que j'ai énumérés plus haut, y compris possession de quelques moutons à eux. Dans la Côte-d'Or, les salaires sont beaucoup plus faibles, puisqu'ils n'atteindraient, non compris la nourriture, que 400 francs en argent, plus des primes de 0 fr. 05 par mouton vendu, et de 1 franc par reproducteur. Dans la Marne et le

Pas-de-Calais, nous retrouvons des conditions analogues à celles du Vexin, c'est-à-dire des gages fixes de 50 ou 100 francs par mois, selon que le berger est ou n'est pas nourri.

La prime par toison est excellente, elle pourrait même être graduée d'après le poids moyen des toisons ; la pratique signalée par M. Hitier à la ferme de Chantemerle, chez M. Boisseau, est non moins recommandable : les bergers, aussi bien d'ailleurs que les vachers, reçoivent une part des prix remportés dans les concours ; c'est par là ou par l'élévation des tantièmes sur les produits vendus qu'il faut encourager les bergers ; il serait très désirable de faire disparaître des contrats l'usage, laissé au berger, d'avoir des moutons à lui dans la troupe, et le rachat des jumeaux qui devraient cesser d'être l'exception ; ce sont, pour les bergers, des avantages trop exclusifs, les primes doivent être profitables aux deux parties et non à une seule d'entre elles.

Les cuisinières et femmes de charge. — Toute exploitation agricole qui dépasse d'une façon un peu sensible le ménage de l'agriculteur et un ou deux valets au point de vue du personnel entraîne l'obligation de posséder une cuisinière. Je laisse de côté la cuisinière pour qui la cuisson des repas n'est qu'un accessoire. Celle qui a assez de personnel à nourrir pour être entièrement occupée autour de ses fourneaux est un des pivots de la ferme. Il faut exiger d'elle beaucoup de propreté, d'ordre et d'honnêteté ; aussi n'est-il pas rare de lui donner des gages supérieurs à 50 francs par mois. Elle a en mains les instructions de la fermière et doit les suivre. Dans les fermes bien tenues, généralement le poids de viande à acheter chaque semaine ou à mettre dans chaque repas est indiqué par la maîtresse de maison ; pour le reste, la cuisinière doit prévoir les légumes qui lui sont nécessaires, la quantité de pain dont elle a besoin, etc. ; c'est elle qui fait les parts de chacun, et, suivant la façon dont elle a préparé les morceaux, elle rend plus ou moins profitables les quartiers de bœuf ou de porc, et satisfait plus ou moins les hôtes qu'elle est chargée de nourrir. Le pain et la soupe doivent encore aujourd'hui tenir une grande place dans l'alimentation du personnel de ferme, mais il suffit parfois de peu de chose pour lui rendre beaucoup plus agréable une nourriture en somme très simple ; lorsqu'il fait chaud en particulier, la salade, les concombres, le laitage sont tout à fait indiqués. L'art d'accommoder les restes joue un rôle fort important ; de lui dépend, tout en donnant la même satisfaction aux ouvriers, une très grosse réduction des frais. Souvent la cuisinière ajoute à sa fonction le soin de la lampisterie ; il lui faut être très exacte, et son rôle se complique lorsque la cuisine du personnel se double de celle des maîtres et du service particulier du chef de culture ; on lui donne alors une aide qui prépare les gros ouvrages, prête la main à la vaisselle, épluche les légumes, comme il a été dit, et manœuvre la brosse et le balai pour que le réfectoire soit toujours irréprochable.

Parfois les choses vont même encore plus loin, et la cuisinière, lorsque le chef de l'entreprise ou son régisseur ne sont pas mariés, devient une véritable femme de charge qui, à la direction de la cuisine, ajoute le soin du linge. C'est une organisation nécessaire dans le cas particulier, mais à éviter, car le contrôle d'une telle personne est presque impossible pour un homme seul, qui manque généralement d'expérience sur le chapitre ménage et ne saurait, en mettant les choses aux mieux, avoir l'œil à tout.

Quel que soit le rôle laissé à la cuisinière, celui-ci doit être suivi de près par la femme de l'agriculteur, qui doit exiger un véritable journal, où chaque jour apparaissent les quantités de pain ou autres denrées achetées, les produits pris à la ferme et les menus des repas ; il faut qu'en comparant, au besoin, ces menus, dont d'ailleurs elle aura donné le canevas, avec les factures des fournisseurs, la ménagère retrouve son compte et puisse en outre établir la dépense annuelle du chapitre *ménage*. Ceci est, en somme, assez simple, puisqu'elle a d'une part les factures de pain et de viande, d'autre part les factures de l'épicerie achetée en gros et celles de petits commerçants locaux, et enfin, grâce au carnet mentionné ci-dessus, le nombre et l'importance des produits pris à la ferme auxquels on attribue en recettes et en dépenses la valeur qu'ils auraient s'il fallait les acheter. Le point le plus délicat est le départ entre les frais entraînés par l'alimentation proprement dite des employés de l'exploitation et le coût de la nourriture particulière du cultivateur lui-même. Ce partage est absolument nécessaire, surtout lorsque le chef de l'entreprise a une famille nombreuse ou reçoit beaucoup d'amis ; le calcul, fait pendant quelques années, peut se simplifier par l'adoption d'une sorte de cote mal taillée, qui conduit à soustraire des frais d'ensemble du ménage une somme déterminée. Nous arrivons d'ailleurs ici à la réponse à donner à la question déjà posée de l'opportunité de nourrir ou ne pas nourrir le personnel de la ferme.

La nourriture du personnel à la ferme. — Lorsque je dirigeais moi-même une exploitation, ma femme, qui s'occupait de la cuisinière suivant les principes que je viens d'indiquer, était arrivée à savoir très exactement ce que coûtait la nourriture de nos ouvriers, et le chiffre auquel elle était parvenue pour les 12 personnes environ que nous hébergions était de 40 francs par tête et par mois ; il est vrai qu'à cette époque (1899) nous payions le pain de 4 kilos en gros 97 centimes ; progressivement, ce prix, qui est aujourd'hui de 1 fr. 50, monta, aussi vers 1907 le prix mensuel de la nourriture s'est-il élevé à près de 45 francs. Le régime était le suivant : le matin, fromage ou charcuterie, pain à discrétion, boisson ; à midi, soupe, bœuf ou porc (à peu près également, peut-être un peu plus de bœuf payé en gros 0 fr. 60 le demi-kilo, que de porc), légumes, pain et cidre à discrétion, le café deux fois par semaine, sauf en moisson tous les jours ; le vendredi œufs ou poisson au lieu de viande ; en été, collation de fromage avec pain et boisson ; le soir, en toute saison, soupe, ragoût de viande et légumes avec prédominance de pommes de terre, pain et boisson, parfois, en supplément, salade de laitues, chicorées ou concombres, parfois aussi laitage. En m'arrêtant aux prix ci-dessus, qui, avec l'augmentation de la viande, ont dû encore monter depuis trois ans, j'estime que, même actuellement, il revient à peu près au même, au point de vue argent, de nourrir un ouvrier et de lui donner 50 francs de gages, ou de ne pas le nourrir et de lui donner 100 francs. Il semble donc que moins on nourrira de personnel, plus l'organisation de la ferme se trouvera simplifiée et mieux cela vaudra. C'est exact en principe, et une raison plaide en faveur de l'ouvrier non nourri ; c'est que cet ouvrier, à condition qu'il ait femme et enfants, a un foyer auquel il s'attachera davantage qu'à une pension, cette pension fût-elle familiale.

Mais s'il est bon de simplifier ainsi le rouage ménage et de développer la vie de famille, à côté de l'ouvrier marié, nous avons l'ouvrier célibataire, pour qui l'alimentation à la ferme est infiniment préférable ; le cultivateur a besoin de gardiens de nuit pour ses écuries, il les trouve chez ses charretiers non mariés et il leur crée une vie saine et morale en les gardant autour de la table de la ferme plutôt qu'en les laissant chercher au dehors une pension coûteuse doublée des tentations du cabaret. J'opine donc pour que l'agriculteur continue à nourrir les membres de son personnel qui n'ont pas de chez soi et leur donne un local chauffé en hiver, où ils puissent lire, écrire ou même jouer honnêtement. Si, parfois, le patron, sans se départir de la réserve nécessaire à son autorité, vient lui-même visiter ce home, si la maîtresse y paraît et dit le mot qui rappelle la mère laissée au foyer, si, aux jours de froid ou de pluie, elle y fait porter un grog chaud, le patron aura rempli un devoir social des plus élevé et il en sera peut-être récompensé par une confiance plus grande et un peu de reconnaissance et de dévouement. Il ne faudrait pas croire d'ailleurs que les chefs d'exploitations rurales aient attendu les invites de l'État ou les conseils des philanthropes pour entrer dans la voie que je viens de signaler ; beaucoup déjà s'y sont résolument engagés, et, s'ils ne s'y sont pas tous avancés aussi loin qu'on eût pu le souhaiter, c'est peut-être parce qu'ils n'ont pas trouvé l'écho qui leur eût été nécessaire et que, malgré tout, l'attrait du dehors est resté trop souvent le plus fort.

Journaliers et tâcherons. — Autour des machines conduites par les domestiques payés au mois, de qui nous venons de parler, gravite la phalange des journaliers ; celle-ci, il faut le dire, tend à devenir moins nombreuse. Les bras allant s'employer à la ville, il a bien fallu les remplacer par les instruments de récolte, mais le jour où un courant inverse viendrait à s'établir pour le plus grand bien du pays, on retrouverait

R. VUIGNER. — Domaine agricole.   26

une place pour ceux qui ont délaissé les guérets ; toute notre France n'est pas cultivée et elle renferme bien des richesses qui appellent le travailleur de la terre.

Salaires à la journée; marche de ces salaires. Le travail à tâche ; comparaison avec le travail à la journée. — Les ouvriers des champs travaillent à la tâche ou à la journée ; plus d'une région pauvre ou déshéritée paie, même aujourd'hui, la main-d'œuvre des prix qualifiés de dérisoires, mais, d'une façon générale, j'ai l'impression qu'avec le développement des voies de communication les salaires tendent à se niveler ; là où ils sont au-dessous du taux moyen, la grève ou tout autre moyen de réclamation ne tarde pas à rappeler aux patrons qu'il faut qu'ils se mettent à l'unisson de leurs voisins. Le nivellement s'opère donc et il s'opère avec une légère hausse qui sans doute ira s'accentuant, étant donné le renchérissement général de toutes choses ; les hommes, qui, après n'avoir touché que 2 francs, gagnaient 2 fr. 50 en hiver et 3 francs en été jusque vers 1905 ou 1906, gagnent aujourd'hui 3 francs l'hiver et 3 fr. 50 l'été ; quelques travaux sont même payés 4 francs; pour les femmes, les salaires, qui de 1 franc à 1 fr. 25 s'élevaient péniblement à 1 fr. 50 par jour, descendent maintenant rarement au-dessous de ce dernier chiffre ; ils s'élèvent au contraire souvent jusqu'à 2 francs pour les mois d'été et atteignent en moisson jusqu'à 2 fr. 50. La hausse est même en réalité plus considérable, car, dans quelques exploitations, aux salaires en argent s'ajoute la remise d'une certaine quantité de boisson proportionnelle au travail accompli et livrée, soit toute préparée, soit sous forme de pommes. Renseigné sur la tendance générale des salaires que je viens d'indiquer, mon lecteur en apprendra, je pense, suffisamment si, avant de conclure des arrangements avec les ouvriers de son exploitation, il a soin de s'informer des prix pratiqués autour de lui dans les fermes, non seulement de grande mais aussi de petite étendue. Les petits cultivateurs seront sensibles à cette démarche d'un voisin parfois mieux doté qu'eux-mêmes au point de vue des capitaux et ils lui sauront gré de ne pas gâter les prix en payant sans motif légitime des salaires qu'eux-mêmes ne peuvent donner.

M. Hitier connaît beaucoup de ces salaires, il les indiquera sans doute dans les monographies de fermes qu'un jour ou l'autre il livrera à la publicité ; d'autres prix se rencontrent déjà dans les articles où M. Ardouin-Dumazet étudie nos régions agricoles les plus typiques. Je me souviens moi-même d'avoir vu payer en Haute- Marne, — et ceci remonte déjà à 1891, — 8 francs par jour un couple de moissonneurs, l'homme et la femme, chargés de suivre la moissonneuse-lieuse pour lui frayer un passage autour des pièces, ou couper les parties par trop versées que les releveurs d'épis redressent aujourd'hui mais qui échappaient alors aux machines dépourvues de cet organe ingénieux. Quand la faux ne marchait pas, le couple relevait les gerbes de la lieuse ou liait celles que lui-même avait dû couper ; il y avait trois couples de ce genre à la ferme de 150 hectares où j'étais employé ; d'un autre côté, je vois dans un des articles de M. Ardouin-Dumazet que pour les vendanges du Beaujolais les vendangeurs, sous la conduite d'un chef appelé porteur, se louent chaque matin pour la journée moyennant un prix qui va de 2 fr. 25 à 4 fr. 25, nourriture en sus, suivant que le marché est plus ou moins garni de vignerons ; les videurs qui versent dans leurs bénots les jarlots pleins des vendangeurs, et les porteurs qui dans leurs bennes portent à la limite du vignoble jusqu'aux voitures le contenu des bénots, reçoivent les uns et les autres jusqu'à 8 et 8 fr. 50 par jour ; ils sont nourris et n'ont à s'inquiéter que de leur couchage. Il y a donc dès à présent de beaux gages à gagner aux champs, même à la journée.

Le travail à la journée gardera toujours une large place en agriculture parce que certains soins culturaux sont essentiellement variables selon la nature des terres ou des récoltes, il est donc à peu près impossible de les tarifer ; d'autres n'exigent pour être donnés que des portions plus ou moins faibles de la journée et obligent le journalier qui s'en est acquitté à entreprendre un travail différent qui souvent complète le premier ; enfin il est des circonstances où le cultivateur préfère que l'ouvrier accomplisse la besogne dont il est chargé avec un soin qui exclut le travail à tâche, c'est, par exemple, le cas du journalier qui arrache des porte-graines et doit les manipuler avec d'infinies précautions pour ne pas faire tomber les plus belles semences ; c'est aussi le cas des femmes à qui est confié le soin de sélectionner les épis des variétés de blé en voie de création ; parfois, par son manque de conscience, ou un désir exagéré de grossir ses journées aux dépens du patron, l'ouvrier a mis ce dernier dans la nécessité de faire exécuter à la journée des travaux qui, tels que les épandages de marne et de fumier, devraient être normalement donnés à tâche. L'ouvrier agricole s'est ainsi, à mon avis, fait tort à lui-même, de même que c'est une erreur, à mon sens, de discréditer le travail à tâche, comme on tend trop souvent à le faire, parce que l'homme fort et vigoureux y écrase l'homme faible et maladif de qui la santé trahit le courage.

Le problème est assurément délicat, et il est à première vue pénible de voir l'état d'infériorité dans lequel un individu doué d'une mauvaise constitution peut être mis vis-à-vis d'un concurrent plus valide et parfois moins chargé de famille que lui ; mais, parce qu'il y a là une chose fâcheuse que l'assistance mutuelle doit s'efforcer de réparer, est-ce une raison pour ôter au travailleur qui se sent l'énergie nécessaire pour faire de ses bras un usage plus actif et plus prolongé le moyen d'améliorer par un gain plus élevé la situation des siens, et de sortir de la misère pour se donner une somme plus considérable de bien-être ? A cette question, je réponds carrément non, parce qu'agir autrement favoriserait surtout le paresseux et n'accroîtrait guère le salaire de l'ouvrier consciencieux, mais faible. Si donc le travail à la journée doit subsister pour les motifs que j'ai passés en revue, s'il implique pour son exécution rationnelle l'organisation de chantiers placés sous la conduite d'un contremaître, le travail à tâche, en agriculture comme en industrie, n'en doit pas moins rester en honneur ; il doit garder son rang, parce que l'ouvrier qui travaille à ses pièces est plus son maître et par là se rapproche davantage de ces aspirations à la liberté qu'a au cœur tout homme vraiment digne de ce nom.

Les travaux agricoles susceptibles d'être donnés à tâche sont les épandages de marne et de fumier, les chargements de betteraves aux 1.000 kilos, les fauchages, la moisson, les battages, les binages, démariage et arrachages de betteraves, le ramassage des pommes gaulées à la journée par un homme très soigneux des arbres, le liage des récoltes ; j'en passe, mais, sur place, le praticien suppléera à ce que cette nomenclature peut avoir d'incomplet, sur place aussi il verra quels sont les prix à payer selon les usages locaux.

Établissement des prix dans le travail à tâche. — Quels que soient ces prix, il semble que, d'une façon générale, leur application devrait être modifiée. Certes, il est bon que l'agriculteur s'assure à l'avance les ouvriers dont il a besoin, par exemple, pour sa moisson, puisqu'il est entendu que, malgré ses perfectionnements, la machine ne peut encore exécuter tout le travail à elle seule, mais dans la signature de ce premier contrat, je me mettrais simplement d'accord sur un prix qui serait garanti à l'ouvrier en supposant pour lui les circonstances de saison, état des récoltes, etc., les plus favorables. Une clause resterait ouverte, d'après laquelle le prix convenu pourrait subir certaines majorations du chef de la verse et des intempéries. Rien ne s'opposerait à ce que l'importance de ces majorations soit prévue suivant les cas qui pourraient se présenter ; on éviterait ainsi de regrettables contestations et l'on serait moins exposé aux conflits qui ont si fâcheusement marqué ces dernières années.

Il y aurait là une œuvre de justice à accomplir, et peut-être ne pèserait-elle pas aussi lourdement qu'on l'imagine sur le patron, car le prix fixe, arrêté sans retouche possible, est une sorte de cote mal taillée où, plus ou moins confusément, l'ouvrier, qu'on n'en saurait blâmer, fait entrer ses risques. Je vais même plus loin : si, pour les betteraves, en plus des prix alloués pour chacune des diverses façons, une prime supplémentaire était attribuée, sur la double donnée du nombre de plants au mètre courant et du rendement à l'hectare, non seulement un travail soigné aurait une juste récompense, mais l'agriculteur aurait l'avantage d'une récolte meilleure.

Aperçu de quelques gains. — Vers 1900, je payais la moisson 25 francs l'hectare pour l'avoine et 30 francs pour le blé, la mise en ruche des récoltes encore un peu vertes entraînait un supplément de 6 francs par hectare ; pour la fenaison, j'avais essayé un système qui me paraissait absolument juste : aux tâcherons qui coupaient une partie de mes fourrages j'accordais un prix de tant pour 100 bottes liées et prêtes à rentrer en bonnes conditions, sous réserve que le poids de ces bottes serait d'environ 6 kilogrammes, de manière à ce qu'elles pèsent dans le courant de l'hiver le poids marchand de 5 kilogrammes ; j'ai dû malheureusement renoncer parce que le peson m'accusait des manques de 15 p. 100.

M. Hitier cite quelques chiffres de M. Boisseau à Chantemerle.

M. Boisseau fait battre ses récoltes par une équipe de 5 batteurs : la batteuse passe 1.000 gerbes de blé par jour, rendant environ 30 quintaux de grain ; la menue paille est refoulée par un ventilateur dans la chambre à mélanges ; le grain, remonté par une chaîne à godets, passe au crible Josse et est conduit au grenier par une vis sans fin, après avoir été automatiquement pesé ; la bonne paille, liée, part immédiatement pour la vente ; la paille inférieure est enlevée pour les services de la ferme ; suivant que le rendement de la récolte en grains est plus ou moins élevé, l'opération est payée de 0 fr. 65 à 0 fr. 70 par quintal de grain pesé ; l'équipe se fait ainsi des journées de 21 à 24 francs, environ 4 fr. 50 par homme. Les journaliers gagent 3 fr. 50 en été et 3 francs en hiver ; en été, la journée commence à 5 heures, à sept heures et demie déjeuner et repos d'une demi-heure, de onze heures à midi et demi repos pour le repas principal, de quatre heures à quatre heures et demie collation, à six heures et demie départ ; en hiver, la journée va de six heures et demie à cinq heures et demie, avec arrêt d'une heure à midi pour le déjeuner. Les femmes travaillent de sept heures à onze heures et de midi et demi à cinq heures ; elles reçoivent 1 fr. 50. Le démariage des betteraves est payé 25 francs l'hectare, le premier et le troisième binages 15 francs, chaque binage supplémentaire 5 francs, l'arrachage 60 francs, plus une prime de 15 à 18 francs pour secouer et charger les racines ; les bineurs sont logés et reçoivent bois et pommes de terre ; ils peuvent gagner 7 francs par jour. La moisson se paie, pour le blé, de 35 à 50 francs, et pour l'avoine, de 30 à

40 francs l'hectare ; on voit que ces prix sont fort en avance sur mes anciens prix que j'avais moi-même relevés ; il est tenu compte des récoltes plus fortes qu'autrefois et de leur état au point de vue de la verse. Le relevage des gerbes vaut de 4 à 6 francs, et chaque homme qui coupe reçoit par jour un litre de vin, les journées peuvent ressortir à 11 ou 12 francs. Les chargeurs reçoivent 120 francs de la première à la dernière gerbe et les déchargeurs 115 francs.

Si l'on rapproche ces chiffres et ceux que j'ai empruntés à M. A.-Dumazet des salaires de l'industrie, on s'aperçoit que l'agriculture peut soutenir aujourd'hui la comparaison avec l'industrie ; d'ailleurs, pour raisonner en toute logique, il faudrait s'en tenir, non pas à la valeur absolue des chiffres, mais à leur valeur relative ; en un mot, il faudrait comparer le salaire rural avec ce que coûte la vie à la campagne d'une part et le salaire urbain avec le coût de la vie à la ville d'autre part. Je suis convaincu que si l'ouvrier des champs faisait, avant de partir pour la capitale, ce calcul extrêmement simple, et s'il s'arrêtait aux grosses améliorations déjà consenties par les agriculteurs patrons, il resterait attaché à la terre. Qu'on lui parle de ce point de vue auquel il ne songe pas et qu'on lui fasse sentir l'importance de la valeur relative et l'illusion de la valeur absolue des choses ! on lui rendra le plus signalé service ; puis, comme ce qui se voit et se compte frappe beaucoup plus son esprit que les calculs abstraits, qu'on poursuive avec lui l'œuvre sociale commencée et l'on aura quelque chance de voir s'arrêter le courant vraiment navrant de l'exode vers la ville, car, pour quelques réussites, combien n'engendre-t-il pas de déboires et de ruines !

La lutte contre l'exode rural : le bien de famille insaisissable ; les prêts à long terme ; les retraites ouvrières. Les sociétés de secours mutuels. — Il faut le reconnaître loyalement, l'institution des prêts à long terme et la loi créant le bien de famille insaisissable ont été œuvres bonnes dans toute l'acception du mot. Il appartient aux patrons de montrer à leurs ouvriers à se servir de cet ensemble de lois : qu'ils construisent pour cela ces logements dont j'ai parlé, ils les loueront d'abord à leur personnel, jusqu'à ce que celui-ci, au moyen des prêts à long terme, puisse les leur racheter et en faire ce home qu'aucun créancier ne saurait leur enlever. Les journaux d'agriculture ont publié les commentaires les plus intéressants sur la loi du 12 juillet 1909 instituant le bien de famille insaisissable ; j'en trouve un exposé très clair dans la Chronique agricole du *Journal de Rouen* du 11 juillet 1911 ; toutes les formalités à remplir pour la constitution du Homestead y sont indiquées et l'on peut voir combien l'État s'est appliqué à simplifier et à rendre peu onéreuse la partie de la procédure qui exige le concours du notaire : la dépense ne dépasse pas 60 ou 80 francs ; elle peut même être supportée par un parent ou ami qui, moyennant certaines conditions, a le droit de constituer un bien de famille insaisissable en faveur des personnes réunissant les capacités voulues pour en jouir. Il n'y a donc qu'à souligner auprès de qui de droit les avantages de la loi, comme le fait M. C. Guillard (1) pour inciter les intéressés à se les assurer, et il est fort à propos d'ôter de leur esprit la crainte d'après laquelle le bien de famille les fixerait pour toujours au lieu où ce bien aurait été créé. Le bien de famille n'est pas absolument inaliénable, de sorte que si les circonstances obligeaient à suivre ailleurs le patron qui vous emploie, ou si, plus simplement, on voulait réaliser la plus-value acquise par une propriété bien placée, il serait permis de vendre.

Rien ne s'opposant à la constitution du Homestead, il n'y a qu'à se l'assurer en usant au besoin du crédit à long terme. Comment se servir de ce crédit ? Un article de M. Abel Beckerich dans le *Journal d'Agriculture pratique* éclaire à ce sujet l'ouvrier embarrassé, et, pour montrer à ce dernier comment il pourra lever toutes les difficultés en s'adressant à une caisse locale de crédit réassurée à une caisse régionale, M. Rabaté, professeur départemental d'agriculture de Lot-et-Garonne, publie sur le fonctionnement des prêts à long terme et sur leur remboursement un document d'une clarté remarquable. M. Rabaté appelle sa méthode de remboursement méthode

---

(1) C. Guillard. *Manuel populaire et pratique pour constituer un bien de famille insaisissable et indivisible.*

de remboursement par soldes ou par échelons, et, quand on a lu l'exemple qu'il en donne, on est fixé sur la manière de procéder et sur les charges annuelles que l'emprunteur doit supporter suivant l'importance de la somme empruntée et la durée des prêts.

Voici d'ailleurs cet exemple,

Caisse régionale de ***	**Caisse locale de*****

Prêt à long terme de sept mille francs consenti le dix janvier mil neuf cent onze pour une durée de quinze années en faveur de X...

Le minimum des remboursements annuels est fixé à 540 fr.

Compte courant des sommes versées pour amortissement du capital et pour le paiement des intérêts à 2 p. 100 l'an (Remarquer la faiblesse du taux. — R. V.).

An.	Mois.	Jours.	DÉTAIL DES OPÉRATIONS.	CAPITAL à amortir.		INTÉRÊTS à ajouter.		CAPITAL plus intérêts.		REMBOUR-SEMENTS à déduire.		RÉPARTITION des intérêts entre les deux caisses régionale.		locale.		OBSERVATIONS.
1911	Janv.	1er	Ouverture du prêt à long terme........	7.000	»	»	«	»	»	»	»	»	»	»	»	
»	Juill.	10	Intérêts sur 7.000 fr., du 1er janvier au 1er juillet (170 jours)......	«	»	66	11	»	«	»	»	33	05	33	05	
			Capital + intérêts dus le 1er juillet..........	»	»	»	»	7.066	11	»	»	»	»	»	»	
			1er remboursement à déduire............	»	»	»	»	»	»	200	»	»	»	»	»	
			Capital dû à nouveau le 1er juillet........	6.886	11	»	»	»	»	»	»	»	»	»	»	
»	Déc.	15	Intérêts sur 6866 fr. du 1er juillet au 15 décembre (165 jours)..	»	»	62	94	»	»	»	»	31	47	31	47	
			Capital + intérêts dus au 15 décembre.....	»	»	»	»	6.929	05	»	»	»	»	»	»	
			2e versement à déduire..............	»	»	»	»	»	»	400	»	»	»	»	»	
			Capital dû à nouveau le 15 décembre.....	6.529	05	»	»	«	»	»	»	»	»	»	»	

Quand ont paru les deux lois qui viennent de m'arrêter quelques instants, les chefs d'exploitations rurales, il faut le dire à l'honneur de nombre d'entre eux, prenaient déjà vis-à-vis de leurs employés des mesures de nature à créer entre patrons et ouvriers des liens de solidarité et à retenir aux champs un personnel qui y est si nécessaire ; nous assistions à un effort pour mettre les prix en rapport avec la difficulté du travail, et de tous côtés se développaient des arrangements susceptibles d'améliorer la situation du travailleur agricole. Je n'en veux pour preuve que la façon dont M. Forzy, par exemple, à la ferme de Villemontoire (Aisne), assure à son personnel le pain journalier. M. Forzy, ainsi que M. J. Bénard l'a fait connaître à la Société nationale d'agriculture, règle lui-même le boulanger et retient sur les paies de quinzaine les sommes qu'il a ainsi avancées ; sûr d'être payé, le boulanger livre le pain au cours du blé sur le marché de Soissons majoré de 7 francs par 100 kilos pour frais de cuisson, et l'ouvrier paie ainsi son pain moins cher que par toute autre combinaison. Ce n'est pas tout : si ce prix réduit vient à dépasser 0 fr. 30 le kilo, l'excédent est supporté par le patron, qui accorde de façon indirecte un supplément de salaire atteignant plusieurs francs par mois. D'un autre côté, plus d'un agriculteur, lorsqu'un de ses charretiers versait par mois 0 fr. 50 à la société de secours mutuels de sa région, versait à la même société 1 fr. 50, soit 3 fois la mise de son employé, de sorte que les retraites paysannes étaient en voie de constitution bien avant la loi de 1910 sur les retraites ouvrières et paysannes. Est-ce à dire que cette loi soit mauvaise ? Nullement. Le principe en est excellent. Ce qui est peut-être moins heureux, c'est l'application lorsque l'ouvrier, au lieu d'avoir un travail stable, est obligé de s'embaucher là où il peut, d'une façon plus ou moins irrégulière. Peut-être, en présence des difficultés de mise en pratique qu'un peu de bonne volonté de la part des parties aplanira souvent, aurait-on dû se souvenir davantage des organisations déjà en marche. Les sociétés de secours mutuels stimulaient au plus haut point l'esprit d'épargne ; pourquoi ne s'en être pas servi en complétant leur œuvre ? L'État, après avoir causé avec les patrons qui déjà souscrivaient en faveur de leurs ouvriers adhérents aux sociétés qui nous occupent, aurait codifié pour ainsi dire cette souscription dans des conditions qu'on aurait admises parce qu'elles auraient été consenties d'accord avec le payeur et non pas derrière son dos ; puis, la participation du patron ainsi réglée de manière à lui faire perdre son caractère aléatoire, l'État aurait dit au travailleur : « Je vais ajouter moi-même à votre prévoyance et à l'appui de votre patron, et mon concours sera d'autant plus efficace que votre effort aura [été plus grand, par l'importance des sommes mensuellement versées, ou par le nombre de bouches que vous aurez eues à nourrir. » Ainsi auraient été réglées et la retraite pour les vieux jours et l'assistance aux familles nombreuses. Peut-être viendra-t-on à cette conception, car le souci d'une grande nation doit être d'améliorer ses œuvres de prévoyance. Dès à présent, l'ouvrier des champs n'est plus déshérité.

Pourquoi donc continue-t-il à se porter vers la ville ? C'est, je l'ai dit, parce qu'on n'a pas encore assez insisté auprès de lui pour lui faire sentir ce qu'ont de trompeur certains chiffres, c'est surtout parce que, à la campagne, le journalier ne se trouve pas assez certain d'avoir un travail régulier. L'organisation actuelle des exploitations agricoles est cependant faite pour calmer ce légitime souci : plus elle devient intensive et industrielle, plus l'agriculture a besoin d'un personnel fixe occupé d'un bout de l'année à l'autre, et autour de chaque grosse ferme peut se grouper sans crainte un noyau de travailleurs abrités dans les logements modernes à bon marché.

Il est vraiment fâcheux que l'ouvrier agricole français, mal renseigné ou faute d'organisation, se laisse enlever par des étrangers belges ou polonais d'importants salaires. Si l'on croyait devoir essayer cette main-d'œuvre étrangère ou si les circonstances obligeaient à faire cet essai, j'engagerais beaucoup à s'entourer au préalable, notamment en ce qui concerne les Polonais, de tous les renseignements nécessaires. On trouverait à se documenter auprès des notabilités agricoles, telles que MM. Thomassin, qui a pris l'initiative d'un Syndicat français de la main-d'œuvre agricole, et Courtin, qui a rapporté une aussi importante question devant la Société nationale d'agriculture. Dans l'Eure, certains syndicats sont bien informés, mais si leurs informations sont d'accord avec les miennes, ils diront sans doute que le maniement des Polonais n'est pas toujours facile : ils ne comprennent pas notre langue, et, faute de s'entendre, on peut blesser certains de leurs usages auxquels ils sont particulièrement attachés, d'où source de conflits ; je ne m'adresserais donc à eux qu'après m'être assuré qu'il est impossible de trouver dans les Côtes-du-Nord, de bons bineurs et moissonneurs bretons ; je puis recommander ces derniers pour les avoir moi-même utilisés dans des conditions satisfaisantes.

Remarquons d'ailleurs (pour revenir à la question d'aléa dans la continuité du travail aux champs) qu'un agriculteur ne saurait s'assurer aucune équipe d'ouvriers de hors pays s'il ne garantissait à cette équipe une occupation à peu près constante pendant la durée de son séjour chez lui. C'est un point à ne pas perdre de vue.

Mes Bretons, payés pour les façons culturales et l'arrachage des betteraves à raison de 100 francs l'hectare, savoir : premier binage 15 francs, démariage 30 francs, binage après démariage 15 francs, arrachage 40 francs, recevaient en outre logement, boisson et bouillon de soupe deux fois par jour, plus 5 francs par hectare pour les binages supplémentaires. Ils arrivaient fin avril ou commencement de mai et repartaient après l'arrachage des betteraves dans le courant de novembre. Lorsque la saison leur était propice, chacun d'entre eux pouvait entreprendre 3 hectares de betteraves ; moins rompus au maniement de la binette, les gens du pays n'en travaillaient guère que deux et encore pas toujours. Avec leurs 3 hectares, les Bretons réalisaient donc 300 francs bruts ; comme ils restaient chez moi environ six mois et demi, pour que leur campagne leur fût profitable, il leur fallait trouver à gagner, en s'occupant à d'autres travaux, une somme supérieure à celle que je viens d'indiquer. Ils trouvaient cette somme dans les fauchages de fourrages et surtout de céréales, dans le liage des récoltes et aussi dans leur participation aux battages d'été ; j'ajoute que, grâce à eux, je pouvais souvent activer la rentrée des grains. Généralement cet ensemble d'occupations suffisait à remplir leur temps et à grossir leur pécule ; occasionnellement je les prêtais quelques jours à des voisins, pratique dont il est peut-être prudent de ne pas abuser à moins de très bien connaître les personnes à qui on a à faire. On déduit, quoi qu'il en soit, des détails que je viens de donner, la façon dont il faudra s'y prendre pour composer l'équipe d'ouvriers du dehors à laquelle on a décidé de faire appel et l'enchaînement des travaux auxquels cette équipe sera employée avec profit pour les deux parties. Le point de départ de l'organisation est l'étendue de la sole de betteraves à soigner à la main et le nombre d'hectares qui en peut être confié à chaque tâcheron ; si ce point est bien réglé, les autres en découleront naturellement : l'équipe aura peu de jours creux, et encore pourra-t-on mettre à profit quelques-uns d'entre eux pour des réfections de chemins auxquelles les Bretons, dont beaucoup ont travaillé à la construction des lignes de chemins de fer, sont très adroits.

Comme dernier détail, dans toute équipe temporaire doit exister un chef choisi par les camarades qu'il a recrutés ; c'est au chef que le patron ou le régisseur donne les ordres pour les travaux en cours, il s'entend avec eux pour la rédaction des contrats, la vérification du nombre de journées à payer à chaque membre de l'équipe, la délivrance des acomptes et le règlement final. Ce règlement comporte des arpentages exécutés par un géomètre agréé par les parties et payé soit par moitié, soit entièrement par les tâcherons ou par le patron. Le paiement par moitié paraît le plus équitable ; lorsque le chef de l'exploitation supporte seul les frais, la chose doit être considérée comme une sorte de prime accordée à un travail bien fait ; quant au paiement par les tâcherons, je ne le conçois guère qu'au cas où il y avait un désaccord et où, pour le trancher, il serait procédé à un arpentage de contrôle ; semblable fait pourrait amener des difficultés, et, pour les prévenir autant que possible, il faut confier au même groupe de tâcherons les pièces entières telles qu'elles ont été mesurées lors de l'établissement du plan de cultures. C'est le meilleur moyen d'éviter des dépenses de temps et d'argent qu'autrement il faudrait renouveler chaque année.

La pharmacie de la ferme. — L'ouvrier agricole comme l'ouvrier d'industrie est exposé aux accidents et aux maladies. S'il tombe malade, l'intervention du patron peut ou plutôt doit se faire sentir dans des limites très variables selon la nature et la durée de la maladie, selon les charges de famille du malade, les services qu'il a rendus et sa qualité d'homme marié ou célibataire. Il est certain qu'un serviteur de qui on n'a eu qu'à se louer de longues années justifie plus de sollicitude qu'un ouvrier de passage ou récemment embauché; de même le fait de n'avoir d'autre gîte que la demeure du patron constitue un titre à son appui matériel et moral en cas de maladie.

Pour ce qui est des accidents, il en est dont le chef d'une exploitation, qu'il le veuille ou non, est obligé par la loi de supporter les conséquences: ce sont ceux qui sont survenus directement ou non au cours d'un travail commandé. Pour se couvrir, le cultivateur a recours aux assurances, et nous aurons occasion de voir que celles-ci sont une des charges de l'exploitation au même titre que le loyer. Je ne m'y arrête donc pas pour le moment, je veux seulement faire ressortir que le maître doit avoir sous la main les objets nécessaires pour aller au plus pressé et mettre ses gens dans les meilleures conditions pour attendre l'arrivée du médecin qu'il faut parfois aller chercher au loin. La salle d'infirmerie rend à cet égard de précieux services: elle permet de coucher confortablement le malade ou le blessé jusqu'à ce qu'on ait pu aviser à la possibilité de le soigner sur place ou à la nécessité de le diriger sur son domicile particulier ou sur un hôpital ; elle est très avantageusement complétée par une pharmacie. La pharmacie de la ferme doit comprendre les objets nécessaires à un pansement provisoire : bandes diverses de vieux linge, bandes de crêpe Velpeau, gaze iodoformée, etc., l'arnica et le baume tranquille contre les coups et contusions, l'alcali contre les piqûres de vipères, l'acide borique, l'eau oxygénée ou même le permanganate de potasse et la liqueur de Van Swieten pour les soins antiseptiques, les purgatifs courants, notamment l'huile de ricin dont l'application opportune dès le début de certaines manifestations gastriques prévient quelquefois de sérieuses complications, les révulsifs et décongestionnants, tels que sinapismes Rigollot, la farine de moutarde, les émollients pour cataplasmes, les potions usuelles pour rhumes et bronchites, les hémostatiques, amadou et perchlorure de fer, le bismuth et l'élixir parégorique contre la diarrhée, les appareils pour lavements, les vases plats, etc. A l'user, on se rend bien vite compte combien ces remèdes divers peuvent apporter d'adoucissements et faciliter la tâche du médecin en permettant l'exécution immédiate des ordonnances courantes. On peut ajouter à la liste quelques tubes de sérum contre la diphtérie ou le tétanos, mais ces sérums doivent faire l'objet d'une attention toute spéciale, car plusieurs sont altérables et doivent être renouvelés au bout d'un temps plus ou moins court ; il faut donc les avoir sous la main afin de songer à examiner les tubes et à consulter leurs dates d'acquisition. Deux ou trois bons thermomètres de malade et ample provision d'ouate et coton hydrophile par petits paquets de 125 ou 250 grammes ne doivent pas être omis parmi les approvisionnements, et j'y aurais fait figurer des cachets aux doses usuelles de quinine et d'antipyrine, si je n'avais craint de dépasser les limites dans lesquelles une personne qui n'est pas médecin fera prudemment de se tenir. Le docteur lui-même saura indiquer comment compléter l'outillage pharmaceutique lorsqu'il aura pu apprécier le concours que son client est à même de lui donner. Le fait d'avoir suivi les cours organisés dans les hôpitaux par la Croix-Rouge française ou l'Union des femmes de France rendra certainement de grands services à la femme du chef de l'exploitation rurale ; et il ajoutera à l'influence morale qui rapproche les intérêts solidaires des membres de la grande famille agricole.

Que l'ouvrier agricole ne s'y trompe pas d'ailleurs : il peut, dans une large mesure, aider son patron à améliorer sa situation, il lui suffit pour cela de fournir un rendement en travail en rapport avec les salaires qu'il désire obtenir. Le fait-il toujours ? c'est une question qu'il m'est permis de poser puisque je crois avoir amplement développé le chapitre des devoirs d'un patron envers ses employés.

GESTION PROPREMENT DITE DU DOMAINE AGRICOLE

CHAPITRE PREMIER

GROUPEMENT DES ÉLÉMENTS NÉCESSAIRES A LA GESTION DU DOMAINE

Établissement de la comptabilité.

Le domaine agricole est choisi.

Je l'ai acheté ou je l'ai loué ;

Je l'exploite moi-même ou j'en confie l'exploitation à un régisseur ;

J'en ai dressé le plan de fertilisation, et je sais que cette fertilisation, marnage, fumure aux engrais chimiques, engrais verts et fumier de ferme, m'entraîne à une dépense annuelle de tant et à une dépense foncière de telle autre importance, amortissable en un nombre déterminé d'années ;

J'ai choisi mon système de cultures et j'en ai réglé le plan sur le papier, puis sur le terrain, en tenant compte des pièces entre lesquelles j'ai dû partager le domaine ;

J'ai, ou je n'ai pas, décidé l'annexion à l'exploitation rurale d'une industrie agricole, distillerie ou féculerie ;

Je me suis arrêté à un ensemble d'entreprises sur le bétail ;

J'ai arrêté un plan d'améliorations foncières de mes terres et j'ai calculé que l'exécution de ces améliorations, par mes moyens ou par ceux de mon propriétaire justement indemnisé de ses débours, me coûterait une certaine somme annuelle ;

J'ai fait un calcul analogue pour les dispositions à adopter dans mes bâtiments ruraux ;

J'ai réglé le nombre et la nature de mes attelages ainsi que l'importance et le genre de mes moteurs agricoles ;

J'ai composé et acheté mon matériel ;

J'ai réuni le personnel destiné à donner la vie à tous les rouages de mon exploitation ;

Quand j'ai réalisé ce programme avec l'aide des indications rassemblées dans les chapitres qui précèdent, je crois pouvoir dire que j'ai en mains tous les éléments de la gestion du domaine agricole, et si, dans le groupement que j'en ai fait, j'ai agi en homme avisé, je me suis assuré les plus fortes chances du succès. Comment vais-je me rendre compte que je tiens le succès espéré ou qu'au contraire il trahit mes efforts ? C'est ce qu'il convient d'étudier dans la troisième partie de mon travail qui en formera comme la synthèse.

Produit brut et produit net ; charges de l'exploitation. — L'agriculteur vend chaque année des récoltes : grains, pailles, fourrages, betteraves, plantes textiles, vin ; il vend des animaux ou leurs produits : laine, lait, beurre, fromage, et, parfois, il écoule des produits fabriqués : alcool, fécule. Les sommes qu'il reçoit pour toutes ces ventes constituent le *produit brut* de l'exploitation ; si elles le constituaient entièrement, il ne serait pas difficile de le chiffrer sur le papier, mais souvent, pour apprécier l'importance exacte du produit brut, il faut ajouter aux sommes que je viens de mettre en évidence la valeur des denrées consommées à la ferme par l'homme ou par les animaux, denrées qui, dans certaines circonstances, auraient pu être vendues et dont d'ailleurs il est nécessaire de connaître l'importance, ne fût-ce que pour éviter les coulages. Mais, comme les denrées consommées sur place n'ont pas à être préparées pour la vente, il est juste de déduire de la valeur qu'elles auraient obtenue sur le marché, les frais que leur utilisation directe a évités. Il y a là place pour un certain arbitraire ; nous arriverons toutefois à une approximation d'autant plus suffisante que la portion des recettes que nous cherchons à fixer ainsi vient d'autre part en dépenses. Il est d'ailleurs des cas où les choses se simplifient beaucoup : lorsque nous engraissons des animaux dans des herbages, il va de soi, en effet, qu'il est inutile d'attribuer à l'herbe une valeur que paieraient les bœufs ; le produit brut de l'herbage est représenté par la valeur même des bœufs qu'il a nourris et nous n'aurions à nous inquiéter du produit *herbe* que si nous avions des raisons de penser qu'il est supérieur au produit *viande*.

L'ensemble du produit brut une fois établi et présenté de façon à obtenir les divers chapitres de l'*avoir* de l'exploitation, l'agriculteur, pour avoir le *produit net*, doit retrancher du produit brut ce que j'appellerai les frais de fabrication ou *doit*.

Voici comment peut s'établir l'*Avoir* :

1re DIVISION. — RÉCOLTES 1911.

CHAPITRE PREMIER. — *Blés.*

N Hectares de blé Japhet :				
Grain :				
Vendu ... quintaux à fr. ....., ci	....	..		
Consommé à la ferme :				
Volailles, . . quintaux à fr. ci	....	..		
Mouture, ... quintaux à fr. ....., ci	....	..		
Semailles 1912, ... quint. à fr. ci	....	..		
Total....................	....	..	....	..
Paille :				
Vendue, ... quintaux à fr. ....., ci	....	..		
Consommée à la ferme :				
Chevaux, ... quintaux à fr. ci	....	..		
Porcs, ... quintaux à fr. ....., ci	....	..		
Litière, ... quintaux à fr. ..... ct	....	..		
Total....................	....	..	....	..
Produit total pour le blé Japhet ...			....	..
N' Hectares de blé de Bordeaux :				
Même détail.				
Produit brut total pour le blé de Bordeaux..............			....	..
N" Hectares de blé en mélange :				
Même détail.				
Produit brut total..........			....	..
Produit total de la récolte blé 1911..	....	..	....	..

CHAPITRE II. — *Avoines.*

et ainsi de suite en ouvrant sur le modèle ci-dessus un chapitre pour chaque récolte un peu importante.

2e DIVISION. — BÉTAIL 1911.
CHAPITRE PREMIER. — *Vacherie.*

... litres de lait à fr. ci	...			
... kilos de beurre à fr. ... (hiver), ci	...			
... — à fr. ... (été).., ci	...			
N veaux pour francs.................	...			
N' vaches grasses pour francs........	...			
N" génisses ou vaches pleines.........	...			
Montant des saillies à raison de ...fr. par saillie...........................	...			
Vente d'un taureau...................	...			
Total.....................	...		...	

Pour les ventes d'animaux, il sera bon d'en rappeler les dates avec le prix obtenu pour chaque animal, les sommes seront inscrites dans la première colonne, dans la seconde figureront les totaux partiels servant à former le total **général** ; les chapitres : bergerie, porcherie, etc., suivront le chapitre vacherie.

Les chapitres du *Doit* représentant les dépenses de diverses natures qu'il a fallu engager pour obtenir le produit **brut** prennent pour titres :

1º *Loyers, assurances et impôts ;*

2º *Ménage,* comprenant les aliments achetés et ceux que la ferme a fournis pour l'alimentation du personnel ; les dépenses entraînées par l'entretien du linge et de la literie, etc. ;

3º *Salaires* : charretiers, bouviers, vachers, journaliers, avec le montant des gages en argent payés à chaque employé ;

4º *Éclairage et chauffage,* y compris le combustible pour les moteurs ;

5º *Entretien du matériel, acquisition de matériel neuf ;*

6º *Acquisition des aliments pour le bétail,* y compris la consommation des aliments fournis par le domaine, consommation notée à part et reproduisant les sommes portées en recettes ;

7° *Acquisition des semences ;*

8° *Acquisition des engrais commerciaux ;*

9° *Acquisition du bétail de trait et de rente ;*

10° *Frais généraux.*

La différence entre le *doit* et l'*avoir* représente le *bénéfice de fabrication* ou mieux le *produit net,* ainsi que je le disais tout à l'heure. Ce produit net, à son tour, doit être grevé de certaines charges :

1° *Intérêts du capital foncier* (s'il y a lieu) ;

2° *Intérêts et amortissement du capital d'exploitation ;*

3° *Intérêts et amortissement des améliorations et constructions neuves.*

Le solde, positif ou négatif, donne le *bénéfice* ou la *perte* de l'exercice, et il y a lieu, au cas où l'on emploierait un régisseur, de bien convenir si le tantième auquel il a droit par contrat porte sur ce dernier bénéfice, qui est le bénéfice vrai produit par l'entreprise agricole, ou si, au contraire, le tantième en question doit être prélevé sur le produit net spécifié plus haut. Sous réserve de cette observation destinée à éviter de fâcheuses contestations, la comptabilité de la ferme ressort clairement des indications qu'on vient de lire.

EXERCICE 1911-1912.	DOIT.	AVOIR.
Produits divers de toutes natures..		....
Dépenses annuelles de production..	....	
Charges annuelles provenant du paiement des intérêts.............	....	
et des amortissements...........	....	
Total du doit....		
Balance : Perte ou bénéfice...	?	?
Totaux égaux....	....	....

Rien à première vue ne semble plus simple : pratiquement, malheureusement, les choses se compliquent, ainsi que nous allons le voir.

27.

CHAPITRE II

LES CHARGES DE L'EXPLOITATION

Intervention de l'inventaire pour aider à les calculer. Étude et établissement de l'inventaire, son utilité. Améliorations et constructions neuves.

Capital foncier. — Les charges de l'exploitation, autrement dit les frais qui grèvent le produit net tout en ne concourant que de façon indirecte à l'obtention du produit brut, sont constituées en première ligne par l'intérêt du capital foncier lorsque l'agriculteur est propriétaire du domaine dont il a entrepris la gestion. Nous avons là un chapitre très facile à établir : le domaine a coûté tant ; il manquait des bâtiments qu'il a fallu construire, d'où une autre dépense de tant, ensemble un capital de X francs représentant au taux i un intérêt annuel I. Le capital X peut être estimé en comptant les billets de banque qu'il a fallu débourser des deux chefs que je viens d'indiquer, avant d'ouvrir le premier sillon ; quant à l'intérêt I, le propriétaire foncier a une certaine marge pour le fixer. Il peut choisir l'intérêt moyen qu'il aurait obtenu de son capital par de bons placements financiers, ou bien se contenter d'une rémunération plus modeste, et retrouver comme bénéfice de son labeur personnel ce qu'il a retranché au loyer de son argent.

Capital d'exploitation. — S'il est facile d'établir le premier chapitre des charges, il n'en va plus de même du second : *amortissement et intérêt du capital d'exploitation*.

La première chose à faire consiste à fixer de façon bien nette le montant du capital d'exploitation. Pour y arriver, il faut, à l'époque de prise en charge du domaine, dresser un inventaire très complet, qui, suivant moi, doit comprendre les divisions suivantes :

1° *Mobilier du ménage de la ferme :* linge et literie, ustensiles de ménage, mobilier de la cuisine et du four ;

2º *Mobilier de culture*, avec les 13 chapitres que nous avons passés en revue au moment de constituer le matériel d'exploitation ;

3º *Mobilier d'usine*, comportant tout l'outillage de la distillerie ou de la féculerie, s'il est une de ces industries rattachée à la ferme ;

4º *Bétail de trait :* chevaux, bœufs ;

5º *Bétail de rente :* vacherie, porcherie, bergerie, basse-cour ;

6º *Denrées diverses en magasin ;*

7º *Espèces en caisse et débiteurs divers ;*

8º *Améliorations et constructions neuves ;*

9º *État des dettes ;*

10º *Bilan.*

Le bilan résulte de l'ensemble des huit premières divisions d'où l'on a soustrait la neuvième ; il ne nous intéresse pas pour le moment ; au contraire, dans le calcul du capital d'exploitation nous devons nous demander s'il n'y a pas lieu de tenir compte du montant des dettes exigibles ; c'est sans doute inutile, à condition de faire état des débours faits pour la mise en marche de l'exploitation, jusqu'à ce que celle-ci soit capable de se suffire à elle-même au moyen des rentrées de fonds provenant des premières ventes de produits.

L'ensemble de ces débours constitue le premier élément du capital d'exploitation ; il faut y ajouter comme second élément les *espèces en caisse* pour les besoins courants du domaine agricole lors de l'ouverture de l'inventaire d'entrée. A ce moment personne vraisemblablement ne devra encore d'argent à l'exploitation naissante, aussi le relevé de la septième division est-il des moins compliqué. La huitième division n'existe pas, les améliorations n'ont pas encore commencé, et, en fût-il autrement, l'ensemble des capitaux dont elles représenteraient la mise en œuvre devrait être groupé à part pour constituer la troisième charge à laquelle nous avons à faire face. En dehors des divisions 7 et 9, très réduites, nous ne retrouvons donc, à l'inventaire d'entrée, que les six premières divisions, et ce sont les éléments que nous allons y voir apparaître qui, avec les deux éléments déjà cités (débours et espèces en caisse) forment le capital d'exploitation dont nous cherchons à préciser l'importance.

Les divisions de 1 à 5 inclus n'appellent aucune observation, il suffit d'y inscrire les objets dont elles doivent donner la nomenclature et le prix en remplissant des tableaux tracés suivant modèle ci-dessous :

Nombre.	Désignation des objets inventoriés.	Dates d'acquisition.	Prix d'achat.	Valeurs au dernier inventaire.	Valeurs actuelles.
1	2	3	4	5	6

Les animaux sont désignés un par un, chacun par le nom sous lequel il est connu ou à l'aide du numéro d'ordre qu'il porte marqué à la corne ou au sabot ; il est bon d'intercaler une colonne supplémentaire entre les colonnes 3 et 4 pour indiquer l'âge au moment de l'acquisition.

Lors du premier inventaire, la colonne 5 est inoccupée ; la colonne 6 reproduit d'ordinaire la colonne 4 sauf le cas de détériorations accidentelles survenues presque aussitôt après l'acquisition, mais si la colonne 6 accusait déjà des dépréciations, il n'en faudrait pas moins faire état des chiffres de la colonne 4 dans le calcul que nous sommes en train de faire du capital d'exploitation ; ce sont ces chiffres qui représentent les capitaux réellement déboursés et sur lesquels devront porter les amortissements.

Reste la sixième division de l'inventaire : *Denrées en magasin.* Cette division, très importante, doit être répartie en un certain nombre de chapitres :

1° *Récoltes en terre ou aux arbres ;*

2° *Récoltes en grange* (pailles, fourrages...) ou *en grenier* (grains battus...) ;

3° *Récoltes en gerbes non battues ;*

4° *Semences ;*

5° *Engrais ;*

6° *Aliments du bétail ;*

7° *Denrées de consommation pour le personnel ;*

8° *Combustibles ;*

9° *Approvisionnements divers ;*

10° *Valeur des travaux exécutés pour la récolte en voie de préparation.*

Les chapitres 1, 2 et 3, dans l'inventaire d'entrée, tiennent relativement peu de place ; ils ne renferment que les récoltes et denrées qui auraient été achetées au moment de l'arrivée sur la ferme pour subvenir aux approvisionnements courants. Le chapitre 4 énumère les semences achetées en vue de la future récolte et présente en regard leurs valeurs. Le chapitre 5 laisse de même apparaître les engrais achetés, mais seulement ceux que j'ai eu occasion de désigner sous le nom d'*engrais d'entretien* et que j'ai à payer chaque année parce que, chaque année, j'ai à en renouveler l'approvisionnement dans des conditions analogues. Je réserve les *engrais fonciers* pour la division : *améliorations et constructions neuves*, car, de même que les autres améliorations, ils sont à amortir progressivement.

Au chapitre 6 figurent les aliments pour le bétail (tourteaux, etc.), aliments qu'il a fallu acheter pour débuter les opérations d'engraissement et autres. Le chapitre 7 répète le chapitre 6 au point de vue de l'alimentation humaine (nourriture du personnel). Les titres des chapitres 8 et 9 suffisent à indiquer les articles qui y sont notés. Le chapitre 10 enfin relève les travaux déjà exécutés en vue de la récolte en préparation, lors de l'établissement de l'inventaire d'entrée ; leur valeur se mesure aux débours (paiements de salaires, etc.) que, en dehors des approvisionnements mentionnés aux chapitres précédents, ils ont nécessités.

. Le total des éléments que je viens ainsi d'énumérer représente une valeur globale qui n'est autre que le capital d'exploitation : ce capital est maintenant tangible, en voici le montant sur le papier, je puis en calculer l'intérêt et l'amortissement. J'ai la mesure de la seconde charge à faire supporter au produit net pour obtenir le bénéfice proprement dit.

Avant d'aborder la troisième : *intérêts et amortissement des améliorations et constructions neuves*, il faut que j'épuise le chapitre de l'inventaire.

L'inventaire. — Nous venons de le voir, au moment où tous les rouages de l'exploitation sont prêts à fonctionner il est nécessaire de dresser un inventaire d'entrée d'où se dégage le montant du capital d'exploitation ; une fois l'exploitation bien en marche, il convient de dresser un nouvel inventaire que, tous les ans, à la même époque, nous aurons à mettre à jour. Cet inventaire se présente avec toutes les divisions que j'ai indiquées et que je crois bien complètes; toutes ces divisions sont remplies, elles donnent le nombre et la valeur actuelle de tous les objets renfermés sur le domaine et servant à son exploitation, déduction faite des dettes, de telle sorte que si, le jour même où l'inventaire est dressé, il venait à être procédé à une vente générale ou à une cession à dire d'experts, il devrait rentrer dans la caisse une somme égale au chiffre du bilan, à condition toutefois que l'on ait pris garde à certaines considérations dont voici l'exposé :

Au chapitre *récoltes en magasin*, il faut distinguer les excédents susceptibles d'être vendus et les quantités nécessaires à la consommation des animaux et au fonctionnement même de l'exploitation.

Aux denrées de vente nous pouvons donner une valeur voisine de celle qu'elles obtiendraient sur les marchés de la région en tenant compte de ce que, pour les porter au marché et les préparer à la vente, nous aurions certains frais. La rémunération de ces frais figure dans le prix consenti par l'acheteur, et, comme ils n'ont pas encore été faits, il y a lieu d'abaisser de leur montant les chiffres adoptés pour nos estimations ; c'est ainsi que nous avons agi lorsque, pour déterminer le produit brut du domaine, nous avons coté les aliments récoltés sur l'exploitation pour l'usage du bétail.

A côté des denrées de vente ainsi estimées, nous avons en magasin des denrées de consommation. De celles-ci il nous faut faire deux parts. La première comprendra les grains : avoine, mouture, petit blé et analogues qu'en cas de cession, le nouveau fermier devrait payer à leur valeur prise à la ferme, valeur dont je viens d'indiquer le calcul ; dans la deuxième part, au contraire, figureront les pailles et fourrages que j'aurais normalement, à ma sortie de ferme, le droit de faire manger à mes animaux pendant la période fixée par le bail. Ces pailles et fourrages ne peuvent pas être comptés comme les autres denrées qui viennent de nous occuper, parce que, à supposer que je veuille céder mon exploitation, mon successeur ne paierait, pour les pailles et fourrages en question, qu'un prix très faible, représentant leur valeur consommation, c'est à-dire sensiblement la valeur du fumier qu'ils auraient servi à produire. Cette précaution prise, nous nous évitons une grosse déception au cas où nous voudrions réaliser le cheptel mort et vif du domaine.

Considérons l'inventaire au 1er octobre 1910, par exemple, et l'inventaire au 1er octobre 1909 : il se peut que le bilan de 1910 accuse un chiffre supérieur à celui du bilan de 1909 ; s'il en est ainsi, nous avons de fortes présomptions de supposer que l'exploitation est en voie de prospérité, et nous serons certains que ces présomptions sont bien conformes à la réalité si nous serrons de plus près les différents chapitres pour voir quels sont ceux auxquels est due la plus-value constatée.

Voici les chapitres du matériel agricole : les instruments qui y sont énumérés ont d'une année à l'autre subi une dépréciation qui doit peser sur l'exercice en cours ; si la dépréciation est atténuée, ou même plus que compensée, par la valeur des nouvelles machines achetées depuis la clôture de l'inventaire précédent, évidemment c'est une bonne note. De même, pour les animaux de trait ou le bétail de rente : si la valeur des animaux de trait (qui seraient, dans cette hypothèse, des bêtes en période de croissance), si cette valeur, dis-je, s'accroît, nos opérations sont bien conduites ; elles ne le sont pas moins bien si chaque année voit grossir le nombre des vaches présentes à l'étable ou des moutons abrités dans les bergeries.

Toutefois, pour juger jusqu'à quel point ces heureux pronostics sont exacts, il faut rapprocher des chiffres que je viens de rappeler ceux qui indiquent la valeur des récoltes en magasins, le numéraire en caisse et l'état des dettes.

Il est important que les dettes aillent en diminuant ; le contraire ne serait pas forcément l'indice que l'exploitation périclite, mais il soulignerait un certain désordre dans le paiement des dépenses, tandis qu'un agriculteur sérieux s'arrange pour qu'à la veille de son inventaire toutes les factures qu'il doit payer soient soldées. Pour la même époque, il fait rentrer aussi tout l'argent qui peut lui être dû par divers. De cette manière l'encaisse disponible est facile à mettre en évidence, et si, groupée avec les récoltes en magasin, elle forme en 1910 un total supérieur à celui de 1909, l'entreprise est bien dirigée, étant entendu qu'il y a plus-value ou faible dépréciation sur les chapitres : *matériel, bétail* et *approvisionnements*, et moins-value notable sur le chapitre : *état des dettes*.

Si, au contraire, au 1er octobre 1910 il y a moins de récoltes en magasin qu'au 1er octobre 1909, les récoltes ont été déficitaires du fait des intempéries ou pour toute autre raison, ou bien une plus grande partie en a été réalisée; nous devons alors retrouver dans la caisse, ou sous forme de placements provenant bien nettement du fait de l'exploitation agricole, les sommes réalisées, sinon nous nous serions trouvés à court d'argent et l'inventaire ferait ressortir cette situation fâcheuse. Il permettrait même de mesurer l'étendue de la crise : en effet, il comprend comme dernier chapitre le chapitre des *améliorations et constructions neuves*, que je laisse provisoirement à part en raison de son importance. Or une diminution des chapitres *récoltes* et *espèces en caisse* pourrait être accompagnée d'une forte majoration du chapitre *améliorations*; il en faudrait conclure que les manquants ont été employés à de nouveaux travaux destinés à être productifs dans l'avenir, et ainsi l'affaire ne serait-elle pas en mauvaise passe comme l'aurait pu faire croire un examen incomplet.

D'après ce qui précède, si une augmentation du bilan correspond à une ère de prospérité plus ou moins grande selon les éléments qui accusent les plus-values, sa diminution indique de façon à peu près certaine une situation au moins tendue, et, puisque je viens de dire un mot des améliorations et constructions neuves, pour montrer leur répercussion sur l'ensemble des opérations, j'ajoute que le montant de ce chapitre n'est pas indifférent : il serait désirable qu'il tende vers zéro. S'il en était ainsi, le domaine, sur un très bon pied, serait dans les conditions de productivité les plus voisines de la perfection ; il n'y aurait plus qu'à y apporter quelques modifications peu coûteuses, tandis que les améliorations précédemment réalisées seraient en voie d'amortissement ; nous serions en passe de réaliser notre objectif qui doit être d'avoir complètement payé nos travaux neufs à notre sortie de bail, de façon à ce que, si nous trouvons amateur pour eux, le prix qui nous en sera donné puisse être entièrement considéré comme bénéfice. Ce résultat ne sera d'ailleurs pas atteint sans efforts, et il ne faudra pas s'effrayer si, les premières années, le chapitre des améliorations est assez lourd ; l'essentiel est qu'on voie dès le début se dessiner l'économie escomptée des modifications apportées à l'outillage ou au fonds même du domaine.

J'ai parlé tout à l'heure d'inventaires dressés au 1er octobre ; est-ce bien à cette date qu'il est le plus à propos de procéder à la délicate opération qui nous retient en ce moment ? Si nous songions seulement à l'importance des stocks de marchandises en magasins, nous arriverions à cette conclusion qu'il serait préférable d'établir l'inventaire au 1er janvier ou mieux encore au 1er avril. Le 1er janvier marque le début de l'année légale et déjà, à cette époque, beaucoup de denrées ont été vendues. Au 1er avril, non seulement les ventes de denrées sont encore plus avancées qu'au 1er janvier, mais une bonne partie du bétail gras nourri l'hiver aux pulpes et aux tourteaux est livrée, de sorte que le nombre d'articles à inventorier est réduit au minimum, ce qui diminue les risques d'erreur, d'autant plus que le reliquat des approvisionnements du bétail est presque nul, et que c'est sur le mode d'évaluer les approvisionnements en question qu'il y a le plus de marge pour des appréciations arbitraires.

J'ai donc moi-même, pour les motifs très sérieux que je viens d'exposer, hésité entre les dates ci-dessus ; j'ai renoncé au 1er janvier, que j'avais d'abord adopté, pour m'arrêter au 1er octobre. Voici pourquoi : au 1er octobre, on peut admettre, sauf exceptions justifiées par les allures espérées du marché, que presque toutes les récoltes de l'année précédente ont été vendues ; au contraire, la récolte pendante est encore presque intacte ; il n'a guère été fait que des livraisons de blés de semences et quelques fournitures de paille ou de fourrage. Ceci étant, on apprécie, au 1er octobre, l'ensemble à peu près complet des récoltes des céréales : elles sont là dans les greniers, et les premiers battages ont laissé apercevoir l'importance des rendements à espérer. Les gerbes ont été comptées lors des engrangements ou mises en meules ; de même on a le nombre des bottes ou le cube des fourrages de diverses sortes, par conséquent il est facile de faire un relevé bien exact. Au dehors, les betteraves sont encore dans les champs et les pommes aux arbres, mais les unes et les autres sont à maturité et les rendements peuvent se calculer, la valeur argent s'ensuit, et de cet ensemble de calculs résulte, non pas seulement la rédaction d'un chapitre de l'inventaire, mais l'estimation du produit brut des récoltes d'un exercice. Nous avons fait d'une pierre deux coups, et si, par la suite, nous voulons passer de l'approximation à une exactitude plus rigoureuse, nous remplacerons nos premiers chiffres par les prix que fariniers et autres clients auront payé nos marchandises. Il y a là une considération qui plaide en faveur de l'inventaire au 1er octobre ; ce n'est pas la seule.

Le 1er octobre coïncide souvent avec l'entrée en ferme, lorsque celle-ci se fait à la Saint-Michel, le 29 septembre, et en second lieu il constitue un très bon point de départ pour chaque exercice dont nous voulons apprécier les résultats et établir le gain ou la perte ; à cette date, les récoltes de céréales sont achevées et, à l'exception des labours de jachères et du défrichement de quelques prairies artificielles en vue des semailles des blés d'automne, les travaux pour la future récolte sont à peine commencés ; par conséquent la plus grande partie des salaires que j'aurai à payer du 1er octobre d'une année au 1er octobre de l'année suivante se rapporteront bien aux récoltes effectuées entre ces deux dates. Sauf dans des circonstances anormales, les salaires des vachers et bergers, et en général du personnel chargé de la distribution des aliments aux animaux, sont constants, et s'appliquent indifféremment à un exercice ou au suivant. Seuls les frais de battages peuvent être plus élevés, si les céréales ont donné de plus hauts rendements une année qu'une autre, mais l'écart n'empêche pas une approximation nécessaire à l'arrêté des comptes avec le régisseur.

Si les arguments que je viens de faire valoir ne paraissent pas suffisants, j'engage à revenir à la date du 1er avril, en modifiant la tenue des agendas quotidiens de façon à ce que, l'exercice étant supposé partir du 1er avril 1911, tous les salaires et autres frais se rapportant aux récoltes de l'été et de l'automne 1911 soient relevés à part dès le jour où ils ont commencé à être payés, c'est-à-dire dès les premiers labours exécutés en août ou septembre 1910 pour les blés de 1911. En tenant compte des chiffres ainsi groupés et en les ajoutant aux dépenses faites du 1er avril 1911 au 1er avril 1912 pour les récoltes de 1911, j'aurai à peu près exactement le montant des charges qui doivent peser sur ces récoltes, et comme j'aurai aussi, au 1er avril 1912, le montant des recettes qu'elles auront fait rentrer en caisse et l'importance de leur consommation par le bétail, je me trouverai posséder de très bons éléments pour juger du profit ou de la perte soldant l'exercice 1911-12.

Dans ce cas seulement, il ne faut plus chercher sur l'inventaire la trace d'indications permettant de voir l'importance des récoltes successives ; son chapitre *denrées en magasin* n'indique plus que des stocks réduits au minimum et constituant pour ainsi dire la réserve avec laquelle on aborde l'exercice nouveau. La mise en évidence d'une semblable réserve a son bon côté : à chaque chef d'entreprise agricole de peser le pour et le contre des deux systèmes ; avec l'un comme avec l'autre le principe de la rédaction de l'inventaire ne change pas, lorsque ce principe a été une fois posé et admis.

Il me faut ici entrer dans quelques considérations au sujet de la rédaction de l'inventaire, c'est-à-dire au sujet des raisons qui, dans la colonne n° 6, *valeurs actuelles*, me feront inscrire un chiffre plutôt qu'un autre. Lorsque, le moment venu de procéder à la rédaction de l'inventaire, je parcourais ma ferme et l'explorais dans ses moindres détails, il me fallait retrouver tous les objets inscrits à l'inventaire précédent, sauf ceux dont mes livres indiquaient la perte, et, en plus des objets anciens, j'avais à voir et à marquer ceux qui avaient été acquis au cours de l'exercice. Quand chaque outil, machine ou animal me passait ainsi sous les yeux, je comparais sa valeur avec celle qu'il avait un an plus tôt. Cette valeur avait diminué pour un cheval de service, elle s'était accrue pour un poulain en période de croissance ; pour une charrue, elle aurait dû normalement avoir diminué, mais si la charrue en question avait reçu un nouveau versoir par exemple, il se pouvait qu'elle fût en meilleur état et justifiât l'inscription d'une valeur plus élevée récompensant la dépense qu'au chapitre *entretien* j'avais faite pour l'amener à cet état d'amélioration. Ainsi étaient inscrits les chiffres de ma colonne n° 6 et apparaissait la plus ou moins-value résultant de l'état actuel du matériel agricole. Avec cette manière de faire, à l'inventaire de sortie figureraient, comme on le voit, le matériel agricole en particulier, et, d'une façon générale, tout le cheptel avec le prix qu'on pourrait espérer en tirer par une vente, et, à condition d'avoir été suffisamment prudent pour ne pas compter une vieillerie plus qu'elle ne vaut, il n'y aurait pas eu d'inconvénient à procéder de la sorte ; j'estime même qu'on aurait opéré tout à fait rationnellement. Néanmoins, sur ce point, tous les praticiens ne sont pas d'accord avec moi, et certains d'entre eux préfèrent s'y prendre autrement dans le calcul de leurs amortissements.

Ils considèrent l'ensemble du matériel existant sur le domaine et, après vérification, retranchent les manquants : la valeur de ces manquants représente une première partie de l'amortissement, elle est imposée par les circonstances : on ne peut continuer à faire état d'une chose qui n'existe plus. La soustraction ainsi faite, au reste on ajoute les acquisitions réalisées depuis le dernier inventaire et le montant des frais d'entretien payés dans l'année, au moins de ceux qu'ont occasionnés des restaurations présentant un caractère de durée. L'ensemble représente un certain chiffre, et c'est ce chiffre global qui est frappé par l'amortissement s'ajoutant au montant des manquants relevé d'autre part comme il vient d'être dit. Le principe de ce calcul est aussi bon que celui de la méthode que j'utilisais moi-même ; il soulève seulement une difficulté : quel sera le taux de l'amortissement ?

Il faut évidemment faire une moyenne, tous les instruments (puisque pour simplifier nous nous attachons simplement aux instruments) ne s'usant pas également vite, et dans le calcul de cette moyenne peut résider une cause d'erreur grave : une charrue ne dure pas toujours dix ans ; par contre, un moteur à gaz pauvre ou une locomobile peuvent se prolonger bien davantage.

En principe, il est sage d'estimer que, par le seul fait qu'elle franchit le seuil de l'atelier, une machine agricole est dépréciée de moitié du prix facturé ; donc, sans faire peser la dépréciation aussi brutalement, on ramènera dans le plus court délai possible les instruments à une valeur inférieure à la moitié de leur prix d'achat. Cette précaution prise, il faudra régler le taux d'amortissement de façon à ce que toujours on puisse compter, en cas de vente, retrouver la valeur actuelle du matériel.

Ceci est le côté théorie ; il est bien indifférent, s'il ne répond pas au côté pratique ; je veux dire par là qu'il ne suffit pas qu'un amortissement très rationnel ait été calculé sur le papier, il est encore nécessaire qu'à cet amortissement correspondent des placements qui lui soient égaux en valeur : le plus bel amortissement théorique sans rentrée correspondante d'argent, ne servirait qu'à indiquer une mauvaise marche de l'exploitation ; au contraire, des placements supérieurs à un amortissement bien établi seraient l'indice certain d'une situation très prospère.

Améliorations et constructions neuves. — La troisième charge qui grève le produit net de l'exploitation, une fois payé ce que j'ai appelé les frais de fabrication, est constituée par les *améliorations et constructions neuves.* Les améliorations et constructions sont normalement incorporées à l'inventaire, dont elles forment un chapitre tellement important qu'il m'a semblé à propos de le traiter à part avec tous les développements nécessaires.

Ce qui distingue les articles inscrits à ce chapitre est leur caractère de durée, ils correspondent à des dépenses qui, une fois faites, ne se renouvelleront plus ou ne se renouvelleront qu'au bout d'une longue période, de dix ans ou davantage. Ce serait une erreur d'y faire figurer les fumures, qui durent trois ou quatre ans, ou même les marnages, qui ne reviennent sur une même pièce qu'à des intervalles souvent très espacés; la raison en est que chaque année on marne ou on fume à peu près la même étendue du domaine et que, par conséquent, il est beaucoup plus simple de payer tout de suite une dépense qui se renouvellera l'année suivante en entraînant les mêmes débours sur un autre point de la ferme ; tout au plus pourrait-on échelonner sur deux ou trois exercices un à-coup accidentel survenu, par exemple, une année où une prompte exécution des travaux de moisson aurait laissé du temps disponible pour avancer les marnages.

Au contraire, au compte améliorations entrent tout naturellement des travaux tels que les labours de défoncement ou mieux encore de défrichement, le drainage, les irrigations, l'emploi des engrais fonciers, etc., ou bien la construction d'un hangar par le fermier, celle d'un logement pour le moteur, les aménagements pour une distillerie. Certaines de ces dépenses sont très faciles à calculer et leur amortissement s'établit aussi aisément que l'amortissement d'une machine agricole quelconque ; ce serait le cas d'une construction exécutée entièrement par un entrepreneur qui, moyennant un prix convenu sur devis, se serait chargé de livrer un bâtiment, neuf ou transformé pour un nouvel usage, la clef sur la porte. Il y aurait là un mémoire à payer après vérification. Le détail suffisamment complet du mémoire serait reporté au chapitre de l'inventaire : *améliorations et constructions*, et, si nous savons qu'au bout d'un laps de temps déterminé nous sommes exposés à quitter la ferme, l'amortissement est réglé par la force même des choses ; tant mieux si nous pouvons l'effectuer par l'économie réalisée sur d'autres dépenses, ou par le prix que nous tirons de notre construction reprise par notre successeur ; tant mieux surtout s'il reste une plus-value dans notre poche, tous frais une fois payés ; dans le cas contraire, c'est une perte à endosser, nous n'y pouvons rien ; nous avons mal calculé notre affaire.

Mais les choses ne vont pas toujours aussi simplement. Il arrive le plus souvent que nous n'avons pas seulement des factures à payer à un entrepreneur ; nous-mêmes avons effectué des transports avec nos attelages, ou bien ce sont nos ouvriers qui ont posé les drains et creusé les rigoles d'un plan de drainage arrêté de concert avec un ingénieur expert en la matière. Si nos ouvriers sont des tâcherons ou des gens payés à la journée, c'est encore bien, nous avons l'emploi de leur temps ; ils ont passé à l'exécution du travail dont nous cherchons à établir le coût tant d'heures à tant ; nous leur avons donné de la boisson pour une somme de ..., le tout représente une dépense de X francs, nous l'ajoutons au prix de transport par voie de fer, au prix d'acquisition de nos drains, aux honoraires du maître draineur, et nous savons ce que nous a coûté le drainage entrepris.

La difficulté croît lorsque, au lieu de tâcherons, nous avons utilisé des hommes nourris par nous : un élément de leur salaire nous est connu, savoir la somme journalière qui leur revient étant donnés leurs gages mensuels, un autre nous échappe davantage : combien nous ont-ils coûté à nourrir ? J'ai eu, à ce sujet, l'occasion de citer mes propres chiffres ; on en trouverait sans doute d'autres qui s'harmoniseraient peut-être mieux avec les circonstances spéciales de milieu, les difficultés d'approvisionnements et le prix des matières premières ; et, si l'on veut se contenter de l'approximation donnée par ces prix, on établira comme précédemment le coût de la main-d'œuvre ; si, au contraire, cette approximation est jugée insuffisante, il faudra soi-même faire le prix de revient de la nourriture donnée au personnel, et l'on voit jusqu'où il faut remonter pour avoir ce prix de revient, puisque à côté des aliments achetés figurent ceux qu'a fournis le domaine.

Encore ceci n'est-il que pour la main-d'œuvre ; à côté d'elle prennent place le travail des attelages, l'usure et l'amortissement du matériel, le coût même de la nourriture des animaux. C'est pour pouvoir donner à tous ces éléments une valeur approchant de la réalité que, dans un chapitre précédent, je me suis attaché à rechercher à combien revenait une journée de travail de bœuf ou de cheval. Les conclusions seules m'ont arrêté, je n'ai donné que les totaux qui ont servi à mes calculs ; tout à l'heure j'entrerai plus avant dans le détail et je montrerai comment chacun peut arriver à tarifer le temps de ses propres attelages et de leurs conducteurs. Je retiens seulement pour le moment que le coût des améliorations agricoles est généralement peu facile à fixer avec une rigueur suffisante et que, par conséquent, le praticien doit donner tous ses soins à la rédaction de ce chapitre de l'inventaire. Une fois bien établi, il ne présentera pas plus de difficultés qu'un autre ; j'ai même dit qu'il devait arriver à devenir plus simple, parce qu'à un moment donné, lorsque le domaine est en pleine période d'exploitation, il faut clore l'ère des grosses améliorations pour ne plus songer qu'à les amortir.

Ce dernier conseil n'implique pas de ma part la pensée qu'il faille cesser de suivre les progrès constants de la pratique et de la science agricoles, mais on m'accordera que ceux-ci résident bien plutôt dans le développement des connaissances biologiques et dans le maniement des engrais impliquant la mise en œuvre des ressources de l'atmosphère que dans les constructions neuves et les améliorations foncières qui ont une limite inutile à dépasser. Je ne crois pas me tromper en disant que, pour avoir voulu trop bien faire, on s'est parfois engagé dans des dépenses qu'ensuite on n'a pu amortir. C'est un écueil dans lequel il ne faut pas tomber, et, puisque j'en suis sur ce sujet, un revirement me revient à l'esprit, qui pourra, si son bien-fondé se confirme, avoir sur l'avenir agricole une répercussion profonde ; il n'est pas hors de saison d'en parler ici, puisqu'il est en relation directe avec les améliorations foncières.

De récents travaux ont, paraît-il, fait reconnaître que le siège le plus intense de la vie végétale et des échanges de diverses natures qu'elle entraîne était situé dans les régions supérieures de la couche arable, sur une épaisseur de dix à quinze centimètres, là où les influences extérieures se font le plus sentir ; il n'y aurait pas lieu, si cette conception est exacte, de chercher à disséminer les engrais dans un cube considérable de terre, il faudrait au contraire les concentrer dans un rayon restreint, et par suite les labours profonds n'auraient plus une raison d'être aussi sérieuse que celle qu'on leur a longtemps attribuée. Il faudrait leur substituer des affouillements du sous-sol pour en assurer l'ameublissement et lui permettre de jouer vis-à-vis de l'eau le rôle de réservoir dont nous avons parlé, mais le rôle du réservoir capillaire où les mouvements du liquide ne tendraient pas uniquement à l'entraîner vers les couches profondes. Dans le sous-sol ainsi ameubli plongeraient les longues racines de certaines de nos plantes et elles ramèneraient dans leurs tissus les éléments dissous dans l'eau et descendus avec elle jusque dans les régions éloignées de la surface.

Cette nouvelle théorie paraît vraisemblable avec beaucoup de végétaux ; elle rencontre une objection lorsqu'il s'agit de ceux qui ont un enracinement profond, à moins d'admettre que, dans un sol dont l'état moléculaire est tel que l'eau y circule convenablement, les engrais superficiels sont entraînés dans une proportion suffisante pour alimenter les organes qui explorent les zones successives de la terre arable. Elle mérite toutefois de retenir l'attention, car la théorie des labours profonds s'est déjà modifiée et, aujourd'hui, ils ne s'exécutent plus de la même façon qu'autrefois ; là où ils sont jugés utiles, dans bien des cas, on y va progressivement. J'ai dit pourquoi, et je crois avoir signalé aussi les circonstances où il était indiqué de les exécuter d'un seul coup, quitte à amener par de multiples façons une fertilisation aussi rapide que possible du sous-sol inerte ramené à la surface.

Les labours de défoncement ont sur la constitution du sol une influence assez marquée pour qu'ils figurent à notre chapitre *améliorations*. Comme ils sont d'ordinaire exécutés mécaniquement, et parfois même par des entrepreneurs spéciaux, leur prix de revient est assez facile à établir ; l'amortissement se calcule d'après le temps pendant lequel leur effet reste sensible ; ce temps varie avec la nature du sol et le climat ; l'influence de l'argile colloïdale, lorsqu'il en existe dans le sous-sol, fait persister longtemps leur utile influence.

Un dernier mot à propos du chapitre *améliorations et constructions neuves* : lorsque le cultivateur est propriétaire de son domaine et qu'il veut se rendre compte de ce que ce do-

R. Vuigner. — Domaine agricole.   28

maine lui rapporte réellement, il faut qu'il se garde de lui imputer des enjolivements qui sont tout à fait étrangers à l'exploitation et n'ont pour but que de procurer un plaisir des yeux; il faut également qu'il se défende de la tentation inverse et ne mette pas au chapitre *agrément* des dépenses qui ont un contre-coup réel et favorable sur la réussite des récoltes. La première erreur n'aurait rien de bien dangereux, la seconde pourrait masquer de grosses pertes dont on s'apercevrait par la suite trop tard peut-être pour y remédier.

Emprunt de capitaux. — Aux trois charges de l'exploitation que je viens d'étudier : rémunération du *capital foncier*, rémunération et amortissement du *capital d'exploitation*, amortissement et rémunération du *capital améliorations et constructions neuves*, peuvent éventuellement s'ajouter l'intérêt et le remboursement des capitaux qui auraient été prêtés par des tiers pour le fonctionnement de l'exploitation. Suivant les cas, ces capitaux seraient de véritables actions semblables à celles des sociétés industrielles, ou bien ils devraient être considérés comme des obligations portant intérêt garanti à l'avance et remboursables par voie de tirage au sort. Ceux qui seraient regardés comme des actions recevraient au contraire un dividende en rapport avec les bénéfices.

CHAPITRE III

FRAIS DE FABRICATION
OU CHARGES SPÉCIALES A CHAQUE EXERCICE

Étude de ces différentes charges et manière de les présenter pour
en apprécier l'importance.

*Différence entre les charges de l'exploitation et les
dépenses annuelles.* — A l'exception de l'intérêt du capital
foncier, qui demeure constant, les deux autres charges qui
grèvent le budget de l'exploitation peuvent arriver à disparaître ou du moins à s'atténuer beaucoup lorsque sont amorties
les mises de fonds premières ; c'est pourquoi je les ai étudiées
à part au lieu de les faire rentrer dans la catégorie des dépenses annuelles qui constituent ce que dans une entreprise
industrielle nous appellerions les frais de fabrication. Il y
a d'ailleurs entre ces deux genres de dépenses une différence
bien marquée : pour faire de bonne gestion, en agricuture
comme en industrie, il faut s'appliquer à réduire au minimum les frais de fabrication, tandis que, au contraire, il est
des circonstances où il ne faut pas craindre de faire certains
débours, même importants, pour s'assurer une amélioration profitable, ou simplement pour avoir en mains un matériel bien complet permettant une meilleure culture.

Certains chapitres de nos frais de fabrication que j'ai eu
occasion d'énumérer déjà semblent, il est vrai, échapper au
principe que je viens de poser, mais ce n'est qu'une apparence :
pour les semences, comme pour les engrais, il est des sacrifices
à faire, mais dépasser ces sacrifices reconnus nécessaires serait
une erreur dans laquelle il ne faut pas tomber. Pour les engrais en particulier, je crois que, lorsque la chose est possible,
il faut réduire la dépense *engrais d'entretien* au profit de la dépense *engrais fonciers*, qui rentre dans la catégorie des améliorations précédemment étudiées ; la chose ne paraît pas faire

de doute pour les engrais phosphatés, tels que scories et phosphates naturels. La recherche d'une économie raisonnée dans les dépenses courantes est donc une règle que le cultivateur doit s'appliquer à suivre de près.

L'agriculteur n'est d'ailleurs pas libre d'agir à son gré sur tous ses frais de fabrication ; il en est qu'il faut qu'il subisse sans y pouvoir rien modifier, et d'autres sont pour une part sous la dépendance de cours commerciaux ou de circonstances climatériques dont nous ne sommes pas maîtres ; nous n'en devons être que plus incités à faire sentir notre influence là où nous avons pour elle porte ouverte.

Loyers, assurances et impôts. — J'ai classé dans un premier chapitre *les loyers* , *les assurances et les impôts*, qui sont dépenses à peu près du même ordre. L'article *loyers* se rédige en quelques lignes et ne présente aucune difficulté d'interprétation : le montant du loyer principal est de tant ; il s'y ajoute d'autres petites locations de parcelles enclavées ou de terres prises en sus du domaine, l'ensemble forme un certain total ; si je sous-loue à un voisin ou à des ouvriers de mon personnel quelques pièces de terre, la valeur de ces sous-locations est connue, je la retranche du chiffre précédent et j'ai la somme à débourser annuellement du chef de mes loyers ; cette somme est constante, sauf le cas où je viendrais à réduire ou à accroître l'étendue de l'exploitation.

L'article *impôts* est encore plus simple, s'il est possible. Pour l'établir, il suffit de collationner les feuilles reçues du percepteur pour l'année en cours. Ce paragraphe est très diminué lorsque le propriétaire paie l'impôt foncier au lieu d'en laisser la charge à son fermier, mais dans ce cas le loyer croît de la somme dont l'impôt a diminué et le total des deux articles est toujours le même, considération qui justifie leur rapprochement en un même chapitre.

Un supplément d'écritures se présente lorsque les impôts sont payés par moitié par chacune des parties, ou bien lorsque le chef de l'entreprise paie quelques-uns des impôts de son personnel au mois, même lorsque celui-ci n'est pas logé à la ferme, ce sont de bien petites complications, que très souvent on peut éviter. Il ne reste alors qu'un seul point pouvant laisser place à un doute : faut-il faire figurer au paragraphe *impôts* l'impôt des prestations, ou doit-on faire rentrer cet impôt dans le chapitre *entretien*? puisque aussi bien l'impôt des prestations vise l'entretien des routes et des chemins. Lorsque les prestations sont faites en nature par fourniture d'attelages et de cailloux cassés, elles rentrent de ce fait seul dans les dépenses d'entretien ; si on les paie, au contraire, en espèces, on est tenté de les ajouter aux autres impôts : je crois toutefois qu'il est préférable de les laisser à l'entretien, vu le caractère spécial de l'impôt en question ; cela n'a d'ailleurs aucune importance pour le résultat final, si l'on a pris soin de bien calculer la dépense entraînée lors de l'exécution en nature et de réfléchir aux avantages et inconvénients que peuvent présenter le paiement en espèces ou le paiment en nature.

Le troisième paragraphe : *assurances*, une fois les contrats signés avec les compagnies, est tout aussi vite rédigé que les deux précédents ; il suffit d'y consigner le montant des primes exigibles pour l'année ; mais avec la question *assurances* se trouve soulevé un gros problème qu'il est nécessaire d'étudier à fond avant d'accepter le paiement de sommes souvent très lourdes. Les assurances sur la vie et celles contre le vol ou contre l'incendie du mobilier personnel n'intéressent pas la gestion du domaine ; par contre, l'agriculteur doit protéger contre certains risques les récoltes et les animaux qui constituent une portion importante de son avoir et dont la perte pourrait le ruiner ; il doit également mettre sa responsabilité à couvert du chef des accidents dont il pourrait être rendu responsable ; nous sommes ainsi conduits à envisager : les *assurances contre l'incendie*, les *assurances contre la grêle*, les *assurances contre la mortalité du bétail*, les *assurances contre les accidents du travail*, et enfin les sommes à débourser pour *œuvres d'assistance*.

Jusqu'à présent, ces dernières avaient été laissées au seul bon vouloir du chef de l'entreprise qui contribuait à l'amélioration du sort de son personnel par des versements aux sociétés de secours mutuels ou aux bureaux de bienfaisance des communes. Vu le caractère philanthropique de ce genre de secours, peut-être même valait-il mieux le considérer comme charité privée et le joindre aux dépenses personnelles ; il n'en est plus de même aujourd'hui où il cesse d'être uniquement volontaire avec la loi nouvelle des retraites ouvrières et paysannes. Cette loi impose une part de frais dont il faut joindre le montant aux dépenses d'assurances à moins qu'on ne préfère leur ouvrir un compte spécial dont le total annuel soit porté en un quatrième paragraphe du chapitre *loyers, impôts et assurances*, ou encore ajouté au chapitre *salaires*. Ce compte nécessaire comprendra une partie facile à prévoir d'avance à raison de 6 francs par an pour chaque femme et de 9 francs par an pour chaque homme employé au mois ; le solde, souvent important, ne pourra par contre être fixé qu'en fin d'exercice, lorsqu'on connaîtra le montant des timbres-retraite apposés sur les cartes des journaliers de passage

L'assurance des bâtiments contre l'incendie incombe d'ordinaire au propriétaire, et parfois, dans son contrat, celui-ci stipule que la compagnie à laquelle il s'est assuré renonce à se retourner contre le locataire pour rechercher sa responsabilité en cas de sinistre et lui faire payer cette responsabilité. Il est, cela va sans dire, essentiel qu'un fermier s'assure qu'il est ainsi couvert, et il est prudent qu'il tienne cette certitude écrite de la compagnie même à laquelle est assuré le propriétaire. S'il n'a pas les garanties nécessaires de ce côté, il doit, avec sa propre compagnie, prendre toutes mesures de garantie au sujet des risques locatifs ainsi que des risques pouvant provenir du fait des voisins. Il est d'ailleurs nécessaire qu'il assure les bâtiments qui lui appartiennent en propre et vis-à-vis de son propriétaire prenne, au sujet de ces derniers bâtiments, les mêmes dispositions qu'il a réclamées du propriétaire pour les bâtiments loués, afin qu'en cas de sinistre, personne n'ait à supporter de charges imprévues. Ces précautions prises, l'agriculteur n'a plus, sous réserve du mobilier personnel, classé souvent à part, comme il a été dit, qu'à s'inquiéter de ses récoltes et de ses animaux.

Il lui faut, avant toute chose, bien choisir la compagnie à laquelle il confie ses intérêts. Les bonnes compagnies ne manquent pas ; certaines cependant passent pour accorder des indemnités moins sévèrement calculées, ou pour introduire dans leurs polices des conditions plus douces : tout cela est à étudier. L'important est que la compagnie soit bien assise et donne toute sécurité de paiement. Cette garantie a été longtemps trouvée dans le fait que la compagnie a des concours financiers puissants, une grosse réserve et un capital social élevé ; aujourd'hui, avec les progrès de la mutualité, on se tournera peut-être davantage vers les assurances mutuelles dont les primes sont déchargées de tout le poids de la rémunération des capitaux fournis par des tiers. Quelle que soit la société à laquelle on s'adresse, divers points de la rédaction des contrats doivent attirer l'attention. Ce sont, entre autres, les distances des meules entre elles, ou bien des voies ferrées ou encore des chemins et des bâtiments ; la valeur maximum qui peut être assurée dans une même meule ou dans un groupe de meules ; la valeur maximum qui peut de même être assurée dans un bâtiment suivant la nature de sa couverture, celle-ci n'étant pas indifférente, non plus que celle des matériaux de construction, et la prime étant d'habitude plus élevée pour les bâtiments couverts en chaume que pour ceux couverts en ardoise; il faut voir aussi quels prix on attribuera aux diverses denrées pour établir sur quelles sommes on fera porter l'assurance; s'arrêter enfin à l'inutilité d'assurer toutes les récoltes pour l'année entière. Il est en effet avantageux d'avoir une prime fixe se rapportant à une moyenne des existences contenues dans la ferme et de majorer temporairement cette prime pour les mois qui suivent la rentrée des récoltes. Bien spécifier aussi la nature et les quantités d'engrais assurés ; il est des matières fertilisantes pour lesquelles est demandée une prime spéciale ou que les compagnies tiennent à exclure de l'assurance. Faire mentionner l'assurance gratuite contre la foudre qui ne doit pas pouvoir être invoquée comme justifiant un refus de paiement de la part des compagnies, mais surtout ne pas oublier que la procédure adoptée pour le règlement des indemnités après incendie doit dominer les arrangements à prévoir dans le contrat.

Lorsqu'un matériel agricole, par exemple, a été détruit par le feu, l'expert de la compagnie commence par rassembler tous les débris qui ont échappé au fléau et leur attribue une valeur suivant leur degré de détérioration ; ceci fait, il tâche de reconstituer le matériel tel qu'il devait être au moment du sinistre. Pour ce second travail, je ne dis pas que les déclarations du cultivateur n'aient pour l'expert aucune valeur, mais ce sont surtout les factures qui lui servent de guide. Prenant les factures pour base, il déprécie chaque objet selon le temps qui s'est écoulé depuis son acquisition, et, des prix ainsi obtenus, il forme un total d'où il soustrait le montant des objets épargnés; le reste représente la somme que l'assurance paiera comme indemnité. Or il n'est pas malaisé de voir ce que cette manière de procéder peut présenter de dur pour l'assuré : d'une part, beaucoup des instruments partiellement atteints ont perdu toute leur valeur et non pas seulement la partie déduite par l'expert ; d'autre part, comment ce dernier peut-il se faire une idée exacte d'un matériel qu'il n'a pas vu et dont les factures peuvent avoir été détruites ? Pour éviter semblable inconvénient et respecter les intérêts en présence, il semble que la succession des inventaires tenus au besoin sur livres parafés par le juge de paix ou le procureur de la République devrait faire foi. Si leur comparaison et les amortissements pratiqués chaque année donnent lieu de supposer qu'ils sont bien sincères, le prix porté au dernier inventaire, amorti au besoin suivant l'époque de l'année où le feu se serait déclaré, devrait être le prix accepté par l'expert pour le paiement des indemnités, sous réserve de déduction des objets sauvés; rien n'empêcherait d'ailleurs la compagnie de vérifier que les prix et dates d'acquisition marqués dans les colonnes à ce destinées sont bien conformes aux factures qu'on aurait pu retrouver, et, pour augmenter la garantie que lui donnent les factures en question, le cultivateur aura soin de conserver non seulement celles qui se rapportent aux acquisitions d'objets neufs mais aussi celles qui ont trait aux grosses réparations d'objets usagés.

L'*assurance contre la grêle* peut constituer une charge insignifiante, parce que les compagnies estiment dans certaines circonstances les risques du fléau à peu près nuls et demandent alors des primes très faibles, ou bien elle pèse très lourdement sur le budget et il devient nécessaire de rechercher s'il faut la souscrire ou, au contraire, être à soi-même son propre assureur. Les éléments de ce calcul sont assez simples : les compagnies demandent des primes variables avec la nature des cultures, leur exposition et la fréquence des orages accompagnés de grêle constatés en chaque point défini du territoire de l'exploitation ; des tableaux très bien faits leur servent de guide. Si donc on étudie cette question de l'assurance contre le grêle, on a d'une part le montant de la prime exigée par la représentant de la compagnie après examen minutieux sur place, et d'autre part on possède cette indication qu'un sinistre est à craindre tous les dix ans par exemple. A supposer qu'il se produise : la perte qu'il entraînera aura une valeur maximum de tant, cette valeur est-elle sensiblement supérieure à dix fois le montant de la prime, étant tenu compte que d'ordinaire les compagnies ne s'attachent pas aux pertes qui n'atteignent qu'un dixième de la récolte, il y a lieu de s'assurer ; dans le cas contraire, c'est chose inutile ou indifférente. De toute manière, cette question de l'assurance contre la grêle demeure certainement une des plus délicates et ne peuvent guère s'en mêler sans trop gros risque de faillite que des sociétés civiles à fonds de réserve très bien garni.

L'*assurance contre la mortalité du bétail* a, par contre, beaucoup retenu l'attention des mutualistes, et il semble que le contrôle mutuel doive mieux que toute autre organisation contribuer au succès d'assurances de ce genre. S'il est, en effet, pour une grosse société anonyme difficile d'estimer équitablement une perte en cas d'incendie, comment cette même société s'y prendra-t-elle s'il lui faut estimer la valeur d'un animal mort de maladie ou d'accident ? Ses agents les plus actifs le connaissent mal, en admettant qu'ils l'aient remarqué parmi les très nombreux animaux placés sous leur surveillance; il en va tout autrement quand l'assurance contre la mortalité du bétail est mutuelle, et surtout quand, à la base de l'organisation, se trouve la mutuelle communale.

Les membres d'une mutuelle communale se connaissent tous, ils connaissent surtout les animaux appartenant à chacun d'entre eux : ils les voient presque chaque jour en allant et venant pour leurs propres affaires ; l'un d'eux, surtout si c'est une bête de prix, vient-il à tomber malade, c'est un événement; on suit les progrès du mal ou de la guérison, et, si l'issue fatale survient, on sait d'avance ce que valait l'animal mort et de combien doit être indemnisé son propriétaire. Je dirai plus : l'indemnité a toutes chances d'être bien calculée parce que, s'il était fait une faveur ou un passe-droit, ceux qu'un tel procédé aurait lésés sauraient bien se rattraper à leur tour : des animosités en résulteraient et la société cesserait bientôt d'exister au lieu de prospérer comme nous en voyons des exemples sur tous les points du territoire.

Mais si la mutuelle communale est un premier échelon excellent, elle ne saurait se suffire à elle seule. Que les pertes deviennent fréquentes, ses capitaux seront promptement engloutis et tout l'effort sera perdu. Il est indispensable que ces petites mutuelles se réassurent à d'autres associations plus importantes couvrant des circonscriptions généralement étendues à un département entier et administrées par les présidents de leurs filiales ou par un bureau délégué par ces présidents.

Les caisses de réassurance, alimentées en partie par une portion des cotisations des sociétés adhérentes, en partie par une surprime imposée à ces cotisations et variable jusqu'à un certain point avec l'importance des sinistres qu'il a fallu payer l'année précédente à chaque filiale, les caisses de réassurance, dis-je, soulagent les petites mutuelles dans une importante proportion et leurs réserves leur permettent de faire face aux situations anormales. Remarquons d'ailleurs que les mutuelles communales elles-mêmes ne paient pas la totalité de la valeur des animaux morts, elles ne donnent pas plus de 80 p. 100 de cette valeur, ce qui est déjà beaucoup, et, comme les caisses de réassurances, elles font varier le taux de leurs primes annuelles avec le nombre et l'importance des pertes auxquelles elles ont eu à faire face.

Ainsi constituée avec les deux échelons que nous venons de mettre en relief, l'assurance contre la mortalité du bétail a pris un essor magnifique ; les caisses de crédit agricole l'imposent à ceux de leurs adhérents qui viennent leur emprunter des capitaux pour acheter des animaux nouveaux. Toutefois, telle qu'elle existe, elle ne paraît pas encore suffisamment parfaite, et c'est une question à l'ordre du jour que la création d'une caisse centrale de réassurance couvrant les caisses régionales et les mettant à l'abri de secousses graves, comme en peuvent causer les épizooties, la fièvre aphteuse par exemple. La formule n'est pas encore définitivement trouvée, mais, dès à présent, le cultivateur n'a qu'à regarder autour de lui pour voir qu'il aurait grand tort de ne pas profiter de l'instrument de sécurité mis à sa disposition ; il n'a pas à hésiter à faire entrer l'assurance du bétail au nombre des chapitres de son budget annuel.

Ce serait aussi une erreur de sa part de ne pas assurer son personnel contre les accidents du travail. La responsabilité des chefs d'industrie d'abord, des agriculteurs ensuite, a été réglée en matière d'accidents du travail par les lois des 8 avril 1898, 30 juin 1899 et 18 juillet 1907, mais, dès avant la promulgation de ces différentes lois, le cultivateur tombait sous le coup des articles 1382 et suivants du Code civil qui le rendaient responsable 1º des dommages causés par sa faute, sa négligence ou son imprudence ; 2º des accidents causés par ses animaux, et 3º des accidents causés par la faute de ses subordonnés ; la nécessité d'une assurance contre ces divers risques ne saurait donc faire de doute ; la prudence conseille de s'assurer aussi contre les accidents survenus à des tiers du fait des ouvriers, des attelages ou de soi-même ; et, ainsi que le dit M. Bodin, ingénieur agronome, c'est remplir un devoir social que d'assurer ses ouvriers contre les accidents qui pourraient leur survenir sans qu'il y ait faute du patron. Même lorsqu'il ne possède pas de moteur inanimé qui fait de lui un industriel, l'agriculteur est donc conduit à prendre une assurance contre la responsabilité civile envers ses ouvriers, une assurance contre la responsabilité civile envers sa personne, une assurance des membres de sa famille et une assurance des ouvriers contre les accidents professionnels : il y a là quatre risques qui peuvent être couverts au moyen d'un même contrat, soit avec une société anonyme, soit avec une société d'assurances mutuelles.

Les mutuelles locales agricoles contre les accidents, régies par la loi du 4 juillet 1910, doivent s'affilier à des caisses de réassurance dans une certaine proportion pour chaque risque, ou en ne gardant pour elles que quelques risques de peu d'importance, les autres étant cédés à de grosses sociétés. Celles de ces sociétés mutuelles du second degré qui pratiquent, suivant les lois de 1898 et 1899, les risques des accidents du travail ayant entraîné la mort ou une incapacité permanente doivent être constituées selon les lois des 24 juillet 1869 et 22 janvier 1868 et assujetties à certaines dispositions spéciales de cautionnement, surveillance et contrôle du gouvernement réglées par l'arrêté du 29 mars 1899 ; ce n'est qu'à elles que peuvent se réassurer les mutuelles du 1er degré, ou bien il leur faut recourir à des sociétés anonymes. L'agriculteur peut d'ailleurs s'assurer directement à une société anonyme, sans recourir à la mutualité ; je n'ai pas à trancher cette question de préférence, qui a été discutée par M. Labergerie dans un article sur la mutuelle accidents de la Vienne.

Le but poursuivi par cette mutuelle est d'assurer les agriculteurs contre les accidents du travail, d'offrir aux ouvriers agricoles une sécurité analogue à celle qui existe pour les ouvriers de l'industrie en vertu de la loi de 1898, de permettre l'intervention des intéressés dans la discussion des lois spéciales et de faire prévaloir, fait dont l'importance n'échappe à personne, le principe d'une tarification variable suivant les modes de culture, la nature des exploitations, les salaires et la région. Pour répondre à ce dernier point du programme, M. Larvaron, professeur départemental d'agriculture de la Vienne, a distingué trois groupes de risques : les risques ordinaires, tirant leur origine de travaux exécutés avec des outils simples ou sans outils ; les risques élevés, provenant de travaux exécutés avec l'aide des animaux (labours, hersages, roulages, soins du bétail) ; les risques intensifs auxquels expose l'emploi des moteurs inanimés ou des machines compliquées, telles que faucheuses, moissonneuses, batteuses, etc., auxquels expose aussi la rentrée des récoltes. Chacun de ces risques est affecté d'un coefficient emprunté à l'arrêté du 30 mars 1899 et correspondant aux industries similaires par nature de travail ; les uns et les autres s'appliquent :

1º Aux terres arables, tarif 1 franc par hectare ;

2º Aux vignes, tarif 1 fr. 30 par hectare ;

3º A l'horticulture et aux jardins maraîchers, tarif 7 fr. 50 par hectare ;

4º Aux prairies naturelles, tarif 0 fr. 30 par hectare ;

5º Aux prés vergers, tarif 0 fr. 50 par hectare ;

6º Aux bois taillis exploités, tarif 0 fr. 15 par hectare ;

7º Aux landes, bruyères, ajoncs, étangs, tarif 0 fr. 10 par hectare.

Le prix de la main-d'œuvre à l'hectare a été établi en tenant compte du salaire moyen des hommes, étant donnée la difficulté de dégager la part du travail féminin, et, comme ce mode de calcul donne une légère majoration, les tarifs adoptés se trouvent être suffisants, d'autant plus que les accidents agricoles sont proportionnellement moins nombreux que les accidents industriels et qu'une surprime doit être payée lorsqu'un taux maximum d'accidents est dépassé.

Le conseil d'administration est recruté parmi des agriculteurs pratiquants ; les adhérents de départements étrangers à la Vienne sont acceptés sous cette réserve que dans chacun de ces départements existe un conseil de surveillance qui envoie des délégués au conseil central et donne son avis sur les mesures à prendre pour les régions le concernant ; les frais de gestion sont réduits au minimum, et, pour avoir un fonds de premier établissement qui dans l'avenir n'entraîne pas de charges élevées, la société a eu recours à une émission d'obligations remboursables par voie de tirage au sort.

Le personnel dirigeant et celui qui s'occupe de recruter de nouveaux adhérents sont rémunérés par une remise sur l'ensemble des cotisations annuelles, ce qui fait que les petits assurés ne sont pas plus négligés que les gros ; à cette remise s'ajoute une part de 25 p. 100 sur les bénéfices, d'où cette conséquence que la surveillance est meilleure et que seuls sont admis au bénéfice de l'assurance les accidents véritables. Le solde, soit 75 p. 100 des bénéfices est versé aux assurés de qui la cotisation annuelle est en excédent sur les accidents réglés en cours d'année sur leurs exploitations, et si ce solde est reversé par le patron à ses ouvriers, le taux de la cotisation

R. VUIGNER. — Domaine agricole.   29

est abaissé. Ces diverses mesures sont excellentes: les ouvriers prennent garde de ne pas se blesser afin d'être admis à toucher une plus forte part de la ristourne consentie à leur patron quand il n'a pas eu à se faire rembourser d'accidents.

Comme la mutuelle de la Vienne admet aussi une assurance spéciale dans le cas du métayage, ce qui est parfaitement justifié puisque le contrat de métayage est assimilé à un contrat où les deux associés sont responsables ; il semble que, si un chef d'exploitation rurale met à profit les dispositions imaginées par M. Larvaron, soit qu'il traite avec la société fondée par ce dernier, soit qu'il s'en inspire pour traiter avec une autre mutuelle ou pour rédiger un contrat avec une société anonyme, il se trouvera garanti d'une façon très suffisante contre les charges que pourraient lui occasionner les accidents survenus à ses ouvriers ou par leur fait. Le principe de l'assurance accidents ainsi établi, la dépense annuelle qu'elle entraîne est facile à reporter sur les livres de comptes, et l'ensemble de notre premier chapitre de dépenses se trouve rédigé.

Dépenses de ménage. — Le deuxième chapitre est un relevé de toutes les dépenses occasionnées au cours de l'exercice par le *ménage,* c'est-à-dire par la nourriture du personnel et l'entretien du linge et du mobilier qui lui est affecté. Il est nécessaire, ainsi que je l'ai dit, de distinguer la partie de ces dépenses imputable au ménage particulier du chef de l'exploitation, dépenses personnelles dont il serait injuste de faire supporter la charge à l'entreprise agricole. Sous cette réserve, le chapitre *ménage* s'établit en relevant au Grand-Livre, au folio qui lui est réservé, et aux comptes spéciaux des divers fournisseurs toutes les dépenses susceptibles de lui être imputées ; on retranche du total la portion attribuée aux dépenses personnelles, en admettant que celle-ci n'ait pas fait au jour le jour l'objet d'un relevé spécial et, dans ces conditions, l'ensemble se présente de la façon suivante ainsi qu'on peut le voir sur mes propres comptes pour l'année 1906-1907 :

Chapitre Ménage.

Produits de la ferme.						
Lait, 2.967 litres à fr. 0,15	444	85	444	95		
Beurre, 41 kilos à fr. 3 et 3,20.....	125	75	125	75		
Œuf, 4.478 à prix divers............	405	95	405	95		
Volailles. { Poules, 36...............	99	»				
Volailles. { Canards, 15.	38	25				
Volailles. { Lapins, 27...............	69	50				
Volailles. { Oie, 1..................	4	50				
Total.................			211	25		
Porcs, 2	388	»				
A déduire : lard cédé...........	4	40				
Reste net.....................			383	60		
Moutons, 6	130	»				
A déduire : mouton cédé	33	65				
Reste net.....................			96	35		
Cidre, 225 hectolitres, soit 300 hectolitres pommes à cidre à fr. 3.....			900	»		
Pommes de terre, 60 hectol. à fr. 5.			300	»		
Total des produits de la ferme...					2.867	75
Nourriture achetée.						
Pain, facture L..., boulanger à R.	1.638	15				
A déduire : pain cédé...........	7	95				
Reste net			1.630	20		
Boucherie. { Achetée à divers	328	50				
Boucherie. { — à V..., à S....	6	80				
Boucherie. { — à B..., à P	1.320	20				
Total.................			1.655	50		
Charcuterie (relevée au chapitre *Ménage* du Grand-Livre)...........			240	05		
Boisson. { 100 litres eau-de-vie achetés à B................	176	40				
Boisson. { Fourniture Potin.........	58	85				
Total...............			235	23		
Légumes achetés...................			16	70		
Œufs achetés, 213.................			31	80		
Cocose Magnan à Marseille, net			255	»		
Fromage et poisson achetés à divers.			480	40		
Volailles : 2 poulets..............			5	»		
A reporter.......			4.549	90	2.867	75

Chapitre **Ménage** (*Suite*).

Report............			4.549	90	2.867	75
Épicerie achetée à divers (Cf. chapitre *Ménage* du Grand-Livre).....	297	»				
Épicerie achetée à B..., de P.-S.-P.	6	35				
— à V..., de S.....	4	»				
Vases vides...	37	85				
Épicerie......	490	05				
— à Potin. Sucre.........	233	90				
Café, chicorée.	68	80				
Thé.........	9	60				
— à W.... à B..., café...	35	»				
Total..............	1.132	55				
A déduire : épicerie cédée......	5	65				
Reste net..........			1.176	90		
Total de la nourriture achetée.					5.726	80
Blanchissage.						
Facture Potin (savon, etc.)........	69	55				
Dépenses relevée au Grand-Livre. chapitre *Ménage*................	81	»				
Total du blanchissage..........					150	55
(Non compris le salaire de femmes de journées resté au chapitre *Salaires.*)						
Entretien du ménage.						
Mobilier et vaisselle relevés au chapitre *Ménage*..................	81	05				
Id., relevés à divers chapitres......	8	23				
Facture V..................	»	75				
— Potin	38	25				
— H..................	78	90				
Entretien proprement dit, relevé au chapitre *Ménage*..............	120	»				
Total de l'entretien du ménage.					327	20
Total général pour le ménage..					9.072	30
Dont imputable aux dépenses personnelles (1).....................					...	..
Reste à supporter par la ferme, comme dépenses de ménage.....					...	..

(1) Je n'ai pas reproduit de chiffre, celui-ci étant variable suivant les habitudes de chaque famille.

Cette reproduction m'évite d'entrer dans de plus amples détails ; on peut voir que lorsqu'un porc ou un mouton était sacrifié à la ferme, il m'arrivait d'en céder quelques portions à des journaliers, la valeur des portions ainsi cédées vient naturellement en déduction, mais, outre qu'il y a là une petite complication, puisqu'il faut aller la rechercher sur les comptes de chacun, il n'est pas prouvé que le service ainsi rendu soit en rapport avec les écritures qu'il oblige à tenir. On remarquera aussi que je n'ai pas distrait du chapitre *salaires* les gages de la cuisinière et des femmes employées à la lessive, ceci en vue de ne pas me perdre dans les détails, mais rien n'empêche d'agir autrement. Dans ce cas, de l'ensemble des salaires payés au cours de l'exercice, on détache les salaires relatifs aux divers chapitres.

Salaire du personnel. — Le chapitre n° 3 *salaires* se présente comme suit :

. Direction (traitements du régisseur et des contremaîtres);

Vacherie et porcherie, service de la laiterie ;

(Ou bien : personnel pour bétail à l'engrais.)

Bergers, jardinier, bonnes et cuisinières (des gages desquelles est déduite la part incombant aux dépenses personnelles, lorsque le service de la ferme et le service particulier ne sont pas entièrement séparés), charretiers et bouviers, mécaniciens, journaliers divers, pour lesquels il a été déboursé une somme totale de ... francs, dont à retrancher ... francs, répartis aux comptes divers intéressant le bétail, etc., ce qui fait qu'il reste imputable au présent chapitre une somme de ... francs. Cette somme se réduit à zéro lorsque l'on pousse la comptabilité à ses dernières limites et surtout lorsque l'on pratique la comptabilité en parties doubles.

Dépenses de chauffage et d'éclairage ; achat de combustible pour le moteur. — Le chapitre *chauffage et éclairage* (chapitre 4) n'appelle aucune observation particulière ; lorsqu'on ne consomme pas de bois exploité sur la ferme même (élagage de pommiers, coupes de menues portions de taillis), ce chapitre ne comprend que le relevé des factures des fournisseurs de combustibles divers, les prix payés pour le transport par voie de fer de ces combustibles ; les factures des quincailliers qui ont réparé les lampes, poêles, etc. Le relevé du livre de magasin permet une prompte et exacte répartition des dépenses entre les différents comptes : laiterie, porcherie, moteur et cuisine ; le chauffage personnel se sépare facilement au moyen du même livre.

Acquisition et entretien du matériel. — Au chapitre 5, les *acquisitions du matériel neuf* se classent avec leurs dates et le nom des fournisseurs, le nom et le prix des machines et outils payés dans l'année. Il est bon d'adopter pour les inscriptions l'ordre des divisions du chapitre de l'inventaire se rapportant au matériel d'exploitation ; ce même ordre se retrouve lorsque nous inscrivons les réparations faites au matériel ancien, celles-ci sont faciles à relever en se reportant aux comptes ouverts aux charron, menuisier et autres industriels s'occupant de l'entretien de la machinerie agricole; c'est même une occasion de vérifier si les comptes en question sont ou non soldés et de réclamer au besoin une facture en retard.

Selon l'importance de l'exploitation, les notes d'entretien doivent être présentées tous les mois ou tous les trois mois. Déjà, au bout d'un semestre, bien des détails peuvent échapper à l'une ou l'autre partie et le contrôle du travail exécuté devient presque impossible, à moins de prendre note des réparations le jour même où elles sont exécutées ou de faire tenir un livre-journal par les fournisseurs eux-mêmes, surtout lorsqu'ils viennent travailler à domicile. Cette pratique n'exclut pas les paiements réguliers; et puisque j'en suis sur le sujet des réparations faites à domicile, la question se pose de savoir si, pour ce genre de réparations, l'entretien des harnachements en particulier, il ne serait pas avantageux de prendre un abonnement à forfait à raison de tant par an et par collier. Je crois devoir déconseiller cet abonnement comme l'abonnement aux soins vétérinaires ou à l'entretien des couvertures dont j'ai eu occasion de parler ailleurs. Si les frais dépassent les prévisions de l'entrepreneur, il est tenté, et cela s'explique, de faire le travail au plus juste prix. Il ne s'y retrouve peut-être pas malgré cela et, en tout cas, le chef de l'exploitation y perd certainement.

Achat d'aliments pour le bétail. — Les dépenses de nourriture pour le bétail comprennent les aliments achetés en cours d'exercice, auxquels il faut ajouter ceux qui restaient en provision et dont il faut déduire ceux qui n'auraient pas été encore consommés au moment de l'arrêt des comptes. Comme il est nécessaire de savoir ce que coûte l'entretien du bétail, il faut lui imputer les aliments récoltés sur le domaine qui ont été donnés aux animaux et qui font partie du produit brut de l'exploitation. Dans un but de simplification, on pourrait ne tenir compte de ces aliments ni en recettes ni en dépenses et se contenter de les noter sur les livres de magasins pour apprécier au besoin le coulage et surtout pour garder des réserves suffisantes lorsque nous faisons le partage des produits à vendre et de ceux que nous devons conserver pour nos animaux. Il est d'ailleurs une tenue de livres qui permet de grouper les dépenses de nourriture avec les autres frais entraînés par le bétail ; j'y reviendrai plus tard ; je m'en tiens pour le moment au cadre général que j'ai tracé, en faisant simplement remarquer qu'à moins de procéder à des calculs très compliqués la consommation d'une année est prise sur les récoltes de l'année agricole précédente lorsqu'on adopte comme point de départ de cette année le 1ᵉʳ octobre. Si l'on choisissait au contraire le 1ᵉʳ avril, ce serait sur les récoltes obtenues au cours de l'exercice que serait presque entièrement prélevée la consommation du bétail. Cette considération est une de celles qui militent en faveur de la date du 1ᵉʳ avril, époque à laquelle s'annoncent les seigles d'hiver et bientôt après les trèfles incarnats.

Acquisition de semences. — Les *acquisitions de semences* sont relevées au septième chapitre des charges annuelles auquel figurent d'abord les factures payées aux fournisseurs habituels, puis, avec leurs valeurs, les semences prélevées sur les récoltes de l'exploitation.

Acquisition d'engrais commerciaux ; achat d'animaux. — Je n'ai rien à dire des chapitres 8 et 9, *acquisition des engrais commerciaux* et *acquisition de nouveaux animaux*. Toutefois, en ce qui concerne les engrais, qui ne sont ici que les engrais d'entretien, la question du fumier de ferme se soulève à nouveau. Au point de vue des résultats financiers, elle pourrait être entièrement passée sous silence, puisque, si l'on attribue une valeur au fumier, il faut porter cette valeur en recettes au bétail et en dépenses aux récoltes, manière de faire qui n'a d'intérêt que si l'on tient à savoir quels sont la perte ou le bénéfice entraînés par chaque compte particulier. Peut-être même, si l'on tient à faire ce calcul, pourrait-on, comme je l'ai dit, se contenter de payer le fumier au **prix** qu'il en coûte pour le transporter et l'épandre, car on mettrait ainsi en évidence une charge réellement supportée par l'exploitation, à savoir le montant des salaires payés pour le transport et l'épandage. Le montant de ces salaires pourrait être séparé de la masse globale des salaires, et laissé au chapitre *salaires*, avec une mention indiquant à quoi il se rapporte, ou, au contraire, porté au chapitre *engrais*, sous la rubrique : *fumier de ferme* (transport et épandage), venant ainsi s'ajouter aux autres dépenses faites annuellement pour la fertilisation du domaine.

Une telle indication serait surtout intéressante si elle était accompagnée d'une estimation du poids du fumier obtenu en cours d'année. Pour calculer le poids du fumier, les poids de litières diverses fournies aux animaux ne seraient pas inutiles à connaître et nous les trouverions relevés à la consommation du bétail avec la valeur argent que nous avons attribuée aux litières. Comme il a été expliqué, la valeur des litières, dite valeur de consommation, est sensiblement celle des principes fertilisants qu'elles peuvent contenir, nous pouvons la laisser affectée aux comptes du bétail dont elle grève le coût d'entretien, ou bien l'ajouter au coût du transport et de l'épandage du fumier ; dans ce cas nous obtiendrons pour l'engrais de ferme une valeur qui nous permettra de le comparer aux engrais commerciaux et de voir si son emploi a été ou non supérieur à celui de ces derniers. La question mérite de nous arrêter, pour en tirer au besoin une leçon d'économie raisonnée, mais elle est en dehors du système de comptabilité que nous aurons adopté.

La neuvième charge annuelle à laquelle nous avons à faire face est l'*acquisition d'animaux* nouveaux de travail ou de rente. Il va sans dire qu'une exploitation bien entendue du domaine agricole doit tendre à rendre cette charge aussi légère que possible. Le mieux serait, en effet, que, par l'élevage, les effectifs des attelages ou des troupeaux soient maintenus au complet et que, chaque année, les jeunes viennent remplacer les animaux vendus et même en accroître le nombre. Il ne faut pas s'y tromper toutefois, le jeune bétail, les poulains en particulier, ne s'élèvent pas sans frais, de sorte que ce ne serait pas une raison parce que dans l'année on aurait acheté beaucoup d'animaux pour que l'affaire soit mal conduite. La conclusion à tirer dépendrait de la comparaison entre les prix d'achat et les prix de revente ou simplement les accroissements de valeur si les bêtes restent à la ferme pour y être employées comme moteurs ; nous avons vu qu'une opération en général lucrative était l'exploitation des poulains achetés à dix-huit mois et revendus dans leur force à cinq ou six ans. Cette remarque faite, rien n'est plus simple que d'établir notre neuvième chapitre ; nous en retrouvons la contre-partie aux ventes de bétail ou aux plus-values subies par ce dernier. J'aurai donc achevé l'examen de nos dépenses annuelles, si je m'arrête un instant au chapitre 10 : *frais généraux*.

Les frais généraux. — Les frais généraux sont ceux que l'on n'a pu classer dans un des chapitres que j'ai étudiés et entre lesquels il m'a semblé que pouvaient se répartir la plupart des dépenses de l'exploitation ; le terme est très élastique et l'on est tenté de grossir beaucoup le chapitre *frais généraux* en y plaçant tout ce qui présente un certain caractère d'imprécision. Il faut se défendre contre cette tendance ; tout travail accompli, tout argent déboursé, l'est dans un but déterminé et a pour résultat une amélioration, soit dans l'entretien du matériel, soit dans la facilité plus ou moins grande de distribution des aliments, de transport du fumier, etc. ; chacune de ces améliorations se rattache à un de nos chapitres, il faut l'y placer, et si par son caractère elle ne se rapporte pas aux frais de fabrication, elle ira prendre place parmi les charges foncières. De la sorte rien ne sera laissé dans le vague, et l'ensemble de nos dépenses annuelles non seulement sera complet, mais sera parfaitement justifié dans toutes ses parties.

J'engage à ne laisser figurer aux frais généraux que les dépenses faites sur les marchés là où l'usage s'est établi de discuter dans les cafés les affaires avec les courtiers en grains ou les marchands de bestiaux ; on ne peut pas toujours s'affranchir de ces pratiques, bien que ce ne soit pas la façon de procéder que je préconise. A côté de l'argent ainsi dépensé, qui, à la rigueur, pourrait être inscrit aux chapitres *acquisition de bétail* ou *acquisition de semences*, figureront les pourboires donnés en récompense de menus services, les frais de bureau (papier, plumes, etc.), enfin les frais de correspondance (abonnement au téléphone, etc.).

Nous connaissons maintenant les trois termes dont dépend le bénéfice net de l'exercice agricole :

Produit brut ;

Frais annuels, qui, déduits du produit brut, donnent le *produit net* ;

Enfin *charges foncières*, qui, soustraites à leur tour du produit net, laissent apparaître le *bénéfice réel* (ou la perte) donné par l'exploitation du domaine.

Ma tâche serait donc terminée si je n'avais à envisager encore les moyens d'accroître le produit brut, et ceux à l'aide desquels les charges annuelles peuvent être atténuées d'une part, et d'autre part mises en évidence sur les livres de comptabilité, sans entraîner le cultivateur à de trop nombreuses écritures.

CHAPITRE IV

LE PRODUIT BRUT DE L'EXPLOITATION

Moyens de l'améliorer par l'organisation bien comprise des achats
et des ventes. Crédit mutuel agricole. Commercialisation de
l'agriculture. Syndicats et coopératives agricoles. Question des
transports à grandes distances.

Le produit brut de l'exploitation est, dans une large mesure, sous la dépendance du système de cultures adopté et
de l'ensemble des entreprises sur le bétail ; mieux le système
de culture est en harmonie avec la nature du sol, mieux les
entreprises sur le bétail ou la production des céréales ou des
plantes industrielles s'adaptent aux débouchés et à la situation
économique du moment, plus élevé est le produit brut tout au
moins sous le double rapport de la quantité et de la qualité,
et c'est pour qu'il soit ainsi aussi considérable que possible
que j'ai réuni les éléments de la seconde partie du présent ouvrage, afin que chacun puisse y faire un choix au mieux de
ses intérêts. Il ne suffit pas toutefois que le produit brut soit
élevé, si son obtention a coûté trop cher, s'il est gaspillé, ou
si encore on ne sait pas le transformer en argent monnayé :
il faut, en un mot, non seulement savoir produire, mais encore
savoir vendre et aussi savoir acheter.

Puisque j'ai parlé des méthodes de production, le moment
est venu pour moi de traiter la question des ventes.

*La vente des produits agricoles. Les courtiers ; rôle
des syndicats et des coopératives ; vente directe ;
laiterie, boucherie, produits végétaux.* — La vente
des produits peut se faire de diverses façons : directement,
ou par l'intermédiaire des syndicats agricoles ou des courtiers.
Aucune de ces manières de faire ne doit être rejetée ; toutes
ont leurs avantages et ce serait se montrer injuste que méconnaître les services très réels que rendent les intermédiaires
consciencieux. Ceux-ci sont presque indispensables pour la

vente du bétail par lots importants sur les marchés des grandes villes d'où les animaux partent pour les abattoirs. De même, aux Halles, les commissionnaires en fruits et légumes peuvent assurer des débouchés avantageux.

Les commissionnaires en bestiaux, ceux de la Villette par exemple, sont sur place, ils ont toute une clientèle de bouchers dont ils connaissent les exigences et qu'ils savent comment contenter ; ils sont, d'autre part, au courant des allures du marché et jusqu'à un certain point sont à même de prévoir la hausse ou la baisse. Si donc on est en relations d'affaires avec l'un d'eux, celui-ci prévient l'agriculteur du moment le plus convenable pour expédier un lot qu'on lui a dit être bon à vendre et dont il connaît pour ainsi dire la marque de fabrique. L'envoi se fait, la vente est immédiate, les frais d'écurie pour attendre un prochain marché en cas de relève sont évités et le salaire payé à l'intermédiaire est amplement récupéré.

Pour ces ventes en gros, je ne conseillerai pas, en temps normal, de renoncer au courtier. Si l'on croit pouvoir se passer de lui, il faut être soi-même son propre commissionnaire et avoir la faculté de suivre suffisamment le marché pour en connaître les aléas : ceci suppose qu'on laisse derrière soi, à la ferme, un régisseur ou un contremaître sérieux, ou que l'on peut envoyer ce régisseur sur le marché, tandis qu'on surveille l'exploitation. Si l'on n'a pas l'une ou l'autre de ces facultés, le temps passé au dehors risque de coûter beaucoup plus cher que ne rapporte l'intervention directe, qui, pour être profitable, ne doit pas nuire à la surveillance, et doit présenter un certain caractère de périodicité au lieu d'être purement accidentelle.

Il faut reconnaître, cependant, que lorsque le marché traverse des périodes analogues à celle par laquelle il est passé au début de 1911 et à la fin de 1910, une vente directe, même isolée, présente les plus grandes chances de succès : quand la marchandise est demandée, elle s'enlève facilement, surtout si elle est de bonne qualité, et l'on a vu dans ces conditions le boucher en gros prendre, dès la descente de wagon, les animaux qui ont attiré son attention. Il y a alors place pour une bonne affaire à condition de garder son sang-froid et d'avoir soigneusement calculé par avance la valeur vraie des bêtes amenées, de façon à pouvoir demander d'emblée un prix auquel se tenir ou présenter non moins rapidement une contre-proposition à l'offre faite par l'acheteur. Il ne faudrait néanmoins pas trop compter sur ces bonnes fortunes, et, pour se placer dans des conditions de plus grande sécurité, tout en diminuant dans la plus large mesure possible leurs frais de vente, nous avons vu les agriculteurs anglais se réunir pour avoir un courtier gagé par eux qui remplit le rôle d'un commissionnaire ordinaire, mais est à la solde de ceux qui l'emploient au lieu de dicter ses volontés devant lesquelles il faut s'incliner.

Il faut croire d'ailleurs que les ventes directes de lots importants de bétail ne sont pas faciles, car, à ma connaissance, les syndicats agricoles s'y sont peu appliqués, tandis qu'ils ont rendu de signalés services pour l'organisation de la vente des produits végétaux. Là où ils ont joué un rôle en matière de bétail, cela a été pour l'acquisition d'animaux reproducteurs, pour lesquels un particulier aurait été embarrassé de donner seul le gros prix demandé : l'aide s'est manifestée, suivant les cas, par une contribution accordée sur le montant du prix ou par la remise de primes proportionnées aux services rendus par l'animal à la collectivité des éleveurs.

Pour les pailles, les fourrages, les racines alimentaires, on a vu, au contraire, les syndicats servir très efficacement d'intermédiaires ; ils mettaient en rapports leurs adhérents vendeurs avec d'autres adhérents acheteurs, faisaient connaître les prix auxquels ils savaient que telle ou telle denrée pouvait être livrée et, l'accord une fois intervenu, la livraison avait lieu ; visée par le syndicat, la facture était payée dans les délais convenus, le syndicat formant comme une sorte de lien moral entre les deux parties dont il garantissait la parfaite honorabilité. Ainsi débutaient les relations ; bientôt, la connaissance une fois faite, l'intervention du syndicat devenait inutile et les transactions s'opéraient directement. Je parle de tout ceci par expérience, et je m'empresse d'ajouter que, lorsque les choses en étaient arrivées à ce point, il ne fallait pas oublier le guide de la première heure ; un devoir restait à remplir envers lui en lui indiquant le nombre et l'importance des transactions dont il avait été l'origine première. Ainsi renseigné, le syndicat pouvait continuer à inscrire dans ses comptes rendus annuels des chiffres croissants d'affaires conclues grâce à lui et il poursuivait sur d'autres points son action bienfaisante.

Amorcées par les syndicats ou par la ténacité personnelle de l'agriculteur lui-même, ces sortes d'affaires prennent le caractère de véritables marchés. L'une des formes de ces marchés consiste à s'engager à livrer une quantité déterminée de marchandise moyennant un prix forfaitaire de tant ; les livraisons s'échelonnent, à intervalles ordinairement réguliers, sur un laps de temps convenu à l'avance. Je ne recommande pas cette forme de contrat qui met l'une et l'autre partie complètement à la merci des cours éventuels, entraînant parfois de grosses pertes ou des bénéfices exagérés. Le contrat d'après lequel les livraisons réglées pour chaque mois, par exemple, sont facturées et payées au cours pratiqué pour le mois considéré est infiniment plus équitable ; je l'adoptais volontiers pour mon compte et n'ai jamais eu à m'en plaindre. Je crois avoir dit que j'ai procédé de la sorte avec un client que je n'ai jamais vu. A réception de chaque livraison de paille ou d'avoine, il m'envoyait un chèque sur. la *Société générale pour le développement du commerce et de l'industrie*, chèque qu'endossait sans frais l'huissier qui me présentait les traites de mes fournisseurs ; j'avais ainsi des relations commerciales aussi simples qu'agréables.

Il est peut-être prudent de limiter l'importance des marchés de ce genre à ses propres possibilités ; néanmoins, lorsque l'on est assez sûr de ses voisins, on s'entend avec eux pour fournir le complément des quantités qui seraient insuffisantes, et nous nous trouvons en face d'un commencement de coopération.

Souvent l'appui mutuel se borne à l'aide apportée par le syndicat à ses membres ou par un adhérent à quelques autres associés ou simplement voisins ; d'autres fois, au contraire, nous entrons dans la coopération proprement dite, qui, en matière d'industrie laitière, a donné de magnifiques résultats, parce qu'elle a permis le paiement des produits sur la double base de la quantité et de la qualité. Il ne m'appartient pas d'en dire plus long sur ces associations ; leurs statuts peuvent être réclamés, par ceux qu'ils intéressent, aux présidents ou aux professeurs départementaux d'agriculture, et M. Dornic, ingénieur agronome, inspecteur des laiteries coopératives des Charentes et du Poitou, donnerait sûrement les renseignements nécessaires à leur bon fonctionnement.

Pourquoi, en matière de boucherie, la coopération n'a-t-elle pas donné d'aussi beaux résultats ? Pourquoi a-t-elle généralement échoué ? Je crains que ce ne soit parce que les bouchers qui travaillent pour leur propre compte se sont acquis, au moins dans les villes, une sorte de situation privilégiée qu'ils entendent conserver, fût-ce au prix de sacrifices pécuniaires momentanés. Les capitaux dont ils disposent leur permettent d'agir de la sorte, ils se prêteraient au besoin la main les uns aux autres, et, devant leur coalition, la boucherie coopérative naissante, sans fonds de réserve assez important, reste réduite à l'impuissance. Il lui faudrait pouvoir franchir le premier pas ; une fois bien assise, elle percerait et jouerait peut-être un grand rôle en obligeant le maintien d'une sorte de parallélisme entre le prix de la viande et celui du bétail sur pied. J'entends, pour franchir ce premier pas, préconiser l'essai des boucheries exploitées directement par les communes. Sans entrer dans le vif d'une question aussi délicate, je crois dangereux de substituer à une organisation responsable de ses propres deniers un rouage qui dispose des deniers publics ; les boucheries municipales rencontreraient des difficultés analogues aux coopératives ordinaires. Dans bien des cas, elles devraient, comme ces dernières, fermer leurs portes ou bien elles ruineraient les contribuables. Les laiteries ont réussi parce qu'elles n'avaient pas devant elles d'adversaires aussi puissants que les boucheries, et aussi parce que la nature des produits qu'elles traitent se prête mieux à la coopération, en permettant une extension presque indéfinie de l'entreprise ; la boucherie, au contraire, limitée à un certain nombre d'animaux par semaine, est condamnée à n'avoir d'adhérents que ceux qui lui sont nécessaires pour lui fournir ce nombre d'animaux ; là réside l'obstacle à son développement. Faute de pouvoir recourir à la coopération, le cultivateur est obligé d'agir par ses propres moyens lorsqu'il veut organiser la vente de ses animaux de boucherie.

J'ai dit, en parlant des opérations sur le bétail, comment il pouvait s'y prendre pour tirer de l'engraissement le meilleur parti possible, soit en traitant avec des petits bouchers ou charcutiers de campagne, soit en s'entendant avec des bouchers plus importants pour leur livrer par wagons complets des agneaux blancs ou gris. Je n'y reviendrai pas et je passerai, sans autre transition, à une question qui passionne les agriculteurs, étant donnée surtout la concurrence que les fabricants de sucre se font entre eux ; je veux parler des marchés de betteraves, conclus généralement presque aussitôt achevée la fabrication du sucre provenant de la récolte précédente.

Marchés de betteraves. — Les marchés de betteraves s'entendent aux 1.000 kilos de racines débarrassées de leurs collets à la naissance des feuilles et séparées de la terre qui y reste adhérente et dont la quantité plus ou moins grande est déterminée au moyen de la tare. Dans certains cas, le prix est convenu de façon ferme pour la tonne métrique ; dans d'autres cas, le cours du sucre intervient et il est stipulé que le prix de la tonne de racines sera inférieur d'un certain nombre de francs au cours moyen du sucre pendant les mois d'octobre, novembre et décembre. Quelques marchés vont même plus loin et laissent au producteur la faculté d'arrêter le prix de tout ou partie de sa récolte aux cours qui lui paraissent le plus avantageux pour lui. Le fabricant de sucre, prévenu par lettre recommandée, se couvre par des ventes de sucre parallèles aux achats de betteraves que la forme de ses contrats lui impose.

Une telle faculté parait être ce que le cultivateur peut désirer de mieux ; mais elle oblige le fabricant de sucre au paiement de droits de magasinage et à des opérations de courtage délicates puisque ses ventes définitives sont subordonnées aux arrêts de prix des fournisseurs, et si, par suite d'un fléchissement imprévu dans le cours, un accroc vient à se produire, le producteur peut en ressentir le contre-coup plus ou moins direct.

Aussi, suivant moi, faut-il se contenter d'un contrat avec écart sur le cours moyen du sucre, en introduisant dans ce contrat des avantages accordés à la densité. Il semble juste, en effet, que la betterave soit payée d'autant plus cher qu'elle est plus riche, ce que permet de constater la densité du jus en rapport elle-même avec la richesse. Malheureusement, le principe, qui est des plus simples en théorie, est, dans la pratique, beaucoup plus délicat, d'abord parce que le rapport entre la densité et la richesse n'est pas toujours constant et ne représente pas uniformément 2 p. 100 de sucre par degré marqué au densimètre, en second lieu parce que rien n'est plus difficile à prendre que la densité.

Lorsque la pulpe, pressée pour l'extraction du jus qui doit être pesé, est obtenue à l'aide de râpes rotatives à grande vitesse, il s'introduit de l'air dans le jus et la densité s'en trouve diminuée, même après un repos prolongé. Il faut donc, pour que chacun ait son compte, opérer avec une conscience minutieuse, sinon le cultivateur peut perdre jusqu'à un degré entier.

D'un autre côté, la prise des tares ne doit pas être moins soignée : il ne faut ni acheter de la terre au lieu de betteraves, ni compter comme déchets de bonnes racines. Généralement les contrats prévoient dans quelles conditions les lots destinés au calcul de la tare seront prélevés dans les wagons ou tombereaux et il n'y a qu'à veiller à ce que ces conditions soient respectées de part et d'autre. Le fabricant a un très bon guide qui peut lui servir dans une certaine mesure. Les bascules de l'usine lui donnent le poids des betteraves lavées prêtes à passer au coupe-racines ; ce poids, étant donné qu'il comprend les collets, lesquels ne sont pas payés aux cultivateurs, doit être supérieur de 3 à 4 p. 100 au poids payé aux fournisseurs, et, si les betteraves étaient écrasées au fur et à mesure de leur arrivée, on aurait là un moyen de contrôle excellent ; comme il n'en est pas ainsi, ce n'est qu'en fin de campagne que l'on peut apprécier si l'on a eu la main lourde ou légère et en tirer un enseignement pour l'avenir. Le mieux serait évidemment de faire des tares un peu fortes et d'accorder ensuite une ristourne qui ne serait pas très difficile à calculer puisque les livres de réception indiquent à la fois les quantités de betteraves brutes et nettes livrées par chaque client. Ceci impliquerait une grande confiance dans le fabricant, bien qu'on puisse lui demander la justification fournie par les poids inscrits aux bascules de régie, mais je ne vois pas pourquoi la plus absolue correction ne s'introduirait pas dans les relations commerciales, même sans précautions exagérées de part et d'autre.

Tant que règnera une certaine défiance, force sera de s'en tenir aux approximations les plus grandes obtenues d'emblée ; il faudra, en tout cas, se garder de la pratique qui consiste à accorder une tare manifestement inférieure à la réalité (j'ai vu faire 5 p. 100, ce qui est impossible, puisque les collets à eux seuls représentent au moins ce poids) ; il y a là une sorte de prime indirecte qu'un cultivateur consciencieux ne devra jamais accepter : elle constitue une véritable vente à faux poids, et, du moment qu'il y a une remise arbitraire sur la tare, rien ne prouve qu'arbitrairement aussi on ne cherchera pas à se rattraper en reprenant d'une main ce qu'on a donné de l'autre, en pesant un peu fort les voitures vides. Un fabricant qui veut grossir le nombre de ses clients doit le faire loyalement, par des primes d'importance connue et parfaitement spécifiées d'avance ; ses concurrents voient ainsi s'ils veulent lutter ou reculer devant des prix trop élevés pour eux, et ses fournisseurs peuvent compter qu'ils ne sont pas exposés à faire un marché de dupes.

Origine du crédit agricole ; nécessité de ce crédit pour pouvoir attendre les époques favorables à la vente des produits. — Il ne suffit pas de savoir vendre et de bien fixer dans les contrats les époques auxquelles auront lieu les paiements, lorsque, comme cela est le cas pour les fournitures de betteraves à sucre ou de distillerie, les livraisons portent sur plusieurs semaines ; il faut encore pouvoir vendre aux époques les plus convenables afin d'obtenir des produits du domaine le maximum de valeur. Pour cela, il est nécessaire d'avoir un fonds de roulement suffisant à l'aide duquel les salaires peuvent être régulièrement payés aux ouvriers qui n'acceptent plus les paiements très espacés d'autrefois, à l'aide duquel aussi, il est fait face aux dépenses courantes. Nul n'ignore que de telles ressources font trop souvent défaut aux petits cultivateurs, aussi voit-on aujourd'hui encore beaucoup d'entre eux se presser de battre leurs récoltes pour se procurer de l'argent ; il en résulte un encombrement du marché et l'avilissement des cours, au grand préjudice de tous.

Frappés d'un inconvénient dont ils étaient les premiers à pâtir, les agriculteurs à la tête d'exploitations importantes se sont, il est vrai, appliqués à l'atténuer ; ils ont échelonné leurs ventes et contribué par là à une organisation plus rationnelle du marché des céréales ; mais, pour ces gros agriculteurs eux-mêmes, la chose n'allait pas toujours toute seule, il leur fallait emprunter parfois afin de retrouver plus tard des sommes bien supérieures à l'intérêt payé. L'emprunt, pour eux, était relativement facile, parce qu'ils étaient connus et qu'ainsi certains banquiers se risquaient sans trop de crainte à leur avancer des capitaux ; toutefois ces prêts demeuraient plutôt l'exception et ils étaient limités. Pour obtenir davantage, il fallait avoir recours aux warrants, en se servant de la récolte elle-même mise, au besoin, en entrepôt pour gager l'emprunt. Le warrant permettait de franchir un premier pas : pour donner aux opérations agricoles toute l'ampleur possible, pour les commercialiser, il fallut inaugurer le crédit appliqué à l'agriculture.

Les premiers banquiers agricoles furent, en fait, certains propriétaires qui acceptaient, même sans intérêt, de recevoir leurs fermages en retard ; c'était une tolérance dont les fermiers devaient presque fatalement être tentés d'abuser, aussi bientôt un crédit je dirai plus sérieux fut-il organisé en faveur des cultivateurs. Pourquoi dira-t-on, ceux-ci n'avaient-ils pas tout naturellement recours aux banques existantes ? C'est que celles-ci, s'occupant surtout d'affaires industrielles, ne répondaient pas aux besoins agricoles. Les affaires industrielles, beaucoup d'entre elles tout au moins, entraînent un mouvement de fonds très rapide : l'argent, qui sort vite, ne tarde pas à rentrer, et l'on consent assez facilement des avances de quelques semaines, rarement de quelques mois. Il n'en est pas de même en agriculture : une récolte de blé, par exemple, met presque une année à pousser, et, quand elle est rentrée dans les greniers, nous venons de voir qu'il y aurait souvent danger à en faire argent immédiatement ; la somme prêtée pour l'obtention de cette récolte doit donc l'être pour un laps de temps relativement considérable : trois mois au moins et souvent six.

C'est là un premier écueil; l'incertitude relative dans les époques des rentrées de fonds en est un second ; un troisième est constitué par l'éloignement où se trouvent d'ordinaire les cultivateurs des établissements de crédit ; il résulte de cet éloignement qu'ils ne sont pas connus, et, si l'on a affaire à des humbles, qui n'empruntent que quelques centaines de francs et ne font rentrer dans la caisse du créancier qu'un bénéfice insignifiant, on les laisse de côté, malgré l'extension prise par les succursales de nos principales banques jusque dans certains chefs-lieux de canton.

Le crédit agricole mutuel. — Précisément parce que la confiance réciproque est, avec la scrupuleuse exactitude à tenir les engagements pris, le meilleur appui du crédit, le crédit agricole, pour la raison qui le rendait suspect aux banques urbaines, devait prendre son origine au fond même de nos campagnes, en s'appuyant sur des groupements peu importants, où, tout le monde se connaissant, chacun était à même de savoir quel cas il pouvait faire de la surface de son voisin : le crédit mutuel agricole était né, il ne restait plus qu'à lui mettre en mains les éléments nécessaires à son développement, c'est ce à quoi l'on est, depuis 1900, admirablement parvenu, puisque en 1900 les filiales des neuf caisses régionales alors existantes comptaient 2.175 membres participants auxquels étaient consenti pour 1.190.000 francs de prêts, tandis qu'en 1908, nous trouvons 116.000 adhérents empruntant 85.000.000 de francs, et le premier trimestre de 1909 débute avec 94 caisses régionales, 127.000 mutualistes et 72 millions de prêts. Les 94 caisses régionales de 1909 avaient un capital versé de 11.218.000 francs, l'État leur avait consenti des avances temporaires de 35.783.000 francs ; elles disposaient en faveur de la culture d'environ 50 millions, et leurs heureux effets se faisaient sentir aussi bien dans le Midi, où la Caisse du Midi prêtait aux vignerons, si durement éprouvés par la mévente des vins, plus de 40 millions qui les sauvaient d'un désastre, que dans nos régions les plus prospères de culture intensive, le Nord et l'Ile-de-France, ou encore nos pays d'élevage de la Normandie, qui, pour être venus plus tardivement au crédit agricole, n'en voient pas moins se développer, grâce au dévouement de M. Descours-Desacres, avec une rapidité des plus remarquable la Caisse régionale du Centre de la Normandie.

Il est loisible de se documenter sur ces très intéressantes questions dans les rapports annuellement publiés par le Ministère de l'Agriculture sur le fonctionnement du crédit agricole, et le *Journal de Rouen* a publié, dans ses chroniques du mardi (la première en date du 19 avril 1910), toute une série d'articles très complets.

Le fait que j'ai parlé des caisses régionales indique que, si les sociétés locales ont été, comme dans le cas des assurances contre la mortalité du bétail, le point de départ de toute l'organisation, ces sociétés, trop faibles pour vivre avec leurs seules forces, ont dû se réassurer auprès d'autres groupements plus puissants. Les petites sociétés, limitées de plus en plus à un canton, consentent en général à leurs membres des avances égales au maximum à 15 fois le montant des parts de 25, 50 ou 100 francs qu'ils ont souscrites et elles reçoivent à leur tour, des caisses de réassurance où elles ont versé leurs capitaux, des avances égales au plus à 15 fois le montant de ces capitaux, de telle sorte qu'elles pourraient faire face à leurs engagements si tous les sociétaires voulaient à la fois user du crédit dans la plus large mesure possible. Elles ont dû leur existence à la loi du 5 novembre 1894 ; les caisses régionales naquirent avec la loi du 31 mars 1899. Celles-ci, relativement peu nombreuses, sont facilement contrôlées par l'État qui leur sert des avances sur le versement de 40 millions et la redevance annuelle imposée à la Banque de France en faveur du crédit agricole par la convention du 31 octobre 1896 et la loi du 17 novembre 1897.

Aux avances gratuites de l'État, qui atteignent au plus le quadruple du capital versé, les caisses régionales ajoutent les parts souscrites par leurs filiales et les souscriptions consenties par divers syndicats agricoles, les membres de sociétés mutuelles d'assurances ou ces sociétés elles-mêmes. Elles arrivent à réunir ainsi environ 10 fois le montant des parts de leurs filiales, et comme celles-ci pourraient (dans un cas fort improbable d'ailleurs) leur demander à emprunter 15 fois ce montant, il faut qu'elles complètent leurs ressources en s'intéressant aux opérations concernant l'industrie agricole effectuées par les membres des sociétés locales de crédit agricole mutuel de leur circonscription et garanties par ces sociétés, opérations que la loi leur permet à l'exclusion de toutes autres. Cette limitation, qui interdit aux caisses régionales toute spéculation hasardée, ne les empêche pas d'accroître leur capital et d'augmenter leurs moyens d'action.

Elles servent à leurs adhérents un intérêt de leurs capitaux égal à 3,5 ou 4 p. 100, ce qui est pour elles une charge, mais, au lieu de garder en dépôt ces capitaux et ceux bien plus élevés qui leur viennent des avances de l'État, elles achètent des titres qui portent eux-mêmes un intérêt à l'aide duquel est payé et au delà l'intérêt ci-dessus ; le reliquat constitue un premier moyen d'augmenter l'avoir, il n'est pas le seul. L'escompte de la Banque de France étant de 3 p. 100 (1), les caisses régionales escomptent elles-mêmes les effets garantis par leurs filiales à 3 1/4 p. 100 et elles les réescomptent à leur tour auprès de la Banque de France, d'où un deuxième bénéfice de 1/4 p. 100 lorsqu'il s'agit d'effets souscrits à trois mois. Pour les effets souscrits à six mois, le bénéfice serait nul, car ils obligeraient pour les trois premiers mois à des avances sur titres consenties moyennant intérêt de 3,5 p. 100 d'où perte de 1/4 p. 100, compensée par le bénéfice de 1/4 p. 100

(1) L'élévation récente du taux de l'escompte de la Banque de France à 3 1/2 p. 100 va probablement obliger les organismes du crédit mutuel agricole à entrer dans la même voie extrêmement fâcheuse, imposée par les circonstances économiques actuelles. Le principe du fonctionnement des rouages du crédit agricole n'en subsistera pas moins.

réalisé au moyen de l'escompte pendant les trois mois suivants ; mais, comme le nombre de ces effets est limité, il reste un bénéfice final important sur lequel peuvent être prélevés les frais d'administration ; le solde sert pour les trois quarts à grossir les fonds de réserve et pour le quart restant à payer une ristourne aux sociétés locales.

La ristourne en question et le taux de leur escompte (4 p. 100, supérieur de 1/2 p. 100 à celui que demandent les caisse régionales) alimentent la caisse des filiales ; à ces deux ressources s'ajoute la différence qui existe entre l'intérêt de 3,5 p. 100 en moyenne qu'elles reçoivent des régionales, et l'intérêt de 2 à 2,5 p. 100 qu'elles-mêmes servent à leurs membres pour des capitaux versés. Ce dernier intérêt est faible, mais il n'y a pas lieu qu'il en soit autrement, puisque, par le versement d'un nombre de parts proportionnelles à ses besoins d'argent, le cultivateur achète simplement le droit à un crédit avantageux sans prétendre faire un placement.

Par ces détails, le chef de l'exploitation rurale voit quelle sécurité présentent pour lui les banques agricoles. Confiant dans ces établissements de crédit, il peut sans crainte leur emprunter l'argent dont il a besoin pour payer des salaires ou des fermages à l'époque de leur échéance, sans être pour cela obligé à des ventes précipitées; le montant des avances qui lui seront consenties approchera d'autant plus près du maximum de 15 fois le capital versé qu'il aura été fait plus d'honneur à la signature donnée, par des remboursements réguliers, et ainsi pourrons-nous réaliser l'avantage convoité d'élever le produit brut de l'exploitation au moyen de ventes bien comprises.

Les transports à grandes distances pour porter les produits sur de meilleurs marchés. — Au choix de la clientèle, au genre de relations qui s'établissent entre acheteurs et vendeurs, au crédit agricole, s'ajoute encore un autre moyen de grossir le produit brut.

Souvent les prix obtenus sur place sont médiocres, et l'offre, même aux époques les plus favorables, surpasse la demande ; lorsqu'il en est ainsi, il faut porter son attention vers des pays plus éloignés, qui, déshérités pour une raison quelconque, paient cher les produits qui leur manquent. Alors intervient la question des transports, qui peut jouer un rôle capital ; il appartient au cultivateur de ne pas s'en désintéresser, car ce n'est qu'à force de souligner ses désirs qu'il arrivera à obtenir des compagnies auxquelles il lui faut confier ses marchandises une satisfaction légitime.

Il est juste de dire que, de leur côté, les compagnies comprennent le plus souvent les avantages qui résultent pour elles-mêmes de facilités accordées à un trafic de plus en plus intense : presque toutes s'appliquent à rédiger des tarifs qui permettent le transport et l'exportation de nos produits agricoles. Elles multiplient les trains à marche rapide pour que les denrées périssables ne s'altèrent pas en cours de route et mettent à la disposition de leurs clients des wagons frigorifiques. Beaucoup d'entre elles ont adjoint au personnel de leurs agents commerciaux des agriculteurs émérites, qui, connaissant bien la nature des produits, savent comment en conseiller l'emballage et l'expédition. Ces agents agricoles ne s'en tiennent pas à leurs études techniques sur la mise en mouvement des trains aux heures les plus convenables pour entrer en correspondance avec les paquebots anglais ou les voies ferrées étrangères; ils se rendent dans les centres de production et y font des conférences pratiques sur les meilleures méthodes culturales et les débouchés possibles pour les produits les mieux adaptés à chaque région ; ils secondent les essais par des primes, ou les encouragent en instituant des concours dotés de nombreux prix en espèces.

Presque tous les réseaux se sont fait remarquer dans cette voie ; à l'Orléans, M. Poher, ingénieur agronome, a visité les marchés étrangers, et nombreuses sont les notes qu'il a déjà publiées suivant le plan général que ses chefs lui ont tracé. Bientôt tous ses documents, avec les indications les plus pratiques pour l'organisation des transports, paraîtront dans l'un des volumes de l'Encyclopédie agricole, et il me suffit d'indiquer que, dès à présent, l'Angleterre n'est pas le seul pays où nos produits agricoles, légumes et primeurs en particulier, peuvent trouver un écoulement profitable; les marchés allemands, Stuttgard, Francfort sont aussi intéressants que les îles Britanniques, et, si je suis bien informé, il serait plus facile d'y trouver des courtiers grâce auxquels beaucoup d'ennuis de réception à l'arrivée des marchandises seraient évités.

Le chemin de fer du Nord a organisé en Angleterre diverses excursions dans le but de remédier à l'écueil qu'avait présenté la vente directe de certains arrivages, faute de quelqu'un pour faire apprécier la marque. Ces excursions ont été suivies par M. Brétignières, professeur à l'École nationale d'agriculture de Grignon. M. Brétignières y a recueilli de très précieux renseignements qui ont fait de sa part l'objet de conférences devant des syndicats importants de producteurs qui l'avaient spécialement appelé ; j'ignore s'il a publié les conférences ainsi prononcées ; en tous cas, il réserverait certainement un bon accueil à l'agriculteur désireux de le consulter pour orienter ses efforts du côté de l'exportation la plus rationnelle.

Voici seulement un chiffre qui montre l'intérêt attaché à la recherche de bons débouchés : en 1908, les pommes à cidre valaient 45 francs la tonne dans les gares de Bretagne, à la même époque, on les payait 100 francs à Stuttgard ; nul doute que, dans ces conditions, même en tenant compte des frais plus élevés du transport, on eût trouvé un supplément de bénéfice important en pratiquant la vente sur le marché allemand.

J'entends, il est vrai, une objection, qui, pour être juste encore actuellement, n'est pas, il faut l'espérer, destinée à demeurer éternellement vraie : malgré les efforts tentés de tous côtés, le manque de matériel se fait sentir sur certains réseaux, et l'on voit ces réseaux, au moment de la récolte des pommes et des betteraves, compliquée parfois par les approvisionnements d'hiver en charbons, dans l'impossibilité absolue de faire face aux demandes qui leur sont adressées ; ce n'est pas en présence d'une telle situation que l'on peut songer avec chance de succès aux expéditions sur l'étranger, et, tant qu'il n'aura pu y être remédié de façon vraiment efficace, les agriculteurs auront raison de réclamer, directement ou par l'intermédiaire de leurs syndicats et des chambres de com-

R. Vuigner. — Domaine agricole.   30

merce, une sérieuse amélioration aux moyens de transports mis à leur disposition. En l'espèce, les cultivateurs peuvent d'ailleurs s'aider eux-mêmes beaucoup par des ententes directes avec les chefs de gare, de façon à ne pas laisser repartir à vide des wagons qui arriveraient chargés de marchandises pour eux-mêmes ou pour des industriels de leur voisinage. Le téléphone est à ce sujet d'un précieux secours, et un agriculteur à la tête d'une grosse exploitation ne devrait pas reculer devant la dépense nécessaire pour se le procurer.

D'un autre côté, la pénurie de wagons a quelquefois une cause qui échappe aux compagnies et qu'il appartiendrait au commerce de supprimer, je veux parler des promenades que font certains chargements de gare en gare avant de trouver preneur. Ces réexpéditions successives mériteraient d'être limitées à certains cas de force majeure, car elles entraînent une immobilisation prolongée du matériel avec la faculté actuellement laissée d'un séjour gratuit dans chaque station pourvu que ce séjour ne dépasse pas vingt-quatre heures ; elles se réduiront d'elles-mêmes si les intéressés se préoccupent suffisamment de l'étoffe de leurs acheteurs et n'adressent leurs envois qu'à des preneurs sérieux.

Peut-être, avant d'en finir avec les transports et l'étude des moyens d'augmenter le produit brut, n'est-il pas inutile de rappeler au cultivateur que certaines denrées (les pailles en particulier) paient non pas proportionnellement à leur poids, comme c'est le cas le plus habituel, mais à raison du nombre de mètres carrés couverts ; il y a donc, pour les denrées en question, une réelle économie à tasser la marchandise le plus possible pour augmenter le poids transporté moyennant un prix déterminé ; mais ici nous cessons de nous occuper du produit brut et nous entrons dans l'étude de l'amélioration du produit net.

CHAPITRE V

LE PRODUIT NET

Moyens à employer pour augmenter ce produit. Rôle des syndicats et du crédit agricole. Importance d'une bonne organisation des services intérieurs.

Le produit net de l'exploitation est constitué par le produit brut allégé de tous les frais qu'a entraînés son obtention. Si, en allant chercher au loin des débouchés avantageux, nous augmentons le produit brut, en choisissant entre les tarifs que nous pouvons réclamer pour gagner le lieu de ces débouchés celui qui est le moins élevé, nous augmentons le produit net ; ce n'est là qu'un petit côté de la question, mais ce serait une faute de le négliger, les succès provenant d'une série de petites économies, et l'abaissement des prix de revient vers lequel nous devons tendre étant sous la dépendance de tous les éléments qui servent à le calculer.

Organisation des achats de matières premières. — C'est surtout, il faut le reconnaître, par la façon dont nous faisons nos achats et par la bonne organisation des services de la ferme que nous pouvons agir sur le produit net. S'il est de bons moments pour vendre, il en est aussi de bons pour acheter ; pour en profiter, il convient d'avoir en mains l'argent qui paiera nos acquisitions et de prévoir à l'avance l'importance de ces acquisitions, ce qui implique la possession d'un fonds de roulement suffisamment élevé et la mise en œuvre des indications que j'ai données lorsque je me suis occupé : 1° du *plan de fertilisation du domaine* ; 2° du *plan de culture*, et 3° enfin du *plan d'alimentation du bétail*.

Le livre des engrais en terre ou de cultures, quel que soit le titre auquel on s'arrête, fixe pour chaque exercice les quantités des divers engrais commerciaux qu'il est nécessaire d'acheter, et, par le plan de cultures, nous savons non seulement dans quelles pièces il y a lieu d'employer les engrais en

question, mais encore les époques auxquelles il est à propos
de les employer. Ainsi renseignés, nous pouvons faire facilement nos commandes et, ce qui est très important, les faire à
l'avance. De cette manière, nous obtenons une première série
d'avantages, consistant dans le choix d'une période d'inacti-
vité relative des attelages pour provoquer les arrivages. Or il
est à remarquer que les périodes où le travail des animaux
de trait ne coûte pas grand'chose, puisque, s'ils n'exécutaient
pas les transports, ils resteraient à l'écurie ou seraient occupées à des besognes secondaires, ces périodes, dis-je, coïnci-
dent avec les époques où, de leur côté, les commerçants ne
sont pas pressés par les commandes. Ils peuvent, dans ces
conditions, les exécuter sans retard, au lieu que nous soyons
exposés à attendre notre tour, laissant en suspens la préparation de nos terres ou l'interrompant, au moment où il faudrait
la pousser avec le plus d'activité, pour aller chercher à la gare
l'engrais qui nous fait défaut. C'est un second avantage
qui s'ajoute au premier; un troisième est que, lorsque la demande est faible, les commerçants, qui ont devant eux le
temps nécessaire pour y donner satisfaction, peuvent parfois
obtenir la main-d'œuvre à meilleur compte et faire bénéficier
leurs clients d'une partie de cette économie.

Avec les aliments du bétail, avec certains même de ceux
destinés à la consommation humaine, nous nous trouvons
dans des conditions analogues. Le plan d'alimentation des
étables nous montre quels sont les déficits à combler, et nous
pouvons y pourvoir en temps voulu ; mais ici, de même
que pour les engrais, l'agriculteur avisé a tout un calcul à
faire.

Les denrées alimentaires, aussi bien que les matières fertilisantes, sont nombreuses ; toutes ne coûtent pas le même prix,
il faut, avant de passer les ordres d'achats, se renseigner
très exactement sur les cours au moyen des journaux agricoles qui s'occupent spécialement de la question qui nous
intéresse actuellement. Par une comparaison entre les cours
et les compositions des produits dont nous avons besoin, nous
verrons quels sont ceux de ces produits qui nous donnent
au meilleur compte l'unité d'azote, d'acide phosphorique

ou de potasse, et nous arrêterons notre choix sur ces derniers, sous la réserve que les engrais ainsi choisis seront bien ceux qui s'adaptent à la nature des terres du domaine, et que les aliments conviendront de même au genre de spéculations que nous avons entreprises avec notre bétail. Il est presque inutile de rappeler, en effet, qu'en matière d'alimentation, certaines denrées, séduisantes au premier abord par leur bon marché, doivent être écartées par le mauvais goût que leur emploi communiquerait à la viande et surtout au lait.

Nous voici donc, en tenant compte des diverses considérations que l'on vient de lire, en mesure de nous procurer, en temps utile et aux cours les plus avantageux, nos engrais, nos aliments du bétail et nos semences, et, grâce aux calculs de prévisions auxquels nous nous sommes livrés, nous en achetons précisément la quantité nécessaire à nos besoins, ce qui est la meilleure garantie contre le gaspillage.

Rôle du crédit agricole pour l'exécution des achats en temps opportun : avantage qu'il y a à recourir à ce crédit tel qu'il est organisé. — Mais, ai-je dit, pour que semblable manière de procéder soit permise au cultivateur, il faut qu'il ait en mains un fonds de roulement assez élevé, et, au cas où cela lui serait possible, il en résulterait une aggravation de la charge déjà très lourde du capital d'exploitation si le crédit agricole n'intervenait pas sous la forme de mutualité où il réussit si bien. Le crédit mutuel agricole s'est d'abord occupé des acquisitions de semences et d'engrais ; plus tard il en est venu aux acquisitions du bétail avec la condition, déjà signalée, que les animaux achetés grâce à lui seraient soumis aux assurances contre la mortalité, et ce n'est qu'en dernier lieu, après avoir fait ses preuves et montré que ses adeptes faisaient, sauf de très rares exceptions, honneur à leurs engagements, qu'il s'est risqué à avancer de l'argent pour permettre le paiement des salaires et des fermages.

Ici toutefois une objection se fait jour : le loyer de l'argent ne réduit-il pas dans une large mesure le bénéfice qu'il y a à acheter à l'avance ? Nous allons voir qu'il n'en est rien et que par là le crédit agricole a, une fois de plus, bien mérité de ceux qui y ont recours.

En s'adressant à un syndicat agricole pour acheter un engrais, par exemple, le cultivateur voit sa commande groupée avec celles des autres adhérents : il obtient le prix du gros, premier avantage ; deuxième avantage, le syndicat, qui a la possibilité d'exercer sur la marchandise livrée un contrôle des plus sérieux, s'entoure de toutes les garanties d'analyses nécessaires pour que ses membres ne soient pas trompés sur la qualité de la marchandise ; mais comme, d'autre part, il donne à ses fournisseurs toute sécurité d'être payés, il n'est pas rare qu'il obtienne de ceux-ci un escompte de 2 à 3 p. 100 lorsque les paiements ont lieu au comptant, tandis qu'un simple particulier n'obtiendrait, dans les mêmes conditions, qu'un escompte de 1 p. 100 : troisième avantage pour le cultivateur.

Ceci posé, supposons qu'au lieu de verser les fonds directement à son syndicat, l'acheteur ait recours au crédit ; affilié à une société locale de crédit, il demande en transmettant sa commande que le paiement en soit fait au comptant par sa société locale et il indique qu'il se libérera vis-à-vis d'elle dans le délai de trois ou de six mois. Si le bulletin de commande transmis au syndicat porte la signature du président du groupe syndical pour l'exécution de la commande proprement dite et la signature du président ou de l'administrateur délégué de la société locale de crédit pour le paiement par l'intermédiaire de la société de crédit, satisfaction est donnée à l'acheteur sans plus de formalités. Le syndicat exécute la commande et il en fait toucher le montant à la caisse régionale pour le compte de la société locale intéressée. Le chiffre de la facture connu, la société locale se couvre en tirant une traite sur son adhérent à la date demandée par lui ; elle majore le montant de la traite de l'intérêt à 4 p. 100 l'an de la somme prêtée, des frais d'encaissement et de timbre de l'effet ; puis, après acceptation par l'emprunteur, sans caution ni autre garantie, elle adresse la traite à la caisse régionale en couverture du paiement effectué par cette caisse pour le compte de la société locale.

Trois mois ou six mois plus tard arrive pour l'emprunteur l'époque de l'échéance ; que se passe-t-il alors ? Si le remboursement a lieu au bout de trois mois, le cultivateur à qui le prêt a été consenti paie à sa société locale un intérêt de 1 p. 100, plus des frais qui peuvent atteindre 1/2 p. 100, total 1,5 p. 100 ; comme il a bénéficié, de la part du marchand d'engrais, d'un escompte de 2 à 3 p. 100, il reste gagner 1 p. 100 environ sur l'escompte de 1 p. 100 qui lui aurait été consenti s'il avait payé au comptant sans recourir au syndicat. Si le remboursement n'a lieu qu'au bout de six mois, l'escompte à payer à la locale atteint 2 p. 100, le bénéfice est nul, mais il reste encore à l'acheteur le très sensible avantage d'avoir payé au bout de six mois précisément le même prix que, sans l'intervention du crédit, il aurait dû payer à la livraison de la marchandise par le vendeur, c'est-à-dire à un moment où il aurait peut-être été à court de numéraire.

Ainsi se trouve faite la démonstration de ce que j'avançais tout à l'heure : le crédit agricole ne fait qu'accroître les avantages acquis au cultivateur par des achats conclus autrement qu'à la limite au delà de laquelle ils ne peuvent plus être différés.

On conçoit qu'une caution soit demandée lorsqu'il s'agit d'acquisition de bétail, même avec la garantie de l'assurance contre la mortalité, mais cette caution ne gêne guère un agriculteur sérieux qui n'a pas de peine à la trouver. Quant aux demandes mêmes de prêts, elles sont adressées par écrit au président ou à l'un des administrateurs délégués de la société locale ; celui-ci examine la situation du demandeur pour se rendre compte si d'autres avances ne lui ont pas été antérieurement consenties qui atteindraient le maximum auquel il a droit, pour voir aussi avec quelle exactitude il a effectué ses remboursements, et vérifier enfin la valeur de la caution lorsque celle-ci est nécessaire. Si satisfaction peut être accordée, l'intéressé en est informé et les formalités sont remplies très rapidement ; l'argent est demandé à la caisse régionale, la traite, y compris les frais d'intérêt et d'encaissement, est préparée, acceptée par l'intéressé et par sa caution, puis transmise à la caisse régionale qui la garde en portefeuille ou la réescompte suivant les cas ; une huitaine de jours avant l'échéance, le paiement est rappelé à l'emprunteur, qui paie au jour convenu, soit au représentant de la caisse régionale sur le marché du bourg voisin, soit en demandant l'encaissement des fonds à son propre domicile. Comme on le voit, il n'y a aucune complication. Il pourrait en être autrement s'il fallait échanger des explications par écrit, envoyer par poste la traite à l'acceptation, se renseigner par le même moyen sur la valeur de la caution ; autant de bonnes raisons pour que la circonscription de la société locale soit limitée au canton, au chef-lieu duquel il est toujours facile aux adhérents de se rendre, surtout si la tenue du marché les y appelle pour d'autres affaires.

Le prêt individuel, tel qu'il est rendu possible par les lois de 1894 et 1899, améliore le produit net en abaissant les prix de revient. Le législateur a voulu faire mieux encore et il a créé le crédit collectif ; ce genre de crédit intéresse surtout le produit brut en permettant la création de coopératives, et par suite la limitation du rôle de l'intermédiaire. A ce point de vue, je devais y faire allusion et le signaler aux petits cultivateurs de qui l'union peut faire la force.

Le principe du crédit collectif est l'octroi, aux coopératives en formation, d'une avance égale au double du capital versé; l'avance ainsi consentie est remboursable dans un délai maximum de vingt-cinq ans (quinze ans est la période la plus habituellement adoptée), moyennant paiement du très modeste intérêt de 2 p. 100 ; elle est prélevée, sur le tiers des annuités versées par la Banque de France au crédit agricole depuis le dernier renouvellement de son privilège, et ce sont encore les caisses régionales qui servent d'intermédiaire entre l'État et les coopératives, de qui les membres doivent remplir certaines conditions parmi lesquelles l'affiliation à un syndicat agricole. Comme le service des améliorations au Ministère de l'Agriculture dresse gratuitement les plans des usines projetées en vue d'une production déterminée, tant pour le genre que pour la quantité, et contrôle la marche et le montage des appareils, il devient facile de s'outiller en vue de l'exploitation d'une industrie agricole, d'autant plus que le crédit à court terme fournit au besoin le fonds de roulement nécessaire; mais il ne me paraît pas rentrer dans le cadre que je me suis tracé de m'étendre davantage sur ce sujet. Si je voulais d'ailleurs traiter plus à fond la question, je serais sans doute conduit à formuler quelques réserves, malgré les apparences si séduisantes du crédit collectif. Je crois, en effet, que le succès n'ira qu'aux coopératives conçues sur des plans très simples et n'exigeant pas de connaissances techniques approfondies ; dans le cas contraire, il faut un directeur spécialement compétent, et la société anonyme à gros capital se trouve peut-être plus indiquée. Que l'on adopte ou non cette manière de voir, il y a une sérieuse étude à faire par l'agriculteur avant de s'engager dans une coopérative de production présentant un caractère industriel, et, s'il ne dispose que de ressources très limitées, plutôt que de les affecter à la coopération, il fera sans doute mieux de les utiliser en se servant du crédit individuel à long terme pour devenir propriétaire de son lopin de terre et constituer un bien de famille insaisissable.

Organisation des services intérieurs de l'exploitation. — Je reviens à l'exploitation du domaine agricole avec l'étude du second ensemble des moyens dont le cultivateur dispose pour réduire ses frais annuels. Il s'agit de la bonne organisation des services intérieurs et extérieurs.

La surveillance du personnel est capitale : sans le lasser par des interventions inutiles ou exagérées, il faut s'attacher à obtenir de lui un rendement en travail en rapport avec les salaires qu'il reçoit. Pour y arriver, le chef de l'exploitation ou son représentant peuvent mettre en œuvre le travail à la tâche, ou le travail à la journée exécuté sur un nombre restreint de chantiers où sont rassemblés les ouvriers.

L'enchaînement des diverses façons culturales nécessaires à la préparation du sol est, lorsqu'il est bien compris, un second élément du succès ; j'ai tâché précédemment de donner un aperçu d'une telle succession raisonnée des travaux agricoles, mais c'est là chose très difficile à enseigner dans un livre, on l'acquiert par la pratique, ou plutôt on en a le sens inné, car on voit des agriculteurs y réussir comme en se jouant, tandis que d'autres peinent de longues années sans arriver à un résultat satisfaisant : question de caractère et d'ascendant.

Au lieu voulu, j'ai insisté sur la nécessité de posséder dans une exploitation importante un très bon homme de cour magasinier qui exerce un contrôle sévère sur les quantités d'aliments qu'il a reçu mission de distribuer ; on ne saurait imaginer l'économie qu'il réalise ainsi pour le compte de son patron. Mais la quantité n'est pas seule à considérer : la qualité des denrées alimentaires joue aussi un grand rôle, et, sur ce point, le patron lui-même doit agir pour modifier au besoin les ordres donnés.

Envisageons d'abord les pailles. La *paille de seigle*, coupée un peu sur le vert, sert encore à faire des liens pour les récoltes versées ; mûre et de bonne qualité, elle est fort appréciée du commerce ; nous devons donc la réserver entièrement pour la vente ou pour la confection des liens. Seuls les menus, qui comprennent les portions brisées, généralement les plus tendres, sont donnés aux chevaux et moutons qui trouvent à en utiliser une partie, tandis que ce qu'ils ont rebuté passe dans les litières.

Vient ensuite la *paille d'avoine*. Les verriers s'en servent parfois pour emballer leurs marchandises, mais, en raison de son manque de rigidité, elle est généralement peu recherchée pour les usages industriels et elle obtient sur le marché un prix moins élevé que la paille de blé ou de seigle ; pour ce motif, elle doit rester à la ferme, malgré le manque de soutien qu'elle présente dans les litières et la facilité avec laquelle, imprégnée par les urines, elle prend un état spongieux. Les vaches en consomment l'hiver à leur repas du soir ; hachée, elle entre dans les mélanges de betteraves à défaut de menue paille, et le couchage des animaux est son principal emploi ; elle forme un seul lot dont les meilleures bottes, triées au moment des distributions, passent à la consommation et les autres aux litières.

La *paille d'orge* n'a pas d'intérêt, en raison de ses barbes acérées et de sa quantité relativement négligeable ; elle entre dans les litières.

La *paille de blé*, au contraire, est employée par le commerce et les écuries des villes ; celles des compagnies de transports en particulier, en font une grande consommation ; le cultivateur a donc intérêt à en vendre le plus possible dans les limites que lui fixent son bail et les besoins de la ferme : nourriture des chevaux, literie des porcs, alimentation des moutons.

Le *lot de vente*, dont l'écoulement est assuré par des marchés échelonnés sur la durée de la campagne de façon à pouvoir faire le plus possible d'expéditions directes en évitant les frais d'emmagasinage et de chargements et déchargements répétés, comprend la marchandise la plus belle ; la qualité moyenne forme le *lot de consommation* pour les animaux de la ferme, et la qualité inférieure le *lot pour litières*. Si la disposition des granges permet de séparer au moins le premier lot des deux autres, l'agriculteur sera sûrement payé du petit surcroît de main-d'œuvre qu'il aura dû s'imposer pour y parvenir.

De même que la paille de blé, les fourrages d'une même coupe et même d'une même provenance présentent plusieurs qualités ; il en est que la pluie a plus ou moins endommagés en cours de fenaison, et, parmi ceux qui ont été le mieux récoltés, les portions qui ont porté sur le sol ou ont été exposées au vent et au soleil pendant le séjour en meulons ont pris une teinte jaune, désagréable à l'œil lorsqu'elle ne s'accompagne pas d'un léger goût de moisi. Quand le foin est rentré en vrac, qu'il s'agisse de foin de pré ou de légumineuses, les diverses qualités se fondent ensemble et forment un tout homogène où le bon fait passer le médiocre. Si, au contraire, le bottelage a eu lieu sur le champ, avant le départ pour le grenier, l'agriculteur doit inspecter sa récolte et, si le temps le lui permet, en séparer les qualités ; il est alors fixé, non seulement sur l'étendue, mais aussi sur la valeur de ses ressources.

Si le tri n'a pas été possible avant l'engrangement, l'homme de cour y procède au fur et à mesure qu'il descend les bottes pour ses rations journalières. Les moins bonnes vont aux animaux d'élevage, qui passent leur vie dans les herbages ; les médiocres servent de complément aux aliments concentrés des bovidés de travail ou d'engraissement, alors qu'ils n'en seront encore qu'à la première période de cet engraissement ; les bonnes enfin sont utilisées pour finir les bêtes d'engrais, entrent dans les rations des vaches laitières et dans celles des animaux relativement délicats, tels que les chevaux ; sur ce dernier lot sont aussi prélevées les quantités destinées à la vente et pour lesquelles on recherche, en même temps que la qualité, l'uniformité du poids.

Étant données l'importance d'une récolte et les quantités nécessaires aux besoins de l'exploitation, la portion susceptible d'être vendue se déduit facilement ; il faut se garder toutefois de se séparer de toutes ses disponibilités ; nul ne peut prédire si à l'abondance ne succédera pas la disette, et je crois qu'il est de bonne administration d'avoir toujours en réserve, en fin de saison, le quart ou le tiers des approvisionnements qu'absorbent annuellement les animaux du domaine. Le vieux fourrage est, il est vrai, très déprécié pour la vente, mais il permet d'éviter de grosses pertes et même assure un bénéfice dans une année de sécheresse comme 1911.

La bonne administration ne s'arrête pas là : les chevaux mangent plus volontiers le sainfoin et les vaches la luzerne, c'est un point à considérer dans les fermes où l'on cultive encore séparément les diverses légumineuses fourragères au lieu de les associer en un mélange conservé un an ou deux ans au plus, ainsi que tend à le faire la culture intensive qui, en cela, est peut-être un peu trop hardie, car les vieilles luzernes retrouvent un sérieux avantage quand, en année sèche, elles pompent encore du sous-sol assez d'humidité pour se développer.

Lorsque des animaux bien portants font des restes, ils ont été trop abondamment servis, ou leurs aliments présentent une altération quelconque, ne fût-ce qu'une quantité exagérée de poussière dont un secouage à la fourche ou mieux à la main les aurait débarrassés. Dans un cas, il faut tâcher de faire passer les fourrages médiocres avec un autre aliment qui en corrige le défaut (l'arrosage à l'eau salée suffit même parfois pour atteindre le but cherché); dans l'autre cas, il faut se hâter de réduire les rations. Je dis qu'il faut se hâter, parce que, si l'on attend, non seulement il y a de la marchandise gâchée, et par suite de l'argent perdu, mais les animaux deviennent difficiles, ils épluchent leur nourriture, ne mangeant que les parties les plus savoureuses et faisant fi du reste ; il faut alors, pour qu'ils soient suffisamment nourris, forcer sur l'alimentation et tout ce qui n'est pas le surchoix passe presque sans profit dans les litières. Sur ce point, les vachers suisses en particulier sont à surveiller de très près, et si l'agriculteur débutant veut apprécier l'importance de l'observation que je viens de formuler à la suite d'une expérience personnelle, il n'a qu'à étudier la façon dont se comporte une vache achetée à un petit cultivateur qui l'a nourrie à la dure et les animaux de son propre élevage, toujours grassement enfourrés. Avec des aliments sains, mais de qualités moyennes, la vache venue du dehors donne des rendements en lait, toutes proportions gardées, beaucoup plus avantageux que ceux de ses voisines.

Certains aliments nouveau venus sur le marché : mélasse associée aux pailles et aux fourrages, riz de second choix dont je me trouvais fort bien pour les porcs, procurent une sérieuse économie à l'agriculteur et s'ajoutent aux moyens dont il dispose pour augmenter son bénéfice. Au cultivateur donc de mettre en œuvre les divers moyens que je viens de passer en revue, en réglant ses dépenses d'après le profit qu'il en peut tirer.

CHAPITRE VI

LES LIVRES DE COMPTES

Le Journal et le Grand-Livre. Les livres auxiliaires de la comptabilité : carnet de vacherie, carnet de laiterie, agenda journalier, feuilles de paie, livre de mouvement du bétail, livres de magasin.

Le cultivateur met en évidence le bénéfice de l'exercice agricole en retranchant du produit brut fourni par les récoltes de cet exercice, les frais annuels et les charges ayant un caractère permanent, par opposition avec la variabilité der frais annuels ; mais le groupement des recettes et des dépenses serait presque irréalisable s'il n'était préparé dès l'ouverture de l'exercice par la tenue d'un certain nombre de livres : les uns, simples memorandums, n'ayant qu'un rôle auxiliaire ; les autres, ayant une importance plus considé rable, puisqu'ils servent de base à la comptabilité. Ces derniers sont connus de tous sous les noms de Journal et de Grand-Livre, et, suivant la manière dont ils sont rédigés, la comptabilité est dite en partie double ou en partie simple. J n'entrerai pas dans la discussion des avantages de ces deu modes de comptabilités: pour moi la comptabilité en parti double, qui a sa place dans l'industrie, ne doit plus figurei en agriculture qu'à titre de contrôle plus théorique que pratique ainsi que je le montrerai tout à l'heure.

Le livre-journal. — Cette remarque faite, j'ouvre, avec ma manière de procéder, un LIVRE-JOURNAL, sur lequel j'ins cris jour par jour toutes mes entrées et sorties de fonds, en indiquant les motifs qui les ont occasionnées, les noms des personnes en faveur de qui ont été faits les versements et ceux des personnes qui, au contraire, m'ont payé des factures ; on peut lire par exemple sur une page du livre ainsi disposé :

			Doit.		Avoir.	
1910 Octobre 7	225	M. L.... cultivateur à B., 1 porcelet à lui vendu,......	30	»	»	»
—	89	M. C..., négociant au Havre, 5.000 kil. tourteaux, livré payables le 7 janvier 1911, à fr. 18 pour 100 kil........	»	»	900	»
—	155	D...Charles, journalier à P.-L., 25 journées à fr. 3, en sept.	»	»	75	»
		Ma remise espèces.........	75	»	»	»
—	250	Ménage : 2 poulets à fr. 3...	6	»	»	»
—	210	H.... quincaillier à P.-St-P., sa facture 3e trimestre 1911.	»	»	35	»
—	380	Z.... négociant à Rouen, ma remise espèces pour fourniture riz.....................	150	»	»	»
—	50	B.... propriétaire à D., sa remise espèces..............	»	»	225	»

Les **chiffres** inscrits dans la colonne qui suit celle des dates avant le détail des débours ou rentrées sont ceux des folios du grand-livre dont il va être parlé et où figurent les comptes ouverts à chaque fournisseur.

Reprenons la page que je viens de transcrire.

Le premier article indique que le 7 octobre 1910 j'ai vendu à L. un porc qu'il ne m'a pas payé ; le second fait voir que j'ai reçu au contraire de C. un wagon de tourteaux que j'aurai à lui régler dans trois mois ; le troisième montre que, toujours à la même date, le relevé de ma feuille de paie a fait ressortir que je devais à D., journalier, pour son travail de septembre, une somme de 75 francs qu'il a reçue au comptant. Le quatrième article est inscrit sous la rubrique *ménage* ; il mentionne que, le 7 octobre 1910, j'ai acheté deux poulets. Comme j'ignore le nom du marchand à qui je les ai achetés et payés comptant, je me contente d'inscrire dans la colonne du doit le prix de mes deux poulets dont le déboursé constitue une dépense imputable au chapitre *ménage* ; on voit par là que je m'écarte de la comptabilité en partie double puisque je m'abstiens de noter que le ménage a reçu de la caisse une somme précisément égale à celle qu'il a déboursée, et que, par suite, le compte caisse est débité de la somme en question. Je trouve, en l'espèce, inutile toute cette série d'écritures, et je tiens mon compte *caisse* d'une façon qui, pour être moins compliquée, me paraît tout aussi exacte.

Sur mon journal je vois que j'ai reçu d'un quincaillier une facture que je ne lui ai pas payée ; H., étant un de mes fournisseurs habituels, a son compte spécial au crédit duquel je porte le montant de sa facture. Z. a reçu de moi 150 francs en paiement d'une fourniture de riz et B. m'a versé 225 francs pour acquitter une dette, je suppose, la livraison que je lui ai faite d'un wagon de paille. Z. m'est débiteur des 150 francs que je lui ai versés et qui constituent pour moi une dépense ; double motif de les inscrire dans la colonne du *doit* ; les mêmes raisons, mais en sens inverse, me conduisent à inscrire dans la colonne *avoir* les 225 francs versés par B., lesquels sont pour moi une recette.

Le grand-livre. — Je ne demande pas davantage au *livre-journal*. Les renseignements qu'il me donne et dont j'ai à dessein examiné les types différents sont suffisants pour me permettre d'établir les comptes du *grand-livre* qui me sont nécessaires. Voici, pour prendre un exemple, le compte de L., un cultivateur avec qui je fais le commerce des porcelets ; ce compte se présente de la façon suivante :

Folio 225.

Monsieur L., cultivateur à B.

DATES.	Pages du journal.		Doit.		Avoir.	
1910 Janvier 9	25	2 porcelets à fr. 26...........	52	»	»	»
— — 30	39	1 veau à fr. 40.............	40	»	»	»
— Février 2	43	Sa remise en espèces......	»	»	92	»
— Octobre 7	149	1 porcelet à fr. 30..........	30	»	»	»

On y voit au 7 octobre l'inscription du porcelet acheté ce jour-là ; si je totalise au jour en question les colonnes *doit* d'une part et *avoir* d'autre part, je vois immédiatement quelle est la situation de L. vis-à-vis de moi. Si c'est un client sérieux, il me devra simplement le dernier porc acheté ; s'il a été négligent et a laissé d'autres factures en retard le montant en apparaît, et je puis adresser une réclamation ou à la rigueur refuser une nouvelle livraison qui me serait demandée.

Le compte de D. Charles, mon journalier (folio 155), se présente de la même manière. A son *avoir* figurent tous les travaux qu'il a entrepris à tâche ou qui lui sont payés à la journée ; à son *débit* les sommes que je lui ai versées sous forme d'acomptes, de fournitures en nature taxées au prix convenable, ou de règlement définitif. Rien de plus simple que de voir, à chaque instant, comment ce compte se balance. Une gestion prudente exige, sauf cas spéciaux et dûment motivés, qu'au moins à chaque fin de trimestre aucune des deux parties ne doive rien à l'autre. Si l'ouvrier avait une avance chez son patron, celui-ci devrait l'engager à la placer ou à en faire un utile emploi.

Si c'était, au contraire, l'ouvrier à qui une avance avait été consentie, le patron se devrait à lui-même de peser les raisons qu'il a eues de consentir cette faveur ; il peut y en avoir de très légitimes, cas d'une maladie grave non imputable à un accident du travail et par suite ne donnant lieu à aucun secours légal, mais leur nombre est destiné à se restreindre de plus en plus : la loi sur les retraites ouvrières et paysannes prévoit le versement d'une pension lorsque survient une incapacité prématurée de continuer à travailler, et les prêts à long ou à court terme mettent le bon travailleur à même de se procurer les fonds dont il aurait besoin s'il voulait, je suppose, s'assurer la possesion d'un champ ou d'une vache.

On sait que la loi sur les retraites oblige le patron à verser une cotisation en faveur de ses ouvriers, le taux est de 0 fr. 75 par mois pour les hommes et 0 fr. 50 pour les femmes ; c'est aussi, si l'on préfère ou si la nature du travail l'impose, 1 p. 100 du salaire, jusqu'à concurrence de 9 francs pour les hommes et de 6 francs pour les femmes pour l'ensemble d'une année, qu'elle ait été ou non passée au service du même employeur. Or nous pouvons constater dès à présent que beaucoup de salariés, par négligence ou pour tout autre motif, ne présentent pas la carte sur laquelle, au moyen de timbres spéciaux, le patron devrait apposer sa cotisation. M. le sénateur Touron se propose de faire fixer par les tribunaux la conduite à tenir par le chef d'industrie en cette occurrence, mais, quelle que soit la solution qui interviendra, tout porte à croire que l'employeur devra, soit verser au juge de paix de son canton le total des cotisations qu'il n'aura pu payer directement, soit l'aviser qu'il tient ce total à sa disposition à des époques que le tribunal déterminera. Dans un cas comme dans l'autre, le total à verser devra pouvoir être très facilement calculé, et, pour ce calcul, le grand-livre, tel que je le conçois, aide très efficacement.

Au compte de chaque ouvrier, j'inscris, dans une petite colonne supplémentaire placée en avant de la colonne du « doit », le montant des versements que la loi m'oblige à faire. Lorsque l'ensemble des sommes ainsi inscrites atteint 9 francs pour les hommes ou 6 francs pour les femmes, je suspends les versements jusqu'au début d'une année nouvelle. De cette manière, à n'importe quelle époque de l'année, je sais si je suis en règle avec mon personnel et par conséquent avec la loi, je sais également de quelle somme je dois grossir les salaires payés en cours d'exercice, du fait de la loi sur les retraites ouvrières ; enfin, si j'ai pris soin de marquer d'un signe quelconque le nom de ceux de mes ouvriers qui me présentent régulièrement leurs cartes, je puis dire au juge de paix : « Voici quelle somme je dois vous remettre, étant donné que j'emploie un personnel de tant d'unités, sur lesquelles tant ont obéi à la loi et tant d'autres ne s'y sont pas conformées. »

Une question se pose ici : le patron doit-il se contenter de payer le montant de sa dette, ou doit-il, en même temps, donner les noms des personnes envers lesquelles il est débiteur. Mon opinion, qui est celle que j'entends émettre par de très nombreux industriels, est que le patron ne doit pas jouer le rôle de délateur en dénonçant ceux de ses ouvriers qui refusent le bénéfice de la loi. C'est à l'État, qui a en mains les listes des assurés obligatoires, de contrôler quels sont ceux de ces assurés qui paient leurs cotisations de retraite et quels sont ceux qui ne les paient pas ou les paient à demi ; il a, pour exercer ce contrôle, le retour annuel des cartes plus ou moins remplies. Si les cartes ne reviennent pas, l'ouvrier est défaillant ; si elles reviennent avec les seuls timbres ouvriers, le patron s'est refusé à effectuer le versement de sa quote-part : à l'État de mettre en demeure les intéressés d'obéir à la loi.

Les comptes ouverts au grand-livre pour les fournisseurs sont tout aussi faciles à tenir que ceux que nous avons ouverts pour les clients, et la comparaison de leur débit et de leur crédit montre à chaque instant si nous sommes ou non au pair avec eux.

Si je ne voulais pas simplifier, j'inscrirais sur le *journal* le détail des factures, et je le reproduirais ensuite au *grand-livre*; en fait je me contente d'inscrire au *journal* le total de chaque facture présentée, et sur le *grand-livre* seul je la détaille, article par article, dans une colonne supplémentaire, en en portant le montant dans la colonne *avoir* de mon fournisseur. Cela me suffit pour retrouver, en fin d'exercice, quelles sont les dépenses à imputer aux différents chapitres de mes frais d'exploitation. Je pourrais d'ailleurs relever jour par jour ces dépenses à leurs chapitres spéciaux; ce serait sans doute plus complet, mais alors les chapitres qui doivent présenter des résultats d'ensemble s'allongeraient indéfiniment, c'est ce qui me conduit à n'y faire figurer ques des totaux préparés au brouillon à l'aide des éléments relevés aux comptes des fournisseurs et des clients présentés comme je viens de le dire, et des documents empruntés au livre de consommation du bétail.

Les comptes *ménage* et *frais généraux* centralisent les dépenses qui se rapportent à ces comptes et qui ont été payées au comptant à des fournisseurs d'occasion. Toutes les sommes ainsi déboursées figurent naturellement au débit ; leur place dans la colonne *doit* est d'autant plus indiquée qu'elles sortent de notre poche, mais il peut arriver qu'accidentellement je cède à un tiers partie d'une commande d'épicerie ou quelques morceaux d'un porc ou d'un mouton tué à la ferme, les sommes ainsi rentrées s'inscrivent à l'*avoir*. Sur le grand-livre, chapitre *ménage*, devraient figurer aussi à l'*avoir* les fournitures prises par mon personnel et dont les comptes de ce personnel sont débités ; mais ces fournitures sont, en général, peu nombreuses, j'ai avantage à les grouper pour en soustraire le montant de mes dépenses de boucherie, de pain ou d'épicerie ainsi qu'on peut le voir sur le relevé des dépenses de ménage dont j'ai donné copie ; aussi fais-je sur brouillon ces petits groupements partiels au moment de la clôture de l'exercice, époque à laquelle, en même temps que tous les comptes spéciaux, je dépouille le compte *ménage* lui-même, pour centraliser les dépenses : épicerie, etc., qu'il m'intéresse de connaître. Si je n'avais pas cette curiosité, je pourrais me contenter de prendre la balance entre le passif et l'actif du compte *ménage*, la compléter des prix des acquisitions de comestibles, etc., inscrites aux comptes spéciaux des fournisseurs et porter le tout en dépenses sous la rubrique *ménage*, dépenses diverses *tant*, mais ceci ne mettrait pas en évidence un gaspillage possible sur un des principaux articles de la consommation du ménage, aussi ai-je adopté la rédaction intermédiaire que j'ai reproduite et qui, sans aller jusqu'aux détails les plus minutieux, me paraît cependant rendre un compte suffisant de la façon dont le ménage est conduit.

En dehors des différents comptes entre lesquels sont réparties les indications portées au *journal*, le *grand-livre* comporte un compte *caisse*. Ce compte s'ouvre par l'inscription, dans la colonne *doit*, des sommes qui pourraient avoir été demandées à un établissement de crédit et qui ne seraient pas encore remboursées et par l'inscription, dans la colonne *avoir*, de l'argent liquide au début de l'exercice. Chaque jour sont ensuite notées les recettes et les dépenses à mesure que les unes et les autres sont réellement effectuées ; je veux dire par là qu'il n'est pas fait mention des sommes dues à un journalier, par exemple, tant qu'elles ne lui ont pas été payées. Le *journal* suffit à donner les indications nécessaires à la tenue du compte *caisse*, dont l'utilité apparaît à première vue; suivant que l'argent rentre plus ou moins facilement et permet ou non des placements en banque, on a un critérium certain de la plus ou moins bonne marche de l'exploitation.

Puisque je parle de placements, c'est le cas de noter ici qu'en dehors des livres que le contremaître ou le comptable peuvent avoir en mains, le chef de l'exploitation lui-même doit tenir un registre de tous les titres qu'il a en banque, en indiquant le prix et les frais d'acquisition, les numéros, etc., ainsi que l'origine du placement : économies faites sur des revenus préexistants ou sur les bénéfices donnés par la ferme.

Le compte *caisse* du *grand-livre* relate simplement le chef d'où provient telle recette ou telle dépense; inutile de mettre aucun détail, pourvu qu'on puisse retrouver d'après l'indication inscrite les renseignements qui sont d'autre part notés au *livre-journal* ou au *grand-livre*. Ces renseignements, tels que je viens d'essayer de les mettre en lumière, ne suffiraient pas à faire ressortir le bénéfice ou la perte de l'exercice s'ils n'étaient préparés à l'aide d'autres documents qui les complètent ou, dans certains cas, leur servent de point de départ, et s'ils n'étaient ensuite groupés de la façon que j'ai indiquée quand j'ai parlé du produit brut et des frais de fabrication ; voyons donc quels sont les différents carnets et livres compléments du *journal* et du *grand-livre*. Le plus important d'entre eux, qui doit se retrouver dans n'importe quelle exploitation, est assurément l'*agenda journalier*.

L'agenda journalier. — L'*agenda journalier* est disposé de façon que la couverture se rabatte sur les feuillets de manière à ce que lorsqu'on ouvre cette partie de la couverture les noms de tous les domestiques et journaliers employés sur le domaine apparaissent et restent visibles à quelque page qu'on en soit arrivé de l'agenda ; on évite, par ce procédé très simple, d'avoir chaque jour à récrire une liste de noms parfois assez longue.

En regard du nom de chaque employé ainsi inscrit, on porte, sur la page de gauche du carnet, le travail auquel, au jour considéré, porté en tête de la page, s'est livré l'employé, ainsi que le temps qu'il y a consacré ; le temps peut être évalué en heures, la journée étant comptée de dix ou douze heures, ou simplement en journées ou demi-journées, ce qui est amplement suffisant ; car c'est une mauvaise chose, à moins de force majeure, de changer au cours de l'attelée le travail auquel sont occupés bêtes ou gens. Si la pluie obligeait à procéder de la sorte, pour ne pas se perdre dans des fractions infimes de journées, il suffirait de grouper ensemble deux ou trois ouvriers et de supposer que chacun d'eux a employé une matinée, par exemple, à un travail déterminé, au lieu d'appliquer à chacun un sixième de jour consacré à trois occupations différentes.

L'emploi du temps étant ainsi noté sur la page de gauche de l'agenda, sur la page de droite, portant même date, on précise les principaux travaux entre lesquels s'est réparti le temps du personnel, en marquant qu'il a été labouré pour blé dans la pièce numéro tant ; charrié du fumier pour pommes de terre dans la pièce numéro   , etc. ; lorsqu'il s'agit de transport de fumier, on note le nombre et le cube des tombereaux qui ont quitté la ferme.

Au-dessous des indications utiles sur la nature et le lieu des travaux accomplis, sont relevées les entrées et sorties d'animaux et de marchandises qui ont eu lieu dans la journée ; je vois, par cette nouvelle série de renseignements, que j'ai livré au meunier X. tant de quintaux de blé, de telle sorte, et que par le fait de cette livraison je lui ai retourné tant de 100 ou 200 sacs qu'il m'avait donnés à remplir ; de même, j'ai employé 300 kilogrammes de semence de blé Japhet ou Bordier, et comme la veille j'avais sulfaté 800 kilogrammes de cette semence, il m'en reste 500 kilogrammes qui pourront suffire à mes semailles du lendemain, mais ne me permettront pas de terminer ma journée du surlendemain, de telle sorte que je dois songer à sortir en temps utile un nouveau lot de blé pour le préparer à être confié au sol.

Au-dessous, la mention : *magasin engrais*, suivie de celle-ci : pièce n°   , 400 kilogrammes superphosphate pour blé, me fixe sur les quantités de tel ou tel engrais employées à telle ou telle récolte ; enfin, s'il y a lieu, j'inscris : *Vacherie* : vache grasse n°   , vendue à L., boucher à D., pour   francs, ou sortie du veau de la vache n°   , vendu tel jour à M. J'inscris aussi, au besoin : *Bergerie* : naissance de   agneaux, mort de une brebis (mauvais agnelage) ; ou : *Porcherie :* naissance ou vente de tant de porcelets ; mise au verrat de la truie n°   . Pour les agnelages, il va de soi que l'on note les numéros des brebis mères, si celles-ci en possèdent ; cela à son grand intérêt dans le cas où il y a des naissances gémellaires et où l'on veut sélectionner les brebis qui donnent ainsi deux agneaux ; et il est non moins utile de connaître quelle brebis a disparu par suite de complications après agnelage, ou, sans avoir péri, a eu une mauvaise lactation : un chiffre et un mot suffisent sur l'agenda journalier.

Lorsque celui-ci est ainsi tenu, il est comme la clef de voûte de la comptabilité agricole, et, ce point de vue mis à part, il a l'avantage, souvent fort important, d'établir où se trouvait chaque jour chaque ouvrier employé ; ceci n'est pas indifférent au cas où des responsabilités auraient été encourues, ou si un journalier peu délicat voulait faire remonter à l'exécution d'un certain travail, que l'agenda prouve n'avoir pas été accompli par lui, un effort entraînant complications pouvant justifier l'application de la loi sur les accidents du travail. Remarquons d'ailleurs que si une fraude peut être ainsi déjouée, l'innocence d'un ouvrier soupçonné sur certains indices peut tout aussi bien être établie ; par conséquent, dans l'intérêt commun du patron et de son personnel, l'agenda journalier, qui ne prend pas plus de quelques minutes pour être tenu à jour, doit faire l'objet d'une attention spéciale de la part de tout agriculteur sérieux. Voici d'ailleurs le modèle de cet agenda supposé ouvert :

Couverture ouverte.   Page de gauche.   Page de droite.

LUNDI 11 SEPTEMBRE 1911.

| Ch., Gustave.
D., Louis...
L., Maurice. | 1 labour à blé.
1 convoi marne.
1⁄2 convoi marne ;
  1⁄2 charrié eau
  pour bétail. | *Blé 1912.*
Labour pièce nº 17.

Marnage.
Convoi de 16 tombereaux de marne pièce nº 10 (1 m. c. 1/2 par tombereau).

Magasin.
Entrée de 800 kilos blé Japhet pour semence ; Vilmorin.
400 kilos son R en 8 grands sacs R, à rendre.

Vacherie.
Vendu à L., à D., vache nº 7, 650 kilos, 570 francs.
Mort du veau de la vache nº 8 né le 7 courant.

Porcherie.
Naissance de 7 porcelets, truie nº 4.
Castré 9 porcelets, truie nº 2.
Truie nº 2 mise au verrat. |

Le format d'une demi-feuille de papier écolier de dimensions 31 × 20 centimètres, pliée en deux dans le sens de sa hauteur est suffisant pour préparer l'agenda journalier ; calculer le nombre de pages afin que chaque carnet corresponde à un nombre entier de mois. La page de droite, outre les renseignements que je mentionnais tout à l'heure, indique les quantités de bottes de fourrage et le nombre des gerbes rentrées chaque jour au moment de la fenaison ou de la moisson, le travail accompli par les tâcherons ; le début de la fauchaison d'une pièce de fourrage vert pour les vaches ; la date de la mise au piquet des bœufs dans telle pièce, etc.

Comme on le voit, je ne m'inquiète pas du travail des attelages.

Si l'on désire connaître ce travail et le faire supporter aux diverses cultures qui en ont bénéficié, cela n'est pas très difficile ; sur la page de gauche, au-dessous de l'emploi du temps des journaliers et domestiques, il suffit d'indiquer : *chevaux*, et d'inscrire ensuite 6, labour à blé ; 8, charroi marne, etc., ce qui, en deux mots fait ressortir à quoi nous avons utilisé nos chevaux ; la page de droite spécifiant quelle pièce a été labourée et quelle autre marnée ; au-dessous du travail des chevaux s'inscrit de même celui des bœufs. Je ne m'attachais pas à ces inscriptions, parce que si l'on veut rechercher le prix de revient d'une culture déterminée, il est assez facile de lui faire supporter la part de dépenses qui lui incombe de la part des attelages en prenant pour point de départ le temps de travail des domestiques qui ont conduit les attelages en question : les domestiques sont payés annuellement pour N journées de travail, ils en ont employé n à la culture des blés, cette culture doit supporter la dépense provenant des attelages dans la même proportion $\dfrac{n}{N}$; je ne crois pas nécessaire de chercher plus loin.

La feuille de paie. — A côté de l'agenda journalier figure la feuille de paie ; celle-ci s'établit pour une quinzaine ou pour un mois, souvent aussi elle va du 1er au 15 et du 16 au dernier jour du mois. Cette division fait coïncider avec un des jours de paie des journaliers le paiement des domestiques au mois ; mais, au lieu de verser les fonds le 16 et le 1er de chaque mois, je les verse de préférence le samedi qui suit ces dates ; le dérangement est moindre que lorsqu'on coupe la semaine pour faire la paie, et, d'un autre côté, au moment où chaque homme est payé, il a déjà fourni quelques jours de travail sur son compte nouveau, ce qui le lie peut-être davantage à son patron et avait un avantage à l'époque où la retenue des huit jours était encore admise en cas de rupture brusque de contrat. Aujourd'hui cette question des huit jours amènerait sans doute une comparution en justice de paix, et j'avoue que je ne sais pas si l'ancien usage serait encore admis : il avait pourtant du bon, en ne mettant pas du jour au lendemain le patron ou l'ouvrier dans l'embarras et en leur permettant, s'ils ne voulaient pas user de la faculté à eux accordée de rester huit jours ensemble, de se dégager au moyen du paiement d'une indemnité représentant la valeur argent des huit jours.

Les règlements bimensuels doivent être préférés aux règlements mensuels parce que, par leur fréquence, ils ôtent à l'ouvrier tout motif de demander des acomptes, chose qui est une complication pour les écritures du patron et va quelquefois à l'encontre des intérêts de l'employé en le trompant sur les ressources dont il croit pouvoir encore disposer en fin de mois.

La feuille de paie se présente comme ci-contre :

1911. — *Mars.* — *2ᵉ quinzaine.*

NOMS des employés.	16 j.	17 v.	18 s.	19 d.	20 l.	21 m.	22 m.	23 j.		30 j.	31 v.	Totaux.	Prix de la journée		Sommes totales.		Fournitures à déduire.			Sommes dues.	
L., Charles.	1	1	1	»	1/2	1	»	1		1	1	12	3	»	36	»	Lait, 15 l.	2	25	33	75
B., Gustave,	»	1	1/2	»	1	1	1	»		1	»	10	3	50	33	»	Pain cédé.	3	40	31	60

Le total des sommes payées représente la somme sortie de la caisse pour paiement des ouvriers, le samedi 1er avril 1911 ; puisque le 1er avril, dans l'exemple que j'ai choisi, se trouve être un samedi, c'est cette somme qu'il suffit d'inscrire en dépenses dans la colonne *doit* du compte *caisse* du *grand-livre*.

A titre d'aide-mémoire, je pourrais ajouter au cadre préparé une colonne supplémentaire où figureraient les montants des cotisations patronales pour la retraite ouvrière ; les chiffres ainsi calculés seraient reportés au compte particulier de chaque ouvrier ou journal et au grand-livre ; ils n'auraient rien à voir avec le compte *caisse*, puisque les dépenses qu'ils entraîneraient seraient représentées par l'acquisition des timbres-retraite ou par le versement au juge de paix des cotisations qui n'auraient pu être payées aux intéressés ; ce versement ou l'acquisition des timbres seraient seuls à porter au débit du compte *caisse*.

Les carnets de laiterie. — Lorsque à l'exploitation est annexé un troupeau de vaches laitières, si le lait est vendu à un laitier en gros, celui-ci fournit un carnet où sont portées les livraisons journalières du matin et du soir ; les totaux sont faits chaque quinzaine ou chaque mois et, multipliés par le prix de l'unité, ils donnent la somme que le cultivateur a à recevoir. La somme figure au débit du laitier jusqu'au jour où le paiement est effectué. Si le cultivateur vend, au contraire, lui-même directement tout ou partie de son lait à un certain nombre de clients, et en transforme une autre partie en beurre également vendu, il lui faut inscrire ses fournitures au nom de chacun des clients de façon à pouvoir établir ses factures, bimensuelles de préférence. Toutes les opérations auxquelles donne ainsi lieu le commerce du lait et du beurre sont consignées sur un calepin dont voici la disposition :

1910, Août.	C., Louis.		L., Victor.			
	Lait.	Beurre.	Lait.	Beurre.		
	lit.	kil.	lit.	kil.		
1.....................	1	»				
2.....................	2	0,250				
3.....................	1	»				
4.....................	3	»				
15.....................	1	0,500				
Totaux............	23	1,750				
Prix de l'unité......	0,15	3,0				
Sommes partielles...	3,45	5,250				
Sommes totales.....	8 fr. 70					

Les dimensions d'un calepin de poche sont suffisantes ; les chiffres sont marqués sur une grande ardoise par la personne préposée à la distribution du lait et du beurre, et relevés chaque soir sur le carnet par le contremaître ou ¦le magasinier qui préparent les totaux de quinzaine, lesquels n'ont plus qu'à être reportés au *journal*, sur les factures ou sur les feuilles de paie.

Il est pris, pour préparer les petits comptes dont disposition donnée sur le modèle ci-joint, le nombre de pages nécessaires selon le nombre des clients ; je réserve ensuite quelques pages blanches ; l'une reçoit l'indication des fournitures peu fréquentes de crème ou de viande faites aux clients de lait ; sur les autres, j'inscris les dates et poids de chaque barattée de beurre, et au-dessous les noms des personnes à qui le produit de la barattée a été vendu, ainsi que les quantités livrées à chaque client ; j'ai là un contrôle qui n'a rien à faire avec les comptes proprement dits, mais oblige la laitière à justifier l'emploi de tous les produits qui ont passé par ses mains ; il n'y a, pour faire ces relevés de contrôle, aucun cadre à tracer ; je note :

    Barattée du 3 août 1910. Beurre fabriqué : 24^k,500
       Ch., Louis................... 0^k,500
       Marché..................... 11^k,250

S., Mathurin................   1^k,750
                Total égal......   24^k,500

Les carnets de vacherie. — L'existence d'une vacherie oblige à tenir une sorte d'état civil du troupeau, où sont collationnés tous les renseignements qui permettent de juger la valeur de chaque bête de l'étable. Sur ce registre, les animaux sont désignés par des numéros propres à chacun d'eux et inscrits au fer rouge à la corne ; ces numéros, qu'il faut avoir soin d'entretenir bien apparents car ils s'effacent quand la corne croît, ne dispensent pas d'un signalement détaillé et du nom sous lequel beaucoup de vachers se plaisent à désigner leurs vaches ; sans entrer dans de plus amples explications, voici comment je tenais moi-même le livre dont il est ici question :

N° 17.   *Vache répondant au nom de « La Noire ».*

Pelage bringé foncé, tache blanche triangulaire au front peu importante, prolongée par une liste étroite jusqu'aux approches du mufle noir. Très peu de blanc au ventre et aux paturons, paturon postérieur droit entièrement noir, attache de la queue proéminente, pis à quatre trayons bien ouverts, gros, un cinquième trayon indiqué à gauche en arrière des quatre autres, veines du lait accentuées ; cornage élancé, les pointes se rapprochant légèrement l'une de l'autre et portées en avant.

Achetée le............ 19... à l'âge de........ ans, à M. L.... cultivateur à B., par l'intermédiaire de M. Z..., courtier en bestiaux à R., pour le prix de...... francs.

(Ou née le......... 19.. de la vache n° 3 et du taureau n° X.)

Inscrite au Herdbook normand, volume..., sous le n° ...., vêlée de son premier veau le............ 19.., *un mâle*, 18 litres de lait au vêlage.

16 litres le............ 19.., quatre mois après le vêlage.

Saillie le............... 19.. par le taureau n° ...

  «   le............... 19..

Vêlée de son deuxième veau le............ 19..; une femelle marquée au sabot du n° 0-17.

Rendements en lait...........

Saillie le............... 19...

Vêlée de son troisième veau le............ ... 19..; une femelle marquée au sabot du n° 1-17.

Rendements en lait................

```
Saillie le............. 19...
   —   le............. 19...
   —   le............. 19...
Reconnue non pleine.
Mise à l'engrais le............. 19...
Poids successifs.....................
Vendue le......... 19.. à M. B., boucher à P. (Eure), pour le
prix de....... francs.
```

La vache nº 17, dont la vie est décrite ci-dessus, ayant quitté l'étable, son numéro est rendu à une nouvelle arrivée, ou bien l'on poursuit la succession des numéros, ce qui montre combien d'animaux ont occupé la vacherie.| Les génisses, marquées au sabot d'un numéro rappelant celui de leur mère et le nombre des vêlages de celle-ci, reçoivent leur numéro de vache laitière après leur première saillie.

Les rendements en lait faibles dès le début ou tombant très rapidement après le vêlage sont un cas de réforme; la fièvre vitulaire en est un deuxième, même si les insufflations d'air ont ranimé la bête qui ensuite a repris son état normal. Les saillies répétées plusieurs fois sans résultat doivent attirer l'attention. Si l'on tient beaucoup à la vache qui jusque-là n'avait pas fait preuve de stérilité, on peut essayer de la soigner par des traitement appropriés, lavages alcalins, médication interne ou modifications dans le régime ; mais si la bête n'est que bonne, sans présenter des qualités exceptionnelles, l'engraissement s'impose dès que le rendement en lait cesse d'être productif. J'ajoute qu'à l'engraissement il peut y avoir lieu d'ajouter l'isolement pour ne pas s'exposer inutilement à des accidents dus à la contagion d'un état morbide susceptible de se communiquer aux compagnes d'étable ou de provoquer des avortements épizootiques. Pour toutes ces raisons le *carnet de vacherie* n'est pas un luxe inutile, il évite d'avoir à retenir de mémoire une foule de détails qui, à la longue, deviennent confus, et, en le consultant, on voit à quelles époques auront lieu les vêlages et de quelle façon on peut les coordonner suivant les exigences de l'exploitation en tenant compte des vêlages antérieurs.

Le produit mensuel en lait et beurre d'un troupeau de vaches laitières. — Il ne suffit pas d'avoir la consommation en lait et beurre des clients pour la leur faire payer et l'indication des renseignements de nature à favoriser une sélection des animaux profitable à une bonne exploitation, il faut aussi se rendre compte du produit brut de la vacherie, mois par mois, afin de le faire figurer dans nos relevés de fin d'exercice ; voici comment on peut s'y prendre pour arriver à ce dernier résultat. Les chiffres qu'on va lire ne sont autres que ceux que j'ai observés chez moi et comme, pendant la période à laquelle ils sont empruntés, je surveillais moi-même la fabrication du beurre, montrant à un jeune Breton que j'avais engagé pour ce service comment il devait s'y prendre, je puis affirmer la sincérité et la rigoureuse exactitude des très beaux rendements mentionnés pour le beurre. Je n'ai pas toujours été aussi heureux; toutefois, ce que j'ai pu obtenir peut l'être par d'autres, et en tous cas grande attention doit être prêtée aux rendements en question. Lorsqu'ils fléchissent, la fabrication est défectueuse ; il y a à rectifier l'alimentation, ou bien une fuite existe quelque part. Je connais un agriculteur qui, par l'examen des chiffres, a pu se rendre compte que la fille de laiterie laissait du beurre au fond de sa baratte; lorsque sa mère venait chercher sa provision de lait, elle emportait le beurre ainsi dissimulé. Les primes à la production n'intéressaient nullement cette fille de laiterie qui prélevait d'elle-même un tant p. 100 bien supérieur à celui que son patron pouvait lui accorder. Le plus fâcheux est qu'elle était très capable, et que d'autres, par inexpérience ou maladresse, occasionnèrent un préjudice aussi sérieux, sinon davantage, que celle-là par malhonnêteté.

DATES		Nombre de vaches traites.	BEURRE					CRÈME	
			Fabriqué.	Vendu à Paris.	Vendu au village.	Pris pour la ferme.	Litres de lait pour 1 kil. de beurre.	Vendue.	Pour la ferme.
			kil.	kil.	kil·	kil.		lit.	lit.
Samedi	1	26	»	»	0,250	»	»	»	»
Dimanche	2	»	»	»	»	»	»	»	»
Lundi	3	»	9,350	7,250	1,250	0,250	20,00	«	«
Mardi	4	»	»	»	1,000	0,160	»	»	»
Mercredi	5	»	»	»	»	»	»	»	»
Jeudi	6	»	11,950	7,000	2,250	0,200	18,87	»	»
Vendredi	7	27	»	»	1,250	0,250	»	»	»
Samedi	8	»	»	»	0,250	»	»	»	»
Dimanche	9	»	»	»	»	»	»	»	»
Lundi	10	»	10,640	7,500	1,750	0,640	20,09	1/2	»
Mardi	11	»	»	«	»	»	»	»	»
Mercredi	12	»	»	»	0,500	»	»	»	»
Jeudi	13	»	12,300	7,000	3,000	0,500	18,300	»	»
Vendredi	14	»	»	»	0,500	»	»	»	»
Samedi	15	»	»	»	»	»	»	»	»
Dimanche	16	»	»	»	0,500	0,250	»	»	»
Lundi	17	»	10,700	7,750	2,500	»	20,00	»	»
Mardi	18	»	»	»	0,750	0,300	»	»	»
Mercredi	19	»	»	»	0,250	»	»	»	»
Jeudi	20	37	11,300	7,250	2,500	0,200	20,00	»	»
Vendredi	21	»	»	»	»	0,500	»	»	»
Samedi	22	38	»	»	»	»	»	»	»
Dimanche	23	»	»	»	»	»	»	»	»
Lundi	24	»	11,185	9,250	1.750	»	22,800	0,5	»
Mardi	25	»	»	»	0,250	»	»	»	«
Mercredi	26	»	»	»	0,250	0,185	»	0.5	»
Jeudi	27	37	13,60	7,000	1,000	0,215	22.208	»	»
Vendredi	28	»	»	»	»	»	»	»	»
Moyennes.		»	»	»	Les totaux ne sont		19,793	»	»
Totaux.		»	90 kil.	60 kil.	pas faits dans ces col.		»	1,5	»
Prix de l'unité.		»	»	4 fr.	à cause des reports de		»	2	»
Valeur argent. .		»	337 fr. 60	240 fr.	janv. et de ceux qui restent à faire sur mars.		»	3	»

Février 1902.

| AU LAITIER | | Turbiné pour le beurre. | Vendu au village. | Pris pour la ferme. | Pris pour les veaux. | Total journalier. | Moyenne de litres par vache traite. | OBSERVATIONS |
Matin.	Soir.							
lit.	lit.	lit.	lit.	lit.	lit.	lit.	lit.	
135	80	40,5	15	7	7	284,5	10,94	Vent froid très violent.
140	80	49	12	5,5	2	288,5	11,09	
130	70	72,5	15	6,5	»	294	11,30	
130	70	71.75	15	5,5	0,0	282	11,15	8 lit. renv. par une vache.
135	80	81,5	15	6	2.5	305	11,73	Quitté une vache, com-
135	80	67,5	15	6	2,5	306	11,76	mencé à traire vache
135	80	57,5	16	10	3	301,5	11,16	vêlée du 30 janvier.
140	80	58	15	6	3	302	11,18	
140	80	64	13	5,5	3	305,5	11,31	
140 37	80	65,5	14	4	3	306,5 37	11,34	Ces 37 litres livrés avec
163 20	100	76	17	9,5	4	390,5	»	3 litres des animaux rentrés le 10 au matin,
180 20	80	81 10	13	8,5	5	397,5	»	proviennent de 10 nou- velles vaches à délaiter
180 40	100	54,5 6	15	6,5	5	407	»	ou de prix peu élevé ; il
140 40	120	745 17	18	10	5	425,5	»	n'est pas fait de moyenne pendant la période d'ac-
140 80	100	64,5 4,5	13	6,5	5	413,5	»	climat. des nouv. anim. fatigués par une longue marche dans la neige.
120 60	100	74,5 9,5	14	6.5	4	388.5	»	Vache n° 24, vendue à M. L., de Port-Mort.
120 60	100	70,5 17	15,5	5.5	4	392,5	»	
120 60	100	63.5 15	16,5	6,5	8	389,5	»	Une vache perd son lait par suite de refroidisse- ment.
130 60	100	59,5 10	17,5	10,5	8	395,5	»	
120 60	100	65 19,5	14,5	7,5	12	398,5	10,77	
120 60	100	54 9,5	17	15	12	397,5	10,74	
120 60	120	64,5 14	15,5	8,5	13	405,5	10,90	Dégel, les vaches boi- vent mieux.
120 60	120	55 15	14	8,5	13	405,5	10,67	
130 80	110	63 8	15,5	7,5	13	427	11,23	
110 60	120	63 16	16	8	13	406	10,68	
120 60	100	55 18	18	9,5	13	393,5	10,32	Fermentation trop rapide des betteraves par suite de relèvement de la température.
100 60	120	73 11	15	10	13	402	10,90	
120 80	98	64 9	15	7	6	399	10,78	
»	»	»	»	»	»	»	11,05	
4.695	2.648	2 011,5	425	213,5	182	1 017,5	»	
0,14	0,14	pour memoire.	0,15	0,15	pour memoire.	»	»	
657,30	370,70		63,75	32 fr.		»	»	

```
                                                              Francs.
Lait vendu au laitier, 7.343 litres à fr. 0,14.......   1.028   «
 —   vendu au village, 425 litres à fr. 0,15........      63  75
 —   pris à la ferme, 213 l. 5 à fr. 0,15............      32   »
Crème vendue à la ferme, 1 l. 1/2 à fr. 2........       3   »
Beurre vendu à Paris, 60 kil. à fr. 4............      240   »
 —   vendu au village   ) ensemble 30 kil. 510 à
 —   pris pour la ferme  ) fr. 3,20............       97  60
                                                     ─────────
       Produit brut du mois.................     1.464  35

Le beurre, en tenant compte de 1 l. 1/2 de crème vendu,
   a été fourni par 1.791 l. 1/2 de lait, du 30 janvier au
   25 février inclus, moins 10 litres à reporter sur mars,
   sa valeur en argent est de.....................     337  60
Les 1.791 litres vendus au laitier auraient produit.....  250  80
                                                     ─────────
       Différence.......................      86  80
```

Plus le lait écrémé et le lait de beurre pour les veaux
et les porcs, représentant environ la moitié des frais
de fabrication et de vente.

On peut remarquer sur le relevé mensuel que les colonnes
lait livré au laitier le matin et *lait turbiné pour le beurre* renferment des interlignes, et que les chiffres ainsi placés sont
réunis par de petites accolades placées les unes à droite, les
autres à gauche. Cette disposition indique qu'une certaine
quantité de lait traité le soir, et faisant par suite partie du total
journalier, n'a pu être livrée au laitier ou turbiné le jour même,
vu l'heure tardive à laquelle on en a disposé ; elle a donc été
reportée aux livraisons ou turbinages du lendemain, et il était
nécessaire de le mettre en évidence, afin de retrouver la con-
cordance avec le carnet du laitier.

Je n'ai pas attribué de valeur au lait donné aux veaux
qui, s'il était porté en recettes, devrait être ressorti aussitôt
comme dépense ; de même, pour les sous-produits de la beurrerie ;
rien n'empêche d'adopter une manière de faire différente,
c'est une question de détail.

Carnet pour étable d'animaux à l'engrais. — Si, au
lieu de posséder une étable de vaches laitières, l'agriculteur
n'avait que des bêtes à l'engrais, ses livres seraient beaucoup simplifiés, mais, à mon avis, ne devraient pas être complètement supprimés. Je conserverais en effet un carnet où

seraient marqués l'entrée de chaque animal affecté d'un numéro d'ordre à la corne, sa provenance, son prix d'achat, la date de sa mise à l'engrais avec son poids initial, les pesées successives, et enfin le prix de vente et le nom de l'acquéreur ; toutes indications très vite notées et dont l'examen peut confirmer efficacement l'impression que se fait le cultivateur sur chacune de ses bêtes à l'engrais. On voit de suite de combien est l'accroissement du poids journalier, et l'on règle en conséquence la distribution des rations ou la mise en vente d'un sujet qui ne paie pas ou paie mal sa nourriture.

Lorsque, dès le début, la bascule indique des accroissements insignifiants et qu'on ne voit pas se dessiner d'amélioration, il faut être très prudent ; il est possible qu'on soit en présence d'un cas de tuberculose avancée ; l'aspect de l'animal, l'épreuve à la tuberculine nous renseignent sur ce point très important. Supposé la tuberculose reconnue, il faut voir jusqu'à quel point elle est généralisée dans le troupeau : le cas est-il isolé, j'estime qu'il n'y a pas à hésiter, l'animal suspect doit être abattu le plus tôt possible, et sa place très soigneusement désinfectée. Une fois la bête sacrifiée, on mesure l'étendue du mal et l'on fait enfouir, après les avoir arrosées d'acide sulfurique ou amplement saupoudrées de chaux vive, toutes les parties qui présentent des ganglions. Le reste peut être cuit et donné aux porcs, ou même servir à la consommation humaine après examen par un vétérinaire.

Si le vétérinaire contrôle toute l'opération, de façon à pouvoir en attester le cas échéant la bonne exécution, j'estime qu'on s'est mis dans les meilleures conditions pour supprimer un foyer de contagion. En effet, si, par la manière de faire que je viens d'indiquer, on perd tout droit à l'indemnité que l'on aurait pu obtenir pour l'animal conduit à l'abattoir où il aurait été saisi, on évite la publicité d'un cas fortuit et tous les ennuis de l'intervention officielle, de la mise éventuelle en quarantaine, etc.; je crois que cela en vaut la peine, étant donné que toutes mesures sont prises pour ne causer aucun préjudice à l'hygiène publique. Je ne conseillerais d'ailleurs pas l'élimination d'animaux suspects par les seuls soins de leur propriétaire, si le cas cessait d'être isolé. Au cas où la tuberculine aurait réagi sur plusieurs sujets, il y aurait lieu de les mettre en vente dans les conditions normales après avoir parachevé leur engraissement dans la mesure du possible ; l'on subirait ensuite loyalement les saisies totales ou partielles en tâchant d'en atténuer le préjudice par la demande des indemnités légales ; fort heureusement la tuberculine peut très bien déceler le mal chez un animal qui n'est touché que sur les intestins et dont la viande n'est l'objet d'aucune mesure sanitaire, et d'autre part, pour limiter les suites d'une saisie et le contrôle qu'elle occasionne sur l'exploitation d'où sort l'animal confisqué, il suffit de débarquer d'un coup tout le lot des animaux ayant réagi. Une fois la désinfection faite, la quarantaine est immédiatement levée, à supposer qu'on l'ait imposée en présence des mesures prises par l'intéressé. Si, vu l'inégal avancement de l'engraissement des sujets touchés, plusieurs convois successifs devaient être organisés, on placerait tous les suspects dans une étable séparée ; cette étable seule serait déclarée contaminée, et les animaux qui en sortiraient, préalablement comptés et marqués, seraient l'objet des mesures sanitaires édictées par la loi ; lorsque tous auraient été vendus et l'étable d'isolement désinfectée, la situation redeviendrait entièrement normale pour l'exploitation dont, en tous cas, le bétail sain n'aurait jamais cessé de pouvoir être vendu sans aucune entrave susceptible d'attirer la suspicion sur son compte.

Il est à remarquer d'ailleurs qu'un cultivateur sera toujours bien vu de ses clients quand on saura qu'il se prête à l'exécution de lois justes, au lieu de chercher à les entraver parce qu'il peut subir un préjudice matériel du fait de leur application ; ce que ce cultivateur honnête peut seulement demander est d'être mieux protégé contre celui qui est peu délicat. A cet égard l'inspection des tueries particulières serait une très bonne chose, si elle était faite avec tout le sérieux désirable et si le préposé au contrôle journalier avait les connaissances requises pour pouvoir constater les cas de maladie et prévenir utilement le vétérinaire inspecteur. Le plus souvent, malheureusement, le préposé, très peu payé par le boucher, qui est très contrarié d'avoir à verser un salaire, si maigre soit-il, à quelqu'un chargé de le surveiller, le préposé, dis-je, ne sait pas ce que c'est que la viande, aussi peut-être y aurait-il lieu de supprimer son emploi et d'inciter les bouchers des tueries particulières à ne pas donner l'hospitalité à des animaux abattus dans des conditions douteuses, par la menace d'une amende sérieuse, au cas où le vétérinaire inspecteur, admis à faire annuellement un certain nombre de visites inopinées, trouverait chez eux de la viande malade ou avariée. Le montant des amendes ainsi imposées paierait le service d'inspection dont le solde serait au besoin versé par l'État ; il y va, somme toute, de l'intérêt général, et il semble un peu dur d'imposer à un commerçant, souvent parfaitement correct, tous les frais d'un contrôle dont tout le monde doit bénéficier.

Carnets de porcheries et de bergeries. — Les truies, comme les vaches laitières, méritent d'avoir une sorte d'état civil, d'après lequel elles sont sélectionnées, au point de vue de leurs facultés reproductrices et non pas seulement d'après leurs formes et leurs maniements qu'un coup d'œil un peu exercé suffit à faire apprécier ; on tire ainsi de l'exploitation des porcs le maximum de profit en éliminant, sans prolonger inutilement l'expérience, des animaux médiocres.

Pour les brebis semblable registre est moins utile, vu la brièveté de l'existence des mères à qui on demande rarement plus de trois agneaux; un accident à l'agnelage suffit d'ordinaire à entraîner la réforme, sans qu'il soit nécessaire d'avoir des notes écrites, surtout si l'on a affaire à un bon berger qui connaît bien son troupeau ; la marque des animaux suivant leur âge guide le berger et sert pour savoir toujours exactement la composition de la troupe, afin de mieux prévoir remplacements et réformes.

Quant aux chevaux, il est superflu d'indiquer à l'agriculteur qui se livre à leur élevage, surtout s'il s'agit du cheval de luxe, avec quel soin il lui faut rassembler tous les documents de nature à lui donner une juste notion de la valeur de tous les sujets, étalons ou juments, qui peuplent l'écurie.

Les livres de magasin. — Cette digression ne doit pas nous faire oublier que nous cherchons les moyens de réunir

R. VUIGNER. — Domaine agricole. 32

de la façon la plus pratique les éléments d'une comptabilité de l'exploitation.

Pour avoir le produit brut de nos récoltes, il ne suffit pas de relever, au *journal* ou au *grand-livre*, le montant des sommes d'argent que les récoltes nous ont permis d'encaisser; il faut encore connaître l'importance de la consommation faite à la ferme d'une partie de ces mêmes récoltes, c'est ce à quoi nous parvenons à l'aide du livre de magasin tenu d'après les notes de l'homme de cour et les prises en charge faites par le patron lui-même ou par son suppléant lors de la rentrée des foins et des céréales en gerbes. Les denrées qui entrent ainsi en magasin ou qui en sortent pour être exportées ou distri- buées aux animaux sont nombreuses; même avec de grands registres dont on prend l'ensemble de deux pages, il n'est pas possible de les faire figurer toutes, côte à côte, de façon à n'avoir pour chacune d'elles qu'à poursuivre les additions en tournant simplement une page; dans ces conditions, pour plus de clarté, il est indiqué d'avoir deux registres ou de di- viser en deux parties le registre unique. L'une des parties sert pour les denrées produites à la ferme, l'autre pour les denrées achetées; pour chacune d'elles j'adoptais le modèle ci-dessous :

DATES	ORIGINE ou DESTINATION	BLÉ		AVOINE		SIEGLE		POMMES de terre.	
		Entrées.	Sorties.	Entrées.	Sorties.	Entrées.	Sorties.	Entrées.	Sorties.
		kil.	kil.	kil.	kil.	kil.	kil.	kil.	kil.
	Reports.....	Néant.		1.000					
1910									
Sept. 10	Par battage, blé Japhet..								
— 15	Livré à M. R., farinier à P.		3.000						
— 28	Pour semences.........	3.500	400						
Oct. 2	Par battage. blé Japhet..	4.000							
— 2	Consommation des che- vaux.........●				500				

C'est fort simple, et l'emploi d'un registre ainsi tracé n'appelle pas grande explication; quelques précautions cependant doivent être observées, à peine de ne pouvoir tirer immédia-

tement du livre de magasin tout le parti qu'on est en droit
d'en attendre.

Aux époques où il reste encore en magasin de l'avoine de
la récolte 1909 et où commence à entrer celle de la récolte 1910,
il faut ouvrir une colonne *avoine* 1909 et une colonne *avoine*
1910 : de cette façon les totaux des entrées marqués pour
l'avoine 1909 donneront la mesure du produit brut de cette récolte ; quant au total des sorties, nous devrions, lorsque la
provision de 1909 est épuisée, le trouver égal au total des
entrées. En fait, il n'en sera jamais ainsi, parce qu'au passage
au tarare, il y a toujours un certain déchet auquel s'ajoutent
de menues pertes au cours des manipulations, mais la différence entre les entrées et les sorties ne doit avoir qu'une
faible importance au-dessus de laquelle il est permis de soup-
çonner le coulage. Ce que j'ai dit pour l'avoine s'applique,
bien entendu, aux autres produits de deux récoltes successives
pouvant exister simultanément en magasin.

La précaution de séparer les récoltes de chaque année ne
suffirait pas pour en donner le produit brut, si l'on n'avait
soin de ne pas inscrire comme *blé entré*, par exemple, les semences achetées au commerce pour régénérer une variété
abâtardie. Les semences achetées doivent être notées à part
sur la deuxième partie du *livre de magasin*, où il est bon de
consigner leurs dates de sorties. Ces nouveaux renseignements
donnent d'emblée tous les éléments du chapitre *semences*,
section des semences achetées, chapitre qui fait partie de nos
frais annuels d'exploitation. Pour obtenir les semences provenant des récoltes mêmes de la ferme, il suffit de dépouiller
la première partie du livre de magasin où elles figurent comme
faisant partie des produits bruts ; on leur affecte, en recettes
et en dépenses, les prix qu'on obtiendrait de leur vente au
commerce.

On inscrit à chaque fin de mois les quantités d'aliments
sorties pour les différents services, les totaux sont relevés sur
l'agenda journalier du magasinier. Le livre de magasin serait
beaucoup trop encombré si chaque livraison journalière ou
simplement bihebdomadaire y était notée ; l'importance
d'un chiffre de fin de mois qui paraîtrait trop élevé suffirait

à faire reprendre en mains le carnet du magasinier pour y contrôler ses diverses fournitures et rechercher la cause qui a pu faire majorer l'une d'entre elles ; en fait, d'ailleurs, le contrôle est très facile : 10 chevaux rationnés à 6 kilogrammes par jour consomment par mois 10 × 6 × 30 ou 31 jours, soit 1.800 ou 1.860 kilogrammes d'avoine. Si l'on est en présence d'un chiffre différent, une explication doit intervenir : chevaux étrangers nourris, ration supplémentaire pour travail intense ; faute de ces explications, le coulage apparaît et doit être aussitôt réprimé, même si la malhonnêteté y est étrangère.

Livre du mouvement du bétail. — Le *livre de magasin* se complète par le *livre du mouvement du bétail*, qui est pour les animaux ce que le livre de magasin est pour les produits végétaux, et doit permettre de vérifier à n'importe quel moment les effectifs présents sur le domaine.

Réduit à ce rôle, le *livre du bétail* comprend dans ses colonnes d'entrées les effectifs existants au jour de l'inventaire, il s'y ajoute en cours d'exercice les additions provenant de naissances ou d'acquisitions à des marchands ; dans les colonnes de sorties sont notés les ventes et les décès ; les balances en clôture d'exercice représentent les animaux à porter en compte à l'ouverture du nouvel inventaire. En appliquant à chaque animal la valeur qu'il possède et qu'un examen soigneux permet d'apprécier, on obtient la valeur de chaque groupe de bestiaux à l'inventaire en préparation. Je pourrais m'arrêter là, je préfère toutefois préparer le travail que j'ai à faire pour fixer la perte ou le gain de mon exploitation, et, dans ces conditions, je trouve avantageux de rédiger mon livre de mouvement du bétail en y inscrivant les frais occasionnés et les produits donnés par mes différents animaux. Pour les chevaux, j'obtiens ainsi l'ensemble suivant :

Chevaux. — Exercice 1906-1907.

DATES	QUANTITÉS	DÉSIGNATIONS	PRIX de l'unité. fr.	c.	SOMMES partielles. fr.	c.	SOMMES totales pour chaq. mois fr.	c.
1906 Octobre.	1.700	Kilos avoine noire, pour 100 kilos	18	50	314	50		
—	495	Bottes luzerne 1905, pour 100 bottes	50	»	247	50		
—	50	Kilos de son, pour 100 kilos	15	»	7	50		
—	250	Bottes paille de blé, pour 100 bottes	20	»	50	»		
—	80	— litière, pour 100 bottes	16	»	12	80		
—	3	Charretiers payés au mois et nourris ; gages	50	»	150	»		
—	1/2	Salaire du jardinier non nourri	75	»	37	50		
		Ferrure suivant factures B., maréchal à D., qui ferre chaque semaine à la ferme	»	»	20	»		
—		Bourrellerie : entretien selon facture J., bourrelier à V.	»	»	1	10		
		Total d'octobre	»	»	840	90	840	90
Novembre.	»	Total	»	»	»	»	957	55
Décembre.	»	—	»	»	»	»	901	95
1907 Janvier.	»	—	»	»	»	»	948	44
Février.	»	—	»	»	«	»	849	85
Mars.	»	—	»	»	»	»	1.016	95
Avril.	»	—	»	»	»	»	836	85
Mai.	»	—	»	»	»	»	825	02
Juin.	»	—	»	»	»	»	992	42
Juillet.	»	—	»	»	»	»	586	35
Août.	»	—	»	»	»	»	626	95
Septembre.	»	—	»	»	»	»	605	85
		Total pour l'année	»	»	»	»	9.959	11

(Pour tous ces mois, j'ai jugé inutile de reproduire le détail qui peut se représenter facilement d'après les indications données pour octobre, et copiées exactement sur mes comptes.)

Ce sont ces chiffres complétés de la valeur du fourrage donné en vert, dont il n'est pas tenu compte dans le tableau ci-dessus (ce qui explique les sommes beaucoup plus faibles marquées pour juillet, août et septembre en particulier), ce sont ces chiffres, dis-je, auxquels s'ajoute le coût de la nourriture du personnel et l'entretien du matériel de culture qui m'ont permis d'évaluer, comme je l'ai fait dans un précédent chapitre, le prix de revient d'une journée de cheval, du collier, suivant l'expression consacrée. Sur mon registre, je n'ai pas noté la dépense de nourriture des charretiers, trouvant plus simple de la laisser tout entière groupée au chapitre *ménage*; de même les frais d'entretien du matériel roulant restent associés aux autres frais d'entretien au chapitre *entretien*; il s'ensuit que mon compte *chevaux*, exercice 1906-7, se résume simplement comme suit, au lieu de présenter le détail qu'on a pu lire plus haut.

Chevaux. — Exercice 1906-1907.

DÉSIGNATIONS	Doit		Avoir	
Valeur à l'inventaire au 1er octobre 1906....	7.125	»		
Achat du cheval Bayard..................	1.014	90		
Entretien et nourriture en 1906-1907 (suivant relevé ci-dessus)......................	9.959	10		
Vente de la jument Coquette..............			90	»
Valeur à l'inventaire au 1er octobre 1907....			7.425	»
Les chevaux ont coûté en 1906-1907 (somme en partie couverte par le fumier).........			10.584	»
Totaux égaux...........	18.099	00	18.099	»

Vu la faible importance du mouvement d'entrées et de sorties des chevaux dans une ferme où l'élevage n'est pas pratiqué, je n'ai pas fait suivre une colonne *Avoir* d'un bout de l'année à l'autre (cette colonne serait en effet restée des mois entiers sans addition nouvelle), et je me suis contenté du résumé (abrégé ici, plus complet au chapitre, que je rappelais tout à l'heure, des moteurs agricoles) qui suit l'ensemble du débit du compte *chevaux* pour l'année 1906-1907.

Je procède de la même manière pour les bœufs de travail ; au contraire, comme la vacherie, la bergerie, la porcherie et les volailles présentent un mouvement d'entrées et de sorties souvent très intense et donnent lieu à de nombreux produits dont les totaux mensuels sont préparés pour la laiterie sur le livre qui nous a occupés tout à l'heure, pour ces différents comptes j'inscris l'avoir en regard du doit, ainsi qu'on peut le voir sur le relevé du dernier trimestre de 1906 du compte vacherie transcrit plus loin.

Il suffit de jeter un coup d'œil sur ces relevés pour qu'apparaisse immédiatement le résultat que voici : en additionnant d'une part toutes les balances des comptes bétail qui ont donné un bénéfice et toutes celles des comptes qui se soldent en perte d'autre part, la différence entre les deux totaux indique si, dans leur ensemble, les entreprises tentées avec les animaux ont, au cours de l'exercice considéré, donné un bénéfice ou une perte. Nous n'avons donc plus qu'à nous occuper des récoltes et de toute la portion des frais annuels qui s'y rapportent, notre travail est très avancé et j'estime que, compris ainsi que je l'ai exposé dans les pages qui précèdent, il doit donner une appréciation suffisamment exacte, sinon scientifique, des résultats de l'exploitation. Si cette opinion est exacte, j'ai, je crois, répondu à la question qui m'était posée : « Comment exploiter un domaine agricole ? » et j'approche du but vers lequel je tends.

Avant de conclure, je vais montrer qu'on pourrait encore faire mieux , mais voici d'abord le compte de vacherie annoncé.

Ferme de Senneville.   **Vacherie. — Exercice 1906-1907.**   Doit

DATES	QUANTITÉS	DÉSIGNATIONS	PRIX de l'unité.		SOMMES particielles.		TOTAUX mensuels.	
1906 Octobre.	»	Valeur à l'inventaire au 1er octobre 1906..............	»	»	»	»	19.535	»
—	»	Les vaches passent tout le mois dehors, elles mangent de la luzerne sur pied jusqu'au 22 oct., à partir du 15 les fanes de betteraves sont associées à la luzerne, puis à l'herbe de prairie dans les derniers jours du mois..						
—	2	Vachers (D.. 70 fr. par mois et sa femme 15 fr.. pour traites seulement), ces vachers tombent malades et sont suppléés par des journaliers. dont le salaire reste noté au chap. *Salaires*, la dépense argent n'atteint que.			65	»		
—	1	Beurrière, payée pour le temps passé à la fabr. du beurre.			21	65		
		Total pour octobre.................	»	»			86	65
Novembre.	»	Les vaches rentrent le 2 novembre : fanes de betteraves.						
—	620	Bottes luzerne 1905 (à partir du 7), pour 100 bottes.....	50	»	510	»		
—	493	Bottes pailles d'avoine, pour 100 bottes	18	»	. 88	75		
—	400	Menus et paille inférieure pour litières (mémoire).						
—	29.425	Kilos betteraves et balles en mélange, pour 100 kil....	20	»	588	56		
—	2	Vachers........			85	»		
—	1	Beurrière			12	50		
		Total pour novembre..............					1.084	60
Décembre.	47.080	Kilos de betteraves mélangées de balles. pour 100 kil...	20	»	941	65		
—	591	Bottes luzerne 1905, pour 100 bottes..................	50	»	295	50		
—	482	— luzerne 1906. pour 100 bottes............	55	»	265	10		
—	538	— paille d'avoine, pour 100 bottes	18	»	96	85		
—	600	Menus et bottes pailles infér. pour litières (mémoire)....						
—	2	Vachers (D. et sa femme quittent le 3: J. C. et E. D. entrent le 11 ; le 1er à 50 fr. par mois et le 2e à 45 fr.)...			67	»		
—	1	Beurrière			9	60		
		Total pour décembre.................					1.675	70

DATES	QUANTITÉS	DÉSIGNATIONS	PRIX de l'unité.		SOMMES partielles.		TOTAUX mensuels.	
1906 Octobre.	265	Kilos beurre (6253 lit. de lait turbinés, 231.06 pour 1 k.).	3	20	848	35		
	618,5	Litres de lait vendus au village....................	»	15	92	75		
	325	— de lait consommés à la ferme (en compte au chapitre *Ménage*)....................	»	15	48	75		
	12	— de lait donnés aux veaux (mémoire).						
		Total de la laiterie....................			989	85		
		Total d'octobre....................					989	85
Novembre.	2.135	Litres de lait vendus (laiterie V. et M,)....................	»	14	298	»		
	634	— lait vendus au village....................	»	15	95	15		
	236,5	— lait consommés par la ferme....................	»	15	35	50		
	77	— lait donnés aux veaux (mémoire)						
	3.602	— lait pour 138k,900 beurre (moy.; 26 lit. pour 1 k.).	3	20	604	50		
		Crème....................			6	80		
		Total de la laiterie....................			1.039	95		
3	1	Veau issu de la vache n° , vendu à Vatteport........	35	»	35	»		
8	1	Cuir veau....................	2	50	2	50		
13	1	Vache n° 4, vendue à B. à P....................	430	»	430	»		
15	1	Veau gras de la vache n° 19, né le 7 septembre, vendu à B. de P....................	115	»	115	'		
		Total de novembre....................					1.622	45
Décembre.	1.877	Litres de lait vendus à la laiterie V. et M....................	»	14	262	»		
	3.463	— lait pour 126k,800 beurre....................	3	20	407	70		
	672	— lait vendus au village....................	»	15	100	80		
	234	— lait consommés à la ferme....................	»	15	35	10		
	204	— litres lait donnés aux veaux (mémoire).						
		Total de la laiterie....................			803	65		
		Total de décembre....................					803	65

Pas plus que pour les chevaux, il n'a été tenu compte de la valeur de l'herbe ou des fourrages mangés sur pied qu'il aurait fallu porter ici en dépenses et en recettes aux comptes luzerne ou prairies temporaires ; il n'a pas été non plus attribué de valeur aux fanes de betteraves ; il est facile d'adopter une autre manière de faire, pour peu qu'on le juge préférable ; je rappelle que je cherche à simplifier le plus possible et, au cas où l'on serait tenté de donner une valeur à l'herbe de prairie, je renvoie aux considérations que j'ai formulées quand il s'est agi de rechercher le bénéfice donné par un bœuf engraissé à l'herbe ; pour moi l'herbe n'était qu'un moyen, le produit donné par l'hectare de pré n'étant pas le prix d'un certain nombre de journées de pâturage, mais bien la valeur même des animaux nourris sur ce pré. Quant au fumier, qui n'est pas plus compté que l'herbe pâturée, je me suis assez étendu à son sujet pour que l'on s'arrête à une valeur au cas où l'on voudrait lui en attribuer une dont on créditera le bétail et chargera les récoltes.

Je débite mon compte vacherie de la valeur des animaux à l'inventaire d'entrée, et je le crédite de leur valeur à l'inventaire de sortie ; par là je mets en évidence la plus ou moins-value réalisée par le troupeau au cours de l'exercice, et je n'ai pas besoin d'insister sur l'intérêt qu'il y a à procéder de la sorte. Ces quelques observations, présentées à propos du compte vacherie, pris pour exemple, s'appliqueraient tout aussi bien à n'importe quel autre compte se rapportant au bétail, et les comptes ainsi présentés fournissent une foule d'indications autres que celles que j'ai relevées. Ainsi l'examen de la production du beurre en décembre 1906 montre que le rendement avait très sensiblement fléchi ; l'inexpérience des nouveaux vachers à manier la turbine n'y a pas été étrangère, et je me suis appliqué à mettre un terme rapide à cet état de choses regrettable, imputable pour une part à certaines conditions générales de la laiterie et de l'eau.

On peut voir aussi que j'ai donné des chiffres pour le mélange de betteraves et de balles mensuellement consommé ; ces chiffres ne ressortent pas de pesées qu'il serait évidemment très avantageux de pouvoir pratiquer ; ils ont été établis après coup, en partant de ce que la récolte de betteraves fourragères, cubée et estimée ensuite au poids global de P kilos, avait permis de nourrir un nombre N de têtes de gros bétail pendant N′ jours (10 moutons étant, je le rappelle, comptés pour une tête de gros bétail), $N \times N'$ rations avaient donc été fournies, le poids moyen de chacune d'elles étant de $\left(\dfrac{P}{N \times N'}\right)$ kilos ; par suite la vacherie composée de n têtes avait en un mois mangé un poids P′ de betteraves égal à $\left(\dfrac{P}{N \times N'}\right) \times n \times 30$, trente étant le nombre de jours du mois. Le poids des balles est négligé, il compense la perte de poids subie dans les manipulations diverses au cours desquelles se détache une certaine quantité de terre et de radicelles. Les prix attribués aux récoltes représentent leur valeur marchande à la ferme, au moment de leur consommation.

CHAPITRE VII

LE PRIX DE REVIENT D'UNE RÉCOLTE

Ma comptabilité, qui, bien que j'aie cherché à la simplifier, touche déjà à tant de problèmes ardus : amortissements, engrais en terre, coût du collier cheval ou bœuf, etc., ma comptabilité, dis-je, ne donne pas le prix de revient d'une récolte déterminée ; elle n'établit pas, ce que fait la comptabilité industrielle, que telle récolte a coûté à produire exactement tant, de même qu'on peut dire en sucrerie, par exemple : la tonne de betteraves m'a coûté à travailler telle somme (transports, main-d'œuvre, charbon, prix d'achat, etc.). Ces prix de revient, que donne l'industrie, est-il donc interdit à l'agriculture de les fournir ? Non, mais la tâche du cultivateur, pour mettre sur pied un prix de revient, est tellement plus compliquée que celle de l'industriel, que, le plus souvent, il a mieux à faire que de s'y attacher autrement que pour arriver à une approximation en général suffisante. Si, toutefois, il voulait se donner une satisfaction, recherchée par certains agriculteurs séduits par de longs alignements de chiffres et par l'attrait de la comptabilité en partie double, voici comment il devrait présenter les éléments du problème.

Je prends pour exemple le *blé*, qui est une des cultures en apparence les moins compliquées.

Nous avons tout d'abord à considérer le produit brut, afin de pouvoir, en déduisant des frais de production qui vont nous arrêter dans un instant, la paille et autres accessoires, calculer à combien nous revient le quintal de grain livré à la meunerie.

Le produit brut comprend : 1º le *grain vendu* pour une somme de   ; 2º le *grain de la récolte employé pour semence* de la récolte suivante (ici déjà, si nous connaissons le poids, exact nous sommes relativement maîtres de *la valeur attribuée* aux 100 kilogrammes); 3º le *petit blé*, dont partie vendue pour un prix de   et l'autre partie consommée pour les besoins de la ferme qui paie un prix conventionnel fixé d'après le prix obtenu sur le marché; 4º la *paille vendue*; 5º la *paille de consommation*; 6º la *paille litière*; 7º enfin la *menue paille* qui a une certaine valeur comme aliment, valeur très difficile à fixer à moins de la régler d'après la teneur des balles en principes utiles, parce que ces balles ne sont pas une marchandise de vente courante, leur légèreté seule suffisant à en rendre le transport presque impossible.

Sous réserve des observations dont l'énumération ci-dessus s'accompagne, nous arrivons à chiffrer, avec une exactitude très voisine de la réalité, les sept éléments du produit brut de la récolte blé, et nous pouvons passer aux frais de production; cette fois les difficultés commencent réellement.

Premier élément : LOYER, ASSURANCES ET IMPOTS. Le loyer est celui de la sole occupée par le blé: cette sole est de tant d'hectares loués à raison de N francs par hectare ; le loyer à payer par le blé est donc de   , en tenant compte des prix différents de location si le cas se présente pour des terres de valeurs inégales appartenant à des propriétaires différents. La part d'impôt foncier se calcule comme le loyer, la difficulté n'est pas plus grande ; mais à côté de l'impôt foncier il y a l'impôt des portes et fenêtres, des bâtiments d'habitation, les prestations, etc., etc. ; la récolte *blé* doit en supporter une partie, et, pour chiffrer l'importance de cette quote-part, le mieux est de rapporter à l'hectare la somme représentée par le paiement des impôts autres que l'impôt foncier. C'est à l'hectare aussi qu'il faut rapporter les sommes déboursées pour les assurances variées que nous avons passées en revue: en bloc elles représentent un total de   , soit X francs par hectare et n X, francs pour les n hectares de la sole de blé ; au chiffre ainsi calculé s'ajoute le montant des assurances temporaires pour récoltes de blé en meules ; ces dernières, évidemment, incombent entièrement à la récolte qui les a motivées.

Deuxième élément : FUMURE.

La fumure de blé entraîne l'emploi d'engrais immédiatement utilisables (nitrate de soude, sulfate d'ammoniaque) et l'utilisation de fumures (fumier de ferme ou scories, kaïnite, etc.), données antérieurement aux betteraves, par exemple, et dont un reliquat reste disponible pour le blé.

La dépense qu'occasionnent à notre céréale les engrais du premier groupe se chiffre assez exactement : nous connaissons les prix aux 100 kilogrammes, le transport par fer et les frais d'épandage, si cet épandage a été pratiqué par un journalier payé en argent ; un seul point reste plus imprécis, à savoir : le coût aux 100 kilogrammes du transport par terre de la gare à la ferme et de la ferme au champ, avec quelquefois des manipulations intermédiaires. Ici, en effet, nous voyons apparaître la valeur du temps des attelages et des domestiques payés au mois et nourris ; toutefois, comme ce point n'a qu'une très faible importance, même en cas d'erreur dans certaines appréciations, nous pouvons dire que l'élément *fumure spéciale au blé* peut être bien calculé. Mais que dirons-nous de l'élément *fumure à partager avec d'autres récoltes ?* Non seulement pour les engrais commerciaux qui entrent dans cette partie de la fumure, nous retrouvons les difficultés que nous avons eu à solutionner dans le cas qui vient de nous occuper, mais il s'y ajoute une question de proportion : notre céréale va-t-elle payer un tiers, la moitié ou un quart des engrais commerciaux ? Mêmes questions au sujet du fumier, si ce n'est que pour ce dernier les transports prennent une grosse importance et qu'il faut avant tout autre chose, avoir pesé le pour et le contre sur la valeur à donner à l'engrais de ferme. Forcément nous quittons ici la précision pour adopter des chiffres qui ne peuvent que se rapprocher de la réalité.

Troisième élément : LABOUR ET PRÉPARATION DU SOL.

Pour calculer les frais de préparation du sol, nous avons à faire état du temps passé par les attelages et leurs conducteurs aux diverses façons avec les instruments aratoires et par les journaliers ou tâcherons aux binages ou échardonnages à la main ; nous trouvons ces renseignements sur l'agenda journalier du contremaître précédemment décrit et, en ce qui concerne la main-d'œuvre entièrement rétribuée en argent, il suffit de multiplier le temps passé par elle à soigner le blé par le prix de l'unité de ce temps pour avoir la dépense qu'elle a occasionnée.

S'agit-il, au contraire, du temps des domestiques et des bêtes de trait ? on voit combien il importe d'avoir très exactement calculé le prix du collier (journée de bœuf ou de cheval) pour pouvoir arriver à quelque chose de juste. Or, il entre dans le prix du collier : la dépense nourriture de l'animal (nourriture achetée, nourriture provenant des récoltes du domaine); la dépense ferrure et entretien, y compris l'entretien des harnais; la dépense entretien et amortissement du matériel aratoire : l'amortissement de l'animal; le salaire de son conducteur. A son tour, le salaire du conducteur, s'il n'est pas entièrement réglé en espèces, entraîne une évaluation du coût journalier de la nourriture achetée ou tirée des produits de la ferme. Tout cela est bien en germe, pour ainsi dire, dans nos différents carnets : le coût de la ration quotidienne d'un ouvrier, par exemple, se déduit du chapitre *ménage,* tel que nous l'avons établi ; il suffit pour cela de diviser la dépense par le nombre de journées de travail données par le personnel ; mais encore qu'une incertitude s'élève ici pour nous, quant au nombre de journées de travail effectif au cours de l'année agricole, il faut aligner tous les chiffres et renseignements, dont le groupement nous donnera l'indication cherchée, c'est œuvre de temps et de patience. Le travail ainsi préparé, le coût de la main-d'œuvre sous toutes ses formes nous est suffisamment bien connu, chiffrant ainsi le troisième élément de la culture du blé.

Quatrième élément : FRAIS DE RÉCOLTE.

Les frais de récolte soulèvent la solution préalable des mêmes problèmes que les frais de préparation du sol ; une solution juste est-elle intervenue ? il n'est pas difficile de trouver ce que coûte la récolte, une fois relevé sur les agendas divers le temps y consacré par les domestiques et les attelages d'une part, les journaliers et les tâcherons d'autre part.

Nous retrouvons quelques données précises lorsque la moisson est exécutée à tâche dans sa totalité ou dans quelques-unes de ses parties; de même, nous avons les prix payés à forfait aux chargeurs et déchargeurs, aux tasseurs dans les granges ou sous les hangars, aux charretiers aussi dans les fermes où les gages habituels sont suspendus pendant la durée de la moisson, il suffit de faire un départ entre les sommes qui doivent être imputées à chacune des céréales récoltées.

Cinquième élément : BATTAGES.

Le battage, s'il est exécuté entièrement à tâche par un entrepreneur payé à raison de tant par quintal battu, est chiffré sans la moindre difficulté et très exactement ; nous avons là un prix de revient industriel. — S'il est effectué par des journaliers ou par des tâcherons à l'aide d'un matériel appartenant au cultivateur, il est déjà un peu plus compliqué à évaluer parce qu'il faut tenir compte de l'amortissement des machines, de leur entretien et de leur consommation en combustible. Les choses se compliquent encore davantage lorsque aux journaliers s'ajoutent des domestiques nourris, utilisés autour de la batteuse pendant les jours où il fait trop mauvais pour sortir les attelages. Nous pouvons donc, suivant les cas, avoir pour la dépense *battage*, un chiffre précis ou, au contraire, plus ou moins approximatif, avec l'obligation de nous contenter de cette valeur approchée.

Sixième élément : PRÉPARATION ET FRAIS DE VENTE DES PRODUITS.

Théoriquement, ce sixième et dernier élément des frais de culture peut s'apprécier avec une exactitude suffisante, de même que les précédents, mais, comme eux, il comporte la réunion de chiffres très nombreux.

Pour le petit blé directement séparé du bon grain par la batteuse, il n'y a pas de préparation à faire, les frais sont ceux du transport au grenier, et, comme ce transport se fait mécaniquement ou par des journaliers, on peut en établir le coût de façon précise ; le petit blé obtenu après tararage du grain de vente n'est chargé que d'une partie de ces frais de nettoyage quand on ne les fait pas supporter entièrement par la marchandise livrée au meunier.

Souvent tous les menus grains ne sont pas consommés à la ferme en nature ; il en est vendu une partie que l'acheteur vient d'ordinaire chercher lui-même dans ses sacs ; il suffit de peser, ce qui ne coûte ni grand temps ni grand argent ; une autre partie est passée au moulin et entre dans la provende des porcs ou des animaux à l'engrais ; cette dernière portion supporte les frais de mouture, généralement peu élevés, mais non insignifiants, car il faut tenir compte de l'usure et de l'amortissement des appareils, ainsi que de la part de force qu'ils empruntent au moteur.

Certaines batteuses livrent le grain prêt à être emporté au moulin : lorsqu'il en est ainsi, le blé de vente n'a à être grevé que du transport ; aux frais de transport s'ajoutent ceux de nettoyage au tarare, de mise en sacs et de manipulation dans les greniers quand le grain ne quitte pas directement la ferme pour le moulin. Éventuellement, il faut faire aussi entrer en ligne la location des sacs.

Le blé de semence, en plus de toutes les charges ci-dessus est encore grevé d'un passage au trieur.

Les menues pailles commencent à être dirigées mécaniquement au lieu même de leur emmagasinage par un ventilateur adapté à la batteuse et amorti en même temps qu'elle ; des frais incombant au contraire à la menue paille lorsqu'il faut la transporter à la fourche ou au tombereau jusqu'à la chambre des mélanges.

La paille de vente, réglée en bottes de 5 kilogrammes au sortir de la batteuse, est parfois immédiatement chargée en vue de son transport chez le client, les frais de chargement font partie des frais de battage : il n'y a qu'à compter les frais de transport au domicile de l'acheteur, celui-ci paie ou ne paie pas les frais d'octroi, il paie ou ne paie pas le chemin de fer ; le cultivateur agit en conséquence et porte au débit du compte blé, chapitre des frais de vente, les charges qui peuvent lui incomber des deux chefs ci-dessus. Les frais augmentent lorsque l'expédition directe n'est pas possible et qu'il faut procéder à une mise en grange temporaire ; un déchargement et un rechargement supplémentaire en sont la conséquence, et il s'y ajoute d'ordinaire un peignage et un serrage des liens relâchés pour éviter tout reproche à la livraison.

Reste la paille de consommation ou de litière : sa mise en place entre ordinairement dans les frais de battage, et le bétail paie les manipulations nécessaires à la confection des litières, au passage au hache-paille pour la préparation des mélanges, etc.

Ainsi se trouvent examinés les éléments du prix de revient pour le cas spécial du blé ; leur complexité ressort des lignes qui précèdent, mais, comme je viens de le montrer, ils ne sont pas impossibles à calculer. Reste à savoir seulement si ce calcul est nécessaire à la bonne marche de l'exploitation. Sans en pousser peut-être l'analyse aussi loin que je l'ai fait, je crois qu'il n'est pas mauvais que, de temps à autre, le cultivateur cherche ainsi à se rendre compte de ce qu'une culture déterminée lui a coûté et par conséquent rapporté ; si le gain lui paraît trop faible, il verra s'il ne peut avantageusement remplacer la plante qui lui a donné ce gain médiocre par une autre plus productive. Dans certains cas, la substitution nécessitera, de la part du praticien, une expérience qu'il fera bien de n'instituer au début que sur une petite échelle ; dans d'autres, au contraire, il sera renseigné d'avance lorsque les deux cultures existeront déjà parallèlement sur la même sole et qu'il ne s'agira que de faire prédominer sur l'une d'entre elles celle des deux qui donne le plus beau profit.

Le cultivateur rompu à son métier et possédant le maniement des outils avec lesquels il met en œuvre la matière première qu'est le sol, d'instinct, pour ainsi dire, choisit ceux de ces outils qui lui fournissent le meilleur rendement ; il n'a pas besoin, pour cela, de chiffres et de livres de comptes, mais encore est-il bien sûr de ne pas se tromper ? N'aurait-il pas abrégé la période des tâtonnements et des recherches s'il s'était éclairé par quelques jalons plantés le long de la voie où il hésitait à s'engager et que parfois il a dû abandonner en s'apercevant qu'il faisait fausse route ? Le contraire est probable, c'est pourquoi je n'ai pas passé sous silence la délicate question des prix de revient, elle permet d'orienter l'exploitation dans le meilleur sens possible et le gros propriétaire foncier de qui le domaine se divise en plusieurs fermes exploitées industriellement sous sa haute direction, agit sagement en tenant une comptabilité rigoureuse, où rien n'échappe à la vigilance de la personne qu'il y a préposée. Il gagne le temps et l'argent ainsi dépensés, parce qu'il arrive à savoir comment nourrir les plantes, aussi bien que les animaux, de la façon la plus économique et adopter ainsi le système de cultures le plus en harmonie avec le sol dont il dispose et les conditions économiques où il se trouve placé. Pour nous,

nous pourrons, d'ordinaire, nous contenter de la tenue de livres simplifiée dont j'ai parlé, et je m'estimerai heureux si, telle que je l'ai développée, elle peut aider le cultivateur débutant dans la bonne gestion de son domaine agricole. J'ai d'ailleurs tracé des lignes générales ; rien n'empêche d'améliorer les détails et de mettre en lumière les points restés trop dans l'ombre.

CONCLUSION

Pendant que je rédigeais l'ouvrage que je viens d'achever, la crise dite de la vie chère a éclaté sur presque tous les points du territoire avec une redoutable intensité. Certes, je serais bien hardi de venir proposer un remède à une aussi grave situation ou même d'en rechercher les causes : celles-ci sont très complexes, profondes et lointaines ; sans vouloir les dégager, il est cependant possible d'attirer l'attention des cultivateurs et celle de leurs clients sur quelques points que les uns et les autres ne devraient pas ignorer.

J'ai parlé de l'exploitation des vaches laitières et de l'industrie qui consiste à acheter de jeunes bovins pour les engraisser : on délaisse la première pour se tourner vers la seconde, parce que l'industrie laitière exige une grosse main d'œuvre et un personnel spécial qui ne se remplace pas toujours facilement. De plus, le lait une fois trait, il faut le manipuler, et dès lors un matériel important devient nécessaire, soit que l'on porte le lait à domicile, soit qu'on le transforme en beurre à la ferme ; le matériel ne s'entretient pas seul, le beurre ne sort pas de la baratte tout pesé et empaqueté pour la vente ; une, quelquefois plusieurs personnes ont leur place pour l'exécution de ces manipulations diverses. Restent des sous-produits : les porcs les consomment, mais eux aussi ont besoin de l'homme pour les soigner et les nourrir, on voit d'ici que de rouages et de surveillance !

L'engraissement, au contraire, peut être pratiqué à l'aide d'un personnel très réduit : un seul homme aidé momentanément d'un journalier soignera le même nombre d'animaux à l'engrais que deux vachers soignent de vaches et, si à ces deux vachers s'ajoute tout ou partie du temps d'une personne employée à la laiterie et d'une autre occupée autour des porcs, il n'est pas exagéré de dire que, pour s'adonner à l'engraissement, il faut un homme là où il en faut deux et demi ou trois avec l'exploitation d'une vacherie doublée d'une porcherie.

D'autre part, les opérations d'engraissement sont limitées à trois ou quatre mois au plus, tandis que le soin des laiteries ne comporte pas d'arrêt et oblige à d'incessants calculs pour avoir, aux époques convenables, le lait nécessaire. Un agriculteur qui a fait cette comparaison abandonne donc la vacherie dont il ne voit que les inconvénients, pour se tourner vers l'engraissement, dont il ne voit que les avantages. Ce calcul n'est pas étranger au mal qui nous atteint et qui, je regrette d'avoir à le dire, menace de nous frapper encore davantage.

Une des premières conséquences de la diminution du nombre des vacheries (et j'ai cité des régions où cette diminution était très sensible) est que la quantité de lait mise sur le marché va en s'amoindrissant; quand la demande deviendra supérieure aux disponiblités, les prix ne pourront faire autrement que de monter ; ce sera très fâcheux pour le consommateur. Mais, dira-t-on, le producteur qui vend actuellement son lait très bon marché se réjouira du relèvement des prix ; malheureusement ce producteur n'est pas seul et, sans parler du client qui ne doit pas nous laisser indifférents, il a à côté de lui des collègues cultivateurs qui, pratiquant l'engraissement, ont besoin de jeunes animaux pour les mettre à l'auge. Ces jeunes animaux où les trouvera-t-on le jour où le nombre des mères qui leur donnent naissance sera tombé trop bas ? Est-on bien sûr que nous n'en soyons pas déjà là, et qu'une des causes pour lesquelles la viande est si chère n'est pas précisément la pénurie relative des animaux susceptibles de tomber à l'abattoir ? C'est une question à méditer très sérieusement.

Pas plus qu'un autre industriel, l'agriculteur ne peut travailler à perte, mais il ne faut pas que, séduit par un beau bénéfice donné par une entreprise déterminée, il tarisse la source même de ce bénéfice en voulant se l'assurer trop complet et en se leurrant des chiffres donnés par les statistiques.

Celles-ci peuvent accuser encore une augmentation dans la population de nos étables, et cependant la situation s'aggraver ; il suffit, pour qu'il en soit ainsi, que l'augmentation constatée soit inférieure à l'augmentation des besoins de la consommation. Plaçons-nous donc en face du problème tel qu'il paraît se poser et disons-nous qu'un premier point ne saurait faire de doute : il faut, non seulement conserver, mais augmenter l'effectif des vaches laitières.

Ceci admis, comme l'exploitation d'une vacherie ne peut être pratiquée en perdant de l'argent, il faut rechercher si réellement la vacherie est une cause de perte. Pour être fixé sur ce second point, ce serait une erreur de s'arrêter uniquement à la production du lait. Il est à souhaiter, bien entendu, que cette production soit lucrative, mais elle pourrait donner lieu à un bénéfice à peu près nul sans que, pour cela, l'exploitation de la vacherie soit une entreprise mauvaise, si nous trouvions une compensation dans les produits qu'elle donne en dehors du lait, à savoir : vente de veaux gras, vente d'élèves produits en sus de ceux qui sont nécessaires pour rajeunir le troupeau, vente de vaches laitières aux laitiers nourrisseurs, vente de vaches grasses aussi, surtout lorsque ces dernières vaches seront nées sur le domaine, enfin produits de la porcherie annexe de la laiterie. Je crains qu'on ne s'arrête trop à un point particulier, au lieu de voir l'ensemble ; mais, à supposer que l'examen d'ensemble montre encore une infériorité de la laiterie par rapport à l'engraissement, en présence de la gravité de la menace suspendue sur la tête de l'agriculteur aussi bien que sur celle du consommateur, devrions-nous nous déclarer vaincus? Il faudrait, au contraire, serrer de plus près la question sous toutes ses faces, voir s'il est impossible d'améliorer les rendements en lait, de trouver une alimentation mieux en rapport avec les besoins des animaux, et par suite plus économique, de pratiquer la traite d'une façon plus aseptique et moins coûteuse.

Il n'est pas dit que nous aboutirions, mais encore une fois, un effort doit être tenté, et il le faut essayer avant qu'il soit trop tard, et dans cet essai compliqué par le renchérissement de toutes choses à mesure que les ouvriers

33.

d'industrie recherchent des salaires plus élevés, le client doit aider le producteur.

Des chiffres que j'ai cités au cours du présent ouvrage, chiffres que j'ai depuis entendu confirmer par plusieurs agriculteurs appartenant à la grande, à la moyenne ou à la petite culture, résulte que le lait vendu à 0 fr. 20 le litre couvre les frais de son obtention sans guère laisser de bénéfice ; à 0 fr. 15 le petit cultivateur, qui réduit sa main-d'œuvre en travaillant lui-même, joint sans doute encore les deux bouts, mais ce sont des minimums qui s'entendent pour une année normale. Quand une sécheresse survient, semblable à celle de 1911, dès le commencement d'août, l'agriculteur n'a plus d'herbe dans ses prés, et il faut qu'il entame ses provisions d'hiver, réduites le plus souvent aux produits de la première coupe des fourrages ; l'alimentation au foin sec, à une époque où les animaux sont habitués au régime du vert, fait tomber les rendements en lait, et ceux-ci ne se relèvent pas à l'automne, puisque, vu la persistance de la sécheresse, il est impossible de semer des plantes (navets, moutarde blanche) qui interviendraient favorablement à l'arrière-saison. A cette arrière-saison, c'est encore aux réserves de foin et de pailles qu'il faut puiser ; il n'y a pas de betteraves fourragères, celles-ci, aussi bien que les betteraves à sucre qui ne donnent qu'une quantité de pulpes dérisoire, sont à peu près dépourvues de fanes ; et comme la fièvre aphteuse règne presque partout, les raisons ne manquent pas pour que le lait, très rare, coûte très cher à produire. Un agriculteur que je voyais dernièrement, tenant compte de la valeur des réserves qu'il avait dû entamer et de la diminution du rendement en lait de ses vaches, me disait que pour obtenir de sa vacherie le même produit brut que l'an dernier, il lui faudrait majorer d'au moins 20 centimes le prix du litre de lait qu'il livrait actuellement au laitier. Admettons que partout les choses n'aillent pas aussi mal et arrêtons-nous seulement au coût du litre de lait produit, sans faire passer sur lui la perte provenant de la baisse des rendements ; je crois qu'en toute justice, pendant la durée de la crise qui frappe le cultivateur du fait de la sécheresse, il devrait lui être payé pour son lait un supplément d'au moins 0 fr. 10 par litre.

Ce serait dur pour le client, mais les faits sont là, et il faut que l'agriculteur vive, surtout lorsque aucun autre produit de sa ferme, à l'exception peut-être du blé, ne vient le dédommager d'une perte très réelle. Il ne suffit pas de parler de solidarité, il faut encore pratiquer cette vertu, et pour cela tenir compte de la situation où les circonstances adverses peuvent mettre tour à tour chacun d'entre nous ; nous acceptons bien de payer le vin plus cher les années où il n'y en a pas, pourquoi n'en serait-il pas de même du lait ? Le vin, dira-t-on, dans les années d'abondance se vend à des prix de famine pour le vigneron, tandis que le lait pris à la ferme pour la consommation des petites villes et de la campagne, n'est jamais tombé plus bas que 0 fr. 15 ou 0 fr. 20 le litre ; la compensation, légitime pour le vin, ne l'est donc pas pour le lait. A quoi je répondrai que si le lait ne s'est jamais vendu au-dessous des prix ci-dessus à la clientèle directe (encore que l'intermédiaire l'ait souvent payé des prix beaucoup plus bas), cela tient à ce que ces prix constituent des minimums au-dessous desquels le cultivateur, déjà hésitant, renoncerait dans une mesure plus large encore à une production qu'il ne délaisse que trop.

Il faut distinguer entre le producteur malheureux et le revendeur qui serait tenté de pratiquer une sorte d'accaparement pour se rendre maître du marché et imposer des cours exorbitans ; ces dernières pratiques, si elles se produisaient, devraient être réprimées, comme on l'a fait dans certaines villes, en interdisant les achats en gros avant une heure fixée par arrêté muncipal, et donnant à la petite clientèle le temps nécessaire pour s'approvisionner. Sur ces questions, M. Zolla, par exemple, ne manquerait pas de nous dire bien des choses intéressantes ; mon rôle est plus terre à terre, il lui appartenait de rechercher comment l'agriculteur, par une bonne administration du domaine rural qui lui est confié, peut, à force d'intelligence de patience, de travail et d'énergie, conjurer jusqu'à un certain point l'influence néfaste des intempéries et tirer du sol à juste récompense d'une des plus nobles professions qui se puissent rencontrer. Je voudrais avoir rempli partie au moins de cette mission, car je suis resté très attaché à mon ancien métier et à ceux qui continuent à s'y adonner.

TABLE ALPHABÉTIQUE

TABLE DES MATIÈRES

TROISIÈME PARTIE

GESTION DU DOMAINE AGRICOLE

15037-11. — CORBEIL. Imprimerie CRÉTÉ.

LA VIE AGRICOLE ET RURALE

LA VIE AGRICOLE.

La création d'un nouveau journal d'Agriculture pourrait sembler inopportune : la Presse agricole compte des organes déjà nombreux qui s'appliquent à répandre dans le public les méthodes les plus rationnelles de culture et d'élevage. Jamais, cependant, le besoin ne s'est fait autant sentir, pour l'agriculteur, d'être renseigné sur l'admirable mouvement de rénovation qui caractérise notre époque; chaque jour, l'alliance féconde de la science et de la pratique fait réaliser à l'Agriculture un progrès nouveau : chaque jour, une connaissance acquise, un problème élucidé viennent donner au cultivateur les moyens de réduire la part, si considérable, de ses aléas professionnels. Absorbé par des préoccupations multiples, le praticien n'a malheureusement pas le loisir de parcourir les revues diverses d'où il pourrait extraire le bénéfice des progrès réalisés. Et il nous a paru qu'il y avait place pour un journal agricole, dont le but serait précisément de mettre l'agriculteur en rapport intime avec l'évolution actuelle des esprits, un journal documenté, averti de tout ce qui touche aux multiples manifestations de l'activité agricole, un journal dont la collaboration choisie autant que variée bannirait toute uniformité et assurerait l'attrait, un journal d'actualité, traduisant fidèlement la vie ardente, réfléchie et laborieuse de notre Agriculture.

La *Vie Agricole*, — nous ne saurions adopter pour notre journal un titre traduisant mieux notre but, — mettra tout en œuvre pour intéresser les lecteurs. Elle réalisera un équilibre heureux, entre le texte, chroniques et articles, et l'illustration, se tenant à distance des deux extrêmes, dont l'un consiste à donner à l'illustration une importance excessive, qui nuit au développement des questions traitées, et dont l'autre laisse des articles érudits sans le secours du dessin ou de la photographie, empêchant ainsi le texte de prendre toute sa valeur et une plus facile compréhension.

Le monde agricole accueillera avec plaisir un journal donnant une impression réelle de force et d'activité, suivant pas à pas la marche de notre Agriculture vers le progrès, et sans cesse préoccupé d'être pour ses lecteurs « l'utile et l'agréable ». Au surplus, ces lecteurs nous les connaissons bien : ce sont ces agriculteurs avisés, soucieux de toute amélioration, ces éleveurs possédant en juste partage la pratique et la théorie, qui, groupés autour de l'*Encyclopédie agricole* des ingénieurs agronomes, en ont assuré le succès et ont permis la diffusion par la France et par le monde, à raison de plus de 300 000 volumes, de cette œuvre considérable, véritable bilan de l'agriculture scientifique française au début du XXe siècle. Dans la *Vie Agricole*, ils retrouveront, sous une forme plus actuelle et plus vivante encore, les qualités qui impriment à cette belle collection son cachet particulier; ils y retrouveront cette pléiade de collaborateurs distingués, praticiens ou professeurs, qui les tiendront,

chaque semaine, au courant de tous les progrès, de toutes les décou·
vertes, de toutes les tentatives susceptibles de les intéresser.

Chaque numéro comprend un ou plusieurs *Articles originaux* ;
plusieurs articles d'*Agriculture pratique* ; des articles d'*Actualités
agricoles*, résumant les travaux publiés, en France et à l'Etranger ;
des *comptes rendus de Sociétés* ; enfin, un *Bulletin* renseignant le lecteur sur les faits saillants de la semaine les jugeant en toute indépendance.

La première semaine du mois paraîtra un *Numéro spécial*, plus
important que les autres, et consacré à une branche déterminée de
l'Agriculture. Chaque numéro mensuel comprendra une série d'articles
sur les points les plus importants de cette branche, ainsi qu'une
Revue annuelle établissant le bilan des acquisitions nouvelles. Cette
innovation permettra à l'Agriculture et à tous ceux qui s'intéressent
aux choses de la terre, de se tenir au courant des progrès réalisés
(chose si diffic'le aujourd'hui), et de jeter un regard d'ensemble sur
le Mouvement agricole de l'année, successivement pour tous les
domaines de la science.

On trouvera également dans la Vie agricole une série de documents
agricoles et para-agricoles capables d'intéresser tous ceux qui visitent
à la campagne. Des articles y tiendront le lecteur au courant de la
Vie sociale (mutualités, syndicats, jurisprudence, etc.) ; de la *Vie
sportive*, de la *Vie scientifique*, littéraire et artistique dans ses rapports
avec l'Agriculture ; enfin de la *Vie familiale*. Nous chercherons, par
la richesse de l'illustration, à rendre ces parties aussi vivantes que
possible.

Pour remplir ce vaste cadre et donner à la *Vie Agricole* la tenue et
la valeur scientifique nécessaires, un Comité de direction composé
des plus éminents représentants de la science agronomique a bien
voulu assumer la charge de définir et de régler le programme des
études et des recherches poursuivies. Ce Comité, composé de
professeurs de l'Institut agronomique, des Ecoles nationales et
des Ecoles pratiques d'agriculture, de professeurs départementaux
et spéciaux, de praticiens distingués, organisera méthodiquement
les diverses rubriques du journal suivant les compétences et les
affinités particulières.

Enfin les éditeurs de la *Vie agricole*, MM. Baillière, apporteront à
l'administration et à la publication du journal leurs précieuses
qualités, qui ont déjà assuré le succès de l'*Encyclopédie Agricole*.

Ainsi rédigée, illustrée, assurée par un parfait service d'informations de suivre méthodiquement l'évolution scientifique de la culture
française, la *Vie agricole* se présente aux lecteurs avec les conditions
.es plus assurées d'intérêt, de vitalité et d'utilité générale.

« Soixante volumes de l'*Encyclopédie agricole* ont paru. « Dès le premier jour, la Société nationale d'Agriculture les a accueillis avec faveur.

« Elle a récompensé la plupart d'entre eux en décernant à leurs auteurs des médailles d'or. Le public agricole semble aussi les apprécier, puisque certains ouvrages ont déjà donné lieu à de nouvelles éditions. Chacun d'eux a déjà été tiré en moyenne à 5 000 exemplaires. C'est donc, pour les soixante ouvrages qui constituent l'*Encyclopédie*, plus de trois cent mille volumes qui répandront au loin l'influence de l'Institut national agronomique et les résultats de son enseignement.

« Il semble qu'à M. REGNARD reviendrait l'honneur de représenter devant nous, comme devant le public, la nouvelle *Encyclopédie agricole* ; mais nous devons déférer à son désir et reporter sur M. WERY, le véritable directeur de l'*Encyclopédie agricole*, les félicitations et les récompenses que votre Section d'économie, de statistique et législation agricoles est heureuse de décerner à cette œuvre considérable, très utile et très réussie.

« Votre Section vous propose d'accorder à M. WERY une *médaille d'or à l'effigie d'Olivier de Serres* ».

LOUIS PASSY, Secrétaire perpétuel de la Soc. nat. d'agriculture.

En même temps, M. MÉLINE, ancien ministre de l'Agriculture, la plus haute personnalité du monde agricole, lui adressait, à la tribune du Sénat, cet éclatant hommage :

« Sous la direction et l'impulsion de son honorable directeur, qui est à la fois un savant éminent et un très habile administrateur, les professeurs de l'Institut agronomique ont entrepris de publier une *Encyclopédie agricole* qui est assurément une des publications les plus remarquables qui aient été faites dans les vingt dernières années. Ils ont dressé le bilan de la science agricole au commencement du xx° siècle. »

MÉLINE, ancien ministre de l'Agriculture.

Quand l'*Encyclopédie agricole* était encore incomplète, notre Société a déjà attiré l'attention du monde agricole sur cette œuvre qui s'annonçait dès lors sous les meilleurs auspices et qui aujourd'hui réalise toutes ses promesses.

L'*Encyclopédie agricole* a été conçue de façon à se poursuivre en enregistrant tous les progrès soit dans de nouvelles éditions, soit dans de nouveaux volumes ; elle n'est donc pas et ne peut être terminée ; mais telle qu'elle est, elle constitue un véritable monument de la science et de la pratique agricoles actuelles. Aussi votre Section de grande culture, voulant encourager et récompenser la pléiade d'hommes distingués qui collaborent à l'œuvre, vous propose de lui attribuer le *Prix Heuzé*.

Société nationale d'Agriculture, janvier 1908.

Je suis heureux d'annoncer à la Société nationale d'Agriculture que l'Académie des sciences morales et politiques a bien voulu décerner le prix Corbay à M. WERY, sous-directeur de l'Institut agronomique et directeur de l'*Encyclopédie agricole*.

L'Académie a voulu témoigner de sa bienveillance pour la très belle campagne que poursuit M. WERY, au point de vue de la vulgarisation des enseignements répandus par l'Institut national agronomique. L'action bien française qu'exerce à l'étranger comme dans notre pays la mise en circulation de 300 000 volumes qui constituent la doctrine française de l'agriculture scientifique et que la Société nationale d'agriculture a honorés plusieurs fois par ses éloges et ses médailles, méritait cette belle récompense.

Dr REGNARD, dir. de l'Inst. nat. agron.

DICTIONNAIRE D'AGRICULTURE

ET DE VITICULTURE

Illustré de 1721 figures nouvelles

Par Ch. SELTENSPERGER

Professeur d'agriculture à Bayeux.

1911, 1 volume in-8 de 1064 pages, à deux colonnes, Cartonné.. **12 fr.**

— 6709 MOTS —

Depuis un demi-siècle, le domaine de l'Agriculture et des sciences agricoles qui s'y rattachent s'est élargi considérablement. Il s'est enrichi de nombreuses notions nouvelles, appelant des mots nouveaux, dont le sens est souvent incomplètement connu du grand public, qui, en général, ne dispose pas de moyens suffisants de renseignements.

L'auteur, qui a pratiqué l'agriculture et a professé dans les principales régions de la France, dont il connaît ainsi toutes les ressources, était tout particulièrement désigné pour élaborer ce travail, que nous offrons avec confiance au public agricole. Et en effet, le *Dictionnaire d'agriculture et de viticulture* de M. SELTENSPERGER, recueil complet de mots, vient à son heure pour combler de façon heureuse cette lacune.

Evitant le double écueil du dictionnaire purement encyclopédique, dont le prix élevé est peu accessible, et du petit dictionnaire élémentaire, trop résumé et forcément incomplet, l'auteur a su condenser, sous un format commode et d'une lecture facile, tous les mots et renseignements qui peuvent intéresser l'agriculteur : Viticulture, horticulture, élevage, maladies du bétail et des plantes, aviculture, apiculture, industries agricoles, laiterie, alimentation, législation et économie rurales, etc., en faisant ressortir très judicieusement, au cours des mots, que la pratique et la théorie, basées sur les sciences et la saine observation, étaient faites pour se soutenir la main dans la main et s'éclairer mutuellement.

Dans un style simple et clair et en restant toujours essentiellement pratique, l'auteur a apporté des développements encyclopédiques en rapport avec l'importance de chaque mot et donné à l'ensemble de l'ouvrage, unique en son genre, un caractère d'originalité qu'apprécieront les lecteurs.

Enfin, le grand nombre de gravures, extraites de l'immense collection des 10 000 figures de l'*Encyclopédie agricole*, éditée par MM. J.-B. Baillière et fils, en fait un ouvrage du plus haut intérêt et sans précédent.

Envoi d'un spécimen de 16 pages contre 25 cent. en timbres-poste.